Finite Elemente in der Statik und Dynamik

Michael Link

Finite Elemente in der Statik und Dynamik

4., korrigierte Auflage

Springer Vieweg

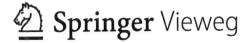

Michael Link
Vellmar, Deutschland

ISBN 978-3-658-03556-3 ISBN 978-3-658-03557-0 (eBook)
DOI 10.1007/978-3-658-03557-0

Die Deutsche Nationalbibliothek verzeichnet diese Publikation in der Deutschen Nationalbibliografie; detaillierte bibliografische Daten sind im Internet über http://dnb.d-nb.de abrufbar.

Springer Vieweg

Lektorat: Ralf Harms, Annette Prenzer

Gedruckt auf säurefreiem und chlorfrei gebleichtem Papier

Springer Vieweg ist eine Marke von Springer DE. Springer DE ist Teil der Fachverlagsgruppe Springer Science+Business Media.
www.springer-vieweg.de

Vorwort zur vierten Auflage

Die vorliegende vierte Auflage stellt eine korrigierte Fassung der dritten Auflage dar, bei der nicht nur eine Korrektur der Druckfehler vorgenommen wurde. Zusätzlich erfolgte eine Überarbeitung der Formulierungen, insbesondere in den Kapiteln zur Strukturdynamik, um die Verständlichkeit der theoretischen Zusammenhänge zu verbessern. Außerdem wurden im Literaturverzeichnis einige zusätzliche Referenzen aufgenommen. Die Inhalte sind unverändert beibehalten worden.

Kassel, April 2014 Michael Link

Vorwort zur dritten Auflage

Das vorliegende Buch entstand aus den Vorlesungsreihen „Finite Elemente“ und „Tragwerksdynamik“, die der Verfasser an der Universität Gesamthochschule Kassel für Bauingenieur- und Machinenbaustudenten im Haupt- und Vertiefungsstudium hält. Es baut darauf auf, dass der Leser mit den Grundlagen der Matrizenrechnung und der numerischen Mathematik (lineare Gleichungen) vertraut ist.

Das Buch zielt nicht so sehr auf die Darstellung der numerischen Methoden der Mathematik, ohne die die Realisierung der Methode der Finiten Elemente (FEM) auf dem Computer nicht denkbar ist, sondern mehr auf die Darstellung des strukturmechanischen Hintergrunds. Dies begründet sich daraus, dass dem heute in der Praxis tätigen Ingenieur FEM-Computersoftware als Werkzeug der Konstruktionsanalyse und -optimierung schon zur Verfügung steht und nicht erst entwickelt werden muss. Für den Anwender von FEM-Software ist es jedoch unerlässlich, den strukturmechanischen Hintergrund der Methode zu kennen, da seine Hauptaufgabe mehr darin besteht, die reale Konstruktion zu idealisieren, d.h. ein FE-Modell zu erstellen und die Computerergebnisse zu interpretieren, als die Computerprogramme selbst zu entwickeln. Modellbildung und Ergebnisinterpretation sind jedoch nur durch das Verständnis der strukturmechanischen Grundlagen möglich.

Nach einer elementaren Einführung der FEM im Kap.2 an Hand einer einfachen Fachwerkstruktur werden im Kap.3 die Grundlagen der linearen Elastizitätstheorie dargestellt. Hierbei spielt das Prinzip der virtuellen Verschiebungen und das dazu äquivalente Prinzip vom stationären Wert der Gesamtenergie eine besondere Rolle, da das darauf basierende *Ritz*sche Verfahren anschließend im Kap.4 zur mathematischen Begründung der FE-Methode dient. Zur Verdeutlichung dieser Äquivalenz wurden im Vergleich zu den vorangegangenen Auflagen die diesbezüglichen Kap.3.6.2 und 3.6.4

ergänzt. Außerdem wurde ein Kapitel über erweiterte Variationsprinzipe aufgenommen, die die Grundlage für die sog. gemischten oder hybriden Elemente bilden.

Die Auswahl und die Darstellung der verschiedenen Elementtypen im Kap.5 erfolgte zum einen unter dem Gesichtspunkt, inwieweit die Elemente Eingang in die Praxis gefunden haben, zum anderen aber auch unter dem didaktischen Gesichtspunkt der Einfachheit der Formulierung. So werden beispielsweise, die Koeffizienten der Elementmatrizen von Dreieck- und Rechteckelementen so weit wie möglich in analytischer Form angegeben, um damit die Interpretation des Elementverhaltens zu erleichtern. Im Vergleich zu den vorangegangenen Auflagen hat das Kap.5 die größte Erweiterung erfahren. Im Einzelnen sind hinzugekommen:
Beim Balkenelement Erweiterungen zur Berücksichtigung der Einflüsse aus Schubverformungen und großen Verschiebungen (Theorie II. Ordnung, Stabilitätsfälle Knicken, Kippen und Biegedrillknicken), bei den Scheibenelementen die Aufnahme der hierarchischen Elemente (p-Elemente), die der Reduktion der Diskretisierungsfehler durch Erhöhung der Ordnung der Ansatzpolynome dienen. Bei den schubstarren Plattenelementen (Kirchhoff- Theorie) wurde das DKT-Dreieckelement detailliert in einer neuen Formulierung aufgenommen. Neu sind außerdem zwei Kapitel mit der Beschreibung schubweicher Plattenelemente (Reissner- Mindlin Theorie), die sich in der Anwendungspraxis bewährt haben. Zu allen Elementen wurden zusätzliche Beispiele zur Demonstration ihrer Konvergenzeigenschaften aufgenommen.

Der Dynamikteil des Buches beginnt im Kap.7 mit der Herleitung der diskreten Bewegungsgleichungen auf der Grundlage des Prinzips der virtuellen Verschiebungen und des *Hamilton*schen Prinzips, wodurch eine konsequente Erweiterung der im Kap.3 für statische Lasten benutzten Annahmen und Prinzipien erreicht wird.

Nach der Darstellung zweier Kondensierungsverfahren zur Reduktion der Ordnung des FE-Modells im Kap.8 wird das Eigenschwingungsproblem im Kap.9 behandelt. Zusätzlich zur Theorie des *ungedämpften* Eigenwertproblems (=> reelle Eigenschwingungsgrößen) wurde im Kap.9.2.2 das Eigenwertproblem des *gedämpften* Mehrfreiheitsgrad-Systems aufgenommen (=> komplexe Eigenschwingungsgrößen). Numerische Lösungsverfahren zur Lösung des reellen oder des komplexen Eigenwertproblems werden nicht behandelt, ihre „Black Box" - Existenz in Form entsprechender Computerprogramme wird jedoch bei der Anwendung auf Systeme mit mehr als zwei oder drei Freiheitsgraden vorausgesetzt.

Das Kap.11 enthält die wichtigsten Verfahren zur Berechnung der Strukturantwort bei freien Schwingungsvorgängen sowie bei periodischen und nicht - periodischen Erregerfunktionen einschließlich der Methode der Antwortspektren zur Berechnung der Strukturantwort bei Fußpunkterregung durch Erdbeben. Im Vergleich zu den vorangegangenen Auflagen, wurde die allgemeine Theorie des proportional oder nicht-proportional gedämpften Mehrfreiheitsgrad- Systems vervollständigt. Vor der Behandlung des Mehrfreiheitsgrad- Systems erfolgt immer die Darstellung des Schwingers mit einem Freiheitsgrad. Zur Behandlung von nicht-periodischen Erregerkraftfunktionen wurde die Fouriertransformation zur Lösung der

Bewegungsgleichung im Frequenzbereich und das Übertragungsverfahren zur direkten Integration der Bewegungsgleichung im Zeitbereich aufgenommen.

Vom Kap.8 ab dient ein einfaches aber typisches Standardbeispiel nicht nur dazu die Anwendung der abgeleiteten Gleichungen zu zeigen, sondern auch um den Einfluss der elastodynamischen Tragwerksparameter (Eigenfrequenzen, Eigenformen, modale Massen, etc.) auf das Verhalten dynamisch beanspruchter Tragwerke zu veranschaulichen. Anwendungsbeispiele aus der Praxis des Bauwesens und des Maschinenbaus finden sich am Ende des Buches im Kap.12.

Mit Ausnahme des Balkenelementes, für das die Elementmatrizen nach Theorie II. Ordnung aufgenommen wurden, ist die vorliegende Darstellung der FE-Methode auf die lineare Theorie beschränkt. Das heißt, es wird vorausgesetzt, dass das Werkstoffverhalten linear ist, und dass die Verschiebungen klein im Vergleich zu den Abmessungen der Struktur sind. Diese Annahmen sind in der Praxis bei den weitaus meisten technischen Anwendungen möglich. Sie stellen außerdem die Basis für alle weitergehenden Formulierungen im nicht-linearen Bereich dar.

Das Buch basiert nicht nur auf den langjährigen Lehrerfahrungen sondern auch auf den Erfahrungen des Verfassers und seiner Mitarbeiter aus gemeinsam mit der Industrie durchgeführten Projekten. Der Verfasser hofft, dass er seinem Ziel gerecht geworden ist, die wichtigsten Grundlagen nicht nur der Statik sondern insbesondere auch der Dynamik der Tragwerke erfasst zu haben, auf denen heute alle großen FE Softwareprodukte aufbauen. Da dieses Ziel mit einem nur einbändigen Werk erreicht werden sollte, bestand die Aufgabe in der optimalen Auswahl aus der Vielfalt der Verfahren, insbesondere bei der Auswahl der Elementformulierungen.

Praktisch alle der in dem Buch beschriebenen Verfahren wurden im Verlauf der Jahre vom Verfasser und seinen Mitarbeitern in das Lehrprogramm MATFEM implementiert. Das Programm, in der Programmiersprache MATLAB® geschrieben, dient als Softwarewerkzeug zur Entwicklung neuer Verfahren und wird von Studierenden bei ihren Praktika zur Bearbeitung realistischer Anwendungsbeispiele eingesetzt. Das Handbuch zum Programm kann unter der Internetadresse http://www.uni-kassel.de/fb14/leichtbau heruntergeladen werden. Außerdem gibt es dort Hinweise zum Erwerb des Programms.

Abschließend möchte sich der Verfasser bei den Mitarbeitern und Mitarbeiterinnen des Fachgebietes Leichtbau an der Universität Kassel für die Mithilfe bei der Entwicklung der Lehrprogramms MATFEM, für die Nachrechnung und Ausarbeitung der Beispiele sowie für die Durchführung der Zeichen- und Korrekturarbeiten bei der Herstellung der Druckvorlage bedanken. Mein Dank gilt insbesondere Herrn Dr.-Ing. Mattias Weiland, Herrn Dipl.-Ing. Yves Govers und Frau Fei Yu.

Kassel, Juli 2001 Michael Link

Inhalt

1 Einleitung

Die Methode der Finiten Elemente (FEM) kann als ein numerisches Berechnungsverfahren zur Lösung von Problemen der mathematischen Physik angesehen werden. Der Übergriff mathematische Physik soll die Allgemeingültigkeit der Methode verdeutlichen. Zu den Problemen der mathematischen Physik, die heute in großem Umfang mit Hilfe der FEM gelöst werden, gehören in erster Linie

- Probleme in der Strukturmechanik (Statik und Dynamik), wobei wir hier unter Struktur ein Tragwerk im weitesten Sinn verstehen, also nicht nur spezielle Tragwerkstypen wie Fachwerke und Rahmen, Flächen- oder Körpertragwerke, sondern auch komplexe, aus verschiedenen Tragwerkstypen zusammen gesetzte Strukturen,
- stationäre und instationäre Feldprobleme aus der Theorie der Wärmeleitung, der Strömungsmechanik, der elektromagnetischen und der akustischen Wellentheorie.

Die Gleichungen, die die Probleme der mathematischen Physik beschreiben, sind im Falle zwei- und dreidimensionaler Probleme partielle Differentialgleichungen. Die FEM kann daher auch als Methode zur Lösung derartiger Differentialgleichungen benutzt werden. Bei der Anwendung auf Probleme der Strukturmechanik besteht der Grundgedanke der FEM darin, dass die gesamte Struktur (Tragwerke) in eine Vielzahl kleiner Elemente zerlegt wird, deren mechanisches Verhalten entweder annäherungsweise oder auch exakt bekannt ist.

Dadurch werden die Unbekannten des Problems anstatt durch kontinuierliche Funktionen an einer Vielzahl diskreter Punkte auf der Struktur definiert. Aus Differentialgleichungen entstehen lineare Gleichungssysteme, und es ergibt sich die Möglichkeit, nicht nur die Auflösung der entstehenden Gleichungssysteme sondern bereits ihre Aufstellung dem Computer zu überlassen und damit das ganze Verfahren zu automatisieren.

Ausgangspunkt der geschichtlichen Entwicklung der modernen Strukturmechanik bildet die im letzten Jahrhundert entwickelte Theorie der Stab- und Rahmentragwerke (Maxwell, Castigliano, Mohr u.a.). Diese Theorie bildet auch den Grundstein für die Matrizenmethoden der Stabstatik, die ihrerseits wieder Ausgangspunkt der FEM wurde. Bis Anfang des 20. Jahrhunderts konzentrierte sich die praktische Strukturberechnung auf das Kraftgrößenverfahren, bei dem nur die Kraftgrößen als Unbekannte in der Rechnung auftraten. Um diese Zeit wurde das Verschiebungsgrößenverfahren (auch Deformationsmethode genannt) theoretisch soweit formuliert, dass bereits 1926 durch Ostenfeld (1926) ein Lehrbuch mit dem Titel „Die Deformationsmethode“ veröffentlicht wurde. Die Verschiebungsgrößen bilden dabei die unbekannten Parameter, genauso wie bei der FEM. Man kann sagen, dass die Deformationsmethode, wie sie in jener Zeit für Stäbe und Balken entwickelt wurde, als Vorläufer der FEM anzusehen ist.

In der Zeit bis kurz nach dem 2. Weltkrieg richtete sich ein Hauptaugenmerk der Entwicklung auf die Methoden zur Reduktion der Anzahl der Unbekannten sowie zur

Lösung von Gleichungssystemen mit baustatischen Methoden. Die Berechnung komplizierter Tragwerke war stets begrenzt durch den erforderlichen Rechenaufwand zur Lösung der linearen Gleichungssysteme. Anfang der 50er Jahre erschienen die ersten praktisch brauchbaren Digitalrechner, deren Anwendung in der Strukturberechnung dadurch gekennzeichnet war, dass die bis dato verfügbaren „Hand"-rechenverfahren direkt übersetzt wurden, ohne auf die speziellen Möglichkeiten der Rechner einzugehen. Letzteres wurde erst erreicht durch die konsequente Anwendung der Matrizenrechnung bereits bei der Problemformulierung und nicht erst bei der Auflösung der Gleichungssysteme.

Zwei Veröffentlichungen können als wichtige Ausgangspunkte für die Entwicklung der FEM angesehen werden: Argyris, Kelsey (1960) und Turner, Clough, Martin, Topp (1956). In beiden wird die Matrizenrechnung benutzt, um nicht nur Stabwerke sondern auch Kontinuumsprobleme computergerecht zu diskretisieren.

Die folgende Entwicklung der FEM war gekennzeichnet durch die Arbeiten, die sich mit der Formulierung der verschiedensten Elementtypen befassten. Nach den Anwendungen auf dem Gebiet der Spannungs- und Verformungsanalysen im linearelastischen Bereich unter statischen Lasten kam dann die Erweiterung der Methode auf Probleme der linearen Elastodynamik und der Stabilitätstheorie, sowie der allgemeinen Feldprobleme der mathematischen Physik (Wärmeleitung, Strömungsmechanik etc.).

Im Laufe der 60er Jahre erfolgte die kommerzielle Entwicklung der ersten großen Mehrzweckprogrammsysteme, deren Vorhandensein erst die breite Anwendung der FEM in nahezu allen Industriezweigen ermöglichte. In der folgenden Zeit zeigte die Entwicklung der FEM in Richtung auf nicht-lineare Probleme bezüglich des Werkstoffs (Plastizität, Kriechen) und der Geometrie (große Verformungen, die nicht mehr klein gegen die geometrischen Abmessungen des Tragwerks sind). Außerdem befassen sich viele Forschungsarbeiten bis heute mit Verbesserungen der Elementdarstellung, der numerischen Methoden sowie der Nutzbarmachung der FEM auf interdisziplinären Gebieten.

Parallel dazu erfolgte in den 80-er und 90-er Jahren die Entwicklung in Richtung auf eine weitergehende Automatisierung der Netzgenerierung (adaptive Netze) und ihre Verknüpfung mit der computergestützten Konstruktion (CAD). Dadurch, aber auch durch die Entwicklung der computergraphischen Verfahren zur Visualisierung und Verknüpfung der Berechnungsergebnisse mit den Verfahren der Bauteilbemessung wurde die Akzeptanz der FE-Methode in der Praxis weiter vergrößert.

2 Der Grundgedanke der Methode der Finiten Elemente

Der Grundgedanke der FE-Methode sei an einem einfachen Fachwerk (Bild 2-1) erläutert. Für dieses seien die Verschiebungen der Knotenpunkte und die Normalkräfte unter Wirkung von statischen äußeren Lasten gesucht. Ein Element wird hier von einem Zug-Druckstab mit gelenkigen Enden gebildet. Sein elastomechanisches Verhalten ist gekennzeichnet durch die Beziehung zwischen den Kräften f_1, f_2 und den Verschiebungen u_1, u_2 an den Stabenden. Die Verschiebungen nennt man auch Freiheitsgrade (FHG) des Stabelementes. Wir bemerken ferner, dass die Freiheitsgrade in Richtung der Stabachse angetragen sind. Die Stabachse stellt das sogenannte lokale Koordinatensystem dar. Außerdem definieren wir ein globales xy-Koordinatensystem, das die Richtung der Freiheitsgrade für das Gesamtsystem angibt. In dem lokalen Koordinatensystem können nun die Kraft-Verschiebungsbeziehungen nach den elementaren Beziehungen der Mechanik aufgestellt werden. Wenn man den Stab am linken Ende festhält (d.h. $u_1 = 0$) und eine Kraft f_2 anbringt (Bild 2-1c), ergibt sich für die Verschiebung u_2

$$u_2 = \frac{f_2 \ell}{EA} \quad \text{oder} \quad f_2 = \frac{EA}{\ell} u_2 \,. \tag{1a}$$

Für die Lagerkraft erhält man aus Gleichgewichtsgründen

$$f_1 = -f_2 = -\frac{EA}{\ell} u_2 \,. \tag{1b}$$

Die gleichen Beziehungen kann man aufstellen, wenn das rechte Ende festgehalten wird ($u_2 = 0$) und eine Kraft f_1 aufgebracht wird. Man erhält dann $f_1 = \frac{EA}{\ell} u_1$ und $f_2 = -\frac{EA}{\ell} u_1$. Die Kraft-Verschiebungsbeziehungen können in Matrixform geschrieben werden:

$$\begin{bmatrix} f_1 \\ f_2 \end{bmatrix} = \frac{EA}{\ell} \begin{bmatrix} 1 & -1 \\ -1 & 1 \end{bmatrix} \begin{bmatrix} u_1 \\ u_2 \end{bmatrix}, \tag{2.1a}$$

oder

$$\mathbf{f} = \mathbf{k}\,\mathbf{u} \,. \tag{2.1b}$$

Die Matrix **k** heißt Elementsteifigkeitsmatrix in lokalen Koordinaten. Matrizen und Vektoren werden im Folgenden immer durch fett geschriebene Buchstaben gekennzeichnet, um sie von gewöhnlichen Variablen zu unterscheiden. Ein Blick auf das Gesamttragwerk zeigt, dass die lokalen Elementkoordinaten für jedes Element eine andere Lage in bezug auf das globale Koordinatensystem haben können. Um den

Einfluss der Lage des Elements in dem Gesamttragwerk zu berücksichtigen, können die Kraft-Verschiebungsbeziehungen vom lokalen in das globale Koordinatensystem transformiert werden. Wir betrachten dazu das Bild 2-1d, in dem die allgemeine Lage des Stabes nach der Verformung, gekennzeichnet durch die vier Verschiebungsfreiheitsgrade U_1 - U_4, dargestellt ist. Die lokalen Knotenpunktsverschiebungen lassen sich aus der Projektion dieser globalen Verschiebungskomponenten auf die Stabachse ablesen. Am oberen Knoten gilt die Beziehung

$$u_2 = U_3 \sin\alpha + U_4 \cos\alpha \ ,$$

am unteren entsprechend

$$u_1 = U_1 \sin\alpha + U_2 \cos\alpha \ .$$

Diese Gleichungen lassen sich in Matrixform darstellen:

$$\mathbf{u} = \mathbf{T}\,\mathbf{U} \tag{2.2a}$$

mit

$$\mathbf{T} = \begin{bmatrix} \sin\alpha & \cos\alpha & 0 & 0 \\ 0 & 0 & \sin\alpha & \cos\alpha \end{bmatrix} . \tag{2.2b}$$

(Großbuchstaben kennzeichnen Größen in globalen Koordinaten, Kleinbuchstaben solche in lokalen Koordinaten.) Von einem Fachwerkstab wissen wir, dass er nur Kräfte in seiner Längsachse übertragen kann, so dass die lokalen Kräfte f_1 und f_2 direkt in die globalen Richtungen x und y zerlegt werden können. Man erhält dann aus Bild 2-1e

$$F_1 = f_1 \sin\alpha, \quad F_2 = f_1 \cos\alpha, \quad F_3 = f_2 \sin\alpha \quad \text{und} \quad F_4 = f_2 \cos\alpha .$$

Diese Gleichungen können ebenfalls in Matrixform zusammengefasst werden:

$$\mathbf{F} = \mathbf{T}^{\mathrm{T}}\,\mathbf{f} \ . \tag{2.3}$$

Wir bemerken, dass diese Transformationsmatrix $\mathbf{T}^{\mathrm{T}}$ gerade die Transponierte der Matrix $\mathbf{T}$ ist, die nach Gl. (2.2) die lokalen mit den globalen Verschiebungskomponenten verbindet. Wir benutzen die Gln. (2.2) und (2.3) nun dazu, die Kraft-Verschiebungsbeziehung zu transformieren. Zunächst setzen wir die Gl. (2.1) in (2.3) ein und erhalten

$$\mathbf{F} = \mathbf{T}^{\mathrm{T}}\mathbf{k}\,\mathbf{u} \ .$$

In dieser Gleichung drücken wir u durch die Gl. (2.2a) aus und erhalten

$$\mathbf{F}_{(e)} = \mathbf{K}_{(e)}\mathbf{U}_{(e)} \tag{2.4a}$$

mit

$$\mathbf{K}_{(e)} = (\mathbf{T}^{\mathrm{T}}\mathbf{k}\mathbf{T})_{(e)} \ . \tag{2.4b}$$

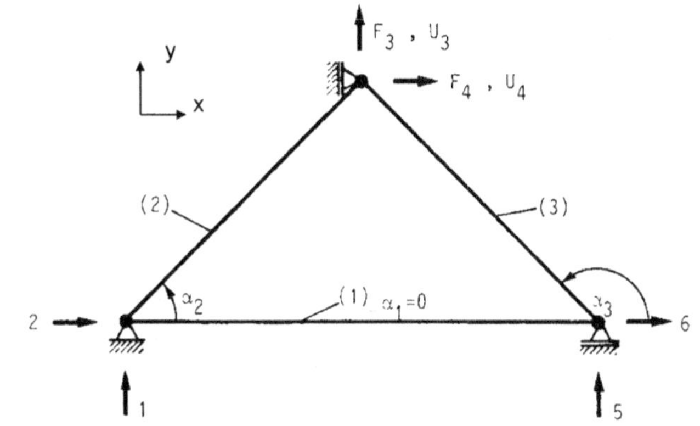

a) Gesamttragwerk in globalen Koordinaten

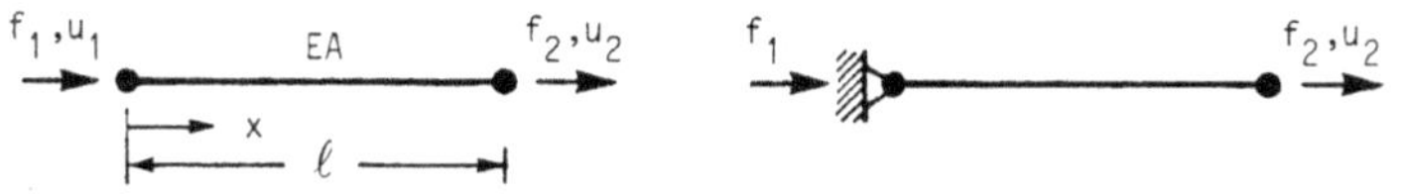

E = Elastizitätsmodul
A = Querschnittsfläche

b) Finites Stabelement in lokalen Koordinaten c) Freiheitsgrad $u_1 = 0$

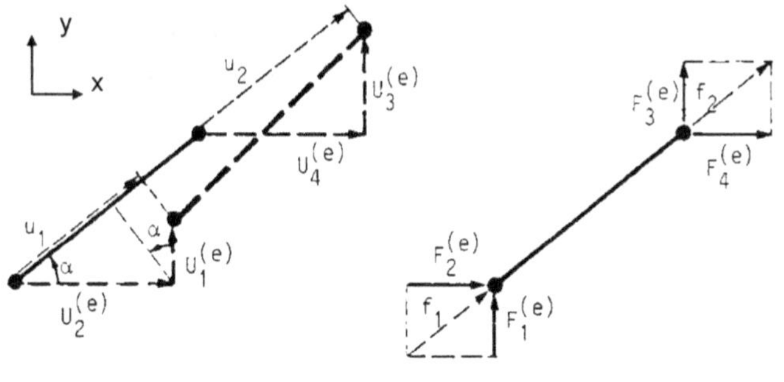

d) globale Freiheitsgrade $U_i^{(e)}$ e) globale Knotenkräfte $F_i^{(e)}$

Bild 2-1 Fachwerk als FE-Modell

Die Matrix $\mathbf{K}_{(e)}$ bezeichnet die Elementsteifigkeitsmatrix in globalen Koordinaten. Wir haben hier noch den Elementindex e eingeführt, um zu zeigen, dass diese Beziehungen für jedes Element im Tragwerk zwar formal gleich sind, die Koeffizienten der Matrix $\mathbf{K}_{(e)}$ jedoch abhängig sind von den mechanischen und geometrischen Elementeigenschaften.

Führt man die Matrizenprodukte in der Gl. (2.4b) aus, so erhält man mit den Abkürzungen c = cosα und s = sinα:

$$\begin{bmatrix} F_1 \\ F_2 \\ F_3 \\ F_4 \end{bmatrix}_{(e)} = \frac{EA}{\ell} \begin{bmatrix} s^2 & sc & -s^2 & -sc \\ & c^2 & -sc & -c^2 \\ & & s^2 & sc \\ \text{sym.} & & & c^2 \end{bmatrix}_{(e)} \begin{bmatrix} U_1 \\ U_2 \\ U_3 \\ U_4 \end{bmatrix}_{(e)} . \tag{2.4c}$$

Im Sonderfall des horizontal gelegenen Stabes (Bild 2-2) mit $\alpha = 0$ und $\cos\alpha = 1$ erhält man aus der zweiten Zeile von Gl. (2.4c) wegen $U_1 = U_3 = U_4 = 0$ die bekannte Kraft-Verschiebungsbeziehung

$$F_2 = \frac{EA}{\ell} U_2 .$$

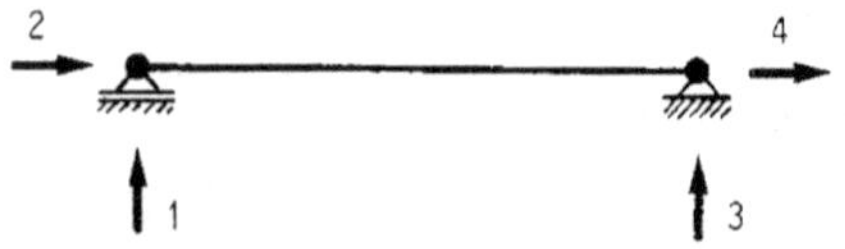

Bild 2-2 Sonderfall $\alpha = 0$ beim Zug-/Druckstab

Das Gesamttragwerk wird aus drei derartigen Elementen gebildet, die formal alle durch die gleiche Beziehung (2.4) beschrieben werden können. Für jedes Element wird natürlich seine durch α_e (e = 1,2,3) beschriebene Lage und seine Dehnsteifigkeit $(EA/\ell)_e$ eingesetzt. Die Kraft-Verschiebungsbeziehung für das gesamte Tragwerk muss formal die gleiche Form wie Gl. (2.4a) haben, nur dass die Anzahl der Knotenkräfte und Verschiebungen jetzt größer ist (im Beispiel sind es sechs). Wir schreiben die Gl. (2.4a) für das Gesamttragwerk ohne Index e:

$$\begin{bmatrix} F_1 \\ F_2 \\ F_3 \\ F_4 \\ F_5 \\ F_6 \end{bmatrix} = \underset{A}{\downarrow} \overset{\rightarrow B}{\begin{bmatrix} K_{11} & K_{12} & K_{13} & K_{14} & K_{15} & K_{16} \\ & K_{22} & K_{23} & K_{24} & K_{25} & K_{26} \\ & & K_{33} & K_{34} & K_{35} & K_{36} \\ & & & K_{44} & K_{45} & K_{46} \\ & \text{sym.} & & & K_{55} & K_{56} \\ & & & & & K_{66} \end{bmatrix}} \begin{bmatrix} U_1 \\ U_2 \\ U_3 \\ U_4 \\ U_5 \\ U_6 \end{bmatrix} , \tag{2.5a}$$

(Spaltennummern über der Matrix: 1 2 3 4 5 6)

oder in Indexschreibweise

$$F_A = \sum_B K_{AB} U_B , \tag{2.5b}$$

(A, B = 1, 2, ... , N = Anzahl der globalen Freiheitsgrade)

oder in symbolischer Schreibweise

$$\boxed{\mathbf{F} = \mathbf{K}\,\mathbf{U}}\,. \tag{2.5c}$$

Zur Beantwortung der Frage, wo sich die Koeffizienten $K_{ij}^{(e)}$ der Elementmatrizen in den Koeffizienten K_{AB} der sogenannten Gesamtsteifigkeitsmatrix **K** wiederfinden, wird die Numerierung der lokalen Freiheitsgrade (i, j = 1 bis 4) in den Bildern 2-1d, e mit der Nummerierung der Freiheitsgrade am Gesamttragwerk in Bild 2-1a (A,B = 1 bis 6) verglichen. Für das Beispiel erhält man folgende "Übereinstimmungstabelle" (Koinzidenztabelle).

Tabelle 2-1 Koinzidenztabelle

Element Nr.	(1)				(2)				(3)			
Element FHG i =	1	2	3	4	1	2	3	4	1	2	3	4
Globale FHG A =	1	2	5	6	1	2	3	4	5	6	3	4

Am einfachsten ist das Einordnen für das Element Nr. (2), da die Nummerierung am Gesamttragwerk mit der des Elementes übereinstimmt. Man braucht also die Elementmatrix $\mathbf{K}_{(2)}$ nur in das linke obere Quadrat der Gesamtsteifigkeitsmatrix zu übertragen. Allgemein muss man nur die Koeffizienten der Elementmatrizen an die Positionen der Gesamtmatrix setzen, die sich aus obiger Tabelle 2-1 ergeben. Für das Element Nr. (1) ergibt sich z.B. daraus das Indexschema der Tabelle 2-2.

Tabelle 2-2 Indexschema für Element (1)

	El. FHG ↓	j = 1 ↓	2 ↓	3 ↓	4 ↓
El. FHG →	Glob. FHG	B = 1	2	5	6
i = 1 →	A = 1	$K_{11} \rightarrow \tilde{K}_{11}$	$K_{12} \rightarrow \tilde{K}_{12}$	$K_{13} \rightarrow \tilde{K}_{15}$	$K_{14} \rightarrow \tilde{K}_{16}$
2 →	2	$K_{21} \rightarrow \tilde{K}_{21}$	$K_{22} \rightarrow \tilde{K}_{22}$	$K_{23} \rightarrow \tilde{K}_{25}$	$K_{24} \rightarrow \tilde{K}_{26}$
3 →	5	$K_{31} \rightarrow \tilde{K}_{51}$	$K_{32} \rightarrow \tilde{K}_{52}$	$K_{33} \rightarrow \tilde{K}_{55}$	$K_{34} \rightarrow \tilde{K}_{56}$
4 →	6	$K_{41} \rightarrow \tilde{K}_{61}$	$K_{42} \rightarrow \tilde{K}_{62}$	$K_{43} \rightarrow \tilde{K}_{65}$	$K_{44} \rightarrow \tilde{K}_{66}$

Allgemein gilt für jedes Element (e):

$$\tilde{K}_{AB}^{(e)} = K_{ij}^{(e)}. \tag{2.6a}$$

(A, B = 1, 2, ... , N = Anzahl der globalen FHG des Tragwerks; i, j = 1, 2, ... , N_e = Anzahl der FHG des e-ten Elementes)

Hier bezeichnet $\tilde{\mathbf{K}}_{(e)}$ die globale Elementsteifigkeitsmatrix in der Indexnummerierung des Gesamttragwerks. Die Gesamtsteifigkeitsmatrix **K** setzt sich aus den Beiträgen der einzelnen Elemente in der Form

$$K_{AB} = \sum_{e} \widetilde{K}^{(e)}_{AB} \qquad (2.6b)$$

(A, B = 1, 2, ... , N; e = 1, 2, ... , N_e)
zusammen. Die Gesamtsteifigkeitsmatrix für das Fachwerk nach Bild 2-1a ist in der Gl. (2.6c) dargestellt. Zur besseren Unterscheidung der Elemente sind die Elementindizes e in Klammern gesetzt.

$$\mathbf{K} = \begin{array}{c} \\ 1 \\ 2 \\ 3 \\ 4 \\ 5 \\ 6 \end{array}\begin{array}{cccccc} 1 & 2 & 3 & 4 & 5 & 6 \\ \left[\begin{array}{c} K^{(1)}_{11}+K^{(2)}_{11} \\ \\ \\ \\ \text{sym.} \\ \\ \end{array}\right. & \begin{array}{c} K^{(1)}_{12}+K^{(2)}_{12} \\ K^{(1)}_{22}+K^{(2)}_{22} \\ \\ \\ \\ \\ \end{array} & \begin{array}{c} K^{(2)}_{13} \\ K^{(2)}_{23} \\ K^{(2)}_{33}+K^{(3)}_{33} \\ \\ \\ \\ \end{array} & \begin{array}{c} K^{(2)}_{14} \\ K^{(2)}_{24} \\ K^{(2)}_{34}+K^{(3)}_{34} \\ K^{(2)}_{44}+K^{(3)}_{44} \\ \\ \\ \end{array} & \begin{array}{c} K^{(1)}_{13} \\ K^{(1)}_{23} \\ K^{(3)}_{31} \\ K^{(3)}_{41} \\ K^{(1)}_{33}+K^{(3)}_{11} \\ \\ \end{array} & \left.\begin{array}{c} K^{(1)}_{14} \\ K^{(1)}_{24} \\ K^{(3)}_{32} \\ K^{(3)}_{42} \\ K^{(1)}_{34}+K^{(3)}_{12} \\ K^{(1)}_{44}+K^{(3)}_{22} \end{array}\right] \end{array} . \qquad (2.6c)$$

Bisher hatten wir den Einbau der Elementmatrizen in die Gesamtsteifigkeitsmatrix rein anschaulich gedeutet. Im Folgenden wollen wir den Zusammenbauvorgang mechanisch deuten und mathematisch formulieren. Wir betrachten dazu das Gesamtwerk in zerlegter Darstellung ("Explosionszeichnung") (Bild 2-3).

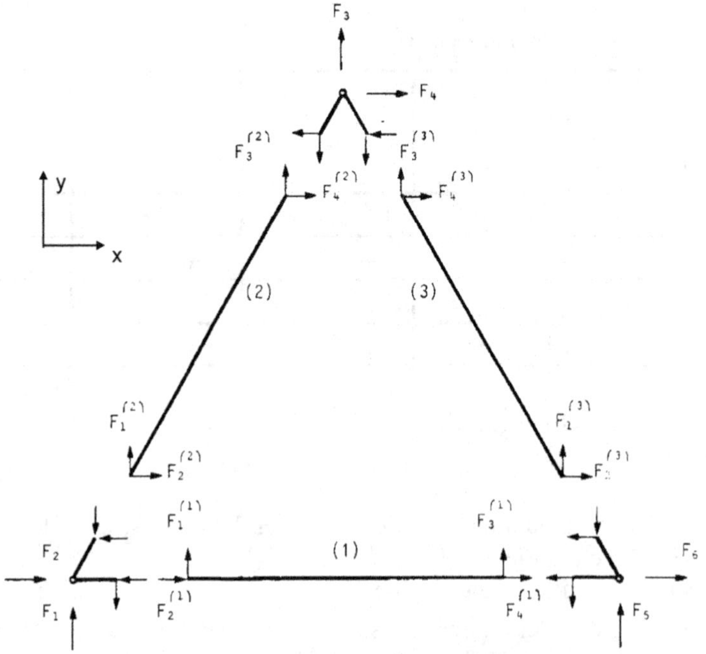

Bild 2-3 Zerlegung des Gesamttragwerks in Elemente

Die Knotenpunkte sind hier durch Schnitte herausgetrennt, wobei als Schnittgrößen die Stabendkräfte in globalen Koordinaten auftreten. Wir bilden nun das Gleichgewicht der Kräfte ($\sum x = 0,\ \sum y = 0$) an jedem Knoten. Man erhält dann folgende Gleichgewichtsbedingungen:

$$
\begin{aligned}
F_1 &= F_1^{(2)} + F_1^{(1)} \;, \\
F_2 &= F_2^{(1)} + F_2^{(2)} \;, \\
F_3 &= F_3^{(2)} + F_3^{(3)} \;, \\
F_4 &= F_4^{(2)} + F_4^{(3)} \;, \\
F_5 &= F_1^{(3)} + F_3^{(1)} \;, \\
F_6 &= F_4^{(1)} + F_2^{(3)} \;.
\end{aligned}
\tag{2.7a}
$$

Wenn wir alle Elementknotenkräfte $F_i^{(e)}$ ($i = 1 - 4;\ e = 1, 2, 3$) in einem Vektor zusammenfassen, so kann man die Gl. (2.7a) in Matrixform ausdrücken:

$$
\begin{bmatrix} F_1 \\ F_2 \\ F_3 \\ F_4 \\ F_5 \\ F_6 \end{bmatrix}
=
\left[
\overset{(e=1)}{\overset{1\quad 2\quad 3\quad 4}{\underbrace{\begin{bmatrix}
1 & & & \\
 & 1 & & \\
 & & & \\
 & & & \\
 & & 1 & \\
 & & & 1
\end{bmatrix}}_{\tilde{\mathbf{T}}^{T}_{(1)}}}}
\;
\overset{(e=2)}{\overset{1\quad 2\quad 3\quad 4}{\underbrace{\begin{bmatrix}
1 & & & \\
 & 1 & & \\
 & & 1 & \\
 & & & 1 \\
 & & & \\
 & & &
\end{bmatrix}}_{\tilde{\mathbf{T}}^{T}_{(2)}}}}
\;
\overset{(e=3)}{\overset{1\quad 2\quad 3\quad 4}{\underbrace{\begin{bmatrix}
 & & & \\
 & & & \\
 & & 1 & \\
 & & & 1 \\
1 & & & \\
 & 1 & &
\end{bmatrix}}_{\tilde{\mathbf{T}}^{T}_{(3)}}}}
\right]
\left[\begin{array}{c}
F_1^{(1)} \\ F_2^{(1)} \\ F_3^{(1)} \\ F_4^{(1)} \\ \hline
F_1^{(2)} \\ F_2^{(2)} \\ F_3^{(2)} \\ F_4^{(2)} \\ \hline
F_1^{(3)} \\ F_2^{(3)} \\ F_3^{(3)} \\ F_4^{(3)}
\end{array}\right] .
\tag{2.7b}
$$

Partitioniert man noch die entstehenden Matrizen elementweise, so kann die Gl. (2.7b) symbolisch durch die Summe folgender Matrizenprodukte beschrieben werden:

$$
\mathbf{F} = \tilde{\mathbf{T}}^{T}_{(1)}\,\mathbf{F}_{(1)} + \tilde{\mathbf{T}}^{T}_{(2)}\,\mathbf{F}_{(2)} + \tilde{\mathbf{T}}^{T}_{(3)}\,\mathbf{F}_{(3)} = \sum_{e=1}^{3} \tilde{\mathbf{T}}^{T}_{(e)}\,\mathbf{F}_{(e)} \;. \tag{2.7c}
$$

Die Gl. (2.7c) besagt, dass sich die globalen Knotenkräfte $\mathbf{F}$ aus der Summe der Elementknoten zusammensetzen. Wir drücken nun die Elementknotenkräfte $\mathbf{F}_{(e)}$ in die Gl. (2.7c) durch die Elementknotenverschiebungen $\mathbf{U}_{(e)}$ nach Gl. (2.4a) aus. Man erhält dann:

$$
\mathbf{F} = \sum_{e=1}^{3} \tilde{\mathbf{T}}^{T}_{(e)}\mathbf{K}_{(e)}\mathbf{U}_{(e)} \;. \tag{2.8}
$$

Als nächstes stellen wir den Zusammenhang zwischen dem Elementverschiebungsvektor $\mathbf{U}_{(e)}$ und dem Gesamtverschiebungsvektor $\mathbf{U}$ her. Für das Element Nr. (1) erhält man aus der Identität der Elementverschiebungen mit den globalen Verschiebungen an den Knoten folgende Beziehung:

$$\begin{bmatrix} U_1 \\ U_2 \\ U_3 \\ U_4 \end{bmatrix}_{(1)} = \begin{bmatrix} U_1 \\ U_2 \\ U_5 \\ U_6 \end{bmatrix} = \begin{array}{c} \begin{matrix} 1 & 2 & 3 & 4 & 5 & 6 \end{matrix} \\ \left[\begin{array}{c|c|c|c|c|c} 1 & & & & & \\ \hline & 1 & & & & \\ \hline & & & & 1 & \\ \hline & & & & & 1 \end{array}\right] \end{array} \begin{bmatrix} U_1 \\ U_2 \\ U_3 \\ U_4 \\ U_5 \\ U_6 \end{bmatrix} , \qquad (2.9a)$$

abgekürzt

$$\mathbf{U}_{(1)} = \tilde{\mathbf{T}}_{(1)} \, \mathbf{U} \, . \qquad (2.9b)$$

Wie der Vergleich mit der Gl. (2.7b) zeigt, ist die Matrix $\tilde{\mathbf{T}}_{(1)}$ gerade die Transponierte von $\tilde{\mathbf{T}}_{(1)}^{T}$. In einem späteren Kapitel wird gezeigt, dass dies kein Zufall ist, sondern mit Hilfe des Prinzips der virtuellen Verschiebungen hergeleitet werden kann. Allgemein gilt also für das Element (e)

$$\mathbf{U}_{(e)} = \tilde{\mathbf{T}}_{(e)} \, \mathbf{U} \, . \qquad (2.9c)$$

Diese Beziehung wird in die Gl. (2.8) eingesetzt und man erhält

$$\boxed{\mathbf{F} = \mathbf{K} \, \mathbf{U}} \qquad (2.10a)$$

mit

$$\mathbf{K} = \sum_{e} (\tilde{\mathbf{T}}^{T} \, \mathbf{K} \tilde{\mathbf{T}})_{(e)} = \sum_{e} \tilde{\mathbf{K}}_{(e)} \, . \qquad (2.10b)$$

Die Gl. (2.10b) ist die mathematische Vorschrift für den Zusammenbau der Gesamtsteifigkeitsmatrix $\mathbf{K}$ aus den Elementmatrizen $\mathbf{K}_{(e)}$. Die Matrizen $\tilde{\mathbf{T}}_{(e)}$ heißen Koinzidenzmatrizen. Die durch das Matrizenprodukt in Gl. (2.10b) ausgedrückte Transformation $\tilde{\mathbf{K}}_{(e)} = (\tilde{\mathbf{T}}^{T} \, \mathbf{K} \, \tilde{\mathbf{T}})_{(e)}$ heißt <u>Koinzidenztransformation</u>. Die Koinzidenzmatrizen $\tilde{\mathbf{T}}_{(e)}$ bestehen nur aus Einsen und Nullen. Dies hat zur Folge, dass die Koinzidenztransformation nichts anderes als ein Einsortieren der Elementmatrizen in die Gesamtmatrix bewirkt. Wir können dies durch Ausmultiplizieren des Matrizenprodukts in der Gl. (2.10b) zeigen. Das Produkt für das Element Nr. (1), $\tilde{\mathbf{K}}_{(1)} = (\tilde{\mathbf{T}}^{T} \mathbf{K} \tilde{\mathbf{T}})_{(1)}$, lautet

$$
\tilde{\mathbf{K}}_{(1)} = \begin{array}{c} \\ 1 \\ 2 \\ 3 \\ 4 \\ 5 \\ 6 \end{array} \begin{array}{c} \begin{array}{cccccc} 1 & 2 & 3 & 4 & 5 & 6 \end{array} \\ \left[\begin{array}{c:c:c:c:c:c} K_{11}^{(1)} & K_{12}^{(1)} & & & K_{13}^{(1)} & K_{14}^{(1)} \\ \hdashline & K_{22}^{(1)} & & & K_{23}^{(1)} & K_{24}^{(1)} \\ \hdashline & & & & & \\ \hdashline & & & & & \\ \hdashline & \text{sym.} & & & K_{33}^{(1)} & K_{34}^{(1)} \\ \hdashline & & & & & K_{44}^{(1)} \end{array}\right] \end{array} . \qquad (2.10c)
$$

Dieses Ergebnis ist das gleiche wie das in dem Indexschema der Tabelle 2-2 und in der Gesamtsteifigkeitsmatrix (2.6c) angegebene. Das Indexschema stellt rechentechnisch eine erhebliche Vereinfachung gegenüber der formalen Koinzidenztransformation nach Gl. (2.10b) dar, die man sich selbstverständlich auch bei der Programmierung zunutze macht. Im nächsten Schritt werden die Randbedingungen eingeführt.

Wir wollen den allgemeinen Fall betrachten, dass an allen Lagern Verschiebungen vorgegeben seien (im Grenzfall also auch zu Null). Wir können dann den Verschiebungsvektor in zwei Klassen einteilen:

Klasse a: unbekannte Verschiebungen U_3 und U_6
angeordnet im Vektor $\mathbf{U}_a$,

Klasse b: bekannte Verschiebungen U_1 , U_2 , U_4 und U_5
angeordnet im Vektor $\mathbf{U}_b$.

Die Kräfte teilen wir auf in:

Klasse a: bekannte Kräfte F_3 und F_6 angeordnet in Vektor $\mathbf{F}_a$. Man bemerke, dass sich unbekannte Verschiebungen und bekannte Kräfte in der Klasse a befinden, da ja nur an den Stellen, an denen eine Verschiebung unbehindert ist, äußere Kräfte vorgegeben werden können,

Klasse b: unbekannte Kräfte (Lagerreaktionen) F_1, F_2, F_4 und F_5 angeordnet im Vektor $\mathbf{F}_b$.

Wir können jetzt die Gl. (2.5a) noch einmal hinschreiben, wobei wir nun aber die Kräfte und Verschiebungen entsprechend der Klasseneinteilung sortiert haben. Symbolisch geschrieben erhält man:

$$
\begin{bmatrix} \mathbf{F}_a \\ \mathbf{F}_b \end{bmatrix} = \left[\begin{array}{c:c} \mathbf{K}_{aa} & \mathbf{K}_{ab} \\ \hdashline \mathbf{K}_{ba} = \mathbf{K}_{ab}^{T} & \mathbf{K}_{bb} \end{array}\right] \begin{bmatrix} \mathbf{U}_a \\ \mathbf{U}_b \end{bmatrix} , \qquad (2.11a)
$$

ausgeschrieben:

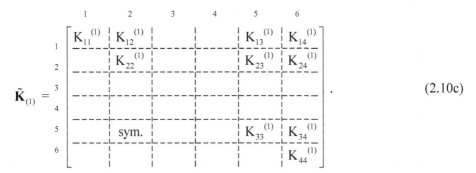

$$
\begin{array}{c} \mathbf{F}_a \\ \\ \mathbf{F}_b \end{array}
\begin{bmatrix} F_3 \\ F_6 \\ \hline F_1 \\ F_2 \\ F_4 \\ F_3 \end{bmatrix}
=
\begin{bmatrix}
\overset{3}{K_{33}} & \overset{6}{K_{36}} & \overset{1}{K_{31}} & \overset{2}{K_{32}} & \overset{4}{K_{34}} & \overset{5}{K_{35}} \\
 & K_{66} & K_{61} & K_{62} & K_{64} & K_{65} \\ \hline
 & & K_{11} & K_{12} & K_{14} & K_{15} \\
 & & & K_{22} & K_{24} & K_{25} \\
 & \text{sym.} & & & K_{44} & K_{45} \\
 & & & & & K_{55}
\end{bmatrix}
\begin{bmatrix} U_3 \\ U_6 \\ \hline U_1 \\ U_2 \\ U_4 \\ U_5 \end{bmatrix}
\begin{array}{c} \mathbf{U}_a \\ \\ \mathbf{U}_b \end{array}
\quad . \tag{2.11b}
$$

Man sieht, dass sich die Koeffizienten der Untermatrizen $\mathbf{K}_{aa}$ - $\mathbf{K}_{bb}$ durch Umsortieren der Steifigkeitsmatrix $\mathbf{K}$ in Gl. (2.5a) ergeben. Nach diesem Sortierungsvorgang können wir die beiden in Gl. (2.11a) enthaltenen Matrizengleichungen nach den unbekannten Vektoren auflösen. Aus der ersten Zeile erhalten wir

$$\mathbf{F}_a = \mathbf{K}_{aa}\,\mathbf{U}_a + \mathbf{K}_{ab}\,\mathbf{U}_b\ . \tag{2.11c}$$

Aufgelöst nach $\mathbf{U}_a$ liefert

$$\mathbf{U}_a = (\mathbf{K}_{aa})^{-1}(\mathbf{F}_a - \mathbf{K}_{ab}\,\mathbf{U}_b)\ . \tag{2.12a}$$

Im Sonderfall starrer Lager ($\mathbf{U}_b = 0$) wird

$$\mathbf{U}_a = (\mathbf{K}_{aa})^{-1}\,\mathbf{F}_a\ . \tag{2.12b}$$

Alle statischen FEM-Probleme führen am Ende auf ein derartiges lineares Gleichungssystem zur Berechnung der unbekannten Verschiebungsgrößen $\mathbf{U}_a$. In der Praxis können dabei viele tausend Unbekannte auftreten. Hieraus ergibt sich die Bedeutung der rechentechnischen Verfahren zur Auflösung derartiger Gleichungssysteme auf dem Computer. Nachdem die Verschiebungen $\mathbf{U}_a$ aus Gl. (2.12) berechnet wurden, können als nächstes die unbekannten Kraftgrößen $\mathbf{F}_b$ aus der zweiten Zeile von Gl. (2.11a) bestimmt werden. Man erhält

$$\mathbf{F}_b = (\mathbf{K}_{ab})^T\,\mathbf{U}_a + \mathbf{K}_{bb}\,\mathbf{U}_b\ . \tag{2.13}$$

Zur Berechnung der Stabkräfte gehen wir zurück auf die Elementebene. Die Gl. (2.1) liefert uns die Stabkräfte an den Stabenden in Richtung der Stabachse:

$$\mathbf{f}_{(e)} = \mathbf{k}_{(e)}\,\mathbf{u}_{(e)}\ . \tag{2.1b}$$

Mit Hilfe der Gln. (2.2) drücken wir zunächst den lokalen Verschiebungsvektor $\mathbf{u}_{(e)}$ durch den globalen Vektor $\mathbf{U}_{(e)}$ aus. Es ergibt sich:

$$\mathbf{f}_{(e)} = \mathbf{k}_{(e)}\,\mathbf{T}_{(e)}\,\mathbf{U}_{(e)}\ . \tag{2.14a}$$

Der Verschiebungsvektor $\mathbf{U}_{(e)}$ wird nun mit Hilfe der Gl. (2.9c) durch den Gesamtverschiebungsvektor $\mathbf{U}$ ausgedrückt. Dies liefert dann den Zusammenhang zwischen den Normalkräften im Stab (e) und dem nach der Lösung des Gesamtgleichungssystems (2.12) bekannten Gesamtverschiebungsvektor $\mathbf{U}$:

$$\mathbf{f}_{(e)} = \mathbf{k}_{(e)}\ \mathbf{T}_{(e)}\ \widetilde{\mathbf{T}}_{(e)}\ \mathbf{U}\ . \tag{2.14b}$$

Der gesamte Berechnungsvorgang der FEM lässt sich in dem Blockdiagramm, Bild 2-4, zusammenfassen. Entscheidend dabei ist nun, dass sich an dem Berechnungsfluss unabhängig von der jeweiligen Anwendung grundsätzlich nichts ändert. Dadurch ist der Vorgang auf einem Computer automatisierbar, so dass sich für den individuellen Anwendungsfall nur die Eingabedaten ändern.

1	Eingabe: Geometrie des Tragwerks (Knotenpunktskoordinaten), Werkstoffe, Querschnittswerte, Lage der Elemente (Koinzidenztabelle), Randbedingungen und Lasten

↓

2	Aufstellen der Elementsteifigkeitsmatrix und Transformation auf globale Koordinaten nach Gl.(2.4b)

↓

3	Zusammenbau der Gesamtsteifigkeitsmatrix nach Tab.2.2

↓

4	Einführung der Randbedingungen nach Gl.(2.11)

↓

5	Berechnung der Verschiebungen nach Gleichung (2.12)

↓

6	Rückrechnung: Lagerreaktion nach Gl.(2.13) Schnittgrößen nach Gl.(2.14)

Bild 2-4 Blockbild für den Berechnungsfluss nach der Methode der Finiten Elemente

Wir wollen den Berechnungsfluss an einem konkreten Zahlenbeispiel vorführen.

Block 1: Eingabedaten für das Fachwerk nach Bild 2-1

a) Geometrie: $\ell_{(1)} = \ell,\ \ell_{(2)} = \ell_{(3)} = \sqrt{2}\,\ell/2$,

$\alpha_{(1)} = 0,\ \alpha_{(2)} = 45°,\ \alpha_{(3)} = 135°$

b) Werkstoff: Elastizitätsmodul der Stäbe $E_{(1)} = E_{(2)} = E_{(3)} = E$

c) Querschnittsflächen: $A_{(1)} = A,\quad A_{(2)} = A_{(3)} = A\sqrt{2}$

d) Koinzidenztabelle nach Tab. 2-1

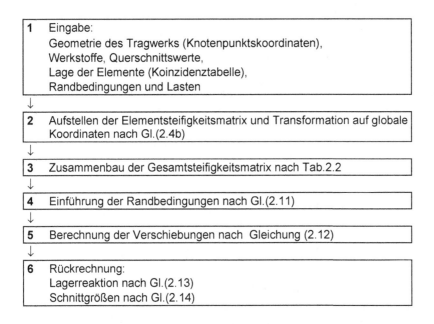

e) Randbedingungen

Klasse a (unbekannte Verschiebungen, bekannte Kräfte):

$$\mathbf{U}_a = \begin{bmatrix} U_3 \\ U_6 \end{bmatrix}, \quad \mathbf{F}_a = \begin{bmatrix} F_3 \\ F_6 \end{bmatrix} = F \begin{bmatrix} 3 \\ 2 \end{bmatrix}.$$

Klasse b (bekannte Verschiebungen, unbekannte Kräfte):

$$\mathbf{U}_b = \begin{bmatrix} U_1 \\ U_2 \\ U_4 \\ U_5 \end{bmatrix} = \begin{bmatrix} U \\ 0 \\ 0 \\ 0 \end{bmatrix}, \quad \mathbf{F}_b = \begin{bmatrix} F_1 \\ F_2 \\ F_4 \\ F_5 \end{bmatrix}.$$

Block 2: Berechnung der Elementmatrizen in globalen Koordinaten

Aus Gl. (2.4c) folgt:

$$\mathbf{K}_{(1)} = \frac{EA}{\ell} \begin{bmatrix} 0 & 0 & 0 & 0 \\ & 1 & 0 & -1 \\ \text{sym.} & & 0 & 0 \\ & & & 1 \end{bmatrix}, \quad \mathbf{K}_{(2)} = \frac{EA}{\ell} \begin{bmatrix} 1 & 1 & -1 & -1 \\ & 1 & -1 & -1 \\ \text{sym.} & & 1 & 1 \\ & & & 1 \end{bmatrix},$$

$$\mathbf{K}_{(3)} = \frac{EA}{\ell} \begin{bmatrix} 1 & -1 & -1 & 1 \\ & 1 & 1 & -1 \\ \text{sym.} & & 1 & -1 \\ & & & 1 \end{bmatrix}.$$

Block 3: Zusammenbau der Gesamtsteifigkeitsmatrix

Obgleich sich die Position der einzelnen Elementmatrizen bereits aus der Gl. (2.6c) ergibt, soll die Arbeit mit dem Koinzidenzschema wegen seiner Wichtigkeit noch einmal im Detail gezeigt werden. Das Indexschema für das Element (1) ist bereits in der Tab. 2.2 angegeben. Man erhält daraus die in der Gl. (2.10c) angegebene Matrix

$$\tilde{\mathbf{K}}_{(1)} = \frac{EA}{\ell} \left[\begin{array}{c|c|c|c|c|c} 0 & 0 & & & 0 & 0 \\ \hline 0 & 1 & & & 0 & -1 \\ \hline & & & & & \\ \hline & & & & & \\ \hline 0 & 0 & & & 0 & 0 \\ \hline 0 & -1 & & & 0 & 1 \end{array} \right]. \qquad (2.10c)$$

Die Koinzidenztabelle 2-1 zeigt für das Element (2) eine vollständige Übereinstimmung der Elementfreiheitsgrade mit den globalen Freiheitsgraden. Die Indizes der Elementmatrix sind daher identisch mit denen der Gesamtmatrix. Man erhält also:

$$\tilde{\mathbf{K}}_{(2)} = \frac{EA}{\ell}\left[\begin{array}{c|c|c|c|c|c} 1 & 1 & -1 & -1 & & \\ \hline 1 & 1 & -1 & -1 & & \\ \hline -1 & -1 & 1 & 1 & & \\ \hline -1 & -1 & 1 & 1 & & \\ \hline & & & & & \\ \hline & & & & & \end{array}\right].$$

Das folgende Indexschema für das Element (3) liefert die Positionen A, B der Koeffizienten $K_{ij}^{(3)}$ (i, j = 1 – 4) in der Gesamtmatrix (siehe auch Gl. (2.6c)).

j ↓ B / i → A	1 ↓ 5	2 ↓ 6	3 ↓ 3	4 ↓ 4
1 → 5	→ 55	→ 56	→ 53	→ 54
2 → 6	→ 65	→ 66	→ 63	→ 64
3 → 3	→ 35	→ 36	→ 33	→ 34
4 → 4	→ 45	→ 46	→ 43	→ 44

Daraus ergibt sich:

$$\tilde{\mathbf{K}}_{(3)} = \frac{EA}{\ell}\left[\begin{array}{c|c|c|c|c|c} & & & & & \\ \hline & & & & & \\ \hline & & 1 & -1 & -1 & 1 \\ \hline & & -1 & 1 & 1 & -1 \\ \hline & & -1 & 1 & 1 & -1 \\ \hline & & 1 & -1 & -1 & 1 \end{array}\right].$$

Die Überlagerung der drei Matrizen $\tilde{\mathbf{K}}_{(e)}$ gemäß Gl. (2.6b) liefert die Gesamtsteifigkeitsmatrix **K** zu

$$\mathbf{K} = \frac{EA}{\ell}\begin{bmatrix} 1 & 1 & -1 & -1 & 0 & 0 \\ 1 & 2 & -1 & -1 & 0 & -1 \\ -1 & -1 & 2 & 0 & -1 & 1 \\ -1 & -1 & 0 & 2 & 1 & -1 \\ 0 & 0 & -1 & 1 & 1 & -1 \\ 0 & -1 & 1 & -1 & -1 & 2 \end{bmatrix}.$$

Block 4: Einführung der Randbedingungen

Die Unterteilung der Gesamtsteifigkeitsmatrix **K** wurde bereits in der Gl. (2.11b) vorgenommen. Wir brauchen daher nur noch die entsprechenden Zahlenwerte zu übertragen.

$$\mathbf{K}_{aa} = \begin{bmatrix} K_{33} & K_{36} \\ K_{63} & K_{66} \end{bmatrix} = \frac{EA}{\ell}\begin{bmatrix} 2 & 1 \\ 1 & 2 \end{bmatrix},$$

$$\mathbf{K}_{ab} = \begin{bmatrix} K_{31} & K_{32} & K_{34} & K_{35} \\ K_{61} & K_{62} & K_{64} & K_{65} \end{bmatrix} = \frac{EA}{\ell}\begin{bmatrix} -1 & -1 & 0 & -1 \\ 0 & -1 & -1 & -1 \end{bmatrix},$$

$$\mathbf{K}_{bb} = \begin{bmatrix} K_{11} & K_{12} & K_{14} & K_{15} \\ & K_{22} & K_{24} & K_{25} \\ & & K_{44} & K_{45} \\ \text{sym.} & & & K_{55} \end{bmatrix} = \frac{EA}{\ell}\begin{bmatrix} 1 & 1 & -1 & 0 \\ & 2 & -1 & 0 \\ & & 2 & 1 \\ \text{sym.} & & & 1 \end{bmatrix}.$$

Block 5: Lösung des Gleichungssystems

Die Lösung des Gleichungssystems ist in der Gl. (2.12) formal mit Hilfe der inversen $\mathbf{K}_{aa}$-Matrix angegeben worden. In der praktischen Realisierung der Lösung mit Hilfe des Computers wird das Gleichungssystem direkt mit Hilfe numerischer Eliminationsverfahren (siehe z. B.[1)-4)]) gelöst. Für das vorliegende "Handberechnungsbeispiel" mit nur zwei unbekannten Verschiebungen kann die Inverse formelmässig angegeben werden. Sie lautet:

$$(\mathbf{K}_{aa})^{-1} = \frac{1}{\det\ \mathbf{K}_{aa}}\begin{bmatrix} K_{22} & -K_{12} \\ -K_{21} & K_{11} \end{bmatrix} = \frac{\ell}{3EA}\begin{bmatrix} 2 & -1 \\ -1 & 2 \end{bmatrix}.$$

Der unbekannte Verschiebungsvektor $\mathbf{U}_a$ lässt sich nun formal aus den Matrizenprodukten der Gl. (2.12a) berechnen.

$$\begin{bmatrix} U_3 \\ U_6 \end{bmatrix} = \frac{\ell}{3EA}\begin{bmatrix} 2 & -1 \\ -1 & 2 \end{bmatrix}\left[F\begin{bmatrix} 3 \\ 2 \end{bmatrix} - \frac{EA}{\ell}\begin{bmatrix} -1 & -1 & 0 & -1 \\ 0 & -1 & -1 & -1 \end{bmatrix}\begin{bmatrix} U \\ 0 \\ 0 \\ 0 \end{bmatrix}\right],$$

$$\begin{bmatrix} U_3 \\ U_6 \end{bmatrix} = \frac{F\ell}{3EA}\begin{bmatrix} 4 \\ 1 \end{bmatrix} + \frac{U}{3}\begin{bmatrix} 2 \\ -1 \end{bmatrix}.$$

Block 6: Rückrechnung

1) Die Lagerreaktionen werden nach Gl. (2.13) aus folgenden Matrizenprodukten berechnet:

[1)] Zurmühl (1992), [2)] Wilkinson, Reinsch (1971), [3)] Fadeejew (1976), [4)] Schaback, Werner (1993)

$$\begin{bmatrix} F_1 \\ F_2 \\ F_4 \\ F_5 \end{bmatrix} = \frac{EA}{\ell}\begin{bmatrix} -1 & 0 \\ -1 & -1 \\ 0 & -1 \\ -1 & -1 \end{bmatrix}\left(\frac{F\ell}{3\,EA}\begin{bmatrix} 4 \\ 1 \end{bmatrix} + \frac{U}{3}\begin{bmatrix} 2 \\ -1 \end{bmatrix}\right) + \frac{EA}{\ell}\begin{bmatrix} 1 & 1 & -1 & 0 \\ 1 & 2 & -1 & 0 \\ -1 & -1 & 2 & 1 \\ 0 & 0 & 1 & 1 \end{bmatrix}\begin{bmatrix} U \\ 0 \\ 0 \\ 0 \end{bmatrix}$$

$$= -\frac{F}{3}\begin{bmatrix} 4 \\ 5 \\ 1 \\ 5 \end{bmatrix} + \frac{EAU}{3\ell}\begin{bmatrix} 1 \\ 2 \\ -2 \\ -1 \end{bmatrix}.$$

Kontrolle: Gleichgewicht der Kräfte am Gesamttragwerk
Summe der Kräfte in y-Richtung:

$$F_1 + F_3 + F_5 \triangleq 0: \quad -\frac{4}{3}F + \frac{EAU}{3\ell} + 3F - \frac{5}{3}F - \frac{EAU}{3\ell} = 0 \quad .$$

Summe der Kräfte in x-Richtung:

$$F_2 + F_4 + F_6 \triangleq 0: \quad -\frac{5}{3}F + \frac{2\,EAU}{3\ell} - \frac{F}{3} - \frac{2\,EAU}{3\ell} + 2F = 0 \quad .$$

Das Gleichgewicht ist damit gewährleistet. Die Gleichgewichtskontrolle ermöglicht die Kontrolle darüber, ob der Zusammenbau der Gesamtmatrix richtig ist, und ob das Gleichungssystem richtig gelöst worden ist. Sie erlaubt keine Aussage über die Richtigkeit der Elementmatrizen.

2) Berechnung der Schnittgrößen
Die Gl.(2.14) liefert zusammen mit den Transformationsmatrizen $\mathbf{T}_{(e)}$ Gl.(2.2), die Elementschnittgrößen aus folgenden Matrizenprodukten:

$$\mathbf{f}_{(e)} = \mathbf{K}_{(e)}\,\mathbf{T}_{(e)}\,\mathbf{U}_{(e)},$$

$$\begin{bmatrix} f_1 \\ f_2 \end{bmatrix}_{(1)} = \frac{EA}{\ell}\begin{bmatrix} 1 & -1 \\ -1 & 1 \end{bmatrix}\begin{bmatrix} 0 & 1 & 0 & 0 \\ 0 & 0 & 0 & 1 \end{bmatrix}\begin{bmatrix} U_1 \\ U_2 \\ U_5 \\ U_6 \end{bmatrix} = \frac{EAU_6}{\ell}\begin{bmatrix} -1 \\ 1 \end{bmatrix},$$

$$\begin{bmatrix} f_1 \\ f_2 \end{bmatrix}_{(2)} = \frac{2\,EA}{\ell}\begin{bmatrix} 1 & -1 \\ -1 & 1 \end{bmatrix}\frac{\sqrt{2}}{2}\begin{bmatrix} 1 & 1 & 0 & 0 \\ 0 & 0 & 1 & 1 \end{bmatrix}\begin{bmatrix} U_1 \\ U_2 \\ U_3 \\ U_4 \end{bmatrix} = \frac{\sqrt{2}\,EA}{\ell}\begin{bmatrix} U - U_3 \\ U_3 - U \end{bmatrix},$$

$$\begin{bmatrix} f_1 \\ f_2 \end{bmatrix}_{(3)} = \frac{2\,EA}{\ell} \begin{bmatrix} 1 & -1 \\ -1 & 1 \end{bmatrix} \frac{\sqrt{2}}{2} \begin{bmatrix} 1 & -1 & 0 & 0 \\ 0 & 0 & 1 & -1 \end{bmatrix} \begin{bmatrix} U_5 \\ U_6 \\ U_3 \\ U_4 \end{bmatrix} = \frac{\sqrt{2}\,EA}{\ell} \begin{bmatrix} -U_3 - U_6 \\ U_3 + U_6 \end{bmatrix}$$

Die Gln. (2.1) - (2.14) stellen das formale Gerippe aller FEM-Programmsysteme in der Statik dar. Sie gelten für jedes beliebige Tragwerk, es ändern sich lediglich die Inhalte (Koeffizienten) der Matrizen. Die wichtigsten Eigenschaften der FEM lassen sich daran bereits erkennen:

- Die Möglichkeit der Automatisierung des Berechnungsablaufs auf dem Computer,
- die Möglichkeit, verschiedene Typen von Elementen zu kombinieren, z.B. Balken-, Scheiben-, Plattenelemente, wodurch die Modellierung sehr komplizierter Strukturen ermöglicht wird. In dem Bild 2-5 sind einige Elemente dargestellt, die auch im Rahmen dieses Buches behandelt werden,
- die Möglichkeit, beliebige Randbedingungen und Belastungszustände einzuführen,
- die große Anzahl von Verschiebungsfreiheitsgraden bei realen Tragwerken und damit die Bedeutung der numerischen Verfahren zur Auflösung großer Gleichungssysteme auf dem Computer (manchmal mehrere hunderttausend Freiheitsgrade) und
- die große Menge der Ein- und Ausgabedaten bei realen Tragwerken.

Im Kap. 12 sind einige typische Finite-Elemente-Modelle realer Tragwerke mit typischen Berechnungsergebnissen zusammengestellt. In den bisher abgeleiteten Gleichungen lässt sich eine wichtige Eigenschaft der FEM nicht erkennen: ihr Näherungscharakter bei Flächen- und Körpertragwerken. Bei diesen Tragwerkselementen ist es nämlich nicht möglich, eine exakte Elementsteifigkeitsmatrix so wie beim Stab herzuleiten. Stattdessen ist es erforderlich, bestimmte Annahmen über den Verlauf von Verformungen (und/oder auch von Spannungen) innerhalb des Elementes zu machen, die dann zu einer angenäherten Elementsteifigkeitsmatrix und damit auch nur einem angenäherten Modell des Tragwerks führen. Es wird gezeigt werden, dass die FEM-Näherung eine Verallgemeinerung des Ritzschen Verfahrens darstellt, das seit langem zur näherungsweisen Lösung von Variationsproblemen der mathematischen Physik bekannt ist. Durch die Rückführung auf das Ritzsche Verfahren können die dafür gültigen Konvergenzbedingungen auch auf die FEM übertragen werden. Im Hinblick auf die Flächen- und Volumenelemente sowie auf die Herleitung der FEM als verallgemeinertes Ritzsches Verfahren werden im folgenden Kapitel die Grundgleichungen der Elastizitätstheorie behandelt.

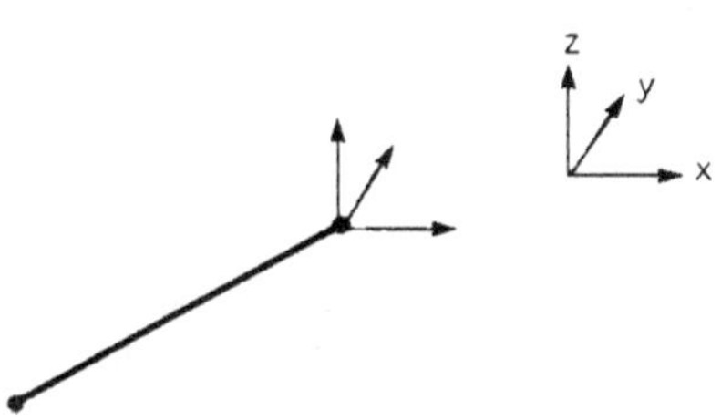

a) Zug/Druck - Stab

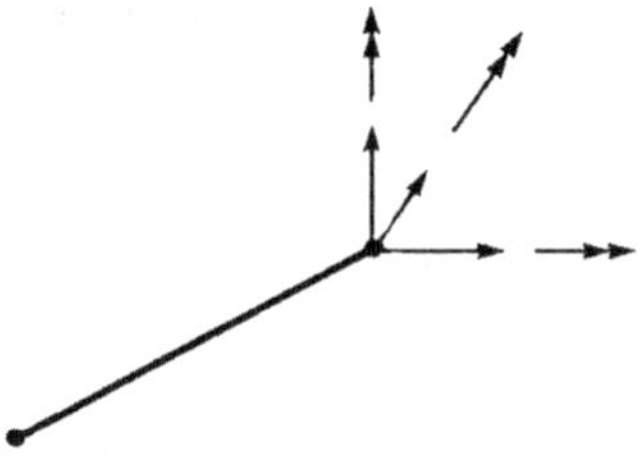

b) Balken

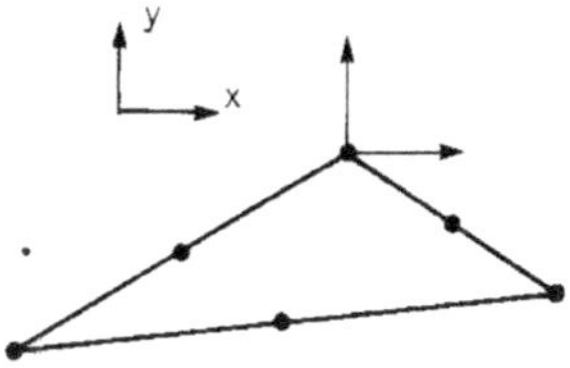

c) ebene Scheibe

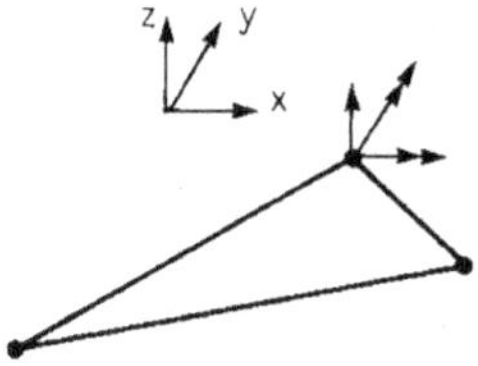

d) ebene Platte

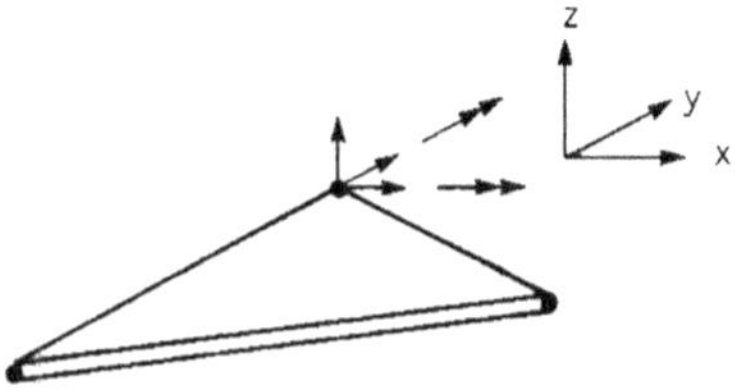

e) ebenes Schalenelement

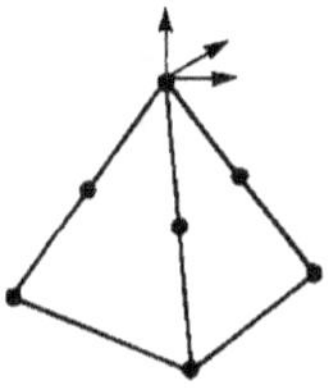

f) Volumenelement

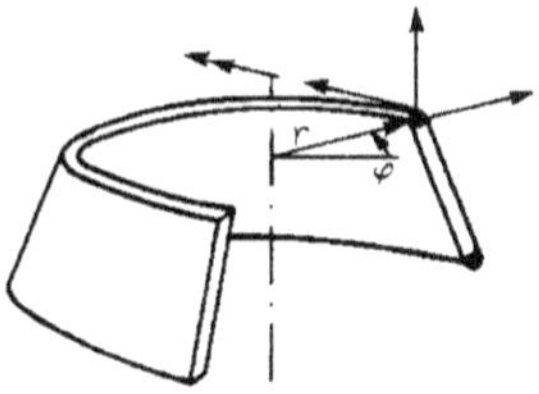

g) Rotationsschale

Bild 2-5 Einige wichtige Elementtypen

3 Grundgleichungen der linearen Elastizitätstheorie

Die Grundgleichungen werden hier für den zweidimensionalen Fall abgeleitet. Die Erweiterungen auf den dreidimensionalen Fall werden formal angegeben. Alle Sonderformen von Tragwerkselementen, zu denen unsere technisch wichtigen Elemente wie z. B. Stab und Scheibe gehören, ergeben sich aus Vereinfachungen dieser Grundgleichungen durch entsprechende Annahmen über Kraft- und Verschiebungsverlauf. Es werden nur die Grundgleichungen abgeleitet, ohne dass wir auf ihre Lösung eingehen wollen. Die Grundgleichungen sind gekoppelte partielle Differentialgleichungen, deren direkte Lösung im Allgemeinen nicht möglich ist und auch nicht in diesen Rahmen gehört.

3.1 Gleichgewichtsbedingungen

Die Herleitung erfolgt für den ebenen Fall einer Scheibe der Dicke 1. Man schneidet aus einem Körper eine infinitesimal kleine Scheibe mit den Kantenlängen dx und dy heraus und trägt die Spannungen an den Schnittufern an. Außerdem soll der Körper unter Einwirkung äußerer, gleichmäßig verteilter spezifischer Volumenkräfte (z.B. spezifisches Gewicht oder entsprechende Trägheitskräfte) p_x und p_y stehen.

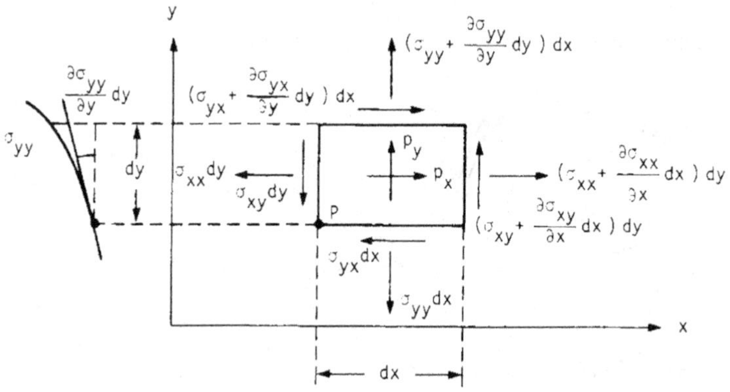

Bild 3-1 Spannungen am Element

(Pfeile in pos. Koordinatenrichtung am pos. Schnittufer, 1. Index ≙ Schnitt, 2. Index ≙ Richtung des Spannungspfeils). Die Spannungen ändern sich innerhalb des Körpers nach irgendeinem noch unbekannten Verlauf (z.B. σ_{yy} im Bild links). Da der Körper jedoch infinitesimal klein ist, können wir die Spannungen in eine Taylorreihe entwickeln und diese nach dem 1. Glied abbrechen. Wir müssen die partielle Ableitung verwenden, da σ eine Funktion mehrerer Veränderlicher ist. Gleichgewicht kann nur zwischen Kräften und nicht zwischen Spannungen hergestellt werden. Man muss die Spannungen daher an jedem Schnittufer mit der zugehörigen Fläche multiplizieren. Das Gleichgewicht der Momente um den Eckpunkt P liefert:

$$0 = -\sigma_{xy}\,dx\,dy + \sigma_{yx}\,dx\,dy - \frac{\partial\sigma_{xy}}{\partial x}dx^2dy + \frac{\partial\sigma_{yx}}{\partial y}dx\,dy^2 + \ldots + p_x\frac{dx\,dy^2}{2} - p_y\frac{dx^2dy}{2}\ .$$

Da wir die Taylorreihe nach dem 1. Glied abbrechen (kleine Verformungen), können alle quadratischen Ausdrücke in den Differentialen vernachlässigt werden. In obiger Gleichung bleibt daher nur die Beziehung

$$\sigma_{xy} = \sigma_{yx} \tag{3.1a}$$

übrig. Dies ist die bekannte Beziehung von der paarweisen Gleichheit der Schubspannungen an rechtwinkligen Ecken. Im Allgemeinen dreidimensionalen Fall gilt außerdem

$$\sigma_{xz} = \sigma_{zx}\ , \tag{3.1b}$$

$$\sigma_{yz} = \sigma_{zy}\ . \tag{3.1c}$$

Das Gleichgewicht der Kräfte in x- Richtung erfordert:

$$0 = -\,\sigma_{xx}\,dy - \sigma_{yx}\,dx + (\sigma_{xx} + \frac{\partial\sigma_{xx}}{\partial x}dx)\,dy + (\sigma_{yx} + \frac{\partial\sigma_{yx}}{\partial y}dy)\,dx + p_x\,dxdy\ ,$$

oder

$$\frac{\partial\sigma_{xx}}{\partial x} + \frac{\partial\sigma_{yx}}{\partial y} = -p_x\ . \tag{3.2a}$$

Für das Gleichgewicht in y- Richtung ergibt sich entsprechend

$$\frac{\partial\sigma_{yy}}{\partial y} + \frac{\partial\sigma_{xy}}{\partial x} = -p_y\ . \tag{3.2b}$$

Diese Gleichungen können in Matrixform geschrieben werden

$$\begin{bmatrix} \frac{\partial}{\partial x} & 0 & \frac{\partial}{\partial y} \\ 0 & \frac{\partial}{\partial y} & \frac{\partial}{\partial x} \end{bmatrix} \begin{bmatrix} \sigma_{xx} \\ \sigma_{yy} \\ \sigma_{xy} \end{bmatrix} = -\begin{bmatrix} p_x \\ p_y \end{bmatrix}, \tag{3.2c}$$

oder

$$\boxed{\mathbf{d}^T\boldsymbol{\sigma} = -\mathbf{p}}\ . \tag{3.2d}$$

Im dreidimensionalen Fall gilt

$$\mathbf{d}^T = \begin{bmatrix} \frac{\partial}{\partial x} & 0 & 0 & \frac{\partial}{\partial y} & \frac{\partial}{\partial z} & 0 \\ 0 & \frac{\partial}{\partial y} & 0 & \frac{\partial}{\partial x} & 0 & \frac{\partial}{\partial z} \\ 0 & 0 & \frac{\partial}{\partial z} & 0 & \frac{\partial}{\partial x} & \frac{\partial}{\partial y} \end{bmatrix}, \tag{3.3}$$

$$\boldsymbol{\sigma}^T = \begin{bmatrix} \sigma_{xx} & \sigma_{yy} & \sigma_{zz} & \sigma_{xy} & \sigma_{xz} & \sigma_{yz} \end{bmatrix}. \tag{3.4a}$$

Der Vektor $\boldsymbol{\sigma}$ enthält also je nach Dimension q Komponenten mit q = 1, 3 oder 6 im ein-, zwei- oder dreidimensionalen Fall, d.h. es gilt:

$$\boldsymbol{\sigma} = \quad [\sigma_i] \quad (i = 1, 2, \ldots, q)\ . \tag{3.4b}$$

Dies sind die Gleichgewichtsbedingungen wie sie innerhalb eines Körpers an jedem Punkt erfüllt sein müssen. Nach dem Sonderfall der Scheibe (Gln.3.2) wollen wir noch den Sonderfall des Stabes, d.h. einen eindimensionalen Körper, betrachten. Nehmen wir an, der Stab erstreckt sich in x- Richtung (y- Abmessungen klein gegen x), dann sind die Änderungen der Spannungen in Querrichtung null. Aus Gl. (3.2a) verbleibt nun noch

$$\frac{\partial \sigma_{xx}}{\partial x} = -p_x\ .$$

Führt man die Stabkraft N = σ_{xx} A (A= Querschnittsfläche) ein, so erhält man daraus die bekannte Differentialgleichung

$$\frac{\partial N}{\partial x} = -p_x A = -g$$

für den im Bild 3-2 skizzierten Zug/Druckstab unter verteilten Längskräften g = const.

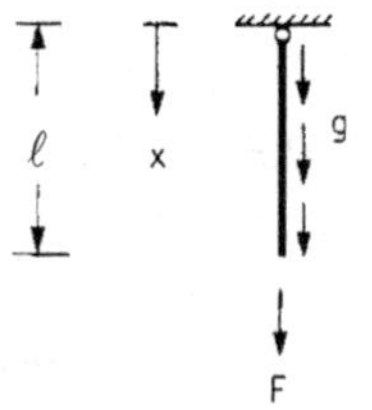

Bild 3-2 Zug/Druckstab

Die Integration dieser Gleichung liefert

$$N = -gx + c\ .$$

Die Integrationskonstante c erhält man aus der Randbedingung

$$N_{(x=\ell)} = F = -g\ell + c \ \rightarrow \ c = F + g\ell\ .$$

Die endgültige Lösung lautet damit

$$N = F + g\,\ell\,(1 - x/\ell)\;.$$

3.2 Zusammenhang Verzerrung-Verschiebung

Unter Verzerrungen wollen wir sowohl Dehnungen (infolge Normalkräften) als auch Gleitungen (infolge Schubkräften) verstehen. Wir betrachten wieder eine infinitesimal kleine Scheibe mit den Kantenlängen dx und dy, die zunächst nur Dehnungen erfahren soll, d.h. die rechten Winkel bleiben erhalten (Bild 3-3a). Die Dehnung ist definiert als eine Längenänderung bezogen auf die ursprüngliche Länge ($\varepsilon = \Delta\ell / \ell$). Die Längenänderungen seien so klein, dass bei der Betrachtung der Zuwächse nur Glieder erster Ordnung berücksichtigt zu werden müssen (geometrisch lineare Theorie).

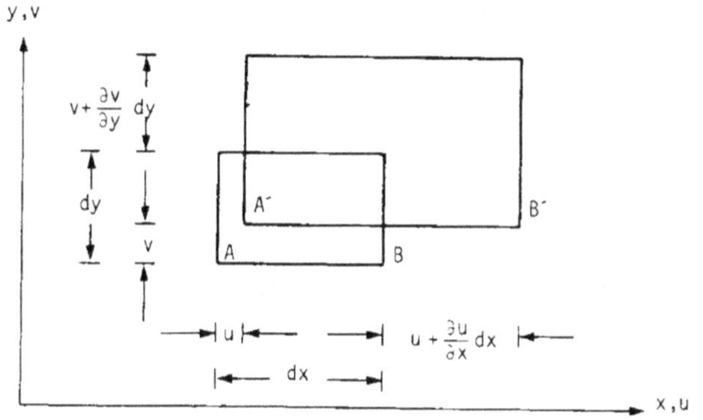

Bild 3-3a Dehnungen im Element

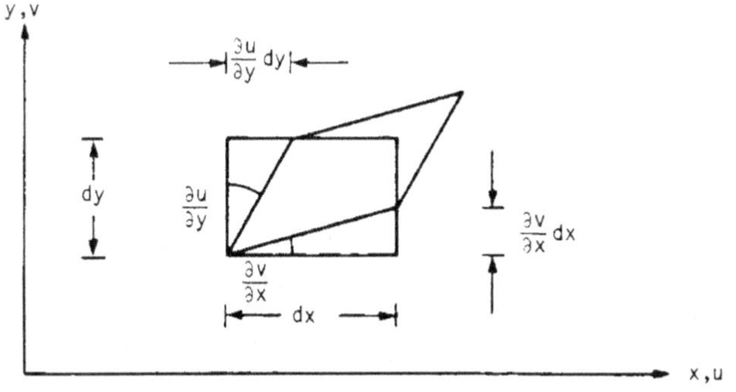

Bild 3-3b Schubverzerrungen (Gleitungen) im Element

In Bild 3-3a liest man für die Dehnung ε_{xx} in x-Richtung ab:

$$\varepsilon_{xx} = \frac{\overline{A'B'} - \overline{AB}}{\overline{AB}} = \frac{dx + \frac{\partial u}{\partial x}dx - dx}{dx}$$

$$\varepsilon_{xx} = \frac{\partial u}{\partial x} \,. \tag{3.5a}$$

Für die y- Richtung gilt entsprechend

$$\varepsilon_{yy} = \frac{\partial v}{\partial y} \,. \tag{3.5b}$$

Die Schubverzerrung (Gleitung) ist definiert als Winkeländerung eines ursprünglich rechten Winkels. Bild 3-3b zeigt, dass sich diese Änderung (γ_{xy}) aus zwei Anteilen zusammensetzt: erstens aus der Änderung $\frac{\partial v}{\partial x}dx$ der v- Verschiebung mit x zweitens aus der Änderung $\frac{\partial u}{\partial y}dy$ der u- Verschiebung mit y

$$\gamma_{xy} = \frac{\partial v}{\partial x} + \frac{\partial u}{\partial y}. \tag{3.5c}$$

In dieser Definition erkennt man auch, dass die Indizes x,u und y,v vertauscht werden können, ohne am Ergebnis etwas zu ändern, d.h. es gilt $\gamma_{xy} = \gamma_{yx}$. Die Gleichungen (3.5a-c) können in Matrixform geschrieben werden

$$\begin{bmatrix} \varepsilon_{xx} \\ \varepsilon_{yy} \\ \gamma_{xy} \end{bmatrix} = \begin{bmatrix} \frac{\partial}{\partial x} & 0 \\ 0 & \frac{\partial}{\partial y} \\ \frac{\partial}{\partial y} & \frac{\partial}{\partial x} \end{bmatrix} \begin{bmatrix} u \\ v \end{bmatrix}, \tag{3.6a}$$

oder

$$\boxed{\boldsymbol{\varepsilon} = \mathbf{d}\mathbf{u}_g} \,. \tag{3.6b}$$

Der Vergleich mit den Gleichgewichtsbedingungen (3.2) zeigt, dass die **d**- Matrix dort in transponierter Form auftritt. Im dreidimensionalen Verzerrungszustand ergibt sich **d** aus Gl. (3.3) und $\mathbf{u}_g$ enthält die drei Verschiebungskomponenten u, v und w. Entsprechend enthält der Verzerrungsvektor sechs Komponenten

$$\boldsymbol{\varepsilon}^T = \begin{bmatrix} \varepsilon_{xx} & \varepsilon_{yy} & \varepsilon_{zz} & \gamma_{xy} & \gamma_{xz} & \gamma_{yz} \end{bmatrix} \,. \tag{3.7}$$

Der Vektor $\boldsymbol{\varepsilon}$ enthält also je nach Dimension q Komponenten mit q = 1,3 oder 6 im ein-, zwei- oder dreidimensionalen Fall.

Erweiterungen bei großen Verschiebungen

Zur Erweiterung der Verzerrungs- Verschiebungsbeziehungen auf den Fall großer Verschiebungen (geometrisch nicht-lineare Theorie) benutzt man nicht das physikalische Verzerrungsmaß (Längenänderung/ Ursprungslänge) sondern das sogenannte Greensche Verzerrungsmaß, das im 3D –Fall folgende Form annimmt:

$$\boldsymbol{\varepsilon} = \boldsymbol{\varepsilon}_\ell + \boldsymbol{\varepsilon}_\mathrm{n} \; . \tag{3.8a}$$

Hier stellt $\boldsymbol{\varepsilon}_\ell$ den linearen Anteil gemäß Gl. (3.6) und $\boldsymbol{\varepsilon}_\mathrm{n}$ den nicht- linearen Anteil gemäß

$$\boldsymbol{\varepsilon}_\mathrm{n}^\mathrm{T} = \frac{1}{2}\left[\; \mathbf{d}_x^\mathrm{T}\mathbf{d}_x \;\middle|\; \mathbf{d}_y^\mathrm{T}\mathbf{d}_y \;\middle|\; \mathbf{d}_z^\mathrm{T}\mathbf{d}_z \;\middle|\; \mathbf{d}_x^\mathrm{T}\mathbf{d}_y + \mathbf{d}_y^\mathrm{T}\mathbf{d}_x \;\middle|\; \mathbf{d}_z^\mathrm{T}\mathbf{d}_x + \mathbf{d}_x^\mathrm{T}\mathbf{d}_z \;\middle|\; \mathbf{d}_z^\mathrm{T}\mathbf{d}_y + \mathbf{d}_y^\mathrm{T}\mathbf{d}_z \;\right] \tag{3.8b}$$

mit den Abkürzungen

$$\mathbf{d}_x^\mathrm{T} = \begin{bmatrix} \frac{\partial u}{\partial x} & \frac{\partial v}{\partial x} & \frac{\partial w}{\partial x} \end{bmatrix}, \; \mathbf{d}_y^\mathrm{T} = \begin{bmatrix} \frac{\partial u}{\partial y} & \frac{\partial v}{\partial y} & \frac{\partial w}{\partial y} \end{bmatrix} \text{ und } \mathbf{d}_z^\mathrm{T} = \begin{bmatrix} \frac{\partial u}{\partial z} & \frac{\partial v}{\partial z} & \frac{\partial w}{\partial z} \end{bmatrix} . \tag{3.8c}$$

(Zur Herleitung dieser Beziehungen siehe z. B. Bathe (1996)).

Im eindimensionalen Fall ergibt sich daraus beispielsweise

$$\varepsilon_{xx} = \frac{\partial u}{\partial x} + \frac{1}{2}\left(\frac{\partial u}{\partial x}\right)^2 + \frac{1}{2}\left(\frac{\partial v}{\partial x}\right)^2 + \frac{1}{2}\left(\frac{\partial w}{\partial x}\right)^2 . \tag{3.8d}$$

Die Verzerrungs- Verschiebungsbeziehungen für das 3D- Kontinuum können als Ausgangspunkt zur Herleitung von Spezialfällen dienen, bei denen technisch sinnvolle Annahmen für die Verschiebungsgrößen untereinander gemacht werden können. Die bekannteste und wichtigste ist beispielsweise die in der Balkentheorie von Bernoulli eingeführte Hypothese, dass der Querschnitt eines Biegebalkens nach der Verformung eben und senkrecht zur verformten Stabachse bleibt. Derartige sogenannte kinematische Beziehungen werden später in den Kapiteln zur Herleitung der Elemente für Balken, Platten und Schalen gesondert behandelt.

3.3 Das Transformationsverhalten von Spannungen und Verzerrungen

Die Ableitung erfolgt für den zweidimensionalen (ebenen) Fall. Ausgangspunkt ist die Frage, wie sich die Spannungen σ_{xx} , σ_{yy} und σ_{xy} und die zugehörigen Verzerrungen ändern, wenn das Achsenkreuz um den Winkel α gedreht wird. Diese Frage stellt sich in der Praxis häufig dann, wenn es darum geht, einen ausgezeichneten Drehwinkel zu finden, bei dem σ_{xx} bzw. σ_{yy} den maximalen Wert annehmen. Achsen in dieser ausgezeichneten Lage nennt man Hauptachsen. Normalspannungen in diesen

Achsrichtungen nennt man Hauptspannungen. Bei spröden Werkstoffen wie Beton sind z.B. die Hauptzugspannungen maßgebend für den Bruch.

Eine andere, sehr wichtige Anwendung der Transformationsgleichungen ergibt sich in der Dehnungsmesstechnik. Hier kommt es z.B. darauf an, aus drei Dehnungen, die an einem Punkt in drei verschiedene Richtungen gemessen wurden, den Dehnungs- bzw. Spannungszustand in beliebigen anderen Richtungen zu ermitteln. Zur Herleitung der Transformationsgleichungen schauen wir zurück auf das Bild 3-1. In diesem Bild waren die Spannungen an einem infinitesimal kleinen Scheibenelement der Breite dx und der Höhe dy angetragen worden, sowie die Spannungsänderungen beim Fortschreiten in x- bzw. y- Richtung. Bei der Transformation eines Spannungszustandes in ein anderes gedrehtes Achsenkreuz $\bar{x}, \bar{y}$ interessiert uns nicht mehr die Änderung des Spannungsverlaufs beim Fortschreiten in den Achsenrichtungen, sondern nur die Änderungen der Spannungen, die auftreten, wenn das Achsenkreuz gedreht wird, d.h. die Betrachtung des Spannungszustandes erfolgt an einem Punkt mit unendlich kleiner Ausdehnung. Damit man einen solchen Punkt zeichnen kann, müssen wir ihm jedoch die Abmessungen ℓ_x und ℓ_y geben, von denen wir jedoch immer wissen, dass sie unendlich klein sind. In den Endgleichungen treten sie ohnehin nicht auf. Im Bild 3-4 ist die Fragestellung verdeutlicht. Gegeben seien σ_{xx}, σ_{yy} und σ_{xy}, gesucht werden $\bar{\sigma}_{xx}, \bar{\sigma}_{yy}$ und $\bar{\sigma}_{xy}$ in Abhängigkeit vom Winkel α. Zur Herleitung dient Bild 3-5. Der in Bild 3-4 dargestellte Punkt ist hier unter dem Winkel α aufgeschnitten worden (Schnitt A-A, linker Teil). An dem schrägen Schnitt treten die Spannungen $\bar{\sigma}_{yy}$ und $\bar{\sigma}_{yx}$ zu Tage. Die zugehörigen Kräfte müssen mit den Kräften aus den Spannungen σ_{xx}, σ_{yy} und σ_{xy} im Gleichgewicht stehen. Im rechten Teil des Bildes ist der Schnitt senkrecht zu dem im linken Teil des Bildes geführt (Schnitt B-B). Damit treten an der Schnittlinie die Spannungen $\bar{\sigma}_{xx}$ und $\bar{\sigma}_{yx}$ zu Tage. Die zugehörigen Kräfte müssen ebenfalls mit denen im ungedrehten Koordinatensystem ins Gleichgewicht gebracht werden können. Für jedes Teilbild haben wir zwei Gleichgewichtsbedingungen $(\Sigma x \text{ und } \Sigma y = 0)$, d.h. also 4 Gleichungen. Zur Bildung des Gleichgewichts werden die Spannungspfeile im ungedrehten System in die Richtungen von $\bar{x}$ und $\bar{y}$ zerlegt (gestrichelte Pfeile in Bild 3-5) und mit den Seitenlängen multipliziert, damit Kräfte entstehen, für die die Gleichgewichtsbedingungen aufgestellt werden können.

Das Gleichgewicht in $\bar{y}$ - Richtung am linken Teilbild erfordert

$$\sum \bar{y}: \quad \bar{\sigma}_{yy}\ell_1 = \sigma_{yy}\ell_{x1}\cos\alpha - \sigma_{xy}\ell_{x1}\sin\alpha - \sigma_{xy}\ell_{y1}\cos\alpha + \sigma_{xx}\ell_{y1}\sin\alpha \; .$$

Die geometrischen Verhältnisse am linken Dreieck liefern

$$\ell_{x1} = \ell_1\cos\alpha \, , \; \ell_{y2} = \ell_1\sin\alpha \; .$$

Nach Einsetzen in obige Gleichung erkennt man, dass ℓ_1 herausfällt. Übrig bleibt

$$\bar{\sigma}_{yy} = \sigma_{yy}\cos^2\alpha - 2\sigma_{xy}\sin\alpha\cos\alpha + \sigma_{xx}\sin^2\alpha \; . \tag{3.9a}$$

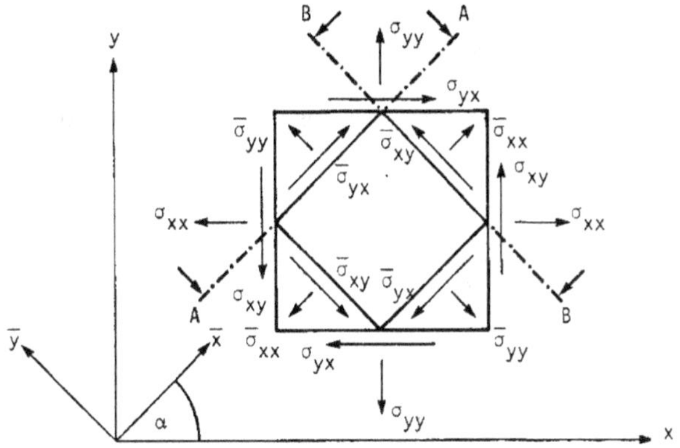

Bild 3-4 Spannungszustand an einem Punkt, dargestellt in zwei Koordinatensystemen

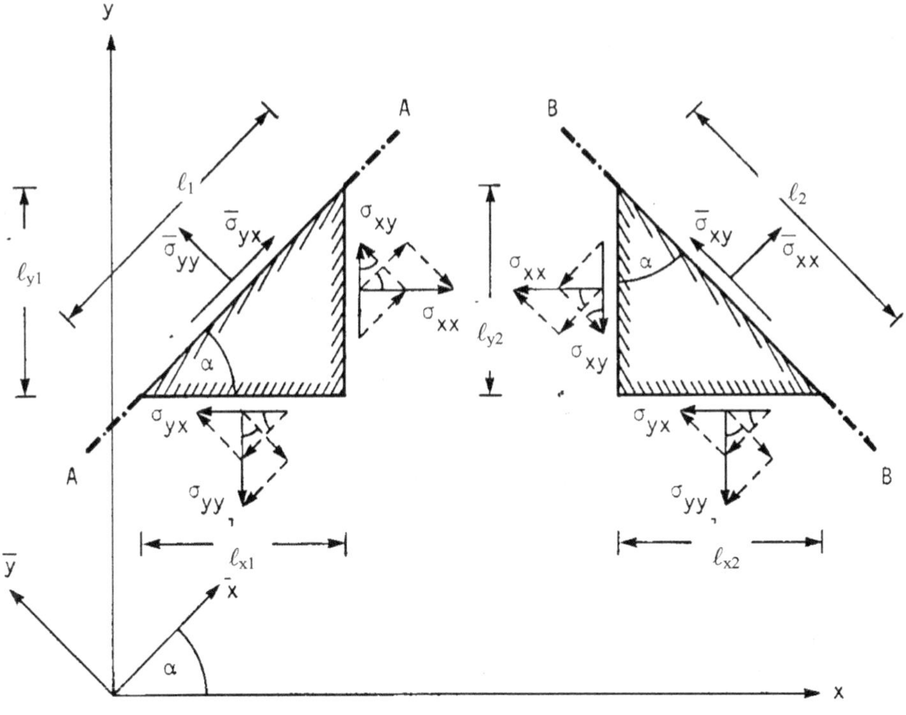

Bild 3-5 Spannungen am aufgeschnittenen Punkt

Hier wurde außerdem die Gleichheit der Schubspannungen $\sigma_{xy} = \sigma_{yx}$ berücksichtigt. Führt man noch die trigonometrischen Beziehungen

$$\cos^2\alpha = \frac{1}{2}(1+\cos 2\alpha), \qquad \sin^2\alpha = \frac{1}{2}(1-\cos 2\alpha), \qquad 2\sin\alpha\cos\alpha = \sin 2\alpha$$

ein, so erhält man

$$\bar{\sigma}_{yy} = \frac{1}{2}(\sigma_{xx}+\sigma_{yy}) - \frac{1}{2}(\sigma_{xx}-\sigma_{yy})\cos 2\alpha - \sigma_{xy}\sin 2\alpha \ . \tag{3.9b}$$

Die Gleichgewichtsbedingung $\sum \bar{x} = 0$ liefert

$$\bar{\sigma}_{yx} = \sigma_{yy}\cos\alpha\sin\alpha + \sigma_{yx}(\cos^2\alpha - \sin^2\alpha) - \sigma_{xx}\sin\alpha\cos\alpha \ . \tag{3.9c}$$

Einführung der trigonometrischen Beziehungen für den doppelten Winkel liefert

$$\bar{\sigma}_{yx} = \frac{1}{2}(\sigma_{yy}-\sigma_{xx})\sin 2\alpha + \sigma_{yx}\cos 2\alpha \, . \tag{3.9d}$$

Die Gleichgewichtsbedingung $\sum \bar{x} = 0$ am rechten Bildteil liefert

$$\bar{\sigma}_{xx}\ell_2 = \sigma_{xx}\ell_{y2}\cos\alpha + \sigma_{xy}\ell_{y2}\sin\alpha + \sigma_{xy}\ell_{x2}\cos\alpha + \sigma_{yy}\ell_{x2}\sin\alpha \ .$$

Mit $\ell_{y2} = \ell_2\cos\alpha$ und $\ell_{x2} = \ell_2\sin\alpha$ ergibt sich

$$\bar{\sigma}_{xx} = \sigma_{xx}\cos^2\alpha + 2\sigma_{xy}\sin\alpha\cos\alpha + \sigma_{yy}\sin^2\alpha \ , \tag{3.9e}$$

oder nach Einführung der doppelten Winkel

$$\bar{\sigma}_{xx} = \frac{1}{2}(\sigma_{xx}+\sigma_{yy}) + \frac{1}{2}(\sigma_{xx}-\sigma_{yy})\cos 2\alpha + \sigma_{xy}\sin 2\alpha \ . \tag{3.9f}$$

Wir schreiben die Gln. (3.8a, c, e) in Matrixform:

$$\begin{bmatrix} \bar{\sigma}_{xx} \\ \bar{\sigma}_{yy} \\ \bar{\sigma}_{xy} \end{bmatrix} = \begin{bmatrix} \cos^2\alpha & \sin^2\alpha & 2\sin\alpha\cos\alpha \\ \sin^2\alpha & \cos^2\alpha & -2\sin\alpha\cos\alpha \\ -\sin\alpha\cos\alpha & \sin\alpha\cos\alpha & \cos^2\alpha - \sin^2\alpha \end{bmatrix} \begin{bmatrix} \sigma_{xx} \\ \sigma_{yy} \\ \sigma_{xy} \end{bmatrix}, \tag{3.10a}$$

abgekürzt:

$$\boxed{\bar{\boldsymbol{\sigma}} = \mathbf{T}\,\boldsymbol{\sigma}} \ . \tag{3.10b}$$

Die inverse Transformation lautet:

$$\boldsymbol{\sigma} = \mathbf{T}^{-1}\,\bar{\boldsymbol{\sigma}} \ . \tag{3.10c}$$

Die Koeffizienten von $\mathbf{T}^{-1}$ erhält man, wenn in der Matrix $\mathbf{T}$ der Winkel α durch $-\alpha$ ersetzt wird.

Wir werden später im Kap. 3.6.1 das Prinzip der virtuellen Verschiebungen benutzen, um zu zeigen, dass sich die Verzerrungen mit der transponierten Matrix $\mathbf{T}^T$ kontragredient in der Form

$$\boldsymbol{\varepsilon} = \mathbf{T}^T \overline{\boldsymbol{\varepsilon}} \tag{3.11a}$$

transformieren. Der inverse Zusammenhang lautet

$$\boxed{\overline{\boldsymbol{\varepsilon}} = \tilde{\mathbf{T}} \boldsymbol{\varepsilon}} \tag{3.11b}$$

mit

$$\tilde{\mathbf{T}} = (\mathbf{T}^T)^{-1} = \begin{bmatrix} T_{11} & T_{12} & T_{13}/2 \\ T_{21} & T_{22} & T_{23}/2 \\ 2T_{31} & 2T_{32} & T_{33} \end{bmatrix}. \tag{3.11c}$$

Die Richtung α_H der Hauptspannung $\overline{\sigma}_{xx}^H$ ergibt sich aus der Forderung, dass $\overline{\sigma}_{xx}$ ein Extremum sein soll. Die mathematische Bedingung für den Extremwert einer Funktion lautet

$$\frac{d\overline{\sigma}_{xx}}{d\alpha} = 0 \ .$$

Die Anwendung auf die Gl. (3.9f) liefert die Beziehung

$$\tan 2\alpha_H = \frac{2\sigma_{xy}}{\sigma_{xx} - \sigma_{yy}} \ . \tag{3.12a}$$

Zur Berechnung der Schubspannungen $\overline{\sigma}_{xy}$ unter dem Winkel α_H setzen wir die Gl. (3.12a) zunächst in Gl. (3.9d) ein:

$$\overline{\sigma}_{xy} = \frac{1}{2} \ (\sigma_{yy} - \sigma_{xx}) \ \frac{2\sigma_{xy} \cos 2\alpha_H}{\sigma_{xx} - \sigma_{yy}} + \sigma_{xy} \quad \cos 2\alpha_H = 0 \quad !$$

Daraus folgt, dass die Schubspannungen im Koordinatensystem der Hauptachsen Null sind.

Die Hauptspannungen $\overline{\sigma}_{xx}^H$ und $\overline{\sigma}_{yy}^H$ erhält man, wenn man den Winkel α_H in die Gln. (3.9b) und (3.9f) einführt. Es ergibt sich dann die bekannte Hauptspannungsformel

$$\overline{\sigma}_{xx,yy}^H = \frac{1}{2}(\sigma_{xx} + \sigma_{yy}) \ \pm \sqrt{\frac{1}{4}(\sigma_{xx} - \sigma_{yy})^2 + \sigma_{xy}^2} \tag{3.12b}$$

für $\sigma_{xx} - \sigma_{yy} > 0$.

(für $\sigma_{xx} - \sigma_{yy} \ < \ 0$ vertauschen sich die Vorzeichen vor der Wurzel)

Beispiel: Gesucht seien die Hauptspannungen und ihre Richtung im reinen Schubspannungsfall: Torsion eines Rohres, Dicke t, Radius R, Torsionsmoment M_T nach Bild 3-6 mit $\sigma_{xy} = M_T/(2\pi t R^2)$.

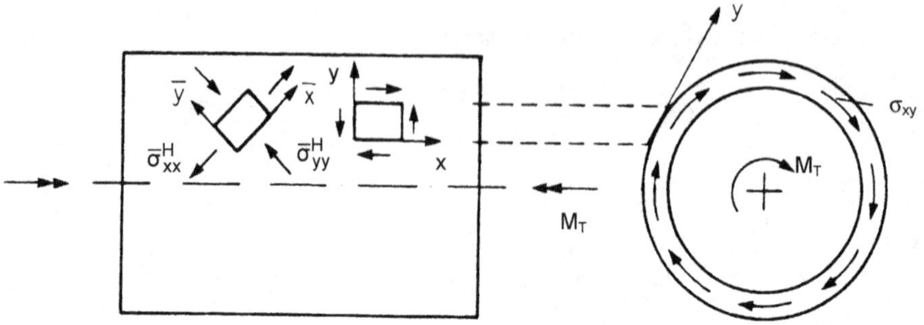

Bild 3-6 Schubfall

Bei reinem Schub gilt $\sigma_{xx} = \sigma_{yy} = 0$. Aus Gl. (3.12a) folgt

$$\tan 2\alpha_H = \frac{2\,\sigma_{xy}}{0} = \infty \rightarrow \quad 2\alpha_H = 90° \quad \rightarrow \quad \alpha_H = 45°.$$

Die Hauptspannungen sind also unter 45° geneigt. Ihre Größe folgt aus Gl. (3.12b):

$$\bar{\sigma}^H_{xx,yy} = \pm\,\sigma_{xy} .$$

3.4 Das Werkstoffgesetz

3.4.1 Das Hookesche Gesetz

Durch das Werkstoffgesetz wird der Zusammenhang zwischen Spannungs- und Verzerrungskomponenten aufgrund der Erfahrung (Messung) beschrieben. Das einfachste Werkstoffgesetz ist das Hookesche Gesetz. Danach ist die Dehnung proportional zur Spannung. Beim Zugversuch beobachtet man mit der Dehnung in Richtung der Zugachse auch eine Verkürzung des Probestabes (Querdehnung) in dazu senkrechten Richtungen. Nach dem Hookeschen Gesetz gilt für die Längsdehnung

$$\varepsilon_{xx} = \frac{\sigma_{xx}}{E}$$

und für die Querdehnungen

$$\varepsilon_{yy} = \varepsilon_{zz} = -\nu\frac{\sigma_{xx}}{E} ,$$

wobei E der Elastizitätsmodul und ν die Querdehnungszahl bezeichnet. Beide Zahlen sind Werkstoffkennwerte, die aus Versuchen bestimmt werden. Bei <u>isotropen</u> Werkstoffen sind E und ν für jede Beanspruchungsrichtung gleich. Zur Ableitung des Hookeschen Gesetzes für den dreidimensionalen Spannungszustand denkt man sich den Zugstab auf Würfelform geschrumpft und außer in x- Richtung auch noch in y- und in z- Richtung gezogen. Der Gesamtdehnung ε_{xx} in x- Richtung infolge σ_{xx} überlagern sich dann noch die Querdehnungsanteile aus der Belastung σ_{yy} und σ_{xx}:

$$\varepsilon_{xx} = \frac{1}{E}\,(\sigma_{xx} - \nu\,\sigma_{yy} - \nu\,\sigma_{zz})\ ,$$

$$\varepsilon_{yy} = \frac{1}{E}\,(\sigma_{yy} - \nu\,\sigma_{xx} - \nu\,\sigma_{zz})\ , \qquad (3.13a\text{-}c)$$

$$\varepsilon_{zz} = \frac{1}{E}\,(\sigma_{zz} - \nu\,\sigma_{xx} - \nu\,\sigma_{yy})\ .$$

Darüber hinaus kann gezeigt werden, dass für die Gleitungen folgender Zusammenhang gilt:

$$\gamma_{xy} = \frac{\sigma_{xy}}{G}, \quad \gamma_{xz} = \frac{\sigma_{xz}}{G}, \quad \gamma_{yz} = \frac{\sigma_{yz}}{G} \qquad (3.14)$$

mit

$$G = \frac{E}{2(1+\nu)} = \text{Schubmodul.} \qquad (3.15)$$

Da die Gln. (3.13) und (3.14) ein lineares Gleichungssystem darstellen, kann man sie in Matrixform schreiben.

$$\begin{bmatrix} \varepsilon_{xx} \\ \varepsilon_{yy} \\ \varepsilon_{zz} \\ \gamma_{xy} \\ \gamma_{xz} \\ \gamma_{yz} \end{bmatrix} = \frac{1}{E} \begin{bmatrix} 1 & -\nu & -\nu & 0 & 0 & 0 \\ -\nu & 1 & -\nu & 0 & 0 & 0 \\ -\nu & -\nu & 1 & 0 & 0 & 0 \\ 0 & 0 & 0 & 2(1+\nu) & 0 & 0 \\ 0 & 0 & 0 & 0 & 2(1+\nu) & 0 \\ 0 & 0 & 0 & 0 & 0 & 2(1+\nu) \end{bmatrix} \begin{bmatrix} \sigma_{xx} \\ \sigma_{yy} \\ \sigma_{zz} \\ \sigma_{xy} \\ \sigma_{xz} \\ \sigma_{yz} \end{bmatrix}, \qquad (3.16a)$$

oder

$$\boxed{\boldsymbol{\varepsilon} = \mathbf{C}\ \boldsymbol{\sigma}}, \qquad \varepsilon_i = \sum_j C_{ij}\,\sigma_j \quad (i, j = 1, 2, \ldots, q)\,. \qquad (3.16b)$$

Für den inversen Zusammenhang erhält man

$$\begin{bmatrix} \sigma_{xx} \\ \sigma_{yy} \\ \sigma_{zz} \\ \sigma_{xy} \\ \sigma_{xz} \\ \sigma_{yz} \end{bmatrix} = \frac{E}{(1+\nu)(1-2\nu)} \begin{bmatrix} 1-\nu & \nu & \nu & 0 & 0 & 0 \\ \nu & 1-\nu & \nu & 0 & 0 & 0 \\ \nu & \nu & 1-\nu & 0 & 0 & 0 \\ 0 & 0 & 0 & \frac{1-2\nu}{2} & 0 & 0 \\ 0 & 0 & 0 & 0 & \frac{1-2\nu}{2} & 0 \\ 0 & 0 & 0 & 0 & 0 & \frac{1-2\nu}{2} \end{bmatrix} \begin{bmatrix} \varepsilon_{xx} \\ \varepsilon_{yy} \\ \varepsilon_{zz} \\ \gamma_{xy} \\ \gamma_{xz} \\ \gamma_{yz} \end{bmatrix}, \quad (3.17a)$$

oder

$$\boxed{\boldsymbol{\sigma} = \mathbf{E}\,\boldsymbol{\varepsilon}}, \qquad \sigma_i = \sum_j E_{ij}\,\varepsilon_j \quad (i, j = 1, 2, \ldots, q) \qquad (3.17b)$$

mit

$$\mathbf{E} = \mathbf{C}^{-1}\,. \qquad (3.17c)$$

Bei der Herleitung dieser Gleichungen war ein <u>isotropes</u> Werkstoffverhalten angenommen worden, d.h. die Elastizitätsmatrix **C** änderte sich nicht, wenn in den Gln. (3.13) bzw. (3.16) und (3.17) die Indizes vertauscht werden, d.h. wenn die Beanspruchungsrichtung vertauscht wird. Es gibt Werkstoffe, bei denen Messungen zeigen, dass dies nicht mehr gültig ist, ja, dass sogar aufgebrachte Schubspannungen außer Gleitungen auch Normaldehnungen erzeugen. Derartige Werkstoffe nennt man <u>anisotrop</u>. Die Elastizitätsmatrix **C** hat daher die allgemeine Form:

$$\mathbf{C} = \begin{bmatrix} C_{11} & C_{12} & C_{13} & C_{14} & C_{15} & C_{16} \\ & C_{22} & C_{23} & C_{24} & C_{25} & C_{26} \\ & & C_{33} & C_{34} & C_{35} & C_{36} \\ & & & C_{44} & C_{45} & C_{46} \\ & \text{sym.} & & & C_{55} & C_{56} \\ & & & & & C_{66} \end{bmatrix}. \qquad (3.18)$$

Die Symmetrie diese Matrix lässt sich aus der Definition der inneren Formänderungsenergie (s. Kap. 3.5) herleiten. Anstelle der <u>zwei</u> Werkstoffkonstanten E und ν im isotropen Fall hat man es hier also mit 21 unabhängigen Konstanten zu tun, die z.B. aus Versuchen bestimmt werden müssten. Einen wichtigen Sonderfall stellt das sogenannte <u>orthotrope</u> (orthogonal anisotrope) Werkstoffverhalten dar. Ein derartiger Werkstoff besitzt für ein ausgezeichnetes orthogonales Koordinatensystem die Eigenschaft, dass die Gleitungen und Schubspannungen wie beim isotropen Werkstoff von den Normalspannungen und Dehnungen entkoppelt sind, d.h. Normalspannungen erzeugen keine Gleitungen und Schubspannungen keine Dehnungen. Dies ist der Fall, wenn der rechte obere Quadrant der Elastizitätsmatrix in

Gl. (3.18) null ist. Außerdem gilt noch die Bedingung, dass Schubspannungen nur Gleitungen in ihrer eigenen Wirkungsebene erzeugen, d.h. die Nebendiagonalelemente im rechten unteren Quadranten von **C** sind auch null. Die Matrix **C** hat dann folgendes Koeffizientenschema:

$$\mathbf{C} = \begin{bmatrix} C_{11} & C_{12} & C_{13} & 0 & 0 & 0 \\ & C_{22} & C_{23} & 0 & 0 & 0 \\ & & C_{33} & 0 & 0 & 0 \\ & & & C_{44} & 0 & 0 \\ & \text{sym.} & & & C_{55} & 0 \\ & & & & & C_{66} \end{bmatrix} . \tag{3.19}$$

Um den reziproken Zusammenhang zu bestimmen, bildet man die Inverse

$$\mathbf{E} = \mathbf{C}^{-1} .$$

Es verbleiben also nur noch neun unabhängige Werkstoffkonstanten. Orthotropes Verhalten entsteht entweder durch den inneren Gefügebau (Walzrichtung) oder durch orthogonale Versteifungen (Faserverstärkung, Rippen, etc.). Im Folgenden wollen wir noch das Werkstoffgesetz bei zwei wichtigen Sonderfällen behandeln:

1) Ebener Spannungszustand, gekennzeichnet durch $\sigma_{zz} = \sigma_{xz} = \sigma_{yz} = 0$

a) Isotroper Werkstoff

Aus Gl. (3.16a) folgt

$$\begin{bmatrix} \varepsilon_{xx} \\ \varepsilon_{yy} \\ \gamma_{xy} \end{bmatrix} = \frac{1}{E} \begin{bmatrix} 1 & -\nu & 0 \\ -\nu & 1 & 0 \\ 0 & 0 & 2(1+\nu) \end{bmatrix} \begin{bmatrix} \sigma_{xx} \\ \sigma_{yy} \\ \sigma_{xy} \end{bmatrix} , \tag{3.20a}$$

außerdem sind $\gamma_{xz} = \gamma_{yz} = 0$ und $\varepsilon_{zz} = -\frac{\nu}{E}\left(\sigma_{xx} + \sigma_{yy}\right)$. (3.20b)

Die Auflösung von (3.20a) nach $\boldsymbol{\sigma}$ liefert den reziproken Zusammenhang:

$$\begin{bmatrix} \sigma_{xx} \\ \sigma_{yy} \\ \sigma_{xy} \end{bmatrix} = \frac{E}{1-\nu^2} \begin{bmatrix} 1 & \nu & 0 \\ \nu & 1 & 0 \\ 0 & 0 & \frac{1-\nu}{2} \end{bmatrix} \begin{bmatrix} \varepsilon_{xx} \\ \varepsilon_{yy} \\ \gamma_{xy} \end{bmatrix} . \tag{3.20c}$$

b) Orthotroper Werkstoff

$$\begin{bmatrix} \varepsilon_{xx} \\ \varepsilon_{yy} \\ \gamma_{xy} \end{bmatrix} = \begin{bmatrix} C_{11} & C_{12} & 0 \\ C_{21} & C_{22} & 0 \\ 0 & 0 & C_{33} \end{bmatrix} \begin{bmatrix} \sigma_{xx} \\ \sigma_{yy} \\ \sigma_{xy} \end{bmatrix} . \tag{3.21a}$$

Wegen $C_{12} = C_{21}$ verbleiben vier unabhängige Konstanten. Der reziproke Zusammenhang lautet:

$$\begin{bmatrix} \sigma_{xx} \\ \sigma_{yy} \\ \sigma_{xy} \end{bmatrix} = \begin{bmatrix} E_{11} & E_{12} & 0 \\ E_{21} & E_{22} & 0 \\ 0 & 0 & E_{33} \end{bmatrix} \begin{bmatrix} \varepsilon_{xx} \\ \varepsilon_{yy} \\ \gamma_{xy} \end{bmatrix} . \tag{3.21b}$$

Um eine Analogie mit den Querdehnungen in der Gl. (3.20c) herzustellen, schreibt man die Nebendiagonalglieder auch in der Form $E_{12} = \nu_{21} E_{11}$ und $E_{21} = \nu_{12} E_{22}$. Wegen $E_{12} = E_{21}$ muss zwischen den Querdehnungen folgende Beziehung gelten:

$$\nu_{12} / \nu_{21} = E_{11} / E_{22} . \tag{3.21c}$$

2) Ebener Verzerrungszustand, gekennzeichnet durch $\varepsilon_{zz} = \gamma_{xz} = \gamma_{yz} = 0$

a) Isotroper Werkstoff

Aus Gl. (3.17a) folgt

$$\begin{bmatrix} \sigma_{xx} \\ \sigma_{yy} \\ \sigma_{xy} \end{bmatrix} = \frac{E}{(1+\nu)(1-2\nu)} \begin{bmatrix} 1-\nu & \nu & 0 \\ \nu & 1-\nu & 0 \\ 0 & 0 & \frac{1-2\nu}{2} \end{bmatrix} \begin{bmatrix} \varepsilon_{xx} \\ \varepsilon_{yy} \\ \gamma_{xy} \end{bmatrix} . \tag{3.22a}$$

Außerdem gilt:

$$\sigma_{zz} = \frac{E\,\nu}{(1+\nu)(1-2\nu)} (\varepsilon_{xx} + \varepsilon_{yy}) . \tag{3.22b}$$

Für den reziproken Zusammenhang ergibt sich aus (3.22a):

$$\begin{bmatrix} \varepsilon_{xx} \\ \varepsilon_{yy} \\ \gamma_{xy} \end{bmatrix} = \frac{1}{E} \begin{bmatrix} 1-\nu^2 & -\nu(1+\nu) & 0 \\ -\nu(1+\nu) & 1-\nu^2 & 0 \\ 0 & 0 & 2(1+\nu) \end{bmatrix} \begin{bmatrix} \sigma_{xx} \\ \sigma_{yy} \\ \sigma_{xy} \end{bmatrix} . \tag{3.22c}$$

b) Orthotroper Werkstoff

Die Ableitung erfolgt analog zu der des ebenen Spannungszustandes. Sie wird jedoch hier nicht durchgeführt, da das Ergebnis keine große praktische Bedeutung hat.

3.4.2 Das Wärmedehnungsgesetz

Aus der Erfahrung wissen wir, dass eine Temperaturerhöhung um ϑ Grad eine Ausdehnung des Werkstoffs zur Folge hat. Falls sich z.B. eine ebene Werkstoffprobe frei und unbehindert ausdehnen kann, erwarten wir normalerweise die im Bild 3.7a dargestellte gleiche Dehnung, d. h. $\varepsilon_{xx}(\vartheta) = \varepsilon_{yy}(\vartheta)$ in allen Richtungen (isotrope Wärmedehnung). Die Größe der Dehnungen ist bei den meisten Werkstoffen proportional zur Temperaturänderung ϑ.

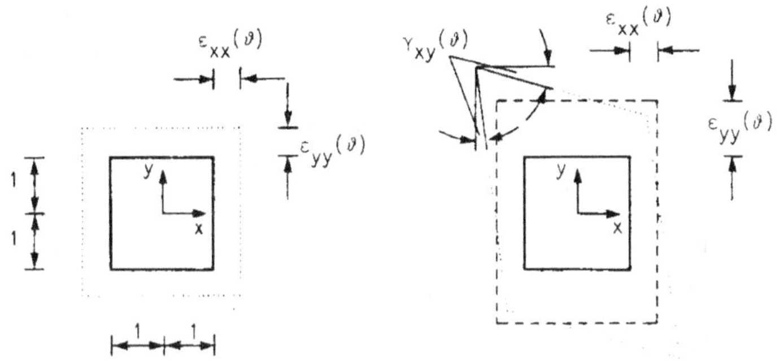

a) isotrope Wärmedehnung b) anisotrope Wärmedehnung

Bild 3-7 Wärmedehnung

Der Proportionalitätsfaktor ist die sogenannte Wärmedehnungszahl α. Für die ebene Werkstoffprobe nach Bild 3-7a gilt also

$$\varepsilon_{xx}(\vartheta) = \varepsilon_{yy}(\vartheta) = \alpha\vartheta \ . \tag{3.23a}$$

Eine Gleitung findet nicht statt, d.h. es gilt

$$\gamma_{xy}(\vartheta) = 0 \ . \tag{3.23b}$$

Bei Faserverbundwerkstoffen, die aus verschiedenen Materialien unterschiedlicher Wärmedehnungszahlen zusammengesetzt sind, können die Dehnungen in x- und y-Richtung verschieden sein. Außerdem können noch Gleitungen auftreten, wie im Bild 3-7b dargestellt. Man spricht dann von einer anisotropen Wärmedehnung. Anstelle der Gl. (3.23a) gilt dann

$$\begin{aligned} \varepsilon_{xx}(\vartheta) &= \alpha_{xx}\vartheta \ , \\ \varepsilon_{yy}(\vartheta) &= \alpha_{yy}\vartheta \ , \\ \gamma_{xy}(\vartheta) &= \alpha_{xy}\vartheta \ , \end{aligned} \tag{3.24a-c}$$

oder

$$\boldsymbol{\varepsilon}(\vartheta) = \boldsymbol{\alpha}\,\vartheta \ . \tag{3.24d}$$

Der Vektor $\boldsymbol{\alpha} = [\alpha_i]$ (i = 1,2, ... , q) heißt Wärmedehnungsvektor. Die Gl. (3.24d) ist das allgemeine anisotrope lineare Wärmedehnungsgesetz. Im orthotropen Fall ist die Wärmegleitung null, die Dehnungszahlen α_{xx} und α_{yy} sind jedoch unterschiedlich. Falls die freie Verzerrung des Werkstoffs behindert ist, müssen den Temperaturdehnungen $\boldsymbol{\varepsilon}(\vartheta)$ noch die elastischen Verzerrungen $\boldsymbol{\varepsilon}(\sigma)$ hinzu addiert werden, um die Gesamtverzerrung $\boldsymbol{\varepsilon}$ zu berechnen. Es gilt also

$$\varepsilon_g = \varepsilon(\sigma) + \varepsilon(\vartheta) \ . \tag{3.25}$$

Für die elastischen Verzerrungen $\boldsymbol{\varepsilon}(\sigma)$ gilt das Hookesche Gesetz (3.16b), dass wir in die Gl. (3.25) einführen können:

$$\boxed{\varepsilon_g = \mathbf{C}\,\boldsymbol{\sigma} + \varepsilon(\vartheta)} \ . \tag{3.26}$$

Die Auflösung nach liefert unter Berücksichtigung von $\mathbf{E} = \mathbf{C}^{-1}$

$$\boxed{\boldsymbol{\sigma} = \mathbf{E}\,(\varepsilon_g - \varepsilon(\vartheta)) = \mathbf{E}\,\varepsilon(\sigma)} \ . \tag{3.27}$$

Im Fall, dass die Gesamtdehnung vollständig behindert wird, gilt $\varepsilon_g = 0$. Die Temperaturspannungen ergeben sich dann aus Gl. (3.27) zu

$$\boldsymbol{\sigma}(\vartheta) = -\mathbf{E}\,\boldsymbol{\varepsilon}(\vartheta) \ . \tag{3.28}$$

1. Beispiel: einachsiger Spannungszustand, isotroper Werkstoff

$$\sigma_{xx}(\vartheta) = -E\varepsilon_{xx}(\vartheta) = -E\alpha_{xx}\vartheta \ .$$

2. Beispiel: zweiachsiger Spannungszustand, isotroper Werkstoff mit

$$\alpha_{xx} = \alpha_{yy} = \alpha \quad \text{und} \quad \alpha_{xy} = 0 \ ,$$

$$\boldsymbol{\sigma}(\vartheta) = \begin{bmatrix} \sigma_{xx} \\ \sigma_{yy} \\ \sigma_{xy} \end{bmatrix} = \frac{-E\,\vartheta}{1-\nu^2} \begin{bmatrix} 1 & \nu & 0 \\ \nu & 1 & 0 \\ 0 & 0 & \frac{1-\nu}{2} \end{bmatrix} \begin{bmatrix} \alpha_{xx} \\ \alpha_{yy} \\ \alpha_{xy} \end{bmatrix} = \frac{-E\,\alpha\,\vartheta}{1-\nu} \begin{bmatrix} 1 \\ 1 \\ 0 \end{bmatrix} .$$

3.4.3 Transformation des Werkstoffgesetzes

In dem Kap.3.3 hatten wir die Spannungen und Verzerrungen in einem gedrehten Koordinatensystem dargestellt. Das allgemeine Hookesche Gesetz lautet im gedrehten Koordinatensystem $\bar{x}, \bar{y}$:

$$\bar{\boldsymbol{\sigma}} = \bar{\mathbf{E}}\,\bar{\boldsymbol{\varepsilon}} \ . \tag{3.29}$$

Es stellt sich nun die Frage nach der Elastizitätsmatrix $\bar{\mathbf{E}}$, wenn die Elastizitätsmatrix $\mathbf{E}$ im umgedrehten Koordinatensystem gegeben ist. Wir erwarten, dass beim isotropen

Werkstoff, der ja dadurch gekennzeichnet ist, dass die Elastizitätskonstanten richtungsunabhängig sind, $\mathbf{E} = \overline{\mathbf{E}}$ ist. Beim allgemeinen anisotropen, aber auch beim orthotropen Werkstoff ist dies nicht mehr zu erwarten. Wir drücken zunächst die Spannungen $\overline{\boldsymbol{\sigma}}$ durch die Transformationsgleichung (3.10b) im ungedrehten Koordinatensystem x, y aus:

$$\overline{\boldsymbol{\sigma}} = \mathbf{T}\,\boldsymbol{\sigma}\ . \tag{3.10b}$$

Einsetzen des Hookeschen Gesetzes (3.17b) liefert

$$\overline{\boldsymbol{\sigma}} = \mathbf{T}\,\mathbf{E}\,\boldsymbol{\varepsilon}\ . \tag{3.30}$$

Die inverse Transformation der Verzerrungen nach Gl. (3.11b) lautet:

$$\boldsymbol{\varepsilon} = \tilde{\mathbf{T}}^{-1}\overline{\boldsymbol{\varepsilon}}\ .$$

Diese Gleichung wird in die Gl. (3.30) eingesetzt und es ergibt sich:

$$\overline{\boldsymbol{\sigma}} = \mathbf{T}\,\mathbf{E}\,\tilde{\mathbf{T}}^{-1}\overline{\boldsymbol{\varepsilon}} = \overline{\mathbf{E}}\,\overline{\boldsymbol{\varepsilon}} \tag{3.31a}$$

mit

$$\overline{\mathbf{E}} = \mathbf{T}\mathbf{E}\tilde{\mathbf{T}}^{-1}\ . \tag{3.31b}$$

Führt man diese Matrizenmultiplikation mit der Elastizitätsmatrix für den isotropen Werkstoff nach Gl. (3.20c) aus, so ergibt sich tatsächlich $\overline{\mathbf{E}} = \mathbf{E}$. Die Transformation der Elastizitätsmatrix $\mathbf{E}$ für den ebenen Fall des orthotropen Werkstoffes nach Gl. (3.21b), wie sie beispielsweise für eine unidirektional versteifte Schicht in einem Faserverbundwerkstoff (Bild 3-8) gilt, liefert die folgenden sechs Koeffizienten der $\overline{\mathbf{E}}$ -Matrix im um den Winkel α gedrehten Koordinatensystem:

$$\begin{aligned}
\overline{E}_{11} &= E_{11}\cos^4\alpha + 2\,(E_{12} + 2\,E_{33})\sin^2\alpha\cos^2\alpha + E_{22}\sin^4\alpha\,,\\
\overline{E}_{12} &= (E_{11} + E_{22} - 4\,E_{33})\sin^2\alpha\cos^2\alpha + E_{12}(\sin^4\alpha + \cos^4\alpha)\,,\\
\overline{E}_{13} &= (-E_{11} + E_{12} + 2\,E_{33})\sin\alpha\cos^3\alpha + (-E_{12} + E_{22} - 2E_{33})\sin^3\alpha\cos\alpha\,,\\
\overline{E}_{22} &= E_{11}\sin^4\alpha + 2\,(E_{12} + 2\,E_{33})\sin^2\alpha\cos^2\alpha + E_{22}\cos^4\alpha\,,\\
\overline{E}_{23} &= (-E_{11} + E_{12} + 2\,E_{33})\sin^3\alpha\cos\alpha + (-E_{12} + E_{22} - 2E_{33})\sin\alpha\cos^3\alpha\,,\\
\overline{E}_{33} &= (E_{11} + E_{22} - 2\,E_{12} - 2\,E_{33})\sin^2\alpha\cos^2\alpha + E_{33}(\sin^4\alpha + \cos^4\alpha)\,.
\end{aligned} \tag{3.32}$$

Die Koeffizienten $\overline{E}_{13}$ und $\overline{E}_{23}$ sind ungleich Null. Das bedeutet, dass Schubverzerrungen auch Normalspannungen und umgekehrt Normalspannungen auch Schubverzerrungen zur Folge haben.

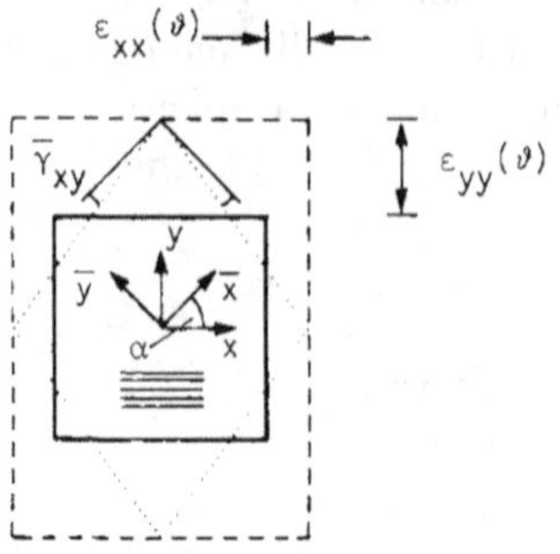

Bild 3-8 Orthotroper Faserverbundwerkstoff

Einfacher als die Elastizitätsmatrix transformiert sich der Wärmedehnungsvektor $\boldsymbol{\alpha}$. Im gedrehten Koordinatensystem erhält man analog zu der Gl. (3.24d)

$$\bar{\boldsymbol{\varepsilon}}(\vartheta) = \bar{\boldsymbol{\alpha}}\, \vartheta \;,$$

d.h. der Wärmedehnungsvektor transformiert sich genauso wie der Verzerrungsvektor. Aus Gl. (3.11b) erhält man

$$\bar{\boldsymbol{\alpha}} = \tilde{\mathbf{T}}\, \boldsymbol{\alpha} \;. \tag{3.33}$$

Im orthotropen Fall $\boldsymbol{\alpha} = [\alpha_{xx}\, \alpha_{yy}\;\, 0]^T$ ergibt sich aus den Gln. (3.33), (3.11c) und (3.10a) für die Wärmegleitungszahl $\bar{\alpha}_{xy}$ der Ausdruck

$$\bar{\alpha}_{xy} = 2\,(\alpha_{yy} - \alpha_{xx})\,\sin\alpha\cos\alpha \,.$$

Man erkennt daraus, dass bei einer Temperaturänderung eines orthotropen Werkstoffs auch Gleitungen im gedrehten Koordinatensystem auftreten (gepunktete Verformung im Bild 3-8).

3.5 Innere und äußere Energie

Wir betrachten ein Volumenelement eines Körpers mit Hookeschen Werkstoff. Das lineare Hookesche Spannungs- Dehnungsgesetz ist im Bild 3-9 für einen einachsigen Spannungszustand unter Berücksichtigung des Wärmedehnungsgesetzes nach Gl. (3.27) dargestellt.

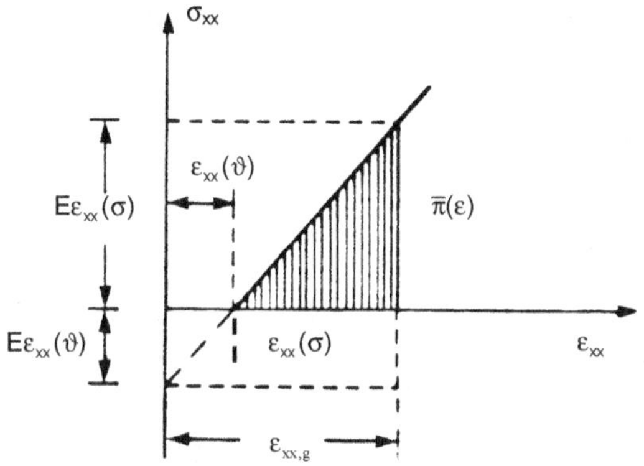

Bild 3-9 Zur Definition der Formänderungsenergie

Die spezifische (auf ein Einheitsvolumen bezogene) Formänderungsenergie ergibt sich aus dem schraffierten Flächeninhalt unter der Spannungs- Dehnungskurve zu

$$\bar{\pi} = \frac{1}{2}\sigma_{xx}(\varepsilon)\cdot(\varepsilon_{xx,g} - \varepsilon(\vartheta)) = \frac{1}{2}\sigma_{xx}(\varepsilon)\cdot\varepsilon_{xx}(\sigma)\ . \tag{3.34a}$$

$(\varepsilon_{xx}(\sigma) =$ Dehnung infolge $\sigma)$

Der Faktor 1/2 gilt natürlich nur bei dem linearen Hookeschen Werkstoffgesetz. Diese Gleichung lässt sich auf mehrdimensionale Zustände übertragen. An die Stelle von (3.34a) tritt

$$\bar{\pi} = \frac{1}{2}\sum_i \sigma_i(\varepsilon_{i,g} - \varepsilon(\vartheta)_i) \quad (i = 1, 2 \dots q)\ . \tag{3.34b}$$

Die gesamte Formänderungsenergie $\pi_{(i)}$ eines Körpers (auch innere Energie genannt) ergibt sich durch Integration über das Gesamtvolumen V:

$$\Pi_{(i)} = \int_V \bar{\pi}\ dV = \frac{1}{2}\int_V \sum_i \sigma_i(\varepsilon_{i,g} - \varepsilon(\vartheta)_i)\ dV \quad (i = 1, 2, \dots, q)\ , \tag{3.35a}$$

in symbolischer Schreibweise

$$\Pi_{(i)} = \frac{1}{2}\int_V \boldsymbol{\sigma}^T(\boldsymbol{\varepsilon}_g - \boldsymbol{\varepsilon}(\vartheta))dV = \frac{1}{2}\int_V \boldsymbol{\sigma}^T\boldsymbol{\varepsilon}(\sigma)dV \ . \tag{3.35b}$$

Unter Verwendung des Hookeschen Gesetzes $\boldsymbol{\sigma} = \mathbf{E}\boldsymbol{\varepsilon}(\sigma)$ erhält man

$$\boxed{\Pi_{(i)} = \frac{1}{2}\int_V \boldsymbol{\varepsilon}^T(\sigma)\,\mathbf{E}\,\boldsymbol{\varepsilon}(\sigma)\,dV} \ . \tag{3.35c}$$

Führt man gemäß Gl. (3.25) die elastische Verzerrung als Differenz der Gesamtverzerrungen und der Temperaturverzerrungen, $\boldsymbol{\varepsilon}(\sigma) = \boldsymbol{\varepsilon}_g - \boldsymbol{\varepsilon}(\vartheta)$, ein, so erhält man

$$\begin{aligned}\Pi_{(i)} &= \frac{1}{2}\int_V (\boldsymbol{\varepsilon}_g^T - \boldsymbol{\varepsilon}^T(\vartheta))\,\mathbf{E}\,(\boldsymbol{\varepsilon}_g - \boldsymbol{\varepsilon}(\vartheta))\,dV \\ &= \int_V [\frac{1}{2}\boldsymbol{\varepsilon}_g^T\mathbf{E}\boldsymbol{\varepsilon}_g - \boldsymbol{\varepsilon}_g^T\mathbf{E}\,\boldsymbol{\varepsilon}(\vartheta) + \frac{1}{2}\boldsymbol{\varepsilon}^T(\vartheta)\mathbf{E}\boldsymbol{\varepsilon}(\vartheta)]\,dV\end{aligned} \tag{3.35d}$$

1. Beispiel: Zug/Druckstab

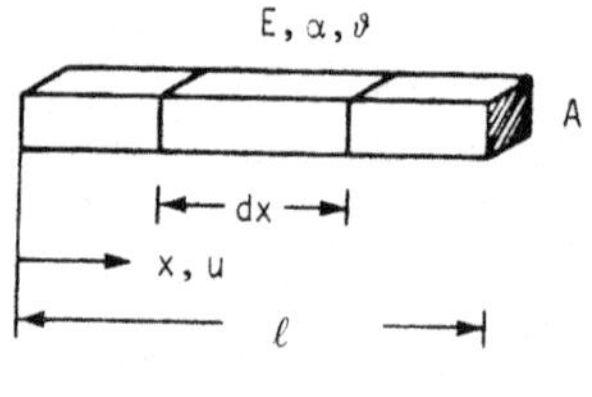

E = Elastizitätsmodul
α = Wärmeausdehnungskoeffizient
ϑ = Temperaturänderung
A = Querschnittsfläche
dV = dAdx

$$\sigma_{xx} = E\,(\varepsilon_{xx,g} - \varepsilon_{xx}(\vartheta))\,; \quad \varepsilon_{xx}(\vartheta) = \alpha\,\vartheta\,,$$

$$\begin{aligned}\Pi_{(i)} &= \frac{1}{2}\int_x\int_A \sigma_{xx}(\varepsilon_{xx,g} - \alpha\,\vartheta)\,dAdx = \frac{1}{2}\int_0^\ell E\,(\varepsilon_{xx,g} - \alpha\,\vartheta)^2\,A\,dx \\ &= \frac{1}{2}\int_0^\ell \varepsilon_{xx,g}^2\,EA\,dx - \int_0^\ell \varepsilon_{xx,g}\,EA\alpha\vartheta\,dx + \frac{1}{2}\int_0^\ell \alpha^2\,\vartheta^2\,EA\,dx\,.\end{aligned}$$

Mit $\varepsilon_{xx,g} = du/dx = u'$ und EA, α, ϑ = const. ergibt sich

$$\Pi_{(i)} = \frac{EA}{2}\int_0^\ell u'^2\,dx - EA\alpha\vartheta\int_0^\ell u'\,dx + \frac{1}{2}EA\alpha^2\vartheta^2\ell\,. \tag{3.36}$$

Die **äußere Energie** (auch äußeres Potential genannt) eines Körpers ist definiert als negatives Produkt der äußeren Kräfte mit den zugehörigen Verschiebungen. Die Kräfte dürfen bei der Verformung ihre Richtung nicht ändern (konservative Kräfte):

$$\Pi_{(a)} = -\sum_A F_A U_A - \int_O (p_{xo} u_o + p_{yo} v_o + p_{zo} w_o)\, dO - \int_V (p_x u + p_y v + p_z w)\, dV \,, \quad (3.37a)$$

oder

$$\boxed{\Pi_{(a)} = -\mathbf{F}^T \mathbf{U} - \int_O \mathbf{p}_o^T\, \mathbf{u}_{og}\, dO - \int_V \mathbf{p}^T \mathbf{u}_g\, dV} \,. \quad (3.37b)$$

Im Bild 3-10 sind die äußeren Kräfte und die zugehörigen Verformungen nach Art und Wirkungsrichtung dargestellt.

Hierbei wurden folgende Bezeichnungen verwendet:

$\mathbf{p}_o^T(x_o, y_o, z_o) = [p_{xo}\; p_{yo}\; p_{zo}]$ und $\mathbf{u}_{og}^T = [u_o\; v_o\; w_o]$

= Vektoren der Oberfächenlasten (Dimension N/m^2) und der zugehörigen Verschiebungsfelder,

$\mathbf{p}^T(x, y, z) = [p_x\; p_y\; p_z]$ und $\mathbf{u}_g^T = [u\; v\; w]$

= Vektoren der Volumenlastenlasten (Dimension N/m^3, z.B. das spezifische Gewicht) und der zugehörigen Verschiebungsfelder im Körperinneren sowie

$\mathbf{F}^T = [F_1\; F_2 \ldots F_A \ldots F_N]$ = Vektor der Einzellasten.

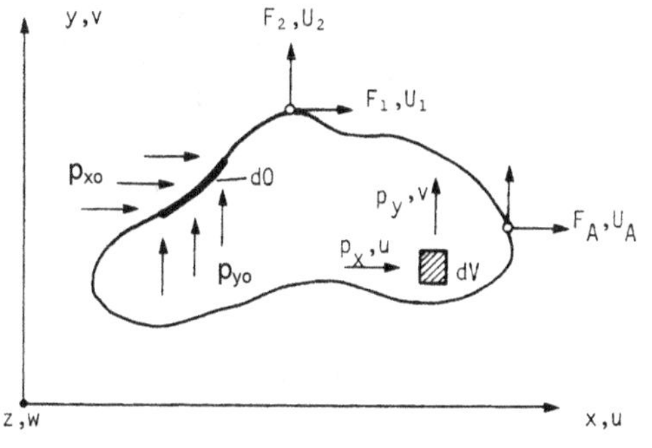

Bild 3-10 Zur Definition der äußeren Kräfte

Die **Gesamtenergie** Π, auch Gesamtpotential genannt, ergibt sich aus der Summe von innerer und äußerer Energie:

$$\Pi = \Pi_{(i)} + \Pi_{(a)} \,. \quad (3.38)$$

1. Beispiel: Zug/Druckstab unter Eigengewicht $p_x = \gamma(\gamma =$ spez. Gewicht) und Einzellast

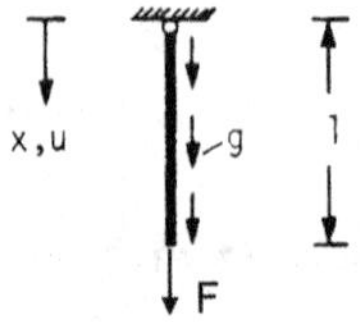

$$\Pi_{(a)} = -\int_V \gamma \;\; u \;\; dV - F\,u\big|_{x=\ell} \,,$$

mit $dV = A\,dx$ folgt daraus

$$\Pi_{(a)} = -\int_0^{\ell} g\,u\,dx - F\,u\big|_{x=\ell} \,,$$

wobei $g = \gamma A$ das Gewicht pro Längseinheit beschreibt. Für die Gesamtenergie ergibt sich

$$\Pi = \Pi_{(i)} + \Pi_{(a)} = \int_{x=0}^{\ell} \left(\frac{EA}{2} u'^2 - gu \right) dx - Fu\big|_{x=\ell} \,. \tag{3.39}$$

2. Beispiel: Volumen- und Gestaltänderungsenergie

Zerlegt man einen dreiachsigen Hauptspannungszustand in einen konstanten und in einen variablen Anteil gemäß

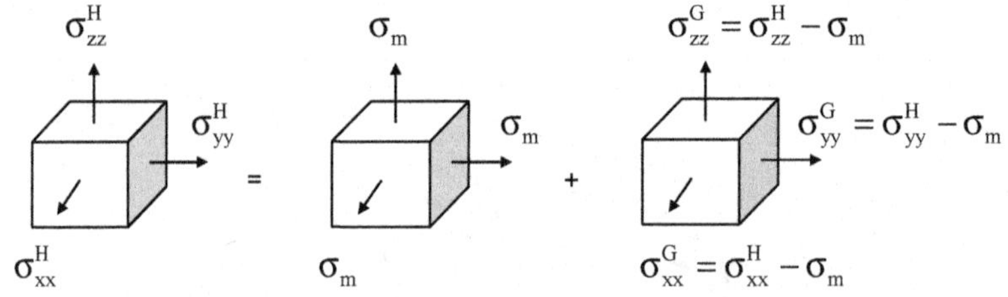

Gesamtformänderung = Volumenänderung + Gestaltänderung

so lässt sich die spezifische Formänderungsenergie $\bar{\pi} = \bar{\pi}_V + \bar{\pi}_G$ aus der Gl. (3.35b) mit Hilfe des Werkstoffgesetzes (3.16b) in einen Anteil für die Volumenänderungsenergie $\bar{\pi}_V = 1/2\boldsymbol{\sigma}_m^T \mathbf{C} \boldsymbol{\sigma}_m$ und für die Gestaltänderungsenergie $\bar{\pi}_G = 1/2\boldsymbol{\sigma}_G^T \mathbf{C} \boldsymbol{\sigma}_G$ aufteilen.

Nach der Hypothese von Huber, v. Mises und Hencky (HMH) versagt ein duktiler Werkstoff unabhängig von der Art des Spannungszustands (ein-, zwei- oder dreiachsig), wenn seine spezifische Gestaltänderungsenergie gleich ist. Wenn für die Spannungen $\boldsymbol{\sigma}_G$ die gestaltändernden Spannungskomponenten $\sigma_{xx}^G = \sigma_{xx}^H - \sigma_m$, $\sigma_{yy}^G = \sigma_{yy}^H - \sigma_m$ und $\sigma_{zz}^G = \sigma_{zz}^H - \sigma_m$ eingeführt werden, wo $\sigma_m = (\sigma_{xx}^H + \sigma_{yy}^H + \sigma_{zz}^H)/3$ die Mittelspannung bedeutet, die nur einen Einfluss auf die Volumenänderung hat, und $\sigma_{xx,yy,zz}^H$ die Hauptspannungen bezeichnet, so erhält man für einen isotropen Werkstoff im einachsigen Fall: $\bar{\pi}_{G,1D} = 1/(6G)(\sigma^H_{xx})^2$,

im zweiachsigen Fall: $\bar{\pi}_{G,2D} = 1/(6G)\,[\ (\sigma^H_{xx})^2 + (\sigma^H_{yy})^2 - \sigma^H_{xx}\sigma^H_{yy}\ ]$ und im

dreiachsigen Fall: $\bar{\pi}_{G,3D} = 1/(6G)\,[\ (\sigma^H_{xx})^2 + (\sigma^H_{yy})^2 + (\sigma^H_{zz})^2 - \sigma^H_{xx}\sigma^H_{yy} - \sigma^H_{xx}\sigma^H_{zz} - \sigma^H_{yy}\sigma^H_{zz}\ ]$

Die HMH – Hyphothese besagt nun, dass ein duktiler Werkstoff bei einer konstanten Gestaltänderungsenergie versagt unabhängig ob der Spannungszustand ein-, zwei oder dreiachsig ist. Zum Vergleich kann daher die Versagensspannung in einem einachsigen Spannungszustand herangezogen werden, z.B. aus einem Zugversuch an einem Probestab. Bezeichnet man die Spannung im einachsigen Versuch als Vergleichsspannung, $\sigma^H_{xx,1D} = \sigma_v$, so erhält man aus der aus Bedingung $\bar{\pi}_{G,1D} = \bar{\pi}_{G,2D}$ die Vergleichsspannung für den zweiachsigen Spannungszustand zu

$$\sigma_v = \sqrt{(\sigma^H_{xx})^2 + (\sigma^H_{yy})^2 - \sigma^H_{xx}\sigma^H_{yy}} \tag{a}$$

und für den dreiachsigen Fall aus $\bar{\pi}_{G,1D} = \bar{\pi}_{G,3D}$ zu

$$\sigma_v = \sqrt{(\sigma^H_{xx})^2 + (\sigma^H_{yy})^2 + (\sigma^H_{zz})^2 - \sigma^H_{xx}\sigma^H_{yy} - \sigma^H_{xx}\sigma^H_{zz} - \sigma^H_{yy}\sigma^H_{zz}} \tag{b}$$

In den Gln. (a) und (b) lassen sich die Hauptspannungen noch durch die Komponentenspannungen ausdrücken. Mit Gl. (3.12b) erhält man dann im zweiachsigen Fall die der Gl. (a) gleichwertige Form

$$\sigma_v = \sqrt{\sigma^2_{xx} + \sigma^2_{yy} - \sigma_{xx}\sigma_{yy} + 3\sigma^2_{xy}} \tag{c}$$

Für den dreiachsigen Spannungszustand ergibt sich

$$\sigma_v = \sqrt{\sigma^2_{xx} + \sigma^2_{yy} + \sigma^2_{zz} - \sigma_{xx}\sigma_{yy} - \sigma_{xx}\sigma_{zz} - \sigma_{yy}\sigma_{zz} + 3(\sigma^2_{xy} + \sigma^2_{xz} + \sigma^2_{yz})} \tag{d}$$

3.6 Prinzipe der Mechanik bei statischen Lasten

Zur alternativen Formulierung der Gleichgewichtsbedingungen werden in der Mechanik häufig die Prinzipe der virtuellen Arbeit und die sog. Extremalprinzipe verwendet. Sie eignen sich im Wesentlichen

- zur Herleitung der grundlegenden Differentialgleichungen (Eulersche Gleichungen),
- zur Formulierung von Verfahren zur näherungsweisen Lösung strukturmechanischer Probleme, ohne dass die Kenntnis der Differentialgleichungen dazu erforderlich ist.

Obgleich die virtuellen Arbeitsprinzipe und die Extremalprinzipe, wie später gezeigt wird, für die hier behandelten Probleme gleichwertig sind, wollen wir sie dennoch getrennt behandeln und die Bedingungen für ihre Gleichwertigkeit aufzeigen.

3.6.1 Das Prinzip der virtuellen Verschiebungen

Ein Körper mit dem Volumen V stehe unter der Einwirkung von äußeren Einzellasten F_A (A= 1,2, ... , N), von auf einem Teil der Oberfläche (Index ‘o‘) verteilten Lasten $\mathbf{p}_o^T = [\,p_{xo}\, p_{yo}\, p_{zo}\,]$ und von Volumenlasten $\mathbf{p}^T = [\,p_x\, p_y\, p_z\,]$ gemäß Bild 3-10. Diese Beanspruchung hat im Inneren des Körpers an einem Volumenelement dV den Spannungszustand $\boldsymbol{\sigma}^T = [\sigma_{xx} \ldots \sigma_{yz}]$ mit dem zugehörigen Verzerrungszustand $\boldsymbol{\varepsilon}^T$ zur Folge. Entsprechend ergeben sich Verschiebungszustände $\mathbf{u}_g$ und $\mathbf{u}_{og}$ innerhalb und auf der Oberfläche des Körpers sowie die Verschiebungen $\mathbf{U}^T = [U_1 \,..U_A\, ..\, U_N]$ an den diskreten Freiheitsgraden A. Dieser durch Verschiebungen, Verzerrungen und Spannungen gekennzeichnete Grundzustand wird nun einer willkürlichen, infinitesimalen Änderung $\delta\mathbf{u}_g$ des Verschiebungszustands (Bild 3-11) unterworfen, der nur den geometrischen Randbedingungen genügen muss, die auf einem Teil O_u der Oberfläche vorgegeben sind. Diese Änderung wird in der Mathematik Variation, in der Mechanik virtuelle Verschiebung genannt. Die zu diesem virtuellen Verschiebungszustand gehörigen virtuellen Verschiebungen an den diskreten Körperpunkten x_A, y_A und z_A werden mit δU_A und die auf der Oberfläche mit $\delta\mathbf{u}_{og}$ bezeichnet. Für letztere gilt demnach $\delta\mathbf{u}_{og} = 0$ auf dem Teil der Oberfläche O_u, auf dem geometrische Randbedingungen vorgegeben sind.

Innere virtuelle Arbeit

Die virtuellen Verschiebungen $\delta\mathbf{u}_g$ bewirken innere virtuelle Verzerrungen. Die realen inneren Spannungen $\boldsymbol{\sigma}$ leisten entlang der virtuellen Verzerrungen zusätzliche Arbeit. Diese wird innere virtuelle Arbeit genannt. Wir sprechen von einem Arbeitszuwachs, weil wir ja die virtuelle Verformung auf den Grundzustand aufbringen und die Arbeit im Grundzustand selbst nicht betrachten, wie dies bei der Betrachtung der inneren Energie (s. Bild 3-9) der Fall war. Gemäß Bild 3-11 ergibt sich die innere virtuelle Arbeit $A_{(i)}$ aus dem Produkt der realen Spannungen $\boldsymbol{\sigma}$ mit den virtuellen Verzerrungen $\delta\boldsymbol{\varepsilon}$ integriert über das Körpervolumen V zu

$$\boxed{A_{(i)} = \int_V \boldsymbol{\sigma}^T \, \delta\boldsymbol{\varepsilon} \; dV = \int_V \sum_i \boldsymbol{\sigma}_i \, \delta\varepsilon_i \; dV \quad (i = 1, 2, \ldots, q)} \,. \tag{3.40}$$

Der Faktor 1/2 tritt hier nicht auf, da der Arbeitszuwachs infinitesimal klein ist. Die obige Gleichung gilt daher auch bei nichtlinearem Werkstoffgesetz wie im Bild 3-12 angedeutet.

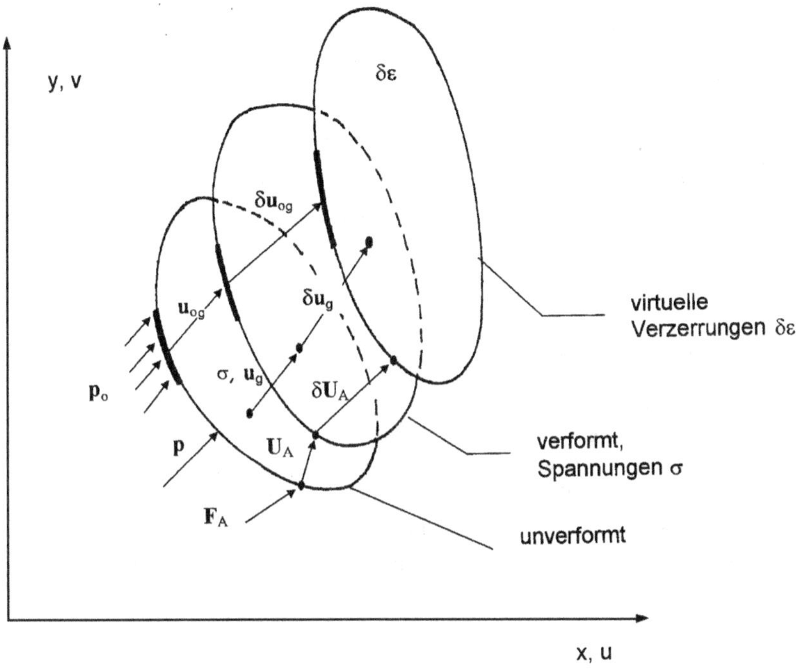

Bild 3-11 Körpertragwerk mit äußeren Lasten und virtuellen Verschiebungen

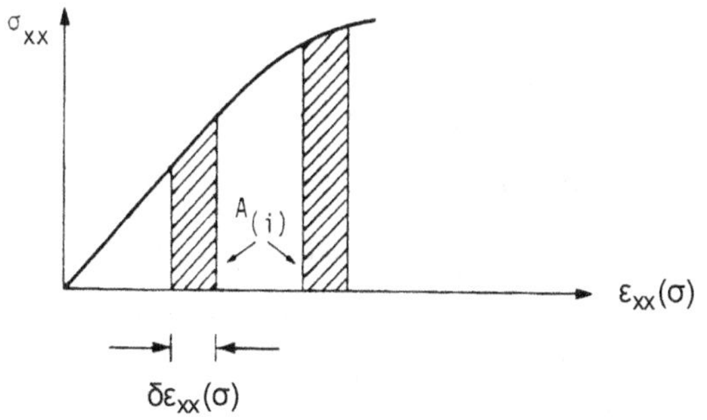

Bild 3-12 Definition der virtuellen inneren Arbeit $A_{(i)}$

Äußere virtuelle Arbeit

Die äußere virtuelle Arbeit $A_{(a)}$ ergibt sich aus dem Produkt der realen äußeren Kräfte $\mathbf{F}$, $\mathbf{p}_o$ und $\mathbf{p}$ mit den zugehörigen virtuellen Verschiebungen $\delta\mathbf{U}$, $\delta\mathbf{u}_{og}$ und $\delta\mathbf{u}_g$ zu

$$A_{(a)} = \sum_A F_A \delta U_A + \int_O (p_{xo}\delta u_o + p_{yo}\delta v_o + p_{zo}\delta w_o)\, dO + \int_V (p_x \delta u + p_y \delta v + p_z \delta w)\ dV$$

oder zusammengefasst in Matrixform

$$\boxed{A_{(a)} = \mathbf{F}^T\ \delta\mathbf{U} + \int_o \mathbf{p}_o^T \delta\mathbf{u}_{og}\ dO + \int_V \mathbf{p}^T \delta\mathbf{u}_g\ dV} \ . \tag{3.41}$$

Das Prinzip der virtuellen Verschiebungen (P.d.v.V.) besagt nun, dass sich ein Tragwerk im Gleichgewicht befindet, wenn innere und äußere virtuelle Arbeit einander gleich sind. Es gilt dann

$$A_{(i)} = A_{(a)} , \tag{3.42a}$$

oder

$$\boxed{\int_V \boldsymbol{\sigma}^T \delta\boldsymbol{\varepsilon}(\boldsymbol{\sigma}) dV = \mathbf{F}^T \delta\mathbf{U} + \int_o \mathbf{p}_o^T \delta\mathbf{u}_{og}\ dO + \int_V \mathbf{p}^T \delta\mathbf{u}_g\ dV} \ . \tag{3.42b}$$

Diese Gl. ist die allgemeinste Formulierung des P.d.v.V. Man kann zeigen, dass das P.d.v.V. auf die Gleichgewichtsbedingung (3.2) führt und damit eine Alternative zur direkten Aufstellung dieser Bedingungen darstellt. Wir wollen dies an dem einfachen Beispiel des unten dargestellten Zug/Druckstabes (Elastizitätsmodul E, Querschnittsfläche A) zeigen, der durch Einzellasten F_1 und F_2 und die linienförmige Last p_o beansprucht wird.

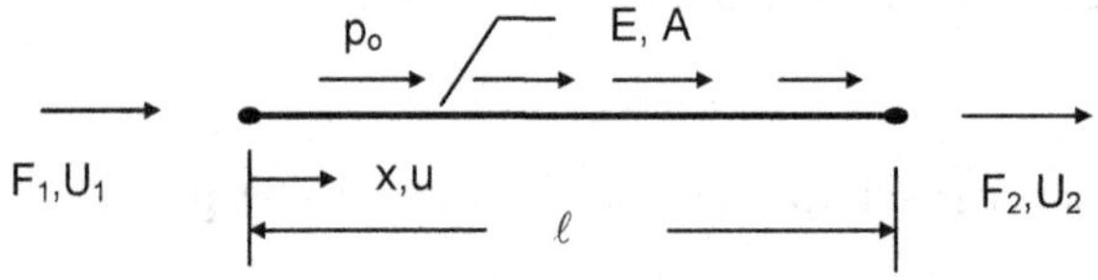

Für den eindimensionalen Fall erhält man aus den Gln. (3.42) mit $\delta\mathbf{u}_g = \delta u = \delta u_o$ und $dV = A dx$:

$$\int_x \sigma\, \delta\varepsilon\, A\, dx = F_1 \delta U_1 + F_2 \delta U_2 + \int_x p_o \delta u\, dx \ . \tag{a}$$

Einsetzen der Verzerrungs- Verschiebungsbeziehung (3.6) für den eindimensionalen Fall $\delta\varepsilon = \delta(\frac{du}{dx}) = \frac{d}{dx}(\delta u)$ in die innere virtuelle Arbeit auf der linken Seite der Gl. (a) liefert: $A_{(i)} = \int_x \sigma\, \delta\varepsilon\, A\, dx = \int_x \sigma \frac{d}{dx}(\delta u) A\, dx$. Nach partieller Integration folgt daraus

$A_{(i)} = A\sigma\delta u\Big|_{x=0}^{x=\ell} - \int_x A\frac{d\sigma}{dx}\delta u\,dx$. Nach Einsetzen der Normalkraftdefinition $N = \sigma A$ erhält man daraus

$$A_{(i)} = N\delta u\Big|_{x=0}^{x=\ell} - \int_x \frac{dN}{dx}\delta u\,dx \ .$$

Benutzt man noch die Definition der Verschiebungen an den Grenzen $\partial u(x=0) = \delta U_1$ und $\partial u(x=\ell) = \delta U_2$, so erhält man für den Randausdruck $N\delta u\Big|_{x=0}^{x=\ell} = N\big|_{x=\ell}\delta U_2 - N\big|_{x=0}\delta U_1$. Einsetzen in die Gl. (a) führt auf:

$$\int_x \left(\frac{dN}{dx} + p_o\right)\delta u\,dx - \left(N\big|_{x=\ell} - F_2\right)\delta U_2 + \left(N\big|_{x=0} + F_1\right)\delta U_1 = 0 \ . \tag{b}$$

Da die virtuelle Verschiebung zwar beliebig klein aber ungleich Null ist kann dieser Ausdruck nur verschwinden, wenn die Klammerausdrücke je für sich Null sind. Man erhält dann in Übereinstimmung mit der Gleichgewichtsbedingung (3.2) für jeden Punkt x innerhalb des Stabes die Differentialgleichung

$$\frac{dN}{dx} + p_o = 0 \ . \tag{3.43a}$$

Die Normalkraft kann nach Einführung des Werkstoffgesetzes, der Verzerrungs-Verschiebungsbeziehung und der Annahme EA = konstant durch $N = EA\frac{du}{dx}$ ausgedrückt werden. Eingesetzt in die Gl. (3.43a) liefert dies die Gleichgewichtsbedingung mit der Verschiebung u(x) als unbekannter Größe:

$$EA\frac{d^2u}{dx^2} + p_o = 0 \ . \tag{3.43b}$$

Zur Erfüllung des P.d.v.V. in der Gl. (b) müssen auch noch die Randausdrücke verschwinden. Wenn der Stab an seinen Enden gelagert ist, gilt $\delta U_2 = \delta U_1 = 0$, wodurch die Randausdrücke Null werden, anderenfalls gilt $N\big|_{x=\ell} = F_2$ und $N\big|_{x=0} = -F_1$, d.h. die Normalkräfte am Rand müssen mit den eingeleiteten äußeren Kräften im Gleichgewicht sein. Bei den Randausdrücken sind zwei verschiedene Typen erkennbar: die sogenannten statischen oder natürlichen Randbedingungen, die das Gleichgewicht der äußeren Randkräfte und der inneren Randschnittgrößen beinhalten und die sogenannten geometrischen Randbedingungen, die die Lagerbedingungen bezüglich der Verschiebungsgrößen beinhalten.

1. Beispiel: starrer Zug/Druckstab

In der Statik starrer Körper wird das P.d.v.V. gerne zur Formulierung der Gleichgewichtsbedingungen benutzt. Wegen $\delta\varepsilon_i = 0$ gilt $A_{(i)}=0$ und aus der Gl. (3.42b) erhält man:

$$0 = A_{(a)} = \sum_A F_A \delta U_A + \int_O (p_{xo}\delta u_o + p_{yo}\delta v_o + p_{zo}\delta w_o)\, dO + \int_V (p_x \delta u + p_y \delta v + p_z \delta w)\, dV \, .$$

Bei der Anwendung auf den unten dargestellten Stab unter der konstanten Oberflächenlast p_0 erhält man:

$$0 = F_1\,\delta U_1 \; + \; F_2\,\delta U_2 + \int_x p_{xo}\delta u_o \, dx \, . \qquad \text{(a)}$$

Wenn sich der Stab wie ein starrer Körper verhält, liefert eine virtuelle Starrkörperverschiebung δU_1 die kinematischen Abhängigkeiten $\delta U_2 = \delta U_1$ und $\delta u_0 = \delta U_1$. Eingesetzt in (a) erhält man $(F_1 + F_2 + p_o \ell)\, \delta U_1 \; = \; 0$. Wegen $\delta U_1 \neq 0$ muss dann der Klammerausdruck verschwinden und man erhält: $F_1 + F_2 + p_o \ell = \; 0$. Dies ist die Gleichgewichtsbedingung für die Kräfte in x-Richtung.

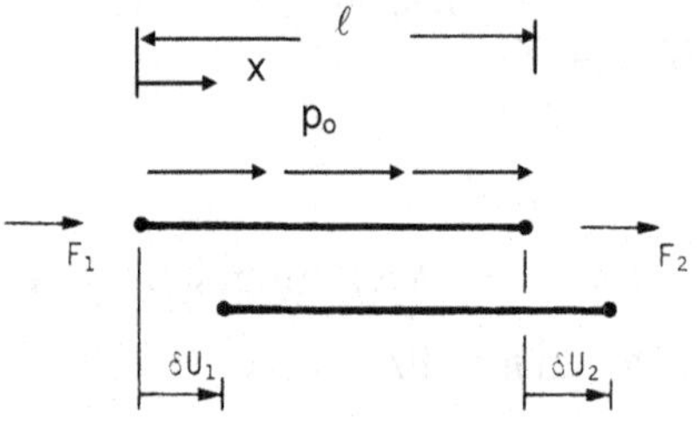

2. Beispiel: Anwendung des P.d.v.V. zur Transformation von Kräften und Verschiebungen

Wir sprechen von einer linearen Abhängigkeitstransformation von Verschiebungen, wenn zwischen zwei Verschiebungsvektoren $\overline{\mathbf{U}}$ und $\mathbf{U}$ eine lineare Beziehung der Form

$$\overline{\mathbf{U}} = \mathbf{T}\,\mathbf{U} \qquad \text{(3.44a)}$$

besteht. Falls die (m,n)-Matrix $\mathbf{T}$ quadratisch (m = n) und invertierbar ist, sprechen wir von einer <u>vollständigen</u> Transformation. Häufig ist die Matrix $\mathbf{T}$ jedoch eine Rechteckmatrix (m ≠ n). Diese Transformation nennen wir dann <u>unvollständig</u>. Eine solche Transformation hatten wir bereits mit der Gl. (2.2) kennengelernt, die die Beziehung zwischen den lokalen und globalen Verschiebungen des Stabelementes herstellte ($\overline{\mathbf{U}} \triangleq \mathbf{u}$, m = 2, n = 4). Es stellt sich nun die Frage, in welcher Weise sich die zu $\overline{\mathbf{U}}$ gehörigen Kräfte $\overline{\mathbf{F}}$ transformieren. Wir gehen dabei von der Vorstellung aus, dass die Lasten $\overline{\mathbf{F}}$ den gleichen Verformungs- und Spannungszustand in dem Tragwerk bewirken wie die Lasten $\mathbf{F}$. Das bedeutet, dass auch die virtuellen inneren Arbeiten und demzufolge auch die äußeren Arbeiten in beiden Kräftesystemen gleich sein müssen:

$$\overline{A}_{(i)} = A_{(i)} .$$

Wegen $A_{(i)} = A_{(a)}$ und $\overline{A}_{(i)} = \overline{A}_{(a)}$ gilt daher $\overline{A}_{(a)} = A_{(a)}$ oder

$$\overline{\mathbf{F}}^T \delta\overline{\mathbf{U}} = \mathbf{F}^T \delta\mathbf{U} .$$

Einsetzen der Gl. (3.44a) liefert

$$(\overline{\mathbf{F}}^T \mathbf{T} - \mathbf{F}^T)\delta\mathbf{U} = 0 .$$

Da $\delta\mathbf{U}$ ungleich Null ist, muss der Klammerausdruck verschwinden und es verbleibt nach Transponierung

$$\mathbf{F} = \mathbf{T}^T \overline{\mathbf{F}} . \tag{3.44b}$$

Transformationen vom Typ (3.44a) und (3.44b) heißen in der Mathematik kontragredient, da die Stellung der quergestrichenen Größen vertauscht ist.

3. Beispiel: Transformation des Verzerrungsvektors

Wir wollen jetzt das P.d.v.V. benutzen, um die Transformation des Verzerrungsvektors vom Koordinatensystem x, y auf das gedrehte Koordinatensystem $\overline{x}, \overline{y}$ abzuleiten. Da die innere virtuelle Arbeit als skalare Größe unabhängig von der Wahl des Koordinatensystems sein muss, müssen die inneren spezifischen (auf die Volumeneinheit bezogenen) virtuellen Arbeiten in beiden Koordinatensystemen gleich sein, d.h. es muss gelten: $\overline{\boldsymbol{\sigma}}^T\delta\overline{\boldsymbol{\varepsilon}} = \boldsymbol{\sigma}^T\delta\boldsymbol{\varepsilon}$. Führt man in diese Gleichung die Transformationsgleichung (3.10b), $\overline{\boldsymbol{\sigma}} = \mathbf{T}\boldsymbol{\sigma}$, ein, so erhält man $\boldsymbol{\sigma}^T(\mathbf{T}^T\delta\overline{\boldsymbol{\varepsilon}} - \delta\boldsymbol{\varepsilon}) = 0$ und daraus die kontragrediente Transformation $\delta\boldsymbol{\varepsilon} = \mathbf{T}^T\delta\overline{\boldsymbol{\varepsilon}}$, die dann auch für die realen Verzerrungen in $\boldsymbol{\varepsilon} = \mathbf{T}^T\overline{\boldsymbol{\varepsilon}}$ entsprechend Gl. (3.11a) gilt.

3.6.2 Diskretisierung der Verschiebungsfelder mit Hilfe von Einheitsverschiebungs- Funktionen

Wir wollen annehmen, dass der Verschiebungszustand $\mathbf{u}_g^T = [u \; v \; w]$ des elastischen Körpers als lineare Funktion der diskreten Verschiebungen U_A bekannt sei (z.B. als Lösung der Stabdifferentialgleichung (3.43b)) und sich in der folgenden Form darstellen lässt:

$$\boxed{\mathbf{u}_g(x,y,z) = \boldsymbol{\varphi}_g^T(x,y,z)\mathbf{U}} . \tag{3.45a}$$

Auf der Körperoberfläche gilt dann

$$\mathbf{u}_{og}(x_o,y_o,z_o) = \boldsymbol{\varphi}_{og}^T(x_o,y_o,z_o)\mathbf{U} , \tag{3.45b}$$

und an den diskreten Punkten A:

$$\boxed{\mathbf{u}_g(x_A, y_A, z_A) = \mathbf{U}} \,. \tag{3.45c}$$

Die in der Matrix $\boldsymbol{\varphi}_g$ enthaltenen Verschiebungsfunktionen werden auch Einheitsverschiebungsfunktionen oder Formfunktionen genannt. Sie beschreiben den Verschiebungszustand innerhalb des Körpers und auf seiner Oberfläche in Abhängigkeit von der Einheitsverschiebung $U_A = 1$ an einem diskreten Punkt auf oder innerhalb des Körpers. Diese Formfunktionen spielen eine zentrale Rolle bei der Formulierung finiter Elemente nach der Verschiebungsmethode. Wir wollen nun zeigen, wie sich derartige Einheitsverschiebungsfunktionen aus einem allgemeinen Ansatz

$$\mathbf{u}_g(x, y, z) = \bar{\boldsymbol{\varphi}}_g^T(x, y, z)\,\mathbf{a} \tag{3.46a}$$

mit Hilfe der Einheitsverschiebungsbedingungen (3.45c) erzeugen lassen. Die Funktionen $\bar{\boldsymbol{\varphi}}_g$ werden auch als Basisfunktionen bezeichnet. Einsetzen der Knotenpunktskoordinaten x_A, y_A und z_A, an denen die diskreten Verschiebungen definiert sind, in die Gl.(3.46a) liefert das Gleichungssystem

$$\mathbf{u}_g(x_A, y_A, z_A) = \mathbf{U} = \mathbf{A}\,\mathbf{a} \tag{3.46b}$$

mit der Koeffizientenmatrix

$$\mathbf{A} = \bar{\boldsymbol{\varphi}}_g^T(x_A, y_A, z_A) \,. \tag{3.46c}$$

Die Matrix $\mathbf{A}$ ist quadratisch im Fall, dass die Zahl der Verschiebungsfreiheitsgrade im Vektor $\mathbf{U}$ gleich der Zahl der Ansatzkoeffizienten im Vektor $\mathbf{a}$ ist und lässt sich invertieren, so dass sich $\mathbf{a}$ durch $\mathbf{U}$ in der Form

$$\mathbf{a} = \mathbf{A}^{-1}\mathbf{U} \tag{3.46d}$$

ausdrücken lässt. Nach Einsetzen von $\mathbf{a}$ in die Gl. (3.46a) ergibt sich

$$\mathbf{u}_g(x, y, z) = \bar{\boldsymbol{\varphi}}_g^T(x, y, z)\,\mathbf{A}^{-1}\,\mathbf{U} = \boldsymbol{\varphi}_g^T(x, y, z)\mathbf{U} \tag{3.46e}$$

mit den Einheitsverschiebungsfunktionen

$$\boldsymbol{\varphi}_g^T = \bar{\boldsymbol{\varphi}}_g^T(x, y, z)\,\mathbf{A}^{-1} \,. \tag{3.46f}$$

Die Matrix $\mathbf{A}^{-1}$ transformiert demnach die Basisfunktionen auf die Einheitsverschiebungsfunktionen. Mit Kenntnis der Verschiebungsfelder lassen sich die Verzerrungen mit Hilfe des Differentialoperators $\mathbf{d}$ aus den Verzerrungs-Verschiebungsbeziehungen (3.6) angeben:

$$\boxed{\boldsymbol{\varepsilon} = \mathbf{D}\,\mathbf{U}} \tag{3.47a}$$

mit der Verzerrungs- Verschiebungs- Transformationsmatrix

$$\boxed{\mathbf{D} = \mathbf{d}\boldsymbol{\varphi}_g^T} \,. \tag{3.47b}$$

(Hinweis: Falls Temperaturverzerrungen vorhanden sind, gilt $\boldsymbol{\varepsilon} = \boldsymbol{\varepsilon}_g = \mathbf{D}\mathbf{U}$)

Die virtuellen Änderungen $\delta\varepsilon_i$ und δU_A , $\delta\mathbf{u}_{og}$ und $\delta\mathbf{u}_g$ sind dann nicht unabhängig voneinander sondern gemäß der Gleichungen (3.45) – (3.47) an die diskreten virtuellen Verschiebungen δU_A gekoppelt:

$$\delta\mathbf{u}_g(x,y,z) = \boldsymbol{\varphi}_g^T(x,y,z)\delta\mathbf{U} \ , \tag{3.48a}$$

auf der Körperoberfläche

$$\delta\mathbf{u}_{og}(x_o,y_o,z_o) = \boldsymbol{\varphi}_{og}^T(x_o,y_o,z_o)\delta\mathbf{U} \ , \tag{3.48b}$$

an den diskreten Punkten A (A = 1,2, ... , N_p = Zahl der Knotenpunkte)

$$\delta\mathbf{u}_g(x_A,y_A,z_A) = \delta\mathbf{U} \ , \tag{3.48c}$$

und im Inneren des Körpers

$$\delta\boldsymbol{\varepsilon} = \mathbf{D}\,\delta\mathbf{U} \ . \tag{3.48d}$$

(Hinweise: a) $\delta\boldsymbol{\varepsilon}$ ergibt sich zu Null, falls $\delta\mathbf{u}_g$ den virtuellen Verschiebungszustand eines starren Körpers beschreibt,

b) falls Temperaturverzerrungen vorhanden sind gilt, wegen $\delta\boldsymbol{\varepsilon}(\vartheta) = 0$): $\delta\boldsymbol{\varepsilon} = \delta\boldsymbol{\varepsilon}_g = \delta\boldsymbol{\varepsilon}(\boldsymbol{\sigma})$).

Die A-te Spalte der **D**-Matrix kann gedeutet werden als derjenige virtuelle Verzerrungszustand, der sich ergibt, wenn $\delta U_A = 1$ gesetzt wird, während die übrigen $\delta U_B = 0$ $(B \neq A)$ gesetzt werden. Einsetzen des Werkstoffgesetzes (3.27), $\boldsymbol{\sigma} = \mathbf{E}(\boldsymbol{\varepsilon}_g - \boldsymbol{\varepsilon}(\vartheta))$, der virtuellen Verzerrungs-Verschiebungsbeziehung (3.48d), $\delta\boldsymbol{\varepsilon}_g = \mathbf{D}\delta\mathbf{U}$, und der virtuellen Verschiebungsansätze (3.48a-c) in die P.d.v.V. Gleichung (3.42b) liefert:

$$(\mathbf{U}^T \underbrace{\int_V \mathbf{D}^T\mathbf{E}\,\mathbf{D}\,dV}_{\mathbf{K}} - \underbrace{\int_V \boldsymbol{\varepsilon}(\vartheta)^T\mathbf{E}\,\mathbf{D}\,dV}_{\mathbf{F}^T(\vartheta)} - \mathbf{F}^T - \underbrace{\int_O \mathbf{p}_o^T\boldsymbol{\varphi}_{og}^T\,dO}_{\mathbf{F}^T(p_o)} - \underbrace{\int_V \mathbf{p}^T\boldsymbol{\varphi}_g^T\,dV}_{\mathbf{F}^T(p)})\delta\mathbf{U} = 0$$

Da $\delta\mathbf{U}$ eine beliebige, von Null verschiedene, virtuelle Verschiebung darstellt, ist die linke Seite dieser Gleichung nur dann Null, wenn der Klammerausdruck verschwindet. Daraus folgt nach Transponierung des Klammerausdrucks die Kraft-Verschiebungsbeziehung

$$\boxed{\mathbf{K}\mathbf{U} = \mathbf{F}_g = \mathbf{F} + \mathbf{F}(p_o) + \mathbf{F}(p) + \mathbf{F}(\vartheta)} \ , \tag{3.49a}$$

die das Gleichgewicht zwischen den eingeprägten Kräften auf der rechten Seite mit den elastischen Kräften $\mathbf{F}_{el} = \mathbf{K}\mathbf{U}$ auf der linken Seite beinhaltet. Die Abkürzungen bedeuten:

$$\boxed{\mathbf{K} = \int_V \mathbf{D}^T\mathbf{E}\,\mathbf{D}\,dV} \quad = \text{Steifigkeitsmatrix,} \tag{3.49b}$$

$$\boxed{\mathbf{F}(p_o) = \int_o \boldsymbol{\varphi}_{og}\mathbf{p}_o \, dO} \quad = \text{äquivalenter Lastvektor der Oberflächenlasten,} \qquad (3.49c)$$

$$\boxed{\mathbf{F}(p) = \int_V \boldsymbol{\varphi}_g \, \mathbf{p} \, dV} \quad = \text{äquivalenter Lastvektor der Volumenlasten und} \qquad (3.49d)$$

$$\boxed{\mathbf{F}(\vartheta) = \int_V \mathbf{D}^T \mathbf{E} \, \boldsymbol{\varepsilon}(\vartheta) dV} \quad = \text{äquivalenter Lastvektor für Temperaturänderungen.} \qquad (3.49e)$$

Die äquivalenten Knotenkräfte können interpretiert werden als diejenigen Reaktionskräfte, die entstehen, wenn der Körper vollständig gelagert ist. Wegen $\mathbf{U} = \mathbf{0}$ ist in diesem Fall die linke Seite der Gl. (3.49a) Null und für die Reaktionskräfte erhält man dann $\mathbf{F} = -\mathbf{F}(p_o) - \mathbf{F}(p) - \mathbf{F}(\vartheta)$.

Mit diesen Gleichungen haben wir bereits die zentralen Grundgleichungen der auf Verschiebungsansätzen beruhenden FE- Methode (deshalb auch Verschiebungsmethode genannt) kennengelernt. Die Gl. (3.49a) stellt ein lineares Gleichungssystem dar, welches bezüglich des unbekannten Verschiebungsvektors **U** gelöst werden kann. Da für komplexe aus verschiedenen Strukturtypen wie Scheiben und Platten zusammengesetzte Strukturen exakte Verschiebungsfelder unbekannt sind, werden die Gln.(3.49) nicht auf die Gesamtstruktur sondern auf elementare Teilstrukturen, die finiten Elemente, angewendet (Hinweis zur Notation: bei Anwendung auf Elemente in lokalen Element- Koordinaten werden im folgenden die Elementmatrizen und die zugehörigen Kraft- und Verschiebungsgrößen mit kleinen Buchstaben gekennzeichnet). Die Ansätze für die Verschiebungsfelder können dann auch leicht auf den Elementtyp angepasst werden. Der Zusammenbau der Elemente zur Gesamtstruktur erfolgt über die Gleichgewichtsbedingungen an den Knoten wie im Kap.2 oder auch mit Hilfe des P.d.v.V. (s. auch Kap.4).

Beispiel: Diskrete Kraft-Verschiebungsbeziehungen beim Zug/Druckstab

Als Anwendungsbeispiel für die Erzeugung von Kraft-Verschiebungsbeziehungen gemäß Gln. (3.49), wählen wir wieder den Zug/Druckstab unter der Linienlast p_o, der zusätzlich noch einer konstanten Temperaturänderung ϑ unterworfen sei. Als Ansatz für den Verschiebungsverlauf wählen wir die Lösung der homogenen Dgl. (3.43b) für $p_o = 0$:

$$u(x) = a_1 + a_2 x \,. \qquad (a)$$

Die Einheitsverschiebungsbedingungen (3.45c) werden nun benutzt, um die beiden unbekannten Integrationskonstanten a_1 und a_2 durch die beiden Knotenpunktverschiebungen U_1 und U_2 auszudrücken:

Die beiden Bedingungsgleichungen (3.46b), $u\,(x{=}0) = u_1 = a_1$ und $u\,(x{=}\ell) = u_2 = a_1 + \ell a_2$ lauten in Matrixform:

$$\begin{bmatrix} u_1 \\ u_2 \end{bmatrix} = \begin{bmatrix} 1 & 0 \\ 1 & \ell \end{bmatrix} \begin{bmatrix} a_1 \\ a_2 \end{bmatrix}, \quad \text{oder} \quad \mathbf{u} = \mathbf{A}\,\mathbf{a}\,. \tag{b}$$

Die Auflösung nach **a** liefert:

$$\mathbf{a} = \mathbf{A}^{-1}\mathbf{u} \quad , \quad \text{oder} \quad \begin{bmatrix} a_1 \\ a_2 \end{bmatrix} = \begin{bmatrix} 1 & 0 \\ 1 & \ell \end{bmatrix}^{-1} \begin{bmatrix} u_1 \\ u_2 \end{bmatrix} = \begin{bmatrix} u_1 \\ (u_2 - u_1)/\ell \end{bmatrix}. \tag{c}$$

Nach Einsetzen von (c) in (a) erhält man

$$u(x) = u_1 + x(u_2 - u_1)/\ell = (1 - x/\ell)u_1 + (x/\ell)u_2 = \varphi_1 u_1 + \varphi_2 u_2 = \boldsymbol{\varphi}^T \mathbf{u} \tag{d}$$

in der Formulierung gemäß Gl.(3.45a) mit den Einheitsverschiebungsfunktionen

$$\boldsymbol{\varphi} = \begin{bmatrix} \varphi_1 \\ \varphi_2 \end{bmatrix} = \begin{bmatrix} 1\text{-}x/\ell \\ x/\ell \end{bmatrix}. \tag{e}$$

Die Verzerrungs- Verschiebungs-Transformationsmatrix **D** berechnet sich aus der Gl. (3.47b) mit **d** = d( )/dx zu

$$\mathbf{D} = d(\boldsymbol{\varphi}^T)/dx = [-1/\ell \;\; 1/\ell]\,. \tag{f}$$

Damit können die Gln. (3.49a-e) ausgewertet werden. Für die Steifigkeitsmatrix erhält man in Übereinstimmung mit der im Kap.2 elementar hergeleiteten Matrix (2.1a):

$$\mathbf{k} = \int_V \mathbf{D}^T \mathbf{E}\,\mathbf{D}\,dV = \frac{1}{\ell^2}\int_0^\ell \begin{bmatrix} -1 \\ 1 \end{bmatrix} E[-1 \quad 1]A\,dx = \frac{EA}{\ell}\begin{bmatrix} 1 & -1 \\ -1 & 1 \end{bmatrix}. \tag{2.1a}$$

Für den äquivalenten Lastvektor infolge der Linienlast p_o erhält man

$$\mathbf{f}(p_o) = \int_O \boldsymbol{\varphi}_{og}\,\mathbf{p}_o\,dO = \int_0^\ell \begin{bmatrix} 1\text{-}x/\ell \\ x/\ell \end{bmatrix} p_o dx = \frac{p_o \ell}{2}\begin{bmatrix} 1 \\ 1 \end{bmatrix}, \tag{g}$$

d.h. die Linienlast verteilt sich je zur Hälfte auf die Knoten. Für den äquivalenten Lastvektor infolge der Temperaturdehnung $\varepsilon(\vartheta) = \alpha\vartheta$ folgt:

$$\mathbf{f}(\vartheta) = \int_V \mathbf{D}^T \mathbf{E}\varepsilon(\vartheta)dV \;= E\alpha\vartheta \int_0^\ell \begin{bmatrix} -1/\ell \\ 1/\ell \end{bmatrix} A\,dx = EA\alpha\vartheta \begin{bmatrix} -1 \\ 1 \end{bmatrix}. \tag{h}$$

3.6.3 Variation, virtuelle Verschiebung und stationärer Wert eines Funktionals

Zum Verständnis der FEM und zur Herleitung der grundlegenden Gleichungen spielen die sogenannten Extremalprinzipe der Mechanik (z.B. Prinzip vom Minimum der potentiellen Energie) sowie die Prinzipe der virtuellen Arbeiten (z.B. Prinzip der virtuellen Verschiebungen) eine entscheidende Rolle. Zur mathematischen Behandlung dieser Prinzipe steht die Variationsrechnung zur Verfügung. Die Variationsrechnung ist eine höhere Lehre von Maxima und Minima. Zunächst beginnen wir mit dem Begriff der Variation einer Funktion y(x). Eine Variation der Funktion y(x) ist definiert als

$$\delta y = \bar{y}(x) - y(x) \ .$$

Hierbei ist y eine irgendwie veränderte Funktion (Bild 3-13). Im Gegensatz dazu ist das Differential der Funktion definiert als

$$dy = y(x + dx) - y(x) \ .$$

Hier wird nicht die Funktion y selbst verändert, sondern das Argument x. Das Differential dy ist also eine "wirkliche" Änderung von y beim Fortschreiten auf der Kurve in x-Richtung, die Variation δy ist dagegen eine beliebige gedachte oder "virtuelle" Änderung von y. $\bar{y}$ ist daher eine neue Kurve, die mit y gar nichts zu tun hätte und sinnlos wäre, wenn wir nicht die Forderung aufstellen würden, dass die Kurve $\bar{y}$ derjenigen von y benachbart sein soll. Der Unterschied δy der beiden Kurven soll beliebig klein gemacht werden können. Wir erreichen dies dadurch, dass wir für δy den Ansatz

$$\delta y(x) = \varepsilon \, \phi(x) \tag{a}$$

machen.

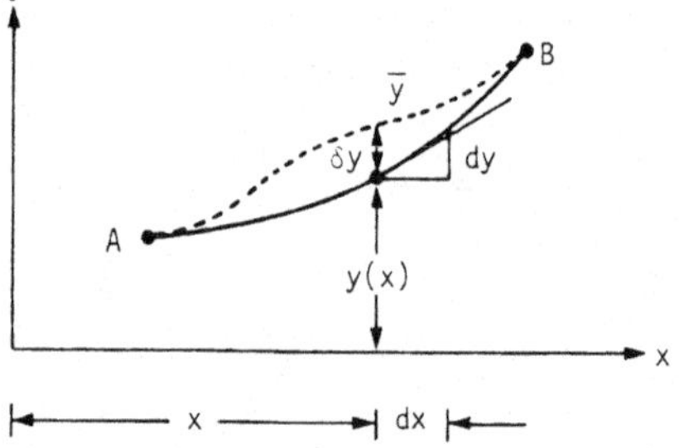

Bild 3-13 Zum Unterschied zwischen Variation δy und Differential dy

Hierbei ist ε eine einfache Zahl, die beliebig klein werden kann, während $\phi(x)$ eine beliebige Funktion ist, die keiner Forderung nach Nachbarschaft zu y zu genügen braucht. Im Bild 3-13 erkennt man, dass an den Randpunkten A und B die Kurven $\bar{y}$ und y zusammenfallen. An diesen Stellen gilt also:

$$\delta y\big|_{x_A, x_B} = 0 . \qquad \text{(b)}$$

Das bedeutet, dass $\phi(x)$ an den Randpunkten ebenfalls Null sein muss. Wir fordern demnach, dass $\bar{y}$ und damit $\phi(x)$ gewisse Randbedingungen erfüllen. Der Vollständigkeit halber sei erwähnt, dass es auch Variationsprobleme ohne derartige Forderungen nach Einhaltung der Randbedingungen gibt. In diesem Fall kommen die sogenannten erweiterten Variationsprinzipe der Mechanik zur Anwendung, die wir im nachfolgenden Kapitel behandeln wollen. Wir merken uns:

- Die Variation δy ist beliebig klein.
- δy ist Null auf den Randpunkten, d.h. $\bar{y}$ erfüllt die Randbedingung $\bar{y} = y$ bei A und B.

Falls y einen Verschiebungsverlauf, z.B. den eines Balkens darstellt, nennt man in der Mechanik δy nicht Variation, sondern virtuelle Verschiebung, für die natürlich auch die oben genannten zwei Bedingungen gelten. Mit dem Ansatz (a) können wir folgende Rechenregeln ableiten:

$$\delta\left(\frac{\partial y}{\partial x}\right) = \frac{\partial}{\partial x}\,\delta y \ , \qquad \text{(c)}$$

das heißt, die Variation der Ableitung ist gleich der Ableitung der Variation und

$$\delta \int_a^b y \, dx = \int_a^b \delta y \, dx \ , \qquad \text{(d)}$$

das heißt, die Variation eines bestimmten Integrals ist gleich dem bestimmten Integral über die Variation.

Extremwert eines Funktionals

Unter einem Funktional F versteht man eine Funktion, die wieder von Funktionen abhängig ist. Es gilt also

$$F = F(y_i) \quad (i = 1, 2, \dots, n) \ .$$

Die Funktionen y_i können wieder eine Funktion einer oder auch mehrerer Veränderlicher x_j ($j=1,2, \dots, m$) sein, also

$$y_i = y_i(x_j) \quad (i = 1, 2, \dots, n; \quad j = 1, 2, \dots, m) \ .$$

Beispiel: Äußere und innere Energie eines Stabes unter Eigengewicht g (s. Gl.3.39).

$$\Pi = \int_0^\ell \bar{\pi}(x, u, u')\, dx \ = \int_0^\ell \left(\frac{1}{2} EA\, u'^2 - g\, u\right) dx \ . \qquad (3.50)$$

Wir haben es hier mit zwei Funktionen $y_1 = u$ und $y_2 = u'$ (u = Verschiebung) mit x als unabhängige Veränderliche zu tun. Variiert man y_i in $F(y_i)$, so erhält man das Funktional

$$\overline{F} = F(y_i + \delta y_i)\,.$$

Da $\delta y_i = \varepsilon\phi_i$ per Definition beliebig klein sein soll, kann $\overline{F} = F(y_i + \delta y_i)$ in eine Taylorreihe um $y_i(x_i)$ entwickelt werden.

$$\overline{F}(y_i) = F(y_i + \delta y_i) = F(y_i) + \sum_i \frac{\partial F}{\partial y_i}\delta y_i + \frac{1}{2}\sum_{i,k}\frac{\partial^2 F}{\partial y_i \partial y_k}\delta y_i\,\delta y_k + \ldots\ .$$

Für den Zuwachs von $F(y_i)$ erhält man

$$\Delta F = \overline{F}(y_i) - F(y_i) = \sum_i \frac{\partial F}{\partial y_i}\delta y_i + \frac{1}{2}\sum_{i,k}\frac{\partial^2 F}{\partial y_i\, \partial y_k}\delta y_i\,\delta y_k + \ldots\ , \qquad (3.51a)$$

in abgekürzter Schreibweise ist dies

$$\Delta F = \delta F + \frac{1}{2}\delta^2 F + \ldots\ . \qquad (3.51b)$$

Hierin bezeichnet δF die "erste Variation" von F

$$\delta F = \sum_i \frac{\partial F}{\partial y_i}\delta y_i \qquad (i = 1, 2, \ldots, n)\ , \qquad (3.52a)$$

und $\delta^2 F$ die "zweite Variation" von F

$$\delta^2 F = \sum_{i,k}\frac{\partial^2 F}{\partial y_i\, \partial y_k}\delta y_i\,\delta y_k \qquad (i, k = 1, 2, \ldots, n)\ . \qquad (3.52b)$$

Voraussetzung für die Existenz eines Extremwertes an einem Punkt ist, dass die Funktion in der unmittelbaren Nachbarschaft dieses Punktes überall gleiche Werte annimmt (stationärer Wert). Für genügend kleines δy_i folgt aus Gln. (3.52), dass $\delta^2 F \ll \delta F$ ist, d.h. als Bedingung für den stationären Wert des Funktionals erhält man:

$$\delta F = 0\,. \qquad (3.53)$$

Falls die Variationen δy_i unabhängig voneinander sind, muss jeder Summand für sich verschwinden. Es gilt dann

$$\frac{\partial F}{\partial y_i(x_j)} = 0 \qquad (i = 1, 2, \ldots, n;\ j = 1, 2, \ldots, m)\ . \qquad (3.54a)$$

Wenn die Unabhängigkeit der Funktionen y_i untereinander nicht gegeben ist, gilt Gl. (3.52a). Aus Gl. (3.54a) erkennt man auch, dass die Variation eine Art von Maximum-Minimum- Forderung darstellt, wie sie aus der Differentialrechnung bekannt ist.

Wenn in (3.54a) die Funktionen $y_i(x_j)$ durch die Veränderlichen x_j ersetzt werden, ergibt sich die bekannte Extremalbedingung

$$\frac{\partial F}{\partial x_j} = 0 \quad (j = 1, 2, \dots, m) \tag{3.54b}$$

der Differentialrechnung. Die Bedingung (3.53) ist notwendig, aber nicht hinreichend, denn außerdem ist für einen Extremwert zu fordern, dass in der etwas "erweiterten" Nachbarschaft sämtliche Punkte einen größeren Wert für F ergeben (Minimum) oder einen kleineren (Maximum).

Aus der Gl. (3.51b) folgt mit $\delta F = 0$

$\delta^2 F > 0 \rightarrow$ Minimum,

$\delta^2 F = 0 \rightarrow$ kein Extremwert und

$\delta^2 F < 0 \rightarrow$ Maximum.

3.6.4 Das Prinzip vom stationären Wert der Gesamtenergie

Um einen Zusammenhang zwischen den virtuellen Arbeiten und den Energieausdrücken herzustellen bilden wir zunächst die erste Variation der Formänderungsenergie, Gl. (3.35c), unter Verwendung der Rechenregel (3.52a)

$$\delta\Pi_{(i)} = \frac{\partial \Pi_{(i)}}{\partial\,\varepsilon(\sigma)}\,\delta\varepsilon(\sigma) = \frac{1}{2}\int \frac{\partial}{\partial\,\varepsilon(\sigma)}\,[\,\varepsilon^T(\sigma)\,\mathbf{E}\,\varepsilon(\sigma)]\;\delta\varepsilon(\sigma)\,dV$$
$$= \int \varepsilon^T(\sigma)\,\mathbf{E}\,\delta\varepsilon(\sigma)\,dV = \int \boldsymbol{\sigma}^T\,\delta\varepsilon(\sigma)\,dV = A_{(i)}\ .$$

Die innere virtuelle Arbeit $A_{(i)}$ ist also gleich der ersten Variation der Formänderungsenergie:

$$\delta\Pi_{(i)} = A_{(i)}\ . \tag{3.55}$$

Bei der äußeren virtuellen Arbeit auf der rechten Seite von Gl.(3.42b) kann das δ - Zeichen vorgezogen werden, wenn die Kräfte konstant sind, d.h. bei der Variation ihre Richtung beibehalten (richtungstreu).

$$A_{(a)} = \delta(\mathbf{F}^T\mathbf{U} + \int_o \mathbf{p}_o^T \mathbf{u}_{og}\,dO + \int_V \mathbf{p}^T \mathbf{u}_g\,dV)\ . \tag{3.56}$$

Unter Berücksichtigung der Definition für die äußere Energie in der Gl. (3.37b) gilt also:

$$A_{(a)} = -\delta\Pi_{(a)}\ . \tag{3.57}$$

Die äußere virtuelle Arbeit ist gleich der ersten Variation der negativen äußeren Energie. Das P.d.v.V., $A_{(i)} = A_{(a)}$, kann nun auch durch die innere und äußere Energie ausgedrückt werden:

$$\delta \Pi_{(i)} = -\delta \Pi_{(a)} ,$$

oder

$$\boxed{\delta(\Pi_{(i)} + \Pi_{(a)}) = \delta \Pi = 0} . \tag{3.58}$$

Wir hatten vorher gesehen, dass dies die Bedingung dafür ist, dass Π einen stationären Wert annimmt. Gl. (3.58) ist die Aussage des Prinzips vom stationären Wert der Gesamtenergie. In der linearen Theorie und bei konservativen äußeren Kräften ist dieses Prinzip dem P.d.v.V. äquivalent.

3.6.4.1 Die Grundaufgabe der Variationsrechnung beim Zug/ Druckstab

Die Grundaufgabe der Variationsrechnung besteht darin, für ein Funktional des Typs

$$\Pi = \int_{x_A}^{x_B} \bar{\pi}\,(x, u, u')\,dx \tag{3.59}$$

eine Funktion u(x) derart zu bestimmen, dass Π ein Extremum wird. Die Gesamtenergie eines Zug/Druckstabes unter Eigengewicht stellt ein Funktional dieses Typs dar (s.Gl.3.50). Wir wenden die Gl. (3.58) auf die Gl. (3.59) an:

$$\delta \Pi = 0 = \int_{x_A}^{x_B} \delta\bar{\pi}(x, u, u')\,dx = \int_{x_A}^{x_B} \left(\frac{\partial \bar{\pi}}{\partial u} \delta u + \frac{\partial \bar{\pi}}{\partial u'} \delta u' \right) dx \ , \tag{3.60}$$

δu und $\delta u'$ sind nicht unabhängig voneinander (u' ist ja die Ableitung von u). Durch partielle Integration kann der zweite Ausdruck in der Klammer nach δu überführt werden:

$$\int_{x_A}^{x_B} \frac{\partial \bar{\pi}}{\partial u'} \delta u' dx = \frac{\partial \bar{\pi}}{\partial u'} \delta u \Big|_{x_A}^{x_B} - \int_{x_A}^{x_B} \frac{d}{dx} \left(\frac{\partial \bar{\pi}}{\partial u'} \right) \delta u \, dx \ . \tag{3.61}$$

Nach Voraussetzung ist der Randausdruck Null. Einsetzen von (3.61) in (3.60) liefert

$$\delta \Pi = \int_{x_A}^{x_B} \left(\frac{\partial \bar{\pi}}{\partial u} - \frac{d}{dx} \left(\frac{\partial \bar{\pi}}{\partial u'} \right) \right) \delta u \, dx = 0 \ .$$

Da die Variation δu beliebig (also $\neq 0$) sein darf, muss der Klammerausdruck für sich Null sein. Als Bedingung für stationäres u(x) erhält man daher die sogenannte Eulersche Differentialgleichung:

$$\frac{\partial \bar{\pi}}{\partial u} - \frac{d}{dx} \left(\frac{\partial \bar{\pi}}{\partial u'} \right) = 0 \ . \tag{3.62}$$

Setzt man für $\bar{\pi}(x, u, u')$ den Ausdruck für den Stab unter Eigengewicht gemäß Gl. (3.50) ein, so ergibt sich bei konstanter Dehnsteifigkeit EA = const die Eulersche Dgl. des Zug/ Druckstabes

$$E A\, u'' = -g \;, \tag{3.63}$$

die wir auch mit Hilfe des P.d.v.V. in der Gl. (3.43b) gefunden hatten. Dies war zu erwarten, da ja die Äquivalenz beider Prinzipe bei richtungstreuen Lasten oben gezeigt worden ist.

Randbedingungen

Wir wollen uns den Randausdruck in Gl. (3.61) etwas näher ansehen. Ausgangs hatten wir gefordert, dass δu an den Randpunkten A und B Null sein soll. In diesem Fall ist der Randausdruck Null:

$$\frac{\partial \pi}{\partial u'}\, \delta u \Big|_{x_A}^{x_B} = 0 \;. \tag{3.64}$$

Der Randausdruck wäre aber auch Null, wenn der erste Faktor $\frac{\partial \pi}{\partial u'}$ Null wäre. In unserem Beispiel erhält man

$$\left.\frac{\partial \pi}{\partial u'}\right|_{x_A, x_B} = E A\, u' = N\big|_{x_A, x_B} \;, \tag{3.65}$$

wegen $u' = \varepsilon$ (Dehnung) und $E\varepsilon = \sigma$ (Hookesches Gesetz) und $A\sigma = N$ (Normalkraft). In dem Beispiel haben wir bei A einen eingespannten Rand, bei dem $N \neq 0$ ist, während der Rand B frei ist und demnach die Normalkraft Null ist. Für einen derartigen Rand braucht also δu nicht Null zu sein. Der Randausdruck (3.64) teilt uns die Randbedingungen in zwei Klassen:

1. Die sog. geometrischen Randbedingungen, gekennzeichnet dadurch, dass δu Null sein muss. Die Bezeichnung "geometrisch" kommt aus der Mechanik, bei der δu meist, wie hier im Beispiel, eine Verschiebungsgröße darstellt, die "geometrisch" vorgegeben ist. Man nennt diese Randbedingungen auch "wesentliche Randbedingungen", da sie eine "wesentliche", eine unbedingte Forderung an die Variation δu am Rand darstellt.
2. Die sog. natürlichen Randbedingungen, gekennzeichnet dadurch, dass der erste Faktor $\partial \pi / \partial u'$ Null sein muss, weil an freien Rändern, an denen keine Verschiebungsgrößen vorgeschrieben sind, die Variation δu auch beliebig, d.h. $\delta u \neq 0$, ist. An den freien Rändern stellt die Bedingung (3.64) eine "natürliche" Forderung an die Lösungsfunktion u (freie Ränder nennt man solche, an denen keine Verschiebungsgrößen durch Randbedingungen vorgegeben sind).

Die gleichen Ausdrücke hatten wir auch mit Hilfe des P.d.v.V. im Kap.3.6.1 erhalten, was wegen der Äquivalenz des P.d.v.V. und des Energieprinzips auch hier zu erwarten war.

In der Mechanik der Flächentragwerke treten Funktionale auf, in denen mehr als eine Veränderliche und auch höhere Ableitungen auftreten. Die Gl. (3.60) liefert natürlich auch für diese Probleme die Eulerschen Differentialgleichungen. Wir wollen diese hier jedoch nicht herleiten, da sie in der FEM nicht benötigt werden. Stattdessen wollen wir ein spezielles Funktional kennenlernen, das dann auftritt, wenn wir die Stationärwertforderung $\delta\Pi = 0$ näherungsweise lösen wollen. Dies ist immer dann erforderlich, wenn die Eulersche Differentialgleichungen sehr kompliziert ist und ihre Lösung nur unter großen Mühen oder gar nicht möglich ist (z.B. bei vielen Flächentragwerken).

3.6.4.2 Das Verfahren von Ritz

Der Grundgedanke des Ritzschen Verfahrens besteht darin, dass man sich die variierte Funktion $\bar{y}$ im Bild 3-13, die wir ab jetzt mit $\bar{u}$ bezeichnen wollen, durch einen Näherungsansatz vom Typ

$$\boxed{\bar{u}(x) = \sum_i a_i\, \bar{\varphi}_i(x) = \bar{\boldsymbol{\varphi}}^T \mathbf{a}}\,, \tag{3.66a}$$

$$\bar{u}'(x) = \sum_i a_i\, \bar{\varphi}_i'(x) = \boldsymbol{\varphi}'^T \mathbf{a} \qquad (i = 1, 2, \ldots, p) \tag{3.66b}$$

erzeugt. Hierbei sind $\bar{\varphi}_i(x)$ gegebene bekannte Ansatzfunktionen, die mindestens die geometrischen Randbedingungen erfüllen müssen und a_i unbekannte konstante Koeffizienten. Durch diesen Ansatz erreicht man also, dass nicht mehr die Funktion u(x) als Unbekannte auftritt, sondern stattdessen p unbekannte Konstanten a_i Eingesetzt in das Funktional nach Gl.(3.60) liefert der Ansatz (3.66) das Näherungsfunktional

$$\bar{\Pi} = \int_{x_A}^{x_B} \pi\ (x, \bar{u}, \bar{u}')\, dx\ . \tag{3.67}$$

$\bar{\Pi}$ ist jetzt nur noch eine Funktion der Ansatzparameter a_i, die voneinander unabhängig sind:

$$\bar{\Pi} = \bar{\Pi}\ (a_i)\ . \tag{3.68}$$

Für diese Funktion gilt dann die Extremalbedingung (3.54b):

$$\frac{\partial \bar{\Pi}}{\partial a_i} = 0\ , (i = 1, 2, \ldots, p), \quad \text{in symbolischer Schreibweise:} \ \boxed{\frac{\partial \bar{\Pi}}{\partial \mathbf{a}} = 0}\,. \tag{3.69}$$

Anwendung auf (3.67) unter Berücksichtigung der Kettenregel liefert

$$\frac{\partial \bar{\Pi}}{\partial \mathbf{a}} = \int_{x_A}^{x_B} \frac{\partial \pi}{\partial \mathbf{a}}\, dx = \int_{x_A}^{x_B} \left(\frac{\partial \pi}{\partial \bar{u}} \frac{\partial \bar{u}}{\partial \mathbf{a}} + \frac{\partial \pi}{\partial \bar{u}'} \frac{\partial \bar{u}'}{\partial \mathbf{a}} \right) dx = 0\ . \tag{3.70}$$

Die Ableitungen sind direkt aus den Ansätzen zu bestimmen. Aus (3.66) folgt

$$\frac{\partial \bar{u}}{\partial \mathbf{a}} = \bar{\boldsymbol{\varphi}}(x) \quad \text{und} \quad \frac{\partial \bar{u}'}{\partial \mathbf{a}} = \bar{\boldsymbol{\varphi}}'(x)\ . \tag{3.71a,b}$$

Einsetzen in (3.70) liefert

$$\int_{x_A}^{x_B} \left(\frac{\partial \pi}{\partial \bar{u}} \bar{\varphi}(x) + \frac{\partial \pi}{\partial \bar{u}'} \bar{\varphi}'(x) \right) dx = 0 \ . \tag{3.72}$$

In Kap. 3.6.4.1 hatten wir gefordert, dass die Variation zu Erfüllung der geometrischen Randbedingungen Null sein muss. Entsprechendes gilt für die Variation $\delta\bar{u}$ der Näherungsfunktion:

$$\delta\bar{u}\big|_{x_A} = \sum_i \bar{\varphi}_i(x_A)\, \delta a_i = 0 \ .$$

x_A sei die Stelle, an der geometrische Randbedingungen vorgeschrieben sind. Daraus folgt, da δa_i wieder willkürlich sein darf, dass jede Ansatzfunktion die geometrischen Randbedingungen erfüllen muss:

$$\bar{\varphi}_i(x_A) = 0 \ . \tag{3.73}$$

Beispiel: Zug-/Druckstab unter Eigengewicht

Wir wenden das Ritzsche Verfahren nun auf das Näherungsfunktional $\bar{\Pi}$ (nach Gl. (3.39) mit F = 0) an.

$$\bar{\Pi} = \int_0^{\ell} \bar{\pi}\, dx = \int_0^{\ell} \underbrace{\left(\frac{1}{2} EA \bar{u}'^2 - g\bar{u} \right)}_{\bar{\pi}} dx \qquad \Rightarrow \text{Stationärwert.}$$

Aus (3.72) ergibt sich

$$\int_0^{\ell} \left(-g\bar{\varphi} + \bar{\varphi}' EA \bar{u}' \right) dx = 0 \ .$$

Werden für u und $\bar{u}'$ die Ansätze aus Gl. (3.66) eingesetzt, so ergibt sich

$$\int_0^{\ell} \left(-g\bar{\varphi} + EA \bar{\varphi}' \bar{\varphi}'^T \mathbf{a} \right) dx = 0 \ . \tag{3.74a}$$

Mit den Abkürzungen

$$\bar{\mathbf{K}} = \int_0^{\ell} EA \bar{\varphi}' \bar{\varphi}'^T dx \ , \tag{3.74b}$$

und

$$\bar{\mathbf{f}} = g \int_0^{\ell} \bar{\varphi}(x)\, dx \tag{3.74c}$$

folgt aus (3.74a) das lineare Gleichungssystem zur Berechnung der unbekannten Ansatzkoeffizienten **a**:

$$\bar{\mathbf{K}}\, \mathbf{a} = \bar{\mathbf{f}} \ . \tag{3.74d}$$

Wir wollen nun für das Beispiel zwei verschiedene Ansätze ausprobieren:

1) $\overline{u}(x) = a_1\, x + a_2\, x^2 = \overline{\varphi}_1 a_1 + \overline{\varphi}_2 a_2 = \overline{\boldsymbol{\varphi}}^T \mathbf{a}$,
d.h. es wird

$\overline{\varphi}_1 = x$ und $\overline{\varphi}_2 = x^2$ gewählt.

Dieser Ansatz erfüllt die geometrische Randbedingung

$\overline{\varphi}_i\ (x=0) = 0 \quad (i = 1{,}2)$.

Aus Gl. (3.74b) und mit den Ableitungen $\overline{\varphi}_1' = 1$ und $\overline{\varphi}_2' = 2x$ ergibt sich

$$\overline{K}_{11} = EA\int_0^{\ell} \overline{\varphi}_1'^2 dx = EA\int_0^{\ell} dx = EA\ell \ ,$$

$$\overline{K}_{12} = EA\int_0^{\ell} \overline{\varphi}_1'\overline{\varphi}_2'\, dx = EA\int_0^{\ell} 2x\, dx = EA\ell^2 \ ,$$

$\overline{K}_{21} = \overline{K}_{12}$ und

$$\overline{K}_{22} = EA\int_0^{\ell} \overline{\varphi}_2'^2 dx = EA\int_0^{\ell} 4x^2 dx = EA\frac{4}{3}\ell^3 \ .$$

Aus Gl. (3.74c) ergibt sich

$$\overline{f}_1 = g\int_0^{\ell} \overline{\varphi}_1 dx = g\int_0^{\ell} x\, dx = g\ell^2 \frac{1}{2} \ ,$$

$$\overline{f}_2 = g\int_0^{\ell} \overline{\varphi}_2\, dx = g\int_0^{\ell} x^2 dx = g\ell^3 \frac{1}{3} \ .$$

Das Gleichungssystem (3.74d) lautet nach Division durch $EA\ell$

$$\begin{bmatrix} 1 & \ell \\ \ell & 4\ell^2/3 \end{bmatrix} \begin{bmatrix} a_1 \\ a_2 \end{bmatrix} = \frac{g\ell}{EA} \begin{bmatrix} 1/2 \\ \ell/3 \end{bmatrix} .$$

Die Auflösung nach **a** ergibt:

$$\begin{bmatrix} a_1 \\ a_2 \end{bmatrix} = \frac{3g}{\ell\, EA} \begin{bmatrix} 4\ell^2/3 & -\ell \\ -\ell & 1 \end{bmatrix} \begin{bmatrix} 1/2 \\ \ell/3 \end{bmatrix}$$

$$\Rightarrow \qquad a_1 = \frac{g\,\ell}{EA} \quad \text{und} \quad a_2 = -\ \frac{1}{2}\frac{g}{EA} \ .$$

Damit lautet die Näherungslösung

$$\bar{u}(x) = \frac{g\ell}{EA}\left(x - \frac{x^2}{2\ell}\right) . \tag{3.75}$$

Zum Vergleich bestimmen wir die exakte Lösung aus der Eulerschen Differentialgleichung (3.63):

$$u'' = -\frac{g}{EA} , \quad u' = -\frac{g}{EA}x + c_1 \quad \text{und} \quad u = -\frac{g}{EA}\frac{x^2}{2} + c_1 x + c_2 .$$

Randbedingungen:

a) geometrische Randbedingung:

$$u\,(x = 0) = 0 \quad \to \quad c_2 = 0 .$$

b) natürliche Randbedingung (3.65):

$$EA\,u'(x = \ell) = 0 \to \left(-\frac{g}{EA}\ell + c_1\right) = 0 \Rightarrow c_1 = \frac{g}{EA}\ell .$$

Die exakte Lösung lautet also:

$$u(x) = \frac{g\ell}{EA}\left(x - \frac{x^2}{2\ell}\right) .$$

Die Näherungslösung (3.75) stimmt hier „zufällig" mit der exakten Lösung überein, da wir als Ansatzfunktion die exakte Lösungsfunktion benutzt haben.

2) Hätten wir an Stelle des zweigliedrigen Ansatzes nur den eingliedrigen linearen Ansatz

$$\bar{u}(x) = a_1 x$$

gewählt, dann hätte sich das Gleichungssystem (3.74d) auf eine Gleichung für die Unbekannte a_1 reduziert mit der Lösung

$$a_1 = \frac{1}{2}\frac{g\ell}{EA} .$$

Die Näherungslösung lautet dann

$$\bar{u}(x) = \frac{1}{2}\frac{g\ell}{EA}x .$$

Im Bild 3-14 sind die exakte Lösung und die Näherungslösung miteinander verglichen. Man sieht, dass der eingliedrige Ansatz zwar die Verschiebung am Stabende richtig vorhersagt, jedoch den Verschiebungsverlauf über die Stablänge noch nicht genügend genau annähert.

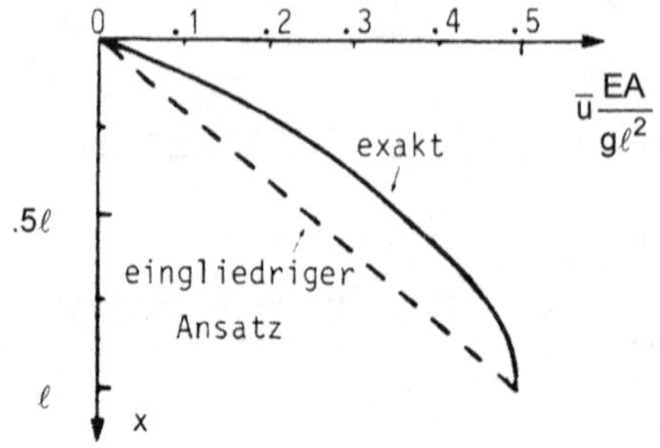

Bild 3-14 Stab unter Eigengewicht: Verschiebungsverlauf

3.6.4.3 Transformation des Ritzschen Gleichungssystems auf Kraft-Verschiebungsbeziehungen

Wir wollen nun noch am Beispiel des Zug/Druckstabes zeigen, dass sich bei einer Transformation der Ansatzkoeffizienten auf Verschiebungsfreiheitsgrade gemäß Gln. (3.46d) das Ritzsche Gleichungssystem (3.74d) auf eine Kraft- Verschiebungsbeziehung in Form der Gl. (3.49a) bringen lässt. Es werden dazu wieder die Einheitsverschiebungsbedingungen (3.46b) genutzt, um die beiden Ansatzkoeffizienten a_1 und a_2 im Verschiebungsansatz $\overline{u}(x) = a_1\, x + a_2\, x^2 = \overline{\boldsymbol{\varphi}}^T \mathbf{a}$ (mit $\overline{\varphi}_1 = x$ und $\overline{\varphi}_2 = x^2$) durch zwei beliebige diskrete Verschiebungsfreiheitsgrade darzustellen. Wir nutzen dazu die Stabmitte und das Stabende. Laut Gl. (3.46b) gilt für die Stabmitte: $\overline{u}(x = \ell/2) = U_1 = a_1(\ell/2) + a_2(\ell^2/4)$ und für das Stabende: $\overline{u}(x = \ell) = U_2 = a_1\ell + a_2\ell^2$. In Matrixform:

$$\begin{bmatrix} U_1 \\ U_2 \end{bmatrix} = \begin{bmatrix} \ell/2 & \ell^2/4 \\ \ell & \ell^2 \end{bmatrix} \begin{bmatrix} a_1 \\ a_2 \end{bmatrix} \quad \text{oder} \quad \mathbf{U} = \mathbf{A}\,\mathbf{a}\ . \tag{3.76a}$$

Die Auflösung nach **a** liefert den gesuchten Zusammenhang in der Form

$$\mathbf{a} = \mathbf{A}^{-1}\,\mathbf{U}\ . \tag{3.76b}$$

Damit lässt sich der allgemeine Ansatz durch die Verschiebungsfreiheitsgrade **U** in der Form

$$\overline{u}(x) = \overline{\boldsymbol{\varphi}}^T \mathbf{a} = \boldsymbol{\varphi}^T \mathbf{U} \tag{3.76c}$$

darstellen, wobei

$$\boldsymbol{\varphi}^T = \overline{\boldsymbol{\varphi}}^T \mathbf{A}^{-1} \tag{3.76d}$$

den Vektor der Einheitsverschiebungsfunktionen (Formfunktionen) enthält. Da sich die zu **a** gehörigen generalisierten Kräfte $\bar{\mathbf{f}}$ und die zu **U** gehörigen Knotenpunktkräfte **F** kontragredient transformieren (s. Beispiel 2 im Kap.3.6.1) gilt

$$\mathbf{F} = \mathbf{A}^{-T}\bar{\mathbf{f}} \ . \tag{3.77a}$$

Einsetzen von $\bar{\mathbf{f}}$ aus (3.74d) und **a** aus (3.76b) liefert dann:

$$\mathbf{F} = \mathbf{A}^{-T}\,\overline{\mathbf{K}}\,\mathbf{a} = \mathbf{A}^{-T}\,\overline{\mathbf{K}}\,\mathbf{A}^{-1}\,\mathbf{U} = \mathbf{K}\,\mathbf{U} \ . \tag{3.77b}$$

Die Steifigkeitsmatrix **K** ergibt sich also aus der Matrix $\overline{\mathbf{K}}$ durch eine Kongruenztransformation mit $\mathbf{A}^{-1}$:

$$\mathbf{K} = \mathbf{A}^{-T}\,\overline{\mathbf{K}}\,\mathbf{A}^{-1} \ . \tag{3.77c}$$

Mit den Zahlenwerten des Beispiels erhält man die im Bild 3-15 dargestellten Einheitsverschiebungsfunktionen

$$\boldsymbol{\varphi}^T = \bar{\boldsymbol{\varphi}}^T \mathbf{A}^{-1} = \left[\ \underbrace{4(x/\ell - x^2/\ell^2)}_{\varphi_1} \ \vdots \ \underbrace{-x/\ell + 2x^2/\ell^2}_{\varphi_2}\ \right],$$

den äquivalenten Kraftvektor

$$\mathbf{F}^T = \bar{\mathbf{f}}^T \mathbf{A}^{-1} = g\ell[\ 2/3 \quad 1/6\ ]$$

und die Steifigkeitsmatrix

$$\mathbf{K} = \mathbf{A}^{-T}\overline{\mathbf{K}}\mathbf{A}^{-1} = \frac{EA}{3\ell}\begin{bmatrix} 16 & -8 \\ -8 & 7 \end{bmatrix}.$$

Die Knotenpunktsverschiebungen **U** erhält man entweder aus (3.76a) mit den bereits zuvor berechneten Ansatzkoeffizienten **a** oder durch Auflösen des Gleichungssystems (3.77b) gemäß

$$\mathbf{U} = \mathbf{K}^{-1}\,\mathbf{F} = \frac{g\ell^2}{EA}\begin{bmatrix} 3/8 \\ 1/2 \end{bmatrix}.$$

Die Lösung ist natürlich auch wieder exakt, da als Ansatz die exakte Lösungsfunktion der Dgl. benutzt wurde.

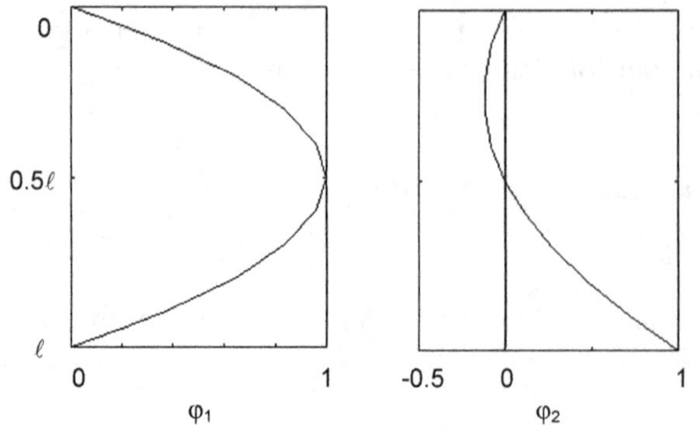

Bild 3-15 Exakte Einheitsverschiebungsfunktionen φ_1 und φ_2 für Stab unter Eigengewicht

3.6.4.4 Darstellung der Ritz- Ansätze durch Einheitsverschiebungs-Funktionen

Wir hatten zuvor gezeigt, dass unter bestimmten Annahmen das P.d.v.V. und das Energieprinzip, $\delta\Pi = 0$, äquivalent sind. Demzufolge ist zu erwarten, dass sich bei Diskretisierung des Verschiebungsfeldes gemäß Kap. 3.6.2, Gln. (3.45)-(3.46), die dort hergeleiteten Kraft-Verschiebungsbeziehungen (3.49) auch aus dem Energieprinzip mit Hilfe des Ritzschen Verfahrens herleiten lassen.
Dazu wird der Ritzansatz (3.66a) auf ein allgemeines 3D- Kontinuum gemäß Gln. (3.46e,f) erweitert, d.h. es gilt $\mathbf{u}_g(x,y,z) = \overline{\boldsymbol{\varphi}}_g^T(x,y,z)\,\mathbf{A}^{-1}\,\mathbf{U} = \boldsymbol{\varphi}_g^T(x,y,z)\mathbf{U}$, wobei $\boldsymbol{\varphi}_g^T = \overline{\boldsymbol{\varphi}}_g^T(x,y,z)\,\mathbf{A}^{-1}$ die Einheitsverschiebungsfunktionen (Formfunktionen) ausdrückt, die gemäß Voraussetzung die geometrischen Randbedingungen erfüllen müssen. Anstelle der allgemeinen Ansatzkoeffizienten im Vektor **a** stehen nunmehr die diskreten Knotenpunkts-Verschiebungen im Vektor **U** als Ansatzkoeffizienten zur Verfügung, wodurch die innere und die äußere Energie eine Funktion von **U** werden, und wodurch sich die Extremalbedingung (3.69) in der Form

$$\frac{\partial\overline{\Pi}}{\partial\mathbf{U}} = 0 \tag{3.78}$$

darstellt. Die innere Energie ergibt sich aus der Gl. (3.35d) zu

$$\Pi_{(i)} = \int_V [\frac{1}{2}\boldsymbol{\varepsilon}_g^T\mathbf{E}\boldsymbol{\varepsilon}_g - \boldsymbol{\varepsilon}_g^T\mathbf{E}\boldsymbol{\varepsilon}(\vartheta) + \frac{1}{2}\boldsymbol{\varepsilon}^T(\vartheta)\,\mathbf{E}\boldsymbol{\varepsilon}(\vartheta)]\,dV \;.$$

Einsetzen der Verzerrungs- Verschiebungstransformation aus den Gln. (3.47), $\boldsymbol{\varepsilon} = \mathbf{D}(x,y,z)\mathbf{U}$ mit $\mathbf{D} = (\mathbf{d}\boldsymbol{\varphi}_g^T)$, liefert die innere Energie in Abhängigkeit von den Verschiebungsfreiheitsgraden **U** zu

$$\overline{\Pi}_{(i)} = \frac{1}{2}\mathbf{U}^T \underbrace{\int_V \mathbf{D}^T\mathbf{E}\,\mathbf{D}\,dV}_{\mathbf{K}}\,\mathbf{U} - \mathbf{U}^T \underbrace{\int_V \mathbf{D}^T\mathbf{E}\boldsymbol{\varepsilon}(\vartheta)dV}_{\mathbf{F}(\vartheta)} + \underbrace{\frac{1}{2}\int_V \boldsymbol{\varepsilon}^T(\vartheta)\,\mathbf{E}\boldsymbol{\varepsilon}(\vartheta)\,dV}_{\overline{\Pi}(\vartheta)_{(i)}} \; . \tag{3.79}$$

Dabei sind mit der Steifigkeitsmatrix $\mathbf{K} = \int_V \mathbf{D}^T\mathbf{E}\,\mathbf{D}\,dV$ und dem äquivalenten Temperaturlastvektor $\mathbf{F}(\vartheta) = \int_V \mathbf{D}^T\mathbf{E}\,\boldsymbol{\varepsilon}(\vartheta)\,dV$ die gleichen Ausdrücke entstanden wie in den Gln. (3.49b, e), die dort mit Hilfe des P.d.v.V. hergeleitet worden waren. Die äußere Energie lautet nach Gl. (3.37)

$$\Pi_{(a)} = (-\mathbf{F}^T\,\mathbf{U} - \int_o \mathbf{p}_o^T\mathbf{u}_{og}\,dO - \int_V \mathbf{p}^T\mathbf{u}_g\,dV) \; .$$

Nach Einführung der Diskretisierungsansätze (3.45) erhält man

$$\overline{\Pi}_{(a)} = -(\mathbf{F}^T + \underbrace{\int_o \mathbf{p}_o^T\boldsymbol{\varphi}_{og}^T dO}_{\mathbf{F}^T(p_o)} + \underbrace{\int_V \mathbf{p}^T\boldsymbol{\varphi}_g^T\,dV}_{\mathbf{F}^T(p)})\,\mathbf{U} = -(\mathbf{F}^T + \mathbf{F}^T(p_o) + \mathbf{F}^T(p))\,\mathbf{U} \; , \tag{3.80}$$

wobei in dem äquivalenten Lastvektor der Oberflächenlasten $\mathbf{F}(p_o) = \int_o \boldsymbol{\varphi}_{og}\mathbf{p}_o\,dO$ und dem äquivalenten Lastvektor der Volumenlasten $\mathbf{F}(p) = \int_V \boldsymbol{\varphi}_g\,\mathbf{p}\,dV$ die gleichen Ausdrücke wie in den mit Hilfe des P.d.v.V. hergeleiteten Gln. (3.49c, d) entstanden sind. Einsetzen der Energieausdrücke in die Extremalbedingung liefert $\frac{\partial(\overline{\Pi}_{(i)} + \overline{\Pi}_{(a)})}{\partial \mathbf{U}} = 0 = \mathbf{U}^T\mathbf{K} - \mathbf{F}_g^T$, woraus sich nach Transponierung wieder die Kraft-Verschiebungsbeziehung $\mathbf{K}\,\mathbf{U} = \mathbf{F}_g = \mathbf{F} + \mathbf{F}(p_o) + \mathbf{F}(p) + \mathbf{F}(\vartheta)$ gemäß Gl. (3.49a) ergibt. Außerdem folgt aus der zweiten Ableitung der Gesamtenergie

$$\frac{\partial^2\overline{\Pi}}{\partial \mathbf{U}^2} = \mathbf{K} \tag{3.81}$$

eine Rechenvorschrift zur Generierung von Steifigkeitsmatrizen.

3.6.5 Erweiterte Variationsprinzipe

Das bislang benutzte Energiefunktional stellt einen Sonderfall (wenn auch den wichtigsten) aus einer ganzen Klasse von Energiefunktionalen dar. Obgleich wir uns bei den folgenden Herleitungen der Elementmatrizen auf die Anwendung des einfachen Energieprinzips mit Verschiebungsansätzen konzentrieren werden, soll hier das erweiterte Prinzip von Hu-Washizu (1982) dargestellt werden. Grundlegende

Darstellungen sind z. B. in [1)-4)] enthalten. Die Elemente, die auf der Basis dieser sogenannten erweiterten Variationsprinzipien hergeleitet worden sind (sog. gemischte oder hybride Elemente) haben in der Praxis insbesondere bei Platten und Schalen Eingang gefunden, wo die Erfüllung der Konformitätsbedingung Schwierigkeiten bereitet, s. z. B. in [5)-9)]. Sie werden auch erfolgreich zur Verbesserung bestimmter Elementeigenschaften eingesetzt, wie später im Kap. 5 gezeigt wird.
Aus dem klassischen Energieprinzip $\delta\Pi = 0$ gemäß Gl. (3.58) folgt mit den Ausdrücken (3.35c) und 3.37b) für die innere und die äußere Energie

$$\delta\Pi = 0 = \delta\left(\int_V \frac{1}{2}\boldsymbol{\varepsilon}^T \mathbf{E}\boldsymbol{\varepsilon}\,dV - \mathbf{F}^T\mathbf{U} - \int_o \mathbf{p}_o^T\mathbf{u}_{og}\,dO - \int_V \mathbf{p}^T\mathbf{u}_g\,dV\right)$$

mit den Nebenbedingungen, dass

1. die Verzerrungsverschiebungs-Beziehung (3.6b) $\boldsymbol{\varepsilon} = \mathbf{d}\,\mathbf{u}_g$ gilt, dass
2. die Verschiebungsfelder die geometrischen Randbedingungen $\mathbf{u}_{oug} = \overline{\mathbf{u}}_{oug}$ (vorgegeben) auf der Oberfläche O_u bzw. den Rändern erfüllen sollen und dass
3. die Verschiebungen an diskreten Stellen (Lagern) die geometrischen Randbedingungen $\mathbf{U}_E = \overline{\mathbf{U}}_E$ (Lagerbedingungen) erfüllen sollen.

Das mathematische Hilfsmittel zur Befreiung der Variationsaufgabe von den obigen Nebenbedingungen besteht in der Einführung sog. Lagrangefaktoren mit denen die Nebenbedingungsresiduen $\mathbf{d}\,\mathbf{u}_g - \boldsymbol{\varepsilon}$, $\mathbf{u}_{oug} - \overline{\mathbf{u}}_{oug}$ und $\mathbf{U}_E - \overline{\mathbf{U}}_E$ multipliziert und in das Funktional eingeführt werden. Als Lagrangefaktoren bieten sich Größen an, die das Funktional als Energieausdruck erhalten. Für das Verzerrungsresiduum ist dies die Spannung $\boldsymbol{\sigma}$, für das Verschiebungsresiduum auf O_u die Randspannung $\mathbf{p}_{ou}$ und für das diskrete Verschiebungsresiduum sind dies die Reaktionskräfte (Auflagerkräfte) $\mathbf{F}_E$. Das derart erweiterte Energiefunktional lautet:

$$\begin{aligned}\Pi_E = {} & \frac{1}{2}\int_V \boldsymbol{\varepsilon}^T \mathbf{E}\boldsymbol{\varepsilon}\,dV - \mathbf{F}^T\mathbf{U} - \int_o \mathbf{p}_o^T\mathbf{u}_{og}\,dO - \int_V \mathbf{p}^T\mathbf{u}_g\,dV \\ & + \int_V \boldsymbol{\sigma}^T(\mathbf{d}\,\mathbf{u}_g - \boldsymbol{\varepsilon})\,dV - \int_{Ou} \mathbf{p}_{ou}^T(\mathbf{u}_{oug} - \overline{\mathbf{u}}_{oug})\,dO - \mathbf{F}_E^T(\mathbf{U}_E - \overline{\mathbf{U}}_E)\,.\end{aligned} \tag{3.82}$$

Die Terme in der zweiten Zeile dieser Gleichung stellen die Erweiterung gegenüber dem klassischen Energieausdruck dar. Zur Erfüllung der Stationärwertforderung $\delta\Pi_E=0$ müssen nunmehr alle Verformungsgrößen $\boldsymbol{\varepsilon}, \boldsymbol{\sigma}, \mathbf{u}_g, \mathbf{u}_{og}, \mathbf{u}_{oug}, \mathbf{U}, \mathbf{U}_E$ und die Lagrangefaktoren $\boldsymbol{\sigma}$, $\mathbf{p}_{ou}$ und $\mathbf{F}_E$ unabhängig variiert werden. Als Eulersche Gleichungen entstehen dann:

1) im Körperinneren die Gleichgewichtsbedingungen (3.2),
2) die Verzerrungs- Verschiebungsbeziehungen (3.6) und
3) das Werkstoffgesetz (3.17). Außerdem erhält man als natürliche Randbedingungen

---

[1)] Washizu (1982), [2)] Pian, Tong (1969), [3)] Kärcher (1975), [4)] Pian (1971), [5)] Herrmann (1967), [6)] Connor, Will (1971), [7)] Link (1973), [8)] Link (1975), [9)] Wissmann, Specht (1980)

4) das Gleichgewicht der äußeren und inneren Kräfte auf der Oberfläche O an denen die Oberflächenlasten $\mathbf{p}_o$, bzw. den Stellen, an den die Einzellasten **F** gegeben sind,
5) das Gleichgewicht der Reaktionskräfte (Lagerkräfte) und der inneren Kräfte auf der Oberfläche O_u, an denen die Verschiebungsfunktionen $\mathbf{u}_{oug}$ bzw. den Stellen, an denen die diskreten Verschiebungen $\mathbf{U}_E$ gegeben sind und
6) die geometrischen Randbedingungen.

Im Prinzip können wie beim Ritzschen Verfahren Näherungsansätze für alle die frei variierbaren Größen einführt werden, an die keine Nebenbedingungen gestellt werden müssen. Dies wird man sich natürlich sparen, wenn die Erfüllung der einzelnen Bedingungsgleichungen keine Schwierigkeit bereitet.

Beispiel: Zug-Druckstab

Gegeben: Linienlast p_o, Einzellast F_1 und Lagerverschiebung U_{E1}

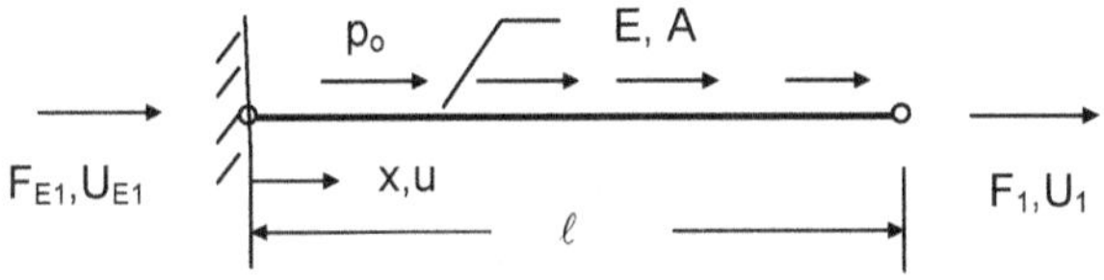

Der erweiterte Energiefunktional lautet:

$$\Pi_E = \frac{1}{2}\int_0^\ell EA\varepsilon^2 dx - F_1 U_1 - \int_0^\ell p_o u\, dx + \int_0^\ell N(u' - \varepsilon)dx - F_{E1}(u|_{x=0} - U_{E1}) \ , \qquad \text{(a)}$$

wobei die letzten beiden Terme die Erweiterung des klassischen Energieausdrucks beinhalten. Die Variation bezüglich ε,u, U_1, $u|_{x=0}$ und der beiden Lagrangefaktoren N=Aσ und F_{E1} (= Lagerkraft) liefert:

$$\delta\Pi_E = 0 = \int_0^\ell EA\varepsilon\, \delta\varepsilon dx \quad - F_1 \delta U_1 \quad - \int_0^\ell p_o \delta u\, dx$$
$$+ \int_0^\ell (-N\delta\varepsilon - \delta N\, \varepsilon + N\, \delta u' + \delta N\, u')dx - F_{E1}\, \delta u|_{x=0} - \delta F_{E1}(u|_{x=0} - U_{E1})\ .$$

Nach partieller Integration des Ausdrucks

$$\int_0^\ell N\, \delta u' dx = N|_{x=\ell}\ \delta U_1 - N|_{x=0}\ \delta u|_{x=0} - \int_0^\ell N' \delta u\, dx$$

und Zusammenfassen der variierten Terme folgt daraus:

$$\delta\Pi_E = 0 = \int_0^\ell (p_o + N')\delta u\, dx \quad + \int_0^\ell (-\varepsilon + u')\delta N\, dx + \int_0^\ell (EA\varepsilon - N)\, \delta\varepsilon dx$$
$$+ (N|_{x=\ell} - F_1)\delta U_1 - (F_{E1} + N|_{x=0})\, \delta u|_{x=0} - \delta F_{E1}(u|_{x=0} - U_{E1}) \quad . \qquad \text{(b)}$$

Da alle zu variierenden Größen unabhängig voneinander sind, muss jeder Term für sich verschwinden. Die ersten drei Terme liefern die Eulerschen Gleichungen innerhalb des Stabes: Der erste Term liefert die Gleichgewichtsbedingung $N' = -p_o$, der zweite Term die Verzerrungs-Verschiebungsbeziehung $\varepsilon = u'$ und der dritte Term das Werkstoffgesetz $N = A\sigma = AE\varepsilon$, der vierte Term das Gleichgewicht der äußeren Randkraft mit der Schnittkraft am Rand $N\big|_{x=\ell} = F_1$, der fünfte Term das Gleichgewicht der Reaktionskraft mit der Schnittkraft am Rand $F_{E1} = -N\big|_{x=0}$ und der letzte Term liefert die geometrische Randbedingung $U_{E1} = u\big|_{x=0}$.

Beispiel für Ansatz ohne Erfüllung der geometrischen Randbedingung:
Der Verschiebungsansatz für den Zug/Druckstab aus dem Beispiel im Kap.3.6.4.2 lautete $\bar{u}(x) = a_1 x + a_2 x^2$. Er erfüllt die geometrische Randbedingung $\bar{u}(x=0) = 0$. Wir wollen nun diesen Ansatz verallgemeinern, in dem wir keine Anforderung an den Ansatz bezüglich der Erfüllung der geometrischen Randbedingung mehr stellen. Dazu wird der obige Ansatz um das konstante Glied a_0 erweitert:

$$\begin{aligned} \bar{u}(x) &= a_0 + a_1 x + a_2 x^2 = \bar{\boldsymbol{\varphi}}^T \mathbf{a} \\ \bar{u}'(x) &= \quad a_1 + 2a_2 x = \bar{\boldsymbol{\varphi}}'^T \mathbf{a} \end{aligned} \qquad \text{(c)}$$

Die Reaktionskraft F_{E1} muss dann als unbekannter Lagrangefaktor eingeführt und ihr Beitrag im Energiefunktional berücksichtigt werden. Das erweiterte durch den Ansatz approximierte Energiefunktional lautet dann:

$$\bar{\Pi}_E = \frac{1}{2}\int_0^\ell EA\bar{u}'^2 dx - \int_0^\ell p_o \bar{u}\, dx - F_{E1}(\bar{u}\big|_{x=0} - U_{E1}) \qquad \text{(d)}$$

(Wir haben in diesem Beispiel noch angenommen, dass die Verzerrungs-Verschiebungsbeziehungen gelten, und dass die Einzellast F_1 Null sei). Dieses Funktional ist nunmehr eine Funktion der Ansatzkoeffizienten **a** und der Reaktionskraft F_{E1}. Die Variation des erweiterten Energieausdrucks bezüglich dieser beiden Ansätze lautet

$$\delta\bar{\Pi} = 0 = \frac{\partial\bar{\Pi}}{\partial \mathbf{a}}\delta\mathbf{a} + \frac{\partial\bar{\Pi}}{\partial F_{E1}}\delta F_{E1}\,.$$

Da die Ansätze **a** und F_{E1} unabhängig voneinander sind, muss jedes Glied in dieser Gleichung für sich verschwinden und man erhält die Bedingungen:

$$\frac{\partial\bar{\Pi}}{\partial \mathbf{a}} = 0 \quad \text{und} \quad \frac{\partial\bar{\Pi}}{\partial F_{E1}} = 0 \qquad \text{(e,f)}$$

Nach Einführung des Ansatzes (c) in die Gl. (d) und nach Ausführung der Ableitungen erhält man zwei Gleichungssysteme, die in Matrizenform zusammengefasst folgende Form annehmen:

$$\begin{bmatrix} \overline{\mathbf{K}} & -\overline{\boldsymbol{\varphi}}_{x=0} \\ -\overline{\boldsymbol{\varphi}}_{x=0}^{T} & 0 \end{bmatrix} \begin{bmatrix} \mathbf{a} \\ F_{E1} \end{bmatrix} = \begin{bmatrix} \overline{\mathbf{f}} \\ -U_{E1} \end{bmatrix} \tag{g}$$

mit

$$\overline{\mathbf{K}} = \int_0^{\ell} EA\ \overline{\boldsymbol{\varphi}}'\overline{\boldsymbol{\varphi}}'^{T}\ dx = EA \begin{bmatrix} 0 & 0 & 0 \\ 0 & 1 & \ell \\ 0 & \ell & 4/3\ell^2 \end{bmatrix}, \quad \overline{\mathbf{f}} = p_0 \int_0^{\ell} \overline{\boldsymbol{\varphi}}(x)\ dx = p_0 \begin{bmatrix} \ell \\ \ell^2/2 \\ \ell^3/3 \end{bmatrix} \quad \text{und}$$

$\overline{\boldsymbol{\varphi}}_{x=0}^{T} = [1 \quad 0 \quad 0]$. Die Lösung dieses Gleichungssystems liefert:

$a_0 = U_{E1}$, $a_1 = p_0\ell / EA$ und $a_2 = -\ p_0/(2EA)$ (s. auch Beispiel im Kap.3.6.4.2).

Den Lagrangefaktor ergibt sich, wie es sein muss, als Reaktionskraft zu $F_{E1} = -p_0\ell$.

4 Die Finite Elemente Methode als verallgemeinertes Verfahren von Ritz

Die mathematische Begründung der FEM erfolgt hier auf der Grundlage des Energieprinzips $\delta\Pi = 0$ in Verbindung mit dem Ritzschen Verfahren. Es muss also zunächst ein angenähertes Energiefunktional für ein Gesamttragwerk aufgebaut werden. Diese Betrachtungsweise hat den Vorteil, dass man die Konvergenzeigenschaften des Ritzschen Verfahrens und die Bedingungen dafür auch für die FEM angeben kann. Das ist wichtig zu wissen, da die Ansatzfunktionen manchmal exakt sein können, z. B. als Lösung der zugehörigen Eulerschen Differentialgleichung. Damit kann auch die gesamte FEM-Lösung als exakte Lösung angesehen werden (z. B. bei Balkentragwerken). In anderen Fällen (z. B. bei Scheiben) stellen die Ansatzfunktionen nur Näherungen dar, auf deren Güte man zu achten hat. Eine wichtige Grundidee bei der FEM ist die Überlegung, an Stelle der unbekannten Ansatzkoeffizienten a_i, die keine direkte anschauliche Bedeutung haben, die Verschiebungsfreiheitsgrade $\mathbf{U}$ einer beliebig großen Zahl von Punkten auf dem Tragwerk als Ansatzkoeffizienten zu wählen, wie wir dies bereits im Kap. 3.6.2 mit Hilfe der Gln. (3.45a-c) und im Kap. 3.6.4.3 mit Hilfe der Gln. (3.76a-d) getan hatten. Am Beispiel des allgemeinen dreidimensionalen Tragwerks nach Bild 4-1a lautet ein solcher Ansatz in Form der Gl. (3.45a):

$$\boxed{\mathbf{u}_g(x,y,z) = \boldsymbol{\varphi}_g^T(x,y,z)\mathbf{U}} \,. \tag{4.1a}$$

Partitioniert man in dieser Gleichung die Verschiebungsfelder bezüglich der Koordinatenrichtungen, so kann man schreiben:

$$\left.\begin{aligned} u\,(x,y,z) &= \boldsymbol{\varphi}_u^T\ (x,y,z)\ \mathbf{U}_u\,, \\ v\,(x,y,z) &= \boldsymbol{\varphi}_v^T\ (x,y,z)\ \mathbf{U}_v\,, \\ w\,(x,y,z) &= \boldsymbol{\varphi}_w^T\ (x,y,z)\ \mathbf{U}_w\,, \end{aligned}\right\} \tag{4.1b}$$

wobei u, v und w die Verschiebungsfelder in Richtung der Koordinatenachsen und $\mathbf{U}^T = [\ \mathbf{U}_u\ \ \mathbf{U}_v\ \ \mathbf{U}_w\ ]$ die diskreten Verschiebungsfreiheitsgrade der Gesamtstruktur an den Knoten in x- , y- und z - Richtung bezeichnen. Falls Drehfreiheitsgrade definiert sind, enthält der Verschiebungsvektor außerdem noch die Verdrehungen $\mathbf{U}_{uu}$, $\mathbf{U}_{vv}$ und $\mathbf{U}_{ww}$ wie in den Bildern 4-1b, c angedeutet ist. Die Matrix $\boldsymbol{\varphi}_g$ der Einheitsverschiebungsfunktionen nimmt dann folgende Form an:

$$\boldsymbol{\varphi}_g = \begin{bmatrix} \boldsymbol{\varphi}_u & \mathbf{0} & \mathbf{0} \\ \mathbf{0} & \boldsymbol{\varphi}_v & \mathbf{0} \\ \mathbf{0} & \mathbf{0} & \boldsymbol{\varphi}_w \end{bmatrix} . \tag{4.1c}$$

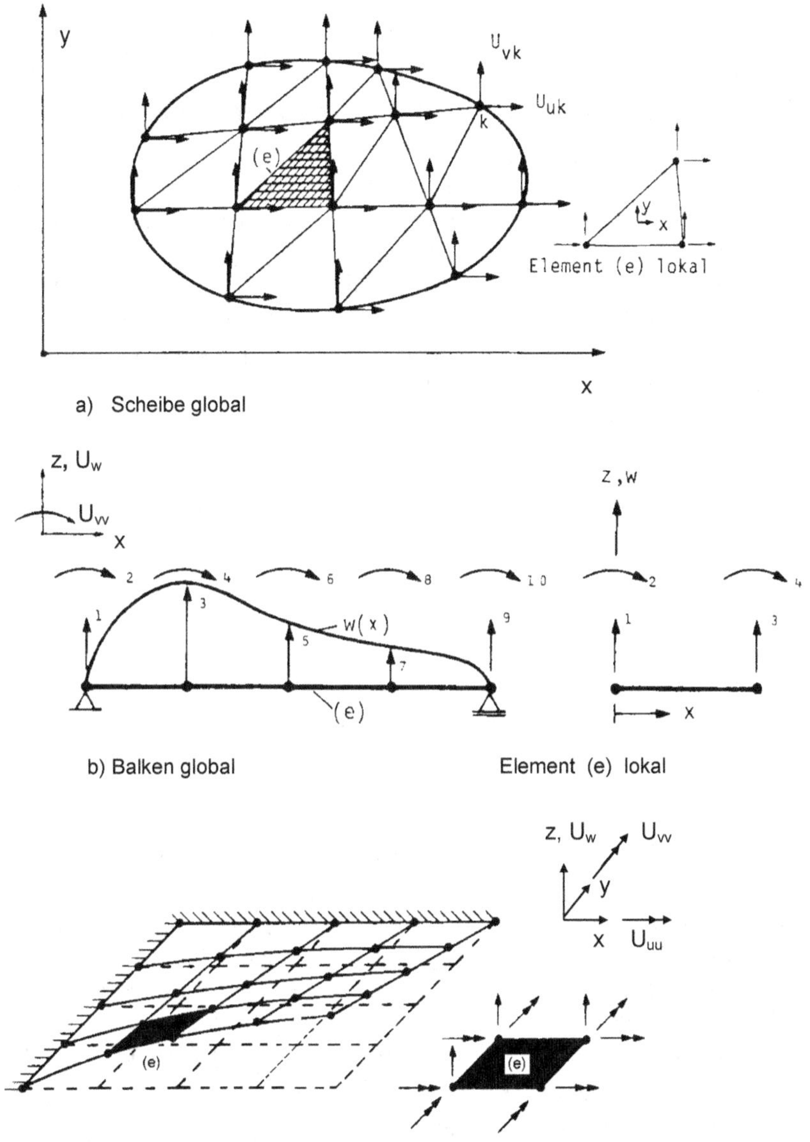

Bild 4-1 Globale und lokale Verschiebungsansätze

Die Knotenpunkte, an denen die Verschiebungsfreiheitsgrade definiert sind, legen somit ein Gitternetz fest. Wenn man, wie in der Gl. (4.1a) geschehen, einen Ansatz mit den globalen Knotenpunktsverschiebungen als Ansatzkoeffizienten aufstellt, müssen die Funktionen $\boldsymbol{\varphi}_u$, $\boldsymbol{\varphi}_v$ und $\boldsymbol{\varphi}_w$ natürlich auch für das Tragwerk als Ganzes aufgestellt werden.

4.1 Bereichsweise Diskretisierung der Verschiebungsfelder

Für komplexe Strukturen ist das Aufstellen von Näherungsansätzen für die ganze Struktur meist nicht möglich oder zu aufwendig und müsste außerdem noch für jeden Anwendungsfall immer wieder neu gemacht werden. Der grundlegende Gedanke der FE- Methode besteht daher darin, die Struktur in Teilbereiche, die finiten Elemente, zu zerlegen und die Ansatzfunktionen $\boldsymbol{\varphi}_g$ nur für jedes Element zu formulieren. Für jedes Element hat man also einen Ansatz vom Typ der Gl. (4.1), wobei $\mathbf{U}_{(e)}$ dann die Freiheitsgrade des Elementes beinhaltet. Ein Blick auf das Bild 4-1a zeigt, dass z.B. für das Scheibenelement der Verschiebungsansatz die Form

$$\begin{bmatrix} u \\ v \end{bmatrix}_{(e)} = \begin{bmatrix} \boldsymbol{\varphi}_u^T(x,y) & \mathbf{0} \\ \mathbf{0} & \boldsymbol{\varphi}_v^T(x,y) \end{bmatrix}_{(e)} \begin{bmatrix} \mathbf{U}_u \\ \mathbf{U}_v \end{bmatrix}_{(e)} \tag{4.2a}$$

und das Balkenelement die Form

$$w_{(e)} = \boldsymbol{\varphi}_{(e)}^T(x) \begin{bmatrix} \mathbf{U}_w \\ \mathbf{U}_{vv} \end{bmatrix}_{(e)} \tag{4.2b}$$

hat. Allgemein können wir also die Gl. (4.1) für jedes Element (e) in lokalen Elementkoordinaten x,y,z anschreiben:

$$\mathbf{u}_{g(e)} = \boldsymbol{\varphi}_{g(e)}^T(x,y,z)\,\mathbf{U}_{(e)}\,. \tag{4.2c}$$

Der Verschiebungsverlauf zwischen den Knoten ist durch die Ansatzfunktionen $\boldsymbol{\varphi}_{g(e)}$ als Funktion von x, y und z eindeutig festgelegt. Wie erwähnt werden die Ansatzfunktionen, die zusammen mit den Knotenpunktsverschiebungen den Ritzansatz bilden, als Formfunktionen oder Einheitsverschiebungsfunktionen bezeichnet. Die im Kap. 3.6.2 mit Hilfe des P.d.v.V. und im Kap. 3.6.4.4 mit Hilfe des Energieprinzips hergeleiteten Steifigkeitsmatrizen und Lastvektoren gelten natürlich auch für jedes Element. Im Folgenden wird gezeigt, wie das Energieprinzip zum Zusammenbau der Elemente zur Gesamtstruktur eingesetzt werden kann.

Die Gesamtenergie Π des Tragwerks lässt sich durch die Summe der Elementenergien $\pi_{(e)}$ darstellen:

$$\Pi = \sum_e \pi_{(e)} \qquad (e = 1, 2, \ldots, n_e = \text{Anzahl der Elemente})\,. \tag{4.3}$$

Die innere Energie eines Elementes ergibt sich aus Gl. (3.79) zu

$$\pi_{(i,e)} = \frac{1}{2}(\mathbf{U}^T\mathbf{K}\mathbf{U})_{(e)} + \mathbf{U}_{(e)}^T\mathbf{F}(\vartheta)_{(e)} + \pi(\vartheta)_{(i,e)}\,, \tag{4.4}$$

wobei $\mathbf{K}_{(e)}$ die Elementsteifigkeitsmatrix nach Gl. (3.49b) und $\mathbf{F}(\vartheta)_{(e)}$ den Temperaturlastvektor nach Gl. (3.49e) darstellt.

Die äußere Elementenergie lautet nach Gl. (3.80)

$$\pi_{(a,e)} = -(\mathbf{F}^T + \mathbf{F}^T(p_o) + \mathbf{F}^T(p))\,\mathbf{U}_{(e)} \,, \tag{4.5}$$

wobei $\mathbf{F}_{(e)}$ den Einzellastvektor, $\mathbf{F}(p_o)_{(e)}$ den Lastvektor der Oberflächenlasten nach Gl. (3.49c) und $\mathbf{F}(p)_{(e)}$ den Lastvektor der Volumenlasten nach Gl. (3.49d) darstellt. (Hinweis zur Notation: Der Querstrich über π als Zeichen dafür, dass es sich um einen Näherungsausdruck für den Energieausdruck handelt, wird im Folgenden zur Schreibvereinfachung weggelassen.)

Die Gesamtenergie eines aus n_e Elementen bestehenden Tragwerks ergibt sich dann zu

$$\Pi = \sum_e (\pi_{(i)} + \pi_{(a)})_{(e)} = \sum_e (\frac{1}{2}\mathbf{U}^T\mathbf{K}\mathbf{U} - \mathbf{F}_g^T\mathbf{U})_{(e)} \,, \tag{4.6}$$

wobei $\mathbf{F}_{g(e)} = (\mathbf{F} + \mathbf{F}(p_o) + \mathbf{F}(p) + \mathbf{F}(\vartheta))_{(e)}$ den resultierenden Knotenlastvektor des Elementes gemäß Gl. (3.49a) enthält.

Die Elementfreiheitsgrade $\mathbf{U}_{(e)}$ sind natürlich Bestandteil der globalen Freiheitsgrade $\mathbf{U}$ und können daher durch die Koinzidenztransformation (2.9c), $\mathbf{U}_{(e)} = \tilde{\mathbf{T}}_{(e)}\mathbf{U}$, auf globale Freiheitsgrade transformiert werden. Durch Einsetzen von (2.9c) in die Gl. (4.6) lässt sich die Gesamtenergie in Abhängigkeit des Gesamtverschiebungsvektors $\mathbf{U}$ ausdrücken:

$$\Pi = \frac{1}{2}\mathbf{U}^T \underbrace{\sum_e (\tilde{\mathbf{T}}^T\mathbf{K}\tilde{\mathbf{T}})_{(e)}}_{\mathbf{K}} \mathbf{U} - \underbrace{\sum_e (\mathbf{F}_g^T\tilde{\mathbf{T}})_{(e)}}_{\mathbf{F}_g} \mathbf{U} = \frac{1}{2}\mathbf{U}^T\mathbf{K}\mathbf{U} - \mathbf{F}_g^T\mathbf{U} \,, \tag{4.7a}$$

mit

$$\mathbf{F}_g = \sum_e (\tilde{\mathbf{T}}^T\mathbf{F}_g)_{(e)} = \text{ Gesamtlastvektor und} \tag{4.7b}$$

$$\mathbf{K} = \sum_e (\tilde{\mathbf{T}}^T\mathbf{K}\tilde{\mathbf{T}})_{(e)} = \text{Gesamtsteifigkeitsmatrix .} \tag{4.7c}$$

Die Gln. (4.7b, c) sind identisch mit den Gln. (2.7c) und (2.10b) im Kap.2, die wir mit Hilfe der Gleichgewichtsbedingungen hergeleitet hatten. Entsprechend der Gl. (3.78) erfordert das Energieprinzip das Verschwinden der ersten Variation bezüglich der Verschiebungen $\mathbf{U}$, die ja identisch mit den Ansatzkoeffizienten des Ritzschen Verfahrens für die Gesamtstruktur sind. Aus

$$\frac{\partial \Pi}{\partial \mathbf{U}} = \mathbf{0} = \mathbf{K}\mathbf{U} - \mathbf{F}_g \quad \text{folgt die Kraft-Verschiebungsbeziehung}$$

$$\mathbf{K}\,\mathbf{U} = \mathbf{F}_g \,. \tag{2.10a}$$

Diese Gleichung hatten wir im Kap. 2 bereits für den Sonderfall, dass nur Einzellasten betrachtet werden ($\mathbf{F}_g = \mathbf{F}$), formal angegeben. Damit wird wieder deutlich, dass das Energieprinzip unter den im vorigen Kapitel angegebenen Voraussetzungen genauso wie das Prinzip der virtuellen Verschiebung als Alternative zur direkten Aufstellung der Gleichgewichtsbedingung genutzt werden kann. Bei der Koinzidenztransformation in Gl. (2.9c) war stillschweigend vorausgesetzt worden, dass die Richtung der Elementkoordinaten mit denen der globalen Koordinaten übereinstimmt. Falls dies nicht der Fall ist, muss vor Anwendung der Koinzidenztransformation noch eine Richtungstransformation vorgeschaltet werden, die die Elementsteifigkeitsmatrizen und die Elementlastvektoren von lokalen auf globale Koordinaten transformiert. Eine derartige Transformation hatten wir bereits im Kap. 2, Gln. (2.2-2.4), bei der Transformation der Elementmatrizen des Zug-Druckstabes behandelt.

4.2 Konvergenzbedingungen

Bei der Formulierung des Verschiebungsansatzes zur Konstruktion der Verzerrungs-Verschiebungs-Transformationsmatrix $\mathbf{D} = \mathbf{d}\boldsymbol{\varphi}^T$, Gl. (3.47b), hatten wir stillschweigend angenommen, dass die Verschiebungsfelder stetig differenzierbar bis mindestens zur (n-1)-ten Ableitung sind, wobei n die höchste im **d**-Operator auftretende Ableitung darstellt. Die (n-1)-te Ableitung charakterisiert die Art der geometrischen Randbedingung, die ja von den Ansätzen laut Postulat erfüllt sein sollen. Bislang traten in der **d**- Matrix (s. Gl. 3.6a) nur erste Ableitungen auf, so dass als geometrische Randbedingungen nur die Verschiebungen auftraten, deren Stetigkeit gewährleistet sein muss. Wir werden später bei den Balken- und Platten- und Schalenelementen sehen, dass bei Einführung der Bernoulli- bzw. Kirchhoff-Hypothese vom Senkrechtbleiben der Querschnitte nach der Verformung (Normalenhypothese) der **d**-Operator die zweite Ableitung enthält, so dass als geometrische Randbedingungen auch die erste Ableitung der Verschiebungen auftritt, deren Stetigkeit bei Anwendung des Energieprinzips gefordert werden muss. Bei den erweiterten Energieprinzipen kann die Variationsaufgabe von verschiedenen Nebenbedingungen befreit werden, was bei der Konstruktion von Ansatzfunktionen für die Elemente hilfreich sein kann.

Von dem Verschiebungsansatz hatten wir bislang gesagt, dass er die Einheitsverschiebungsbedingungen (3.45c) erfüllen soll, was mit Hilfe der Gln. (3.46) auch für allgemeine Ansatzfunktionen erzwungen werden kann. Mit der Koinzidenztransformation (2.9c) hatten wir die Stetigkeit der Verschiebungsgrößen an den Knotenpunkten erzwungen. Die Forderung nach Stetigkeit der Verschiebungsfelder ist aber nicht auf die Knotenpunkte beschränkt. Wir betrachten zwei einzelne benachbarte Elemente in ihrer verformten Lage, z. B. die im Bild 4-2 dargestellten Scheibenelemente.

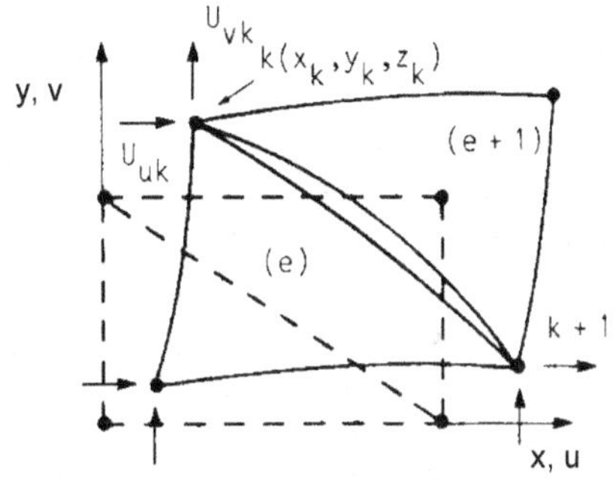

Bild 4-2 Benachbarte verformte Scheibenelemente

Bei allen Flächen- und Körpertragwerken muss man zusätzlich beachten, was zwischen den Knoten passiert. Im Bild 4-2 könnte, obgleich die Stetigkeit an den Knotenpunkten gewährleistet ist, zwischen den Knoten k und k+1 eine Klaffung entstehen, je nachdem, wie die Ansatzfunktionen $\varphi_g(x,y)$ gewählt wurden. Im Sinne der Erfüllung der geometrischen Randbedingungen müssen derartige Ansatzfunktionen ausgeschlossen werden. Elemente, deren Verschiebungsansatzfunktion stetig über die Elementgrenzen hinweglaufen, heißen kompatibel (engl.: conforming). Man kann zeigen, dass die Stetigkeitsforderung auch für die erste Ableitung gilt, falls diese als geometrische Randbedingung auftritt. Wie bereits erwähnt ist dies ist immer der Fall, wenn in dem **d**- Operator die zweite Ableitung auftritt.
Eine zweite Forderung an die Ansatzfunktion ergibt sich aus der Überlegung, dass die Elemente in der Lage sein müssen, Starrkörperbewegungen auszuführen, ohne dass dabei innere Spannungen in den Elementen auftreten. Am Beispiel des Scheibenelements im Bild 4-3 sei dies erläutert. Das Element wurde zunächst starr, d.h. ohne sich elastisch zu verformen, um den Winkel φ_0 (infinitesimal klein, d.h. lineare Theorie) verdreht. Der Verschiebungszustand am Punkt P(x,y) lautet dann

$$u = -r\varphi_0 \sin\alpha = -y\varphi_0 \quad \text{und} \quad v = r\varphi_0 \cos\alpha = x\varphi_0 \,. \tag{4.8}$$

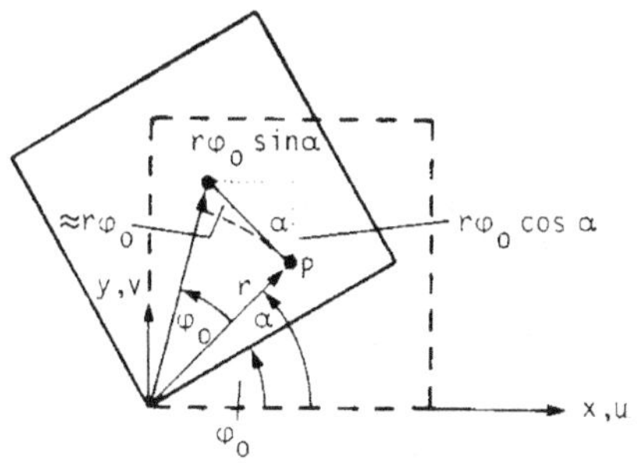

Bild 4-3 Infinitesimale Starrkörperdrehung eines Scheibenelementes

Einsetzen dieses Verschiebungszustandes in die Verzerrungs-Verschiebungsbeziehungen (3.5) zeigt, dass die Verzerrungen und damit auch die Spannungen Null sind. Im Falle translatorischer Starrkörperverschiebungen gilt $u = u_0$ und $v = v_0 = \text{konstant}$. In diesem Fall sind die Spannungen natürlich auch Null. Die Forderung, dass ein Verschiebungsansatz die Starrkörperverschiebungen enthalten muss, bedeutet also für die Scheibe, dass in den Ansatzfunktionen mindestens konstante und lineare Glieder auftreten müssen.
Eine dritte Forderung an die Ansatzfunktionen ergibt sich anschaulich aus folgender Überlegung. Man denke sich die Elemente immer kleiner werdend und zu einem Punkt zusammenschrumpfend. In diesem Fall muss der Spannungszustand konstant werden. In jedem Elementverschiebungsansatz müssen daher Glieder vorhanden sein, die zu einem konstanten Dehnungs- und, daraus abgeleitet, konstanten Spannungszustand führen (engl.: constant strain/stress criterion).
Ein weiteres Kriterium folgt aus der Forderung, dass die Ansatzfunktionen Verschiebungsfelder beschreiben, die bezüglich der Koordinaten isotrop sind, d. h. falls ein Term eines Verschiebungsansatzes vom Typ $x^n y^m$ vorhanden ist, muss auch ein Term vom Typ $x^m y^n$ vorhanden sein, da anderenfalls die Einheitsverschiebungsverläufe in den Koordinatenrichtungen unterschiedlich sind. Außerdem müssen die Ansatzfunktionen invariant gegen Drehungen des Koordinatensystems sein.

Bei Platten- und Schalenelementen müssen gemäß dem ersten Kriterium nicht nur die Verschiebungen, sondern auch ihre Ableitungen entlang gemeinsamer Elementgrenzen verträglich sein. Wie wir später bei der Herleitung eines Plattenelements sehen werden, ist es in vielen Fällen nicht ohne weiteres möglich, derartige kompatible Ansatzfunktionen zu finden. Es ist jedoch gezeigt worden (s. z. B. Strang(1973)), dass auch Elemente mit nichtkonformen Ansätzen zu einer konvergenten Lösung führen, falls sie den sogenannten "Patch"-Test bestehen. Dieser Test fordert, dass der Spannungszustand in jedem Element gleich und konstant sein muss, falls an den Randknotenpunkten einer Elementkonfiguration (engl.: patch) ein entsprechender Verschiebungszustand eingeprägt wird.

Beispiel: Bei der im Bild 4-4 dargestellten Scheibe muss der Spannungszustand unabhängig von der Lage des Mittelknotens in den vier Elementen gleich und konstant sein, wenn die Verschiebungen $U_1 = U_2$ eingeprägt werden.

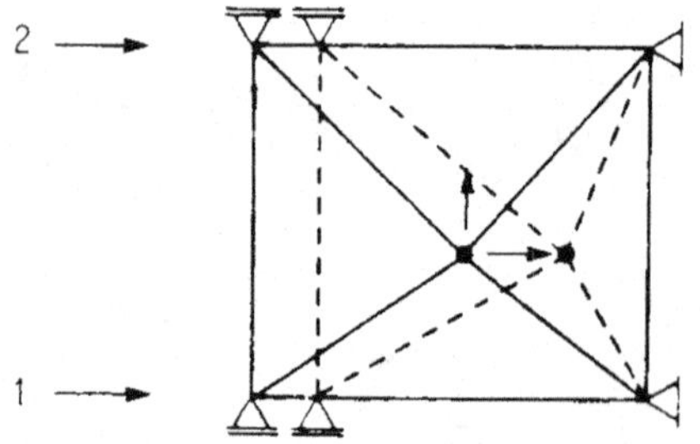

Bild 4-4 Beispiel für den „Patch-Test" bei einer Scheibenelementkonfiguration.

Wir fassen die fünf Hauptforderungen an die Ansatzfunktion zusammen:
Damit bei Erhöhung der Anzahl der Elemente oder, was gleichwertig ist, bei Erhöhung der Anzahl der Ansatzkoeffizienten die FEM-Lösung monoton zur exakten Lösung hin konvergiert, müssen folgende Bedingungen erfüllt sein:

1. Die Verträglichkeit der Verschiebungsgrößen an den Elementübergängen muss gewährleistet sein (Konformitätsbedingung).
2. Bei Starrkörperbewegungen der Elemente dürfen in diesen keine Spannungen auftreten.
3. Konstante Verzerrungs- und Spannungszustände müssen durch die Ansätze dargestellt werden können (Gleichförmigkeitsbedingung).
4. Die Ansätze müssen isotrop und drehinvariant sein.
5. Die Elemente müssen den „Patch-Test“ bestehen.

In diesem Kapitel wurde die Methode der Finiten Elemente als verallgemeinertes Ritzsches Verfahren auf der Grundlage des Prinzips vom stationären Wert der Gesamtenergie dargestellt. Man kann zeigen (s. z. B. de Veubeke (1965)), dass dieses Verfahren bei Einhaltung der oben beschriebenen Kriterien, nicht nur monoton konvergiert, sondern dass sich die FEM-Lösung für die Verschiebungen von unten her der exakten Lösung nähert (Kurve 1 im Bild 4-5). Nicht-konforme Elemente zeigen dagegen das im Bild 4-5, Kurve 2, angegebene Verhalten.

Wie im Kap. 3.6.5 gezeigt, stellt das klassische Energieprinzip mit Nebenbedingungen einen Sonderfall (wenn auch den wichtigsten) des erweiterten Energieprinzips von Hu-Washizu dar, bei dem die Variationsaufgabe von den Nebenbedingungen befreit wurde. Je nachdem welche Nebenbedingungen aufgehoben wurden, können dann nicht nur die Verschiebungen sondern auch die Spannungen sowohl im Elementinneren als auch auf den Elementrändern zur Variation und damit zur Approximation mit Hilfe von Ansatzfunktionen freigegeben werden. Wie im Bild 4-5, Kurve 3, angedeutet, wird bei Elementen, bei denen auf der Grundlage von Spannungsansätzen die Gleichgewichtsbedingungen, nicht aber die kinematischen Beziehungen erfüllt werden, die exakte Lösung von oben angenähert. Gemischte oder hybride Elemente entstehen, wenn sowohl Verschiebungs- als auch Spannungsansätze im Innern oder auf der Oberfläche (Rand) angesetzt werden. Derartige Elemente weisen ebenso wie die nicht-konformen Elemente ein nicht-monotones Konvergenzverhalten auf, wie im Bild 4-5, Kurve 2, dargestellt. Wir werden uns bei den folgenden Herleitungen der Elementmatrizen mit wenigen Ausnahmen auf die Anwendung des einfachen Energieprinzips mit Verschiebungsansätzen konzentrieren.

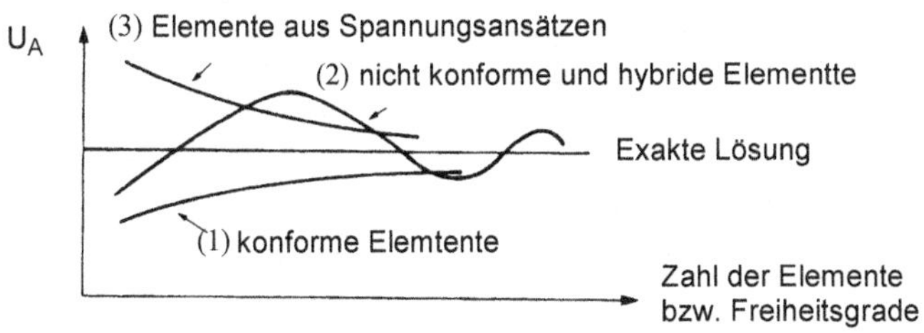

Bild 4-5 Konvergenzverhalten der FEM-Lösung für die Verschiebung U_A

5 Elementsteifigkeitsmatrizen

5.1 Grundlegende Annahmen

In der diskretisierten Form des Prinzips der virtuellen Verschiebungen und des dazu äquivalenten Energieprinzips hatten wir in den Kapiteln zuvor die grundsätzliche Methodik zur Ableitung der Kraft- Verschiebungsbeziehungen $\mathbf{F}_g = \mathbf{K}\,\mathbf{U}$ sowohl für die Elemente, als auch für die Gesamtstruktur kennengelernt. Die zentrale Rolle spielte dabei der in den Gln. (3.47) angegebene Zusammenhang zwischen den Verzerrungen und den Knotenverschiebungen, $\boldsymbol{\varepsilon} = \mathbf{D}\mathbf{U}$, mit der Verzerrungs-Verschiebungs- Transformationsmatrix $\mathbf{D} = \mathbf{d}\,\boldsymbol{\varphi}_g^T$. Bei Annahme geeigneter Nährungsansätze für die Verschiebungsfelder ergaben sich in den Gl. (3.49) die Rechenvorschriften zur Generierung der Steifigkeitsmatrizen und der Knotenlastvektoren. Die Annahmen bei der Wahl der Verschiebungsansätze bestimmen das strukturmechanische Verhalten der Elemente. Wenn die Verschiebungsansätze exakt sind in dem Sinne, dass sie die Lösung der zugrunde liegende Eulersche Differentialgleichung bilden, dann sind die daraus abgeleiteten Kraft- Verschiebungsbeziehungen natürlich auch exakt, andernfalls stellen sie eine Näherung dar, deren Qualität zu untersuchen ist. In den folgenden Kapiteln werden nun die technisch wichtigsten Elemente behandelt.

5.2 Das Balkenelement

5.2.1 Elementmatrix für Normalkraft, Torsion und Biegung

Für den Balken lassen sich die Eulerschen Differentialgleichungen analytisch exakt lösen, so dass die mit diesen Lösungsfunktionen aufgebauten Kraft-Verschiebungsbeziehungen auch exakt sind. Wir wollen hier den allgemeinen Fall betrachten, dass der Balken außer Biegung auch Längskräfte und Torsionsmomente übertragen kann. Zunächst betrachten wir jedoch den Sonderfall, dass Schubmittelpunkt und Schwerpunkt zusammenfallen. In diesem Fall entkoppeln sich die drei Lastfälle, wenn man außerdem noch annimmt, dass die lokalen Querschnittsachsen mit den Hauptachsen zusammenfallen.

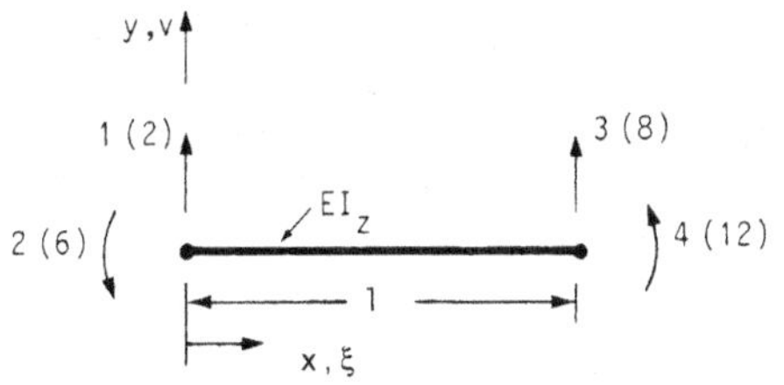

A = Querschnittsfläche
E = Elastizitätsmodul
I_z = Trägheitsmoment

Bild 5-1 Biegung in der xy - Ebene (in Klammern Nummerierung für das allgemeine Balkenelement im Bild 5-6).

Zunächst wollen wir, wie im Kap.3.6.4 gezeigt, die Eulersche Differentialgleichung des reinen Biegebalkens ohne Torsion und Längskraft aufstellen aber unter Berücksichtigung der Verformungen infolge Querkraftschubs. Dazu benötigen wir die innere und äußere Energie. Diese ergibt sich aus den allgemeinen im Kap.3.5 für das 3D- Kontinuum aufgestellten Energieausdrücken (3.35) und (3.37). Die innere Energie $\Pi^B_{(i)}$ infolge der Längsspannungen folgt für den Balken aus der Gl. (3.35a) mit $dV = dA\,dx$ und unter Berücksichtigung des Hookeschen Gesetzes (3.17) zu

$$\Pi^B_{(i)} = \frac{1}{2}\int_x\int_A \sigma\varepsilon dAdx = \frac{1}{2}\int_x\int_A E\varepsilon^2 dAdx \ . \tag{5.1}$$

Grundlegend für die Behandlung von Biegeproblemen, sowohl beim Balken als auch später bei den dünnwandigen Flächentragwerken wie z.B. Platten und Schalen, sind die sog. kinematischen Beziehungen, die es erlauben, die Dimension der im allgemeinen dreidimensionalen Gleichungen zu verringern. Die bekannteste und wichtigste kinematische Beziehung folgt aus der von Bernoulli stammenden Annahme, dass die Balkenquerschnitte bei der Verformung senkrecht zur Balkenachse bleiben, d.h. dass keine Verformung infolge Querkraftschub auftritt. Wir wollen hier jedoch den Einfluss der Schubverformung (Timoshenko Theorie) berücksichtigen, da dieser insbesondere bei dynamischen Problemen eine nicht zu vernachlässigende Rolle spielt. Im Bild 5-2 lassen sich die kinematischen Beziehungen des Balkens mit Schubverformung ablesen.

Die Schubverformung hat zur Folge, dass die Balkenquerschnitte nach der Verformung nicht mehr senkrecht zur Achse bleiben sondern, wie im Bild 5-2 dargestellt, um den mittleren Schubverzerrungswinkel γ_m von der Senkrechten zur Achse abweichen. Der Neigungswinkel β bezüglich der unverformten Lage ergibt sich daraus zu $\beta = v' - \gamma_m$ und die Längsverschiebung der Balkenfaser durch den Punkt P im Abstand y von der Achse zu

$$u(y) = -y\beta \ . \tag{5.2a}$$

Im Fall vernachlässigbarer Schubverformung gilt $\gamma_m = 0$ und demnach $\beta = v'$, woraus sich für den schubstarren Bernoulli-Balken die kinematische Beziehung

$$u(y) = -y\,v' \tag{5.2b}$$

ergibt. Demnach verläuft die Längsverschiebung linear über die Höhe h und ist proportional zur Ableitung der Biegelinie v'. Die Verzerrungs-Verschiebungs-beziehung $\varepsilon = du/dx = u'$ und das Hookesche Gesetz liefern für die Längsdehnung und die Längsspannung im Abstand y im schubweichen Fall

$$\varepsilon(y) = -y\beta' \quad \text{und} \quad \sigma(y) = -E\,y\beta' , \tag{5.3a,b}$$

und im schubstarren Fall die Beziehungen

$$\varepsilon(y) = -y\,v'' \quad \text{und} \quad \sigma(y) = -E\,y\,v'' . \tag{5.3c,d}$$

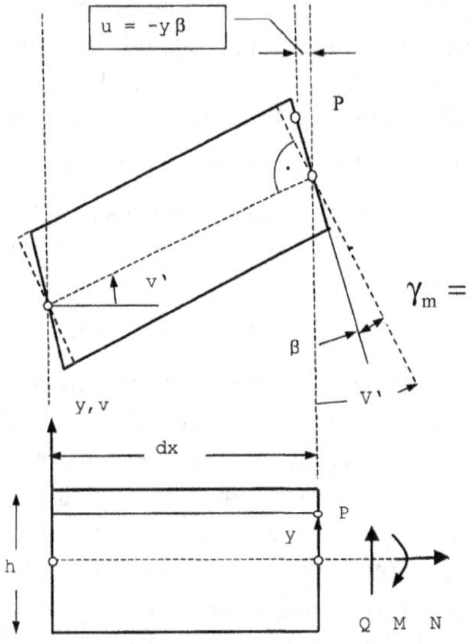

Bild 5-2 Kinematische Beziehungen beim Balken mit Schubverformung

Setzt man in die Definition des Biegemomentes, $M = \int_A \sigma y\,dA$, die kinematischen Beziehungen (5.3b, d) ein, so ergibt sich $M = -\int_A E y^2 \beta' dA$ bzw. $M = -\int_A E y^2 v'' dA$. Daraus folgt mit der Definition des Flächenträgheitsmomentes $I = \int_A y^2 dA$ das Elastizitätsgesetz im schubweichen und im schubstarren Fall zu

$$M = -E I \beta' \quad \text{und} \quad M = -E I v'' . \tag{5.4a,b}$$

Die innere Energie $\Pi^B_{(i)}$ infolge der Längsspannungen folgt aus der Gl. (3.35a) mit $dV = dA\,dx$ und unter Berücksichtigung des Hookeschen Gesetzes (3.13) zu

$$\Pi^B_{(i)} = \frac{1}{2}\int_x\int_A \sigma\varepsilon\, dA\, dx = \frac{1}{2}\int_x\int_A E\varepsilon^2\, dA\, dx \ .$$

Durch Einsetzen der kinematischen Beziehungen (5.3c, d) und der Definition des Flächenträgheitsmomentes erhält man daraus im schubweichen und im schubstarren Fall die Energieausdrücke

$$\boxed{\Pi^B_{(i)} = \frac{1}{2}\int_0^\ell E\,I\,\beta'^2\, dx} \quad \text{und} \quad \boxed{\Pi^B_{(i)} = \frac{1}{2}\int_0^\ell E\,I\,v''^2\, dx} \ . \tag{5.5a,b}$$

Zur Darstellung des Anteils der inneren Energie $\Pi^S_{(i)}$ infolge der Schubverformung führt man zunächst die zur mittleren Schubverzerrung $\gamma_m = \tau_m / G$ gehörige mittlere Schubspannung τ_m ein, die sich aus der Querkraft in der Form $\tau_m = Q / A_s$ berechnet. Dabei stellt A_s eine zunächst unbekannte effektive Schubfläche dar. (Anmerkung: Für die Schubspannung wird hier, wie in der Balkentheorie üblich, die Bezeichnung τ statt σ_{xy} benutzt). Das Elastizitätsgesetz, welches den Zusammenhang zwischen der Querkraft (Balken-Schnittgröße) und der Schubverzerrung darstellt, lautet damit

$$Q = G\,A_s\,\gamma_m = G\,A_s\,(v' - \beta) \ . \tag{5.6a}$$

Die spezifische auf die Längeneinheit des Balkens bezogene Schubverformungsenergie lässt sich damit in den folgenden Formen ausdrücken:

$$\pi^S_{(i)} = \frac{1}{2} A_s\,\tau_m\,\gamma_m = \frac{1}{2} G\,A_s\,\gamma_m^2 = \frac{1}{2} Q\,\gamma_m = \frac{Q^2}{2\,G\,A_s} \ . \tag{a}$$

Im Allgemeinen ist der Verlauf der Schubspannung und damit auch der der Schubverzerrung über die Balkenhöhe nicht konstant, so dass man in diesem Fall den allgemeinen Energieausdruck Gl. (3.35) unter Berücksichtigung des Hookeschen Gesetzes zu Hilfe nehmen muss:

$$\pi^S_{(i)} = \frac{1}{2}\int_A \tau\gamma\, dA = \frac{1}{2G}\int_A \tau^2\, dA \ . \tag{b}$$

Die Forderung, dass die beiden Energien aus (a) und (b) gleich sein sollen, liefert die Bestimmungsgleichung zur Berechnung der effektiven Schubfläche gemäß

$$A_s = Q^2 \Big/ \int_A \tau^2\, dA \ . \tag{5.6b}$$

Beispielsweise erhält man $A_s = (5/6)A$ für einen Rechteckquerschnitt mit parabelförmigem Schubspannungsverlauf und $A_s = A_{Steg}$ für ein I–Profil mit annähernd konstantem Verlauf im Stegbereich. Für den Balken erhält man aus (a) nach Integration über die Länge

$$\Pi^{S}_{(i)} = \int_{x=0}^{\ell} \pi^{S}_{(i)}\,dx = \frac{1}{2}\int_{0}^{\ell} G\,A_s\,\gamma_m^2\,dx = \frac{1}{2}\int_{0}^{\ell} G\,A_s\,(v'-\beta)^2\,dx\ . \tag{5.7}$$

Die gesamte innere Energie des schubweichen Balkens ausgedrückt nur durch die Verschiebungsgrößen v und β ergibt sich damit aus

$$\boxed{\Pi_{(i)} = \frac{1}{2}\int_{0}^{\ell} E\,I\,\beta'^2\,dx + \frac{1}{2}\int_{0}^{\ell} G\,A_s\,(v'-\beta)^2\,dx}\ . \tag{5.8}$$

Für die äußere Energie erhält man aus Gl. (3.37b)

$$\Pi_{(a)} = -\mathbf{F}^T\,\mathbf{U} - \int_{x=0}^{\ell} p_{yo}(x)\,v\,dx\ .$$

Die Eulersche Gleichung des Schubbalkens und die Randbedingungen entstehen aus der Minimalforderung

$$\begin{aligned}\delta(\Pi_{(i)}+\Pi_{(a)}) = 0 = &\int_{0}^{\ell} E\,I\,\beta'\,\delta\beta'\,dx + \int_{0}^{\ell} G\,A_s\,(v'-\beta)(\delta v'-\delta\beta)\,dx\\ &-\mathbf{F}^T\,\delta\mathbf{U} - \int_{x=0}^{\ell} p_{yo}(x)\,\delta v\,dx\ .\end{aligned} \tag{5.9}$$

Nach partieller Integration und Zusammenfassen der Terme bezüglich δv und δβ und unter Beachtung der Bezeichnungen für die geometrischen Randverschiebungsgrößen $\delta v|_{x=0,\ell} = \delta U_{1,3}$ und $\delta\beta|_{x=0,\ell} = \delta U_{2,4}$ entsprechend der Nummerierung der Freiheitsgrade im Bild 5-1 erhält man daraus

$$\begin{aligned}0 = &\int_{0}^{\ell} (-E\,I\,\beta'' - G\,A_s\,v' + G\,A_s\,\beta)\,\delta\beta\,dx + \int_{0}^{\ell} (-G\,A_s\,v'' + G\,A_s\,\beta' - p_{yo})\,\delta v\,dx\\ &+(-E\,I\,\beta'|_{x=0} - F_2)\,\delta U_2 + (E\,I\,\beta'|_{x=\ell} - F_4)\,\delta U_4\\ &+[-G\,A_s\,(v'-\beta)|_{x=0} - F_1]\,\delta U_1 + [G\,A_s\,(v'-\beta)|_{x=\ell} - F_3]\,\delta U_3\ .\end{aligned}$$

Da die Variationen verschieden und ungleich Null sind, müssen die Klammerausdrücke je für sich verschwinden. Aus den Integranden entstehen dann die beiden Eulerschen Gleichungen

$$-E\,I\,\beta'' - G\,A_s\,v' + G\,A_s\,\beta = 0\ , \tag{5.10a}$$

$$-G\,A_s\,v'' + G\,A_s\,\beta' - p_{yo} = 0\ . \tag{5.10b}$$

Die Randausdrücke liefern die natürlichen Randbedingungen

$$\begin{aligned}&F_1 = -G\,A_s\,(v'-\beta)|_{x=0}\ ,\quad F_2 = -E\,I\,\beta'|_{x=0}\ ,\\ &F_3 = G\,A_s\,(v'-\beta)|_{x=\ell}\quad \text{und}\quad F_4 = E\,I\,\beta'|_{x=\ell}\ .\end{aligned} \tag{5.10c}$$

Durch Differenzieren der Gl. (5.10a) und Subtraktion der Gl. (5.10b) lässt sich v eliminieren, und es entsteht die Differentialgleichung

$$\beta''' = p_{yo} / EI \ , \tag{5.11a}$$

die im Sonderfall des schubstarren Balkens wegen $\beta = v'$ in die Differentialgleichung des Bernoulli- Balkens

$$v'''' = p_{yo} / EI \tag{5.11b}$$

übergeht.
Wir wollen nun die Verzerrungs- Verschiebungs- Transformationsmatrix **D** in der Gl. (3.47a), $\boldsymbol{\varepsilon} = \mathbf{D}\,\mathbf{U}$, die zur Herleitung der Steifigkeitsmatrix nach Gl. (3.49b), $\mathbf{K} = \int_V \mathbf{D}^T \mathbf{E}\,\mathbf{D}\,dV$, benötigt wird, mit Hilfe der Bernoulli- bzw. der Timoshenko-Kinematik herleiten. Beim Schubbalken wurde die Längsdehnung einer Balkenfaser im Abstand y von der Mittellinie durch die kinematische Beziehung (5.3a), $\varepsilon(x,y) = -y\,\beta'(x)$, und die Schubverzerrung in der Gl. (5.6a) mit $\gamma_m = v' - \beta$ angegeben, wodurch in den Energieausdrücken die beiden unabhängigen Variablen v und β auftreten, die zur Variation und damit zur näherungsweisen Darstellung durch Einheitsverschiebungsfunktionen in der Form

$$\beta(x) = \boldsymbol{\varphi}_\beta^T(x)\,\mathbf{U} \quad \text{und} \quad v(x) = \boldsymbol{\varphi}_v^T(x)\,\mathbf{U} \tag{5.12a,b}$$

freigegeben werden können. Unter Verwendung der kinematischen Beziehungen und nach Einführung der dimensionslosen Koordinate $\xi = x/\ell$ (dadurch müssen in den Gleichungen zuvor die Ableitungen $(\ )'$ durch $(\ )'/\ell$ ersetzt werden) lautet die Verzerrungs- Verschiebungstransformation

$$\begin{bmatrix} \varepsilon(\xi,y) \\ \gamma_m(\xi) \end{bmatrix} = \underbrace{\begin{bmatrix} -y\boldsymbol{\varphi}_\beta'^T/\ell \\ \boldsymbol{\varphi}_v'^T/\ell - \boldsymbol{\varphi}_\beta^T \end{bmatrix}}_{\mathbf{D}} \mathbf{U} = \mathbf{D}\,\mathbf{U} \ . \tag{5.13a}$$

Im schubstarren Fall gilt wegen $\gamma_m = 0$

$$\varepsilon(\xi,y) = -y\,v''(\xi)/\ell^2 = \underbrace{-y\,\boldsymbol{\varphi}_v''^T(\xi)/\ell^2}_{\mathbf{D}}\,\mathbf{U} = \mathbf{D}\,\mathbf{U} \ . \tag{5.13b}$$

Wir wollen uns nun exakte Ansätze für den Schubbalken aus den Lösungsfunktionen der homogenen ($p_{yo} = 0$) Eulerschen Differentialgleichungen erzeugen. Für $p_{yo} = 0$ folgt aus (5.10b) $\beta'/\ell = v''/\ell^2$ und damit aus (5.11a) $v'''' = 0$, woraus sich nach Integration die Lösungsfunktion in der Form

$$v(\xi) = a_1 + a_2\xi + a_3\xi^2 + a_4\xi^3 = \overline{\boldsymbol{\varphi}}_v^T\,\mathbf{a} \tag{a}$$

ergibt. Durch Integration der Gl. (5.11a) folgt für $p_{yo} = 0$

$$\beta(\xi) = b_1 + b_2\xi + b_3\xi^2 = \bar{\boldsymbol{\varphi}}_\beta^T \mathbf{b} \ . \tag{b}$$

Einsetzen von (a) und (b) in (5.10a) liefert ein Polynom des Typs

$$c_1 + c_2\xi + c_3\xi^2 = 0 \ ,$$

wobei die Koeffizienten c_i (i=1, ... , 3) Funktionen der obigen Integrationskonstanten a_n (n=1, ... , 4) und b_m (m=1, ... , 3) sind. Da die Gleichung an jeder Stelle ξ erfüllt sein müssen, muss jeder Koeffizient c_i verschwinden, d.h. man erhält 3 Gleichungen, die es erlauben die Integrationskonstanten b_m durch die Integrationskonstanten a_n auszudrücken.

Man erhält die Beziehung

$$\mathbf{b} = \mathbf{B}\,\mathbf{a} \tag{c}$$

mit

$$\mathbf{B} = \begin{bmatrix} 0 & 1/\ell & 0 & (\kappa-1)/2\ell \\ 0 & 0 & 2/\ell & 0 \\ 0 & 0 & 0 & 3/\ell \end{bmatrix}$$

und der Abkürzung

$$\kappa = 1 + 12\,EI/GA_s\,\ell^2 \ \text{(im schubstarren Fall gilt } \kappa = 1\text{)}. \tag{d}$$

Die Einheitsverschiebungsbedingungen $U_{1,3} = v(\xi = 0,1)$ und $U_{2,4} = \beta(\xi = 0,1)$ liefern das Gleichungssystem

$$\mathbf{U} = \mathbf{A}\,\mathbf{a} \tag{e}$$

mit

$$\mathbf{A} = \begin{bmatrix} 1 & 0 & 0 & 0 \\ 0 & 1/\ell & \text{o} & (\kappa-1)/2\ell \\ 1 & 1 & 1 & 1 \\ 0 & 1/\ell & 2/\ell & (\kappa-1)/2\ell + 3/\ell \end{bmatrix} . \tag{f}$$

Nach Inversion von (f) erhält man $\mathbf{a} = \mathbf{A}^{-1}\,\mathbf{U}$. Aus Gl. (c) folgt $\mathbf{b} = \mathbf{B}\,\mathbf{A}^{-1}\,\mathbf{U}$ und nach Einsetzen in die Gln. (a) und (b) erhält man die Formfunktionen

$$v(\xi) = \boldsymbol{\varphi}_v^T\,\mathbf{U} \quad \text{mit} \quad \boldsymbol{\varphi}_v^T = \bar{\boldsymbol{\varphi}}_v^T\,\mathbf{A}^{-1} \ , \tag{5.14a}$$

$$\beta(\xi) = \boldsymbol{\varphi}_\beta^T\,\mathbf{U} \quad \text{mit} \quad \boldsymbol{\varphi}_\beta^T = \bar{\boldsymbol{\varphi}}_\beta^T\,\mathbf{B}\,\mathbf{A}^{-1} . \tag{5.14b}$$

Nach Ausführung der obigen Matrizenoperationen erhält man für den schubweichen Balken die folgenden Formfunktionen zusammen mit den später benötigten Ableitungen:

$$\left.\begin{aligned}
&\varphi_{v1} = [\kappa + \xi(1-\kappa) - 3\xi^2 + 2\xi^3\,]/\kappa,\\
&\varphi'_{v1} = (1-\kappa-6\xi+6\xi^2)/\kappa, \qquad \varphi''_{v1} = (-6+12\xi)/\kappa,\\
&\varphi_{v2} = [\ \xi(1+\kappa)/2\ \ -\xi^2(3+\kappa)/2\ \ +\ \ \xi^3\ ]\ \ell/\kappa,\\
&\varphi'_{v2} = [\ (1+\kappa)/2 - (3+\kappa)\xi + 3\xi^2]\ \ell/\kappa, \qquad \varphi''_{v2} = (-3-\kappa+6\xi)\,\ell/\kappa,\\
&\varphi_{v3} = [\ (\kappa-1)\xi + 3\xi^2 - 2\xi^3]/\kappa,\\
&\varphi'_{v3} = (\kappa-1+6\xi-6\xi^2\,)/\kappa, \qquad \varphi''_{v3} = (6-12\xi)/\kappa,\\
&\varphi_{v4} = [\ \ \xi(1-\kappa)/2 + \xi^2(-3+\kappa)/2 + \xi^3]\,\ell/\kappa,\\
&\varphi'_{v4} = [\ (1-\kappa)/2\ \ +\ \ \xi(-3+\kappa) + 3\xi^2]\,\ell/\kappa, \qquad \varphi''_{v4} = (-3+\kappa+6\xi)\,\ell/\kappa.
\end{aligned}\right\} \quad (5.15a)$$

$$\left.\begin{aligned}
&\varphi_{\beta1} = 6\xi(\xi-1)/\ell\kappa, && \varphi'_{\beta1} = 6(2\xi-1)/\ell\kappa,\\
&\varphi_{\beta2} = [\kappa - \xi(\kappa+3) + 3\xi^2]/\kappa, && \varphi'_{\beta2} = (-\kappa-3+6\xi)/\kappa,\\
&\varphi_{\beta3} = 6\xi(-\xi+1)/\ell\kappa, && \varphi'_{\beta3} = 6(-2\xi+1)/\ell\kappa,\\
&\varphi_{\beta4} = \xi(\kappa-3+3\xi\ )/\kappa, && \varphi'_{\beta4} = (\kappa-3+6\xi\ )/\kappa.
\end{aligned}\right\} \quad (5.15b)$$

Für $\kappa = 1 + 12\,E\,I/G\,A_s\,\ell^2 = 1 \quad (G\,A_s \to \infty)$ erhält man die Formfunktionen des schubstarren Bernoulli- Balkens (auch als Hermite- Polynome bezeichnet) zu:

$$\left.\begin{aligned}
&\varphi_{v1} = 1 - 3\xi^2 + 2\xi^3, && \varphi'_{v1} = -6\xi + 6\xi^2, && \varphi''_{v1} = -6 + 12\xi,\\
&\varphi_{v2} = (\xi - 2\xi^2 + \xi^3)\ \ell, && \varphi'_{v2} = (1 - 4\xi + 3\xi^2)\ell, && \varphi''_{v2} = (-4+6\xi)\ \ell,\\
&\varphi_{v3} = 3\xi^2 - 2\xi^3, && \varphi'_{v3} = 6\xi - 6\xi^2, && \varphi''_{v3} = 6 - 12\xi,\\
&\varphi_{v4} = (-\xi^2 + \xi^3)\ \ell, && \varphi'_{v4} = (-2\xi + 3\xi^2)\ \ell, && \varphi''_{v4} = (-2+6\xi)\ \ell.
\end{aligned}\right\} \quad (5.16)$$

Außerdem erkennt man, dass in diesem Fall die Bedingung $\varphi'_{vi}/\ell = \varphi_{\beta i} \quad (i = 1, \ldots, 4)$ erfüllt ist. Die Formfunktionen φ_{vi} sind im Bild 5-3 für den schubstarren Fall, $\kappa = 1$, Gl. (5.16), und zum Vergleich für den Fall $\kappa = 1.69$, Gl. (5.15a), dargestellt. (Dieser Wert ist typisch bei einem wandartigen Stahlbetonträger mit dem Verhältnis Länge/Höhe = 2).

Wir können nun die Elementsteifigkeitsmatrix für den Biegebalken mit Hilfe der Gl.(3.49b), $\mathbf{k} = \int_V \mathbf{D}^T\,\mathbf{E}\,\mathbf{D}\,dV$, herleiten.

(Hinweis zur Schreibweise: Für die Elementmatrizen und –vektoren in lokalen Element-Koordinaten werden im Folgenden zur Unterscheidung von den Matrizen der Gesamtstruktur kleine Buchstaben verwendet).

Für den schubweichen Balken erhält man mit der **D**-Matrix aus Gl. (5.13a), den Formfunktionen (5.15) und dem Werkstoffgesetz $\mathbf{E} = \begin{bmatrix} E & 0 \\ 0 & G \end{bmatrix}$:

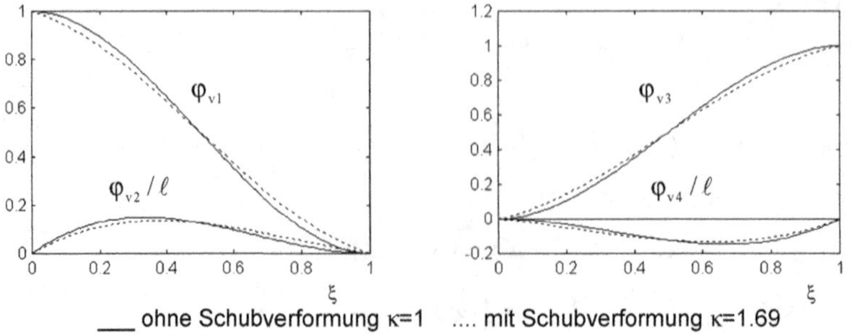

Bild 5-3 Balken - Formfunktionen

$$
\begin{aligned}
\mathbf{k} &= \iint\limits_{A\ \xi} \begin{bmatrix} -y\,\boldsymbol{\varphi}'_\beta/\ell & \boldsymbol{\varphi}'_v/\ell - \boldsymbol{\varphi}_\beta \end{bmatrix} \begin{bmatrix} E & 0 \\ 0 & G \end{bmatrix} \begin{bmatrix} -y\,\boldsymbol{\varphi}'^{T}_\beta/\ell \\ \boldsymbol{\varphi}'^{T}_v/\ell - \boldsymbol{\varphi}^{T}_\beta \end{bmatrix} dA\,\ell\,d\xi \\
&= \int\limits_{\xi=0}^{1} \left[\frac{EI}{\ell^2}\boldsymbol{\varphi}'_\beta\,\boldsymbol{\varphi}'^{T}_\beta + GA_s(\boldsymbol{\varphi}'_v/\ell - \boldsymbol{\varphi}_\beta)(\boldsymbol{\varphi}'^{T}_v/\ell - \boldsymbol{\varphi}^{T}_\beta) \right] \ell\,d\xi\,.
\end{aligned}
\tag{5.17a}
$$

Im Fall des schubstarrren Bernoulli- Balkens gilt $\beta = v'/\ell$ und damit $\varphi_\beta = \varphi'_v/\ell$ (vergl. auch (5.15b) für $\kappa = 1$ und (5.16)), wodurch der Schubanteil in der Gl. (5.17a) entfällt. Es folgt daraus für die Steifigkeitsmatrix des schubstarren Balkens der Ausdruck:

$$
\boxed{\mathbf{k} = \int_0^1 \frac{EI}{\ell^3}\boldsymbol{\varphi}''\boldsymbol{\varphi}''^{T}\,d\xi}\,. \tag{5.17b}
$$

Beispiel: Berechnung von k_{11}, d.h. der Steifigkeit bezüglich U_1, für $EI = \text{konstant}$ $(I \equiv I_z)$ und $GA_s = \text{konstant}$. Aus Gl. (5.17a) ergibt sich:

$$
k_{11} = \int\limits_{\xi=0}^{1} \left[\frac{EI}{\ell^2}\varphi'^2_{\beta 1} + GA_s(\varphi'_{v1}/\ell - \varphi_{\beta 1})(\varphi'_{v1}/\ell - \varphi_{\beta 1}) \right] \ell\,d\xi = k^B_{11} + k^S_{11}\,.
$$

Mit $\varphi'_{\beta 1} = (12\xi - 6)/\ell\kappa$ und $\varphi'_{v1}/\ell - \varphi_{\beta 1} = (1-\kappa)/\ell\kappa$ erhält man

$$
k^B_{11} = \frac{EI}{\kappa^2\ell^3}\int_0^1 (36 - 144\xi + 144\xi^2)\,d\xi = 12\frac{EI}{\kappa^2\ell^3} \quad \text{und} \quad k^S_{11} = \frac{GA_s(1-\kappa)^2}{\kappa^2\ell}\,.
$$

Mit der Definition von κ in Gl. (d) lässt sich die Schubsteifigkeit in der Form $\frac{GA_s}{\ell} = \frac{12EI}{\ell^3}\frac{1}{\kappa - 1}$ ausdrücken, womit sich k^S_{11} auch in der Form $k^S_{11} = \frac{12EI}{\ell^3}\frac{\kappa - 1}{\kappa^2}$ darstellen lässt. Die Addition der Anteile liefert schließlich

$$k_{11} = k_{11}^B + k_{11}^S = 12 \frac{EI}{\kappa \ell^3} .$$

Für die ganze Matrix erhält man:

$$\mathbf{k} = \frac{EI}{\kappa \ell^3} \begin{bmatrix} 12 & 6\ell & -12 & 6\ell \\ & (3+\kappa)\ell^2 & -6\ell & (3-\kappa)\ell^2 \\ & \text{sym.} & 12 & -6\ell \\ & & & (3+\kappa)\ell^2 \end{bmatrix} . \tag{5.18a}$$

Im Sonderfall des schubstarren Balkens folgt wegen κ=1:

$$\mathbf{k} = \frac{EI}{\ell^3} \begin{bmatrix} 12 & 6\ell & -12 & 6\ell \\ & 4\ell^2 & -6\ell & 2\ell^2 \\ & \text{sym.} & 12 & -6\ell \\ & & & 4\ell^2 \end{bmatrix} . \tag{5.18b}$$

Als nächstes betrachten wir den Fall der reinen Torsion Bild 5-4.

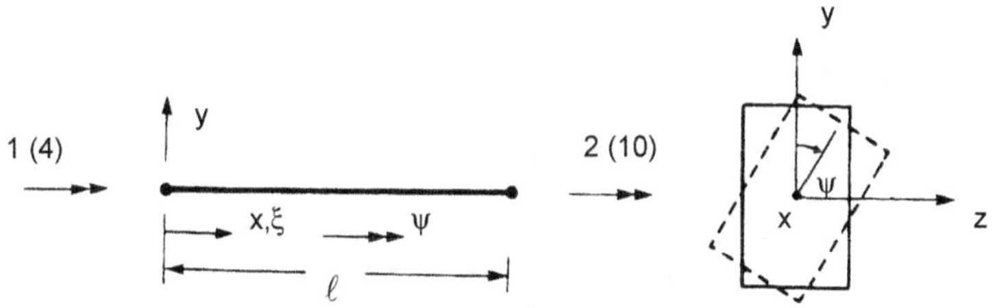

Bild 5-4 Torsionsstab, ( ) Numerierung nach Bild 5.6

Zur Erzeugung eines exakten Ansatzes lösen wir die Differentialgleichung für die Verdrehung ψ bei reiner St. Venant Torsion.

$$\psi''(\xi) = 0 , \qquad (\;)' \mathrel{\hat=} \frac{d}{d\xi} . \tag{5.19}$$

Die Integration von (5.19) liefert

$$\psi = a_0 + a_1 \, \xi \tag{5.20}$$

mit $\xi = \dfrac{x}{\ell}$.

Die Einheitsverschiebungsbedingung erfordert

$$\psi(\xi = 0) = u_1 = a_0 \quad \text{und} \quad \psi(\xi = 1) = u_2 = a_0 + a_1 \quad \rightarrow \quad a_1 = u_2 - u_1 .$$

Damit lautet der Ansatz ausgedrückt über u_1 und u_2

$$\psi = u_1 + (u_2 - u_1)\ \xi = \underbrace{(1-\xi)}_{\varphi_1}\ u_1 + \underbrace{\xi}_{\varphi_2} u_2\ , \tag{5.21a}$$

oder

$$\psi = \varphi_1 u_1 + \varphi_2 u_2\ , \qquad \psi' = \varphi_1' u_1 + \varphi_2' u_2 \tag{5.21b}$$

mit den linearen Formfunktionen

$$\varphi_1 = 1 - \xi\ , \quad \varphi_1' = -1, \quad \varphi_2 = \xi\ , \quad \varphi_2' = 1\ . \tag{5.22}$$

Die Formänderungsenergie $\pi_{(i)}$ eines Torsionsstabes mit der Torsionssteifigkeit GI_T erhält man aus

$$\pi_{(i)} = \frac{1}{2}\int_0^1 \frac{G\,I_T}{\ell}\psi'^2 d\xi \tag{5.23}$$

und aus deren zweiter Ableitung gemäß Gl.(3.81) die Steifigkeitsmatrix. Zunächst liefert die erste Ableitung

$$\frac{\partial \pi_{(i)}}{\partial u_i} = \frac{\partial \pi_{(i)}}{\partial \psi'}\frac{\partial \psi'}{\partial u_i} = \int \frac{G\,I_T}{\ell}\psi'\frac{\partial \psi'}{\partial u_i}d\xi\ .$$

Die zweite Ableitung liefert die Elementsteifigkeitsmatrix zu

$$\frac{\partial^2 \pi_{(i)}}{\partial u_i \partial u_j} = k_{ij} = \int \frac{GI_T}{\ell}\ \frac{\partial \psi'}{\partial u_i}\ \frac{\partial \psi'}{\partial u_j}\ d\xi\ .$$

Aus Gl. (5.21b) folgt $\dfrac{\partial \psi'}{\partial u_i} = \varphi_i'$ und $\dfrac{\partial \psi'}{\partial u_j} = \varphi_j'$. Damit erhält man für die Koeffizienten der Elementsteifigkeitsmatrix des Torsionsstabes die Beziehung

$$k_{ij} = \frac{G\,I_T}{\ell}\int_0^1 \varphi_i'\,\varphi_j'\,d\xi\ , \tag{5.24a}$$

oder in symbolischer Schreibweise

$$\boxed{\mathbf{k} = \frac{G\,I_T}{\ell}\int_0^1 \boldsymbol{\varphi}'\,\boldsymbol{\varphi}'^T\,d\xi}\ . \tag{5.24b}$$

Hierbei wurde noch die Torsionssteifigkeit als konstant über die Stablänge angenommen, so dass der Faktor GI_T vor das Integral gesetzt werden kann.

Mit Hilfe der Gln. (5.22) lassen sich die Integrationen ausführen und man erhält schließlich

$$\mathbf{k} = \frac{G\,I_T}{\ell}\begin{bmatrix} 1 & -1 \\ -1 & 1 \end{bmatrix}. \tag{5.25}$$

Besonders einfach ist die Herleitung der Elementsteifigkeitsmatrix für den Zug/Druckstab im Bild 5-5. Die Formänderungsenergie des Zug/Druckstabs ergibt sich aus der Gl. (3.36) bei Nichtberücksichtigung der Temperaturgliedes zu

$$\pi_{(i)} = \frac{1}{2}\int_0^1 \frac{EA}{\ell} u'^2 \, d\xi \; . \tag{5.26}$$

Dieser Ausdruck ist formal identisch mit der Formänderungsenergie des Torsionsstabes, wenn statt der Torsionssteifigkeit GI_T die Dehnsteifigkeit EA und statt der Verdrehung ψ die Verschiebung u eingeführt werden. Da außerdem die Differentialgleichung für die Verschiebung u vom gleichen Typ wie die Differentialgleichung für den Torsionsstab ist ($u'' = 0$), können die gleichen linearen Formfunktionen nach Gl. (5.22) verwendet werden. Daraus folgt, dass sich die Steifigkeitsmatrix des Zug/Druckstabes aus der Gl. (5.19) ergibt, wenn dort die Torsionssteifigkeit GI_T durch die Dehnsteifigkeit EA ersetzt wird:

$$\boxed{\mathbf{k} = \frac{EA}{\ell}\int_0^1 \boldsymbol{\varphi}'\boldsymbol{\varphi}'^T \, d\xi = \frac{EA}{\ell}\begin{bmatrix} 1 & -1 \\ -1 & 1 \end{bmatrix}} \; . \tag{5.27}$$

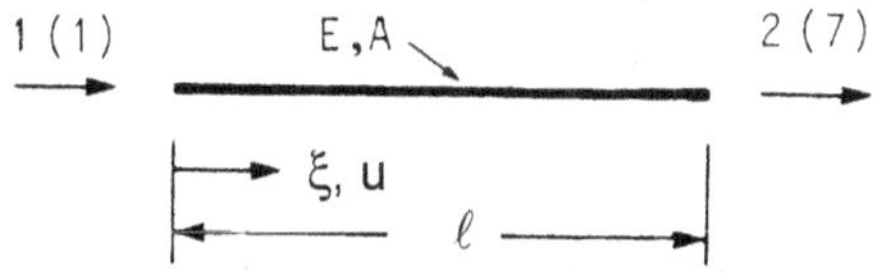

Bild 5-5 Zug/Druckstab in lokalen Koordinaten, ( ) Nummerierung nach Bild 5-6

Wir können nun das allgemeine Balkenelement aus den Anteilen Biegung um zwei Achsen, Torsion und Längskraft zusammenstellen. Damit sich diese Beanspruchungsarten nicht gegenseitig beeinflussen, nehmen wir zunächst an, dass die Richtung der Freiheitsgrade 2, 3 bzw. 8, 9 mit den Trägheitshauptachsen des Querschnitts zusammenfallen, so dass keine schiefe Biegung auftritt. Damit die Kräfte f_2, f_3, f_8 und f_9 keine Torsion, sondern nur Biegung erzeugen, müssen wir außerdem noch annehmen, dass ihre Wirkungslinien und damit auch die zugehörigen Freiheitsgrade durch den Schubmittelpunkt M verlaufen (s. Bild 5-6). Wir erhalten dann die in der Gl. (5.28) angegebene, aus den Elementmatrizen (5.18), (5.25) und (5.27) aufgebaute Elementsteifigkeitsmatrix **k**, aus der man die Entkopplung der vier Beanspruchungsanteile erkennen kann:

$$\begin{bmatrix} \mathbf{f}_u \\ \mathbf{f}_v \\ \mathbf{f}_w \\ \mathbf{f}_\psi \end{bmatrix} = \underbrace{\begin{bmatrix} \mathbf{k}_{uu} & 0 & 0 & 0 \\ & \mathbf{k}_{vv} & 0 & 0 \\ \text{sym.} & & \mathbf{k}_{ww} & 0 \\ & & & \mathbf{k}_\psi \end{bmatrix}}_{\mathbf{k}} \begin{bmatrix} \mathbf{u}_u \\ \mathbf{u}_v \\ \mathbf{u}_w \\ \mathbf{u}_\psi \end{bmatrix} , \tag{5.28}$$

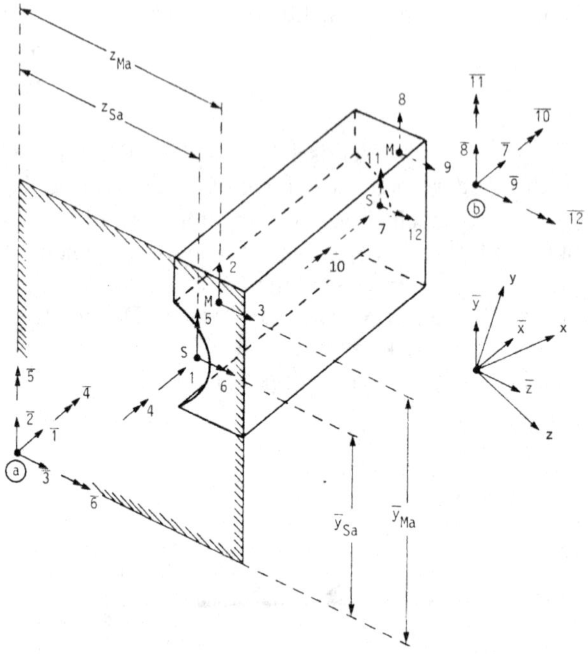

Bild 5-6 Allgemeines Balkenelement mit exzentrischen Anschlussknotenpunkten (a) und (b)

wobei folgende Abkürzungen für die Knotenkräfte und Verschiebungen verwendet wurden:

$$\mathbf{f}_u^T = [f_1 \quad f_7], \quad \mathbf{u}_u^T = [u_1 \quad u_7]$$

und $\mathbf{k}_{uu}$ nach Gl.(5.27) für den Zug/Druckstab,

$$\mathbf{f}_v^T = [f_2 \quad f_6 \quad f_8 \quad f_{12}], \quad \mathbf{u}_v^T = [u_2 \quad u_6 \quad u_8 \quad u_{12}]$$

und $\mathbf{k}_{vv}$ nach Gl.(5.18) für den Biegebalken bei Biegung um die z-Achse mit dem Flächenträgheitsmoment I_z und dem Schubeinflussfaktor $\kappa_z = 1 + 12 E I_z / G A_{sz} \ell^2$,

$$\mathbf{f}_w^T = [f_3 \quad f_5 \quad f_9 \quad f_{11}], \quad \mathbf{u}_w^T = [u_3 \quad u_5 \quad u_9 \quad u_{11}]$$

und $\mathbf{k}_{ww}$ nach Gl.(5.18) für den Biegebalken bei Biegung um die y-Achse mit dem Flächenträgheitsmoment I_y und dem Schubeinflussfaktor $\kappa_y = 1 + 12 E I_y / G A_{sy} \ell^2$ und

$$\mathbf{f}_\psi^T = [f_4 \quad f_{10}], \quad \mathbf{u}_\psi^T = [u_4 \quad u_{10}]$$

und $\mathbf{k}_\psi$ nach Gl.(5.25) für den Torsionsstab.

In der Konstruktionspraxis kommt es vor, dass Balken unterschiedlicher Querschnittsformen verbunden oder auch <u>exzentrisch</u> an andere Bauteile angeschlossen werden müssen (z.B. exzentrisch angeschlossene Steifen bei orthotropen Platten). In solchen Fällen müssen die Freiheitsgrade $\mathbf{u}$ auf die Freiheitsgrade $\bar{\mathbf{u}}$ transformiert werden, die, wie in Bild 5-6 dargestellt, an den exzentrischen Anschlusspunkten (a) und (b) angreifen.
Die Querschnittsneigung $\bar{u}_5$ erzeugt dann eine Längsverschiebung des Schwerpunkts S der Größe $\bar{u}_5\,\bar{z}_{Sa}$, entsprechend erzeugt die Neigung $\bar{u}_6$ eine Längsverschiebung $\bar{u}_6\,\bar{y}_{Sa}$, die dem Freiheitsgrad u_1 entgegen gerichtet ist. Insgesamt lässt sich die Längsverschiebung u_1 aus folgenden drei Anteilen zusammensetzen:

$$u_1 = \bar{u}_1 + \bar{u}_5\,\bar{z}_{Sa} - \bar{u}_6\,\bar{y}_{Sa} \;.$$

Die Verdrehung $\bar{u}_4$ bewirkt eine Horizontal- und eine Vertikalverschiebung des Schubmittelpunktes M der Größe $\bar{u}_4\,\bar{y}_{Ma}$ bzw. $\bar{u}_4\,\bar{z}_{Ma}$ entsprechend der bereits im Bild 4-3 dargestellten geometrischen Zusammenhänge bei infinitesimal kleinem Verdrehwinkel $\bar{u}_4$ (lineare Theorie). Insgesamt erhält man für die Translationsverschiebungen des Schubmittelpunktes die Beziehungen

$$u_2 = \bar{u}_2 - \bar{u}_4\,\bar{z}_{Ma} \quad \text{und} \quad u_3 = \bar{u}_3 + \bar{u}_4\,\bar{y}_{Ma} \;.$$

Für die Verdrehung und die Neigung gilt $u_4 = \bar{u}_4$, $u_5 = \bar{u}_5$ und $u_6 = \bar{u}_6$. Fasst man diese Gleichungen in Matrixform zusammen, so erhält man die gesuchte lineare Transformation

$$\begin{bmatrix} u_1 \\ u_2 \\ u_3 \\ u_4 \\ u_5 \\ u_6 \end{bmatrix}_{(a)} = \begin{bmatrix} \overset{1}{1} & \overset{2}{} & \overset{3}{} & \overset{4}{} & \overset{5}{\bar{z}_{Sa}} & \overset{6}{-\bar{y}_{Sa}} \\ & 1 & & -\bar{z}_{Ma} & & \\ & & 1 & \bar{y}_{Ma} & & \\ & & & 1 & & \\ & & & & 1 & \\ & & & & & 1 \end{bmatrix} \begin{bmatrix} \bar{u}_1 \\ \bar{u}_2 \\ \bar{u}_3 \\ \bar{u}_4 \\ \bar{u}_5 \\ \bar{u}_6 \end{bmatrix}_{(a)} , \qquad (5.29a)$$

oder

$$\mathbf{u}_a = \mathbf{t}_a\,\bar{\mathbf{u}}_a \;. \qquad (5.29b)$$

Entsprechend gilt für das andere Balkenende

$$\mathbf{u}_b = \mathbf{t}_b\,\bar{\mathbf{u}}_b \;. \qquad (5.29c)$$

In der Gl. (3.44b) hatten wir gesehen, dass sich die zugehörigen Kräfte kontragredient transformieren:

$$\bar{\mathbf{f}}_a = \mathbf{t}_a^T\,\mathbf{f}_a \quad \text{bzw.} \quad \bar{\mathbf{f}}_b = \mathbf{t}_b^T\,\mathbf{f}_b \;. \qquad (5.30a,b)$$

Wir benutzen die Gln. (5.29) und (5.30) nun dazu, die Steifigkeitsmatrix $\mathbf{k}$ in Gl. (5.28) auf die Freiheitsgrade $\bar{\mathbf{u}}$ zu transformieren, d.h. wir suchen eine Beziehung der Form

$$\begin{bmatrix} \bar{\mathbf{f}}_a \\ \bar{\mathbf{f}}_b \end{bmatrix} = \underbrace{\begin{bmatrix} \bar{\mathbf{k}}_{aa} & \bar{\mathbf{k}}_{ab} \\ \bar{\mathbf{k}}_{ab}^T & \bar{\mathbf{k}}_{bb} \end{bmatrix}}_{\bar{\mathbf{k}}} \begin{bmatrix} \bar{\mathbf{u}}_a \\ \bar{\mathbf{u}}_b \end{bmatrix} .$$

Durch Umsortieren der Freiheitsgrade in der Gl. (5.28) und nach Partitionierung der Steifigkeitsmatrix bezüglich der Freiheitsgrade $\mathbf{u}_a = [u_1 ... u_6]^T$ und $\mathbf{u}_b = [u_7 ... u_{12}]^T$ kann man anstelle von (5.28) auch schreiben

$$\begin{bmatrix} \mathbf{f}_a \\ \mathbf{f}_b \end{bmatrix} = \begin{bmatrix} \mathbf{k}_{aa} & \mathbf{k}_{ab} \\ \mathbf{k}_{ab}^T & \mathbf{k}_{bb} \end{bmatrix} \begin{bmatrix} \mathbf{u}_a \\ \mathbf{u}_b \end{bmatrix} .$$

Einsetzen der ersten bzw. zweiten Zeile in die Gln. (5.30) liefert

$$\bar{\mathbf{f}}_a = \mathbf{t}_a^T (\mathbf{k}_{aa}\,\mathbf{u}_a + \mathbf{k}_{ab}\,\mathbf{u}_b) \quad \text{und} \quad \bar{\mathbf{f}}_b = \mathbf{t}_b^T (\mathbf{k}_{ab}^T\,\mathbf{u}_a + \mathbf{k}_{bb}\,\mathbf{u}_b) .$$

Nach Einsetzen der Gln. (5.29b, c) erhält man daraus die gesuchte Beziehung in der Form

$$\begin{bmatrix} \bar{\mathbf{f}}_a \\ \bar{\mathbf{f}}_b \end{bmatrix} = \underbrace{\left[\begin{array}{c|c} \bar{\mathbf{k}}_{aa} = \mathbf{t}_a^T\,\mathbf{k}_{aa}\,\mathbf{t}_a & \bar{\mathbf{k}}_{ab} = \mathbf{t}_a^T\,\mathbf{k}_{ab}\,\mathbf{t}_b \\ \hline \bar{\mathbf{k}}_{ab}^T & \bar{\mathbf{k}}_{bb} = \mathbf{t}_b^T\,\mathbf{k}_{bb}\,\mathbf{t}_b \end{array}\right]}_{\bar{\mathbf{k}}} \begin{bmatrix} \bar{\mathbf{u}}_a \\ \bar{\mathbf{u}}_b \end{bmatrix} . \tag{5.31a}$$

Die Untermatrizen $\bar{\mathbf{k}}_{aa}$, $\bar{\mathbf{k}}_{bb}$ und $\bar{\mathbf{k}}_{ab}$ sind in den Gln. (5.31b, c, d) für den schubstarren Balken mit $\kappa_z = \kappa_y = 1$ angegeben. An den Matrizen wird deutlich, in welcher Weise sich Normalkraft bzw. Torsion mit Biegung koppelt.

$$\bar{\mathbf{k}}_{aa} = \begin{array}{c} \begin{array}{cccccc} 1 & 2 & 3 & 4 & 5 & 6 \end{array} \\ \left[\begin{array}{c|c|c|c|c|c} c & & & & \bar{z}_{Sa} c & -\bar{y}_{Sa} c \\ \hline & 12a & & -12a\bar{z}_{Ma} & & 6\ell a \\ \hline & & 12b & 12b\bar{y}_{Ma} & -6\ell b & \\ \hline & & & d + 12a\bar{z}_{Ma}^2 + 12b\bar{y}_{Ma}^2 & -6\bar{y}_{Ma}\ell b & -6\bar{z}_{Ma}\ell \\ \hline & \text{sym.} & & & c\bar{z}_{Sa}^2 + 4\ell^2 b & -c\bar{z}_{Sa}\bar{y}_{Sa} \\ \hline & & & & & c\bar{y}_{Sa}^2 + 4\ell^2 a \end{array}\right] \end{array} , \tag{5.31b}$$

$$
\overline{\mathbf{k}}_{bb} = \begin{array}{c} \\ \end{array}\!\!\begin{bmatrix}
\overset{7}{c} & \overset{8}{} & \overset{9}{} & \overset{10}{} & \overset{11}{\bar{z}_{Sb}c} & \overset{12}{-\bar{y}_{Sb}c} \\
 & 12a & & -12a\bar{z}_{Mb} & & -6\ell a \\
 & & 12b & 12b\bar{y}_{Mb} & 6\ell b & \\
 & & & d+12a\bar{z}_{Mb}^2 + 12b\bar{y}_{Mb}^2 & 6\bar{y}_{Mb}\ell b & 6\bar{z}_{Mb}\ell \\
 & \text{sym.} & & & c\bar{z}_{Sb}^2 + 4\ell^2 b & -c\bar{z}_{Sb}\bar{y}_{Sb} \\
 & & & & & c\bar{y}_{Sb}^2 + 4\ell^2 a
\end{bmatrix}, \tag{5.31c}
$$

$$
\overline{\mathbf{k}}_{ab} = \begin{bmatrix}
\overset{7}{-c} & \overset{8}{} & \overset{9}{} & \overset{10}{} & \overset{11}{-\bar{z}_{Sb}c} & \overset{12}{\bar{y}_{Sb}c} \\
 & -12a & & -12a\bar{z}_{Mb} & & 6\ell a \\
 & & -12b & -12b\bar{y}_{Mb} & -6\ell b & \\
 & 12a\bar{z}_{Ma} & -12b\bar{y}_{Ma} & -d - 12a\bar{z}_{Ma}\bar{z}_{Mb} - 12b\bar{y}_{Ma}\bar{y}_{Mb} & -6\bar{y}_{Ma}\ell b & -6\bar{z}_{Ma}\ell a \\
-c\bar{z}_{Sa} & & 6\ell b & 6\bar{y}_{Ma}\ell b & -c\bar{z}_{Sb}\bar{z}_{Sa} + 2\ell^2 b & -c\,\bar{z}_{Sa}\bar{y}_{Sb} \\
c\bar{y}_{Sa} & -6\ell a & & 6\bar{z}_{Ma}\ell a & c\,\bar{z}_{Sb}\bar{y}_{Sa} & -c\bar{y}_{Sb}\bar{y}_{Sa} + 2\ell^2 a
\end{bmatrix} \tag{5.31d}
$$

mit den Abkürzungen: $a = \dfrac{E\,I_z}{\ell^3}$, $\quad b = \dfrac{E\,I_y}{\ell^3}$, $\quad c = \dfrac{E\,A}{\ell}$ und $d = \dfrac{G\,I_T}{\ell}$.

Beispiel: Für den im Bild 5-7 skizzierten eingespannten Träger mit Querschnittssprung am Punkt A soll die Gesamtsteifigkeitsmatrix unter Ausnutzung der Symmetrie des Trägers aufgestellt werden.

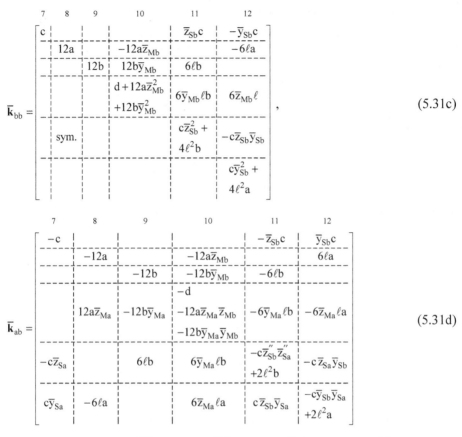

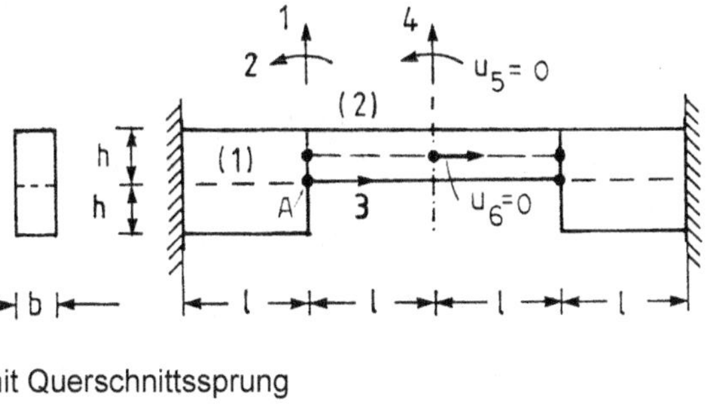

Bild 5-7 Balken mit Querschnittssprung

Für das Element (1) liegt der Anschlusspunkt A im Schwerpunkt S des Trägers, der außerdem mit dem Schubmittelpunkt zusammenfällt. Es gilt daher $\overline{y}_{Mb} = \overline{y}_{Sb} = \overline{z}_{Mb} = \overline{z}_{Sb} = 0$ und die Elementmatrix folgt aus Gl. (5.31c) $\left(u_1 \mathrel{\hat{=}} u_8, u_2 \mathrel{\hat{=}} u_{12}, u_3 \mathrel{\hat{=}} u_7\right)$:

$$\mathbf{k}_{(1)} = \begin{array}{c} \\ 1 \\ 2 \\ 3 \end{array} \begin{array}{c} \begin{array}{ccc} 1 & 2 & 3 \end{array} \\ \begin{bmatrix} 12a_1 & -6\ell a_1 & 0 \\ -6\ell a_1 & 4\ell^2 a_1 & 0 \\ 0 & 0 & c_1 \end{bmatrix} \end{array}, \qquad a_{1,2} = \frac{EI_{(1),(2)}}{\ell^3}, \quad c_{1,2} = \frac{EA_{(1),(2)}}{\ell}.$$

Für das Element (2) gilt $\overline{y}_{Sa} = h/2$, $\overline{y}_{Sb} = 0$ und die Elementmatrix folgt aus den Gln. (5.31b, c, d) $\left(u_1 \mathrel{\hat{=}} \overline{u}_2, u_2 \mathrel{\hat{=}} \overline{u}_6, u_3 \mathrel{\hat{=}} \overline{u}_1, u_4 \mathrel{\hat{=}} \overline{u}_8, u_5 = u_6 = 0\right)$.

$$\mathbf{k}_{(2)} = \begin{array}{cc} & \\ & \\ \overline{2} & 1 \\ \overline{6} & 2 \\ \overline{1} & 3 \\ \overline{8} & 4 \end{array} \begin{array}{c} \begin{array}{cccc} \overline{2} & \overline{6} & \overline{1} & \overline{8} \\ 1 & 2 & 3 & 4 \end{array} \\ \left[\begin{array}{c|c|c|c} 12a_2 & 6\ell a_2 & 0 & -12a_2 \\ \hline & c_2\overline{y}_{Sa}^2 + 4\ell^2 a_2 & -c_2\overline{y}_{Sa} & -6\ell a_2 \\ \hline & & c_2 & 0 \\ \hline \text{sym.} & & & 12a_2 \end{array}\right] \end{array}.$$

Die Gesamtsteifigkeitsmatrix lautet damit (nach Einführung der Randbedingungen):

$$\mathbf{K} = \begin{array}{c} \\ 1 \\ 2 \\ 3 \\ 4 \end{array} \begin{array}{c} \begin{array}{cccc} 1 & 2 & 3 & 4 \end{array} \\ \left[\begin{array}{c|c|c|c} 12(a_1 + a_2) & 6\ell(a_1 - a_2) & 0 & -12a_2 \\ \hline & \begin{array}{c} c_2\overline{y}_{Sa}^2 + \\ 4\ell^2(a_1 + a_2) \end{array} & -c_2\overline{y}_{Sa} & -6\ell a_2 \\ \hline & & c_1 + c_2 & 0 \\ \hline \text{sym.} & & & 12a_2 \end{array}\right] \end{array}.$$

An dieser Matrix erkennt man, dass die Exzentrizität $\overline{y}_{Sa} = h/2$ des Anschlusses am Punkt A den Freiheitsgrad u_3 mit den übrigen koppelt. Dies hat zur Folge, dass in den Balken Normalkräfte entstehen, auch wenn sie nur durch Querlasten beansprucht werden.

5.2.2 Einfluss großer Verformungen (Theorie 2.Ordnung)

Bislang waren zur Herleitung der Steifigkeitsmatrizen die linearen Verzerrungs-Verschiebungsbeziehungen benutzt worden. Im vorliegenden Kapitel soll der Einfluss großer Verschiebungen durch Berücksichtigung der nicht-linearen Beziehungen (3.8) untersucht werden. Zur Herleitung der Steifigkeitsmatrizen eignet sich am besten das Prinzip der virtuellen Verschiebungen, Gl. (3.42). Führt man im Ausdruck für die innere virtuelle Arbeit die nicht-linearen Beziehungen ein, so erhält man

$$A_{(i)} = \int \boldsymbol{\sigma}^T \delta(\boldsymbol{\varepsilon}_\ell + \boldsymbol{\varepsilon}_n) dV ,$$

wobei $\boldsymbol{\varepsilon}_\ell$ den linearen Anteil nach Gl. (3.6) und $\boldsymbol{\varepsilon}_n$ den nicht-linearen Verzerrungsanteil nach Gl. (3.8) darstellt. Der lineare Anteil wurde bereits zuvor im Kap. 5.2.1 behandelt, so dass hier nur der zusätzliche Anteil infolge $\boldsymbol{\varepsilon}_n$ betrachtet werden soll. In der klassischen Stabilitätstheorie (Theorie 2.Ordnung) wird angenommen, dass der Spannungszustand zur Ermittlung des nichtlinearen Anteils in $A_{(i)}$ bekannt ist, z. B. nach einer vorangegangenen linearen Berechnung, d.h. es wird $\boldsymbol{\sigma} = \boldsymbol{\sigma}_\ell$ gesetzt:

$$A_{(i,n)} = \int \boldsymbol{\sigma}_\ell^T \, \delta\boldsymbol{\varepsilon}_n \, dV . \tag{5.32a}$$

Ausgeschrieben für die Spannungskomponenten des Balkens erhält man:

$$A_{(i,n)} = \int_x \int_A \left(\sigma_{xx,\ell} \, \delta\varepsilon_{xx,n} + \sigma_{xy,\ell} \, \delta\gamma_{xy,n} + \sigma_{xz,\ell} \, \delta\gamma_{xz,n} \right) dA \, dx . \tag{5.32b}$$

Die Anwendung dieser Gleichung zur Herleitung zusätzlicher Steifigkeitsmatrizen, die auch als <u>geometrische Steifigkeitsmatrizen</u> bezeichnet werden, soll nun für den Bernoullibalken gezeigt werden. Dabei wird angenommen, dass der Balken durch eine über die Länge konstante Längskraft N_ℓ, die Biegemomente $M_{z,\ell}$ und $M_{y,\ell}$ und die Querkräfte $Q_{y,\ell}$ und $Q_{z,\ell}$ belastet ist (Hinweis: der Index, ℓ, zur Kennzeichnung des nach der linearen Theorie ermittelten Beanspruchungszustands wird im folgenden zur Schreibvereinfachung weggelassen).

Für die Längsverschiebung eines Querschnittpunktes P(x, y, z) erhält man beim schubstarren Bernoulli-Balken die folgenden kinematischen Beziehungen (s. auch Gl. (5.2b))

$$u(x,y,z) = u_S - w'_M \, z - v'_M \, y . \tag{5.33a}$$

Bei einer Verdrehung ψ des Querschnitts um den Schubmittelpunkt M ergeben sich aus Bild 5-8 die Verschiebungen des Punktes P zu:

$$v(x,z) = v_M - \psi(z - z_M) \tag{5.33b}$$

und

$$w(x,y) = w_M + \psi(y - y_M) . \tag{5.33c}$$

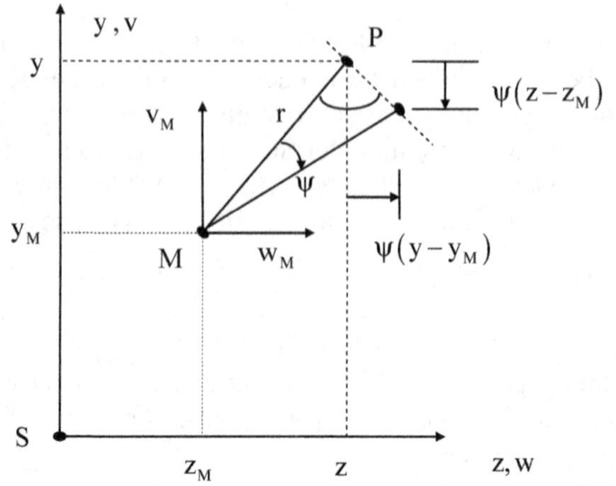

Bild 5-8 Verschiebung des Punktes P bei einer Querschnittsverdrehung ψ

Hinweise: Bei diesen Gleichungen brauchen in erster Näherung nur lineare Terme berücksichtigt werden, da die nichtlinearen Anteile bei der Berechnung der nichtlinearen Verzerrungen vernachlässigt werden können!
Querschnittsverwölbungen zur Berücksichtigung der Wölbkrafttorsion wurden hier nicht betrachtet. Dieser Einfluss kann bei dünnwandigen offenen Profilen erheblich sein und durch Einführung von Verwölbungsfreiheitsgraden bei der Herleitung der Steifigkeitsmatrix berücksichtigt werden (s. auch Barsoum, Gallagher (1970), Ramm, Hofmann (1995)).

Die nicht-linearen Verzerrungs-Verschiebungsbeziehungen (3.8), ausgeschrieben für die Komponente $\varepsilon_{xx,n}$, lauten:

$$\varepsilon_{xx,n} = \frac{1}{2}\left[\left(\frac{\partial u}{\partial x}\right)^2 + \left(\frac{\partial v}{\partial x}\right)^2 + \left(\frac{\partial w}{\partial x}\right)^2\right] .$$

Unter der Annahme, dass der quadratische Anteil $(\partial u/\partial x)^2$ gegenüber dem linearen Anteil $\partial u/\partial x$ vernachlässigbar klein ist, erhält man nach Einsetzen der Gln. (5.33b, c)

$$\varepsilon_{xx,n} = \frac{1}{2}(v_M'^2 + w_M'^2) + \psi'[-v_M'(z - z_M) + w_M'(y - y_M)] + \frac{1}{2}\psi'^2 r^2 \qquad (5.34a)$$

mit

$$r^2 = (y - y_M)^2 + (z - z_M)^2 .$$

Für die Schubverzerrungsanteile erhält man

$$\gamma_{xy,n} = \frac{\partial w}{\partial x}\frac{\partial w}{\partial y} = w'_M\,\psi \tag{5.34b}$$

und

$$\gamma_{xz,n} = \frac{\partial v}{\partial x}\frac{\partial v}{\partial z} = -v'_M\,\psi\ , \tag{5.34c}$$

wobei die linearen Schubverformungsanteile aus Querkraft $\left(\gamma_{xy,\ell} = \gamma_{xz,\ell} = 0 \quad \Rightarrow \psi'(y - y_M) = \psi'(z - z_M) = 0\right)$ und der Längsverschiebungsanteil $\frac{\partial u}{\partial x}\frac{\partial u}{\partial y}$ gegenüber dem Querverschiebungsanteil $\frac{\partial w}{\partial x}\frac{\partial w}{\partial y}$ vernachlässigt worden sind.

Die Spannungen σ_ℓ aus der linearen Berechnung können durch die Balkenschnittgrößen (Normalkraft N, Biegemomente M_y und M_z, Querkräfte Q_y und Q_z) ausgedrückt werden:

$$\sigma_{xx,\ell} = \frac{N}{A} + \frac{M_y}{I_y}z + \frac{M_z}{I_z}y\ , \tag{5.35a}$$

$$\sigma_{xz,\ell} = \frac{Q_z}{A_{sz}}\ , \qquad \sigma_{xy,\ell} = \frac{Q_y}{A_{sy}}\ . \tag{5.35b,c}$$

(Hinweis zur Vorzeichenregel: Biegemomente erzeugen Zugspannungen in positiver Koordinatenrichtung gemäß Bild 5-9)

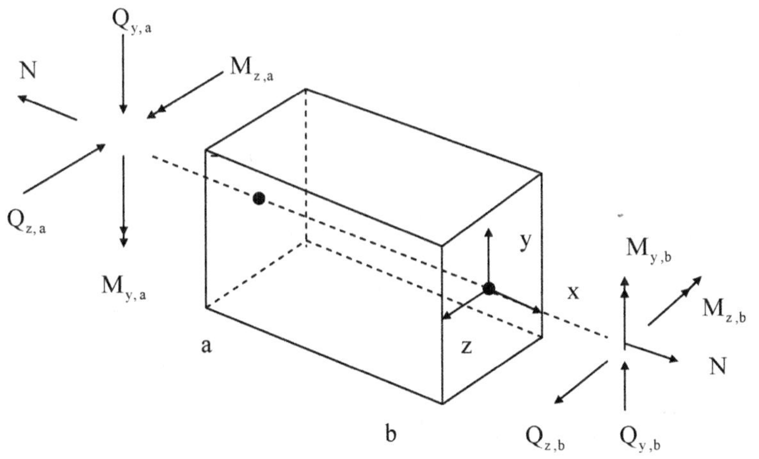

Bild 5-9 Definition der Balkenschnittgrößen

Für die Querschnittswerte gelten die bekannten Definitionen

$$A = \int dA = \text{Querschnittsfläche},$$

$$I_y = \int_A z^2\, dA \quad \text{und} \quad I_z = \int_A y^2 dA$$

= Flächenträgheitsmomente bezüglich der Hauptachsen des Querschnitts und

$A_z, A_y =$ effektive Schubfläche (s. auch Gl.5.6b).

Setzt man die Spannungen gemäß Gln. (5.35a-c) und die nicht-linearen Verzerrungsanteile gemäß Gln. (5.34a-c) in den Ausdruck (5.32b) für die innere virtuelle Arbeit ein und führt die Integration über Querschnitt aus, so erhält man

$$\begin{aligned} A_{(i,n)} = \int_0^\ell \Big\{ & N\delta\left[\frac{1}{2}(v_M'^2 + w_M'^2) + \psi'(z_M\, v_M' - y_M\, w_M')\right] \\ & - M_y\, \delta(\psi' v_M') + M_z\, \delta(\psi' w_M') + \frac{S}{2}\delta\psi'^2 \\ & + Q_y\, \delta(w_M'\, \psi) - Q_z\, \delta(v_M'\, \psi) \Big\} dx \end{aligned} \tag{5.36a}$$

mit der Abkürzung

$$S = N\, i_M^2 + M_y\, r_z + M_z\, r_y \;. \tag{5.36b}$$

Hierbei bedeuten

$$i_M^2 = \frac{1}{A}\int_A r^2\, dA = \frac{1}{A}(I_z + I_y + z_M^2\, A + y_M^2\, A)$$

das Quadrat des polaren Trägheitsradius und

$$r_y = \frac{1}{I_z}\int_A y\, r^2\, dA \qquad \text{und} \qquad r_z = \frac{1}{I_y}\int_A z\, r^2\, dA$$

(r_y , $r_z = 0$ für doppeltsymmetrische Querschnitte) die gemischten Trägheitsradien.

Nach Ausführung der Variationen bezüglich $v_M{}'$, $w_M{}'$ und ψ und Zusammenfassung der Terme bezüglich $\delta v_M{}'$, $\delta w_M{}'$, $\delta\psi$ und $\delta\psi'$ erhält man:

$$\begin{aligned} A_{(i,n)} = \int_0^\ell \Big\{ & \left[N\, v_M' + (N\, z_M - M_y)\psi' - Q_z\, \psi\right]\delta v_M' \\ & + \left[N\, w_M' - (N\, y_M - M_z)\psi' + Q_y\, \psi\right]\delta w_M' \\ & + (Q_y\, w_M' - Q_z\, v_M')\,\delta\psi \\ & + \left[(N\, z_M - M_y)\, v_M' - (N\, y_M - M_z)\, w_M' + S\,\psi'\right]\delta\psi' \Big\} dx \;. \end{aligned} \tag{5.36c}$$

Durch Einführung der gleichen Verschiebungsansätze, die auch für das lineare Element benutzt worden sind, lässt sich die innere virtuelle Arbeit in Abhängigkeit von den Knotenpunktverschiebungen ausdrücken. Mit den Ansätzen

$$v_M = \boldsymbol{\varphi}_v^T \mathbf{u}_v \,, \quad w_M = \boldsymbol{\varphi}_w^T \mathbf{u}_w \quad \text{und} \quad \psi = \boldsymbol{\varphi}_\psi^T \mathbf{u}_\psi$$

und deren Variationen

$$\delta v_M = \boldsymbol{\varphi}_v^T \delta\mathbf{u}_v \,, \quad \delta w_M = \boldsymbol{\varphi}_w^T \delta\mathbf{u}_w \quad \text{und} \quad \delta\psi = \boldsymbol{\varphi}_\psi^T \delta\mathbf{u}_\psi$$

erhält man aus Gl. (5.36c) die innere virtuelle Arbeit zu:

$$\begin{aligned} A_{(i,n)} &= \mathbf{u}_v^T \mathbf{k}_{G,vv} \delta\mathbf{u}_v + \mathbf{u}_\psi^T \mathbf{k}_{G,\psi v} \delta\mathbf{u}_v + \mathbf{u}_w^T \mathbf{k}_{G,ww} \delta\mathbf{u}_w \\ &+ \mathbf{u}_\psi^T \mathbf{k}_{G,\psi w} \delta\mathbf{u}_w + \mathbf{u}_w^T \mathbf{k}_{G,w\psi} \delta\mathbf{u}_\psi + \mathbf{u}_v^T \mathbf{k}_{G,v\psi} \delta\mathbf{u}_\psi \\ &+ \mathbf{u}_\psi^T \mathbf{k}_{G,\psi\psi} \delta\mathbf{u}_\psi \\ &= \mathbf{u}^T \mathbf{k}_G \, \delta\mathbf{u} \;. \end{aligned} \tag{5.36d}$$

Die Matrix $\mathbf{k}_G$

$$\mathbf{k}_G = \begin{bmatrix} 0 & 0 & 0 & 0 \\ & \mathbf{k}_{G,vv} & 0 & \mathbf{k}_{G,v\psi} \\ & & \mathbf{k}_{G,ww} & \mathbf{k}_{G,w\psi} \\ \text{sym.} & & & \mathbf{k}_{G,\psi\psi} \end{bmatrix} \tag{5.37a}$$

wird als <u>geometrische</u> <u>Steifigkeitsmatrix</u> bezeichnet. Sie enthält die Untermatrizen

$$\mathbf{k}_{G,vv} = \int_0^\ell N \, \boldsymbol{\varphi}_v' \, \boldsymbol{\varphi}_v'^T \, dx \;, \tag{5.37b}$$

$$\mathbf{k}_{G,\psi v} = \int_0^\ell \left[(N z_M - M_y) \boldsymbol{\varphi}_\psi' \, \boldsymbol{\varphi}_v'^T - Q_z \, \boldsymbol{\varphi}_\psi \, \boldsymbol{\varphi}_v'^T \right] dx = \mathbf{k}_{G,v\psi}^T \;, \tag{5.37c}$$

$$\mathbf{k}_{G,ww} = \int_0^\ell N \, \boldsymbol{\varphi}_w' \boldsymbol{\varphi}_w'^T \, dx \;, \tag{5.37d}$$

$$\mathbf{k}_{G,\psi w} = \int_0^\ell \left[(-N y_M + M_z) \boldsymbol{\varphi}_\psi' \, \boldsymbol{\varphi}_w'^T + Q_y \, \boldsymbol{\varphi}_\psi \, \boldsymbol{\varphi}_w^T \right] dx = \mathbf{k}_{G,w\psi}^T \quad \text{und} \tag{5.37e}$$

$$\mathbf{k}_{G,\psi\psi} = \int_0^\ell S \, \boldsymbol{\varphi}_\psi' \boldsymbol{\varphi}_\psi'^T \, dx \;. \tag{5.37f}$$

Die Integrale lassen sich auswerten nach Einsetzen der Formfunktion und unter der Annahme, dass die Momente linear zwischen den Endknoten a und b verlaufen, während die Querkräfte und die Längskraft konstant sind gemäß

$$M_y = (1-\frac{x}{\ell}) M_{y,a} + \frac{x}{\ell} M_{y,b}, \qquad M_z = (1-\frac{x}{\ell}) M_{z,a} + \frac{x}{\ell} M_{z,b} \,,$$

$$Q_y = (M_{z,b} - M_{z,a})/\ell, \qquad Q_z = (M_{y,b} - M_{y,a})/\ell \quad \text{und}$$

$$S = \underbrace{N\, i_M^2 + r_z\, M_{y,a} + r_y\, M_{z,a}}_{S_0} + x\underbrace{(r_z\, Q_z + r_y\, Q_y)}_{S_1} = S_0 + x\, S_1 \,.$$

Mit den Formfunktionen für die Verdrehung, Gl.(5.22),

$$\boldsymbol{\varphi}_\psi^T = \left[\varphi_{\psi 1} \quad \varphi_{\psi 2}\right] = \left[1-\xi \;\vdots\; \xi\right]; \quad (\xi = x/\ell)$$

und für die Querverschiebungen, Gl.(5.16),

$$\begin{aligned}\boldsymbol{\varphi}_v^T &= \left[\varphi_{v1} \quad \varphi_{v2} \quad \varphi_{v3} \quad \varphi_{v4}\right] \\ &= \left[1-3\,\xi^2+2\,\xi^3 \;\vdots\; (\xi-2\,\xi^2+\xi^3)\,\ell \;\vdots\; 3\,\xi^2-2\,\xi^3 \;\vdots\; (-\xi^2+\xi^3)\,\ell\right],\end{aligned}$$

$$\boldsymbol{\varphi}_w^T = \left[\varphi_{w1} \quad \varphi_{w2} \quad \varphi_{w3} \quad \varphi_{w4}\right] = \left[\varphi_{v1} \quad -\varphi_{v2} \quad \varphi_{v3} \quad -\varphi_{v4}\right],$$

(Wegen der Vorzeichendefinition der Drehfreiheitsgrade im Bild 5-6 drehen sich die Vorzeichen bezüglich der Drehfreiheitsgrade bei φ_{w2} und φ_{w4} gegenüber φ_{v2} und φ_{v4}) sowie den Freiheitsgradnumerierungen im Bild 5-6

$$\mathbf{u}_v^T = \left[u_2 \quad u_6 \quad u_8 \quad u_{12}\right], \qquad \mathbf{u}_w^T = \left[u_3 \quad u_5 \quad u_9 \quad u_{11}\right] \text{ und } \mathbf{u}_\psi^T = \left[u_4 \quad u_{10}\right]$$

liefert die Auswertung der Integrale in den Gln. (5.37b-f),

$$\mathbf{k}_{G,vv} = \frac{N}{30\ell}\begin{bmatrix} 36 & 3\ell & -36 & 3\ell \\ & 4\ell^2 & -3\ell & -\ell^2 \\ & & 36 & -3\ell \\ \text{sym.} & & & 4\ell^2 \end{bmatrix}, \tag{5.38a}$$

$$\mathbf{k}_{G,ww} = \frac{N}{30\ell}\begin{bmatrix} 36 & -3\ell & -36 & -3\ell \\ & 4\ell^2 & 3\ell & -\ell^2 \\ & & 36 & 3\ell \\ \text{sym.} & & & 4\ell^2 \end{bmatrix}, \tag{5.38b}$$

$$\mathbf{k}_{G,\psi\psi} = \left(\frac{S_0}{\ell} + \frac{S_1}{2}\right)\begin{bmatrix} 1 & -1 \\ -1 & 1 \end{bmatrix}, \tag{5.38c}$$

$$\mathbf{k}_{G,\psi v} = \left[\begin{array}{c|c|c|c} -\frac{M_y^a}{\ell} + \frac{Nz_M}{\ell} & -\frac{1}{6}(M_y^b - M_y^a) & \frac{M_y^a}{\ell} - \frac{Nz_M}{\ell} & \frac{1}{6}(M_y^b - M_y^a) \\ \frac{M_y^b}{\ell} - \frac{Nz_M}{\ell} & \frac{1}{6}(M_y^b - M_y^a) & -\frac{M_y^b}{\ell} + \frac{Nz_M}{\ell} & -\frac{1}{6}(M_y^b - M_y^a) \end{array} \right], \quad (5.38d)$$

$$\mathbf{k}_{G,\psi w} = \left[\begin{array}{c|c|c|c} -\frac{M_z^a}{\ell} - \frac{Ny_M}{\ell} & \frac{1}{6}(M_z^b - M_z^a) & \frac{M_z^a}{\ell} + \frac{Ny_M}{\ell} & -\frac{1}{6}(M_z^b - M_z^a) \\ \frac{M_z^b}{\ell} + \frac{Ny_M}{\ell} & -\frac{1}{6}(M_z^b - M_z^a) & -\frac{M_z^b}{\ell} - \frac{Ny_M}{\ell} & \frac{1}{6}(M_z^b - M_z^a) \end{array} \right]. \quad (5.38e)$$

Die aus den Anteilen nach Theorie 1. und 2. Ordnung zusammengesetzte Elementsteifigkeitsmatrix

$$\mathbf{k} = \mathbf{k}_1 + \mathbf{k}_G$$

zeigt, dass sich die Biegung in beiden Ebenen und die Torsion koppeln (Biege-Torsionsproblem). Die geometrischen Elementsteifigkeitsmatrizen lassen sich genauso zusammenbauen wie im Kap.1 für die Steifigkeitsmatrizen nach der linearen Theorie beschrieben. Dies führt auf das Gesamtgleichungssystem

$$(\mathbf{K} + \mathbf{K}_G)\,\mathbf{U} = \mathbf{F}_{ges} \; . \qquad (5.39a)$$

Wie erwähnt müssen die in $\mathbf{K}_G$ auftretenden Schnittgrößen in einem ersten Rechenschritt für $\mathbf{K}_G = 0$ ermittelt werden. Sie können iterativ in weiteren Schritten verbessert werden.

Ein Stabilitätsproblem entsteht im Sonderfall $\mathbf{F}_{ges} = \mathbf{0}$. In diesem Fall kann ein kritischer Zustand der Grundschnittgrößen N, M_y und M_z durch Multiplikation mit einem Lastfaktor $\boldsymbol{\lambda}$ definiert werden, wodurch sich ein Eigenwertproblem der Form

$$(\mathbf{K} + \lambda\,\mathbf{K}_G)\,\mathbf{U} = \mathbf{0} \qquad (5.39b)$$

ergibt (zur Lösung s. auch Kap.9). Aus der Bedingung, dass zur Lösung dieses homogenen Gleichungssystems die Determinante

$$\det(\mathbf{K} + \lambda\,\mathbf{K}_G) = 0 \qquad (5.39c)$$

Null sein muss, lässt sich der kritische Lastfaktor λ_{Krit} berechnen.

1.Beispiel : Knickstab

Als bekanntestes Beispiel für ein Stabilitätsproblem dient hier der Eulerstab, ein gelenkig gelagerter Balken, dessen kritische Längsdruckkraft $N = -F_x$, bei der ein Ausknicken in der x-y-Ebene auftritt, gesucht ist.

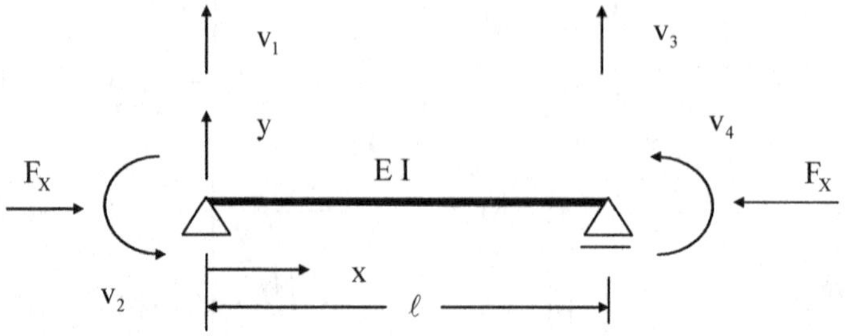

Bild 5-10 Knickstab

Bei Verwendung eines einzigen Balkenelements erhält man aus der Steifigkeitsmatrix 1.Ordnung nach Gl. (5.18b), der geometrischen Steifigkeitsmatrix nach Gl. (5.38a) und nach Einführung der Randbedingungen $v_1 = v_3 = 0$ das homogene Gleichungssystem

$$\left\{ \underbrace{\frac{EI}{\ell^3}\begin{bmatrix} 4\ell^2 & 2\ell^2 \\ 2\ell^2 & 4\ell^2 \end{bmatrix}}_{\mathbf{k}} - \frac{F_x}{30\ell} \underbrace{\begin{bmatrix} 4\ell^2 & -\ell^2 \\ -\ell^2 & 4\ell^2 \end{bmatrix}}_{\mathbf{k}_{G,vv}} \right\} \begin{bmatrix} v_2 \\ v_4 \end{bmatrix} = \begin{bmatrix} 0 \\ 0 \end{bmatrix}. \tag{a}$$

Nullsetzen der Determinante

$$\det \begin{bmatrix} 4-4\lambda & 2+\lambda \\ 2+\lambda & 4-4\lambda \end{bmatrix} = 0 \tag{b}$$

liefert mit der Abkürzung $\lambda = \frac{F_x \ell^2}{30\,EI}$ die quadratische Gleichung $16(1-\lambda)^2 - (2+\lambda)^2 = 0$ mit den Lösungen $\lambda_1 = 0.4$ und $\lambda_2 = 2$. Aus dem kleinsten Eigenwert λ_1 erhält man die kritische Längskraft zu:

$$F_{x,\,krit} = \lambda_1 \frac{30EI}{\ell^2} = 12\frac{EI}{\ell^2}\ .$$

Die exakte Lösung lautet $F_{x,\,krit} = \pi^2 EI/\ell^2$ (s. z.B. Petersen(1996)), d.h. die Abweichung beträgt bei Verwendung eines einzigen Elementes noch 21,6%. Bei Aufteilung des Balkens in 2 Elemente beträgt der Fehler nur noch 0,75%, bei 3 Elementen noch 0,15% und er konvergiert auf Null bei weiterer Erhöhung der Elementzahl. Setzt man den Eigenwert λ_1 in das homogene Gleichungssystem ein, so kann wegen des damit verbundenen Rangabfalls der Gesamtsteifigkeitsmatrix ein beliebiges Element des Verschiebungsvektors frei gewählt werden und die übrigen

Elemente in Relation zu diesem Element berechnet werden. Der dann entstehende Verschiebungsvektor wird als Eigenvektor bezeichnet (s. auch Kap. 9).
Wählt man im vorliegenden Beispiel v_2 beliebig (z. B. $v_2 = 1$) so erhält man aus der zweiten Zeile der Gl. (a) eine Bestimmungsgleichung für die Knotenverdrehung v_4:

$$\frac{EI}{\ell^3}\left[\left(2+\frac{12}{30}\right)v_2+\left(4-\frac{12}{30}4\right)v_4\right]=0\,, \qquad \Rightarrow v_2+v_4=0 \;\Rightarrow\; v_4=-v_2\,. \tag{c}$$

Der Eigenvektor lautet demnach

$$\mathbf{u}_v^T(\lambda_1)=[1 \quad -1]\,v_2\,. \tag{d}$$

Den Verschiebungsverlauf über die Elementlänge erhält man als quadratische Parabel aus den Formfunktionen (5.16) zu

$$v(x)=\varphi_{v2}(x)\,v_2+\varphi_{v4}(x)v_4=(\varphi_{v2}-\varphi_{v4})\,v_2=(\xi-\xi^2)\,\ell\,v_2 \tag{e}$$

mit $\xi = x/\ell$.

2. Beispiel: Biege-Torsionsstabilität (Kippen) eines Kragbalkens mit doppelt symmetrischem Querschnitt unter der Einzellast F. Der zugehörige Momentenverlauf ist linear, $M_y = F\ell(1-\frac{x}{\ell})$ mit den Endmomenten $M_{y,a} = F\ell$ und $M_{y,b} = 0$ und der Querkraft $Q_Z = -F$.

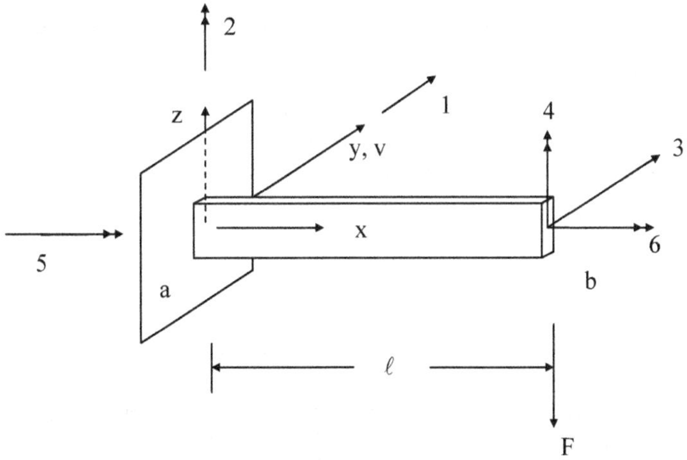

Bild 5-11 Kippen eines Kragträgers

Bei Verwendung eines einzigen Balkenelements erhält man aus der Steifigkeitsmatrix 1.Ordnung nach Gl. (5.18b) und Gl. (5.25), der geometrischen Steifigkeitsmatrix nach Gl. (5.37d) und noch Einführung der Randbedingungen $U_{v1} = U_{v2} = U_{\psi 5} = 0$ das homogene Gleichungssystem

$$\left\{ \underbrace{\begin{bmatrix} \overbrace{\dfrac{EI}{\ell^3}\begin{bmatrix} 12 & -6\ell \\ -6\ell & 4\ell^2 \end{bmatrix}}^{\mathbf{K}_{vv}} & \begin{bmatrix} 0 \\ 0 \end{bmatrix} \\ [\ 0 \quad 0\ ] & \underbrace{\begin{bmatrix} \dfrac{GI_T}{\ell} \end{bmatrix}}_{\mathbf{K}_{\psi\psi}} \end{bmatrix}}_{\mathbf{K}} + F \underbrace{\begin{bmatrix} \begin{bmatrix} 0 & 0 \\ 0 & 0 \end{bmatrix} & \begin{bmatrix} 0 \\ \dfrac{\ell}{6} \end{bmatrix} \\ \underbrace{\begin{bmatrix} 0 & \dfrac{\ell}{6} \end{bmatrix}}_{\mathbf{K}_{G,\psi v}} & \underbrace{[0]}_{\mathbf{K}_{G,\psi\psi}} \end{bmatrix}}_{\mathbf{K}_G} \right\} \begin{bmatrix} U_{v3} \\ U_{v4} \\ U_{\psi 6} \end{bmatrix} = \begin{bmatrix} 0 \\ 0 \\ 0 \end{bmatrix}, \tag{a}$$

welches das Ausweichen des Balkens senkrecht zur Belastungsrichtung beschreibt. Bei Unterteilung in mehrere Elemente erhält man allgemein

$$\left\{ \begin{bmatrix} \mathbf{K}_{vv} & \mathbf{0} \\ \mathbf{0} & \mathbf{K}_{\psi\psi} \end{bmatrix} + F \begin{bmatrix} \mathbf{K}_{G,vv} = \mathbf{0} & \mathbf{K}_{G,v\psi} \\ \mathbf{K}_{G,\psi v} & \mathbf{K}_{G,\psi\psi} = \mathbf{0} \end{bmatrix} \right\} \begin{bmatrix} \mathbf{U}_v \\ \mathbf{U}_\psi \end{bmatrix} = \begin{bmatrix} \mathbf{0} \\ \mathbf{0} \end{bmatrix}. \tag{b}$$

Da im vorliegenden Fall $\mathbf{K}_{G,vv}$ und $\mathbf{K}_{G,\psi\psi}$ Null sind, ist die geometrische Steifigkeitsmatrix nicht mehr positiv definit, det $\mathbf{K}_G \le 0$, wodurch eine numerische Lösung des Eigenwertproblems mit den gebräuchlichen Eigenwertlösern nicht mehr möglich ist. Durch Kondensierung des Gleichungssystems (b) auf die Drehfreiheitsgrade $\mathbf{U}_\psi$ lässt sich die geometrische Steifigkeitsmatrix positiv definit machen. Dazu wird die erste Zeile der Gl. (b) benutzt, um die Verschiebungsfreiheitsgrade $\mathbf{U}_v$ durch die Torsions-Drehfreiheitsgrade $\mathbf{U}_\psi$ auszudrücken:

$$\mathbf{K}_{vv}\,\mathbf{U}_v = -F\,\mathbf{K}_{G,v\psi}\,\mathbf{U}_\psi \quad \Rightarrow \quad \mathbf{U}_v = -F\,\mathbf{K}_{vv}^{-1}\,\mathbf{K}_{G,v\psi}\,\mathbf{U}_\psi\,. \tag{c}$$

Einsetzen von (c) in die zweite Zeile von (b) liefert das auf die Drehfreiheitsgrade kondensierte System

$$(\mathbf{K}_{\psi\psi} - F^2\,\overline{\mathbf{K}}_{G,\psi\psi})\,\mathbf{U}_\psi = \mathbf{0} \tag{d}$$

mit der kondensierten geometrischen Steifigkeitsmatrix

$$\overline{\mathbf{K}}_{G,\psi\psi} = \mathbf{K}_{G,v\psi}^T\,\mathbf{K}_{vv}^{-1}\,\mathbf{K}_{G,v\psi}\,. \tag{e}$$

Die Anwendung der Gl. (e) auf die Untermatrizen in (a) liefert das auf den Freiheitsgrad $U_{\psi 6}$ kondensierte Gesamtsystem

$$\overline{\mathbf{K}}_{G,\psi\psi} = \frac{\ell}{12EI}\begin{bmatrix} 0 & \dfrac{\ell}{6} \end{bmatrix}\begin{bmatrix} 4\ell^2 & 6\ell \\ 6\ell & 12 \end{bmatrix}\begin{bmatrix} 0 \\ \dfrac{\ell}{6} \end{bmatrix} = \frac{\ell^3}{36EI}\,,$$

$\mathbf{K}_{\psi\psi} - F^2\, \overline{\mathbf{K}}_{G,\psi\psi} = \left(\frac{G\, I_T}{\ell} - \frac{F^2\, \ell^3}{36\, E\, I} \right) u_{\psi 6} = 0$, woraus sich die kritische Kipplast zu

$$F_{Krit} = \frac{6}{\ell^2} \sqrt{EI\, GI_T} \qquad (f)$$

ergibt. Nach Petersen(1996) erhält man den genauen Wert aus $F_{Krit} = \frac{4.013}{\ell^2} \sqrt{EI\, GI_T}$, d.h. die Abweichung beträgt bei Verwendung eines einzigen Elements noch 49,5%. Die folgende Tabelle zeigt den Fehler in Abhängigkeit von der Elementteilung.

Tabelle 5-1 Fehler der kritischen Kipplast in Abhängigkeit von der Elementanzahl N

N	1	2	3	4	5
% Fehler	49.5	6.9	2.67	1.42	0.92

3. Beispiel : Zentrisch gedrückter Balken unter Querlast (Theorie 2. Ordnung)

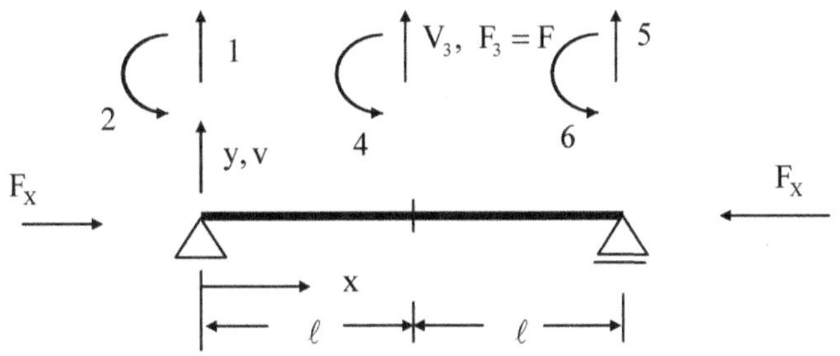

Bild 5-12 Zentrisch gedrückter Balken unter Querlast F

Bei diesem Beispiel tritt kein Stabilitätsfall auf, da infolge der Querlast $F_3 = F$ die rechte Seite des Gleichungssystems ungleich Null ist, welches dadurch für eine gegebene Längskraft F_X eindeutig gelöst werden kann. Unterstellt man infolge der Symmetrie des Tragwerks einen symmetrischen Verschiebungsverlauf, so braucht nur eine Hälfte des Balkens mit den Randbedingungen $V_1 = V_4 = 0$ und der Last F_3=F/2 betrachtet zu werden. Bei Verwendung eines einzigen Elementes pro Balkenhälfte erhält man mit den Matrizen aus Gl. (5.18b) und (5.38a) das Gleichungssystem

$$\left\{ \begin{bmatrix} 4\ell^2 & -6\ell \\ -6\ell & 12 \end{bmatrix} - \kappa \frac{\pi^2}{120} \begin{bmatrix} 4\ell^2 & -3\ell \\ -3\ell & 36 \end{bmatrix} \right\} \begin{bmatrix} V_2 \\ V_3 \end{bmatrix} = \begin{bmatrix} 0 \\ \dfrac{F\ell^3}{2EI} \end{bmatrix} .$$

Der Verlauf der Verschiebung V_3 / V_{stat} ist im Bild 5-13 in Abhängigkeit vom Verhältnis κ dargestellt, wobei $\kappa = F_X / F_{X,krit}$ das Verhältnis der Längskraft zur

kritischen Knicklast aus dem 1. Beispiel, $F_{X,krit} = \pi^2\, EI/(2\ell)^2$, und $V_{stat} = F\ell^3/6EI$ die statische Durchbiegung für $\kappa = 0$ darstellt.
Der Fehler dieser Lösung liegt unter 1%, da die Betrachtung nur einer Balkenhälfte einer Aufteilung des gesamten Balkens mit zwei Elemente entspricht, bei dem die kritische Knicklast nur einen Fehler von 0.75% aufwies (s. 1. Beispiel). Man erkennt, dass beispielsweise für den Fall, dass die Längskraft 50% der kritischen Last beträgt ($\kappa = 0.5$) die Querverschiebung unter der Querlast F_3 bereits doppelt so groß wie im linearen Fall ist und für den Fall $\kappa = 1$ gegen unendlich strebt.

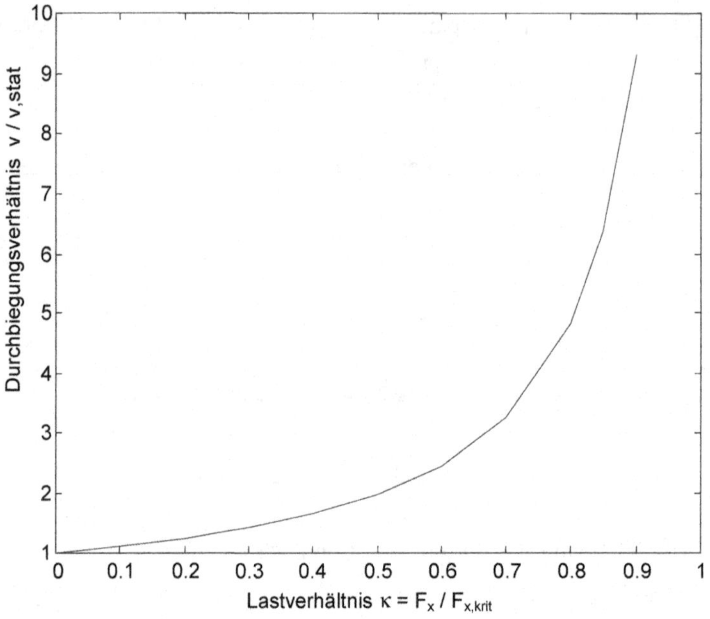

Bild 5-13 Durchbiegungsverhältnis V_3 / $V_{stat.}$ als Funktion des Verhältnisses der Längskraft zur Knickkraft

5.2.3 Transformation auf globale Koordinaten

Bei der Betrachtung der allgemeinen Lage eines Balkenelementes im Raum kann das lokale Koordinatensystem des Balkenelementes mit dem Ursprung im Anschlusspunkt (a) bezüglich eines globalen Koordinatensystems x, y, z eine beliebig gedrehte Lage haben (s. Bild 5-14). Diese wird durch die sogenannten Richtungswinkel, die von den Achsen x, y, z und $\bar{x}$, $\bar{y}$, $\bar{z}$ eingeschlossen werden in der Form

$$\begin{bmatrix} \bar{x} \\ \bar{y} \\ \bar{z} \end{bmatrix} = \underbrace{\begin{bmatrix} \cos(\bar{x},x) & \cos(\bar{x},y) & \cos(\bar{x},z) \\ \cos(\bar{y},x) & \cos(\bar{y},y) & \cos(\bar{y},z) \\ \cos(\bar{z},x) & \cos(\bar{z},y) & \cos(\bar{z},z) \end{bmatrix}}_{\mathbf{c}} \begin{bmatrix} x \\ y \\ z \end{bmatrix} \tag{5.40a}$$

beschrieben (z.B. Bronstein (1996)), wobei beispielsweise cos ($\bar{y}$,x) den sogenannten Richtungscosinus des Winkels darstellt, der von der lokalen $\bar{y}$-Achse und der globalen x-Achse eingeschlossen wird. Da die Gl.(5.40a) sowohl für die translatorischen als auch für die rotatorischen Freiheitsgrade gilt, erhält man für die Transformation von lokalen auf globale Koordinaten am Balkenende (a) die Beziehung

$$\begin{bmatrix} \bar{u}_1 \\ \bar{u}_2 \\ \bar{u}_3 \\ \hline \bar{u}_4 \\ \bar{u}_5 \\ \bar{u}_6 \end{bmatrix}_{(a)} = \left[\begin{array}{ccc|ccc} c_{11} & c_{12} & c_{13} & & & \\ c_{21} & c_{22} & c_{23} & & \mathbf{0} & \\ c_{31} & c_{32} & c_{33} & & & \\ \hline & & & c_{11} & c_{12} & c_{13} \\ & \mathbf{0} & & c_{21} & c_{22} & c_{23} \\ & & & c_{31} & c_{32} & c_{33} \end{array}\right] \begin{bmatrix} U_1 \\ U_2 \\ U_3 \\ \hline U_4 \\ U_5 \\ U_6 \end{bmatrix}, \tag{5.40b}$$

oder

$$\bar{\mathbf{u}}_a = \bar{\mathbf{c}}\ \mathbf{U}_a .$$

Am Balkenende (b) gilt entsprechend

$$\bar{\mathbf{u}}_b = \bar{\mathbf{c}}\ \mathbf{U}_b . \tag{5.40c}$$

Die zu $\mathbf{U}_a$ und $\mathbf{U}_b$ gehörigen globalen Elementknotenkräfte transformieren sich wieder kontragredient:

$$\mathbf{F}_a = \bar{\mathbf{c}}^T\ \bar{\mathbf{f}}_a \quad \text{und} \quad \mathbf{F}_b = \bar{\mathbf{c}}^T\ \bar{\mathbf{f}}_b . \tag{5.40d}$$

Mit $\bar{\mathbf{f}}_a$ und $\bar{\mathbf{f}}_b$ aus der Gl. (5.31a) erhält man daraus nach Einsetzen der Gln. (5.40b, c) die Elementmatrix des exzentrisch angeschlossenen Balkens in globalen Koordinaten:

$$\begin{bmatrix} \mathbf{F}_a \\ \mathbf{F}_b \end{bmatrix} = \left[\begin{array}{c|c} \mathbf{K}_{aa} = \overline{\mathbf{c}}^T \overline{\mathbf{k}}_{aa} \overline{\mathbf{c}} & \mathbf{K}_{ab} = \overline{\mathbf{c}}^T \overline{\mathbf{k}}_{ab} \overline{\mathbf{c}} \\ \hline \mathbf{K}_{ab}^T & \mathbf{K}_{bb} = \overline{\mathbf{c}}^T \overline{\mathbf{k}}_{bb} \overline{\mathbf{c}} \end{array}\right] \begin{bmatrix} \mathbf{U}_a \\ \mathbf{U}_b \end{bmatrix}. \tag{5.40e}$$

Die Richtungscosinus c_{ij} lassen sich aus den globalen Koordinaten der Punkte (a) und (b) sowie den Koordinaten eines Hilfspunktes (c) berechnen (s. z.B. Lawo (1980)). Der Hilfspunkt wird eingeführt, um die Lage der Querschnittshauptachsen im Raum zu beschreiben.

Ebener Sonderfall:

Als Sonderfall wollen wir den in Bild 5-14 im Schwerpunkt angeschlossenen ebenen Balken in der $\overline{x}\,\overline{y}$-Ebene auf die globalen Freiheitsgrade U_1 - U_6 transformieren. Aus den Gln. (5.28), (5.18b) und (5.27) erhält man die bezüglich Biegung und Normalkraft entkoppelte Matrix in lokalen Koordinaten $\overline{x}$ und $\overline{y}$:

$$\overline{\mathbf{k}} = \begin{array}{c} \overline{1} \\ \overline{2} \\ \overline{6} \\ \overline{7} \\ \overline{8} \\ \overline{12} \end{array} \left[\begin{array}{c|c|c|c|c|c} \overline{1} & \overline{2} & \overline{6} & \overline{7} & \overline{8} & \overline{12} \\ c & 0 & 0 & -c & 0 & 0 \\ \hline & 12a & 6\ell a & 0 & -12a & 6\ell a \\ \hline & & 4\ell^2 a & 0 & -6\ell a & 2\ell^2 a \\ \hline & & & c & 0 & 0 \\ \hline & \text{sym.} & & & 12a & -6\ell a \\ \hline & & & & & 4\ell^2 a \end{array}\right]$$

(Abkürzungen: $a = EI/\ell^3$, $c = EA/\ell$).

Im ebenen Fall fällt eine globale Achse mit einer lokalen Achse zusammen (hier $\overline{z} = z$). Für die Drehmatrix $\overline{\mathbf{c}}$ ergibt sich dann

$$\overline{\mathbf{c}} = \begin{bmatrix} \cos(\overline{x},x) & \cos(\overline{x},y) & 0 \\ \cos(\overline{y},x) & \cos(\overline{y},y) & 0 \\ 0 & 0 & 1 \end{bmatrix} = \begin{bmatrix} \cos\alpha & \sin\alpha & 0 \\ -\sin\alpha & \cos\alpha & 0 \\ 0 & 0 & 1 \end{bmatrix}$$

mit

$$\cos\alpha = \frac{1}{\ell}(x_b - x_a) \qquad \text{und} \qquad \sin\alpha = \frac{1}{\ell}(y_b - y_a).$$

Nach Ausführung der Matrizenprodukte in der Gl.(5.40e) ergibt sich die Elementmatrix $\mathbf{K}_{(e)}$ in globalen Koordinaten zu:

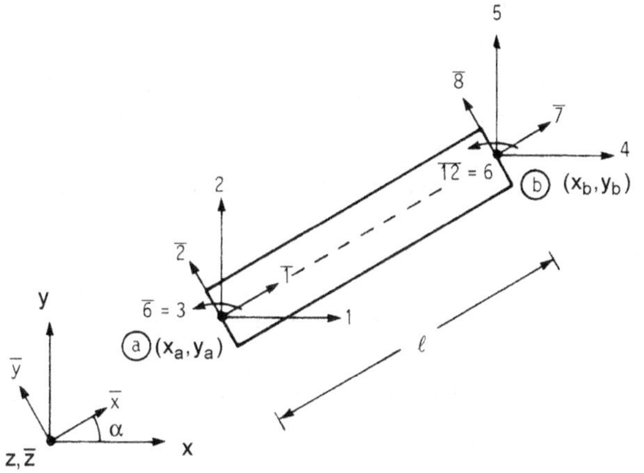

Bild 5-14 Ebene Transformation eines Balkens von lokalen auf globale Freiheitsgrade

$$\overline{\mathbf{K}}_{(e)} = \begin{bmatrix} a_1 & a_4 & -a_5 & -a_1 & -a_4 & -a_5 \\ & a_2 & a_6 & -a_4 & -a_2 & a_6 \\ & & a_3 & a_5 & -a_6 & \frac{1}{2}a_3 \\ & & & a_1 & a_4 & a_5 \\ & \text{sym.} & & & a_2 & -a_6 \\ & & & & & a_3 \end{bmatrix} \tag{5.40f}$$

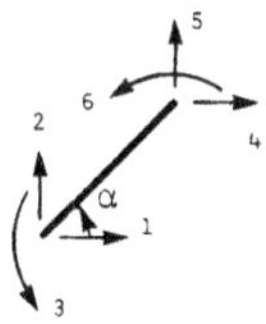

mit den Abkürzungen

$$\left.\begin{aligned} a_1 &= c\ \cos^2\alpha + 12a\ \sin^2\alpha, & a_2 &= c\ \sin^2\alpha + 12a\ \cos^2\alpha, \\ a_3 &= 4\ell^2 a, & a_4 &= (c-12a)\sin\alpha\ \cos\alpha, \\ a_5 &= 6a\,\ell\sin\alpha, & a_6 &= 6a\,\ell\cos\alpha, \end{aligned}\right\} \tag{5.40g}$$

mit

$$c = EA/\ell \qquad \text{und} \qquad a = EI/\ell^3\ .$$

An den Koeffizienten dieser Matrix erkennt man die Kopplung von Biegung und Normalkraft.

5.3 Scheiben- und Volumenelemente

Bei der Behandlung komplizierter zwei- und dreidimensionaler Spannungszustände in ebenen oder auch räumlichen Tragwerken, die z.B. durch Löcher, Aussparungen und Versteifungsrippen entstehen, kann das Tragwerk in Flächen- oder Volumenelemente aufgeteilt werden, die den lokalen Integrationsbereich im Sinne des Ritzschen Verfahrens darstellen. Es gibt eine Vielzahl von Elementtypen, die sich durch die Anzahl der Knotenpunkte, ihrer Geometrie und bezüglich ihrer Formfunktionen unterscheiden. Wir wollen zunächst mit dem einfachsten Scheibenelement beginnen, das als historischer Ausgangspunkt für die FEM-Entwicklung angesehen werden kann und wegen seiner Einfachheit noch immer praktische Bedeutung hat. Es ist dies das Dreieckselement mit konstanter Dehnung (engl.: constant strain trinangle, CST). Später werden wir dann die sog. isoparametrische Elementfamilie kennenlernen, in der als Sonderfall auch das CST-Element enthalten ist.

5.3.1 Das Dreieckelement mit konstanten Verzerrungen (CST)

Wir betrachten das Dreieckelement gemäß Bild 5-15

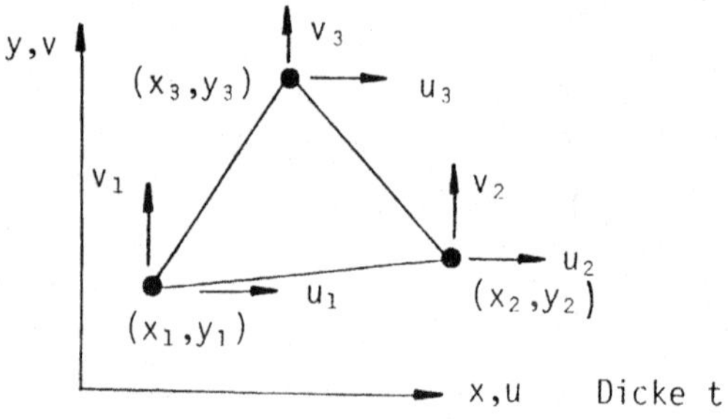

Bild 5-15 CST-Dreieckelement

Für den Verschiebungsverlauf im Elementinneren machen wir die linearen Ansätze

$$u(x,y) = a_1 + a_2 x + a_3 y = \overline{\boldsymbol{\varphi}}^T \mathbf{a} \quad \text{und} \tag{5.41a}$$

$$v(x,y) = b_1 + b_2 x + b_3 y = \overline{\boldsymbol{\varphi}}^T \mathbf{b} \tag{5.41b}$$

mit den Basisfunktionen

$$\overline{\boldsymbol{\varphi}}^T = [1 \quad x \quad y]\,. \tag{5.41c}$$

Aus der Gl. (3.6) folgt, dass damit die Verzerrungen und wegen, $\boldsymbol{\sigma} = \mathbf{E}\ \boldsymbol{\varepsilon}$, auch die Spannungen innerhalb des Elements konstant sind. Die Konstanten a_i, b_i werden wieder aus der Normierungsbedingung (3.45c) bestimmt:

$$u(x_1, y_1) = u_1 = a_1 + a_2 x_1 + a_3 y_1 ,$$

$$u(x_2, y_2) = u_2 = a_1 + a_2 x_2 + a_3 y_2 , \tag{5.42a}$$

$$u(x_3, y_3) = u_3 = a_1 + a_2 x_3 + a_3 y_3 .$$

In Matrixschreibweise:

$$\begin{bmatrix} u_1 \\ u_2 \\ u_3 \end{bmatrix} = \begin{bmatrix} 1 & x_1 & y_1 \\ 1 & x_2 & y_2 \\ 1 & x_3 & y_3 \end{bmatrix} \begin{bmatrix} a_1 \\ a_2 \\ a_3 \end{bmatrix} ,$$

$$\mathbf{u}_u = \mathbf{A}\ \mathbf{a} . \tag{5.42b}$$

Die Ansatzkoeffizienten **a** lassen sich durch die Knotenpunktverschiebungen $\mathbf{u}_u$ ausdrücken

$$\mathbf{a} = \mathbf{A}^{-1}\ \mathbf{u}_u . \tag{5.42c}$$

Entsprechend gilt für die v-Verschiebungen

$$\mathbf{b} = \mathbf{A}^{-1}\ \mathbf{u}_v . \tag{5.42d}$$

Die **A**-Matrix lässt sich hier analytisch invertieren. Man erhält

$$\mathbf{A}^{-1} = \frac{1}{2A} \begin{bmatrix} x_3 y_2 - x_2 y_3 & x_1 y_3 - x_3 y_1 & x_2 y_1 - x_1 y_2 \\ y_{32} & y_{13} & y_{21} \\ x_{23} & x_{31} & x_{12} \end{bmatrix} \tag{5.42e}$$

mit $A = \frac{1}{2}(-x_{32} y_{21} + x_{21} y_{32})$ und den Abkürzungen

$$x_{ij} = x_i - x_j , \qquad y_{ij} = y_i - y_j \qquad (i, j = 1, 2, 3).$$

Gl. (5.42c) eingesetzt in Gl. (5.41a) liefert

$$u\ (x, y) = \bar{\boldsymbol{\varphi}}^T \mathbf{A}^{-1}\ \mathbf{u}_u = \boldsymbol{\varphi}^T \mathbf{u}_u \tag{5.43a}$$

mit den Formfunktionen

$$\boldsymbol{\varphi}^T = \bar{\boldsymbol{\varphi}}^T\ \mathbf{A}^{-1} = [\varphi_1 \quad \varphi_2 \quad \varphi_3] . \tag{5.43b}$$

Entsprechend gilt für v:

$$v\ (x, y) = \boldsymbol{\varphi}^T\ \mathbf{u}_v \tag{5.43c}$$

mit den gleichen Formfunktionen wie für den u-Ansatz.

Längs einer jeden Seite des Dreiecks sind die Verschiebungen u (x,y) und v (x,y) lineare Funktionen. Man kann zeigen, dass längs einer gemeinsamen Seite zweier aneinander grenzenden Dreiecke die Verschiebungen übereinstimmen. Der Ansatz (5.43a) ist damit zulässig im Sinne des Ritzschen Verfahrens, dass die Ansätze die geometrischen Randbedingungen erfüllen müssen. Die Elementsteifigkeitsmatrix lässt sich wieder aus Gl. (3.49b) herleiten:

$$\mathbf{k} = \int_V \mathbf{D}^T \mathbf{E}\,\mathbf{D}\,dV \,, \tag{3.49b}$$

wobei $\mathbf{D}$ die Verzerrungs- Verschiebungs- Transformationsmatrix darstellt, die den Zusammenhang zwischen den Verzerrungen und den Knotenpunktsverschiebungen gemäß Gln. (3.47a) $\boldsymbol{\varepsilon} = \mathbf{D}\,\mathbf{u}$, und Gln. (3.47b) $\mathbf{D} = \mathbf{d}\,\boldsymbol{\varphi}_g^T$ herstellt.

Anstatt die formale Matrizenoperation $\mathbf{d}\,\boldsymbol{\varphi}_g^T$ durchzuführen, ist es hier einfacher, die Verschiebungsansätze (5.41a-c) direkt in die Verzerrungs-Verschiebungsbeziehungen gemäß Gln. (3.5a-c) einzusetzen.

$$\varepsilon_{xx} = \frac{\partial u}{\partial x} = \bar{\boldsymbol{\varphi}}'^T \mathbf{A}^{-1}\,\mathbf{u}_u = \boldsymbol{\varphi}'^T \mathbf{u}_u \,, \tag{5.44a}$$

$$\varepsilon_{yy} = \frac{\partial v}{\partial y} = \dot{\bar{\boldsymbol{\varphi}}}^T \mathbf{A}^{-1}\,\mathbf{u}_v = \dot{\boldsymbol{\varphi}}^T \mathbf{u}_v \,, \tag{5.44b}$$

$$\gamma_{xy} = \frac{\partial u}{\partial y} + \frac{\partial v}{\partial x} = \dot{\bar{\boldsymbol{\varphi}}}^T \mathbf{A}^{-1}\,\mathbf{u}_u + \bar{\boldsymbol{\varphi}}'^T \mathbf{A}^{-1}\,\mathbf{u}_v = \dot{\boldsymbol{\varphi}}^T \mathbf{u}_u + \boldsymbol{\varphi}'^T \mathbf{u}_v \,. \tag{5.44c}$$

Die Zusammenfassung dieser Gln. liefert die $\mathbf{D}$- Matrix in der Form:

$$\boldsymbol{\varepsilon} = \begin{bmatrix} \varepsilon_{xx} \\ \varepsilon_{yy} \\ \gamma_{xy} \end{bmatrix} = \left[\underbrace{\begin{matrix} \bar{\boldsymbol{\varphi}}'^T \mathbf{A}^{-1} \\ \mathbf{0} \\ \dot{\bar{\boldsymbol{\varphi}}}^T \mathbf{A}^{-1} \end{matrix}}_{\mathbf{D}_u} \;\vdots\; \underbrace{\begin{matrix} \mathbf{0} \\ \dot{\bar{\boldsymbol{\varphi}}}^T \mathbf{A}^{-1} \\ \bar{\boldsymbol{\varphi}}'^T \mathbf{A}^{-1} \end{matrix}}_{\mathbf{D}_v} \right] \begin{bmatrix} \mathbf{u}_u \\ \mathbf{u}_v \end{bmatrix} = \underbrace{\left[\begin{matrix} \boldsymbol{\varphi}'^T & \mathbf{0} \\ \mathbf{0} & \dot{\boldsymbol{\varphi}}^T \\ \dot{\boldsymbol{\varphi}}^T & \boldsymbol{\varphi}'^T \end{matrix} \right]}_{\mathbf{D}} \begin{bmatrix} \mathbf{u}_u \\ \mathbf{u}_v \end{bmatrix} \tag{5.44d}$$

$$= \mathbf{D}_u\,\mathbf{u}_u + \mathbf{D}_v\,\mathbf{u}_v = \mathbf{D}\,\mathbf{u}_g \,.$$

Wenn für $\mathbf{D}$ die Partitionierung bezüglich der Freiheitsgrade $\mathbf{u}_u$ und $\mathbf{u}_v$ nach Gl. (5.44d) verwendet wird, liefert die Gl. (3.49b), $\mathbf{k} = \int_V \mathbf{D}^T \mathbf{E}\,\mathbf{D}\,dV$, bei Annahme eines orthotropen Werkstoffgesetzes gemäß Gl. (3.21b) und mit $dV = t\,dx\,dy$ (t = Scheibendicke) die Elementsteifigkeitsmatrix in der Form:

$$\mathbf{k} = t\int_x\int_y \begin{bmatrix} \mathbf{k}_{uu}^* & \mathbf{k}_{uv}^* \\ \mathbf{k}_{uv}^T & \mathbf{k}_{vv}^* \end{bmatrix} dx\,dy \tag{5.45a}$$

mit

$$\mathbf{k}^*_{uu} = \mathbf{A}^{-T}(E_{11}\bar{\boldsymbol{\varphi}}'\bar{\boldsymbol{\varphi}}'^{\,T} + E_{33}\dot{\bar{\boldsymbol{\varphi}}}\dot{\bar{\boldsymbol{\varphi}}}^T)\,\mathbf{A}^{-1} = E_{11}\boldsymbol{\varphi}'\boldsymbol{\varphi}'^T + E_{33}\dot{\boldsymbol{\varphi}}\dot{\boldsymbol{\varphi}}^T\ , \tag{5.45b}$$

$$\mathbf{k}^*_{uv} = \mathbf{A}^{-T}(E_{12}\bar{\boldsymbol{\varphi}}'\dot{\bar{\boldsymbol{\varphi}}}^T + E_{33}\dot{\bar{\boldsymbol{\varphi}}}\bar{\boldsymbol{\varphi}}'^T)\,\mathbf{A}^{-1} = E_{12}\boldsymbol{\varphi}'\dot{\boldsymbol{\varphi}}^T + E_{33}\dot{\boldsymbol{\varphi}}\boldsymbol{\varphi}'^T\ , \tag{5.45c}$$

$$\mathbf{k}^*_{vv} = \mathbf{A}^{-T}(E_{22}\dot{\bar{\boldsymbol{\varphi}}}\dot{\bar{\boldsymbol{\varphi}}}^T + E_{33}\bar{\boldsymbol{\varphi}}'\bar{\boldsymbol{\varphi}}'^T)\,\mathbf{A}^{-1} = E_{22}\dot{\boldsymbol{\varphi}}\dot{\boldsymbol{\varphi}}^T + E_{33}\boldsymbol{\varphi}'\boldsymbol{\varphi}'^T\ . \tag{5.45d}$$

Hier stellen die Glieder mit E_{11} und E_{22} die Dehnungsanteile, mit E_{12} den Querdehnungsanteil und die E_{33} - Glieder die Schubverzerrungsanteile dar. Die Gl. (5.45) gilt auch für Scheibenelemente mit beliebig vielen Knoten, d.h. nicht nur für das Dreieckelement. Sie unterscheiden sich nur durch Anzahl und Art der Ansatzfunktionen $\boldsymbol{\varphi}$. Die Klammerausdrücke in den Gln. (5.45b-d) stellen die auf die Ansatzkoeffizienten **a** und **b** bezogenen Steifigkeitsanteile dar. Sie werden durch $\mathbf{A}^{-1}$ auf die Verschiebungsfreiheitsgrade $\mathbf{u}_u$ und $\mathbf{u}_v$ transformiert. Nachteilig bei obiger Formulierung ist es, dass der Integrationsbereich bei n Knoten ein n- Eck darstellt, wodurch sich die numerische Integration schlecht systematisieren lässt.

Ein anderer viel wesentlicherer Nachteil besteht darin, dass bei Elementen beliebiger Geometrie die Elementverschiebungsansätze entlang gemeinsamer Kanten nicht mehr kompatibel sind. Dadurch wären die Konvergenzbedingungen des Ritzschen Verfahrens verletzt, und eine Konvergenz der Lösung durch Verfeinerung der Diskretisierung wäre nicht mehr gesichert. Aus diesem Grund wird hier nur das Dreieck- und das Rechteckelement betrachtet, bei dem die Kompatibilität der Verschiebungen gesichert ist. Im Kap.5.3.3 werden dann Elemente beliebiger Geometrie und Knotenzahl behandelt, deren Kantenkompatibilität durch geometrische Abbildung auf Einheitselemente erzwungen wird.

Die Gln. (5.45) enthalten als Sonderfall auch den eindimensionalen Fall (Zug/Druckstab):

Mit $\bar{\boldsymbol{\varphi}}^T = [1 \quad x]$, $E_{12} = E_{22} = E_{33} = 0$, $E_{11} = E$ und $t\int dy = A =$ Querschnittsfläche, ergibt sich

$$\mathbf{k} = \mathbf{k}_{uu} = EA\int_x\int_y \mathbf{A}^{-T}\bar{\boldsymbol{\varphi}}'\,\bar{\boldsymbol{\varphi}}'^T\mathbf{A}^{-1}\,dx\,dy = EA\int \boldsymbol{\varphi}'\boldsymbol{\varphi}'^T dx = \frac{EA}{\ell}\begin{bmatrix} 1 & -1 \\ -1 & 1 \end{bmatrix}$$

in Übereinstimmung mit den Gln. (2.1a) und (5.27).

Im Fall des Dreieckselementes mit 3 Knoten sind die Ableitungen der Basisfunktionen konstant,

$$\bar{\boldsymbol{\varphi}}'^T = [0 \quad 1 \quad 0] \quad \text{und} \quad \dot{\bar{\boldsymbol{\varphi}}}^T = [0 \quad 0 \quad 1]\ ,$$

so dass die Matrix $\mathbf{k}^*$ nur konstante Elemente enthält und in der Gl. (5.45a) vor das Integral gezogen werden kann. Die Rechenoperation in den Gln. (5.45) lassen sich unter Verwendung von $\mathbf{A}^{-1}$ aus Gl. (5.42e) noch per Hand ausführen:

$$\mathbf{k} = t\left[\begin{array}{c|c} E_{11}\mathbf{k}_s + E_{33}\mathbf{k}_p & E_{12}\mathbf{k}_{sp} + E_{33}\mathbf{k}_{sp}^T \\ \hline \text{sym.} & E_{22}\mathbf{k}_p + E_{33}\mathbf{k}_s \end{array}\right] \tag{5.46}$$

mit

$$\mathbf{k}_p = \frac{1}{4A}\begin{bmatrix} x_{23}^2 & x_{23}x_{31} & x_{23}x_{12} \\ & x_{31}^2 & x_{31}x_{12} \\ \text{sym.} & & x_{12}^2 \end{bmatrix}, \quad \mathbf{k}_s = \frac{1}{4A}\begin{bmatrix} y_{32}^2 & y_{32}y_{13} & y_{32}y_{21} \\ & y_{13}^2 & y_{13}y_{21} \\ \text{sym.} & & y_{21}^2 \end{bmatrix},$$

$$\mathbf{k}_{sp} = \frac{1}{4A}\begin{bmatrix} y_{32}x_{23} & y_{32}x_{31} & y_{32}x_{12} \\ y_{13}x_{23} & y_{13}x_{31} & y_{13}x_{12} \\ y_{21}x_{23} & y_{21}x_{31} & y_{21}x_{12} \end{bmatrix}.$$

5.3.2 Das rechteckige Scheibenelement

Besonders einfach lässt sich die Steifigkeitsmatrix eines rechteckigen Elementes angeben, da sich die Integration in der Gl. (5.45) über den Rechteckbereich analytisch durchführen lässt. Für das Rechteckelement mit den $2\times4=8$ Freiheitsgraden $\mathbf{u}^T=[u_1 \quad u_2 \quad u_3 \quad u_4]$ und $\mathbf{v}^T=[v_1 \quad v_2 \quad v_3 \quad v_4]$ gemäß Bild 5-16 benötigt man

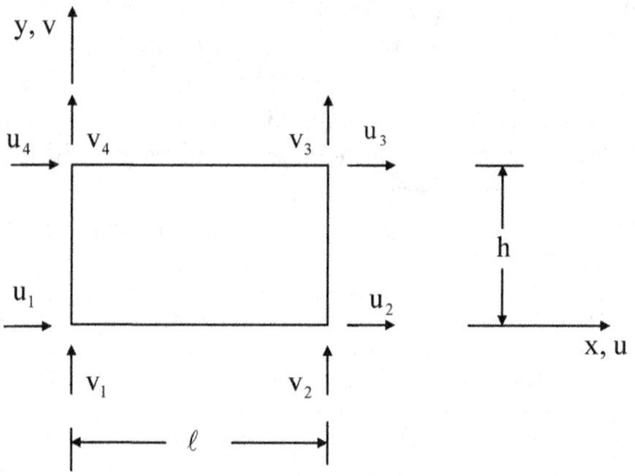

Bild 5-16 Rechteckiges Scheibenelement

einen Ansatz mit 4 Ansatzkoeffizienten pro Verschiebungsfeld gemäß

$$u(x,y) = a_1 + a_2x + a_3y + a_4xy = \overline{\boldsymbol{\varphi}}^T(x,y)\,\mathbf{a}\ , \tag{5.47a}$$

$$v(x,y) = b_1 + b_2x + b_3y + b_4xy = \overline{\boldsymbol{\varphi}}^T(x,y)\,\mathbf{b} \tag{5.47b}$$

mit den bilinearen Basisfunktionen

$$\overline{\boldsymbol{\varphi}}^T = [1 \quad x \quad y \quad xy]\ . \tag{5.47c}$$

Normieren der Ansätze auf die Knotenpunktverschiebungen mit Hilfe der Einheitsverschiebungsbedingungen (3.45c) liefert die Gleichungen

$$\left.\begin{aligned} &u(x=0, y=0) = u_1 = a_1 , \\ &u(x=\ell, y=0) = u_2 = a_1 + a_2\,\ell , \\ &u(x=\ell, y=h) = u_3 = a_1 + a_2\,\ell + a_3\,h + a_4\,h\,\ell , \\ &u(x=0, y=h) = u_4 = a_1 + a_3\,h . \end{aligned}\right\} \qquad (5.48a)$$

In Matrixschreibweise:

$$\begin{bmatrix} u_1 \\ u_2 \\ u_3 \\ u_4 \end{bmatrix} = \underbrace{\begin{bmatrix} 1 & 0 & 0 & 0 \\ 1 & \ell & 0 & 0 \\ 1 & \ell & h & h\ell \\ 1 & 0 & h & 0 \end{bmatrix}}_{\mathbf{A}} \begin{bmatrix} a_1 \\ a_2 \\ a_3 \\ a_4 \end{bmatrix} ,$$

oder

$$\mathbf{u}_u = \mathbf{A}\,\mathbf{a} . \qquad (5.48b)$$

Die Ansatzkoeffizienten $\mathbf{a}$ lassen sich durch die Knotenpunktsverschiebungen $\mathbf{u}_u$ ausdrücken durch

$$\mathbf{a} = \mathbf{A}^{-1}\,\mathbf{u}_u . \qquad (5.48c)$$

Entsprechend gilt für die $\mathbf{v}$ Verschiebungen

$$\mathbf{b} = \mathbf{A}^{-1}\,\mathbf{u}_v . \qquad (5.48d)$$

Die $\mathbf{A}$ -Matrix lässt sich analytisch invertieren.
Man erhält

$$\mathbf{A}^{-1} = \begin{bmatrix} 1 & 0 & 0 & 0 \\ -1/\ell & 1/\ell & 0 & 0 \\ -1/h & 0 & 0 & 1/h \\ 1/h\ell & -1/h\ell & 1/h\ell & -1/h\ell \end{bmatrix} . \qquad (5.48e)$$

Daraus ergeben sich die Formfunktionen zu

$$\boldsymbol{\varphi}^T = \bar{\boldsymbol{\varphi}}^T\,\mathbf{A}^{-1} = \left[\,1 - \frac{x}{\ell} - \frac{y}{h} + \frac{xy}{h\ell} \;\middle|\; \frac{x}{\ell} - \frac{xy}{h\ell} \;\middle|\; \frac{xy}{h\ell} \;\middle|\; \frac{y}{h} - \frac{xy}{h\ell}\,\right] . \qquad (5.49a)$$

Zur Berechnung der Steifigkeitsmatrix werden später noch die Ableitungen benötigt:

$$\boldsymbol{\varphi}'^T = \bar{\boldsymbol{\varphi}}'^T\,\mathbf{A}^{-1} = \left[\,-\frac{1}{\ell} + \frac{y}{h\ell} \;\middle|\; \frac{1}{\ell} - \frac{y}{h\ell} \;\middle|\; \frac{y}{h\ell} \;\middle|\; -\frac{y}{h\ell}\,\right] , \qquad (5.49b)$$

$$\dot{\boldsymbol{\varphi}}^T = \dot{\bar{\boldsymbol{\varphi}}}^T\,\mathbf{A}^{-1} = \left[\,-\frac{1}{h} + \frac{x}{h\ell} \;\middle|\; -\frac{x}{h\ell} \;\middle|\; \frac{x}{h\ell} \;\middle|\; \frac{1}{h} - \frac{x}{h\ell}\,\right] . \qquad (5.49c)$$

Bei der Berechnung der Steifigkeitsmatrix gemäß Gln. (5.45a-d) werden die Integrale der folgenden dyadischen Produkte benötigt:

$$\mathbf{k}_s = \int_0^{\ell}\int_0^{h} \boldsymbol{\varphi}'\boldsymbol{\varphi}'^T dxdy = \frac{h}{6\ell}\begin{bmatrix} 2 & -2 & -1 & 1 \\ -2 & 2 & 1 & -1 \\ -1 & 1 & 2 & -2 \\ 1 & -1 & -2 & 2 \end{bmatrix}, \tag{5.50a}$$

$$\mathbf{k}_p = \int_0^{\ell}\int_0^{h} \dot{\boldsymbol{\varphi}}\dot{\boldsymbol{\varphi}}^T dxdy = \frac{\ell}{6h}\begin{bmatrix} 2 & 1 & -1 & -2 \\ 1 & 2 & -2 & -1 \\ -1 & -2 & 2 & 1 \\ -2 & -1 & 1 & 2 \end{bmatrix}, \tag{5.50b}$$

$$\mathbf{k}_{sp} = \int_0^{\ell}\int_0^{h} \boldsymbol{\varphi}'\dot{\boldsymbol{\varphi}}^T dxdy = \frac{1}{4}\begin{bmatrix} 1 & 1 & -1 & -1 \\ -1 & -1 & 1 & 1 \\ -1 & -1 & 1 & 1 \\ 1 & 1 & -1 & -1 \end{bmatrix}. \tag{5.50c}$$

Damit ergibt sich die Steifigkeitsmatrix bei Annahme eines orthotropen Werkstoffgesetzes zu

$$\mathbf{k} = t\left[\begin{array}{c|c} E_{11}\,\mathbf{k}_s + E_{33}\,\mathbf{k}_p & E_{12}\,\mathbf{k}_{sp} + E_{33}\,\mathbf{k}^T{}_{sp} \\ \hline \text{sym.} & E_{22}\,\mathbf{k}_p + E_{33}\,\mathbf{k}_s \end{array}\right]. \tag{5.50d}$$

Im Gegensatz zum CST Dreieckelement sind die Ableitungen der Verschiebungsansätze und damit die Verzerrungen und Spannungen gemäß Gln. (5.44a-c) nicht mehr konstant sondern linear. Dies hat zur Folge, dass nicht konstante Spannungszustände, besser approximiert werden können.
Einsetzen der Ableitungen (5.49b, c) der Formfunktionen in die Gl. (5.44d) liefert die Verzerrungen

$$\varepsilon_{xx} = \boldsymbol{\varphi}'^T\mathbf{u}_u\,,\ \varepsilon_{yy} = \dot{\boldsymbol{\varphi}}^T\mathbf{u}_v\,,\ \gamma_{xy} = \dot{\boldsymbol{\varphi}}^T\mathbf{u}_u + \boldsymbol{\varphi}'^T\mathbf{u}_v\,. \tag{5.50e}$$

Daraus ergibt sich, dass die Dehnungen ε_{xx} und ε_{yy} nur eine Funktion von y bzw. x und konstant bezüglich x bzw. y sind. Diese Beschreibung wird als unvollständig bezeichnet, da die Koordinatenrichtungen nicht gleichberechtigt in den Dehnungsgleichungen vertreten sind. Im Gegensatz dazu beinhaltet die Schubverzerrung γ_{xy} ein vollständiges Polynom 1. Ordnung der Basisfunktionen 1, x und y. Das Element eignet sich damit zwar besser als das CST-Element zur Darstellung von Biegespannungszuständen aber immer noch nicht widerspruchsfrei. Insbesondere liefert der Ansatz im Fall querkraftfreier Biegung (Kragarm mit Endmoment) Schubverzerrungen, die in Wirklichkeit nicht auftreten. Das Element wird daher in dieser Form in der Praxis nicht verwendet, da zur Generierung einer brauchbaren Lösung eine sehr feine Elementteilung erforderlich ist.

5.3.3 Die isoparametrische Elementfamilie

Wir wollen uns bei der Behandlung weiterer Scheibenelemente und auch der Volumenelemente auf die sog. isoparametrischen Elemente beschränken, bei denen die Steifigkeitsmatrix verhältnismäßig allgemein formuliert werden kann und als Sonderfall eine Reihe der praktisch wichtigsten Elementtypen enthält. Diese Elemente sind dadurch gekennzeichnet, dass der durch die Formfunktionen $\varphi(x, y, z)$ ausgedrückte Zusammenhang zwischen den Verschiebungen auch zur Beschreibung der Elementgeometrie benutzt wird. Zur Beschreibung der Elementgeometrie betrachten wir die krummlinig berandeten Elemente im Bild 5-17, mit je einem Zwischenknoten auf den Seiten. Solche krummlinigen Vierecke, Dreiecke, Quader und Tetraeder lassen sich durch geeignete Koordinatentransformation auf die Einheitsformen Quadrat, Dreieck, Würfel, Tetraeder im dimensionslosen Koordinatensystem ξ, η, ζ überführen. Im Bild 5-17 werden die Kantenlinien durch eine quadratische Parabel durch jeweils drei Knotenpunkte festgelegt. Die Anordnung eines einzigen Mittelknotens, d.h. die Darstellung der Ränder als quadratische Parabel ist bereits ein Sonderfall. Das CST- Element ergibt sich z.B. als Sonderfall des Dreiecks im Bild 5-17b ohne Zwischenknoten.

Allgemein können zwischen den Knoten, aber auch innerhalb eines Elementes, beliebig viele Zwischenknoten definiert werden. Je größer die Anzahl der Zwischenknoten ist, umso höher ist die Polynomordnung, mit der die Geometrie der Elementkanten approximiert werden kann. Die Tabelle 5-2 enthält eine Auflistung der vollständigen Polynome n-ter Ordnung, die zur Beschreibung sowohl der Geometrie als auch des Verschiebungsverlaufs zweidimensionaler Elemente in Frage kommen. Für den dreidimensionalen Fall werden die Polynome um die z-Koordinate entsprechend erweitert.

5.3.3.1 Transformation auf Einheitselemente

Die Geometrie der Elementkanten legt es nahe, je nach Anzahl der Zwischenknoten Polynomansätze der Ordnung n (s. Tabelle 5-2) für den Zusammenhang zwischen den x, y und den dimensionslosen ξ, η Koordinaten zu machen.

1. Beispiel :
Wir betrachten als Beispiel das krummlinige Dreieckselement nach Bild 5-17b. Die Koordinaten x_i, y_i der Knotenpunkte seien gegeben. Wir machen folgende quadratische Koordinatentransformation sowohl für x als auch für y:

Tabelle 5-2 Ansatzpolynome

Polynome	Anzahl Koeffizienten	Ordnung
1	1	0
$x \quad y$	3	1
$x^2 \quad xy \quad y^2$	6	2
$x^3 \quad x^2y \quad xy^2 \quad y^3$	10	3
$x^4 \quad x^3y \quad x^2y^2 \quad xy^3 \quad y^4$	15	4
$x^5 \quad x^4y \quad x^3y^2 \quad x^2y^3 \quad xy^4 \quad y^5$	21	5
....	...	...
$x^n \quad x^{n-1}y$ .... $xy^{n-1} \quad y^n$	(n+1)(n+2)/2	n

$$x = a_1 + a_2\xi + a_3\eta + a_4\xi^2 + a_5\xi\eta + a_6\eta^2 \ , \qquad (5.51a)$$

$$y = b_1 + b_2\xi + b_3\eta + b_4\xi^2 + b_5\xi\ \eta + b_6\eta^2 \ . \qquad (5.51b)$$

Diese Gleichungen lauten in Matrixform

$$x = \bar{\boldsymbol{\varphi}}^T \mathbf{a} \ , \qquad (5.51c)$$

$$y = \bar{\boldsymbol{\varphi}}^T \mathbf{b} \qquad (5.51d)$$

mit den Basisfunktionen

$$\bar{\boldsymbol{\varphi}}^T = \begin{bmatrix} 1 & \xi & \eta & \xi^2 & \xi\eta & \eta^2 \end{bmatrix},$$

deren Ableitungen

$$\bar{\boldsymbol{\varphi}}'^T = [\,0 \quad 1 \quad 0 \quad 2\xi \quad \eta \quad 0\,] \text{ und } \dot{\bar{\boldsymbol{\varphi}}}^T = [\,0 \quad 0 \quad 1 \quad 0 \quad \xi \quad 2\eta\,]$$

sowie den Vektoren der Ansatzkoeffizienten

$$\mathbf{a}^T = \begin{bmatrix} a_1 & a_2 & a_3 & a_4 & a_5 & a_6 \end{bmatrix} \text{ und } \mathbf{b}^T = \begin{bmatrix} b_1 & b_2 & b_3 & b_4 & b_5 & b_6 \end{bmatrix}.$$

Zur Transformation des Tetraeders nach Bild 5-17d müssten die Ansätze (5.51) lediglich um die z- bzw. ζ-Koordinate (bei neun Ansatzkoeffizienten) erweitert werden. Der im Folgenden beschriebene Berechnungsablauf bleibt davon unberührt.

Die sechs Koeffizienten der Ansätze (5.51) werden aus der Forderung bestimmt, dass sich die Koordinaten im Einheitsdreieck und im Ausgangsdreieck (s. Bild 5-17b) entsprechen müssen. Wenn wir die Zwischenknoten genau in die Seitenmitten legen, erhalten wir beispielsweise für den Knoten 4 wegen $P_4\,(x_4, y_4) = P_4\,(\xi_4 = 0{,}5;\quad \eta = 0)$ die Beziehung

$$x_4 = a_1 + 0{,}5a_2 + 0{,}25a_4 \ .$$

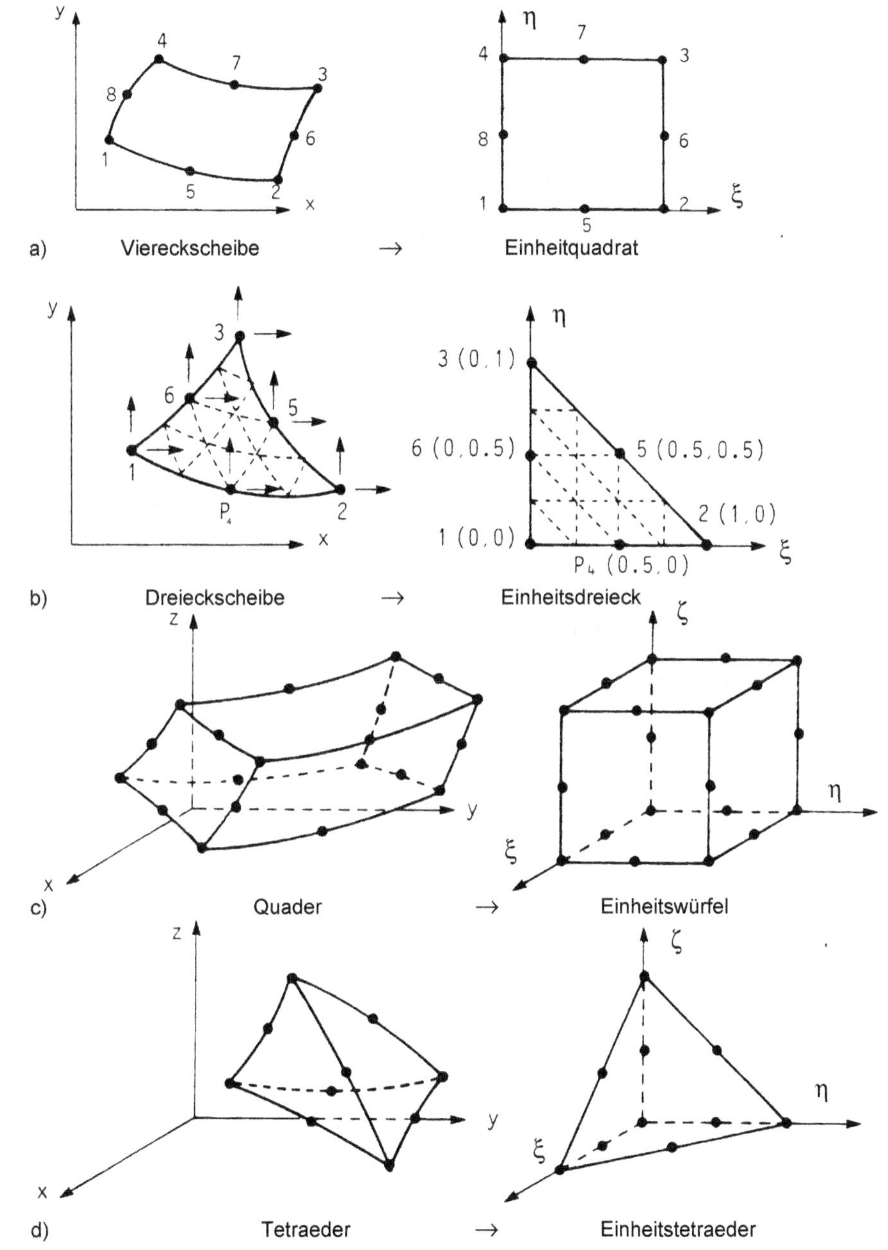

Bild 5-17 Abbildung krummliniger isoparametrischer Elemente

Insgesamt erhalten wir das folgende Gleichungssystem

$$\begin{bmatrix} x_1 \\ x_2 \\ x_3 \\ x_4 \\ x_5 \\ x_6 \end{bmatrix} = \left[\begin{array}{c|c|c|c|c|c} 1 & & & & & \\ \hline 1 & 1 & & 1 & & \\ \hline 1 & & 1 & & & 1 \\ \hline 1 & 0,5 & & 0,25 & & \\ \hline 1 & 0,5 & 0,5 & 0,25 & 0,25 & 0,25 \\ \hline 1 & & 0,5 & & & 0,25 \end{array}\right] \begin{bmatrix} a_1 \\ a_2 \\ a_3 \\ a_4 \\ a_5 \\ a_6 \end{bmatrix}, \tag{5.52a}$$

oder

$$\mathbf{x} = \mathbf{A}\ \mathbf{a}\ . \tag{5.52b}$$

Die gleiche Beziehung gilt für die Knotenpunktskoordinaten der y-Richtung

$$\mathbf{y} = \mathbf{A}\ \mathbf{b}\ . \tag{5.52c}$$

Durch Lösung des Gleichungssystems (5.52) können die Ansatzkoeffizienten eindeutig aus der Lage der Knotenpunkte bestimmt werden:

$$\mathbf{a} = \mathbf{A}^{-1}\ \mathbf{x} \qquad \text{und} \qquad \mathbf{b} = \mathbf{A}^{-1}\ \mathbf{y}\ . \tag{5.53}$$

Einsetzen von (5.53) in (5.51c, d) liefert

$$x = \overline{\boldsymbol{\varphi}}^T \mathbf{a} = \overline{\boldsymbol{\varphi}}^T \mathbf{A}^{-1} \mathbf{x} = \boldsymbol{\varphi}^T \mathbf{x}\ , \tag{5.54a}$$

$$y = \overline{\boldsymbol{\varphi}}^T \mathbf{b} = \overline{\boldsymbol{\varphi}}^T \mathbf{A}^{-1} \mathbf{y} = \boldsymbol{\varphi}^T \mathbf{y} \tag{5.54b}$$

mit

$$\boldsymbol{\varphi} = \mathbf{A}^{-T} \overline{\boldsymbol{\varphi}} = \begin{bmatrix} 1 & -3 & -3 & 2 & 4 & 2 \\ & -1 & & 2 & & \\ & & -1 & & & 2 \\ & 4 & & -4 & -4 & \\ & & & & 4 & \\ & & 4 & & -4 & -4 \end{bmatrix} \begin{bmatrix} 1 \\ \xi \\ \eta \\ \xi^2 \\ \xi\eta \\ \eta^2 \end{bmatrix} = \begin{bmatrix} 1 - 3\xi - 3\eta + 2\xi^2 + 4\xi\eta + 2\eta^2 \\ 2\xi^2 - \xi \\ 2\eta^2 - \eta \\ 4(\xi - \xi^2 - \xi\eta) \\ 4\xi\eta \\ 4(\eta - \eta^2 - \xi\eta) \end{bmatrix}. \tag{5.54c}$$

2. Beispiel: CST- Element

Für das CST- Element ohne Zwischenknoten verkürzt sich der Ansatz (5.51) auf die ersten drei Glieder. Anstelle der **A**-Matrix in der Gl. (5.52a) erhält man also

$$\mathbf{A} = \begin{bmatrix} 1 & & \\ 1 & 1 & \\ 1 & & 1 \end{bmatrix} .$$

Die inverse dieser Matrix lautet

$$\mathbf{A}^{-1} = \begin{bmatrix} 1 & 0 & 0 \\ -1 & 1 & 0 \\ -1 & 0 & 1 \end{bmatrix} .$$

Damit und mit $\bar{\boldsymbol{\varphi}}^{\mathrm{T}} = [1 \quad \xi \quad \eta]$ erhält man für die Formfunktion des CST- Elementes:

$$\boldsymbol{\varphi} = \mathbf{A}^{-\mathrm{T}} \bar{\boldsymbol{\varphi}} = \begin{bmatrix} 1 & -1 & -1 \\ 0 & 1 & 0 \\ 0 & 0 & 1 \end{bmatrix} \begin{bmatrix} 1 \\ \xi \\ \eta \end{bmatrix} = \begin{bmatrix} 1-\xi-\eta \\ \xi \\ \eta \end{bmatrix} . \qquad (5.54\mathrm{d})$$

3. Beispiel: Viereckelement ohne Zwischenknoten (Bild 5-17a).

Bei vier Eckknoten reduziert sich der Ansatz (5.51a) auf die Glieder 1, 2, 3 und 5:

$$\mathrm{x} = \mathrm{a}_1 + \mathrm{a}_2 \, \xi + \mathrm{a}_3 \, \eta + \mathrm{a}_4 \, \xi\eta ,$$

$$\mathrm{y} = \mathrm{b}_1 + \mathrm{b}_2 \, \xi + \mathrm{b}_3 \, \eta + \mathrm{b}_4 \, \xi\eta .$$

Die **A**-Matrix und ihre Inverse $\mathbf{A}^{-1}$ lauten dann:

$$\mathbf{A} = \begin{bmatrix} 1 & & & \\ 1 & 1 & & \\ 1 & 1 & 1 & 1 \\ 1 & & 1 & \end{bmatrix}, \qquad \mathbf{A}^{-1} = \begin{bmatrix} 1 & & & \\ -1 & 1 & & \\ -1 & & & 1 \\ 1 & -1 & 1 & -1 \end{bmatrix} .$$

Für die Formfunktionen erhält man daraus (s. auch Gl. (5.49a) für den Ansatz in Originalkoordinaten):

$$\boldsymbol{\varphi} = \mathbf{A}^{-\mathrm{T}} \bar{\boldsymbol{\varphi}} = \begin{bmatrix} 1 & -1 & -1 & 1 \\ & 1 & & -1 \\ & & & 1 \\ & & 1 & -1 \end{bmatrix} \begin{bmatrix} 1 \\ \xi \\ \eta \\ \xi\eta \end{bmatrix} = \begin{bmatrix} 1-\xi-\eta+\xi\eta \\ \xi-\xi\eta \\ \xi\eta \\ \eta-\xi\eta \end{bmatrix} . \qquad (5.54\mathrm{e})$$

Die Gleichungen (5.54a, b) stellen einen eindeutigen geometrischen Zusammenhang zwischen den Knotenpunktskoordinaten **x, y** und den Koordinaten x, y an jeder beliebigen Stelle des Elementes her. Sie bilden z.B. ein im x,y-

Originalkoordinatensystem beschriebenes krummliniges Dreieck auf das Einheitsdreieck ab. Im Bild 5.17b sind die Linien x, y (ξ = 0.25, 0.5, 0.75; η) und (ξ; η = 0.25, 0.5, 0.75) eingetragen. Die entstandenen Bilder heißen Bildnetze, die ein anschauliches Bild der Transformation vermitteln. Zur Beschreibung der Verzerrungen braucht man die Ableitungen $\partial/\partial x$ und $\partial/\partial y$ nach den Ausgangskoordinaten. Diese können durch die Ableitungen nach den Einheitskoordinaten ausgedrückt werden. Anwendung der Kettenregel liefert

$$\frac{\partial}{\partial\xi}=\frac{\partial}{\partial x}\frac{\partial x}{\partial\xi}+\frac{\partial}{\partial y}\frac{\partial y}{\partial\xi} \qquad \text{und} \qquad \frac{\partial}{\partial\eta}=\frac{\partial}{\partial x}\frac{\partial x}{\partial\eta}+\frac{\partial}{\partial y}\frac{\partial y}{\partial\eta}\ .$$

In Matrixform:

$$\begin{bmatrix}\dfrac{\partial}{\partial\xi}\\ \dfrac{\partial}{\partial\eta}\end{bmatrix}=\begin{bmatrix}x' & y'\\ \dot{x} & \dot{y}\end{bmatrix}\begin{bmatrix}\dfrac{\partial}{\partial x}\\ \dfrac{\partial}{\partial y}\end{bmatrix}=\mathbf{J}\begin{bmatrix}\dfrac{\partial}{\partial x}\\ \dfrac{\partial}{\partial y}\end{bmatrix} \qquad (5.55a)$$

mit den Abkürzungen $(\ )'=\dfrac{\partial}{\partial\xi}$ und $(\ )^{\bullet}=\dfrac{\partial}{\partial\eta}$.

Die Matrix **J** heißt Jacobi-Matrix. Der inverse Zusammenhang

$$\begin{bmatrix}\dfrac{\partial}{\partial x}\\ \dfrac{\partial}{\partial y}\end{bmatrix}=\mathbf{J}^{-1}\begin{bmatrix}\dfrac{\partial}{\partial\xi}\\ \dfrac{\partial}{\partial\eta}\end{bmatrix}=\frac{1}{J}\begin{bmatrix}\dot{y} & -y'\\ -\dot{x} & x'\end{bmatrix}\begin{bmatrix}\dfrac{\partial}{\partial\xi}\\ \dfrac{\partial}{\partial\eta}\end{bmatrix} \qquad (5.55b)$$

mit der Jakobi-Determinante

$$J=\det\mathbf{J}=x'\,\dot{y}-y'\,\dot{x} \qquad (5.55c)$$

lässt sich nur berechnen, wenn die Jacobi-Matrix nicht singulär, d. h. wenn det $\mathbf{J}\neq 0$ ist. In der Vektoranalyse wird gezeigt, dass ein Flächenelement im xy-System durch die Jacobi-Determinante in das $\xi\eta$-System überführt wird:

$$dx\,dy=J\,d\xi\,d\eta\ . \qquad (5.56)$$

5.3.3.2 Elementsteifigkeitsmatrizen

Nach diesen rein geometrischen Betrachtungen kommen wir nun zur Definition der isoparametrischen Elementfamilie: Isoparametrisch werden solche Elemente bezeichnet, deren Verschiebungsansatz die gleiche Form hat, wie die Koordinatentransformation in das Einheitselement. Anders ausgedrückt: Koordinaten x,y und Verschiebungen u,v bilden sich in das gleiche Einheitselement ab. Der Verschiebungsansatz lautet also, wenn für u und v die gleichen Formfunktionen $\boldsymbol{\varphi}$ verwendet werden ($\boldsymbol{\varphi}_u=\boldsymbol{\varphi}_v=\boldsymbol{\varphi}$):

$$u = \boldsymbol{\varphi}^T(\xi,\eta)\ \mathbf{u}_u \qquad \text{und} \qquad v = \boldsymbol{\varphi}^T(\xi,\eta)\ \mathbf{u}_v \tag{5.57a,b}$$

mit $\boldsymbol{\varphi} = \mathbf{A}^{-T}\ \overline{\boldsymbol{\varphi}}$ nach Gl.(5.54c) und den Freiheitsgradvektoren (s. Bild 5-17)

$$\mathbf{u}_u = \left[u_j\right] \quad \text{und} \quad \mathbf{u}_v = \left[v_j\right] \quad (j = 1, 2, \dots, \text{Anzahl der Knotenpunkte}).$$

Wir können nun die Elementsteifigkeitsmatrix aus Gl. (3.49b), $\mathbf{k} = \int\limits_V \mathbf{D}^T\mathbf{E}\,\mathbf{D}\,dV$, herleiten mit der Verzerrungs-Verschiebungs-Transformationsmatrix

$$\mathbf{D} = [\mathbf{D}_u \quad \mathbf{D}_v] = \begin{bmatrix} \dfrac{\partial\varepsilon_i}{\partial u_j} & \dfrac{\partial\varepsilon_i}{\partial v_j} \end{bmatrix} = \begin{bmatrix} \dfrac{\partial\varepsilon_{xx}}{\partial u_j} & 0 \\ 0 & \dfrac{\partial\varepsilon_{yy}}{\partial v_j} \\ \dfrac{\partial\gamma_{xy}}{\partial u_j} & \dfrac{\partial\gamma_{xy}}{\partial v_j} \end{bmatrix}.$$

In den Verzerrungs- Verschiebungsbeziehungen

$$\varepsilon_{xx} = \frac{\partial u}{\partial x}, \qquad \varepsilon_{yy} = \frac{\partial v}{\partial y} \qquad \text{und} \qquad \gamma_{xy} = \frac{\partial u}{\partial y} + \frac{\partial v}{\partial x} \tag{3.5}$$

werden die Ableitungen nach den Ausgangskoordinaten benötigt, die mit Hilfe von Gl. (5.55b) durch die Ableitungen nach den Einheitskoordinaten ersetzt werden können:

$$\begin{aligned} \frac{\partial u}{\partial x} &= \frac{1}{J}\left(\dot{y}u' - y'\dot{u}\right), & \frac{\partial u}{\partial y} &= \frac{1}{J}\left(-\dot{x}u' + x'\dot{u}\right), \\ \frac{\partial v}{\partial x} &= \frac{1}{J}\left(\dot{y}v' - y'\dot{v}\right), & \frac{\partial v}{\partial y} &= \frac{1}{J}\left(-\dot{x}v' + x'\dot{v}\right). \end{aligned} \tag{5.58}$$

Führt man nun die Ansätze (5.57) ein, so ergibt sich die Verzerrungs-Verschiebungs-Transformationsmatrix $\mathbf{D}$ in partitionierter Form zu:

$$\mathbf{D} = \left[\mathbf{D}_u \mid \mathbf{D}_v\right] = \frac{1}{J}\left[\begin{array}{c|c} \dot{y}\boldsymbol{\varphi}'^T - y'\dot{\boldsymbol{\varphi}}^T & \mathbf{0} \\ \mathbf{0} & -\dot{x}\boldsymbol{\varphi}'^T + x'\dot{\boldsymbol{\varphi}}^T \\ -\dot{x}\boldsymbol{\varphi}'^T + x'\dot{\boldsymbol{\varphi}}^T & \dot{y}\boldsymbol{\varphi}'^T - y'\dot{\boldsymbol{\varphi}}^T \end{array}\right] = \frac{1}{J}\left[\begin{array}{c|c} \mathbf{h}_2^T & \mathbf{0} \\ \mathbf{0} & \mathbf{h}_1^T \\ \mathbf{h}_1^T & \mathbf{h}_2^T \end{array}\right] \tag{5.59a}$$

mit den Abkürzungen

$$\mathbf{h}_1 = -\dot{x}\boldsymbol{\varphi}' + x'\dot{\boldsymbol{\varphi}} \qquad \text{und} \qquad \mathbf{h}_2 = \dot{y}\boldsymbol{\varphi}' - y'\dot{\boldsymbol{\varphi}}\ . \tag{5.59b}$$

Die Elementsteifigkeitsmatrix erhält man unter der Annahme eines orthotropen Werkstoffgesetzes aus $\mathbf{k} = \int\limits_V \mathbf{D}^T\mathbf{E}\,\mathbf{D}\,dV$ mit $\mathbf{D}$ nach Gl. (5.59a) und unter Verwendung von $dV = t\,J\,d\xi\,d\eta$ (t = Elementdicke) zu

$$\mathbf{k} = t\int_{\xi}\int_{\eta}\left[\begin{array}{c|c} \mathbf{D}_u^T\mathbf{E}\mathbf{D}_u & \mathbf{D}_u^T\mathbf{E}\mathbf{D}_v \\ \hline \text{sym.} & \mathbf{D}_v^T\mathbf{E}\mathbf{D}_v \end{array}\right] J\, d\eta d\xi \quad \text{oder}$$

$$\boxed{\mathbf{k} = t\int_{\xi}\int_{\eta}\frac{1}{J}\left[\begin{array}{c|c} \mathbf{h}_2 E_{11}\mathbf{h}_2^T + \mathbf{h}_1 E_{33}\mathbf{h}_1^T & \mathbf{h}_2 E_{12}\mathbf{h}_1^T + \mathbf{h}_1 E_{33}\mathbf{h}_2^T \\ \hline \text{sym.} & \mathbf{h}_1 E_{22}\mathbf{h}_1^T + \mathbf{h}_2 E_{33}\mathbf{h}_2^T \end{array}\right] d\eta\, d\xi} \,. \tag{5.60}$$

Diese Gleichung stellt eine Verallgemeinerung der Gl. (5.45) dar. Sie hat den Vorteil, dass auch bei krummlinig berandeten Elementen über das Einheitselement integriert werden kann und was wesentlich ist, dass die Stetigkeit der Verschiebungen benachbarter Elemente gewährleistet ist.
Im Fall, dass die Formfunktionen $\boldsymbol{\varphi}$ Polynome zweiten (wie in Gl. (5.51)) oder höheren Grades in ξ und η darstellen, können die Integrationen nur noch numerisch durchgeführt werden. In der Gl. (5.60) treten Integralausdrücke des Typs

$$I_{s(i)t(j)} = \int_{\xi}\int_{\eta}\frac{1}{J} h_{s(i)}\, h_{t(j)}\, d\eta\, d\xi = \int_{\xi}\int_{\eta}\psi_{s(i)t(j)}\, d\eta\, d\xi$$

$(i = j = 1, 2, \ldots, \text{Anzahl der Knoten}; \quad s, t = 1, 2)$

auf. Diese Ausdrücke können mit Hilfe zweidimensionaler Integrationsformeln numerisch integriert werden. Diese haben die allgemeine Form:

$$\int_{\xi}\int_{\eta}\psi(\xi,\eta)\, d\eta\, d\xi = \sum_r \psi\,(\xi_r,\eta_r)\, w_r \qquad (r = 1, 2, \ldots, m)\,, \tag{5.61}$$

ξ_r, η_r = Integrationsstützpunkte, w_r = Integrationsgewichte (s. Bild 5-18),

m = Anzahl der Stützpunkte .

Die Integrationsstützpunkte und -gewichte sowie ihre Anzahl sind in der Literatur (z. B. in [1) - 5)]) hergeleitet. Sie beruhen auf der Grundidee, dass die zu integrierende Funktion durch ein Näherungspolynom an m Stützpunkten ersetzt wird, welches exakt integriert werden kann. Den Gaußschen Integrationsformeln liegt überdies die Annahme zugrunde, dass die Abszissen der Stützpunkte nicht vorgegeben sind (z. B. äquidistant), sondern als weitere Freiwerte in der Gl. (5.61) aufgefasst werden, wodurch sich die Ordnung des Interpolationspolynoms bei gleicher Stützstellenzahl verdoppeln lässt. Allgemein gilt, dass sich mit Hilfe der Gaußschen Integrationsformeln Polynome (2m-1)ten Grades exakt integrieren lassen, wenn m die Zahl der Integrationspunkte (auch Gauß-Punkte genannt) in einer Koordinatenrichtung darstellt. Im Bild 5-18 sind drei Integrationsformeln, für eine Einheitsstrecke, für ein Einheitsquadrat und für ein Einheitsdreieck als Integrationsgebiet angegeben. Weitere Integrationsformeln findet man z. B. in [1) - 5)] .

[1)] Stroud, Secrest (1966), [2)] Dankert (1977), [3)] Cowper (1973), [4)] Zienkiewicz (1989), [5)] Bronstein (1996)

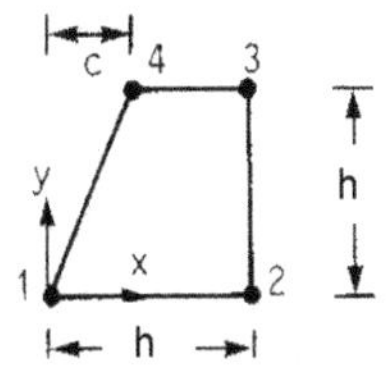

Beispiel: Berechnung des Koeffizienten k_{11} der Elementsteifigkeitsmatrix für ein trapezförmiges Element ohne Zwischenknoten mit den Koordinatenvektoren

$\mathbf{x}^T = [0 \;\; h \;\; h \;\; c]$ und $\mathbf{y}^T = [0 \;\; 0 \;\; h \;\; h]$.

Die Formfunktionen sind in der Gl. (5.54) angegeben. Daraus erhält man die Ableitungen

$$\dot{\boldsymbol{\varphi}}^T = [\xi - 1 \;\vdots\; -\xi \;\vdots\; \xi \;\vdots\; 1-\xi] \quad \text{und} \quad \boldsymbol{\varphi}'^T = [\eta - 1 \;\vdots\; 1-\eta \;\vdots\; \eta \;\vdots\; -\eta] \, .$$

Für die weitere Rechnung werden die Ableitungen der Koordinaten benötigt:

$$\dot{x} = \dot{\boldsymbol{\varphi}}^T \mathbf{x} = (1-\xi)\, c \, , \qquad \dot{y} = \dot{\boldsymbol{\varphi}}^T \mathbf{y} = h \, ,$$

$$x' = \boldsymbol{\varphi}'^T \mathbf{x} = h - c\eta \, , \qquad y' = \boldsymbol{\varphi}'^T \mathbf{y} = 0 \, .$$

Für die Jacobi-Determinante und die Abkürzungen $\mathbf{h}_{1,2}$ ergibt sich damit

$$J = x'\dot{y} - y'\dot{x} = h\,(h - c\eta) \, ,$$

$$\begin{aligned} \mathbf{h}_1^T &= -\dot{x}\boldsymbol{\varphi}'^T + x'\dot{\boldsymbol{\varphi}}^T \\ &= [\,(\xi-1)(h-c) \;\vdots\; c(\eta-1)+\xi(c-h) \;\vdots\; \xi h - c\eta \;\vdots\; h(1-\xi)\,] , \end{aligned}$$

$$\mathbf{h}_2^T = \dot{y}\boldsymbol{\varphi}'^T - y'\dot{\boldsymbol{\varphi}}^T = h\,[\,\eta - 1 \;\vdots\; 1-\eta \;\vdots\; \eta \;\vdots\; -\eta\,] \, .$$

Zur Berechnung des Koeffizienten k_{11} der Elementsteifigkeitsmatrix nach Gl. (5.60) kann das Doppelintegral

$$k_{11} = t \int_\xi \int_\eta \psi \, d\eta d\xi$$

mit

$$\begin{aligned} \psi &= \frac{1}{J}\left(h_{2(1)}\, E_{11}\, h_{2(1)} + h_{1(1)}\, E_{33}\, h_{1(1)}\right) \\ &= \frac{1}{h(h-c\eta)} \left[h^2(\eta-1)^2 E_{11} + (h-c)^2(\xi-1)^2 E_{33}\right] \end{aligned}$$

numerisch unter Verwendung der Gaußschen Integrationsformel (5.62b) ausgewertet werden. Für das quadratische Element ($c = 0$) erfolgt die Integration analytisch. Man erhält dann

$$k_{11} = t \int_{\xi=0}^{1} \int_{\eta=0}^{1} \left[(\eta-1)^2 E_{11} + (\xi-1)^2 E_{33}\right] d\eta \, d\xi = \frac{t}{3}(E_{11} + E_{33}) \, .$$

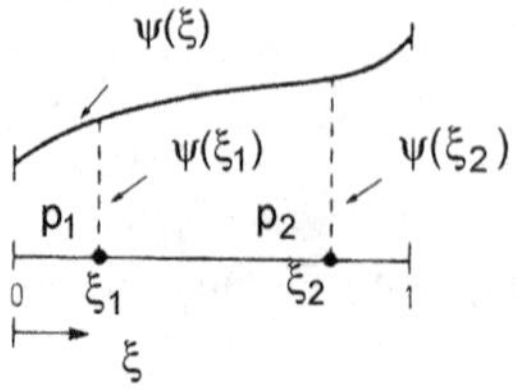

2 Gaußpunkte $P_r(\xi_r)$

$P_1(\xi_1)$, $P_2(\xi_2)$

$\xi_1 = 0{,}211325$

$\xi_2 = 0{,}788675$

Gewichte $w_1 = w_2 = 1/2$

$$I = \frac{1}{2}(\psi(\xi_1) + \psi(\xi_2)) \qquad (5.62a)$$

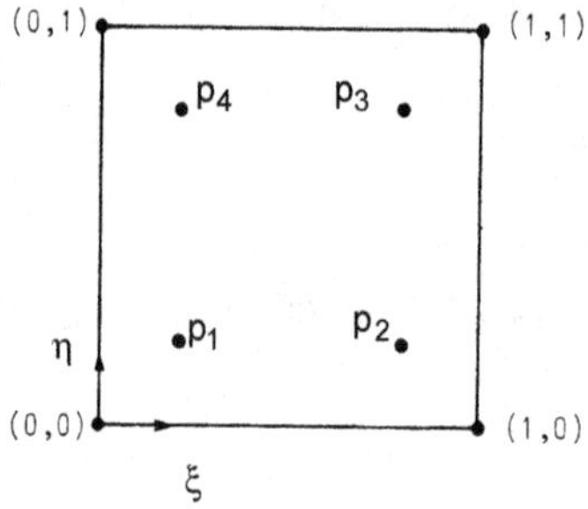

4 Gaußpunkte $P_r(\xi_r, \eta_r)$

$P_1(a,a)$, $P_2(b,a)$, $P_3(b,b)$, $P_4(a,b)$

$a = 0{,}211325$

$b = 0{,}788675$

Gewichte $w_1 = w_2 = w_3 = w_4 = 1/4$

$$I = \frac{1}{4}\sum_r \psi(P_r) \qquad (r = 1, \dots, 4) \qquad (5.62b)$$

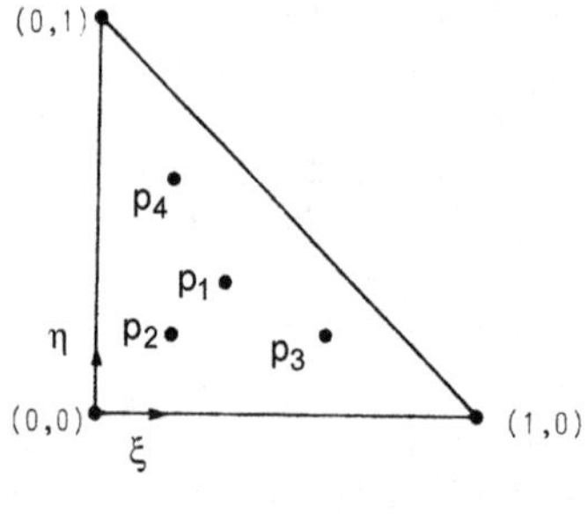

4 Gaußpunkte $P_r(\xi_r, \eta_r)$

$P_1(a,a)$, $P_2(b,b)$, $P_3(c,b)$, $P_4(b,c)$,

$a = 1/3$, $b = 1/5$, $c = 3/5$

Gewichte $w_1 = -27/96$,

$w_2 = w_3 = w_4 = 25/96$

$$I = \sum_r \psi(P_r)\, w_r \qquad (r = 1, \dots, 4) \qquad (5.62c)$$

Bild 5-18 Gaußsche Integrationsformeln, exakte Integration von Polynomen bis zur 3. Ordnung

5.3.3.3 Spannungen im Element

Nach dem Zusammenbau der Elemente zum Gesamttragwerk und der Auflösung des Gleichungssystems sind die Knotenpunktsverschiebungen des Gesamttragwerks und damit auch die der einzelnen Elemente bekannt. Damit sind auch die Verschiebungsverläufe u und v innerhalb der Elemente eindeutig durch die Gl. (5.57) festgelegt. Zur Ermittlung des Spannungszustandes innerhalb eines Elementes benutzen wir die Verzerrungs-Verschiebungs-Transformation (5.59)

$$\begin{bmatrix} \varepsilon_{xx} \\ \varepsilon_{yy} \\ \gamma_{xy} \end{bmatrix} = \begin{bmatrix} \dfrac{\partial u}{\partial x} \\ \dfrac{\partial v}{\partial y} \\ \dfrac{\partial u}{\partial y} + \dfrac{\partial v}{\partial x} \end{bmatrix} = \mathbf{D}_u \mathbf{u}_u + \mathbf{D}_v \mathbf{u}_v = \frac{1}{J} \begin{bmatrix} \mathbf{h}_2^T & \mathbf{0} \\ \mathbf{0} & \mathbf{h}_1^T \\ \mathbf{h}_1^T & \mathbf{h}_2^T \end{bmatrix} \begin{bmatrix} \mathbf{u}_u \\ \mathbf{u}_v \end{bmatrix} . \tag{5.63}$$

Einsetzen der Verzerrungen $\boldsymbol{\varepsilon}$ in das Werkstoffgesetz $\boldsymbol{\sigma} = \mathbf{E}\boldsymbol{\varepsilon}$ liefert die Spannungen

$$\boldsymbol{\sigma} = \mathbf{E}\,\mathbf{D}\,\mathbf{u} = \mathbf{E}(\mathbf{D}_u \mathbf{u}_u + \mathbf{D}_v \mathbf{u}_v) \ . \tag{5.64a}$$

Mit den Partitionen der $\mathbf{D}$-Matrix nach Gl. (5.63) erhält man die Spannungen aus

$$\begin{aligned} \sigma_{xx} &= \frac{1}{J}(E_{11}\,\mathbf{h}_2^T\,\mathbf{u}_u + E_{12}\mathbf{h}_1^T\,\mathbf{u}_v), \quad \sigma_{yy} = \frac{1}{J}(E_{12}\mathbf{h}_2^T\,\mathbf{u}_u + E_{22}\mathbf{h}_1^T\,\mathbf{u}_v) \text{ und} \\ \sigma_{xy} &= \frac{1}{J}E_{33}\,(\mathbf{h}_1^T\mathbf{u}_u + \mathbf{h}_2^T\mathbf{u}_v). \end{aligned} \tag{5.64b}$$

Die Koeffizienten der **D**-Matrix bestimmen also den Verlauf der Spannungen innerhalb des Elementes. Bei einem linearen Verschiebungsansatz im Dreieck (CST-Element) sind deren Ableitungen und damit auch die **D**-Matrix, s. Gl. (5.54d), und der Spannungszustand konstant. Daraus ergibt sich, dass der Spannungsverlauf an den Übergängen von einem Element zum anderen Sprünge aufweist. An Stellen, an denen die Spannungsverläufe große Gradienten haben z.B. an Löchern wie im Bild 5-19, muss deshalb die Elementteilung feiner als in ungestörten Spannungsbereichen ausgeführt werden. Vereinfachend kann man sagen, je gröber die Elementteilung ist, umso größer sind auch die auftretenden Sprünge.

1. Beispiel: Spannungen im CST- Element

Zur Berechnung der $\mathbf{h}$-Vektoren in der Gl. (5.64b) brauchen wir die Ableitungen der Formfunktionen aus Gl. (5.54d):

$$\dot{\boldsymbol{\varphi}}^T = [-1 \quad 0 \quad 1] \quad \text{und} \quad \boldsymbol{\varphi}'^T = [-1 \quad 1 \quad 0] \ ,$$

sowie die Vektoren der Knotenpunktskoordinaten $\mathbf{x}^T = [x_1 \quad x_2 \quad x_3]$ und $\mathbf{y}^T = [y_1 \quad y_2 \quad y_3]$.

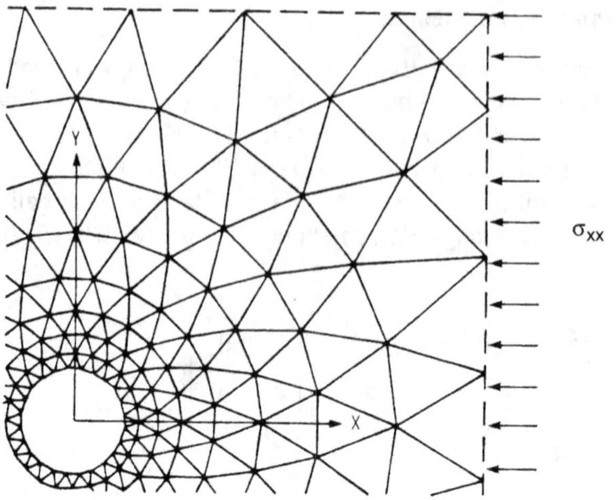

Bild 5-19 FEM- Idealisierung mit CST- Elementen für die Scheibe mit Loch

Außerdem treten die Koordinatenableitungen auf, die sich nach Gl. (5.54a, b) aus den Differenzen der Knotenpunktskoordinaten ergeben:

$$\dot{x} = \dot{\boldsymbol{\varphi}}^T \mathbf{x} = -x_1 + x_3 = x_{31} , \qquad x' = \boldsymbol{\varphi}'^T \mathbf{x} = -x_1 + x_2 = x_{21} ,$$

$$\dot{y} = \dot{\boldsymbol{\varphi}}^T \mathbf{y} = -y_1 + y_3 = y_{31} , \qquad y' = \boldsymbol{\varphi}'^T \mathbf{y} = -y_1 + y_2 = y_{21} .$$

Damit erhält man für die Vektoren $\mathbf{h}_1{}^T$ und $\mathbf{h}_2{}^T$ nach Gl. (5.59b)

$$\mathbf{h}_1^T = [x_{32} \quad x_{13} \quad x_{21}] \text{ und } \mathbf{h}_2^T = [y_{23} \quad y_{31} \quad y_{12}] .$$

Die Jacobi-Determinante J ergibt zu:

$$J = x'\dot{y} - y'\dot{x} = x_{21}y_{31} - y_{21}x_{31} .$$

Die Verzerrungskomponenten, aus denen mit Hilfe des Werkstoffgesetzes die Spannungen nach Gl. (5.64b) berechnet werden können, lauten damit

$$\varepsilon_{xx} = \frac{1}{J}\mathbf{h}_2^T \mathbf{u}_u = \frac{1}{J}(y_{23}u_1 + y_{31}u_2 + y_{12}u_3) ,$$

$$\varepsilon_{yy} = \frac{1}{J}\mathbf{h}_1^T \mathbf{u}_v = \frac{1}{J}(x_{32}v_1 + x_{13}v_2 + x_{21}v_3) ,$$

$$\gamma_{xy} = \frac{1}{J}(\mathbf{h}_1^T \mathbf{u}_u + \mathbf{h}_2^T \mathbf{u}_v)$$
$$= \frac{1}{J}(x_{32}u_1 + x_{13}u_2 + x_{21}u_3 + y_{23}v_1 + y_{31}v_2 + y_{12}v_3) .$$

Im Fall, dass das Element einer Starrkörperverschiebung $u = u_1 = u_2 = u_3$ und $v = v_1 = v_2 = v_3$ unterworfen wird, heben sich die Koordinatendifferenzen in obigen Gleichungen auf, so dass die Verzerrungen und damit die Spannungen, wie am Anfang gefordert, Null werden.

2. Beispiel: Spannungen / Verzerrungen in schiefwinkligen Elementen

Leider wird der formale Vorteil der isoparametrischen Elemente (Stetigkeit der Verschiebungen benachbarter Elemente) durch den Nachteil eingeschränkt, dass die Verzerrungs- und damit die Spannungsverläufe von der Elementgeometrie ungünstig beeinflusst werden. Ein gleichförmiger Spannungszustand wird extrem ungleichförmig und damit unbrauchbar in der Realität. Formal erkennt man dies daran, dass in der $\mathbf{D}$-Matrix Gl.(5.59) die Produkte aus den Ableitungen der Koordinaten und der Formfunktion auftreten und außerdem noch die Jakobi-Determinante im Nenner auftritt, wodurch sich gebrochen rationale Funktionen ergeben, falls $\det \mathbf{J}$ nicht konstant ist, wie dies bei schiefwinkligen Elementen der Fall ist. Diese Eigenschaften kann man am Beispiel des trapezförmigen Elementes aus dem vorausgegangenen Kapitel veranschaulichen. Prägt man diesem Element einen linearen Dehnungszustand auf, gekennzeichnet durch die Knotenpunktsverschiebungen $\mathbf{u}_u^T = [0 \;\; -1 \;\; 1 \;\; c/h]u$ und $\mathbf{u}_v = \mathbf{0}$, so erhält man mit den angegebenen Ausdrücken für die $\mathbf{h}$-Vektoren und der Jakobi-Determinante die Verzerrungen zu:

$$\varepsilon_{xx} = \frac{1}{J}\mathbf{h}_2^T \mathbf{u}_u = \frac{u}{h}\frac{\eta(2-c/h)-1}{1-\eta\, c/h}, \quad \varepsilon_{yy} = 0 \quad \text{und}$$

$$\gamma_{xy} = \frac{1}{J}(\mathbf{h}_1^T \mathbf{u}_u + \mathbf{h}_2^T \mathbf{u}_v) = \frac{2u}{h}\frac{\xi + (1-\xi-\eta)\, c/h}{1-\eta\, c/h} \ .$$

Im Bild 5-20 ist der Verlauf von ε_{xx} über die Elementhöhe in Abhängigkeit von der Schiefstellung c der Kante 1-4 dargestellt. Während man für das quadratische Element (c = 0) den erwarteten linearen Verlauf erhält, erkennt man, wie sich die Abweichung vom gewünschten linearen Verlauf mit der Schiefstellung vergrößert, und dass das Element, bei dem der Knoten 4 fast mit dem Knoten 3 zusammenfällt (c = 0.99), praktisch unbrauchbar wird. Das ist der Hintergrund für die praktische Anwendungsregel, dass bei der Generierung von Elementnetzen die Elemente möglichst „quadratisch" sein sollen.

3. Beispiel: Verzerrungen / Spannungen in gekrümmten Elementen

In diesem Beispiel wollen wir zeigen, dass ähnlich wie bei der Schiefstellung der Elementkanten auch durch die Krümmung der Elementränder die Verzerrungs- und damit die Spannungszustände ungünstig beeinflusst werden, und zwar in dem Sinne, dass gleichförmige Verschiebungszustände zu ungleichförmigen Verzerrungszuständen führen.

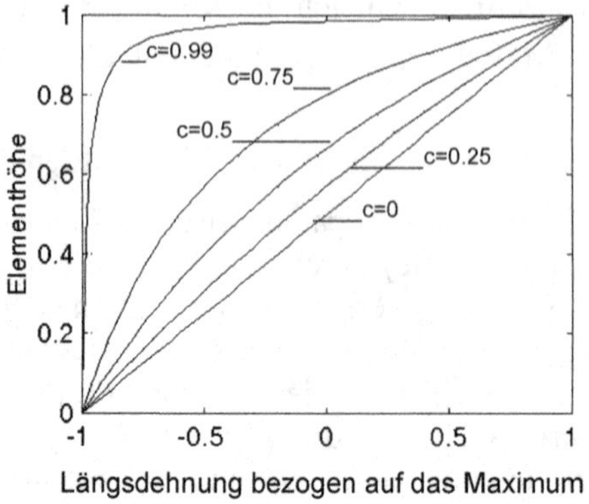

Bild 5-20 Dehnung ε_{xx} in Abhängigkeit von der Geometrieverzerrung c

Als Beispiel mögen zwei quadratische Elemente, Bild 5-21, mit je einem Zwischenknoten an den horizontalen Rändern dienen, deren gemeinsamer Mittelknoten um das Maß c nach oben verschoben ist, so dass der gemeinsame Rand für $c \neq 0$ die Form einer Parabel annimmt. Die beiden Elemente (1) und (2) mit den Koordinatenvektoren $\mathbf{x}_{(1)}^T = \mathbf{x}_{(2)}^T = [0 \;\; 1 \;\; 1 \;\; 0 \;\; 0.5 \;\; 0.5]$, $\mathbf{y}_{(1)}^T = [0 \;\; 0 \;\; 1 \;\; 1 \;\; c/h \;\; 1]$ und $\mathbf{y}_{(2)}^T = [0 \;\; 0 \;\; 1 \;\; 1 \;\; 0 \;\; 1+c/h]$ werden einem gleichförmigen, über y linearen Verschiebungszustand unterworfen, der sich aus den Knotenverschiebungsvektoren $\mathbf{u}_{u(1)}^T = [0 \;\; 0 \;\; -1 \;\; 1 \;\; 0 \;\; 0]$, $\mathbf{u}_{u(2)}^T = [-1 \;\; 1 \;\; 0 \;\; 0 \;\; 0 \;\; 0]$ und $\mathbf{u}_{v(1)}^T = \mathbf{u}_{v(2)}^T = \mathbf{0}$ ergibt, und dem ein über x konstanter und über y linearer Verzerrungszustand zugeordnet ist. Wir werden sehen, dass sich dieser Verzerrungszustand nicht mehr abbilden lässt, wenn der gemeinsame Rand gekrümmt ist.

Die Formfunktionen, die das Viereckelement mit zwei gekrümmten Rändern in das quadratische Element gemäß Bild 5-22 überführen, sind im Bild 5-23 dargestellt. Sie wurden mit Hilfe von 6 Basisfunktionen und der Einheitsverschiebungsbedingungen entsprechend Gl. (5.52) hergeleitet. Zum Vergleich sind im Bild 5-23 auch die 4 Formfunktionen für das 4-Knoten-Element nach Gl. (5.54e) gestrichelt eingetragen. Der Verlauf der Dehnung $\varepsilon_{xx}^{(1),(2)}$ der beiden Elemente, der sich wieder aus der Gl. (5.63), $\varepsilon_{xx}^{(1),(2)} = (1/J\, \mathbf{h}_2^T \mathbf{u}_u)^{(1),(2)}$, berechnet, ist im Bild 5-21 über die Höhe der Elemente für den linken Rand, x = 0, und die Mitte, x = 0.5, in Abhängigkeit vom Maß c der Randkrümmung dargestellt. Daraus erkennt man, dass die Dehnung nur für den Fall eines geraden Randes (c = 0) einen über die Höhe y linearen und über die Breite x konstanten Verlauf aufweist. Die Abweichungen vom physikalisch sinnvollen Zustand werden mit steigendem c-Wert immer größer, und die daraus berechnete Steifigkeitsmatrix wird immer ungenauer. Daraus folgt, dass der Vorteil, mit Hilfe der parametrischen Abbildung geometrisch gekrümmte Ränder darstellen zu können, mit einem Genauigkeitsverlust beim Elementverhalten verbunden ist, wodurch der Anwendung gekrümmter Scheiben- und Volumenelemente Grenzen gesetzt sind.

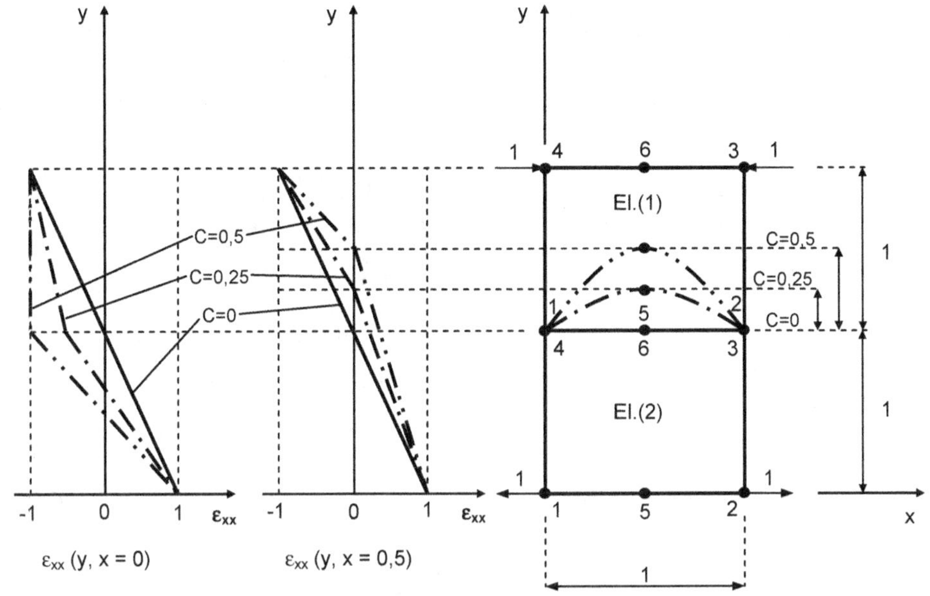

Bild 5-21 Dehnung ε_{xx} in Abhängigkeit vom Maß c der Randkrümmung

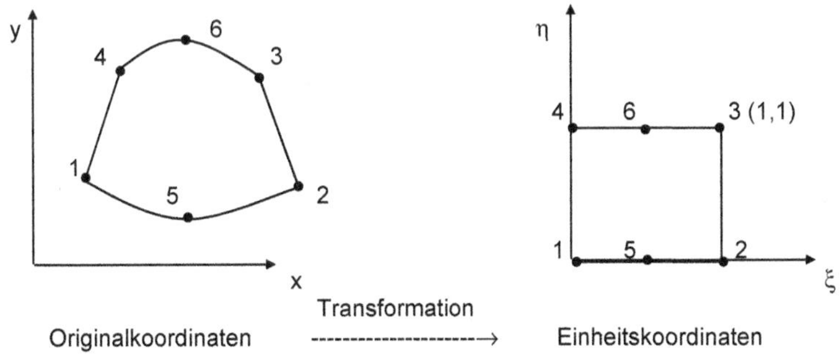

Bild 5-22 Viereckelement mit Mittelknoten

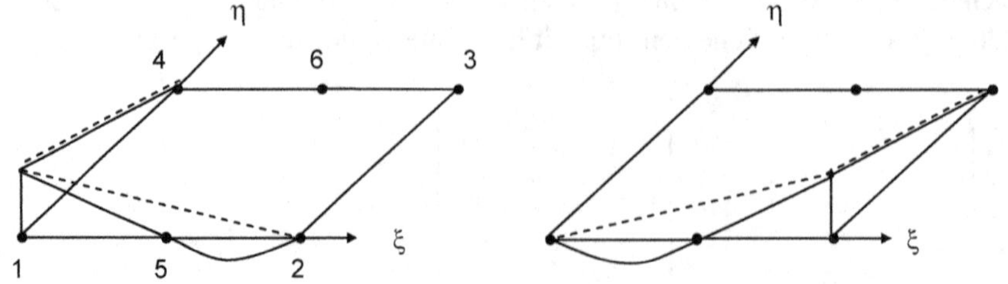

$\varphi_1 = (1-\eta)(1-3\xi+2\xi^2)$

$\varphi_1' = (1-\eta)(-3+4\xi)$

$\dot{\varphi}_1 = -1+3\xi-2\xi^2$

$\varphi_2 = (1-\eta)(-\xi+2\xi^2)$

$\varphi_2' = (1-\eta)(-1+4\xi)$

$\dot{\varphi}_2 = \xi-2\xi^2$

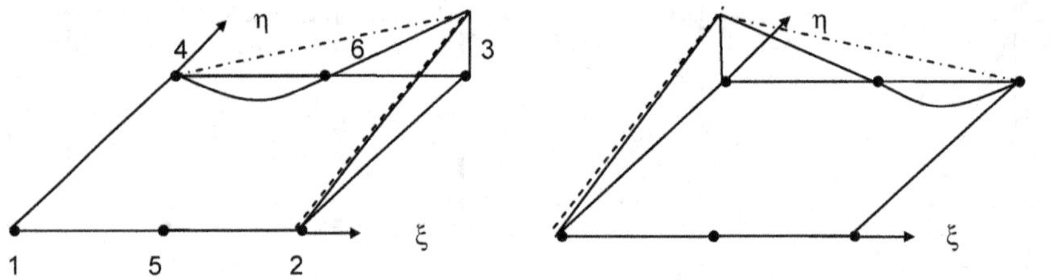

$\varphi_3 = \eta(-\xi+2\xi^2)$

$\varphi_3' = \eta(-1+4\xi)$

$\dot{\varphi}_3 = -\xi+2\xi^2$

$\varphi_4 = \eta(1-3\xi+2\xi^2)$

$\varphi_4' = \eta(-3+4\xi)$

$\dot{\varphi}_4 = 1-3\xi+2\xi^2$

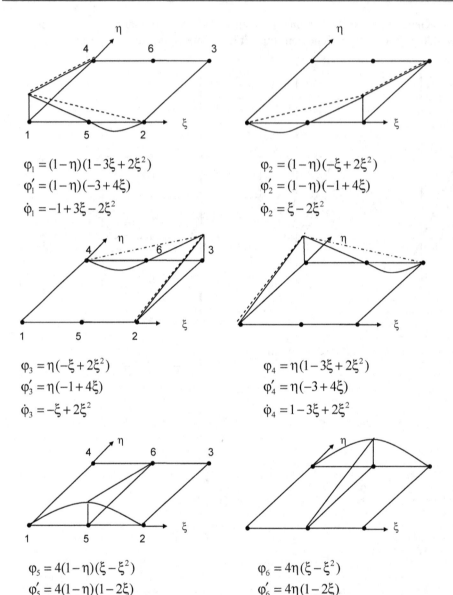

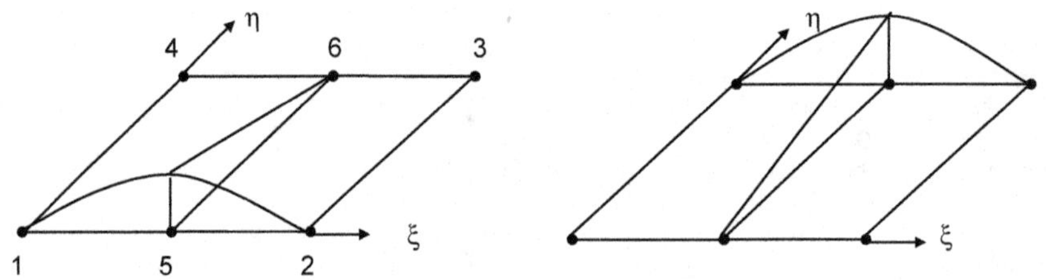

$\varphi_5 = 4(1-\eta)(\xi-\xi^2)$

$\varphi_5' = 4(1-\eta)(1-2\xi)$

$\dot{\varphi}_5 = 4(-\xi+\xi^2)$

$\varphi_6 = 4\eta(\xi-\xi^2)$

$\varphi_6' = 4\eta(1-2\xi)$

$\dot{\varphi}_6 = 4(\xi-\xi^2)$

Bild 5-23 Formfunktionen für ein 6- Knoten- Element mit zwei gekrümmten Rändern (Formfunktionen des 4- Knoten- Elementes gestrichelt)

4. Beispiel: Genauigkeit verschiedener FE- Lösungen

Im Bild 5-24 ist eine typische Konvergenzuntersuchung dargestellt für eine Quadratscheibe unter parabelförmiger Endlast in Abhängigkeit vom Elementtyp und von der Elementteilung, die die Anzahl der Freiheitsgrade festlegt.

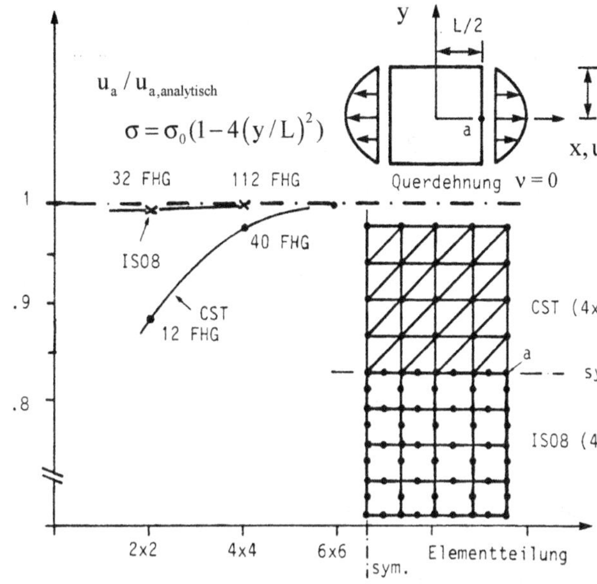

Bild 5-24 Konvergenzvergleich zwischen CST- und ISO8-Element

Das mit ISO8 bezeichnete Element ist ein isoparametrisches Scheibenelement nach Bild 5-17a mit 8 Knotenpunkten. Es zeigt eine deutlich bessere Konvergenz als das einfache CST-Element bei gleicher Anzahl der Freiheitsgrade. Im Bild 5-25 ist der quasi-exakte, mit einem sehr feinen Netz ermittelte, Verlauf der Elementspannungen σ_{xx} entlang der y-Achse unter der Annahme verschwindender Querdehnung, $(\nu = 0)$, der treppenförmige Verlauf der CST-Elementspannungen, sowie der Spannungsverlauf der ISO8-Elemente aufgetragen. Letzterer stimmt an den Mittelknoten mit den analytischen Werten praktisch exakt überein. An den Elementübergängen treten immer Sprünge auf. Zur Bestimmung des Spannungszustandes an jedem beliebigen Stützpunkt innerhalb der Scheibe ist es nicht nur notwendig eine Strategie zur Interpretation der Spannungen an den Elementübergängen zu suchen, sondern auch Überlegungen anzustellen, welche Punkte als Stützpunkte für ein zweidimensionales Interpolationspolynom angenommen werden können. In der Literatur sind viele derartige Interpolationsstrategien beschrieben worden (s. z.B. Gallagher(1976), Stein(1974)). Bei den CST-Elementen sollte der Schwerpunkt des Elements benutzt werden. Bei den höheren isoparametrischen Elementtypen haben sich die Integrationspunkte nach Bild 5-18 als geeignete Stützpunkte erwiesen. Häufig wird auch eine Mittellung der Spannungen an den Knotenpunkten vorgenommen. Dazu müssen vorher die

Spannungswerte von den Gauß-Punkten auf die Elementknoten extrapoliert werden. Bei ungleichmäßigen Netzen, bei denen von Knoten zu Knoten unterschiedlich viele Elemente angeschlossen sind, kann dadurch die Qualität der Ergebnisse für die Spannungen unterschiedlich werden. Dies trifft insbesondere für die Spannungen in Auflagerbereichen zu.

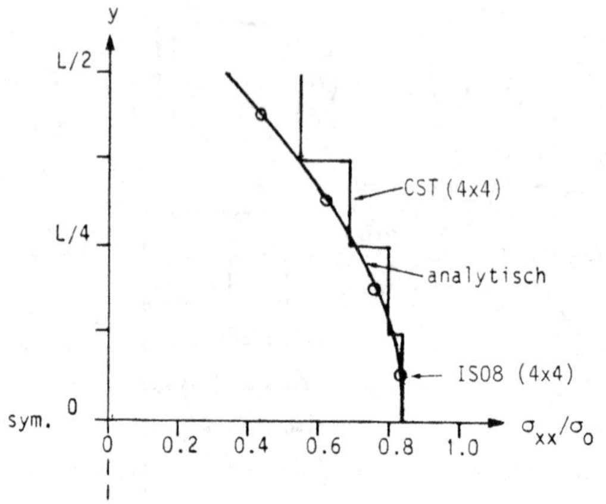

Bild 5-25 Verlauf der Längsspannung σ_{xx} bei x = 0

5.3.4 Hierarchische Elemente (p- Elemente)

Die Möglichkeit, die Genauigkeit der (iso)parametrischen Elemente durch Einführung weiterer Knotenpunkte und damit von Polynomen höherer Ordnung zu verbessern, erfordert die Konstruktion von Formfunktionen φ_i, die aus den Basisfunktion $\overline{\varphi}_i(\xi, \eta)$ gemäß Gln.5.54 gewonnen werden. Daraus folgt, dass die Elementmatrizen bei jeder Erhöhung der Knotenanzahl (Polynomordnung) vollständig neu berechnet werden müssen. Im Folgenden wird gezeigt, dass dies durch einen hierarchischen Aufbau der Formfunktionen vermieden werden kann. Dies soll an zwei Hierarchiestufen gezeigt werden. Die erste Stufe beinhaltet die Formfunktionen der einfachsten Elemente, z. B. die des Vier-Knoten Elementes nach Gl. (5.54e), die im Bild 5-23 gestrichelt dargestellt sind. Die zweite Stufe enthält die sog. hierarchischen Formfunktionen $\boldsymbol{\varphi}_h$, die nur die Bedingung erfüllen müssen, dass sie an den Knoten den Wert Null annehmen.

Beispielsweise erfüllen die Formfunktionen φ_5 und φ_6 im Bild 5-23 diese Bedingung und können demnach zur hierarchischen Ergänzung der vier bilinearen Formfunktionen der 4-Knoten-Elementes (gestrichelt gezeichnet im Bild 5-23) in der Form

$$u(\xi,\eta) = \boldsymbol{\varphi}_a^T \mathbf{u}_u + \boldsymbol{\varphi}_h^T \mathbf{u}_{hu} \quad \text{und} \quad v(\xi,\eta) = \boldsymbol{\varphi}_a^T \mathbf{u}_v + \boldsymbol{\varphi}_h^T \mathbf{u}_{hv} \tag{5.65a,b}$$

verwendet werden. Darin bedeuten $\boldsymbol{\varphi}_a = \boldsymbol{\varphi}$ die Formfunktionen der ersten Stufe nach Gl. (5.54e) und

$$\boldsymbol{\varphi}_h^T = [\varphi_5 \quad \varphi_6] = \left[4(1-\eta)(\xi-\xi^2) \;\middle|\; 4\eta(\xi-\xi^2)\right] \tag{5.65c}$$

die hierarchischen Formfunktionen der zweiten Stufe gemäß Bild 5-23. Die hierarchischen Freiheitsgrade $\mathbf{u}_{hu}$ und $\mathbf{u}_{hv}$ brauchen nicht als Verschiebungsfreiheitsgrade an irgendwelchen Knoten aufgefasst werden sondern allgemein als Amplituden der hierarchischen Formfunktionen.

Im Prinzip ist es möglich auch andere als die einfachen Polynome nach Tabelle 5-2 zur Konstruktion der hierarchischen Formfunktion zu verwenden. In MacNeal (1994) werden dazu beispielsweise modifizierte Legendre Polynome benutzt. Zur Beschreibung der Geometrie werden die hierarchischen Formfunktionen nicht verwendet, so dass die Zahl der Ansatzfunktionen für die Beschreibung der Geometrie kleiner ist, als die für die Beschreibung des Verschiebungszustands. Allgemein werden solche Elemente auch als <u>sub</u>parametrische Elemente bezeichnet.

Mit den hierarchischen Ansätzen lässt sich der Zusammenhang zwischen den Verzerrungen und den Verschiebungsfreiheitsgraden in der Form

$$\boldsymbol{\varepsilon} = \mathbf{D}\mathbf{u}_g = \mathbf{D}_a \mathbf{u}_{ga} + \mathbf{D}_h \mathbf{u}_{gh} \tag{5.66a}$$

schreiben, wobei $\mathbf{D}_a = \left[\mathbf{D}_{a,u} \quad \mathbf{D}_{a,v}\right]$ den Zusammenhang für das Ausgangselement nach Gl. (5.59a) beschreibt (der Index „a" bezeichnet das Ausgangselement) und

$$\mathbf{D}_h = \begin{bmatrix} \mathbf{D}_{h,u} & \mathbf{D}_{h,v} \end{bmatrix} \tag{5.66b}$$

den entsprechenden Zusammenhang für die hierarchische Formfunktion. Die Vorschrift zur Berechnung der $\mathbf{D}_h$-Matrix ist die gleiche wie in der Gl. (5.59a), es müssen dort lediglich die Formfunktionen $\boldsymbol{\varphi}_a$ der ersten Stufe durch die hierarchischen Formfunktionen $\boldsymbol{\varphi}_h$ ersetzt werden. Mit dieser Erweiterung lässt sich die Elementsteifigkeitsmatrix in der Form

$$\mathbf{k} = \int_V \mathbf{D}^T \mathbf{E} \mathbf{D} \, dV = \int_V \left[\begin{array}{c|c} \mathbf{D}_a^T \mathbf{E} \mathbf{D}_a & \mathbf{D}_a^T \mathbf{E} \mathbf{D}_h \\ \hline \text{sym.} & \mathbf{D}_h^T \mathbf{E} \mathbf{D}_h \end{array} \right] dV = \left[\begin{array}{c|c} \mathbf{k}_{aa} & \mathbf{k}_{ah} \\ \hline \text{sym.} & \mathbf{k}_{hh} \end{array} \right] \tag{5.67}$$

beschreiben. Man erkennt dabei, dass die Elementsteifigkeitsmatrix $\mathbf{k}_{aa}$ der ersten Hierarchiestufe erhalten bleibt und dass die Ordnung der Matrix durch Hinzufügen der Submatrizen $\mathbf{k}_{ah}$ und $\mathbf{k}_{hh}$ vergrößert wird. Auf Gesamtsystemebene heißt das, dass sich die Genauigkeit der Lösung durch Hinzufügen der hierarchischen Submatrizen verbessern lässt, ohne dass die Netzgeometrie dabei verfeinert werden müsste. Die Konvergenz zur exakten Lösung kann demnach entweder durch eine Erhöhung der Polynomgrade innerhalb der Elemente (sog. p- Konvergenz) oder durch Erhöhung der Netzdichte (sog. h- Konvergenz) erreicht werden. Natürlich lassen sich beide Vorgehensweisen auch kombinieren. Man spricht dann von hp- Konvergenz (s. auch Szabo, Sahrmann (1988), Bellmann, Rank (1989), Peano (1976)).

1.Beispiel: Hierarchische Erweiterung des Zug / Druckstab-Elementes

Als Ausgangselement der 1. Stufe dient hier das 2-Knoten Stabelement mit den Formfunktion $\boldsymbol{\varphi}_a^T = [1-\xi \mid \xi]$ nach Gl. (5.22) und der zugehörigen Elementsteifigkeitsmatrix nach Gl. (5.27) $\mathbf{k}_a = \frac{EA}{\ell}\begin{bmatrix} 1 & -1 \\ -1 & 1 \end{bmatrix}$.

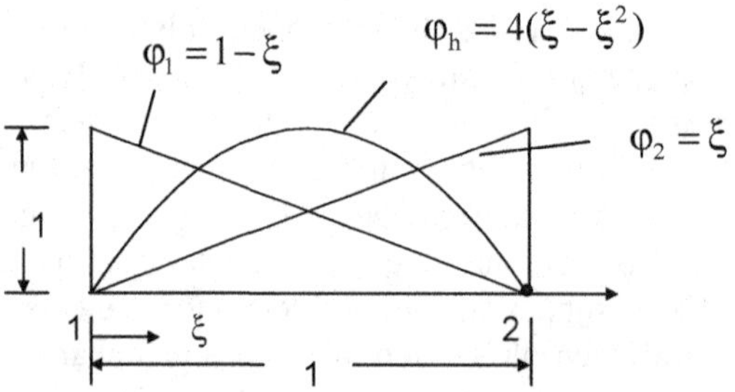

Bild 5-26 Formfunktionen erster Stufe (φ_1, φ_2) und zweiter Stufe (φ_h) für ein Stabelement

Zur hierarchischen Erweiterung wird die parabelförmige Formfunktion $\varphi_h = 4(\xi-\xi^2)$ verwendet (s. Bild 5-26), die, wie gefordert, an den Knotenpunkten die Werte Null annimmt. Die Verzerrungs-Verschiebungstransformation für das Ausgangselement lautet (s. Gl.(f) im Beispiel Kap.3.6.2)

$$\mathbf{D}_a = \boldsymbol{\varphi}_a'^T = [-1 \quad 1] \qquad \left(' \mathrel{\hat{=}} \partial(\,)/\partial\xi, \quad \xi = x/\ell \right),$$

für die hierarchischen Formfunktionen entsprechend

$$\mathbf{D}_h = \boldsymbol{\varphi}_h'^T = 4(1-2\xi) \; .$$

Daraus ergibt sich für die Submatrizen in der Gl.(5.67)

$$\mathbf{k}_{ah} = \frac{EA}{\ell} \int_0^1 \boldsymbol{\varphi}_a' \boldsymbol{\varphi}_h'^T \, d\xi = \frac{EA}{\ell} \int_0^1 \begin{bmatrix} -4(1-2\xi) \\ 4(1-2\xi) \end{bmatrix} d\xi = \begin{bmatrix} 0 \\ 0 \end{bmatrix}, \tag{a}$$

$$\mathbf{k}_{hh} = \frac{EA}{\ell} \int_0^1 \boldsymbol{\varphi}_h' \boldsymbol{\varphi}_h'^T \, d\xi = \frac{EA}{\ell} \int_0^1 16(1-2\xi)^2 \, d\xi = \frac{16}{3} \frac{EA}{\ell} \; . \tag{b}$$

Für den Fall, dass eine konstante Linienlast entlang der Stabachse angreift, erhält man den äquivalenten Lastvektor aus Gl.(3.49d) zu

$$\mathbf{f}(p_0) = \int_\xi \boldsymbol{\varphi}_0 p_0 \ell \, d\xi = p_0 \ell \int_{\xi=0}^{1} \begin{bmatrix} 1-\xi \\ \xi \\ 4(\xi - \xi^2) \end{bmatrix} d\xi = p_0 \ell \begin{bmatrix} 1/2 \\ 1/2 \\ 2/3 \end{bmatrix} . \tag{c}$$

Damit lautet die erweitete Kraft-Verschiebungs-Beziehung

$$\frac{EA}{\ell} \left[\begin{array}{cc|c} 1 & -1 & 0 \\ -1 & 1 & 0 \\ \hline 0 & 0 & 16/3 \end{array} \right] \left[\begin{array}{c} u_1 \\ u_2 \\ \hline u_h \end{array} \right] = \begin{bmatrix} f_1 + p_0 \ell / 2 \\ f_2 + p_0 \ell / 2 \\ 2 p_0 \ell / 3 \end{bmatrix} . \tag{d}$$

Für den Lagerungsfall $u_1 = 0$ und unter der Annahme, dass die Einzelkraft $f_2 = 0$ ist, ergibt die Auflösung nach u_2 und u_h,

$$u_2 = \frac{p_0 \ell^2}{2EA} \quad \text{und} \quad u_h = \frac{p_0 \ell^2}{8EA} \; . \tag{e}$$

Damit erhält man den Verschiebungsverlauf über die Stablänge zu

$$u(x) = \varphi_2 u_2 + \varphi_h u_h = \frac{p_0 \ell^2}{EA} (\xi - \xi^2 / 2) \tag{f}$$

in Übereinstimmung mit der exakten Lösung der Differentialgleichung im Beispiel vom Kap.3.6.4.2.

Die Tatsache, dass die Koppelmatrix $\mathbf{k}_{ah}$ hier Null ist, belegt, dass zur exakten Berechnung der Knotenverschiebung u_2 die hierarchische Ansatzerweiterung nicht erforderlich ist, wohl aber zur Ermittlung des exakten Verschiebungsverlaufs zwischen den Knoten. Dies wird auch in dem im Bild 3-14 dargestellten Verlauf deutlich.

2. Beispiel: Scheibenelement mit Drehfreiheitsgraden

Der Wunsch, an den Elementknoten auch Drehfreiheitsgrade zuzulassen, resultiert u.a. daraus, die Scheibenelemente auch mit Platten- und Balkenelementen zu koppeln. Dies wird im Bild 5-27 deutlich, wenn man sich vorstellt, dass entlang der Elementkante 1–5–2 ein Biegebalken oder eine Platte angeschlossen werden soll, deren Drehfreiheitsgrade bei der Scheibe keine Entsprechung finden, da bei dieser ja nur die translatorischen Freiheitsgrade u_i und v_i definiert sind.

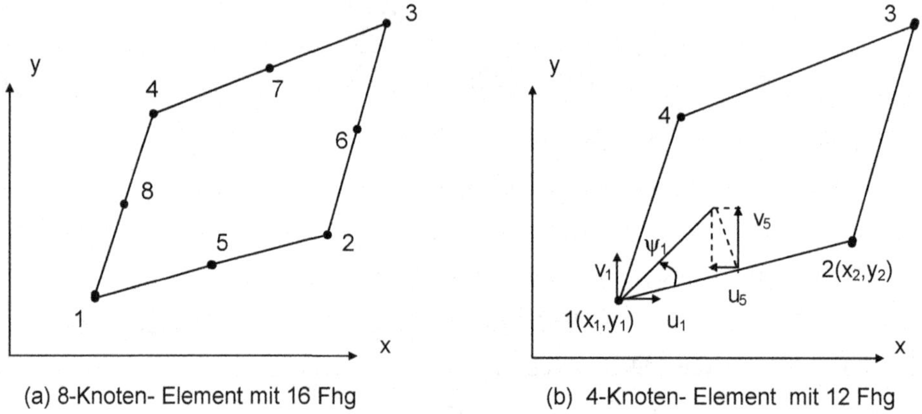

Bild 5-27 Reduktion eines 8-Knoten- Scheibenelementes auf ein 4-Knoten- Element mit den Drehfreiheitsgraden ψ_1 - ψ_4

Bei Verwendung des 4- Knoten- Elementes ohne Zwischenknoten tritt außerdem das Problem auf, dass die linearen Verschiebungsverläufe für das Scheibenelement nicht konform sind mit dem kubischen Verschiebungsverlauf des Balkenelementes. Die damit einhergehende Unstetigkeit der Verschiebung an gemeinsamen Kanten könnte verbessert werden durch die Einführung von Zwischenknoten beim Scheibenelement. Wir wollen im Folgenden ein Scheibenelement mit Drehfreiheitsgraden herleiten, indem wir die Freiheitsgrade $u_5 - u_8$ und $v_5 - v_8$ der Mittenknoten eines hierarchisch aufgebauten 8-Knoten-Scheibenelementes durch die Drehfreiheitsgrade $\psi_1 - \psi_4$ auszudrücken.

Als Ausgangselement (Stufe 1) benutzen wir das isoparametrische 4-Knoten-Scheibenelement mit den bilinearen Formfunktionen $\boldsymbol{\varphi}_a = \boldsymbol{\varphi}$ nach Gl. (5.54e) und Bild 5-23, die auch zur Beschreibung der Elementgeometrie mit geraden Kanten verwendet werden (Bild 5-27). Gemäß Gl. (5.65) werden diese Formfunktionen nun durch die im Bild 5-28 dargestellten hierarchischen Formfunktionen $\boldsymbol{\varphi}_h^T = [\varphi_5 \quad \varphi_6 \quad \varphi_7 \quad \varphi_8]$ ergänzt.

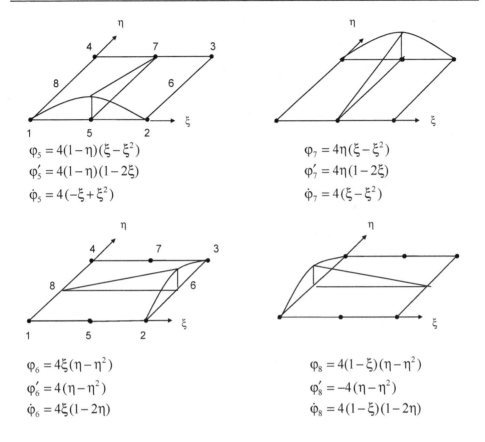

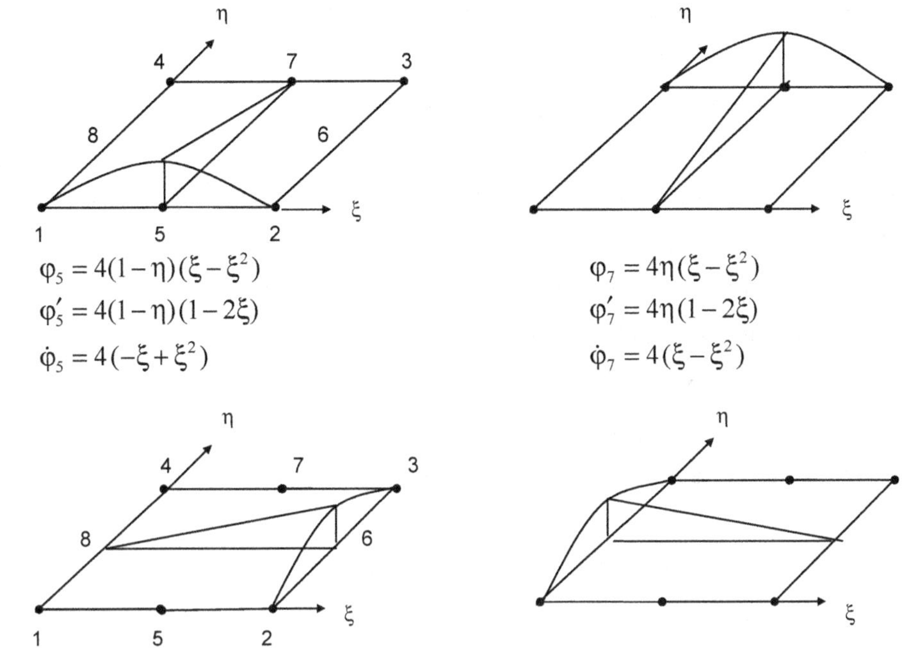

$$\varphi_5 = 4(1-\eta)(\xi-\xi^2) \qquad \varphi_7 = 4\eta(\xi-\xi^2)$$

$$\varphi_5' = 4(1-\eta)(1-2\xi) \qquad \varphi_7' = 4\eta(1-2\xi)$$

$$\dot{\varphi}_5 = 4(-\xi+\xi^2) \qquad \dot{\varphi}_7 = 4(\xi-\xi^2)$$

$$\varphi_6 = 4\xi(\eta-\eta^2) \qquad \varphi_8 = 4(1-\xi)(\eta-\eta^2)$$

$$\varphi_6' = 4(\eta-\eta^2) \qquad \varphi_8' = -4(\eta-\eta^2)$$

$$\dot{\varphi}_6 = 4\xi(1-2\eta) \qquad \dot{\varphi}_8 = 4(1-\xi)(1-2\eta)$$

Bild 5-28 Hierarchische Formfunktionen für ein 8- Knoten- Element

Die Freiheitsgrade $u_5 - u_8$ und $v_5 - v_8$ an den Mittenknoten lassen sich durch die Knotenverdrehungen ψ ausdrücken mit der Annahme, dass infolge der Knotenverdrehung die Mittenknoten sich tangential auf einer Kreisbahn bewegen (Radius = halbe Kantenlänge). Aus dem Bild 5-27(b) können dann die folgenden Abhängigkeiten abgelesen werden:

$$\mathbf{u}_{uh} = \begin{bmatrix} u_5 \\ u_6 \\ u_7 \\ u_8 \end{bmatrix} = \frac{1}{2} \left[\begin{array}{c:c:c:c} -y_{21} & y_{21} & & \\ & -y_{32} & y_{32} & \\ & & y_{34} & -y_{34} \\ -y_{41} & & & y_{41} \end{array} \right] \begin{bmatrix} \psi_1 \\ \psi_2 \\ \psi_3 \\ \psi_4 \end{bmatrix} = \boldsymbol{\Delta}_u \boldsymbol{\psi} \ , \tag{a}$$

$$\mathbf{u}_{vh} = \begin{bmatrix} v_5 \\ v_6 \\ v_7 \\ v_8 \end{bmatrix} = \frac{1}{2} \left[\begin{array}{c|c|c|c} x_{21} & -x_{21} & & \\ & x_{32} & -x_{32} & \\ & & -x_{34} & x_{34} \\ x_{41} & & & -x_{41} \end{array}\right] \begin{bmatrix} \psi_1 \\ \psi_2 \\ \psi_3 \\ \psi_4 \end{bmatrix} = \mathbf{\Delta}_v \boldsymbol{\psi} \tag{b}$$

mit $x_{ij} = x_i - x_j$ und $y_{ij} = y_i - y_j$. Einsetzen der Gl. (a) und (b) in die Gln. (5.65a, b) liefert

$$u(\xi,\eta) = \boldsymbol{\varphi}_a^T \mathbf{u}_u + \boldsymbol{\varphi}_{u\psi}^T \boldsymbol{\psi} \quad \text{und} \quad v(\xi,\eta) = \boldsymbol{\varphi}_a^T \mathbf{u}_v + \boldsymbol{\varphi}_{v\psi}^T \boldsymbol{\psi} \tag{c}$$

mit den neuen hierarchischen Formfunktionen

$$\boldsymbol{\varphi}_{u\psi}^T = \boldsymbol{\varphi}_h^T \mathbf{\Delta}_u \quad \text{und} \quad \boldsymbol{\varphi}_{v\psi}^T = \boldsymbol{\varphi}_h^T \mathbf{\Delta}_v \,, \tag{d}$$

die den Verschiebungszustand $u(\xi,\eta)$ und $v(\xi,\eta)$ in Abhängigkeit von den Knotenverdrehungen $\boldsymbol{\psi}$ festlegen. Führt man die Matrizenoperationen aus, so erhält man:

$$\boldsymbol{\varphi}_{u\psi}^T = [-y_{21}\varphi_5 - y_{41}\varphi_8 \mid y_{21}\varphi_5 - y_{32}\varphi_6 \mid y_{32}\varphi_6 + y_{34}\varphi_7 \mid -y_{34}\varphi_7 + y_{41}\varphi_8]/2 \tag{e}$$

$$\boldsymbol{\varphi}_{v\psi}^T = [x_{21}\varphi_5 + x_{41}\varphi_8 \mid -x_{21}\varphi_5 + x_{32}\varphi_6 \mid -x_{32}\varphi_6 - x_{34}\varphi_7 \mid x_{34}\varphi_7 - x_{41}\varphi_8]/2 \tag{f}$$

Die auf die Knotenverdrehungen bezogenen Formfunktionen ergeben sich demnach durch Überlagerung der Formfunktionen der beiden Mittelknoten, die mit dem Eckknoten benachbart sind. Diese Formfunktionen weisen die Besonderheit auf, dass die Verschiebungen verschwinden im Fall, dass alle Knotenverdrehungen gleich groß sind, $\boldsymbol{\psi}^T = [1 \;\; 1 \;\; 1 \;\; 1]$. Man erhält dann mit $u(\xi,\eta) = \boldsymbol{\varphi}_{u\psi}^T \boldsymbol{\psi} = 0$ und $v(\xi,\eta) = \boldsymbol{\varphi}_{v\psi}^T \boldsymbol{\psi} = 0$ einen sogenannten ″Null-Energie“ Verschiebungszustand. Dieser hat zwar keine Auswirkung auf das elastische Verhalten des Elementes, bewirkt aber einen Rangabfall der Steifigkeitsmatrix. Dieser kann am einfachsten durch die Sperrung eines einzigen Drehfreiheitsgrades unterdrückt werden.

In den folgenden Bildern wird anhand der im Bild 5-29 skizzierten Kragscheibe eine typische Studie zum Konvergenzverhalten verschiedener Scheibenelemente vorgestellt. Im ersten Beispiel wird die Durchbiegung für ein Höhen/ Längenverhältnis der Scheibe von H/L= 1/8 unter der Wirkung einer Einzellast F = 1 für verschiedene Elementtypen und Netzdichten berechnet. Da bei diesem Abmessungsverhältnis die Gültigkeit der Balkentheorie vorausgesetzt werden kann, sind in dem Bild 5-30 die prozentualen Abweichungen der FE- Lösungen von der Balkenlösung für die Durchbiegung an der Kragarmspitze angegeben. Die Balkenlösung ergibt sich bei Berücksichtigung der Schubverformung aus $u_B = (4L^3/H^3 + 2(1+\nu)L/A_s)\,F/Et$. Für das Zahlenbeispiel wurden folgende Annahmen getroffen: Elastizitätsmodul: $E = 1$, Querdehnung: $\nu = 0$, effektive

Schubfläche: $A_s = 5/6Ht$, Dicke: $t = 1$. Daraus ergibt sich für $H/L = 1/8$ die Durchbiegung zu $u_B = 2067$.

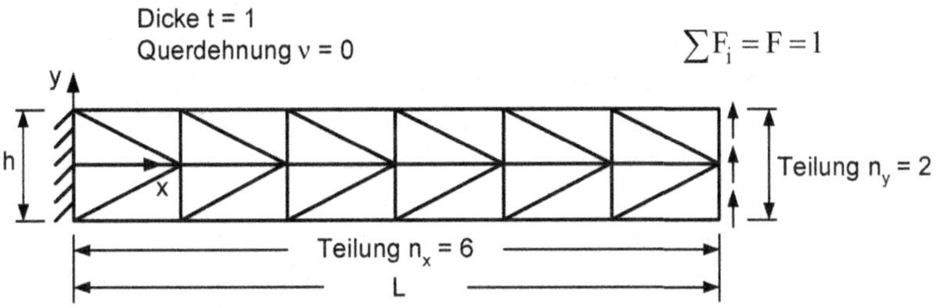

Bild 5-29 Kragträger unter Endlast mit Elementteilung n_x und n_y

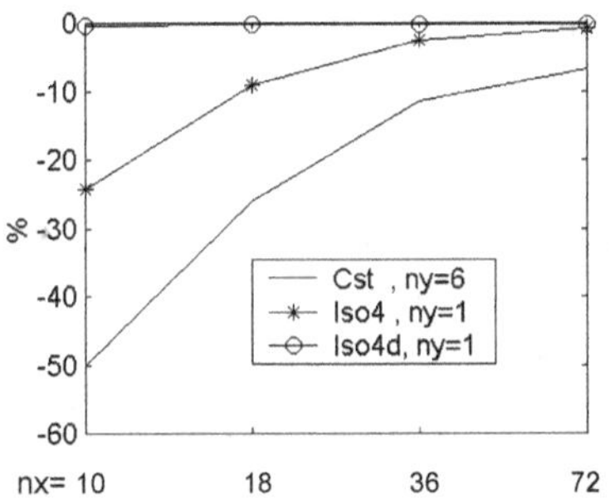

Bild 5-30 Verschiebungsfehler an der Kragarmspitze bezogen auf die Balkenlösung

Aus dem Vergleich der Lösungen im Bild 5-30 geht hervor, dass mit dem einfachen CST-Dreieckselement ein Biegezustand nur mit einer sehr feinen Elementteilung, nicht nur über die Balkenlänge sondern insbesondere auch über die Balkenhöhe, dargestellt werden kann. Die Lösung für $n_x = 72$ und $n_y = 6$ (im Bild 5-30 mit Cst bezeichnet) weist noch eine Abweichung von –6,9% auf. Wesentlich besser stellt sich das Konvergenzverhalten des 4- Knoten-Scheiben Rechteckscheibenelementes (im Bild 5-30 mit Iso4 bezeichnet) dar. Hier wurde nur ein Element über die Höhe angenommen ($n_y=1$). Man sieht, dass die Lösung bei $n_x=72$ Elementen über die Balkenlänge nur noch einen Fehler von - 0,76% aufweist. Eine dramatische Verbesserung ist für das Scheibenelement mit Drehfreiheitsgraden (im Bild mit Iso4d bezeichnet) zu erkennen. Hier ist selbst mit der gröbsten Elementteilung, $n_x = 10$, $n_y = 1$, der Fehler mit –0,4%, schon vernachlässigbar klein in Bezug auf die Balkenlösung. Bei $n_x = 4$ und $n_y = 1$ ist der Fehler mit 1,7% auch schon klein. Selbst bei einem einzigen Element, $n_x = 1$ und $n_y = 1$ ist die Lösung für die Querverschiebung mit einem Fehler von 25% zwar unbrauchbar aber immerhin schon in einer realistischen Größenordnung. Zu bemerken ist ferner, dass die

Knotenverdrehungen an der Ober- und der Unterkante des Elementes gleich sind, so dass der Verlauf der Längsverschiebung u über die Elementhöhe linear bleibt und die Knotenverdrehungen nur in die Querverschiebung v eingehen. Der Fehler bei der Längsverschiebung ist bereits bei einem einzigen Element Null. Dies gilt allerdings nur dann, wenn die Querdehnung zu Null angenommen wird, was hier getan wurde, um eine möglichst genaue Simulation des Balkenmodells zu erzielen.

Im nächsten Beispiel wird die Kragscheibe als „echte" Scheibe mit dem Seitenverhältnis L/H = 1 mit ansonst gleichen Parametern wie zuvor für verschiedene Elementtypen und Netzteilungen untersucht. Das Bild 5-31 zeigt das Konvergenzverhalten verschiedener Elementtypen in Abhängigkeit von der Netzteilung n_x in Längs- und n_y in y- Richtung der Scheibe. Hierbei ist zu beachten, dass n_y die Teilung über die halbe Scheibenhöhe bedeutet, da man wegen der Symmetrie der Struktur und der zur x-Achse antimetrischen Belastung nur die halbe Scheibe modellieren muss. Dabei müssen dann alle Längsverschiebungen entlang der x-Achse bei y = 0 gesperrt werden. Die in dem Bild als exakt bezeichnete Lösung entspricht einer FE- Lösung mit extrem feiner Elementteilung, da es für diesen Fall keine exakte analytische Lösung gibt. Zunächst erkennt man in dem Bild wieder die bescheidene Qualität des Cst- Elementes, die von dem mit Iso4 bezeichneten Rechteckelement gemäß Kap.5.3.2 deutlich übertroffen wird. Noch besser verhält sich das in einem kommerziellen Programm verfügbare Element Com4. Bei diesem Element sind u.a. spezielle Maßnahmen zur Reduzierung des Einflusses der Schubverformung getroffen, worauf wir noch im folgenden Kapitel 5.4 eingehen werden. Noch besser schneidet das zuvor behandelte (mit Iso4d bezeichnete) Element mit Drehfreiheitsgraden ab, das nur noch leicht von dem mit Com4d bezeichneten Element des kommerziellen Programms übertroffen wird, das ebenfalls Drehfreiheitsgrade aufweist.

In den folgenden Bildern soll ein Eindruck über erreichbare Genauigkeiten bei der Berechnung von Spannungen vermittelt werden. Aus der Elastizitätstheorie weiß man, dass in Scheiben mit einspringenden Ecken, an den Ecken von freien und eingespannten Kanten und an scharfen Kerben singuläre Stellen auftreten, in denen die Verzerrungen/Spannungen unendlich große Werte annehmen. Je feiner die FE-Netze in solchen Bereichen verdichtet werden, umso größer werden die Verzerrungen/ Spannungen dort berechnet, ohne dass je eine exakte Lösung erreicht werden kann.

Besonders ungünstig verhält sich die Konvergenz bei den p-Elementen, bei denen die Genauigkeit durch eine Erhöhung der Polynomordnung erreicht wird. Hier beginnen die Lösungen zu oszillieren und erfassen dabei auch noch einen größeren Bereich der Struktur. Die FE- Lösung kann jedoch in einem gewissen Abstand von den singulären Punkten durchaus auf einen exakten Wert hin konvergieren. Man muss daher bei der Auswertung der FE- Berechnung darauf achten, dass die FE- Lösung erst ab einem gewissen „Sicherheitsabstand" von den singulären Punkten sinnvolle Ergebnisse liefert. Dieser Abstand „r" kann je nach Stärke der Singularität größer oder kleiner sein, z.B. proportional zu 1/r oder zu $1/r^2$. Zur genauen Erfassung derartiger Singularitäten sind in der Vergangenheit auch spezielle Elemente entwickelt worden, z.B. zur Analyse der Spannungskonzentrationen im Bereich von scharfkantigen

Rissen (Rossmanith(1982)). In dem Bild 5-32 ist der Spannungsverlauf für die Längsspannung σ_{xx} entlang des eingespannten Randes dargestellt. An der Ecke bei y = +/-H/2 befindet sich eine singuläre Stelle. Diese ist jedoch nur schwach ausgeprägt, so dass sich die Spannungsverläufe der untersuchten Elemente bereits in einem kleinen Abstand vom singulären Punkt nicht mehr wesentlich unterscheiden.

Der Spannungszustand im Bereich von Rissen lässt sich mit dem vorliegenden Scheibenmodell simulieren, wenn man annimmt, dass die Scheibe am Rand bis zum Viertelspunkt aufgerissen ist, d.h. nur noch im Bereich +/–H/4 eingespannt ist, während der übrige Rand frei verschieblich ist (Bild 5-33). In diesen Viertelspunkten entstehen singuläre Stellen, in denen der ansonsten kontinuierliche Spannungszustand einen Sprung aufweist, der theoretisch von Null nach unendlich geht, und der von einer diskreten FE- Lösung natürlich nicht abgebildet werden kann. Im Bild 5-34 sieht man, dass die FE- Lösungen (hier alle mit dem Vier- Knoten-Element mit Drehfreiheitsgraden (Iso4d) erzeugt) je nach Netzdichte im Bereich der Singularität sehr starke Abweichungen aufweisen. Die Singularität ist hier stärker ausgeprägt als in dem vorangegangenen Beispiel, so dass die Spannungsverläufe der verschiedenen FE- Lösungen erst in einem größeren Abstand vom singulären Punkt ineinander übergehen. Im Bild 5-35 zeigt die Intensität der Schattierung den Verlauf der Vergleichsspannung (s. Gl. (c) im 2.Beispiel im Kap.3.5) über die Scheibe, aus dem sich anschaulich die Spannungskonzentration im Bereich des singulären Punktes wiederspiegelt.

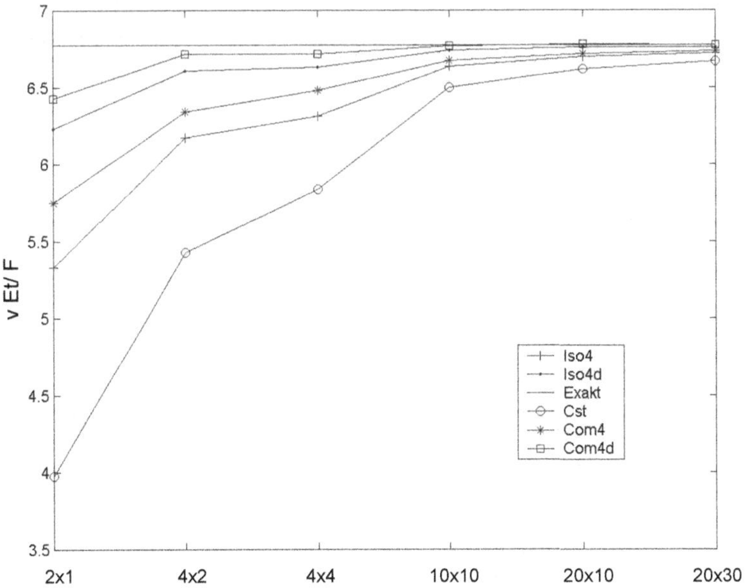

Bild 5-31 Verschiebung an der Spitze Quadratscheibe für verschiedene Elementtypen und Netzteilungen $nx \times ny$

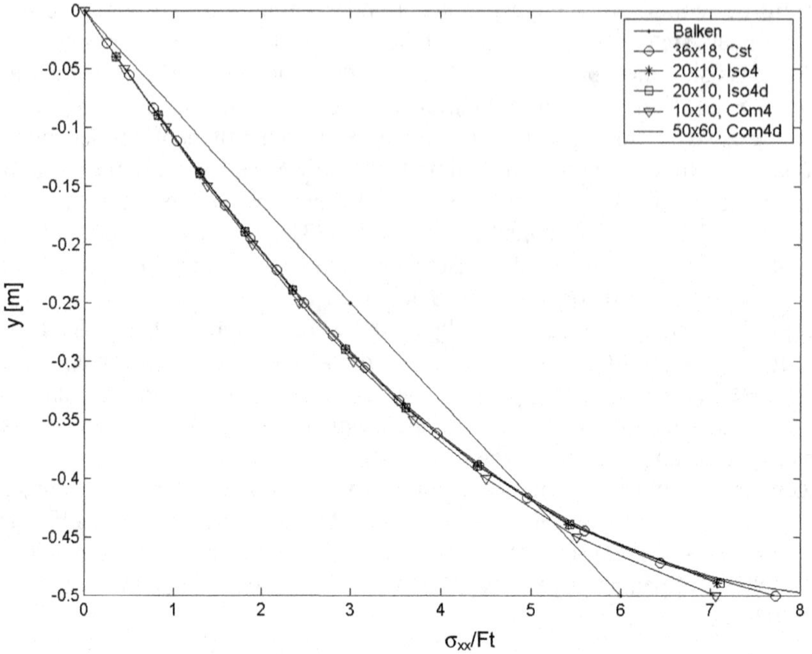

Bild 5-32 Verlauf der Spannung σ_{xx} an der einspannten Seite der Quadratscheibe

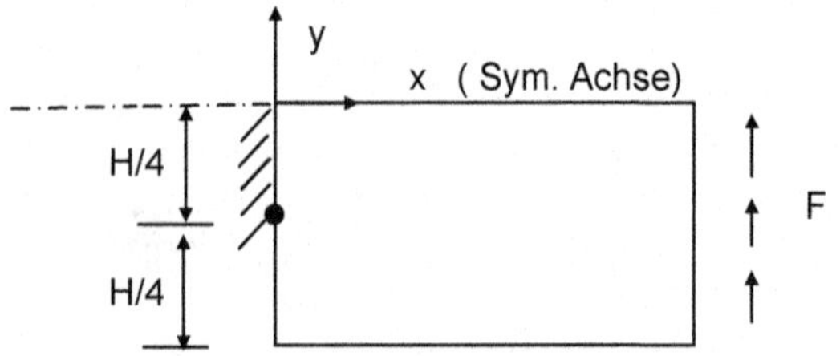

Bild 5-33 Scheibe mit Riss

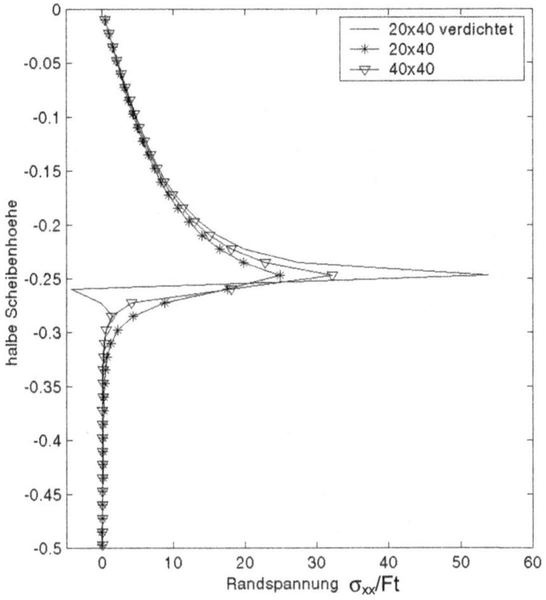

Bild 5-34 Verlauf der Spannung σ_{xx} an der einspannten Seite der Scheibe mit Riss

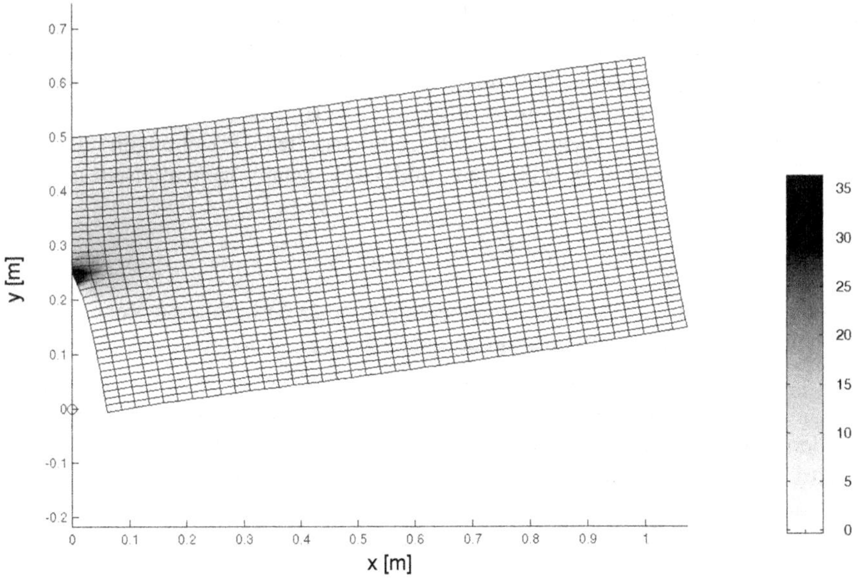

Bild 5-35 Verlauf der Vergleichsspannung bei Scheibe mit Riss

5.4 Plattenelemente

Die Herleitung der Elementsteifigkeitsmatrizen für Plattenelemente erfolgt wieder mit Hilfe der Grundgleichung (3.49b), $\mathbf{k} = \int_V \mathbf{D}^T \mathbf{E}\, \mathbf{D}\, dV$, der auf Verschiebungsansätzen beruhenden FE-Methode, bei der die **D**-Matrix den Verzerrungszustand in Abhängigkeit von den Knotenpunktsverschiebungen darstellt. Bei der Approximation des Verzerrungs- bzw. Verschiebungszustandes einer dünnen Platte bietet sich als erstes die Annahme an, dass die Querschnitte wie beim Balken nach der Verformung eben bleiben und senkrecht auf der verformten Plattenmittelfläche stehen, d.h. keine Schubverformung erfahren. Diese Annahmen entsprechen der klassischen Kirchhoffschen Plattentheorie. Wir werden sehen, dass anders als bei der analytischen Behandlung des Plattenproblems, die Annahmen der Kirchhoffschen Theorie keine Vereinfachung mit sich bringen, sondern zu einer Erschwernis bei der Konstruktion konformer Verschiebungsansätze (Formfunktionen) führen. Wegen ihrer nicht nur prinzipiellen Bedeutung und zur Erläuterung der auftretenden Probleme, wollen wir jedoch mit den schubstarren Kirchhoffschen Plattenelementen beginnen, bevor wir im nächsten Kapitel auf die heute vielfach gebräuchlichen konformen schubweichen Elemente eingehen.

5.4.1 Schubstarre Plattenelemente nach der Theorie von Kirchhoff

In der Kirchhoffschen Plattentheorie kann, wie wir auch beim Biegebalken nach Bernoulli im Kap.5.2, Bild 5-2, gesehen haben, der Verschiebungszustand u(z) und v(z) im Abstand z von der Mittelebene durch die Querverschiebung w(z) ausgedrückt werden, wenn man annimmt, dass die Schubverformung in den Querschnitten vernachlässigt werden kann und diese nach der Verformung senkrecht auf den Plattenmittelflächen stehen. Wenn man die geometrischen Beziehungen aus dem Bild 5-2 auf die Plattenschnitte $x = \text{konstant}$ und $y = \text{konstant}$ bezieht erhält man die Beziehungen

$$u = -z\,w' \quad \text{und} \quad v = -z\,\dot{w} \qquad \left(()' \mathrel{\hat{=}} \partial/\partial x,\ \dot{()} \mathrel{\hat{=}} \partial/\partial y \right) \tag{5.68a,b}$$

Einsetzen der Verzerrungs- Verschiebungsbeziehungen (3.6) liefert die Verzerrungen in einer Ebene im Abstand z von der Plattenmittelfläche $z = 0$

$$\boldsymbol{\varepsilon}^T(z) = \boldsymbol{\kappa}^T z = \left[-w'' \quad -\ddot{w} \quad -2\dot{w}' \right] z \;, \tag{5.69}$$

wobei $\boldsymbol{\kappa}$ den Vektor der Krümmungen der Plattenmittelfläche darstellt.
Die **D**-Matrix in (3.49c) lautet damit

$$\mathbf{D} = z\left[\partial\kappa_i / \partial u_j \right] = z\,\mathbf{D}_p \tag{5.70a}$$

mit

$$\mathbf{D}_p = \left[\partial\kappa_i / \partial u_j \right] . \tag{5.70b}$$

Führt man diese Beziehung in (3.49b) ein, so ergibt sich nach Integration über z die Grundgleichung zur Berechnung der Steifigkeitsmatrizen zu

$$\mathbf{k} = \iint_{xy} \mathbf{D}_p^T \, \mathbf{B} \, \mathbf{D}_p \, dy \, dx \ . \tag{5.71}$$

Hier beinhaltet $\mathbf{B} = \mathbf{E} t^3/12$ die Elastizitätsmatrix, die das Werkstoffgesetz für die Plattenschnittmomente $\mathbf{m} = [m_{xx} \; m_{yy} \; m_{xy}]^T$ und die Krümmungen $\boldsymbol{\kappa}$ in der Form

$$\mathbf{m} = \mathbf{B}\,\boldsymbol{\kappa} \tag{5.72a}$$

darstellt. Für den Sonderfall des isotropen Werkstoffes gilt

$$\begin{bmatrix} m_{xx} \\ m_{yy} \\ m_{xy} \end{bmatrix} = K \begin{bmatrix} 1 & \nu & 0 \\ \nu & 1 & 0 \\ 0 & 0 & \frac{1-\nu}{2} \end{bmatrix} \begin{bmatrix} -w'' \\ -\ddot{w} \\ -2\dot{w}' \end{bmatrix} \tag{5.72b}$$

wobei die Abkürzung $K = E\,t^3/(12(1-\nu^2))$ als Plattensteifigkeit bezeichnet wird.

Für die Querkräfte q_x und q_y kann in der Kirchhoffschen Theorie kein Elastizitätsgesetz angegeben werden, da die daraus resultierenden Schubspannungen gemäß Annahme ja keine Verzerrungen hervorrufen sollen. Die Querkräfte lassen sich aber direkt aus den Gleichgewichtsbedingungen (Summe der Momente um die x- und die y-Achse am infinitesimalen Plattenelement) herleiten. Man erhält daraus den Zusammenhang

$$q_x = m'_{xx} + \dot{m}_{xy} \quad \text{und} \quad q_y = \dot{m}_{yy} + m'_{xy} \ . \tag{5.72c,d}$$

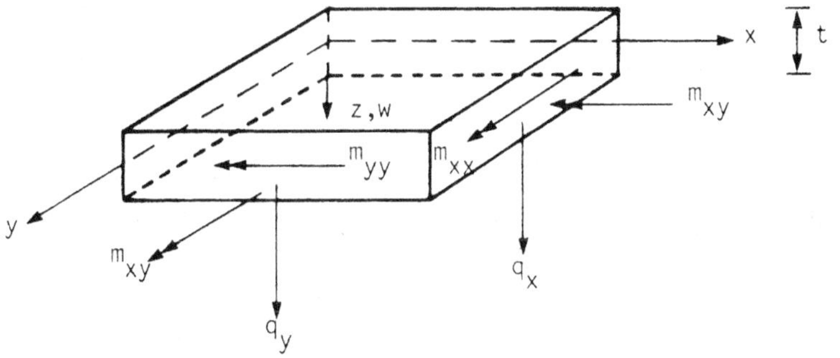

Bild 5-36 Definition der Plattenschnittgrößen

In der $\mathbf{D}_p$-Matrix der Gl. (5.70) treten nur die Krümmungen, d.h. die zweiten Ableitungen der Biegefläche auf. Während wir bei den Scheiben je einen Ansatz für die Verschiebungen u und v machen mussten, brauchen wir bei der Platte also nur einen Ansatz für die Durchbiegung w einzuführen. Anders als bei der Scheibe, bei der die Ansätze nur die Stetigkeit der Verschiebung u, v zum Nachbarelement erfüllen mussten (geometrische Randbedingungen beim Ritzschen Verfahren), müssen bei dem Plattenelement auch die Neigungen $\partial w / \partial n_{ij}$ der Biegefläche an den Elementrändern stetig sein (n_{ij} = Normale zum Rand zwischen dem Knoten i und j im Bild 5-37). Elemente, die beide Stetigkeitsbedingungen erfüllen, heißen konforme Elemente. Leider ist die Konstruktion von konformen Polynomansatzfunktionen, insbesondere bei Dreiecksplatten, nicht ohne weiteres möglich. Wir betrachten dazu das sogenannte

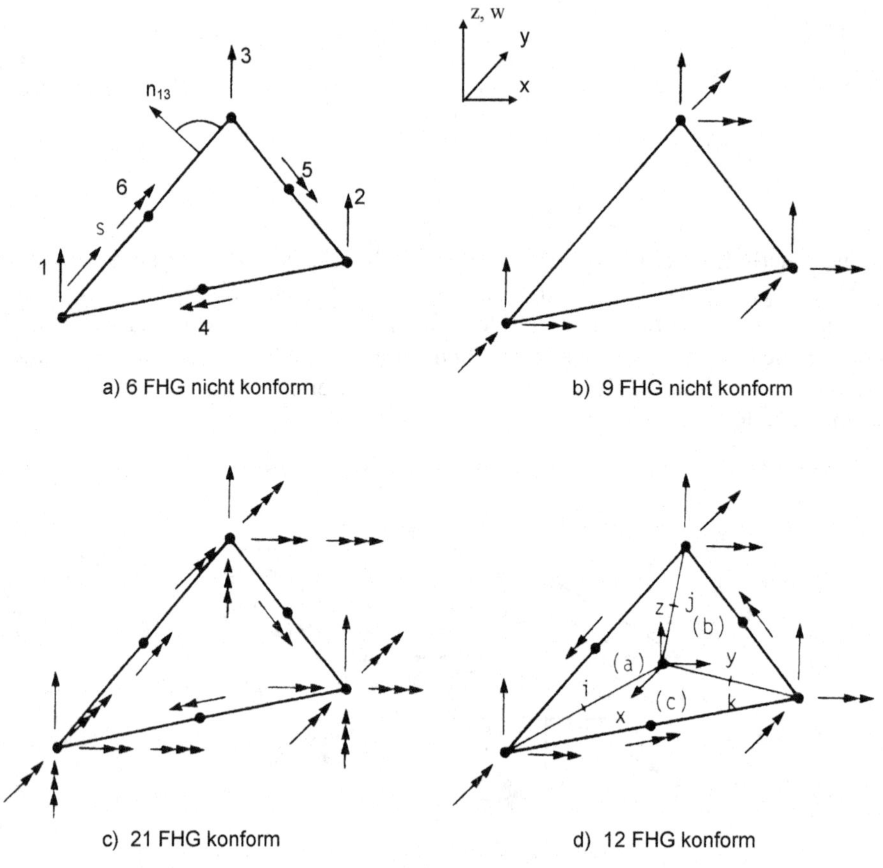

Bild 5-37 Konforme und nicht konforme Plattenelemente

Pascalsche Dreieck (Tabelle 5-2, Kap.5.3.3), in dem die vollständigen Polynome bis zur fünften Ordnung aufgelistet sind, sowie die Plattenelemente im Bild 5-37.

Demnach erfordert ein vollständiger quadratischer Verschiebungsansatz mit sechs Koeffizienten auch sechs Freiheitsgrade, wie z.B. im Bild 5-37a dargestellt. Ein quadratischer Verschiebungsansatz bedeutet aber auch, dass die Verschiebungen der Elementränder auch quadratisch über s in der Form $w_{Rand} = c_1 + c_2 s + c_3 s^2$ verlaufen. Es müssen daher drei Verschiebungsfreiheitsgrade pro Rand definiert werden, um die drei Koeffizienten c_1, c_2 und c_3 eindeutig zu bestimmen. Im Bild 5-37a sind jedoch nur zwei Verschiebungsfreiheitsgrade definiert. Daraus folgt, dass das Element auch bezüglich der Verschiebungen zwischen den Knoten <u>nicht</u> konform ist. Für die Neigungen (linear über s mit zwei Koeffizienten) gilt eine ähnliche Überlegung, da nur ein Drehfreiheitsgrad pro Seite zur Verfügung steht. Das Element nach Bild 5-37a mit dem vollständigen quadratischen Ansatz $w = a_1 + a_2 x + a_3 y + a_4 x^2 + a_5 xy + a_6 y^2$ erfüllt die Stetigkeitsforderungen also nur in den sechs Freiheitsgraden selbst.

Beim Element nach Bild 5-37b mit <u>neun</u> Freiheitsgraden liefert der vollständige kubische Ansatz zehn freie Ansatzkoeffizienten, so dass ein Koeffizient überschüssig ist. Man kann nun einen Ansatzkoeffizienten dadurch ausschalten, dass die gemischten Funktionen $x^2 y$ und $y^2 x$ zusammengefasst werden. Der Ansatz lautet damit:

$$\begin{aligned} w &= a_1 + a_2 x + a_3 y + a_4 x^2 + a_5 xy + a_6 y^2 + a_7 x^3 + a_8 (x^2 y + y^2 x) + a_9 y^3 \\ &= \bar{\boldsymbol{\varphi}}^T \mathbf{a} \end{aligned} \tag{5.73a}$$

mit

$$\bar{\boldsymbol{\varphi}}^T = \left[1 \mid x \mid y \mid x^2 \mid xy \mid y^2 \mid x^3 \mid x^2 y + y^2 x \mid y^3 \right] \tag{5.73b}$$

Dieser Ansatz ist stetig bezüglich der Verschiebungen zwischen den Elementen, jedoch unstetig für die Neigungen. Der Ansatz hat außerdem den Nachteil, dass sich für bestimmte Elementgeometrien die Ansatzkoeffizienten nicht eindeutig auf die Knotenfreiheitsgrade normieren lassen. Ein konformes Dreieckselement entsteht beim vollständigen Polynom 5. Ordnung mit 21 Ansatzkoeffizienten, wenn in den Eckpunkten außer den Verschiebungen und Neigungen auch noch die zweiten Ableitungen w'', $\ddot{w}$, $\dot{w}'$ als Freiheitsgrade eingeführt werden (im Bild 5-37c durch dreifache Pfeile symbolisiert); man erhält daraus $3 \cdot 6 = 18$ Freiheitsgrade. Die restlichen drei FHG zur eindeutigen Festlegung der Ansatzkoeffizienten werden als Neigungen in den Mitten der Dreiecksseiten definiert. In der Praxis hat sich dieses Element jedoch nicht durchgesetzt, da durch die Einführung der Krümmungsfreiheitsgrade die Anschaulichkeit der Freiheitsgrade leidet. Außerdem ist es beim Zusammenbau zur Gesamtsteifigkeitsmatrix unpraktisch, wenn ein Element Mittenknoten mit nur einem Freiheitsgrad aufweist. In den meisten FEM-Programmsystemen sind daher nur Elemente mit den im Bild 5-37b angegebenen Freiheitsgraden gebräuchlich. Um für diese Freiheitsgrade ein konformes Element zu erhalten, werden im nächsten Kapitel weitere Überlegungen angestellt. Wir wollen hier zunächst das nicht-konforme Element vom Ansatztyp (5.73) für das Dreieck behandeln, um die Auswertung der Gl. (5.71) zu demonstrieren. Zunächst bestimmen wir wieder die Formfunktionen, d.h. wir müssen die Ansatzkoeffizienten a_i in (5.73a) auf die Knotenfreiheitsgrade **u** in der Form

$$w(x,y) = \boldsymbol{\varphi}^T(x,y)\,\mathbf{u} \tag{5.74}$$

mit $\mathbf{u}^T = \begin{bmatrix} w_1 & w_1' & \dot{w}_1 & w_2 & w_2' & \dot{w}_2 & w_3 & w_3' & \dot{w}_3 \end{bmatrix}$

normieren. Wir setzen dazu in den Ansatz (5.73) die Knotenpunktskoordinaten ein und erhalten folgende Beziehung zwischen dem Verschiebungsvektor **u** und dem Vektor **a** der Ansatzkoeffizienten:

$$\mathbf{u} = \begin{bmatrix} w_1 \\ \vdots \\ \vdots \\ w_9 \end{bmatrix} = \begin{bmatrix} 1 & x_1 & \cdots & \cdots & y_1^3 \\ \vdots & & \ddots & & \\ \vdots & & & \ddots & \\ 0 & 0 & \cdots & \cdots & 3y_3^2 \end{bmatrix} \begin{bmatrix} a_1 \\ \vdots \\ \vdots \\ a_9 \end{bmatrix} \tag{5.75a}$$

oder

$$\mathbf{u} = \mathbf{A}\,\mathbf{a} \ . \tag{5.75b}$$

Der inverse Zusammenhang liefert die Ansatzkoeffizienten **a** in Abhängigkeit von **u**

$$\mathbf{a} = \mathbf{A}^{-1}\,\mathbf{u} \ . \tag{5.75c}$$

Man kann zeigen, dass die Inverse $\mathbf{A}^{-1}$ im Fall $y_3 = 1/2(y_2 - x_3)$ singulär wird, d.h. für diese oder benachbarte Elementgeometrien wird das Element unbrauchbar. Der Verschiebungsansatz (5.73) lautet mit Gl. (5.75c)

$$w(x,y) = \bar{\boldsymbol{\varphi}}^T(x,y)\,\mathbf{A}^{-1}\,\mathbf{u} = \boldsymbol{\varphi}^T(x,y)\,\mathbf{u} \ . \tag{5.76}$$

Die Berechnung der Elementmatrizen erfolgt nach Gl. (5.71) mit

$$\mathbf{D}_p = \begin{bmatrix} \dfrac{\partial \kappa_i}{\partial u_j} \end{bmatrix} = -\begin{bmatrix} \partial w'' / \partial u_j \\ \partial \ddot{w} / \partial u_j \\ 2\partial \dot{w}' / \partial u_j \end{bmatrix} \quad (j = 1, 2, \ldots, 9) \ . \tag{5.77a}$$

Die Krümmungen lassen sich durch die zweiten Ableitungen des Verschiebungsansatzes ausdrücken:

$$\kappa_1 = -w'' = -\bar{\boldsymbol{\varphi}}''^T\,\mathbf{A}^{-1}\,\mathbf{u} \ ,$$

$$\kappa_2 = -\ddot{w} = -\ddot{\bar{\boldsymbol{\varphi}}}^T\,\mathbf{A}^{-1}\,\mathbf{u} \quad \text{und}$$

$$\kappa_3 = -2\dot{w}' = -2\dot{\bar{\boldsymbol{\varphi}}}'^T\,\mathbf{A}^{-1}\,\mathbf{u} \ .$$

Die $\mathbf{D}_p$-Matrix lautet damit

$$\mathbf{D}_p = -\begin{bmatrix} \bar{\varphi}''^T \\ \ddot{\bar{\varphi}}^T \\ 2\dot{\bar{\varphi}}'^T \end{bmatrix} \mathbf{A}^{-1} . \tag{5.77b}$$

Nun führen wir das Matrizenprodukt in der Gl. (5.71) unter Verwendung eines orthotropen Werkstoffgesetzes aus und erhalten

$$\mathbf{k} = \mathbf{A}^{-T}\,\bar{\mathbf{k}}\,\mathbf{A}^{-1} \tag{5.78a}$$

mit

$$\bar{\mathbf{k}} = \int_x\int_y \left(B_{11}\,\bar{\varphi}''\bar{\varphi}''^T + 2B_{12}\,\ddot{\bar{\varphi}}\bar{\varphi}''^T + B_{22}\,\ddot{\bar{\varphi}}\ddot{\bar{\varphi}}^T + 4B_{33}\dot{\bar{\varphi}}'\dot{\bar{\varphi}}'^T \right) dx\,dy \ . \tag{5.78b}$$

Der Vergleich der Gl. (5.78) mit der Balkenelementgleichung (5.17b) zeigt sehr schön das Tragverhalten der Platte, das durch die Biegung in x- und y-Richtung (B_{11} und B_{22} Glieder), die Drillkopplung (B_{33} Glied) und die Quersteifigkeit (B_{12} Glied) gekennzeichnet ist. Die Matrix $\bar{\mathbf{k}}$ kann als Steifigkeitsmatrix bezogen auf die Ansatzkoeffizienten **a** als Freiheitsgrade gedeutet werden. Gl. (5.78a) stellt dann die Transformation von **a** nach **u** dar.

Wie bereits erwähnt, ist der Verschiebungsansatz (5.73) unbefriedigend, da er einmal die Konformitätsbedingung bezüglich der Neigung der Biegefläche nicht erfüllt und außerdem für bestimmte Elementgeometrien unbrauchbar wird. In der Literatur ist eine Vielzahl von schubstarren Plattenelementen beschrieben worden, die die Konformitätsbedingung entweder exakt, im integralen Mittel oder an diskreten Punkten erfüllt. Ein einfaches konformes Dreieckselement entsteht, wie erwähnt, durch Einführung höherer Ableitungen als Knotenfreiheitsgrade beim Polynomansatz 5. Grades und 21 Freiheitsgraden nach Bild 5-37c. Dankert(1977) hat nach dem Prinzip, höhere Ableitungen als Knotenfreiheitsgrade zu verwenden, eine ganze Familie konformer Plattenelemente hergeleitet. Abgesehen von der Unanschaulichkeit einer höheren Ableitung als Freiheitsgrad haben sie den Nachteil, dass die Stetigkeit der höheren Ableitungen an den Knotenpunkten nur bei homogenem, d.h. elementweise konstantem Werkstoffgesetz, gilt. Nur dann ist die aus Gleichgewichtsgründen erforderliche Stetigkeit der Schnittmomente gewährleistet. Eines der ersten konformen Dreieckselemente wurde von Clough und Tocher(1965) angegeben.

Wie im Bild 5.37d dargestellt, wird dabei der Dreiecksbereich in drei Unterbereiche (a)-(c) aufgeteilt und für jeden Unterbereich ein vollständiger Polynomansatz 3. Grades mit je 10 Ansatzkoeffizienten eingeführt:

$$w_{(a)} = \bar{\varphi}^T\,\bar{\mathbf{a}} \qquad w_{(b)} = \bar{\varphi}^T\,\bar{\mathbf{b}} \qquad w_{(c)} = \bar{\varphi}^T\,\bar{\mathbf{c}} \tag{5.79a}$$

mit dem vollständigen Polynom 3. Grades

$$\bar{\varphi}^T = \left[1 \mid x \mid y \mid x^2 \mid xy \mid y^2 \mid x^3 \mid x^2y \mid xy^2 \mid y^3 \right] . \tag{5.79b}$$

Nach Gl. (5.78b) kann nun die auf die Ansatzkoeffizienten $\mathbf{a}^{\mathrm{T}} = [\bar{\mathbf{a}}^{\mathrm{T}} \quad \bar{\mathbf{b}}^{\mathrm{T}} \quad \bar{\mathbf{c}}^{\mathrm{T}}]$ bezogene Steifigkeitsmatrix $\bar{\mathbf{k}}$ der Ordnung 30 berechnet werden. Über insgesamt 18 innere Kompatibilitätsbedingungen werden dann 18 Ansatzkoeffizienten $\mathbf{a}_{\mathrm{a}}$ durch 12 unabhängige Ansatzkoeffizienten $\mathbf{a}_{\mathrm{u}}$ in der Form

$$\mathbf{a} = \begin{bmatrix} \bar{\mathbf{a}} \\ \bar{\mathbf{b}} \\ \bar{\mathbf{c}} \end{bmatrix} = \begin{bmatrix} \mathbf{a}_{\mathrm{a}} \\ \mathbf{a}_{\mathrm{u}} \end{bmatrix} = \begin{bmatrix} \mathbf{T} \\ \mathbf{I} \end{bmatrix} \mathbf{a}_{\mathrm{u}} \tag{5.80a}$$

ausgedrückt. Die inneren Kompatibilitätsbedingungen sind:

- Die Verschiebung w und die Neigungen $\dot{\mathrm{w}}$ und w' müssen im Koordinatenursprung für alle Subelemente gleich sein (6 Gleichungen),
- Die Normalenneigungen $(\partial \mathrm{w} / \partial \eta)_{\mathrm{i,j,k}}$ in den Mittenpunkten i, j, k müssen gleich sein (3 Gleichungen),
- an jeden Eckknoten müssen die Verschiebung w und die Neigungen $\dot{\mathrm{w}}$ und w' der zugehörigen beiden Subelemente gleich sein ($3 \cdot 3 = 9$ Gleichungen).

Die unabhängigen 12 Ansatzkoeffizienten $\mathbf{a}_{\mathrm{u}}$ werden jetzt entsprechend der Gl. (5.75c) auf die Knotenfreiheitsgrade $\mathbf{u}^{\mathrm{T}}$ normiert:

$$\mathbf{a}_{\mathrm{u}} = \mathbf{A}_{\mathrm{u}}^{-1} \mathbf{u} \ . \tag{5.80b}$$

u enthält zusätzlich zu den in der Gl. (5.74) angegebenen Freiheitsgraden die drei Normalenneigungen in den Seitenmitten (siehe Bild 5.37d). Die 30 Ansatzkoeffizienten **a** können damit auch durch **u** ausgedrückt werden:

$$\mathbf{a} = \begin{bmatrix} \mathbf{T}\mathbf{A}_{\mathrm{u}}^{-1} \\ \mathbf{A}_{\mathrm{u}}^{-1} \end{bmatrix} \mathbf{u} = \bar{\mathbf{T}} \mathbf{u} \ . \tag{5.80c}$$

Die gesuchte auf **u** bezogene Elementmatrix **k** erhält man aus der auf **a** bezogenen Elementmatrix $\bar{\mathbf{k}}$ durch die Überlegung, dass die Formänderungsenergie $\pi_{(\mathrm{i})}$ des Elementes unverändert bleibt, gleichgültig ob $\pi_{(\mathrm{i})}$ gemäß Gl. (3.79) über **u** oder über **a** ausgedrückt wird:

$$\pi_{(\mathrm{i})} = \frac{1}{2} \mathbf{u}^{\mathrm{T}} \mathbf{k} \, \mathbf{u} = \frac{1}{2} \mathbf{a}^{\mathrm{T}} \bar{\mathbf{k}} \, \mathbf{a}$$

Mit $\mathbf{a} = \bar{\mathbf{T}} \mathbf{u}$, Gl. (5.80c), folgt daraus

$$\mathbf{u}^{\mathrm{T}} \mathbf{k} \, \mathbf{u} = \mathbf{u}^{\mathrm{T}} \bar{\mathbf{T}}^{\mathrm{T}} \bar{\mathbf{k}} \bar{\mathbf{T}} \mathbf{u}$$

oder

$$\mathbf{k} = \bar{\mathbf{T}}^{\mathrm{T}} \bar{\mathbf{k}} \bar{\mathbf{T}} \ . \tag{5.81}$$

Diese Kongruenztransformation transformiert die $\bar{\mathbf{k}}$-Matrix von der Ordnung 30 auf die Ordnung 12, man sagt auch, dass die Matrix von 30 auf 12 Freiheitsgrade kondensiert worden ist.

Wir wollen hier nicht weiter auf die schubstarren Elemente eingehen, da ihre Bedeutung durch die Verfügbarkeit der schubweichen Plattenelemente geringer geworden ist, und wenden uns nun der Formulierung schubweicher Elemente zu, die den schubstarren Fall als Sonderfall beinhalten.

5.4.2 Schubweiche Plattenelemente nach der Theorie von Reissner-Mindlin

Die grundlegende Annahme in der Plattentheorie nach Reissner(1945) und Mindlin(1951) ist die gleiche wie in der Theorie des schubweichen Balkens nach Timoshenko, wie wir sie bereits im Kap.5.2 kennengelernt hatten: Die Querschnitte stehen nach der Verformung nicht mehr senkrecht auf der Plattenmittelfläche, sondern stellen sich um die Winkel β_x und β_y schief, wie im Bild 5-38 dargestellt. Durch diese Schiefstellungen der Plattennormalen ergibt sich für die Verschiebungen u(z) und v(z) im Abstand z von der Mittelfläche der lineare Zusammenhang

$$u(z) = \beta_y \, z \quad \text{und} \quad v(z) = -\beta_x \, z \; . \tag{5.82a,b}$$

Mit diesen kinematischen Beziehungen können die Schubverzerrungen mit Hilfe der Gl. (3.5c) in Abhängigkeit von den Schiefstellungswinkeln und den Ableitungen der Biegefläche ausgedrückt werden:

$$\gamma_{xz} = \frac{\partial u}{\partial z} + \frac{\partial w}{\partial x} = \beta_y + \frac{\partial w}{\partial x} \quad \text{und} \quad \gamma_{yz} = \frac{\partial v}{\partial z} + \frac{\partial w}{\partial y} = -\beta_x + \frac{\partial w}{\partial y} \; . \tag{5.83a,b}$$

Zusammengefasst in Matrixform:

$$\boldsymbol{\gamma}_s = \begin{bmatrix} \gamma_{xz} & \gamma_{yz} \end{bmatrix}^T = \begin{bmatrix} \beta_y + w' \mid -\beta_x + \dot{w} \end{bmatrix}^T \; . \tag{5.83c}$$

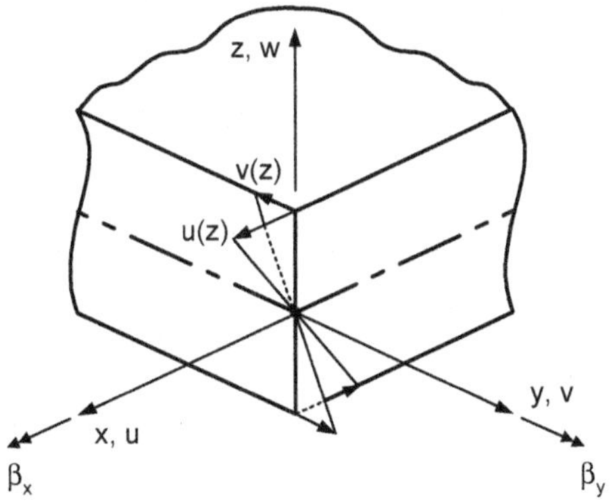

Bild 5-38 Schiefstellung einer Plattennormalen infolge Schub

Für die Verzerrungen in einer Ebene im Abstand z erhält man:

$$\varepsilon_{xx}(z) = u'(z) = z\beta_y' \quad , \quad \varepsilon_{yy}(z) = \dot{v}(z) = -z\dot{\beta}_x \quad \text{und} \quad \gamma_{xy}(z) = z(\dot{\beta}_y - \beta_x') \; .$$

Zusammengefasst in Matrixform:

$$\boldsymbol{\varepsilon}(z) = \begin{bmatrix} \varepsilon_{xx}(z) & \varepsilon_{yy}(z) & \gamma_{xy}(z) \end{bmatrix}^T = z\boldsymbol{\kappa} \tag{5.83d}$$

mit dem Krümmungsvektor

$$\boldsymbol{\kappa} = \begin{bmatrix} \beta_y' \\ -\dot{\beta}_x \\ \dot{\beta}_y - \beta_x' \end{bmatrix} = \begin{bmatrix} \partial/\partial x & 0 \\ 0 & \partial/\partial y \\ \partial/\partial y & \partial/\partial x \end{bmatrix} \begin{bmatrix} \beta_y \\ -\beta_x \end{bmatrix} . \tag{5.83e}$$

Im Grenzfall verschwindender Schubverformung, $\gamma_{xz} = \gamma_{yz} \to 0$, folgt aus den Gln. (5.83a, b) $\beta_y = -w'$ und $\beta_x = \dot{w}$. Der Krümmungsvektor nach Gl. (5.83e) geht dann über in den Krümmungsvektor (5.69) der Kirchhoffschen Theorie. Die Berechnung der Schnittmomente erfolgt nach Gl. (5.72a), $\mathbf{m} = \mathbf{B}\boldsymbol{\kappa}$, mit $\boldsymbol{\kappa}$ nach Gl. (5.83e).

Für die Querkräfte q_x und q_y besteht im Gegensatz zur Kirchhoffschen Theorie nunmehr ein Elastizitätsgesetz. Das Werkstoffgesetz (3.14), $\sigma_{xz} = G\gamma_{xz}$ und $\sigma_{yz} = G\gamma_{yz}$, (isotroper Fall), liefert den Zusammenhang der Schubspannungen mit den Schubverzerrungen für jeden Punkt im Abstand z von der Mittelfläche. Mit der Annahme der Schiefstellungswinkel β_x und β_y ist aber eine über die Dicke konstante (= mittlere) Schubverzerrung und damit auch ein konstante (= mittlere) Schubspannung verbunden. Dies ist ein Widerspruch zur Realität, in der die Schubspannungen an den Plattenoberflächen verschwinden müssen. Im Kap.5.2.1 wurde für den Balken mit Schubverformung gezeigt, wie man das Elastizitätsgesetz für den Zusammenhang zwischen der Querkraft und der mittleren Schubverzerrung aus einer energetischen Äquivalenzbetrachtung ermitteln kann. Wendet man die gleiche Vorgehensweise auch auf die schubweiche Platte an, so erhält man analog zur Gl. (5.6a)

$$q_x = \sigma_{xz} t_s = G t_s \gamma_{xz} \quad \text{und} \quad q_y = \sigma_{yz} t_s = G t_s \gamma_{yz} \; , \tag{5.84a,b}$$

wobei t_s eine „Schubdicke" darstellt, deren Größe mit Hilfe der Gl. (5.6b) ermittelt werden kann. Für eine homogene Platte mit parabelförmigem Verlauf der Schubspannungen über die Dicke ergibt sich $t_s = 5/6\,t$. In Matrixform lautet dann das Elastizitätsgesetz für die Querkräfte:

$$\mathbf{q}_s = \begin{bmatrix} q_x & q_y \end{bmatrix}^T = t_s \begin{bmatrix} G & 0 \\ 0 & G \end{bmatrix} \begin{bmatrix} \gamma_{xz} \\ \gamma_{yz} \end{bmatrix} = \mathbf{G}_s \boldsymbol{\gamma}_s \tag{5.84c}$$

mit den Schubverzerrungen $\boldsymbol{\gamma}_s$ nach Gl.(5.83c). Die innere Energie (Formänderungsenergie, V = Volumen-, A = Fläche der Platte)

$$\Pi_{(i)} = 1/2 \int_V \boldsymbol{\varepsilon}^T(z) \mathbf{E} \boldsymbol{\varepsilon}(z) dV + 1/2 \int_A \boldsymbol{\gamma}_s^T \mathbf{G}_s \boldsymbol{\gamma}_s \, dA$$

lässt sich mit $\boldsymbol{\varepsilon}(z)$ aus Gl. (5.83d) auch durch die Krümmungen ausdrücken:

$$\Pi_{(i)} = 1/2 \int_A \boldsymbol{\kappa}^T \mathbf{B} \boldsymbol{\kappa} \, dA + 1/2 \int_A \boldsymbol{\gamma}_s^T \mathbf{G}_s \boldsymbol{\gamma}_s \, dA \ , \tag{5.85a}$$

oder auch durch die Neigungen w' und $\dot{w}$ der Plattenmittelfläche und die Schiefstellungswinkel β_x und β_y nach Einführung der Gln.(5.83c,d):

$$\begin{aligned} \Pi_{(i)} = {} & 1/2 \int_A \left[\beta_y' \;\vert\; -\dot{\beta}_x \;\vert\; \dot{\beta}_y - \beta_x'\right]^T \mathbf{B} \left[\beta_y' \;\vert\; -\dot{\beta}_x \;\vert\; \dot{\beta}_y - \beta_x'\right] dA + \\ & + 1/2 \int_A \left[\beta_y + w' \;\vert\; -\beta_x + \dot{w}\right]^T \mathbf{G}_s \left[\beta_y + w' \;\vert\; -\beta_x + \dot{w}\right] dA \ . \end{aligned} \tag{5.85b}$$

Die äußere Energie infolge einer Flächenlast p_z ergibt sich aus

$$\Pi_{(a)} = -\int_A p_z \, w \, dA \ . \tag{5.85c}$$

Bei der Formulierung der inneren Energie erkennt man, dass bei verschwindender Schubverformung der zweite Term (Schubverformungsanteil) verschwindet und im ersten Term (Biegeverformungsanteil) die Verschiebung mit ihrer zweiten Ableitung vorkommt, so dass bei der Herleitung der Eulerschen Differentialgleichungen (s. Kap.3.6.4) bei den geometrischen Randbedingungen die Verschiebungen und ihre ersten Ableitungen auftreten. Bei der Interpretation der FE-Methode als verallgemeinertes Ritz-Verfahren ergibt sich daraus die Forderung, dass zur Sicherstellung der Konvergenz der Lösung bei Erhöhung der Zahl der Ritz-Ansatzfunktionen, die Ansatzfunktionen nicht nur bezüglich der Verschiebungen (sog. C_0-Stetigkeit) sondern auch noch bezüglich ihrer ersten Ableitungen (sog. C_1-Stetigkeit) stetig sein müssen. Wie wir im Kap. zuvor gesehen hatten, war es gerade diese Forderung, die für ein allgemeines Plattenelement nur schwer erfüllbar war.

Bei Berücksichtigung der Schubverformung erkennt man in der Gl. (5.85b), dass zusätzlich zur Querverschiebungsgröße w noch die Schiefstellungswinkel β_x und β_y auftreten, und alle Größen nur noch mit ihren ersten Ableitungen auftreten. Bei der Herleitung der Eulerschen Differentialgleichungen (s. Kap.3.6.4 und Kap.5.2.1, Gln. (5.8 – 5.10)) treten dann bei den geometrischen Randbedingungen nur noch die Verschiebungen und die Schiefstellungswinkel selbst auf. Daraus folgt zum einen, dass die Ritz-Ansätze für die Querverschiebungen w und die Schiefstellungswinkel β_x und β_y unabhängig voneinander formuliert werden können, und zum anderen, dass sie nur die C_0-Stetigkeitsbedingung zu erfüllen brauchen. Diesen Vorteil werden wir uns im Folgenden zu Nutze machen, dabei aber sehen, dass man sich damit wiederum andere Nachteile einhandelt.

5.4.2.1 Das DKT Dreieckselement

Wir stellen hier das von Batoz (1980) entwickelte DKT- Element (Discrete Kirchhoff Triangle) in einer Formulierung vor, bei der die Integration der Steifigkeitsmatrix analytisch, d.h. ohne numerische Integration möglich ist. (Hinweis: Das DKT Element ist auch im Programm MATFEM implementiert). Die Idee dabei ist es, zur Berechnung der Steifigkeitsmatrix die Schubverformungsanteile in der Formänderungsenergie nach Gl. (5.85b) gegenüber den Biegeanteilen zu vernachlässigen und die Kirchhoff- Hypothese nur an diskreten Punkten auf den Elementrändern zu erfüllen. Der Biegeanteil der Formänderungsenergie enthält nur die Neigungswinkel β_x und β_y als unabhängige Variable ähnlich wie bei der Scheibe, bei der man ja auch zwei Verformungsgrößen, u und v, zur Verfügung hat. Zur Darstellung eines konformen Neigungsfeldes können wir daher wie bei der Dreiecksscheibe mit Zwischenknoten nach Bild 5-17b die vollständigen Basisfunktionen 2. Ordnung nach Gl. (5.51) und die daraus folgenden Formfunktionen im Einheitsdreieck nach Gl. (5.54c) benutzen:

$$\beta_x = \boldsymbol{\varphi}^T(\xi,\eta)\boldsymbol{\beta}_x \quad \text{und} \quad \beta_y = \boldsymbol{\varphi}^T(\xi,\eta)\boldsymbol{\beta}_y \quad \text{mit} \quad \boldsymbol{\varphi}^T = \mathbf{A}^{-T}\overline{\boldsymbol{\varphi}} \qquad (5.86\text{a,b,c})$$

und

$$\mathbf{A}^{-T} = \begin{bmatrix} 1 & -3 & -3 & 2 & 4 & 2 \\ & -1 & & 2 & & \\ & & -1 & & & 2 \\ & 4 & & -4 & -4 & \\ & & & & 4 & \\ & & 4 & & -4 & -4 \end{bmatrix}, \quad \overline{\boldsymbol{\varphi}} = \begin{bmatrix} 1 \\ \xi \\ \eta \\ \xi^2 \\ \xi\eta \\ \eta^2 \end{bmatrix} \quad \text{und} \quad \boldsymbol{\varphi} = \begin{bmatrix} 1-3\xi-3\eta+2\xi^2+4\xi\eta+2\eta^2 \\ 2\xi^2-\xi \\ 2\eta^2-\eta \\ 4(\xi-\xi^2-\xi\eta) \\ 4\xi\eta \\ 4(\eta-\eta^2-\xi\eta) \end{bmatrix}$$

Die Verträglichkeit der Neigungen ist mit diesem Ansatz gewährleistet. Im nächsten Schritt müssen nun die zum dem obigen Ansatz gehörigen 12 Drehfreiheitsgrade durch die 3x3=9 Freiheitsgrade an den Eckknoten

$$\mathbf{u} = \begin{bmatrix} w_1 \; \beta_{x1} \; \beta_{y1} \quad w_2 \; \beta_{x2} \; \beta_{y2} \quad w_3 \; \beta_{x3} \; \beta_{y3} \end{bmatrix}^T \qquad (5.87)$$

ausgedrückt werden. Dies geschieht in mehreren Schritten. Zunächst werden die Querverschiebungen an den Eckknoten eingeführt, in dem für den Verschiebungsverlauf entlang der Elementränder ein kubischer Verlauf angenommen wird:

$$w(s) = \varphi_1 w_i + \varphi_2 (\partial w / \partial s)_i + \varphi_3 w_j + \varphi_4 (\partial w / \partial s)_j \qquad (i, j = 1, 2;\ 2, 3 \text{ und } 3, 1),$$

mit den Formfunktionen $\varphi_i = \varphi_{vi}$ des Balkenelementes nach Gl.(5.16). Deren Ableitung liefert den Verlauf der Verdrehungen senkrecht zum Rand (Bezeichnungen s. Bild 5-40):

$$\frac{\partial w(s)}{\partial s} = \frac{\partial \varphi_1}{\partial s} w_i + \frac{\partial \varphi_2}{\partial s}\left(\frac{\partial w}{\partial s}\right)_i + \frac{\partial \varphi_3}{\partial s} w_j + \frac{\partial \varphi_4}{\partial s}\left(\frac{\partial w}{\partial s}\right)_j .$$

Setzt man hier die Koordinaten des Seitenmittelpunktes, $s = \ell_{ij}/2$, ein, so ergibt sich die Verschiebungsableitung in der Seitenmitte in Abhängigkeit von den Knotenverschiebungen und -verdrehungen zu

$$\left(\frac{\partial w}{\partial s}\right)_k = -\frac{3}{2\ell_{ij}} w_i - \frac{1}{4}\left(\frac{\partial w}{\partial s}\right)_i + \frac{3}{2\ell_{ij}} w_j - \frac{1}{4}\left(\frac{\partial w}{\partial s}\right)_j \quad \text{(i, j, k = 1,2,4;\ 2,3,5;\ 3,1,6). (a)}$$

Außerdem wird noch für die tangentiale Neigung $\partial w/\partial n$ ein linearer Verlauf zwischen den Knoten angenommen, so dass sich für die Seitenmittelpunkte die Neigungen als Mittelwerte der Randverdrehungen ergeben:

$$(\partial w/\partial n)_k = 1/2\left[(\partial w/\partial n)_i + (\partial w/\partial n)_j\right] \qquad \text{(i, j, k = 1,2,4;\ 2,3,5; 3,1,6).} \qquad \text{(b)}$$

Unter der Annahme der Kirchhoffschen Hypothese verschwindender Schubverzerrungen entlang jeder Seite im s,n-Koordinatensystem, Bild 5-40, (s.Gl.5.83c mit x→s und y→n), erhält man an den Eck- und den Mittelknoten die folgenden Beziehungen zwischen den Drehfreiheitsgraden und den Kantenneigungen:

$$\gamma_{sz,i} = 0 = \beta_{n,i} + (\partial w/\partial s)_i \quad \text{und} \quad \gamma_{nz,i} = 0 = -\beta_{s,i} + (\partial w/\partial n)_i ,$$

oder

$$(\partial w/\partial s)_i = -\beta_{n,i} \quad \text{und} \quad (\partial w/\partial n)_i = \beta_{s,i} \qquad (i = 1, \dots , 6). \qquad \text{(c)}$$

Diese Beziehungen eingeführt in die Gln. (a) und (b) liefert

$$\beta_{n,k} = \frac{3}{2\ell_{ij}} w_i - \frac{1}{4}\beta_{n,i} - \frac{3}{2\ell_{ij}} w_j - \frac{1}{4}\beta_{n,j} \quad \text{und} \tag{5.88a}$$

$$\beta_{s,k} = 1/2(\beta_{s,i} + \beta_{s,j}) \tag{5.88b}$$

mit den Indextripeln (i, j, k) = (1,2,4), (2,3,5) und (3,1,6). Zum Schluss erfolgt die Transformation der Drehfreiheitsgrade von den s,n- Koordinatensystemen der drei Seiten auf das globale x,y- Koordinatensystem gemäß Bild 5-40 in der Form

$$\begin{bmatrix} \beta_x \\ \beta_y \end{bmatrix} = \begin{bmatrix} \cos\alpha_{ij} & -\sin\alpha_{ij} \\ \sin\alpha_{ij} & \cos\alpha_{ij} \end{bmatrix} \begin{bmatrix} \beta_s \\ \beta_n \end{bmatrix} . \tag{5.88c}$$

Die inverse Transformation lautet:

$$\begin{bmatrix} \beta_s \\ \beta_n \end{bmatrix} = \begin{bmatrix} \cos\alpha_{ij} & \sin\alpha_{ij} \\ -\sin\alpha_{ij} & \cos\alpha_{ij} \end{bmatrix} \begin{bmatrix} \beta_x \\ \beta_y \end{bmatrix} . \tag{5.88d}$$

Die Lagewinkel α_{ij} und die Seitenlängen ℓ_{ij} ergeben sich aus den Knotenpunktskoordinaten x_i, y_i gemäß $\cos\alpha_{ij} = (x_i - x_j)/\ell_{ij}$, $\sin\alpha_{ij} = (y_i - y_j)/\ell_{ij}$ und $\ell_{ij}^2 = (x_i - x_j)^2 + (y_i - y_j)^2$ mit den Indexpaaren pro Seite (i, j) = (2,1), (3,2) und (3,1).

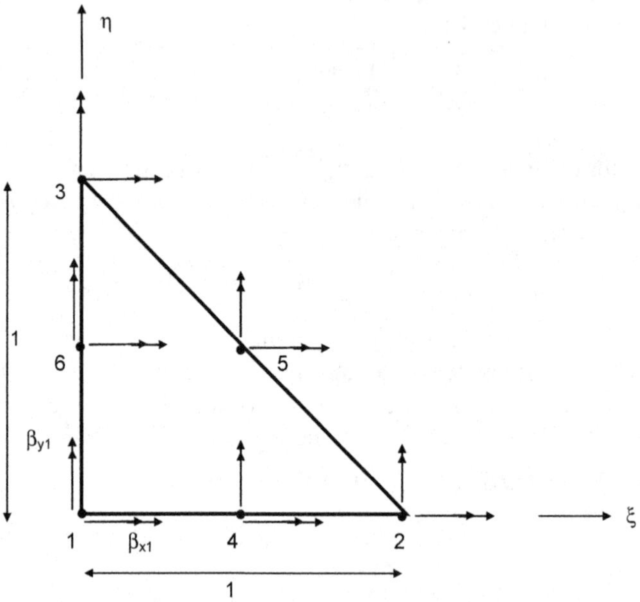

Bild 5-39 Dreieckselement in ξ,η- Einheitskoordinaten mit Drehfreiheitsgraden $\beta_{x,i}$ und $\beta_{y,i}$ $(i = 1,...6)$

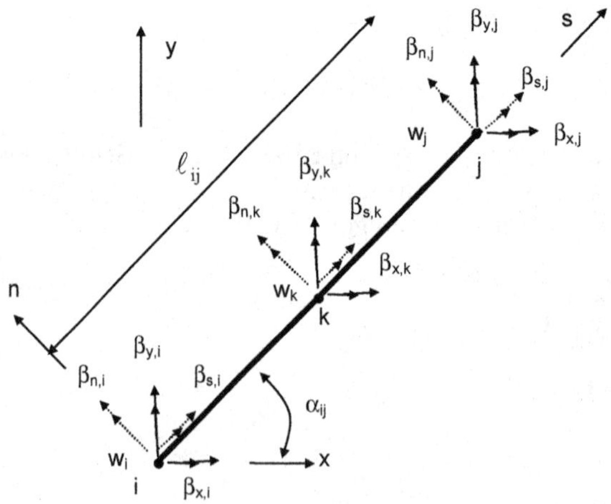

Bild 5-40 DKT-Elementseite mit Definition der Freiheitsgrade in x, y -Originalkoordinaten

Mit den Gln. (5.88a-d) lassen sich nun die Drehfreiheitsgrade in den Seitenmitten durch die Knotenpunktsfreiheitsgrade ausdrücken. Beispielsweise erhält man für den Mittelknoten 4 aus der Gl. (5.88c) die Beziehung

$$\beta_{x4} = \cos\alpha_{12}\,\beta_{s4} - \sin\alpha_{12}\,\beta_{n4} \,, \tag{a}$$

aus der Gl. (5.88b) folgt

$$\beta_{s4} = 1/2(\beta_{s1} + \beta_{s2}) \tag{b}$$

und aus der Gl. (5.88a) folgt

$$\beta_{n4} = \frac{3}{2\ell_{12}} w_1 - \frac{1}{4}\beta_{n1} - \frac{3}{2\ell_{12}} w_2 - \frac{1}{4}\beta_{n2} \,. \tag{c}$$

Die Gln. (b) und (c) eingesetzt in (a) liefert dann den Drehfreiheitsgrad in Abhängigkeit von den benachbarten Eckknotenfreiheitsgraden. Letztere werden dann noch mit Hilfe der Gl. (5.88d) von den Seitenkoordinaten s, n auf die Originalkoordinaten x, y transformiert. Daraus erhält man dann

$$\beta_{x4} = -1{,}5\, d_4 w_1 + 1{,}5 d_4 w_2 + e_4\,\beta_{x1} + e_4\,\beta_{x2} + b_4\,\beta_{y1} + b_4\,\beta_{y2} \,. \tag{d}$$

Entsprechend erhält man an den anderen Mittelknoten:

$$\beta_{x5} = -1{,}5\, d_5 w_2 + 1{,}5 d_5 w_3 + e_5\,\beta_{x1} + e_5\,\beta_{x3} + b_5\,\beta_{y2} + b_5\,\beta_{y3} \tag{e}$$

und

$$\beta_{x6} = 1{,}5 d_6 w_1 - 1{,}5 d_6 w_3 + e_6\,\beta_{x1} + e_6\,\beta_{x3} + b_6\,\beta_{y1} + b_6\,\beta_{y3} \tag{f}$$

mit den Abkürzungen

$$b_k = 0{,}75 x_{ij} y_{ij} / \ell_{ij}^2 \,,\quad d_k = y_{ij} / \ell_{ij}^2 \quad \text{und} \quad e_k = (x_{ij}^2/2 - y_{ij}^2/4)/\ell_{ij}^2$$

und den Indextripeln (k, i, j) = (4,2,1), (5,3,2) und (6,3,1).

Führt man die Gln. (d)-(f) in den Ansatz (5.86a) ein, und fasst die Terme bezüglich der Freiheitsgrade an den Eckpunkten zusammen, so erhält man die neuen Formfunktionen bezüglich des Verschiebungsvektors (5.87)

$$\begin{aligned}
&H_{x1} = 1{,}5(-d_6\varphi_6 + d_5\varphi_5), \quad H_{x2} = \varphi_1 + e_6\varphi_6 + e_4\varphi_4, \quad H_{x3} = b_6\varphi_6 + b_4\varphi_4 \,,\\
&H_{x4} = 1{,}5(-d_5\varphi_5 + d_4\varphi_4) \,, \quad H_{x5} = \varphi_2 + e_5\varphi_5 + e_4\varphi_4, \quad H_{x6} = b_5\varphi_5 + b_4\varphi_4 \,,\\
&H_{x7} = 1{,}5(-d_6\varphi_6 + d_5\varphi_5) \,, \quad H_{x8} = \varphi_3 + e_5\varphi_5 + e_6\varphi_6 \,, \quad H_{x9} = b_5\varphi_5 + b_6\varphi_6 \,.
\end{aligned} \tag{5.89a}$$

Die gleiche Vorgehensweise liefert die modifizierten Formfunktionen für die Verdrehungen um die y-Achse:

$$\begin{aligned}
&H_{y1} = 1{,}5(-a_6\varphi_6 + a_4\varphi_4), \quad H_{y2} = b_6\varphi_6 + b_4\varphi_4, \quad H_{y3} = \varphi_1 - b_6\varphi_6 + c_4\varphi_4 \,,\\
&H_{y4} = 1{,}5(a_5\varphi_5 - a_4\varphi_4) \,, \quad H_{y5} = b_5\varphi_5 + b_4\varphi_4, \quad H_{y6} = \varphi_2 - c_5\varphi_5 - c_4\varphi_4 \,,\\
&H_{y7} = 1{,}5(a_6\varphi_6 - a_5\varphi_5) \,, \quad H_{y8} = b_5\varphi_5 + b_6\varphi_6 \,, \quad H_{y9} = \varphi_3 - c_5\varphi_5 + c_6\varphi_6 \,.
\end{aligned} \tag{5.89b}$$

mit den zusätzlichen Abkürzungen

$$a_k = x_{ij} / \ell_{ij}^2 \quad \text{und} \quad c_k = (x_{ij}^2/4 - y_{ij}^2/2)/\ell_{ij}^2 \ .$$

Daraus ergeben sich die modifizierten Ansätze für die Verdrehungen

$$\beta_x(\xi,\eta) = \mathbf{H}_x^T(\xi,\eta)\,\mathbf{u} \quad \text{und} \quad \beta_y(\xi,\eta) = \mathbf{H}_y^T(\xi,\eta)\,\mathbf{u}\ . \tag{5.89c,d}$$

Drückt man die Formfunktionen φ_i in der Gl. (5.89) durch die Basisfunktionen gemäß Gl. (5.86c), $\boldsymbol{\varphi}^T = \mathbf{A}^{-T}\overline{\boldsymbol{\varphi}}$, aus, so kann man schreiben

$$\beta_x(\xi,\eta) = \mathbf{H}_x^T(\xi,\eta)\,\mathbf{u} = \overline{\boldsymbol{\varphi}}^T\,\overline{\mathbf{H}}_x\,\mathbf{u} \quad \text{und} \quad \beta_y(\xi,\eta) = \mathbf{H}_y^T(\xi,\eta)\,\mathbf{u} = \overline{\boldsymbol{\varphi}}^T\,\overline{\mathbf{H}}_y\,\mathbf{u} \tag{5.89e,f}$$

mit den konstanten Matrizen

$$\overline{\mathbf{H}}_x = \begin{bmatrix} 1{,}5(-d_6\mathbf{A}_6^{-T} + d_5\mathbf{A}_5^{-T}) \\ \mathbf{A}_1^{-T} + e_6\mathbf{A}_6^{-T} + e_4\mathbf{A}_4^{-T} \\ b_6\mathbf{A}_6^{-T} + b_4\mathbf{A}_4^{-T} \\ 1{,}5(-d_5\mathbf{A}_5^{-T} + d_4\mathbf{A}_4^{-T}) \\ \mathbf{A}_2^{-T} + e_5\mathbf{A}_5^{-T} + e_4\mathbf{A}_4^{-T} \\ b_5\mathbf{A}_5^{-T} + b_4\mathbf{A}_4^{-T} \\ 1{,}5(-d_6\mathbf{A}_6^{-T} + d_5\mathbf{A}_5^{-T}) \\ \mathbf{A}_3^{-T} + e_5\mathbf{A}_5^{-T} + e_6\mathbf{A}_6^{-T} \\ b_5\mathbf{A}_5^{-T} + b_6\mathbf{A}_6^{-T} \end{bmatrix} \quad \text{und} \quad \overline{\mathbf{H}}_y = \begin{bmatrix} 1{,}5(-a_6\mathbf{A}_6^{-T} + a_4\mathbf{A}_4^{-T}) \\ b_6\mathbf{A}_6^{-T} + b_4\mathbf{A}_4^{-T} \\ \mathbf{A}_1^{-T} - b_6\mathbf{A}_6^{-T} + c_4\mathbf{A}_4^{-T} \\ 1{,}5(a_5\mathbf{A}_5^{-T} - a_4\mathbf{A}_4^{-T}) \\ b_5\mathbf{A}_5^{-T} + b_4\mathbf{A}_4^{-T} \\ \mathbf{A}_2^{-T} - c_5\mathbf{A}_5^{-T} - c_4\mathbf{A}_4^{-T} \\ b_5\mathbf{A}_5^{-T} + b_6\mathbf{A}_6^{-T} \\ 1{,}5(a_6\mathbf{A}_6^{-T} - a_5\mathbf{A}_5^{-T}) \\ \mathbf{A}_3^{-T} - c_5\mathbf{A}_5^{-T} + c_6\mathbf{A}_6^{-T} \end{bmatrix}, \tag{5.89g,h}$$

wobei $\mathbf{A}_i^{-T}$ die i-te Zeile der Matrix $\mathbf{A}^{-T}$ in der Gl. (5.86c) darstellt.

Nach diesen Vorbereitungen kann die Berechnung der Steifigkeitsmatrix mit Hilfe der Gl. (5.71), $\mathbf{k} = \iint_{x,y} \mathbf{D}_p^T\,\mathbf{B}\,\mathbf{D}_p\,dy\,dx$, erfolgen. Die $\mathbf{D}_p$-Matrix ergibt sich aus den Krümmungs- Verdrehungsbeziehung (5.83e)

$$\boldsymbol{\kappa} = \begin{bmatrix} \kappa_1 \\ \kappa_2 \\ \kappa_3 \end{bmatrix} = \begin{bmatrix} \partial\beta_y/\partial x \\ -\partial\beta_x/\partial y \\ \partial\beta_y/\partial y - \partial\beta_x/\partial x \end{bmatrix} \tag{a}$$

der schubweichen Platte unter Verwendung der Verdrehungsansätze (5.89). Dabei muss beachtet werden, dass die Ansätze in Einheitskoordinaten formuliert worden sind, so dass die Ableitungen bezüglich der Originalkoordinaten mit Hilfe der Gln. (5.55) und die Integration über das Einheitselement mit Hilfe der Gl. (5.56) durchgeführt werden müssen. Die Anwendung der Gl. (5.55) liefert für die Krümmungen in der Gl. (a)

$$\boldsymbol{\kappa} = \begin{bmatrix} \kappa_1 \\ \kappa_2 \\ \kappa_3 \end{bmatrix} = \frac{1}{J}\begin{bmatrix} \dot{y}\beta_y' - y'\dot{\beta}_y \\ \dot{x}\beta_x' - x'\dot{\beta}_x \\ -\dot{x}\beta_y' + x'\dot{\beta}_y - \dot{y}\beta_x' + y'\dot{\beta}_x \end{bmatrix}, \tag{b}$$

wobei jetzt $()' = \partial()/\partial\xi$ und $()^{\cdot} = \partial()/\partial\eta$ die Ableitungen nach den Einheitskoordinaten bezeichnen. Die Geometrietransformation vom Dreieckselement in das Einheitsdreieck hatten wir bereits beim CST- Element im Kap.5.3.3.1, 2. Beispiel, kennengelernt:

$$x(\xi,\eta) = \boldsymbol{\varphi}_G^T \mathbf{x} \text{ und } y(\xi,\eta) = \boldsymbol{\varphi}_G^T \mathbf{y} \tag{c}$$

mit den geometrischen Formfunktionen $\boldsymbol{\varphi}_G^T = [1-\xi-\eta \mid \xi \mid \eta]$ und den Vektoren der Knotenkoordinaten $\mathbf{x} = [x_1\ x_2\ x_3]^T$ und $\mathbf{y} = [y_1\ y_2\ y_3]^T$. Daraus ergeben sich die in der Gl. (b) benötigten Ableitungen der Originalkoordinaten zu:

$$x' = x_2 - x_1 = x_{21}\ ,\ \dot{x} = x_3 - x_1 = x_{31}\ ,\ y' = y_2 - y_1 = y_{21}\ ,\ \dot{y} = y_3 - y_1 = y_{31}\ . \tag{d}$$

Die Jacobi- Determinante ergibt sich als doppelte Dreiecksfläche zu $J = x_{21}y_{31} - x_{31}y_{21}$. Damit können die Ableitungen der Verdrehungsansätze in der Gl. (b) durchgeführt werden, woraus sich die Krümmungs- Verschiebungsbeziehung in der Form

$$\boldsymbol{\kappa} = \begin{bmatrix} \kappa_1 \\ \kappa_2 \\ \kappa_3 \end{bmatrix} = \underbrace{\frac{1}{J}\begin{bmatrix} \mathbf{h}_2^T & \mathbf{0} \\ \mathbf{0} & -\mathbf{h}_1^T \\ \mathbf{h}_1^T & -\mathbf{h}_2^T \end{bmatrix}}_{\bar{\mathbf{D}}_p} \begin{bmatrix} \bar{\mathbf{H}}_x \\ \bar{\mathbf{H}}_y \end{bmatrix} \mathbf{u} = \bar{\mathbf{D}}_p \begin{bmatrix} \bar{\mathbf{H}}_x \\ \bar{\mathbf{H}}_y \end{bmatrix} \mathbf{u} = \mathbf{D}_p\, \mathbf{u} \tag{5.90a}$$

ergibt. Hier wurden analog zu der Formulierung der isoparametrischen Elemente in der Gl. (5.59a) die Abkürzungen

$$\mathbf{h}_1 = -\dot{x}\ \bar{\boldsymbol{\varphi}}' + x'\ \dot{\bar{\boldsymbol{\varphi}}} = -x_{31}\bar{\boldsymbol{\varphi}}' + x_{21}\dot{\bar{\boldsymbol{\varphi}}} \text{ und } \mathbf{h}_2 = \dot{y}\ \bar{\boldsymbol{\varphi}}' - y'\ \dot{\bar{\boldsymbol{\varphi}}} = y_{31}\bar{\boldsymbol{\varphi}}' - y_{21}\dot{\bar{\boldsymbol{\varphi}}} \tag{5.90b}$$

mit den Koordinatenableitungen nach Gl. (d) benutzt. Die Elementsteifigkeitsmatrix des DKT - Elementes ergibt sich aus

$$\mathbf{k} = \iint_{\xi,\eta} \mathbf{D}_p^T\, \mathbf{B}\, \mathbf{D}_p J d\xi d\eta = [\bar{\mathbf{H}}_x^T\ \bar{\mathbf{H}}_y^T]\ \bar{\mathbf{k}} \begin{bmatrix} \bar{\mathbf{H}}_x \\ \bar{\mathbf{H}}_y \end{bmatrix} \quad \text{mit} \tag{5.91a}$$

$$\bar{\mathbf{k}} = \iint_{\xi,\eta} \bar{\mathbf{D}}_p^T\, \mathbf{B}\, \bar{\mathbf{D}}_p J d\xi d\eta\ . \tag{5.91b}$$

Die Matrix $\bar{\mathbf{k}}$ kann wieder als eine auf die Basisfunktionen $\bar{\boldsymbol{\varphi}}$ bezogene Steifigkeitsmatrix interpretiert werden, die mit Hilfe der Matrizen $\bar{\mathbf{H}}_x$ und $\bar{\mathbf{H}}_y$ auf die physikalischen Freiheitsgrade $\mathbf{u}$ transformiert wird. Führt man die Matrizenprodukte unter Verwendung einer orthotropen Elastizitätsmatrix

$$\mathbf{B} = \begin{bmatrix} B_{11} & B_{12} & 0 \\ B_{12} & B_{22} & 0 \\ 0 & 0 & B_{33} \end{bmatrix}$$

und der Abkürzungen in der Gl. (5.90b) aus so ergibt sich

$$\bar{\mathbf{k}} = \int_{\xi}\int_{\eta} \frac{1}{J} \left[\begin{array}{c|c} \mathbf{h}_2 B_{11} \mathbf{h}_2^T + \mathbf{h}_1 B_{33} \mathbf{h}_1^T & -\mathbf{h}_2 B_{22} \mathbf{h}_1^T - \mathbf{h}_1 B_{33} \mathbf{h}_2^T \\ \hline \text{sym.} & \mathbf{h}_1 B_{22} \mathbf{h}_1^T + \mathbf{h}_2 B_{33} \mathbf{h}_2^T \end{array} \right] d\eta \, d\xi \ . \tag{5.91c}$$

Man erkennt hier die formale Analogie zu den isoparametrischen Scheibenelementen in der Gl. (5.60). In der Gl. (5.91c) enthalten die dyadischen Produkte, $\mathbf{h}_i \mathbf{h}_j^T$ (i, j = 1, 2),

$$\begin{aligned} \mathbf{h}_1 \mathbf{h}_1^T &= x_{31}^2 \mathbf{I}_1 - x_{31} x_{21} \mathbf{I}_2 - x_{31} x_{21} \mathbf{I}_3 + x_{21}^2 \mathbf{I}_4 \ , \\ \mathbf{h}_2 \mathbf{h}_2^T &= y_{31}^2 \mathbf{I}_1 - y_{31} y_{21} \mathbf{I}_2 - y_{31} y_{21} \mathbf{I}_3 + y_{21}^2 \mathbf{I}_4 \ , \\ \mathbf{h}_2 \mathbf{h}_1^T &= -y_{31} x_{31} \mathbf{I}_1 + y_{31} x_{21} \mathbf{I}_2 + x_{31} y_{21} \mathbf{I}_3 - y_{21} x_{21} \mathbf{I}_4 \ , \\ \mathbf{h}_1 \mathbf{h}_2^T &= -x_{31} y_{31} \mathbf{I}_1 + x_{31} y_{21} \mathbf{I}_2 + y_{31} x_{21} \mathbf{I}_3 - x_{21} y_{21} \mathbf{I}_4 \end{aligned} \tag{5.91d}$$

die Abkürzungen $\mathbf{I}_i$ $(i = 1, \ldots, 4)$ mit den Ableitungen der Basisfunktionen in der Form

$$\mathbf{I}_1 = \bar{\varphi}' \bar{\varphi}'^T, \quad \mathbf{I}_2 = \bar{\varphi}' \dot{\bar{\varphi}}^T, \quad \mathbf{I}_3 = \dot{\bar{\varphi}} \bar{\varphi}'^T \quad \text{und} \quad \mathbf{I}_4 = \dot{\bar{\varphi}} \dot{\bar{\varphi}}^T . \tag{5.91e}$$

Bei den Ableitungen der Basisfunktionen

$$\bar{\varphi}'^T = [0 \quad 1 \quad 0 \quad 2\xi \quad \eta \quad 0] \quad \text{und} \quad \dot{\bar{\varphi}}^T = [0 \quad 0 \quad 1 \quad 0 \quad \xi \quad 2\eta]$$

erkennt man, dass die Koeffizienten in den Dyaden $\mathbf{I}_i$ $(i = 1, \ldots, 4)$ Funktionen der Einheitskoordinaten sind, deren Integration über das Einheitsdreieck in analytischer Form möglich ist. Bei der Integration dieser Dyaden in der Gl. (5.91c) treten folgende Integrale auf

$$\begin{aligned} &\iint_{\xi,\eta} d\xi d\eta = 1/2, \quad \iint_{\xi,\eta} \xi d\xi d\eta = \iint_{\xi,\eta} \eta d\xi d\eta = 1/6, \\ &\iint_{\xi,\eta} \xi^2 d\xi d\eta = \iint_{\xi,\eta} \eta^2 d\xi d\eta = 1/12 \quad \text{und} \quad \iint_{\xi,\eta} \xi\eta d\xi d\eta = 1/24, \end{aligned} \tag{5.91f}$$

so dass sich die Steifigkeitsmatrix in effizienter Weise ohne numerische Integration berechnen lässt.

Das Element erfüllt die im Kap.4.2 beschriebenen Konvergenzbedingungen. Im Bild 5-52 sind beispielhaft die mit dem DKT -Element erzielten Lösungen im Vergleich zu den Lösungen mit anderen Plattenelementen dargestellt. Aus diesem und vielen anderen durch Literatur bekannten Vergleichsrechnungen hat sich das Element als robust und effizient für den Einsatz in der Praxis gezeigt. Allerdings muss beachtet werden, dass das Element auf der Grundlage der Kirchhoffschen Plattentheorie hergeleitet wurde, so dass sein Einsatz auf dünne Platten begrenzt ist. Bei der Berechnung der Eigenfrequenzen und Eigenformen muss beachtet werden, dass der Einfluss der Schubverformung mit steigenden Eigenfrequenzen zunimmt, wodurch die Genauigkeit der DKT-Lösung entsprechend abnimmt.

5.4.2.2 Plattenelemente mit unabhängigen Ansätzen für die Schubverzerrungen

Die zuvor geschilderten Nachteile des DKT-Elementes im Hinblick auf die schubstarre Platte (Kirchhoff-Theorie) werden bei der nachfolgenden Elementformulierung überwunden, in dem die Schubverzerrungen berücksichtigt werden. Zur Berücksichtigung der Schubverzerrungen ist es naheliegend, die Krümmungen in der Gl. (5.83e) durch unabhängige Ansätze für die Querschnittsneigungen β_x und β_y und für die Querverschiebung w darzustellen. Dieser Weg wird auch im Kap. 5.4.3 beschritten und eignet sich zur Formulierung allgemeiner auch räumlich gekrümmter Schalenelemente. Allerdings treten dabei elementinterne Versteifungseffekte (sog. “Locking“ – Effekte) auf, die einer besonderen Behandlung bedürfen. Besonders stark treten diese Effekte bei den 3- und 4- Knoten-Plattenelementen auf. Da oftmals Elemente mit minimaler Knotenzahl gegenüber viel-knotigen Elementen aus Gründen rechentechnischer Effizienz vorzuziehen sind (was insbesondere bei nicht-linearen Berechnungen von Bedeutung ist), sind in der Vergangenheit große Anstrengungen zur Entwicklung derartiger Elemente gemacht worden. Wir wollen hier das von MacNeal (1982) und in ähnlicher Form von Hughes (1981) eingeführte Prinzip beschreiben, eigenständige Ansätze für die Elementverzerrungen einzuführen.

Wir wollen die Herleitung hier am Beispiel des rechteckigen Plattenelementes nach Bild 5-41 zeigen.

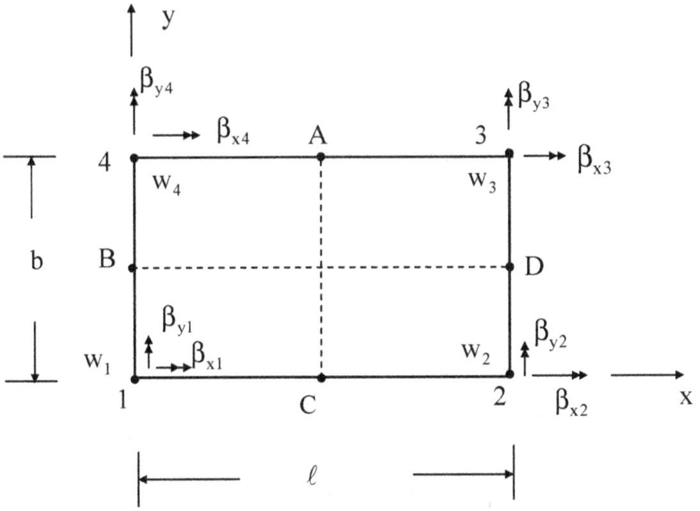

Bild 5-41 Rechteckelement mit Schubverzerrungsansätzen

Die Darstellung der Krümmungen nach Gl. (5.83e) erlaubt es, für die Neigungen und die Querverschiebung eigenständige Ansätze zu wählen. Für das 4 – Knoten –Element können demnach die gleichen bilinearen Ansätze wie für das Scheibenelement im Kap. 5.3.2 benutzt werden:

$$w(x,y) = \boldsymbol{\varphi}^T \mathbf{w}, \quad \beta_x(x,y) = \boldsymbol{\varphi}^T \boldsymbol{\beta}_x, \quad \beta_y(x,y) = \boldsymbol{\varphi}^T \boldsymbol{\beta}_y \tag{5.92a-c}$$

mit $\boldsymbol{\varphi}^T = \left[1 - \frac{x}{\ell} - \frac{y}{b} + \frac{xy}{b\ell} \;\middle|\; \frac{x}{\ell} - \frac{xy}{b\ell} \;\middle|\; \frac{xy}{b\ell} \;\middle|\; \frac{y}{b} - \frac{xy}{b\ell} \right]$ nach Gl.(5.49a).

Für die Querschubverzerrungen werden eigenständige lineare Ansätze in der Form

$$\gamma_{xz} = a_1 + a_2 y \quad \text{und} \quad \gamma_{yz} = b_1 + b_2 x \tag{5.93a,b}$$

eingeführt, die mit Hilfe der Bedingungen

$$\begin{aligned}
&\gamma_{xz}(x = \ell/2, y = 0) = \gamma_{xz}^C = a_1, \\
&\gamma_{xz}(x = \ell/2, y = b) = \gamma_{xz}^A = a_1 + a_2 b = \gamma_{xz}^C + a_2 b, \quad \Rightarrow a_2 = (\gamma_{xz}^A - \gamma_{xz}^C)/b, \\
&\gamma_{yz}(x = 0, y = b/2) = \gamma_{yz}^B = b_1, \\
&\gamma_{yz}(x = \ell, y = b/2) = \gamma_{yz}^D = b_1 + b_2\ell = \gamma_{yz}^B + b_2\ell, \quad \Rightarrow b_2 = (\gamma_{yz}^D - \gamma_{yz}^B)/\ell,
\end{aligned}$$

durch die Verzerrungen in den Seitenmittelpunkten dargestellt werden können:

$$\gamma_{xz} = (1 - y/b)\gamma_{xz}^C + y/b\,\gamma_{xz}^A\,, \tag{5.93c}$$

$$\gamma_{yz} = (1 - x/\ell)\gamma_{yz}^B + x/\ell\,\gamma_{yz}^D\,. \tag{5.93d}$$

Diese Verzerrungsgrößen lassen sich wiederum durch die Knotenpunktsfreiheitsgrade ausdrücken, indem für die Verzerrungen in den Seitenmitten die Neigungs- und Verschiebungsansätze (5.92a-c) eingesetzt werden. Aus der Definition der Schubverzerrungen in der Gl. (5.83c) folgt nach Einsetzen der Ansätze (5.92 a-c):

$$\begin{aligned}
\gamma_{xz}^Z &= \beta_y(Z) + w'(Z) = \boldsymbol{\varphi}^T(Z)\,\boldsymbol{\beta}_y + \boldsymbol{\varphi}'^T(Z)\,\mathbf{w}\,, \\
\gamma_{yz}^Z &= -\beta_x(Z) + \dot{w}(Z) = -\boldsymbol{\varphi}^T(Z)\,\boldsymbol{\beta}_x + \dot{\boldsymbol{\varphi}}^T(Z)\,\mathbf{w}\,.
\end{aligned} \qquad (Z = A, B, C, D,) \tag{5.93e,f}$$

Hier beinhalten die Vektoren $\boldsymbol{\varphi}(Z)$, $\boldsymbol{\varphi}'(Z)$ und $\dot{\boldsymbol{\varphi}}(Z)$ die Ansatzfunktionen nach Gl. (5.49a) in den Seitenmitten Z= A, B, C, D. Die Gln. (5.93e, f) eingesetzt in die Gln. (5.93c, d) liefert

$$\begin{aligned}
\gamma_{xz} &= \left[(1 - y/b)\boldsymbol{\varphi}'^T(C) + y/b\,\boldsymbol{\varphi}'^T(A) \;\middle|\; (1 - y/b)\boldsymbol{\varphi}^T(C) + y/b\,\boldsymbol{\varphi}^T(A) \right] \begin{bmatrix} \mathbf{w} \\ \boldsymbol{\beta}_y \end{bmatrix} \\
&= \mathbf{D}_{xw}\mathbf{w} + \mathbf{D}_{x\beta y}\boldsymbol{\beta}_y \quad \text{und}
\end{aligned}$$

$$\begin{aligned}
\gamma_{yz} &= \left[(1 - x/\ell)\dot{\boldsymbol{\varphi}}^T(B) + x/\ell\,\dot{\boldsymbol{\varphi}}^T(D) \;\middle|\; -(1 - x/\ell)\boldsymbol{\varphi}^T(B) - x/\ell\,\boldsymbol{\varphi}^T(D) \right] \begin{bmatrix} \mathbf{w} \\ \boldsymbol{\beta}_x \end{bmatrix} \\
&= \mathbf{D}_{yw}\mathbf{w} + \mathbf{D}_{y\beta x}\boldsymbol{\beta}_x\,.
\end{aligned}$$

Zusammengefasst in Matrixform erhält man:

$$\gamma_s = \begin{bmatrix} \gamma_{xz} \\ \gamma_{yz} \end{bmatrix} = \underbrace{\begin{bmatrix} \mathbf{D}_{xw} & \mathbf{0} & \mathbf{D}_{x\beta y} \\ \mathbf{D}_{yw} & \mathbf{D}_{y\beta x} & \mathbf{0} \end{bmatrix}}_{\mathbf{D}_s} \begin{bmatrix} \mathbf{w} \\ \boldsymbol{\beta}_x \\ \boldsymbol{\beta}_y \end{bmatrix} = \mathbf{D}_s \mathbf{U} \tag{5.93g}$$

Nach Gl. (3.49b) kann damit der Anteil der Steifigkeitsmatrix infolge Schubverformung berechnet werden:

$$\boxed{\mathbf{k}_s = \int_x \int_y \mathbf{D}_s^T \mathbf{G}_s \mathbf{D}_s \, dx \, dy} \, . \tag{5.94a}$$

Bei Annahme eines orthotropen Werkstoffgesetzes für den Zusammenhang zwischen den Querkräften und den Schubverzerrungen entsprechend Gl. (5.84c) gilt

$$\begin{bmatrix} q_{xz} \\ q_{yz} \end{bmatrix} = t_s \begin{bmatrix} G_1 & 0 \\ 0 & G_2 \end{bmatrix} \begin{bmatrix} \gamma_{xz} \\ \gamma_{yz} \end{bmatrix} = \mathbf{G}_s \, \gamma_s \, . \tag{5.94b}$$

Die Berechnung der Steifigkeitsmatrix infolge der Biegeverformung erfolgt wie beim DKT-Element aus

$$\mathbf{k}_B = \int_x \int_y \mathbf{D}_p^T \mathbf{B} \mathbf{D}_p \, dxdy \tag{5.91b}$$

mit der Elastizitätsmatrix **B** gemäß Definition in den Gln. (5.72a,b). Die Krümmungs-Verschiebungs-Matrix $\mathbf{D}_p$ ergibt sich aus den Krümmungen (5.83e) und den Ansätzen (5.92 a-c) zu

$$\boldsymbol{\kappa} = \begin{bmatrix} \beta_y' \\ -\dot{\beta}_x \\ \dot{\beta}_y - \beta_x' \end{bmatrix} = \underbrace{\begin{bmatrix} \mathbf{0} & \boldsymbol{\varphi}'^T \\ -\dot{\boldsymbol{\varphi}}^T & \mathbf{0} \\ -\boldsymbol{\varphi}'^T & \dot{\boldsymbol{\varphi}}^T \end{bmatrix}}_{\mathbf{D}_p} \begin{bmatrix} \boldsymbol{\beta}_x \\ \boldsymbol{\beta}_y \end{bmatrix} . \tag{5.94c}$$

Diese Gleichung ist formal (bis auf die unterschiedliche Reihenfolge der Freiheitsgrade und ein Vorzeichen) identisch mit der Gleichung für die Scheibenelemente (5.44d).

Bei dem allgemeinen Viereckselement wird die gleiche Idee der eigenständigen Schubverzerrungsansätze benutzt. Diese müssen dann im $\xi-\eta-$Einheitskoordinaten entsprechend Kap. 5.3.3 formuliert werden[1)-5)].

Beispiel : Balkenelement

Wir wollen hier als Beispiel den Grenzfall behandeln, dass die Platte zum Balken degeneriert (Breite b, Dicke t, Schubdicke $t_s = 5/6t$) unter der Annahme, dass alle Kraft- und Verformungsgrößen in Breitenrichtung y konstant seien, so dass nur die im

---

[1)] Bathe (1985), [2)] Hughes (1981), [3)] MacNeal (1994), [4)] Hughes (2000), [5)] MSC-NASTRAN (2001)

Bild 5-42 eingetragenen Freiheitsgrade $\mathbf{u} = \left[w_1 \quad w_2 \,\vdots\, \beta_1 \quad \beta_2 \right]^T = \left[\mathbf{w}^T \quad \boldsymbol{\beta}_y^T \right]$ auftreten.

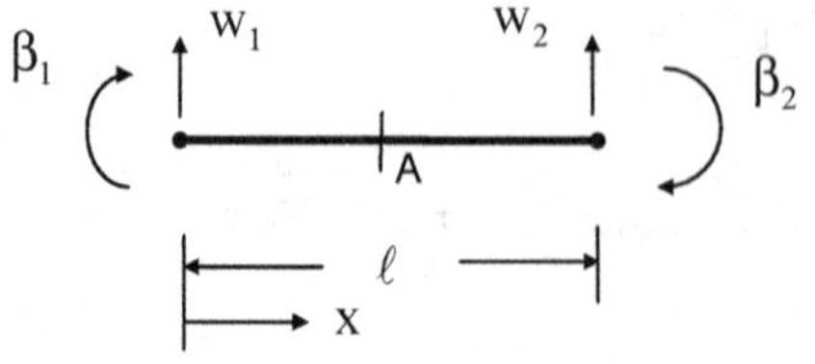

Bild 5-42 Balkenelement

In diesem Fall ergeben sich die Formfunktionen $\boldsymbol{\varphi}$ in dem Ansatz für die Querverschiebung $w = \boldsymbol{\varphi}^T \mathbf{w}$ und in dem Ansatz für die Neigung $\beta = \boldsymbol{\varphi}^T \boldsymbol{\beta}_y$ zu

$$\varphi_1 = 1 - x/\ell \qquad \text{und} \qquad \varphi_2 = x/\ell. \tag{a}$$

Die Schubverzerrungen γ_{yz} verschwinden und wegen $\gamma_{xz}^A = \gamma_{xz}^C$ folgt aus Gl. (5.93c)

$$\gamma_{xz} = \gamma_{xz}^A = \gamma_{xz}^C = \text{const.}\ . \tag{b}$$

Die Schubverzerrung in der Elementmitte A ergibt sich aus der Definition der Schubverzerrung (5.83 c) nach Einsetzen des Ansatzes (a) zu

$$\gamma_{xz}^A = \beta(A) + w'(A) = \boldsymbol{\varphi}^T(A)\,\boldsymbol{\beta} + \boldsymbol{\varphi}'^T(A)\,\mathbf{w} \tag{c}$$

mit

$$\boldsymbol{\varphi}^T(x = \ell/2) = [1 \quad 1]/2 \quad \text{und} \quad \boldsymbol{\varphi}'^T(x = \ell/2) = [-1 \quad 1]/\ell\ .$$

Gl. (c) in Gl. (b) eingesetzt liefert

$$\gamma_{xz} = (w_2 - w_1)/\ell + (\beta_1 + \beta_2)/2\ .$$

Die $\mathbf{D}_s$-Matrix, die die Beziehung zwischen den Schubverzerrungen und den Knotenfreiheitsgraden herstellt, lautet damit

$$\mathbf{D}_s = [-1/\ell \quad 1/\ell \quad 1/2 \quad 1/2]. \tag{d}$$

Die Krümmung ergibt sich aus der Gl. (5.94c) zu

$$\kappa_1 = \beta_y' = \boldsymbol{\varphi}'^T \boldsymbol{\beta}_y = (\beta_2 - \beta_1)/\ell\ .$$

Damit schreibt sich die $\mathbf{D}_p$ -Matrix, die die Beziehung zwischen den Krümmungen und den Knotenfreiheitsgraden herstellt, in der Form

$$\mathbf{D}_p = [0 \quad 0 \quad -1/\ell \quad 1/\ell]\ . \tag{e}$$

Die Steifigkeitsmatrix nach Gl. (3.49b), $\mathbf{k} = \mathbf{k}_B + \mathbf{k}_S$, bestehend aus dem Biegeanteil $\mathbf{k}_B = \frac{Ebt^3}{12} \int_{x=0}^{\ell} \mathbf{D}_p^T \mathbf{D}_p \, dx$ und dem Schubanteil $\mathbf{k}_S = G\, b\, t_s \int_{x=0}^{\ell} \mathbf{D}_s^T \mathbf{D}_s \, dx$, kann nun berechnet werden. Mit den Abkürzungen $\overline{B} = Ebt^3 / 12\ell$ und $\overline{G} = G\, b\, t_s / \ell$ erhält man die Steifigkeitsmatrix zu

$$\mathbf{k} = \begin{array}{c} \begin{array}{cccc} w_1 & w_2 & \beta_1 & \beta_2 \end{array} \\ \left[\begin{array}{cccc} \overline{G} & -\overline{G} & -\overline{G}\ell/2 & -\overline{G}\ell/2 \\ & \overline{G} & \overline{G}\ell/2 & \overline{G}\ell/2 \\ & & \overline{B} + \overline{G}\ell^2/4 & -\overline{B} + \overline{G}\ell^2/4 \\ \text{sym.} & & & \overline{B} + \overline{G}\ell^2/4 \end{array} \right] \end{array} . \qquad \text{(f)}$$

Das Bild 5-42 zeigt als numerisches Beispiel einen Kragträger unter Einzellast mit dem Verhältnis Dicke/Länge = 0,01, bei dem der Einfluss der Schubverformung praktisch keine Rolle spielt. Daraus wird deutlich, dass bei Erhöhung der Elementteilung die Lösung zur exakten Lösung des quasischubstarren Balkens konvergiert.

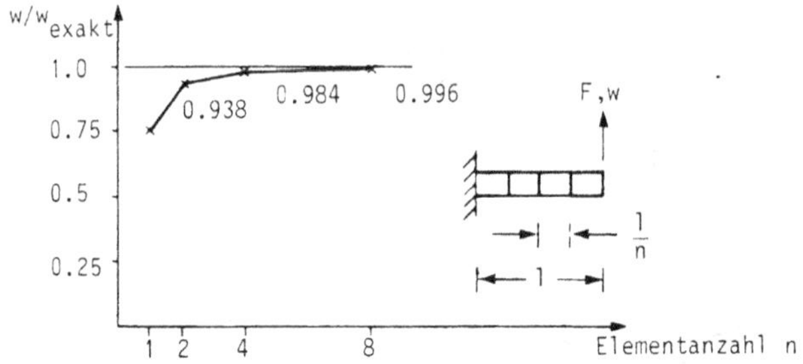

Bild 5-42 Konvergenzverhalten des linearen Balkenelementes

Das Element erlaubt eine anschauliche mechanische Deutung, wenn man die Abkürzungen $\overline{B}$ und $\overline{G}$ als Steifigkeiten einer Biegefeder und einer Querkraftfeder auffasst, die in der Mitte eines ansonsten starren Balkenelementes angebracht sind (Bild 5-43a). Bei Vorgabe von Einheitsverschiebungen an den Balkenenden ergibt sich der im Bild 5-43b skizzierte Verschiebungsverlauf, bei dem in der Balkenmitte eine Klaffung Δw und eine Winkeldifferenz $\Delta\beta$ entsteht, deren Größe sich in der Skizze ablesen lässt. Für die Klaffung erhält man

$$\Delta w = w_2 + \beta_2 \ell/2 - (w_1 - \beta_1 \ell/2) = \begin{bmatrix} -1 & 1 & \ell/2 & \ell/2 \end{bmatrix} \mathbf{u} = \mathbf{D}_w \mathbf{u} \ . \qquad \text{(g)}$$

Die Winkeldifferenz ergibt sich aus

$$\Delta\beta = \beta_1 - \beta_2 = \begin{bmatrix} 0 & 0 & 1 & -1 \end{bmatrix} \mathbf{u} = \mathbf{D}_\beta \mathbf{u} \ . \qquad \text{(h)}$$

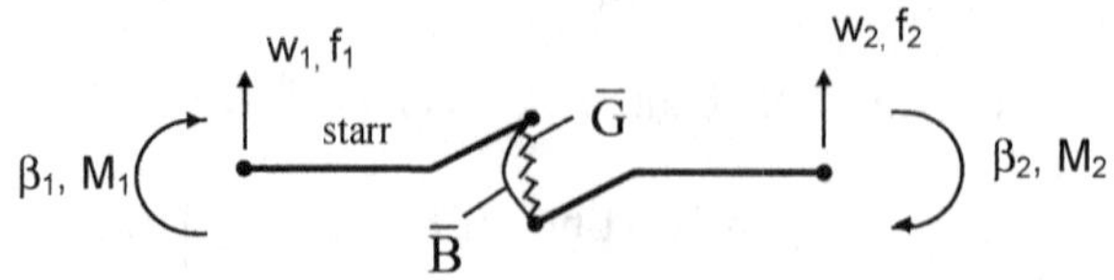

(a) Starre Balkenhälften verbunden durch Biegefeder $\bar{B}$ und Querkraftfeder $\bar{G}$

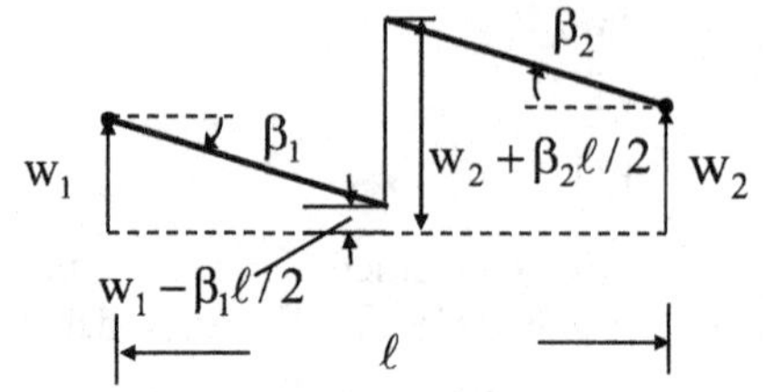

(b) Verschiebungsverlauf in Abhängigkeit von den Knotenfreiheitsgraden

Bild 5-43 Zur Interpretation des Balkenelementes nach Gl. (f).

Die innere Energie der Federn folgt aus

$$\Pi_{(i)} = \Pi_B + \Pi_S = \frac{1}{2}\bar{B}\,\Delta\beta^2 + \frac{1}{2}\bar{G}\,\Delta w^2 \ .$$

Damit kann die Steifigkeitsmatrix berechnet werden. Aus

$$\frac{\partial \Pi_{(i)}}{\partial \mathbf{u}} = \mathbf{k}\,\mathbf{u} = \bar{B}\frac{\partial \Delta\beta}{\partial \mathbf{u}}\Delta\beta + \bar{G}\frac{\partial \Delta w}{\partial \mathbf{u}}\Delta w$$

folgt die Steifigkeitsmatrix bei Verwendung der Gln. (g) und (h) zu

$$\mathbf{k} = \bar{B}\,\mathbf{D}_\beta^T \mathbf{D}_\beta + \bar{G}\,\mathbf{D}_w^T \mathbf{D}_w \ ,$$

woraus sich das gleiche Ergebnis wie in der Gl. (f) ergibt. Das Element eignet sich daher auch gut zur Darstellung der Steifigkeit zwischen zwei Knoten, bei denen die Steifigkeitsparameter als Ersatzsteifigkeiten angesehen werden können. Im Grenzfall, dass die Knoten zusammenfallen gilt $\ell = 0$, wodurch sich die Steifigkeitsmatrix bezüglich $\mathbf{w}$ und $\boldsymbol{\beta}$ entkoppelt. Es entstehen dann zwei unabhängige Federmatrizen für die Verschiebungsfreiheitsgrade $\mathbf{w}$ und die Verdrehungsfreiheitsgrade $\boldsymbol{\beta}$.

Wir wollen noch den Grenzfall eines einzelnen am rechten Rand eingespannten Elementes betrachten, und die Durchbiegung w_1 infolge einer Einzellast f_1 berechnen. Nach Einführung der Randbedingungen $w_2 = \beta_2 = 0$ folgt aus der Gl. (f)

$$\begin{bmatrix} f_1 \\ M_1 = 0 \end{bmatrix} = \begin{bmatrix} \bar{G} & -\bar{G}\ell/2 \\ -\bar{G}\ell/2 & \bar{B} + \bar{G}\ell^2/4 \end{bmatrix} \begin{bmatrix} w_1 \\ \beta_1 \end{bmatrix} .$$

Die zweite Zeile dieser Gleichung liefert den Zusammenhang

$$\beta_1 = \frac{\bar{G}\ell/2}{\bar{B} + \bar{G}\ell^2/4} w_1 ,$$

der, eingesetzt in die erste Zeile, auf das Ergebnis $w_1 = f_1(1/\bar{G} + \ell^2/4\bar{B})$ führt. Daraus ergibt sich im Grenzfall einer biegestarren Feder, d.h. wenn die Steifigkeit $\bar{B}$ der Biegefeder sehr viel größer ist als die Steifigkeit $\bar{G}$ der Querkraftfeder ($\bar{B} \gg \bar{G}$), der Grenzwert $w_1 = f_1/\bar{G}$, d.h. das Element verhält sich, als hätte es nur eine einzelne Querkraftfeder. Bezüglich der Verdrehungen erlaubt das Element dann nur noch eine Starrkörperdrehung mit $\beta = \beta_1 = \beta_2$ im Bild 5-43(b).

Im umgekehrten Fall, $\bar{B} \ll \bar{G}$ (schubstarre Feder), erhält man den Grenzwert $w_1 = f_1\ell^2/(4\bar{B})$. In diesem Fall verhält sich das Element so, als hätte es nur eine einzelne Drehfeder. Bezüglich der Verschiebungen erlaubt das Element dann nur noch eine Starrkörperverschiebung mit $w = w_1 = w_2$ im Bild 5-43(b).

Aus diesen Überlegungen lässt sich schließen, dass auch das nach den gleichen Prinzipien hergeleitete 4-Knoten Plattenelement in der Lage ist, die Grenzfälle zu beschreiben.

5.4.2.3 Ein schubweiches viereckiges Plattenelement

Wir wollen jetzt noch ein sehr effizientes viereckiges Plattenelement behandeln, welches eine Verallgemeinerung des ältesten konformen Elementes für schubstarre Rechteckplatten darstellt (Bogner(1965)). Die Grundidee bei diesem Element war die Überlegung, die Formfunktionen der Rechteckplatte als Produkt der Ansatzfunktionen (5.16) des schubstarren Balkens darzustellen in der Form

$$w(\xi,\eta) = \sum_k h_{w,k}(\xi,\eta)\, u_k = \mathbf{h}_w^T \mathbf{u} \tag{5.95a}$$

mit

$$h_{w,k} = \varphi_{w,i}(\xi)\, \varphi_{w,j}(\eta) \quad (k = 1,\dots,16;\ i,j = 1,\dots,4) \tag{5.95b}$$

In der Tabelle 5-3 ist das Indexschema dargestellt, welches den Zusammenhang zwischen den Knotenfreiheitsgraden u_k und den Paarungen i, j der Ansatzfunktionen herstellt.

Tabelle 5-3 Indexschema

u_k	w_1	β_{y1}	β_{x1}	w_{xy1}	w_2	β_{y2}	β_{x2}	w_{xy2}	w_3	β_{y3}	β_{x3}	w_{xy3}	w_4	β_{y4}	β_{x4}	w_{xy4}
k	1	2	3	4	5	6	7	8	9	10	11	12	13	14	15	16
i, j	1,1	2,1	1,2	2,2	3,1	4,1	3,2	4,2	3,3	4,3	3,4	4,4	1,3	2,3	1,4	2,4

Die erste im Folgenden behandelte Verallgemeinerung besteht darin, dass zur Beschreibung des Verschiebungs- und Neigungsfeldes einer Rechteckplatte der Länge ℓ und der Breite b statt der Ansatzfunktionen des schubstarren Balkens die des schubweichen Balkens nach Gln. (5.15a) verwendet werden:

$$\left.\begin{aligned}
\varphi_{w1} &= [\kappa + (1-\kappa)\xi - 3\xi^2 + 2\xi^3]/\kappa\,,\\
\varphi_{w2} &= [\ \xi(1+\kappa)/2 \ -\xi^2(3+\kappa)/2 \ + \ \xi^3\ ]\ell/\kappa\,,\\
\varphi_{w3} &= [\ (\kappa-1)\xi + 3\xi^2 - 2\xi^3]/\kappa\,,\\
\varphi_{w4} &= [\ \xi(1-\kappa)/2 + \xi^2(-3+\kappa)/2 + \xi^3\ ]\ell/\kappa\ .
\end{aligned}\right\} \tag{5.96}$$
$$(\xi = x/\ell)$$

Entsprechend der Theorie der schubweichen Platte werden für die Neigungen die Ansätze

$$\beta_y(\xi,\eta) = \sum_k h_{\beta y,k}(\xi,\eta)\, u_k = \mathbf{h}_{\beta y}^T\, \mathbf{u} \tag{5.97a}$$

mit

$$h_{\beta y,k} = \varphi_{\beta,i}(\xi)\, \varphi_{w,j}(\eta) \quad (k = 1,\dots,16;\ i,j = 1,\dots,4) \tag{5.97b}$$

und

$$\beta_x(\xi,\eta) = \sum_k h_{\beta x,k}(\xi,\eta)\, u_k = \mathbf{h}_{\beta x}^T\, \mathbf{u} \tag{5.98a}$$

mit

$$h_{\beta x,k} = \varphi_{w,i}(\xi)\, \varphi_{\beta x,j}(\eta) \quad (k = 1,\dots,16;\; i,j = 1,\dots,4), \tag{5.98b}$$

mit den Neigungsfunktionen entsprechend Gln.(5.15b) eingeführt:

$$\left.\begin{aligned} \varphi_{\beta 1} &= 6\xi(\xi-1)/\ell\kappa, \\ \varphi_{\beta 2} &= [\kappa - \xi(\kappa+3) + 3\xi^2]/\kappa, \\ \varphi_{\beta 3} &= 6\xi(-\xi+1)/\ell\kappa, \\ \varphi_{\beta 4} &= \xi(\kappa-3+3\xi)/\kappa . \end{aligned}\right\} \tag{5.99}$$

Für die y-Richtung erhält man die Formfunktionen $\varphi_{w,i}(\eta)$ und $\varphi_{\beta,i}(\eta)$ $(i = 1,\dots,4)$, wenn in den obigen Gleichungen $\xi = x/\ell$ durch $\eta = y/b$ ersetzt wird. Diese Funktionen für die Neigungen sind nicht unabhängig von denen für die Verschiebungen. Sie gehen im schubstarren Fall, $\kappa = 1$, über in die Ableitungen der Verschiebungsfunktionen, beispielsweise gilt dann $\varphi_{\beta 1} = \varphi'_{w1}/\ell$.

Im schubstarren Fall sind die Neigungen gleich den Verschiebungsableitungen. Für die Freiheitsgrade an den Knoten gilt dann $\beta_{x,i} = (\partial w/\partial y)_i$ und $\beta_{y,i} = (\partial w/\partial x)_i$ (Hinweis: Um gleiche Vorzeichen der Ansatzfunktionen für die x und die y-Richtung zu erhalten, werden hier anders als im Bild 5-38, die Neigungen β_y gegen den Uhrzeigersinn definiert). Zu beachten ist, dass im schubweichen Fall die gemischte Ableitung an den Knoten den Wert $\kappa = (1+\kappa_x)(1+\kappa_y)/(4\kappa_x\kappa_y)$ annimmt mit den im allgemeinen Fall unterschiedlichen Schubformfaktoren κ_x und κ_y entsprechend der Definition für den Balken:

$$\kappa_x = 1 + 12[EI/(GA_s\ell^2)]_x \qquad \text{und} \qquad \kappa_y = 1 + 12[EI/(GA_s b^2)]_y \; .$$

Daraus folgt, dass bei Schubsteifigkeiten die Verschiebungsfunktionen nicht mehr stetig sind, so dass die Lösung an derartigen Übergangsstellen unbrauchbar wird.
Im schubstarren Fall gilt $\kappa_x = \kappa_y = 1$, wodurch die gemischte Ableitung den Wert 1 annimmt.

Das Bild 5-45 zeigt die Formfunktionen $h_{w1} - h_{w4}$, die ja die Verschiebungsfelder der Platte für die Einheitsverschiebungen, am Knoten 1 darstellen.

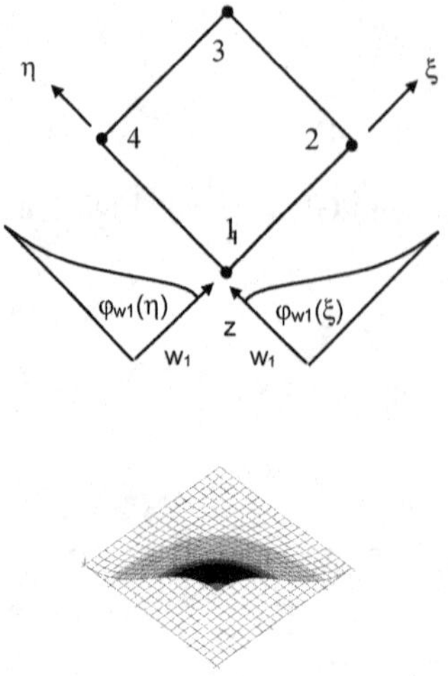

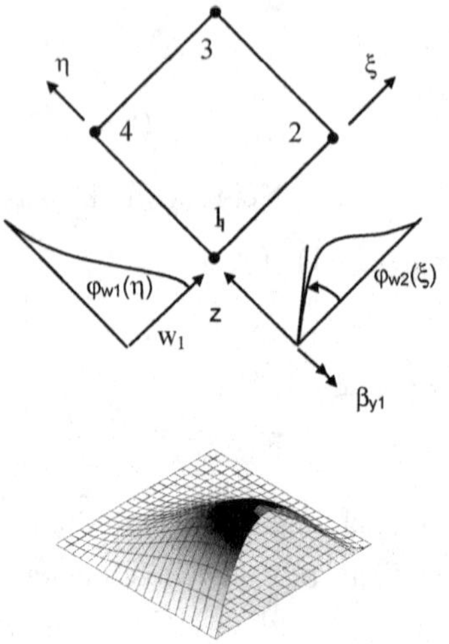

$$h_{w1} = \varphi_{w1}(\xi)\,\varphi_{w1}(\eta), \quad w_1 = 1 \qquad\qquad h_{w2} = \varphi_{w2}(\xi)\,\varphi_{w1}(\eta), \quad \beta_{y1} = 1$$

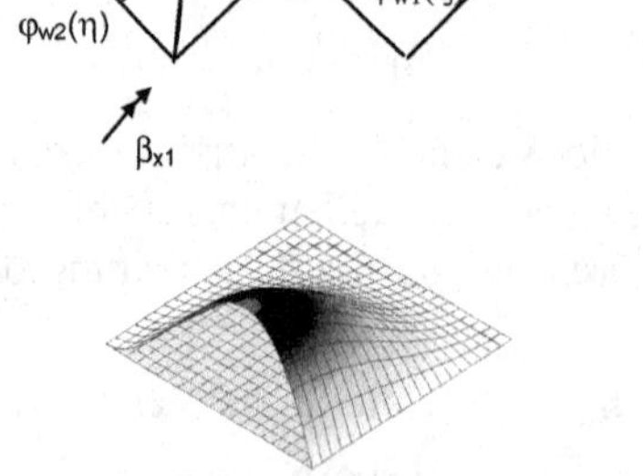

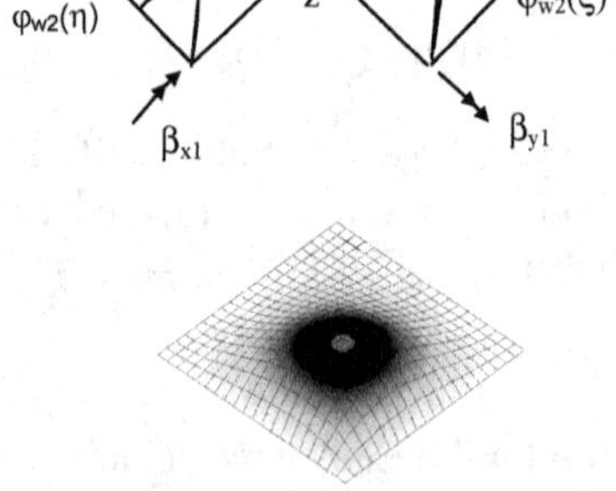

$$h_{w3} = \varphi_{w1}(\xi)\,\varphi_{w2}(\eta), \quad \beta_{x1} = 1 \qquad\qquad h_{w4} = \varphi_{w2}(\xi)\,\varphi_{w2}(\eta), \quad \beta_{x1} = \beta_{y1} = 1$$

$$(\partial^2 w / \partial\xi\,\partial\eta)_1 = \text{const}$$

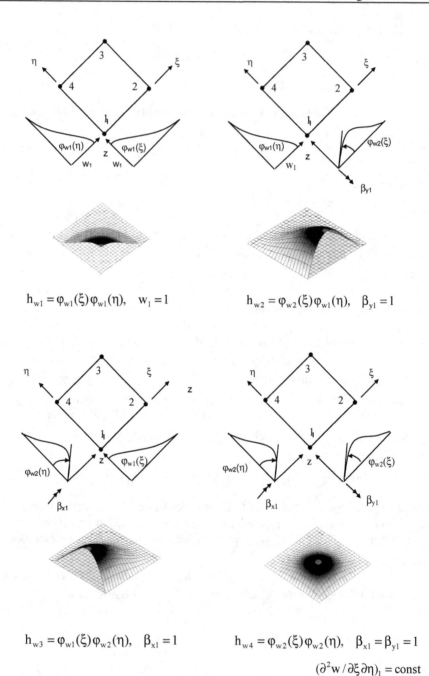

Bild 5-45 Formfunktionen des rechteckigen Plattenelementes bezüglich der Freiheitsgrade am Knoten 1

Die Besonderheit dieses Elementes besteht zunächst darin, dass zur Erzeugung der Neigungskompatibilität zwischen benachbarten Elementen die zusätzlichen Freiheitsgrade, definiert als die gemischten Ableitungen $w_{xy,i} = (\partial^2 w / \partial x \, \partial y)_i$ (i=1, ... , 4 = Zahl der Knoten), eingeführt werden. Daraus ergibt sich, dass an jeden Rand sowohl für die Verschiebungen als auch für die Neigungen ein Polynom 3. Grades zur Verfügung steht, welches durch die 4 Freiheitsgrade eindeutig festgelegt ist. Beim Zusammenbau der Elemente, bei denen ja die Knotenfreiheitsgrade benachbarter Elemente gleichgesetzt werden, haben demnach sowohl die Verschiebungen als auch die Neigungen entlang der gemeinsamen Kanten den gleichen Verlauf.

Wir demonstrieren dies am Verlauf der Neigung β_x am Rand $y = 0$ eines rechteckigen Plattenelementes nach Bild 5-46 unter der Annahme, dass die Freiheitsgrade an den Knoten 3 und 4 gesperrt sind.

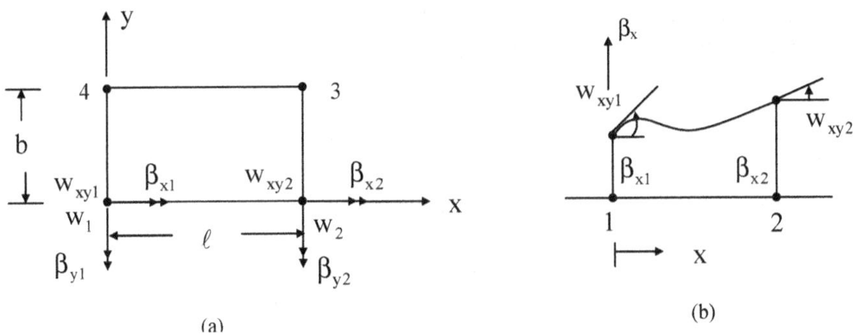

Bild 5-46 (a) Rechteckiges Plattenelement mit 4 Freiheitsgraden pro Knoten
(b) Verlauf der Neigung β_x zwischen den Knoten 1 und 2

Aus dem Neigungsansatz (5.98) folgt dann mit den Formfunktionen (5.96) und (5.99) und unter Berücksichtigung, dass am Rand y = 0 die Formfunktionen die Werte

$$\varphi_{\beta 1}(y=0) = 0 \qquad \text{und} \qquad \varphi_{\beta 2}(y=0) = 1$$

annehmen, der Verlauf der Neigung β_x zu

$$\beta_x(x, y=0) = \varphi_{w1}\,\beta_{x1} + \varphi_{w2}\,w_{xy1} + \varphi_{w3}\,\beta_{x2} + \varphi_{w4}\,w_{xy2} \; .$$

Man erkennt, dass die Neigungen mit den gleichen kubischen Formfunktionen beschrieben werden wie die Querverschiebungen. Sie sind als Funktion der Knotenverdrehungen β_{x1} und β_{x2} und der Knotenverwindungen w_{xy1} und w_{xy2} eindeutig festgelegt, so dass die Neigungen benachbarter Elemente entlang der gemeinsamen Kanten auch den gleichen Verlauf haben, wenn die Knotenverdrehungen und Verwindungen gleich sind.

(Hinweis: Im schubstarren Fall sind die Ableitungen der Neigungen an den Knoten gleich den gemischten Ableitungen:

$$\beta'_x(0,0) = w_{xy1} \text{ und } \beta'_x(\ell,0) = w_{xy2}) \, .$$

Die zweite Verallgemeinerung gegenüber dem Originalelement besteht darin, dass statt der Rechteckform eine beliebige Viereckform Berücksichtigung finden kann. Die Verschiebungsansätze können dann, wie im Kap.5.3.3 beschrieben, für das Einheitsquadrat formuliert werden, welches sich aus der Abbildung des allgemeinen Vierecks mit Hilfe der geometrischen Formfunktion nach Gl.(5.54e) ergibt (siehe auch 3. Beispiel im Kap.5.3.3.1). Da die geometrische Abbildung durch bilineare Funktionen erfolgt und die Verschiebungen durch kubische Polynome dargestellt wurden, handelt es sich nicht um ein isoparametrisches sondern um ein subparametrisches Element, wodurch die Kompatibilität der Verschiebungen und der Kantenneigungen nur gewährleistet ist, wenn benachbarte Elementnetze keine Knicke aufweisen (s. Bild 5-48) oder allgemein, wenn die Generierung der Netzgeometrie in der bilinearen Form (5.54e) erfolgt ist.

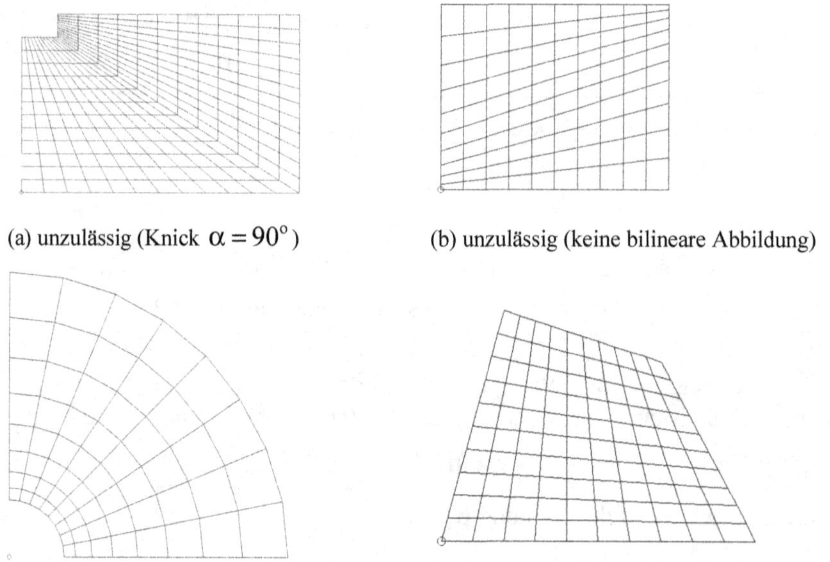

(a) unzulässig (Knick $\alpha = 90^\circ$) (b) unzulässig (keine bilineare Abbildung)

(c) zulässig (Knicke α_i klein) (d) zulässig (bilineare Abbildung)

Bild 5-48 Netzkonfigurationen

In seiner schiefwinkeligen Form hat das Element daher nur einen eingeschränkten Anwendungsbereich. Ein weiterer Nachteil des Elementes besteht darin, dass die Freiheitsgrade mit den gemischten Ableitungen $w_{xy} = \partial^2 w / \partial x \, \partial y$ (Verwindungsfreiheitsgrade) wenig anschaulich sind und somit eine Kopplung des Elementes mit Balkenelementen erschweren. Diese Verwindungsfreiheitsgrade lassen sich aber in zwei Schritten eliminieren. Im ersten Schritt wird die Bedingung eingeführt, dass sie an allen vier Knoten des Elementes gleich sein sollen. Wie aus dem Bild 5-46(b) deutlich wird, bedeutet dies, dass die Abweichung der Neigung vom linearen Verlauf im Integral über die Elementkante verschwindet. Es bleibt demnach für das Element ein einziger w_{xy} Verwindungsfreiheitsgrad übrig. Dieser wird mit Hilfe der Annahme eliminiert, dass die zugehörige Kraftgröße zu Null angenommen werden kann (sog. statische Kondensation, s. auch Kap.8.2). Die vollständige Kompatibilität der Neigungen benachbarter Elemente geht damit zwar örtlich verloren, bleibt aber im Integral erhalten, wodurch bei Erhöhung der Elementzahl die Kompatibilität immer besser erfüllt wird (d.h. das Netz konvergiert quasi auf die kompatible Lösung).

Mit diesen Ansätzen erfolgt die Berechnung der Elementsteifigkeitsmatrix, $\mathbf{k} = \mathbf{k}_S + \mathbf{k}_B$, formal gleich wie in der Gl.(5.94a) für den Schubanteil

$$\mathbf{k}_S = \int_x \int_y \mathbf{D}_S^T \, \mathbf{G}_S \, \mathbf{D}_S \, dxdy$$

und der Gl.(5.91b) für den Biegeanteil

$$\mathbf{k}_B = \int_x \int_y \mathbf{D}_P^T \, \mathbf{B} \, \mathbf{D}_P \, dxdy ,$$

wobei die Matrizen $\mathbf{D}_s$ und $\mathbf{D}_p$ wieder die Zusammenhänge zwischen den Schubverzerrungen $\boldsymbol{\gamma}$ bzw. Krümmungen $\boldsymbol{\kappa}$ und den Elementfreiheitsgraden $\mathbf{u}$ in der Form

$$\begin{bmatrix} \gamma_{xz} \\ \gamma_{yz} \end{bmatrix} = \begin{bmatrix} -\beta_y + w' \\ -\beta_x + \dot{w} \end{bmatrix} = \begin{bmatrix} -\mathbf{h}_{\beta y}^T + \mathbf{h}_w'^T \\ -\mathbf{h}_{\beta x}^T + \dot{\mathbf{h}}_w^T \end{bmatrix} \mathbf{u} = \mathbf{D}_s \, \mathbf{u} \tag{5.100a}$$

und

$$\begin{bmatrix} \kappa_{xx} \\ \kappa_{yy} \\ \kappa_{xy} \end{bmatrix} = -\begin{bmatrix} \beta_y' \\ \dot{\beta}_x \\ \dot{\beta}_y + \beta_x' \end{bmatrix} = -\begin{bmatrix} \mathbf{h}_{\beta y}' \\ \dot{\mathbf{h}}_{\beta x} \\ \dot{\mathbf{h}}_{\beta y} + \mathbf{h}_{\beta x}' \end{bmatrix} \mathbf{u} = \mathbf{D}_p \, \mathbf{u} \tag{5.100b}$$

$$(\;)' \mathrel{\hat{=}} \partial/\partial x; \quad (\;)^{\cdot} = \partial/\partial y$$

beinhalten. (Hinweis: Wie bereits erwähnt, wurde das Vorzeichen von β_y gegenüber der Definition im Bild 5-38 gedreht, um die Vorzeichen der Balkenansatzfunktionen zu erhalten). Im schubstarren Fall, wenn die Neigungen gleich den Verschiebungsableitungen sind, d.h. wenn $\beta_y = w'$ und $\beta_x = \dot{w}$, erhält man wieder den Krümmungsvektor nach Gl.(5.77a), woraus sich die Elementmatrix aus Gl.(5.78b) berechnen lässt, wenn dort die unnormierten Ansatzfunktionen $\bar{\boldsymbol{\varphi}}$ durch die Formfunktion $\mathbf{h}_w$ nach Gl.(5.95) ersetzt werden. Zur beschriebenen Elimination der w_{xy} -Verwindungsfreiheitsgrade wird gefordert, dass diese an allen Knoten gleich sein sollen, d.h. es soll gelten $w_{xy1} = w_{xy2} = w_{xy3} = w_{xy4}$. Diese Forderung lässt sich auch in der Form

$$\mathbf{u} = \mathbf{T}_1 \, \mathbf{u}_{13} \tag{5.101a}$$

schreiben. Hier beschreibt $\mathbf{u}$ den vollständigen Verschiebungsvektor mit allen 16 Freiheitsgraden, $\mathbf{u}_{13}$ den um die Freiheitsgrade w_{xy1}, w_{xy2} und w_{xy3} auf 13 Freiheitsgrade verkürzten Verschiebungsvektor, der nur noch den einen Verwindungsfreiheitsgrad w_{xy4} enthält, und $\mathbf{T}_1$ eine Transformationsmatrix, die an den Positionen Einsen enthält, an denen die Freiheitsgrade gleich sind, und an den übrigen Positionen nur Nullen. Aus der Forderung, dass die innere Energie bei dieser Transformation erhalten bleibt, ergibt sich die Beziehung

$$\Pi_{(i)} = \frac{1}{2}\mathbf{u}^T \mathbf{k}\, \mathbf{u} = \frac{1}{2}\mathbf{u}_{13}^T \, \mathbf{T}_1^T \, \mathbf{k} \, \mathbf{T}_1 \, \mathbf{u}_{13} = \frac{1}{2}\mathbf{u}_{13}^T \, \mathbf{k}_{13,13} \, \mathbf{u}_{13}$$

mit der auf 13 Freiheitsgrade reduzierten Matrix

$$\mathbf{k}_{(13,13)} = \mathbf{T}_1^T \, \mathbf{k} \, \mathbf{T}_1 \, . \tag{5.101b}$$

Die Elimination des verbliebenen 13-ten Freiheitsgrades w_{xy4} folgt aus der Forderung, dass die zu w_{xy4} gehörige Kraftgröße f_{13} Null sein soll (sog. statische Kondensation, s. auch Kap.8.2). Durch Partitionierung der Elementmatrix $\mathbf{k}_{(13,13)}$ bezüglich der gewünschten 12 Freiheitsgrade

$$\mathbf{u}_u^T = [w_1 \quad \beta_{y1} \quad \beta_{x1} \quad \ldots\ldots \quad w_4 \quad \beta_{y4} \quad \beta_{x4}]$$

und des zu eliminierenden Freiheitsgrades $u_{13} = w_{xy4}$ lässt sich die Kraft-Verschiebungsbeziehung in der Form

$$\underbrace{\begin{bmatrix} \mathbf{k}_{uu} & \mathbf{k}_{u,13} \\ \mathbf{k}_{13,u} & k_{13,13} \end{bmatrix}}_{\mathbf{k}_{(13,13)}} \begin{bmatrix} \mathbf{u}_u \\ u_{13} \end{bmatrix} = \begin{bmatrix} \mathbf{f}_u \\ \mathbf{f}_{13} = 0 \end{bmatrix}$$

schreiben. Aus der letzten Zeile dieser Gleichung ergibt sich dann der Zusammenhang

$$u_{13} = w_{xy4} = -\frac{1}{k_{13,13}} \mathbf{k}_{13,u} \, \mathbf{u}_u = \mathbf{T}^* \, \mathbf{u}_u \; ,$$

der zu Transformation des vollständigen Vektors in der Form

$$\mathbf{u}_{13} = \begin{bmatrix} \mathbf{u}_u \\ w_{xy4} \end{bmatrix} = \begin{bmatrix} \mathbf{I} \\ \mathbf{T}^* \end{bmatrix} \mathbf{u}_u = \mathbf{T}_2 \, \mathbf{u}_u \tag{5.102a}$$

benutzt werden kann. Die Anwendung dieser Transformation auf die Matrix nach Gl. (5.101b) liefert die endgültige auf die 12 Freiheitsgrade im Vektor $\mathbf{u}_u$ reduzierte Matrix

$$\mathbf{k}_{(12,12)} = \mathbf{T}_2^T \, \mathbf{k}_{(13,13)} \, \mathbf{T}_2 \, . \tag{5.102b}$$

5.4.3 Schubweiche isoparametrische Plattenelemente

Im vorigen Kapitel hatten wir die Schwierigkeiten kennengelernt, Verschiebungsansätze zu konstruieren, die die Stetigkeitsbedingungen sowohl der Verschiebungen als auch ihre Ableitungen erfüllen. Die bisher behandelten Plattenelemente haben außerdem noch den Nachteil, dass sie geradlinig begrenzt sind, d.h. dass krummlinige Ränder, wie wir sie bei den isoparametrischen Scheiben- und Volumenelementen kennengelernt hatten, nicht dargestellt werden können. Bei der Behandlung der Schalenelemente werden wir feststellen, dass das isoparametrische Konzept auch zur Beschreibung gekrümmter Schalenelemente verwendet werden kann.

Im Kap.5.3.3 hatten wir gesehen, dass die Stetigkeit der isoparametrischen Ansatzfunktionen an den Elementübergängen nur für die Verschiebungen u, v, w nicht aber für ihre Ableitungen erforderlich war. Dadurch machte es auch keine Schwierigkeiten konforme Funktionen zu finden. Mathematisch ist der Grund für den unterschiedlichen Grad der Stetigkeit bei den Stab-, Scheiben- und Volumenelementen einerseits und den Balken und Plattenelementen (sowie Schalenelementen, s. Kap.5.5) andererseits an den zugehörigen Energiefunktionalen zu erkennen. Während beispielsweise in dem Ausdruck für die Formänderungsenergie des Zug/Druckstabes, Gl. (3.36), nur die erste Ableitung u' der Verschiebung Auftritt, erkennt man in dem entsprechenden Ausdruck für den Biegebalken, Gl. (5.5b), die zweite Ableitung v'' der Durchbiegung (= Krümmung). Daraus ergibt sich bei der Herleitung der Art der geometrischen Randbedingung gemäß Kap.3.6.4.1 beim Biegebalken, dass außer der Verschiebung selbst auch noch ihre Ableitung als geometrische Randbedingung vorhanden ist.

Mechanisch gesehen kommen die zweiten Ableitungen im Energiefunktional des Biegebalkens und der Platte (auch der Schale) durch die Annahme zustande, dass die Querschnitte nach der Verformung senkrecht auf der Mittelfläche stehen (Kirchhoffsche Plattentheorie), was gleichbedeutend mit der Annahme ist, dass der Balken und die Platte (und die Schale) keine Schubverformungen über die Querschnittshöhe erleidet. (Für den Biegebalken $u = - y\, v'$, siehe Gln. (5.2b) und (5.3c) und $\varepsilon = u' = - y\, v''$, für die Platte entsprechend Gln. (5.68) und (5.69)).

Wie bereits in den beiden vorangegangenen Kap. geschehen liegt es daher nahe, die Kirchhoffsche Annahme zu verlassen, und statt dessen das Energiefunktional für die schubweiche Platte zur Herleitung konformer Plattenelemente zu verwenden. Bei einem derartigen Energieausdruck treten Verschiebungsgrößen nur noch bis zur maximal ersten Ableitung auf gemäß Gl. (5.85). Im Kap.5.4.2.2 war ein sehr einfaches und doch genaues viereckiges Plattenelement auf dieser Grundlage hergeleitet worden.

Wir wollen im Folgenden wegen der größeren Allgemeingültigkeit von dem isoparametrischen Konzept des Kap.5.3 ausgehen. Anders als im Kap.5.4.2.2, werden dabei keine Ansätze für die Schubverzerrungen eingeführt, wodurch sich die Gleichungen zur Herleitung der Steifigkeitsmatrizen leicht für beliebige Knotenzahlen und Elementgeometrien formalisieren lassen. Allerdings treten dabei Schwierigkeiten bei der Darstellung der Schubsteifigkeit auf, die insbesondere bei dem einfachen

4-Knoten- Element ohne besondere Maßnahmen zu unbrauchbaren Ergebnissen führen würden.

Für die Herleitung betrachten wir zunächst das im Bild 5.49 dargestellte allgemeine Quaderelement, wählen die z-Richtung als Dickenrichtung der Platte und legen die Plattenmittelfläche parallel zur x, y-Ebene.

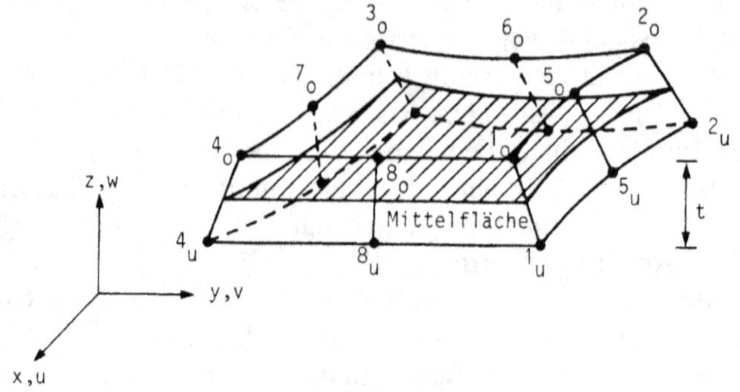

a) Platte als Volumenelement

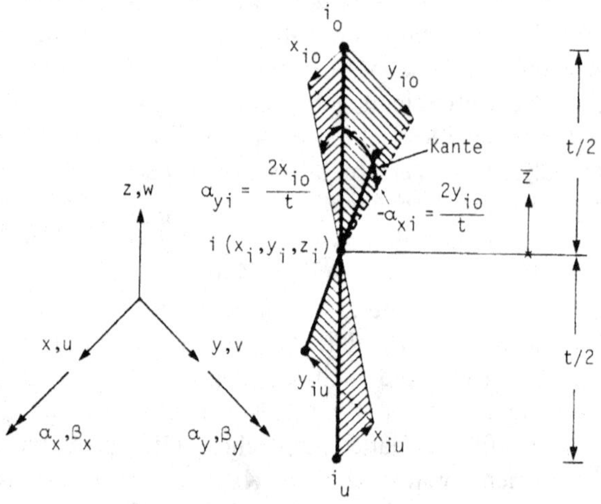

b) Darstellung der Koordinaten (x_{io}, y_{io}) und (x_{iu}, y_{iu}) der Ober- und Unterseite durch die Neigungswinkel α_{xi} und α_{yi} der i-ten Plattenkante

Bild 5-49 Isoparametrisches Plattenelement

Die Plattendicke sei konstant, so dass die Oberseite und die Unterseite der Platte parallel sind. Die Verbindungslinie der Knotenpunkte i_o und i_u (i = 1, 2 ...) auf der Ober- und Unterseite sei gradlinig, aber nicht unbedingt senkrecht zur Mittelfläche (Bild 5.49a,b) und durchstoße die Plattenmittelfläche im Punkt (i = 1, 2 ...) Anstatt die Plattengeometrie durch die Knotenpunktkoordinaten auf der Ober- und Unterseite zu beschreiben, ist dies auch durch die Angabe der Neigungswinkel α_{xi} und α_{yi} der schiefen Plattenkanten sowie der Koordinaten (x_i, y_i, z_i) der Durchstoßpunkte auf der Mittelfläche möglich (s. Bild 5.49b). Ein beliebiger Punkt im Abstand $\bar{z}$ von der

Mittelfläche kann nun durch die bereits von der ebenen Scheibe her bekannten Formfunktionen $\varphi_i(\xi,\eta)$

$$x = \sum_i \varphi_i(\xi,\eta)(x_i + t/2\,\alpha_{yi}\zeta)\ , \tag{5.103a}$$

$$y = \sum_i \varphi_i(\xi,\eta)(y_i - t/2\,\alpha_{xi}\zeta)\ , \tag{5.103b}$$

$$z = \sum_i \varphi_i(\xi,\eta)\, z_i \tag{5.103c}$$

beschrieben werden, wobei für $\bar{z}$ die dimensionslose Koordinate $\zeta = 2/t\ \bar{z}$ verwendet wurde. Außerdem sollen die Kantenneigungswinkel klein sein, so dass $\tan\alpha_{xi} \approx \alpha_{xi}$ und $\tan\alpha_{yi} \approx \alpha_{yi}$ gesetzt werden kann. Für eine ebene Platte mit konstanten Abstand vom Koordinatenursprung gilt außerdem $z = z_i =$ const. ($i = 1, 2, \ldots$ Anzahl der Knotenpunkte). Die Gl. (5.103c) zeigt aber, dass die Mittelfläche nicht unbedingt eben, sondern auch entsprechend den Formfunktionen gekrümmt sein kann. Die Gln. (5.103) bieten in diesem Fall sogar die Möglichkeit zur Approximation der Kontur einer räumlich gekrümmten Fläche (Schale), wenn die Krümmung (wegen der Annahme kleiner α_x und α_y) nicht zu groß ist. In Zienciewicz (1977) und Bathe (1980) ist die Erweiterung der Gl. (5.103) für beliebig gekrümmte Flächen dargestellt. Gemäß dem isoparametrischen Konzept, zur Approximation des Verschiebungsverlaufs den gleichen Ansatz zu wählen wie zur Approximation der Geometrie, nimmt man für die Verschiebungen den Ansatz:

$$u = \sum_i \varphi_i(\xi,\eta)(u_i + t/2\beta_{yi}\zeta)\ , \tag{5.104a}$$

$$v = \sum_i \varphi_i(\xi,\eta)(v_i - t/2\beta_{xi}\zeta)\ , \tag{5.104b}$$

$$w = \sum_i \varphi_i(\xi,\eta)\, w_i\ . \tag{5.104c}$$

Jeder Knotenpunkt i der Plattenmittelfläche hat hier die drei Translationsfreiheitsgrade u_i, v_i, w_i und die zwei Drehfreiheitsgrade β_{xi} und β_{yi} (s. Bild 5-49b) Die Glieder mit u_i und v_i in den Gln.(5.104a,b) beinhalten die Ansätze für die Verschiebungen in der Mittelfläche der Platte, d.h. es sind dies die bereits im Kap.5.3, Gl.(5.57), behandelten Scheibenansätze, die wir hier nicht noch einmal zu behandeln brauchen. Für die ebene Platte verbleiben pro Knotenpunkt die drei Freiheitsgrade w, β_x und β_y, und man erhält aus den Gln. (5.104)

$$u = t/2\zeta \sum_i \varphi_i(\xi,\eta)\beta_{yi} = t/2\,\zeta\,\boldsymbol{\varphi}^T(\xi,\eta)\,\boldsymbol{\beta}_y\ , \tag{5.105a}$$

$$v = -t/2\,\zeta \sum_i \varphi_i(\xi,\eta)\beta_{xi} = -\,t/2\zeta\,\boldsymbol{\varphi}^T(\xi,\eta)\,\boldsymbol{\beta}_x\ , \tag{5.105b}$$

$$w = \sum_i \varphi_i(\xi,\eta)\, w_i = \boldsymbol{\varphi}^T(\xi,\eta)\,\mathbf{w} \ . \tag{5.105c}$$

Man erkennt aus diesen Gleichungen auch, dass beim Gleichsetzen benachbarter Freiheitsgrade die Stetigkeit der Verschiebungen u, v und w an den Elementgrenzen gewährleistet ist. Zur Ableitung der Elementsteifigkeitsmatrix berechnen wir wieder die **D**- Matrix, $\mathbf{D} = \left[\partial\varepsilon_i / \partial u_j\right]$ (i = 1, 2, ... Anzahl der Verzerrungskomponenten, j = 1,2, ... Anzahl der Verschiebungsfreiheitsgrade). Da wir hier noch den dreidimensionalen Verschiebungszustand betrachten, müssen wir zusätzlich zu den Verzerrungskomponenten parallel zur xy- Ebene, Gl. (3.7), die Komponenten senkrecht dazu betrachten. Es sind dies zunächst die Verzerrung $\varepsilon_{zz}=\partial w/\partial z$ senkrecht zur Mittelfläche, die sich aus der Gl. (5.105c) sinnvollerweise zu Null ergibt, sowie die beiden Schubverzerrungen

$$\gamma_{xz} = \frac{\partial u}{\partial z} + \frac{\partial w}{\partial x} \ , \tag{5.106a}$$

$$\gamma_{yz} = \frac{\partial v}{\partial z} + \frac{\partial w}{\partial y} \ . \tag{5.106b}$$

Drückt man die Ableitungen nach x und y durch die Ableitung nach ξ und η aus (s. Gln. (5.58)) und führt die dimensionslose Koordinate ζ mit $\partial/\partial z = (2/t)(\partial/\partial\zeta)$ ein, so erhält man anstelle der Gln. (5.106), mit der Jacobi-Determinante J nach Gl. (5.55c)

$$\gamma_{xz} = \frac{2}{t}\frac{\partial u}{\partial \zeta} + \frac{1}{J}(\dot{y}\, w' - y'\, \dot{w}) \ , \tag{5.107a}$$

$$\gamma_{yz} = \frac{2}{t}\frac{\partial v}{\partial \zeta} + \frac{1}{J}(-\dot{x}\;\; w' + x'\;\; \dot{w}) \ . \tag{5.107b}$$

Führen wir jetzt noch die Verschiebungsansätze (5.105) ein, so ergibt sich der Zusammenhang zwischen den Schubverzerrungen und den Knotenpunktsverschiebungen:

$$\gamma_{xz} = \boldsymbol{\varphi}^T\boldsymbol{\beta}_y + \frac{1}{J}\mathbf{h}_2^T\mathbf{w} \ , \tag{5.108a}$$

$$\gamma_{yz} = -\boldsymbol{\varphi}^T\boldsymbol{\beta}_x + \frac{1}{J}\mathbf{h}_1^T\mathbf{w} \ . \tag{5.108b}$$

Entsprechend erhält man für die Verzerrungskomponenten parallel zur Mittelebene:

$$\varepsilon_{xx} = \frac{t\zeta}{2J}\mathbf{h}_2^T\,\boldsymbol{\beta}_y \ , \tag{5.108c}$$

$$\varepsilon_{yy} = -\frac{t\zeta}{2J}\,\mathbf{h}_1^T\,\boldsymbol{\beta}_x\ , \tag{5.108d}$$

$$\gamma_{xy} = \frac{t\zeta}{2J}(-\mathbf{h}_2^T\,\boldsymbol{\beta}_x + \mathbf{h}_1^T\,\boldsymbol{\beta}_y) \tag{5.108e}$$

mit den gleichen Abkürzungen $\mathbf{h}_1$ und $\mathbf{h}_2$ wie in der Gl.(5.59b):

$$\mathbf{h}_1 = -\dot{x}\,\boldsymbol{\varphi}' + x'\,\dot{\boldsymbol{\varphi}}\ , \qquad \mathbf{h}_2 = \dot{y}\,\boldsymbol{\varphi}' - y'\,\dot{\boldsymbol{\varphi}}\,. \tag{5.59b}$$

Die **D**- Matrix lautet damit:

$$\mathbf{D} = \begin{bmatrix} \dfrac{\partial\varepsilon_{xx}}{\partial w_i} & \dfrac{\partial\varepsilon_{xx}}{\partial\beta_{xi}} & \dfrac{\partial\varepsilon_{xx}}{\partial\beta_{yi}} \\ \dfrac{\partial\varepsilon_{yy}}{\partial w_i} & \dfrac{\partial\varepsilon_{yy}}{\partial\beta_{xi}} & \dfrac{\partial\varepsilon_{yy}}{\partial\beta_{xi}} \\ \dfrac{\partial\gamma_{xy}}{\partial w_i} & \dfrac{\partial\gamma_{xy}}{\partial\beta_{xi}} & \dfrac{\partial\gamma_{xy}}{\partial\beta_{yi}} \\ \hline \dfrac{\partial\gamma_{xz}}{\partial w_i} & \dfrac{\partial\gamma_{xz}}{\partial\beta_{xi}} & \dfrac{\partial\gamma_{xz}}{\partial\beta_{yi}} \\ \dfrac{\partial\gamma_{yz}}{\partial w_i} & \dfrac{\partial\gamma_{yz}}{\partial\beta_{xi}} & \dfrac{\partial\gamma_{yz}}{\partial\beta_{yi}} \end{bmatrix} = \begin{bmatrix} \mathbf{0}^T & \mathbf{0}^T & \dfrac{t}{2J}\zeta\mathbf{h}_2^T \\ \mathbf{0}^T & -\dfrac{t}{2J}\zeta\mathbf{h}_1^T & \mathbf{0}^T \\ \mathbf{0}^T & -\dfrac{t}{2J}\zeta\mathbf{h}_2^T & \dfrac{t}{2J}\zeta\mathbf{h}_1^T \\ \hline \dfrac{1}{J}\mathbf{h}_2^T & \mathbf{0}^T & \boldsymbol{\varphi}^T \\ \dfrac{1}{J}\mathbf{h}_1^T & -\boldsymbol{\varphi}^T & \mathbf{0}^T \end{bmatrix}. \tag{5.109}$$

Zur Berechnung der Steifigkeitsmatrix nach Gl.(3.49b), $\mathbf{k} = \int_V \mathbf{D}^T\mathbf{E}\,\mathbf{D}\,dV$, wird bei Beachtung von $dV = t/2\,J\,d\xi\,d\eta\,d\zeta$ zunächst das Matrizenprodukt $\mathbf{D}^T\mathbf{E}\,\mathbf{D}$ ausgeführt und die Integration in Dickenrichtung ζ ausgeführt. Man erhält dann für die Steifigkeitsmatrix des isoparametrischen schubweichen Plattenelements den Ausdruck

$$\mathbf{k} = \int_\xi\int_\eta \begin{array}{c} \begin{array}{ccc} \quad\mathbf{w}\quad & \quad\boldsymbol{\beta}_x\quad & \quad\boldsymbol{\beta}_y\quad \end{array} \\ \left[\begin{array}{c|c|c} \dfrac{t}{J}\left(G_1\mathbf{h}_2\mathbf{h}_2^T + G_2\mathbf{h}_1\mathbf{h}_1^T\right) & -G_2 t\ \ \mathbf{h}_1\boldsymbol{\varphi}^T & G_1 t\ \ \mathbf{h}_2\boldsymbol{\varphi}^T \\ \hline & \begin{array}{c}\dfrac{t^3}{12J}\left(E_{22}\mathbf{h}_1\mathbf{h}_1^T + E_{33}\mathbf{h}_2\mathbf{h}_2^T\right) \\ + G_2 t J\,\boldsymbol{\varphi}\boldsymbol{\varphi}^T\end{array} & -\dfrac{t^3}{12J}\left(E_{12}\mathbf{h}_1\mathbf{h}_2^T + E_{33}\mathbf{h}_2\mathbf{h}_1^T\right) \\ \hline \text{sym.} & & \begin{array}{c}\dfrac{t^3}{12J}\left(E_{11}\mathbf{h}_2\mathbf{h}_2^T + E_{33}\mathbf{h}_1\mathbf{h}_1^T\right) \\ + G_1 t J\,\boldsymbol{\varphi}\boldsymbol{\varphi}^T\end{array} \end{array}\right] \end{array} d\xi\,d\eta \tag{5.110}$$

Für den Zusammenhang zwischen den fünf Spannungs- und Verzerrungskomponenten (eine entfällt wegen $\varepsilon_{zz} = 0$) wurde dabei folgendes orthotrope Werkstoffgesetz verwendet:

$$\begin{bmatrix} \sigma_{xx} \\ \sigma_{yy} \\ \sigma_{xy} \\ \hline \sigma_{xz} \\ \sigma_{yz} \end{bmatrix} = \left[\begin{array}{ccc|cc} E_{11} & E_{12} & 0 & 0 & 0 \\ & E_{22} & 0 & 0 & 0 \\ & & E_{33} & 0 & 0 \\ \hline & & & G_1 & 0 \\ \text{sym.} & & & & G_2 \end{array}\right] \begin{bmatrix} \varepsilon_{xx} \\ \varepsilon_{yy} \\ \gamma_{xy} \\ \hline \gamma_{xz} \\ \gamma_{yz} \end{bmatrix} \tag{5.111}$$

Die Koeffizienten $G_{1,2}$ kennzeichnen die Schubverzerrungen senkrecht zur Plattenmittelfläche, während durch die Koeffizienten E_{ij} die Verzerrungen parallel zur Mittelfläche bestimmt werden. Im Elementverschiebungsvektor sind die Querverschiebungen w und die Drehungen β_x und β_y in der Form $\mathbf{u}^T = \left[w_i \quad \beta_{xi} \quad \beta_{yi}\right]$ (i = 1, 2, ... Anzahl der Knotenpunkte) angeordnet. Die Struktur der **k**- Matrix, Gl. (5.110), lässt eine anschauliche mechanische Deutung zu. Bei fehlender Querschubsteifigkeit, $G_i = 0$, kann die Platte natürlich auch keine Querlasten aufnehmen, die **k**- Matrix reduziert sich auf die Matrix der Scheibe, Gl. (5.60), mit dem Plattenträgheitsmoment $t^3/12$ als Vorfaktor. Obgleich Knotenmomente aufgenommen werden können, tritt keine Querverschiebung sondern nur eine Schrägstellung (β_x, $\beta_y \neq 0$) der Plattenquerschnitte auf. Problematisch wird der Grenzfall unendlich großer bzw. sehr großer Querschubsteifigkeit, der Fall also, der normalerweise bei der dünnen Platte nach der Kirchhoffschen Plattentheorie vorausgesetzt wird. Die E_{ij} -Anteile in der **k**- Matrix verschwinden dann gegenüber den G- Anteilen, die Steifigkeit wird exzessiv groß, und die berechneten Querverschiebungen haben mit der Wirklichkeit nichts mehr zu tun („shear locking" Effekt). Diese Eigenschaft hat denn auch die Anwendung der isoparametrischen Elemente für die dünne Platte in obiger Form lange Zeit verhindert. Erst die Einführung des Konzepts der sog. unvollständigen selektiven numerischen Integration änderte die Situation. Danach ist es möglich, die G_i- Anteile in der Gl. (5.110) mit einer geringeren Integrationsordnung (der minimalen) als die E_{ij}- Anteile zu integrieren. Die Begründungen dafür sind nicht ganz einfach und sollen hier im Detail nicht dargestellt werden (siehe dazu z. B. Zienkiewicz (1991) und Zienkiewicz, Too, Taylor (1971)). Anschaulich lässt sich das Konzept dadurch deuten, dass die Querschubsteifigkeit nur unvollständig und gerade soweit berücksichtigt wird, dass der schubstarre Grenzfall numerisch noch darstellbar ist, während man im Fall der dicken, schubweichen Platte den Fehler entweder in Kauf nimmt, oder aber in diesem Fall auch die G_i- Anteile vollständig integriert. Wir wollen nun die Anwendung der Gl. (5.110) in Verbindung mit dem Konzept der unvollständigen Integration zur Herleitung eines sehr einfachen Balkenelementes benutzen.

Beispiel: Lineares Balkenelement nach Bild 5-50 als Sonderfall der Platte
Da die Freiheitsgrade der Knoten 3 und 4 gleich denen der Knoten 1 und 2 und außerdem die Drehfreiheitsgrade β_{xi} Null sind, weist das Element nur die vier Freiheitsgrade $\mathbf{u}^T = \begin{bmatrix} w_1 & w_2 & \beta_{y1} & \beta_{y2} \end{bmatrix}$ auf. Die Geometrie lässt sich mit Hilfe der Gln. (5.103) darstellen.

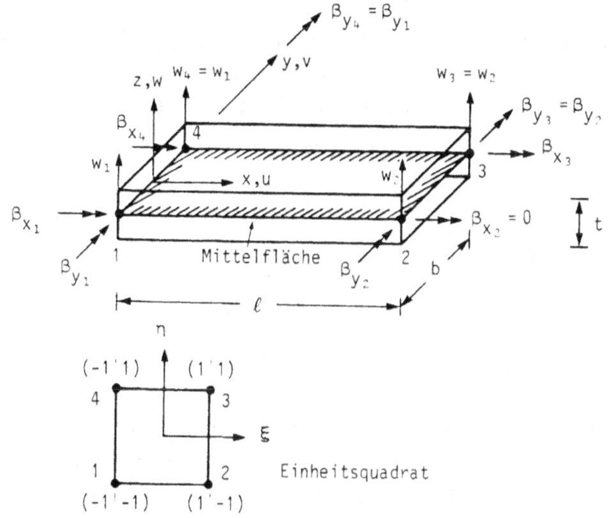

Bild 5-50 Balken als Sonderfall der Platte

Die linearen Formfunktionen und ihre Ableitungen für das im Bild 5-50 dargestellte Einheitsquadrat lauten:

$$\varphi(\xi,\eta) = \frac{1}{4}\begin{bmatrix}(1-\xi)(1-\eta)\\(1+\xi)(1-\eta)\\(1+\xi)(1+\eta)\\(1-\xi)(1+\eta)\end{bmatrix}, \quad \varphi' = \frac{1}{4}\begin{bmatrix}-1+\eta\\1-\eta\\1+\eta\\-1-\eta\end{bmatrix}, \quad \dot{\varphi} = \frac{1}{4}\begin{bmatrix}-1+\xi\\-1-\xi\\1+\xi\\1-\xi\end{bmatrix}. \qquad \text{(a)}$$

Mit $\alpha_{yi} = \alpha_{xi} = z_i = 0$ (i = 1,...4) und den Koordinaten $x_1 = y_4 = 0$; $x_2 = x_3 = \ell$; $y_1 = y_2 = -b/2$; $y_3 = y_4 = b/2$ erhält man aus den Gln. (5.103a, b):

$$x = \ell\,(\varphi_2 + \varphi_3) = (1+\xi)\,\ell/2\,,$$

$$y = (-\varphi_1 - \varphi_2 + \varphi_3 + \varphi_4)\,b/2 = \eta\,b/2\,.$$

Für die Jacobideterminante J und die $\mathbf{h}_{1,2}$-Vektoren benötigen wir die Ableitungen der Koordinaten nach ξ und η:

$$\dot{x} = 0, \qquad x' = \ell/2\,, \qquad \dot{y} = b/2\,, \qquad y' = 0, \qquad J = x'\dot{y} - y'\dot{x} = \ell b/4\,,$$

$$\mathbf{h}_1 = -\dot{x}\,\varphi' + x'\dot{\varphi} = \ell/2\;\dot{\varphi}, \qquad \mathbf{h}_2 = \dot{y}\,\varphi' + y'\dot{\varphi} = b/2\;\varphi' \;.$$

Die Einführung der Symmetriebedingungen der Freiheitsgrade, $w_1 = w_4$, $w_2 = w_3$, $ß_{y1} = ß_{y4}$ und $ß_{y2} = ß_{y3}$, liefert nur noch die zwei von η unabhängigen Formfunktionen

$$\overline{\varphi}_1 = (1-\xi)/2 \quad \text{und} \quad \overline{\varphi}_2 = (1+\xi)/2 \;.$$

Außerdem folgt daraus, dass die Schubverzerrungen γ_{xy} und γ_{yz} (s. auch Gln. (5.108)) und damit auch die entsprechenden Schubspannungen Null sind. Die zugehörigen E_{33}- und G_2- Glieder müssen daher in der Gl. (5.110) weggelassen werden. In dieser Gleichung treten noch die dyadischen Produkte

$$\overline{\mathbf{h}}_2\overline{\boldsymbol{\varphi}}^T = b/2\;\overline{\boldsymbol{\varphi}}'\overline{\boldsymbol{\varphi}}^T \quad \text{und} \quad \overline{\mathbf{h}}_2\,\overline{\mathbf{h}}_2^T = b^2/4\;\overline{\boldsymbol{\varphi}}'\overline{\boldsymbol{\varphi}}'^T \quad \text{auf.}$$

Man erhält schließlich die Steifigkeitsmatrix

$$\mathbf{k} = t\,b\,\ell \int_{-1}^{1} \left[\begin{array}{c|c} \dfrac{2G_1}{\ell^2}\overline{\boldsymbol{\varphi}}'\overline{\boldsymbol{\varphi}}'^{\,T} & \dfrac{G_1}{\ell}\overline{\boldsymbol{\varphi}}'\overline{\boldsymbol{\varphi}}^T \\ \hline \text{sym.} & \dfrac{E_{11}t^2}{6\ell^2}\overline{\boldsymbol{\varphi}}'\overline{\boldsymbol{\varphi}}'^T + \dfrac{G_1}{2}\overline{\boldsymbol{\varphi}}\overline{\boldsymbol{\varphi}}^T \end{array} \right] d\xi \;. \qquad \text{(b)}$$

Führt man die Integration des E_{11}-Anteils für die linearen Formfunktionen (a) exakt aus und wählt für die Integration des G_1-Anteils eine Ein-Punktintegration (z.B. $\int_\xi \overline{\varphi}_1\,\overline{\varphi}_2\,d\xi = 2\overline{\varphi}_1(\xi{=}0)\,\overline{\varphi}_2\,(\xi{=}0) = 1/2$), so erhält man exakt die gleiche Matrix nach Gl.(f) im Kap.5.4.2.2, die dort unter der Annahme eines konstanten Schubverzerrungs-Verlaufs hergeleitet wurde und die im Bild 5-43 als Federelement interpretiert werden konnte. Allgemein entspricht die Ein- Punktintegration der Schubanteile der Annahme, dass die Schubverzerrungen im Element konstant sind.

Diese Matrix wurde von Hughes(1977) auch direkt aus dem Energiefunktional für den Balken mit Schubverformung hergeleitet. An dieser Stelle muss erwähnt werden, dass die im Bild 5-42 gezeigte FEM- Lösung des Kragträgers bei einer Teilung des Balkens in 8 Elemente noch etwa zwei Zehnerpotenzen von der exakten Lösung abweicht, falls die Schubanteile in der Gl.(5.110) vollständig, d.h. exakt integriert werden.

Mit der Gl. (5.110) (in Verbindung mit der selektiven unvollständigen Integration) haben wir nun auch die Möglichkeit zur Darstellung einer isoparametrischen Plattenelementfamilie mit variable Knotenzahl kennengelernt, wie wir sie für die Scheibe bereits im Bild 5-17a, b in der Gl. (5.60) beschrieben hatten. Die Gl. (5.110) für die Plattenfamilie entspricht demnach die Gl. (5.60) für die Scheibenfamilie. Numerische Studien haben gezeigt, dass beim 4-Knoten Element die 2x2 – Integration der Biegeanteile und die Ein-Punkt-Integration der Schubanteile optimal ist, während beim 8-Knoten-Element die 3x3– Integration der Biegeanteile und die 2x2 – Integration der Schubanteile gute Ergebnisse liefert. Bei zu geringer Integrationsordnung (z.B. beim 8-Knoten-Element mit Ein-Punkt-Integration der Schubanteile) kann es vorkommen, dass die Elementsteifigkeitsmatrix einen

Rangabfall aufweist. In diesem Fall treten zusätzlich zu den 3 Starrkörperverschiebungen, bei denen wegen der nicht vorhandenen Formänderungen die innere Energie Null ist, weitere Null-Energie Verschiebungsformen auf (“zero energy modes“ , “spurious modes“). Einen solchen Fall hatten wir schon beim 4-Knoten Scheibenelement mit Drehfreiheitsgraden im Kap.5.3.4 kennengelernt. Die Integrationsordnung sollte daher immer so gewählt werden, dass dieser Fall nicht eintritt. In MacNeal (1994) wird der Zusammenhang zwischen Integrationsordnung, der Ordnung der Ansatzfunktion und den Null-Energieformen im Detail beschrieben.

Weitere Möglichkeiten zur Herleitung von (nicht nur) Plattenelementen, die die Konformitätsbedingungen exakt oder im integralen Mittel erfüllen, bieten die erweiterten Variationsprinzipien, die wir bereits im Kap.3.6.5 kurz besprochen hatten (s. z. B. [1)-10)]). Mit Hilfe dieser Prinzipien ist es möglich nicht nur Ansätze für die Verschiebungen, sondern auch Ansätze für Kraftgrößen sowohl im Inneren des Elementes als auch auf den Elementrändern zu machen (→ gemischte Elemente). Von Malkus (1978) wurde gezeigt, dass sich die 4- und 9-Knotenelemente mit selektiv reduzierter Integration aus einem erweiterten Variationsprinzip herleiten lassen, wenn die Querkräfte an den Gaußpunkten als zusätzliche Variablen eingeführt werden.

Wichtige Voraussetzung für die Konvergenz der Lösungen ist ein erfolgreicher Patch-Test, der bis auf das Dreieckselement mit nicht- konformen Ansätzen nach Gl.(5.73) und mit Einschränkungen für das Element im Kap.5.4.2.3, von den hier behandelten Elementen erfüllt wird. Als Patch-Test für Plattenelemente eignet sich beispielsweise das quadratische Verschiebungsfeld, $w(x,y) = c_1 x^2 + c_2 xy + c_3 y^2$, welches gemäß Gl. (5.72b) die konstanten Momente $m_{xx} = -2K(c_1 + \nu c_3) = d_1$, $m_{yy} = -2K(c_3 + \nu c_1) = d_2$ und $m_{xy} = -K(1-\nu)c_2 = d_3$ zur Folge hat. Bei beliebigen, aus einem oder mehreren Elementen bestehenden Elementkonfigurationen („Patches“), wie sie z.B. im Bild 5-48 dargestellt sind, und an deren Rändern das obige Verschiebungsfeld (einschließlich der zugehörigen Ableitungen für die Kantenneigungen) eingeprägt wird, muss die Lösung zum erfolgreichen Bestehen des „Patch-Tests“ demnach auf ein konstantes Momentenfeld führen.

Zum Schluss sollen noch einige Ergebnisse von Plattenberechnungen mit verschiedenen Elementtypen gezeigt werden, um deren Konvergenzverhalten zu demonstrieren. Als Anwendungsbeispiel dient die quadratische, gelenkig gelagerte isotrope Platte sowohl unter mittiger Einzellast F=1 als auch unter der gleichförmigen Flächenlast $p = 1$ mit den folgenden Daten: E-Modul $E = 1{,}092 \mathrm{x} 10^7$, Querkontraktionszahl $\nu = 0{,}3$, Seitenlänge $a = 1$, Dicke $t = 0.01$ (Mit diesen Daten ergibt sich die Plattensteifigkeit zu $K = Et^3/(12(1-\nu^2)) = 1$).

[1)] Zienkiewicz (1989), [2)] Pian (1969), [3)] Kärcher (1975), [4)] Pian (1971), [5)] Wunderlich (1973), [6)] Connor (1971), [7)] Link (1973), [8)] Link (1975), [9)] Wissmann (1980), [10)] Gallagher (1976)

Es werden Ergebnisse für folgende Elemente dargestellt:
E1: Nicht-konformes Dreieckselement mit nicht- konformen Ansätzen nach Gl.(5.73),
E2: konformes Dreieckselement mit Ansatz aus vollständigem Polynom 5.Ordnung[1)]
E3: konformes Dreieckselement mit Subelementen wie im Kap.5.4.1 beschrieben [2)],
DKT-A: Dreieckselement, punktweise schubstarr wie im Kap.5.4.2.1 beschrieben, Elementmuster A,
DKT-B: wie zuvor, aber mit Elementmuster B,
PLAT4: schubweiches, quasikonformes Vierecksplattenelement mit den Ansatzfunktionen des schubweichen Balkens wie im Kap.5.4.2.2 beschrieben,
CTRIA3: Dreieckselement aus einem kommerziellen Programmsystem[3)],
CQUAD4: Viereckselement aus einem kommerziellen Programmsystem[3)] mit Ansätzen ähnlich wie im Kap.5.4.2.2 beschrieben.

In den Bildern 5-52(a)-(b) sind die Abweichungen (in %) der FEM-Lösung von der exakten Lösung für die Mittendurchbiegung der Platte in Abhängigkeit von der Elementteilung n aufgetragen (exakte Lösungen: $wK/(Fa^2) = 0{,}0116$ (Einzellast) und $wK/(pa^4) = 4{,}0624 \times 10^{-3}$ (Flächenlast)). Aus Gründen der Symmetrie braucht nur ein Quadrant der Platte modelliert zu werden, wenn dabei die folgenden Randbedingungen berücksichtigt werden: Rand ($x = 0, y$): $w = \beta_x = 0$; Rand ($y = 0, x$): $\beta_x = 0$; Rand ($x = a/2, y$): $\beta_y = 0$ und Rand ($y = a/2, x$): $w = \beta_y = 0$.

Das Bild 5-52(a) zeigt zunächst die wichtige Tatsache, dass nur die konformen Elementtypen E2 und E3 monoton von unten zur exakten Lösung konvergieren. Dies erklärt sich daraus, dass beim Ritzschen Verfahren die durch die Ansätze ausgedrückte Energie immer kleiner als die wirkliche Energie ist und damit das Tragwerk auch steifer als in Wirklichkeit ist. Durch das Zulassen von Knicken entlang der Elementränder bei dem nichtkonformen Element E1 werden künstliche Weichheiten an den Elementübergängen eingebaut. Das Konvergenzverhalten der Lösung ist nicht mehr eindeutig, da dann die geometrischen Randbedingungen bezüglich der Ableitungen der Biegefläche verletzt sind. Das Element E1 ist damit für praktische Anwendungen unbrauchbar und wurde hier nur zur Demonstration der Stetigkeitsbedingungen behandelt. Obgleich die anderen dargestellten Elemente bezüglich ihrer Verschiebungsansätze konform sind, konvergieren die Lösungen nicht zwangsläufig von unten an die exakte Lösung. Die Konvergenz kann dann sowohl von oben als auch von unten zur exakten Lösung hin erfolgen. Beim PLAT4 Element wird die Stetigkeitsforderung für die Kantenneigungen im integralen Mittel und damit bei Verfeinerung des Netzes immer besser erfüllt. Die übrigen Elemente konvergieren trotz ihrer stetigen Ansätze nicht monoton von unten an die exakte Lösung, da entweder durch die unabhängigen Ansätze für die Schubverzerrungen oder durch die unvollständige Integration der Schubverzerrungsanteile künstliche „Weichheiten“ in die Elemente eingeführt wurden. Das gleiche Verhalten ergibt sich auch bei Elementen, die mit Hilfe erweiterter Variationsprinzipien hergeleitet werden. Bei der Verwendung von Dreieckselementen ist deren Ausrichtung (Muster A oder B, Bilder

---

[1)] Argyris(1968), [2)] Clough(1965), [3)] MSC/NASTRAN®(2001)

5-51(b), (c)) von Bedeutung. Günstig ist hier das Muster B, da die Steifigkeit des Dreieckselements an der spitzen Ecke kleiner ist als an der rechtwinkligen Ecke.

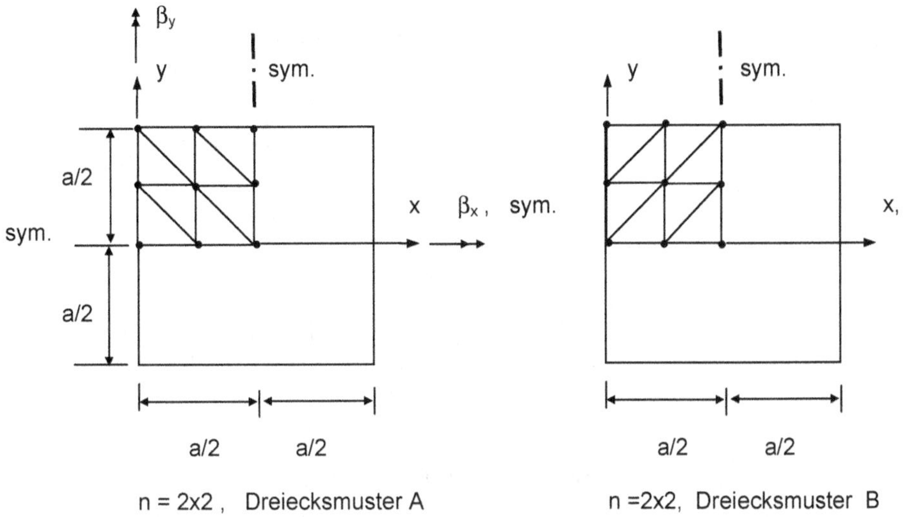

Bild 5-51 Elementteilung Quadratplatte

Grundsätzlich haben die Dreieckselemente den Nachteil, dass sie sich außer im gleichseitigen Fall in unterschiedlichen Richtungen unterschiedlich verhalten (geometrische Anisotropie). Bei der Generierung von Dreiecksnetzen wird man daher immer bestrebt sein, Elementformen zu generieren, die nicht allzu weit von der gleichseitigen Form abweichen. Die Elemente zeigen in etwa eine vergleichbare Konvergenzgeschwindigkeit. Sie unterscheiden sich jedoch erheblich in ihrer numerischen Effizienz, die insbesondere bei den neueren Elementen wie DKT und CQUAD4 wesentlich höher ist als beispielsweise die des Elementes E3, welches eines der ersten in kommerziellen FE- Programmen verfügbaren Elemente gewesen ist.

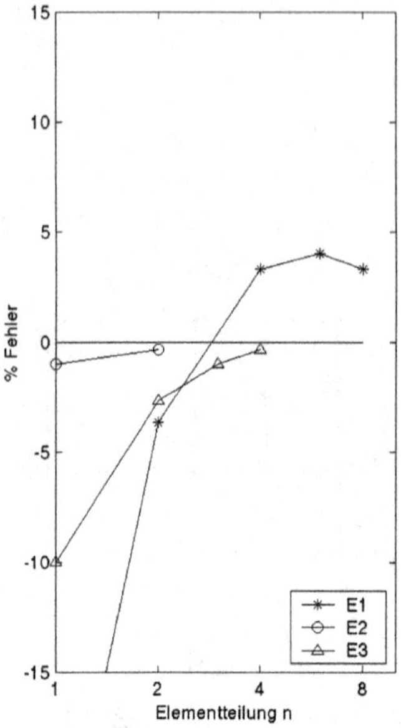

(a) Durchbiegung Einzellast

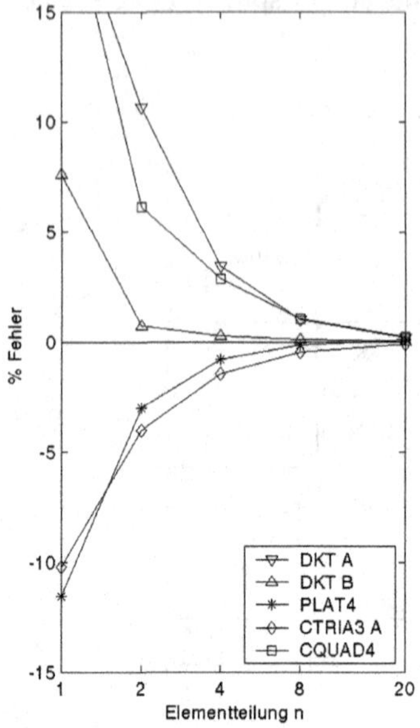

(b) Durchbiegung Einzellast

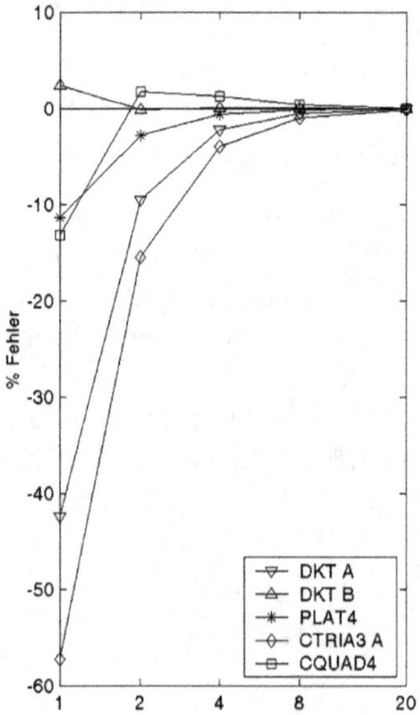

(c) Durchbiegung Flächenlast

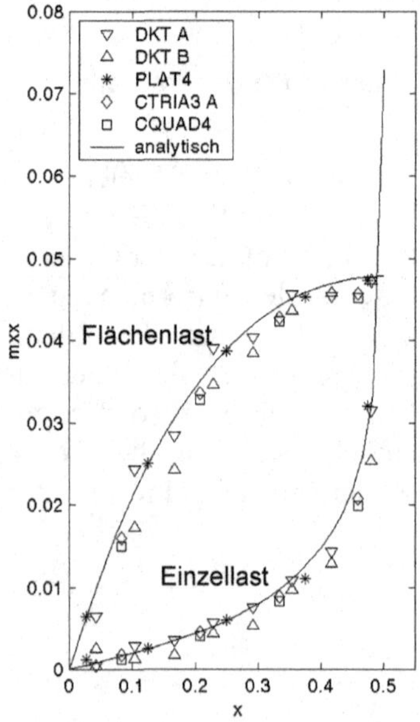

(d) Moment $m_{xx}/(10P)$ für Einzellast und $m_{xx}/(pa^2)$ für Flächenlast, Elementteilung 4x4

Bild 5-52 Konvergenzverhalten bei einer Quadratplatte

Im Bild 5-52d ist der Verlauf der Biegemomente m_{xx} sowohl für Einzellast als auch für Flächenlast entlang der Linie y=0 im Vergleich zur analytischen Lösung dargestellt. Für die DKT- Elemente sind die Momente an den Gaußpunkten aufgetragen, die der Linie y=0 am nächsten liegen. Beim PLAT4 – Element wurden die Werte an den Knotenpunkten aufgetragen, die sich durch Mittelbildung der Werte an den benachbarten Gaußpunkten ergeben (Dies gilt nicht für die Randknoten, an denen keine Nachbarelemente existieren. Hier wurden die dem Rand am nächsten liegenden Gaußpunkt- Werte aufgetragen). Bei den Elementen CTRIA3 und CQUAD4 sind die Werte in den Elementmitten dargestellt.

Zunächst erkennt man wieder die grundsätzliche bereits im Kap.5.3.3.3 bei den Scheibenelementen besprochene Eigenschaft, dass die Momente nicht stetig über die Elementgrenzen verlaufen. Die Größe dieser Unstetigkeit kann als Maß für die Güte der Netzdiskretisierung angesehen werden. Durch Mittelwertbildung der Werte benachbarter Gaußpunkte können, wie die Kurven für das PLAT4 – Element zeigen, bereits mit relativer grober Netzteilung ausreichend genaue Ergebnisse erzielt werden. Die Kurven für den Momentverlauf unter Einzellast zeigen hier exemplarisch, was die FE- Methode grundsätzlich nicht liefern kann: Die Darstellung von Unendlichkeitsstellen, wie sie im vorliegenden Fall für das Moment im Einleitungspunkt der Einzellast auftritt. Derartige singuläre Punkte sind eine Folge der angenommenen Idealisierungen in der Elastizitätstheorie und bewirken, dass die diskreten FE- Lösungen bei Verdichtung des Netzes immer größere Werte annehmen ohne je die exakte Lösung erreichen zu können. In der Literatur[1)] sind spezielle Elemente beschrieben worden, bei denen die Ansatzfunktionen spezielle Terme zur Erfassung von Singularitäten beinhalten. In der Modellierungspraxis müssen derartige singulären Punkte entweder vermieden werden, z.B. durch die Verteilung der Einzellast oder eines punktförmigen Lagers auf einen der realen Stützung entsprechenden Bereich, oder durch Auswertung der FE- Ergebnisse in einem ausreichend großen Abstand vom singulären Punkt, oder durch Zuschärfung der Modellvorstellung, z.B. durch Berücksichtigung der Lastumlagerung bei duktilen Werkstoffen durch nicht-lineares Materialverhalten.

Zur Illustration einer belastungsunabhängigen und nur durch die Modellvorstellung der Kirchhoffschen Plattentheorie begründeten Singularität ist für die Platte mit einem rechteckförmigen Ausschnitt nach Bild 5-53(a) der Momentverlauf unter Flächenlast im Bild 5-53(b) gezeigt. Dieser weist im Eckbereich eine Singularität auf. Das Moment m_{xx}, welches am freien Lochrand Null ist, hat eine Unendlichkeitsstelle in der Ecke von der es auf die Größe des Momentes der ungestörten Platte abklingt. Die Anforderungen an die Netzdichte zur Abbildung dieses Momentenverlaufs im Eckbereich werden hier anschaulich deutlich. Die FE-Berechnung erfolgte mit dem Element PLAT4. Bemerkenswert ist, dass das Integral des Momentes über eine Länge, nach der die Störung abgeklungen ist, meist recht schnell auch bei Verwendung weniger feiner Netze konvergiert, so dass das daraus resultierende Moment in der Praxis als Bemessungsgröße dienen kann.

[1)] z.B. Hughes(2000) und weitere dort aufgeführte Literatur

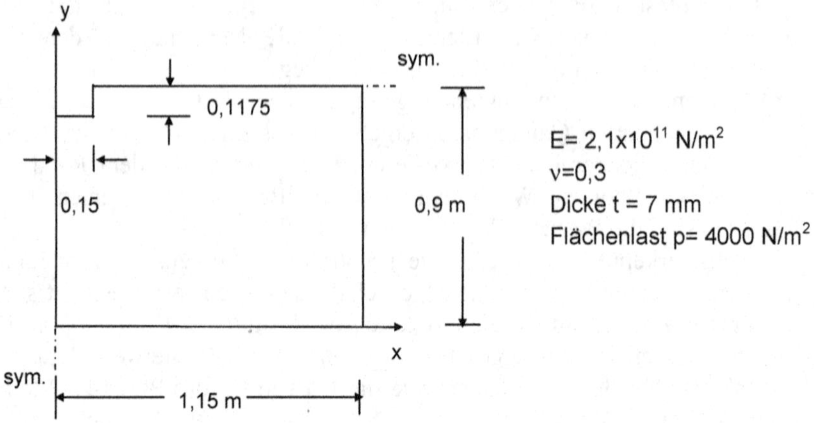

Bild 5-53 (a) Platte mit einer rechteckigen Aussparung

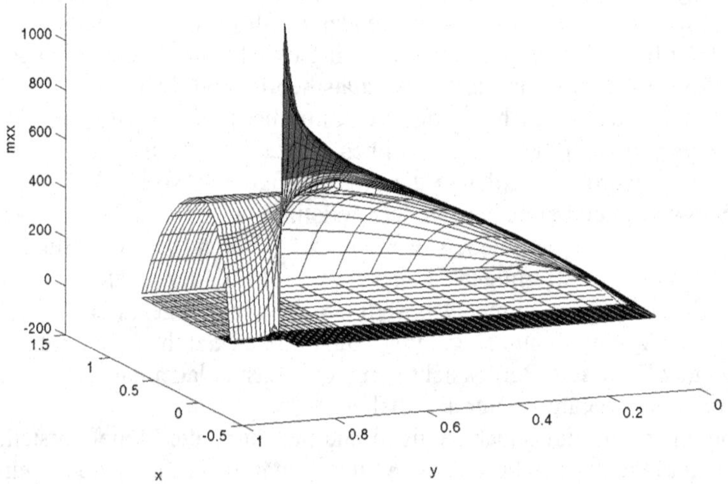

Bild 5-53 (b) Verlauf des Plattenmomentes m_{xx} in einem Quadranten einer Platte mit einer rechteckigen Aussparung

5.5 Schalenelemente

Körper, deren Oberflächen durch räumlich gekrümmte Flächen dargestellt werden können und deren Wanddicke erheblich kleiner als die übrigen Abmessungen sind, werden als Schalen bezeichnet. Falls die Wanddicke in der gleichen Größenordnung liegt, spricht man von einem Vollkörper. Im Bild 5-54a ist als Beispiel ein Vollkörper mit kegelförmiger Oberfläche dargestellt. In einem solchen Körper herrscht unter Belastung ein allgemeiner, dreidimensionaler Spannungszustand. Zur Darstellung des Finite-Elemente-Modells eignen sich die im Bild 5-17c, d dargestellten krummlinigen, isoparametrischen Volumenelemente. An der angedeuteten Elementteilung des Vollkörpers, Bild 5-54a, erkennt man bereits, dass sehr viele Freiheitsgrade zur Modellierung des Körpers erforderlich sind, aber auch den Aufwand, der damit verbunden ist, die Computerergebnisse auszuwerten. (Verschiebungsvektor $\mathbf{U}$ und Spannungsvektor $\boldsymbol{\sigma}$ an jedem Gaußpunkt).

Die FE- Programmsysteme enthalten daher sogenannte Pre- und Postprozessoren, mit deren Hilfe eine automatische Erzeugung des FEM-Netzes durch Vorgabe der Konturdaten sowie eine computergraphische Ausgabe der Verformungen und Spannungen ermöglicht wird. Speziell im Massivbau (z.B. Behälterbau) gibt es Schalenformen, bei denen die Wanddicken zwar kleiner sind als die übrigen Abmessungen des Tragwerks, Bild 5-54b, aber dennoch so groß sind, dass eine analog zur Kirchhoffschen Plattentheorie getroffene Annahme vom Senkrechtbleiben der Querschnitte zu ungenauen Ergebnissen führen würde. In solchen Fällen dickwandiger Schalen könnte, wie im Bild 5-54b dargestellt, zur FEM-Modellbildung ein einziges isoparametrisches Element in Dickenrichtung verwendet werden. Der Aufwand für Modelldatenaufbereitung, Computerrechnung und Ausgabeauswertung ist selbst in diesem Fall noch so groß, dass sich der Einsatz von speziellen, problembezogenen Schalenelementen lohnt.

In der Praxis am häufigsten anzutreffen sind die dünnwandigen Schalen, z.B. Bild 5-54c, die in der Literatur zur analytischen Schalentheorie, meistens bezogen auf die verschiedenen Schalenformen wie Zylinder, Kugel, Kegel etc. ausgiebig behandelt worden sind (z.B. [1)-7)]). Die Verschiebungen eines jeden Schalenpunktes können bei den dünnen Schalen wie bei der Scheibe und der Platte durch die Verschiebungen der Schalenmittelfläche beschrieben werden. Außerdem wird dabei wieder die Annahme getroffen, dass die Querschnitte nach der Verformung senkrecht auf der Schalenmittelfläche stehen. Während die Bedeutung der analytischen Schalentheorie als Ausgangspunkt zur Herleitung von Schalenelementen ohne weiteres einleuchtet, kann man in der FEM- Anwendungspraxis manchmal beobachten, dass mangelhafte Kenntnisse des grundsätzlichen Tragverhaltens der Schalen zu unbrauchbaren FEM-Modellen führen können, obgleich die bei der Modellierung verwendete Anzahl von Elementen und Freiheitsgraden eine große Modellgenauigkeit vermuten lässt. Da wir hier die analytische Schalentheorie nicht behandeln wollen, sei auf die zitierte

[1)] Timoshenko (1959), [2)] Girkmann (1986), [3)] Schnell, Eschenauer (1984), [4)]Hampe (1968), [5)] Flügge (1981), [6)] Pflüger (1981), [7)] Mang (1996)

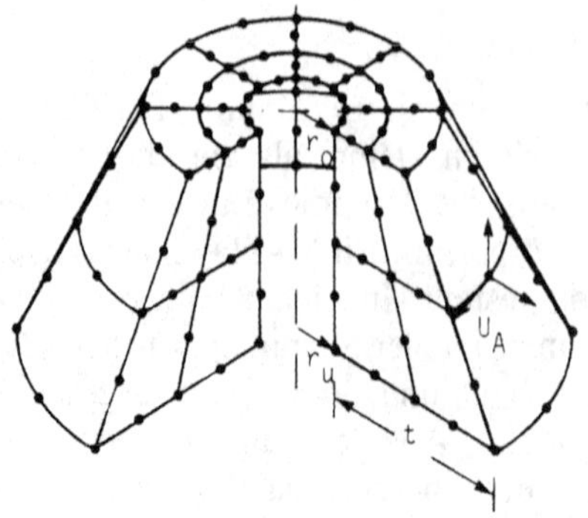

a) Vollkörper ($t > r_0$, r_u)

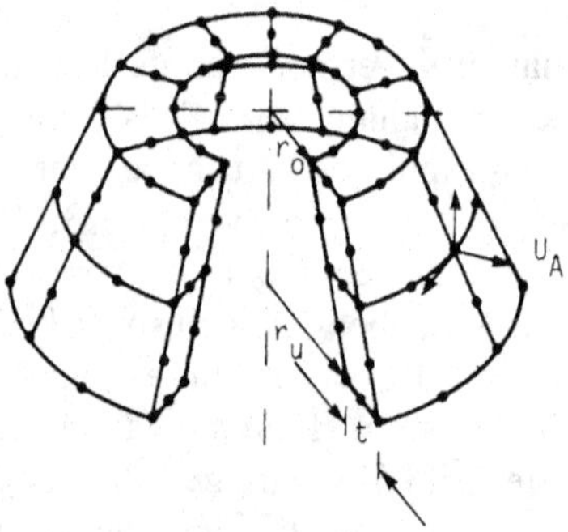

b) Dickwandig ($t < r$)

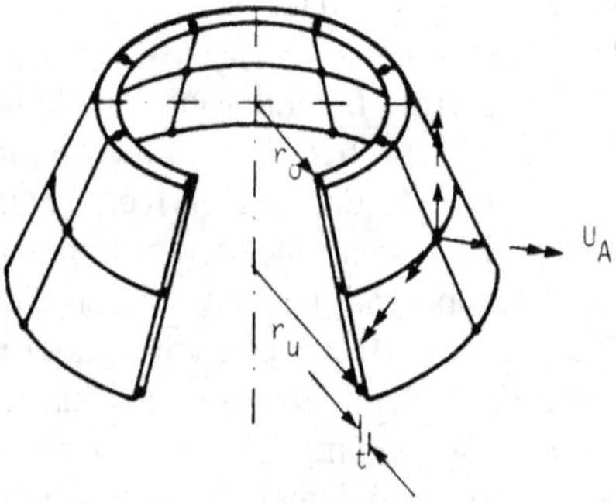

c) Dünnwandig ($t \ll r_0$, r_u)

Bild 5-54 Klassifizierung von Schalentragwerken

Literatur verwiesen. Trotzdem sind hier einige grundsätzliche Bemerkungen zum Tragverhalten der Schalen angebracht. Wir betrachten dazu zunächst die Zylinderschale, Bild 5-55a, die der Einfachheit halber durch radial wirkende Lasten belastet sein möge, und die wir uns durch eine große Anzahl von Längsrippen und Ringspanten zur Übertragung von Biegemomenten, Quer- und Längskräften versteift denken. Die Schalenwandung selbst sei so dünn, dass sie selbst keinen Beitrag zur Lastübertragung liefert. Man kann sich alternativ aber auch vorstellen, dass die Biegesteifigkeit $Et^3/12$ und die Scheibensteifigkeit Et der Schale in n Rippen der Breite $b_R = 2\pi r/n$, der Biegesteifigkeit $EI_R = Et^3 b_R/12$ und der Dehnsteifigkeit $EA_R = Etb_R$, sowie in m Spanten der Breite $b_s = \ell/m$, der Biegesteifigkeit $EI_s = Et^3 b_s/12$ und der Dehnsteifigkeit $EA_s = Etb_s$ konzentriert wird, d.h. die Tragwirkung der Schale wird durch ein Balkennetz dargestellt.

Wir betrachten zunächst die Längsrippen unter der Wirkung einer rotationssymmetrisch am oberen Rand angreifenden Linienbelastung. Denkt man sich Rippen und Spanten voneinander getrennt, so wirken die Rippen wie am unteren Rand eingespannte Balken und die Lasten werden über Biegung in die Einspannung eingeleitet. In Wirklichkeit haben die Spante infolge ihrer elastischen Nachgiebigkeit für die Rippen die Wirkung einer elastischen Lagerung, Bild 5-55b, durch welche die äußere Last abgetragen wird. Die Lagersteifigkeit (Bettungsziffer) ist durch $\kappa = Et/r^2$ (= Verhältnis Radiallast/Radialverschiebung eines Kreisrings) gegeben. Die charakteristische Länge $\ell_k = \sqrt[4]{EI_R/\kappa} \approx 0.54\sqrt{rt}$ ($EI_R = Et^3/12$ Biegesteifigkeit der auf die Breite 1 bezogenen ideellen Längsrippe) bestimmt die Länge ℓ_B des Lasteinleitungsbereichs. Beim Zylinder ist beispielsweise bei

$$\ell_B = 3\sqrt{rt} = 5{,}6\ \ell_k \tag{5.112}$$

die Verschiebung, Bild 5-55b, auf ca. 2% ihres Maximalwertes abgeklungen. Bei ausreichend langem Zylinder ($\ell > \ell_B$) hat die Art der Lagerung am unteren Rand keinen Einfluss mehr auf den Verlauf der Schnitt- und Verformungsgrößen. Dieses in der Schalentheorie als "Randstörungsproblem" bezeichnete Verhalten ist noch einmal im Bild 5-55c für den eingespannten Zylinder unter gleichförmigem Manteldruck skizziert. Hier spielt die Einspannung die Rolle der Randstörung, die über einen kurzen Bereich ℓ_B abgeklungen ist. Bei radial verschieblicher Lagerung des unteren Randes tritt keine derartige Randstörung auf. Der Manteldruck wird ausschließlich über die radial belastete Ringspante abgetragen, in denen ein reiner Normalspannungszustand (keine Biegung, nur Spannungen in Umfangrichtung) herrscht, d.h. die Spannungen sind über die Schalendicke konstant. In diesem Fall spricht man auch von einem Membranspannungszustand in der Schale. In der Membranschalentheorie werden die Bedingungen angegeben (Lagerung, Belastung, Schalengeometrie), unter denen sich derartige für die Werkstoffbeanspruchung günstige Spannungszustände ergeben. Vom Standpunkt der FEM-Modellierung aus gesehen, müssen zur Erfassung der für die Störspannungen typischen steilen Spannungsgradienten sehr feine Elementteilungen in den Störungsbereichen verwendet werden, während dies in den Membranspannungsbereichen nicht in dem Maße erforderlich ist (z.B. Bereich ℓ_M im Bild 5-55c).

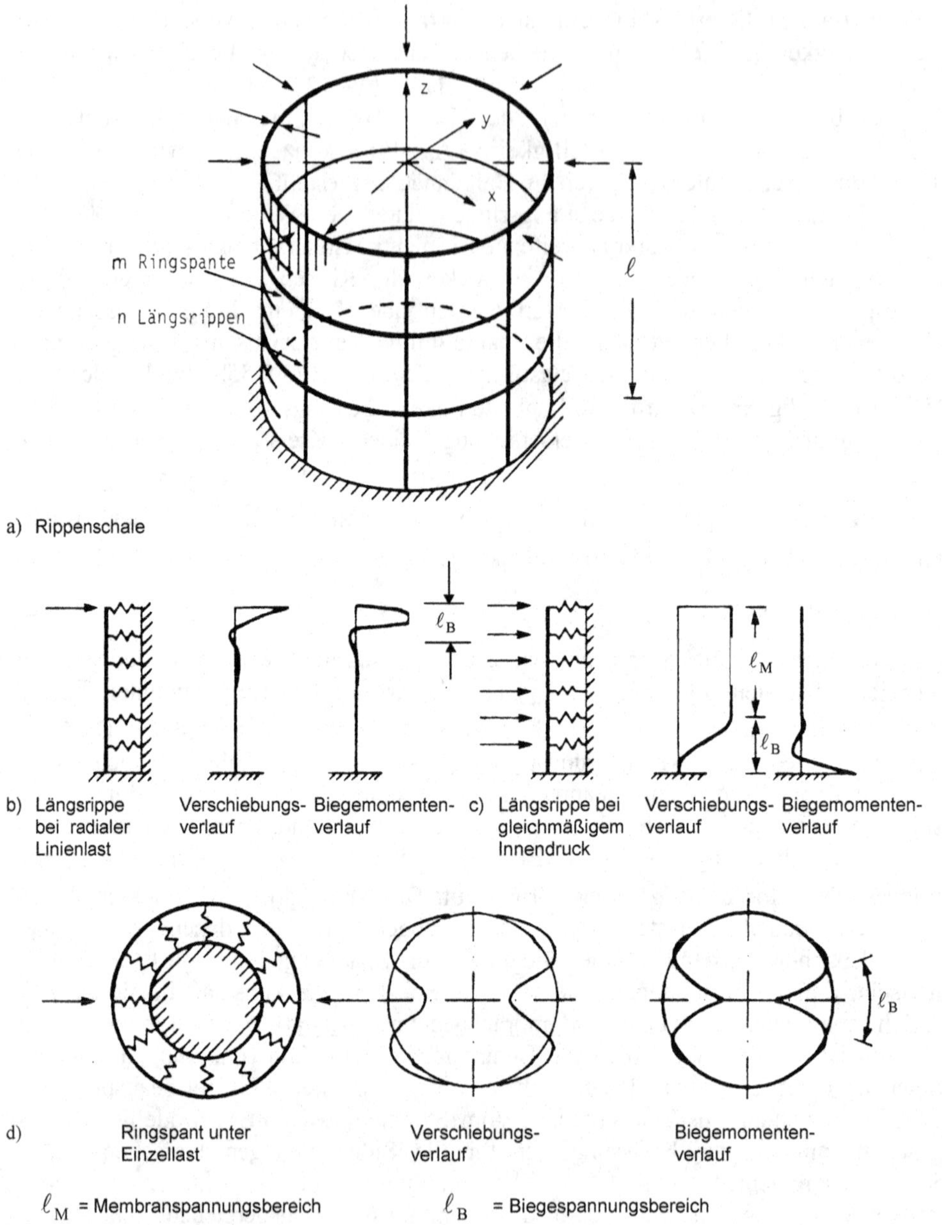

Bild 5-55 Zur Tragwirkung und Modellbildung von Schalen

In folgenden Schalenbereichen muss immer mit einer Störung des Membranspannungszustandes gerechnet werden:

- Lasteinleitungsbereiche für Einzellasten, Bild 5-55d, und Linienlasten
- Auflagerbereiche (Einzellager, Einspannungen etc.)
- Ausschnittbereiche (Öffnungen)
- Übergangsbereiche zwischen verschiedenen Schalenformen (z.B. Kugel/ Zylinder, Bild 5-55e)

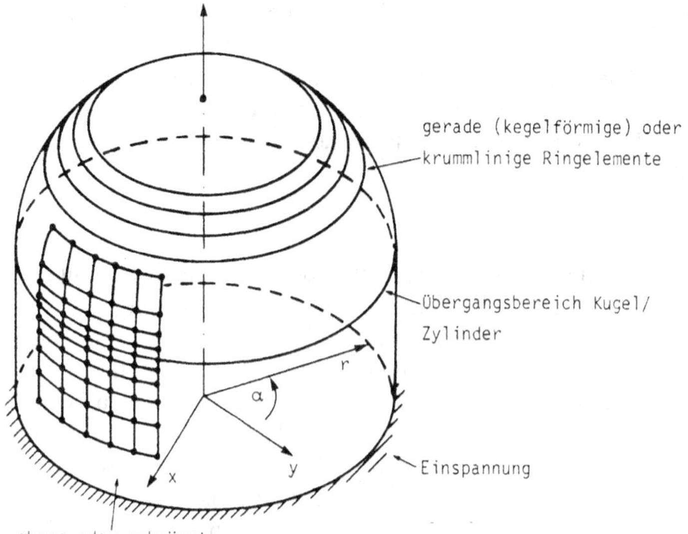

e) FEM - Idealisierungsmöglichkeiten

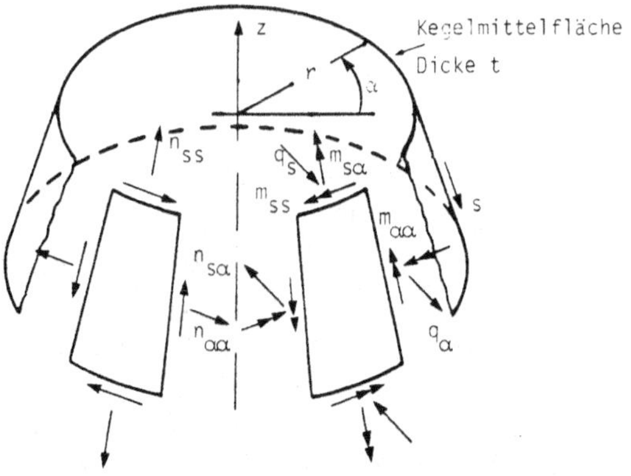

f) Membranschnittgrößen der Kegelschale
Normalkraftfluß: $n_{ss} = \sigma_{ss} t$, $n_{\alpha\alpha} = \sigma_{\alpha\alpha} t$
Schubfluß: $n_{s\alpha} = \sigma_{s\alpha} t$

g) Biegeschnittgrößen der Kegelschale
Biegemomente: $m_{ss}, m_{\alpha\alpha}$, Drillmoment: $m_{s\alpha}$
Querkräfte: q_s, q_α

Bild 5-55 (Fortsetzung) Zur Tragwirkung und Modellbildung von Schalen

Nach diesen grundsätzlichen Vorbemerkungen wollen wir uns jetzt der Herleitung von Schalenelementen zuwenden. Zur Darstellung finiter Schalenelemente gibt es wieder die beiden grundsätzlich verschiedenen Wege, die wir schon bei der Platte kennengelernt hatten: einmal den Weg über die Anwendung einer der vielfältigen Schalentheorien zur Darstellung der Verzerrungs- Verschiebungsbeziehungen (analog zu den Gln.(3.5) für die Scheibe und (5.69) bzw. (5.83) für die Platte) einschließlich der Darstellung der Schalengeometrie mit Hilfe der Flächentheorie, z.B. [1)-3)] oder aber der Weg über die Spezialisierung des allgemeinen isoparametrischen Volumenelementes im Hinblick auf die Besonderheiten der Schalengeometrie (analog Gl.(5.103)). Bevor wir einen Weg am Beispiel des rotationssymmetrischen Kegelschalenelementes demonstrieren wollen, soll jedoch die einfachste Art ein Schalenelement zu erzeugen, angegeben werden: das ebene, aus der Überlagerung von Scheiben- und Plattenelementen entstehende Schalenelement.

5.5.1 Ebene Schalenelemente

Im Bild 5-55f, g sind die Schalenschnittgrößen (= Spannungsresultanten), wie sie im Allgemeinen auf einen Schalenquerschnitt wirken, eingetragen. Es sind dies die Membranschnittgrößen (Normal- und Schubkraftflüsse) und die Biegeschnittgrößen (Biegemomente, Drillmomente und Querkräfte). Es liegt nun nahe, den Membranspannungszustand elementweise durch einen ebenen Scheibenspannungszustand und den Biegespannungszustand durch den Spannungszustand einer ebenen Platte zu ersetzen, wie dies im Bild 5-56 für die Zylinderschale mit Hilfe eines rechteckigen Scheiben- und Plattenelements angedeutet ist. (Bei nicht abwickelbaren räumlich gekrümmten Flächen sollten Dreieckelemente verwendet werden). Die Kraft-Verschiebungsbeziehung eines solchen ebenen Schalenelementes ist durch die Gleichung

$$\begin{bmatrix} \mathbf{f}_s \\ \mathbf{f}_p \\ \mathbf{f}_b \end{bmatrix} = \begin{bmatrix} \mathbf{k}_s & \mathbf{0} & \mathbf{0} \\ \mathbf{0} & \mathbf{k}_p & \mathbf{0} \\ \mathbf{0} & \mathbf{0} & \mathbf{0} \end{bmatrix} \begin{bmatrix} \mathbf{u}_s \\ \mathbf{u}_p \\ \mathbf{u}_b \end{bmatrix} \tag{5.113}$$

gegeben, wobei $\mathbf{k}_s$ bzw. $\mathbf{k}_p$ die Elementsteifigkeitsmatrix eines ebenen Scheiben- bzw. Plattenelementes darstellen soll. Die Vektoren $\mathbf{u}_s$ bzw. $\mathbf{u}_p$ enthalten die Scheibenfreiheitsgrade u^s_{1i}, u^s_{2i} bzw. die Plattenfreiheitsgrade u^p_{3i}, u^p_{4i} und u^p_{5i} an den lokalen Elementknoten i = 1 bis 4 im Bild 5-56. Der Vektor $\mathbf{u}_b$ enthält die Drehfreiheitsgrade u_{6i} senkrecht zur Scheibenebene, die erforderlich sind, um eine vollständige Transformation von lokalen auf globale Koordinaten gemäß Gl. (5.40b) vornehmen zu können. Die ebene Schalensteifigkeitsmatrix (5.113) muss deshalb mit entsprechenden Nullreihen aufgefüllt werden, da diese Freiheitsgrade bei der ebenen Scheibe nicht definiert sind und ihnen damit auch keine Steifigkeit zugeordnet ist. Bei Faltwerken (das sind aus ebenen Flächenstücken zusammengesetzte Tragwerke wie

---

[1)] Schnell, Eschenauer (1984), [2)]Naghdi (1972), [3)]Basar (1985)

z.B. ein Hohlkasten) oder bei flachen Schalen bleiben diese Nullreihen bei der Transformation auf globale Koordinaten im Fall der Faltwerke vollständig, im Fall der flachen Schale beinahe erhalten, so dass in der Gesamtsteifigkeitsmatrix ein entsprechender Rangabfall (Zusatzsingularitäten) auftritt. Dieser kann entweder durch Sperrung der senkrecht zur Schalenfläche stehenden Drehfreiheitsgrade aufgehoben werden, oder man führt auf der zu $\mathbf{f}_b$, $\mathbf{u}_b$ gehörigen Hauptdiagonalen der Elementmatrix (5.113) künstliche Steifigkeiten ein, die die Lösung des Gesamtgleichungssystems numerisch ermöglichen, ohne dass sie die physikalische Lösung beeinflussen. Bei der Verwendung von Scheibenelementen mit Drehfreiheitsgraden wie im 2. Beispiel des Kap.5.3.4 beschrieben, sind derartige „Tricks“ natürlich nicht erforderlich.

Durch die Transformation der Freiheitsgrade von lokalen auf globale Koordinaten für jeden Elementknotenpunkt (i) ergibt sich die Elementmatrix in globalen Koordinaten zu

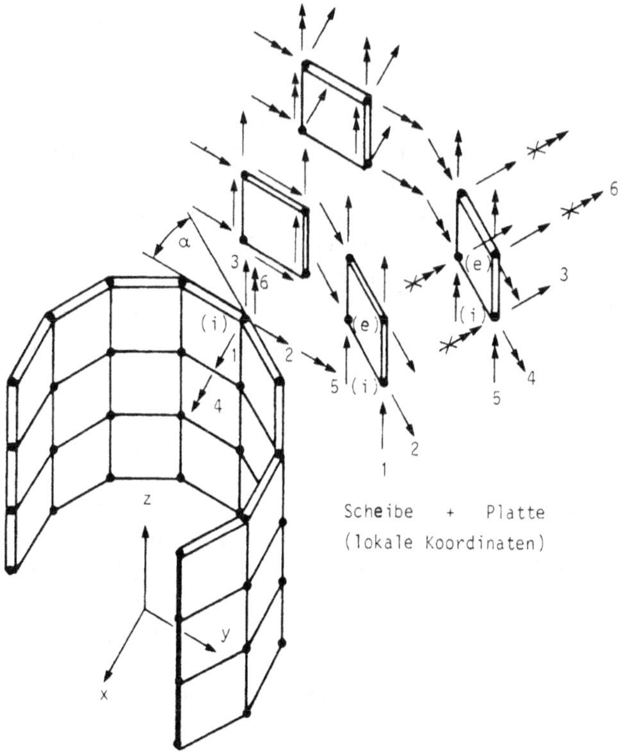

Bild 5-56: Zum Tragverhalten ebener Schalenelemente

$$\mathbf{K}_{(e)} = \mathbf{T}^{\mathrm{T}} \begin{bmatrix} \mathbf{k}_s & \mathbf{0} & \mathbf{0} \\ \mathbf{0} & \mathbf{k}_p & \mathbf{0} \\ \mathbf{0} & \mathbf{0} & \mathbf{0} \end{bmatrix} \mathbf{T} \, . \tag{5.114}$$

Die Transformationsmatrix **T** enthält die Komponenten der Matrix $\bar{\mathbf{c}}$ der Richtungscosinus aus der Gl. (5.40b), die der Freiheitsgradnummerierung im Bild 5-56 entsprechen. Dabei koppeln sich die Scheiben und Plattenanteile analog zu der Transformation der allgemeinen lokalen Balkenelementmatrix auf globale Koordinaten, Gln. (5.40e, f). Die Schalentragwirkung, gekennzeichnet durch das gleichzeitige Auftreten der Membran- und Biegeschnittgrößen, wird demnach nur an den diskreten Knotenpunkten erzwungen. So grob diese Approximation auch erscheinen mag, so hat sie sich in der Anwendungspraxis doch bewährt. In den meisten gebräuchlichen Programmsystemen sind solche ebenen Schalenelemente verfügbar (siehe auch die praktischen Anwendungsbeispiele im Kap. 12).

Beispiel: Wir wollen hier zur Demonstration der Genauigkeit einer FE-Lösung mit ebenen Schalenelementen als Beispiel die im Bild 5-57a dargestellte Zylinderschale behandeln, die durch zwei gegeneinander gerichtete Einzellasten F belastet wird. (Dieses Beispiel wird in der Literatur häufig zur Erprobung neuer Elementformulierungen benutzt). Entlang des Randes AD sei die Schale bezüglich der Verschiebungen v und w in der Stirnfläche starr gelagert, während die Verschiebungen u in axialer Richtung sowie alle Verdrehungen frei möglich sind (Diese Art der Lagerung erlaubt eine analytische Lösung des Problems, mit dem die FE- Lösung hier verglichen werden sollte). Infolge der Symmetrie braucht dabei nur ein Achtel der Schale im Bereich der Fläche A-D modelliert zu werden. Die entsprechenden Randbedingungen lauten: Rand AB: Verschiebungen $v = 0$, Verdrehungen $\beta_z = \beta_x = 0$, Rand CD: Verschiebungen $w = 0$, Verdrehungen $\beta_x = \beta_y = 0$ und Rand BC: Verschiebungen $u = 0$, Verdrehungen $\beta_z = \beta_y = 0$. Die Ergebnisse sind für folgende Zahlenwerte dargestellt: $F = 1$; $Et = 1$; $\nu = 0{,}3$; $r = 1$ und $\ell = 2$. Das ebene Schalenelement ist hier zusammengesetzt aus dem ISO4D Scheibenelement mit Drehfreiheitsgraden aus Kap. 5.3.4 und dem Plattenelement PLAT4 aus Kap. 5.4.2.3, welches in dem Lehrprogramm MATFEM(1999) implementiert ist. Das Bild 5-57b zeigt als Ergebnis der FE-Berechnung die Verschiebungsfigur für eine gleichmäßige Teilung der Schale in 30x30 Elemente. Die Konvergenz der Lösung bezüglich der Verschiebung im Lastangriffspunkt stellt sich bereits bei einer gröberen Elementteilung ein. Bei einer Teilung von 14x14 Elementen erhält man eine Abweichung der Verschiebung im Lastangriffspunkt von –1% gegenüber der in MacNeal (1994) angegebenen analytischen Lösung, $Etw_{ana}/F = 164{,}2$. Bei der Teilung 20x20 ergibt sich der analytische Wert bis auf drei Stellen genau. Im Bild 5-58 ist im unteren Teil der Verlauf der Durchbiegung w_n in radialer Richtung und im oberen Teil der Verlauf des Biegemoments m_{yy} entlang der Ränder AB und BC im Vergleich zur analytischen Lösung (aus Bathe (1981)) dargestellt. Man sieht, dass die analytische Lösung bei der 14x14- Teilung praktisch erreicht wird.

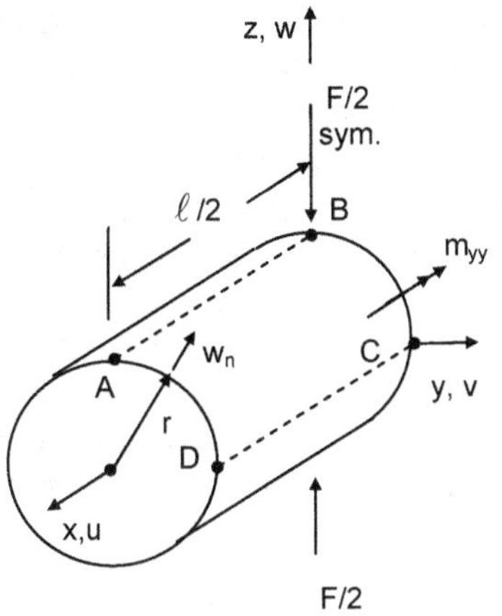

(a) Geometrie

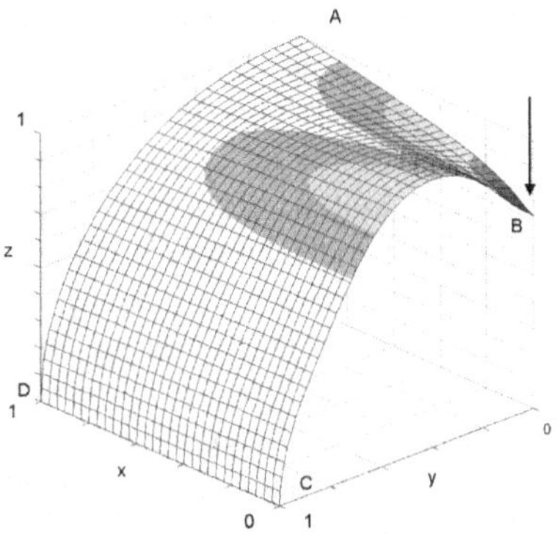

(b) Verformungsfigur

Bild 5-57 Zylinderschale unter Einzellast

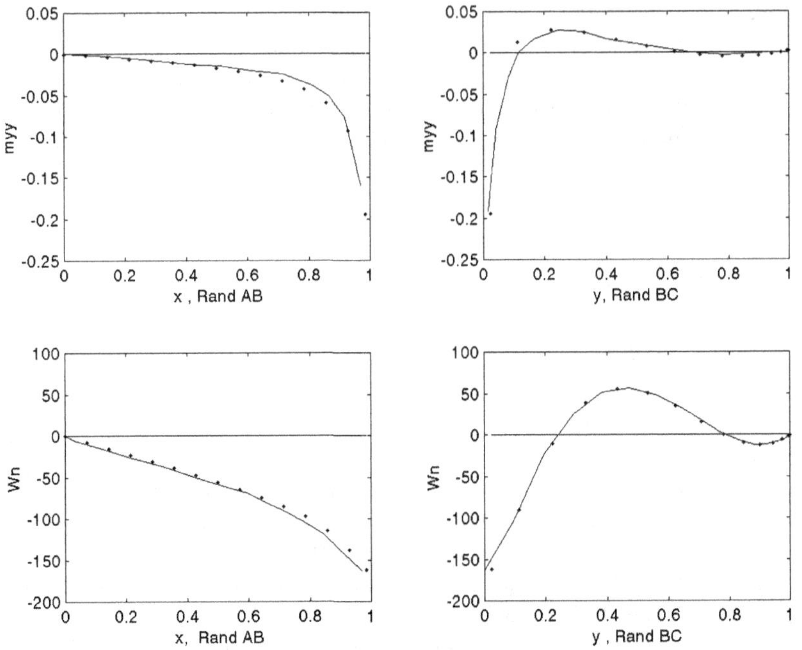

(•) FE- Lösung, 14x14 Teilung, (__) analytische Lösung

Bild 5-58 Zylinderschale unter Einzellast, Verlauf der Biegemomente m_{yy} und der Verschiebungen w_n in radialer Richtung

5.5.2 Rotationssymmetrische Schalenelemente

Zur Beschreibung finiter dünnwandiger Schalenelemente gibt es, wie erwähnt, zunächst den Weg über die Anwendung einer analytischen Schalentheorie mit exakter Beschreibung der Schalengeometrie und Einführung verschieden genauer Annahmen für die Verzerrungs-Verschiebungsbeziehungen (kinematische Beziehungen). Mehr noch als bei der Platte ergeben sich bei allgemein gekrümmten Elementen Schwierigkeiten, Formfunktionen zu finden, die die im Kap.4.2 beschriebenen Konvergenzbeziehungen erfüllen. Als weiterer Weg bietet sich die Spezialisierung der isoparametrischen Volumenelemente im Hinblick auf die Besonderheiten der Schalengeometrie an analog zu der Vorgehensweise für die schubweiche Platte im Kap.5.4.3. In Hughes(1986) und Zienkiewics(1991) ist dieser Weg näher beschrieben. Auch für rotationssymmetrische Schalen (Zylinder, Kugel, Kegel, Hyperboloid, etc.) ist es möglich, das isoparametrische Konzept zur Darstellung der Meridiankrümmung zu verwenden. Obgleich dieser Weg zu ähnlich einfachen und doch genauen Elementen wie bei der schubweichen Platte im Kap.5.4.3 führt (s. Zienkiewicz u.a.(1977)), wollen wir hier das Kegelschalenelement über die Verzerrungs-Verschiebungsbeziehungen der klassischen Schalentheorie herleiten. Wir wählen die Kegelschale, weil sich damit auch andere Schalengeometrien stückweise linear annähern lassen (s. Bild 5-55e). Die Zylinderschale und die Kreisringplatte sind als Sonderfälle, Bild 5-59, in der Kegelschale enthalten (Platte $\psi = 90$, Zylinder $\psi = 0$). Das Element wurde in Grafton, Strome (1963) erstmals für rotationssymmetrische Lasten abgeleitet. Wir wollen hier zunächst den allgemeinen nichtrotationssymmetrischen Last- und Verformungszustand behandeln, indem wir uns die äußeren Lasten am oberen und unteren Schalenrand $s = 0$ und $s = \ell$ in eine zu x symmetrische Fourier-Reihe der Form

$$\left.\begin{aligned}
f_u(\alpha, s) &= \sum_n \bar{f}_{un}(s)\cos n\alpha\,,\\
f_v(\alpha, s) &= \sum_n \bar{f}_{vn}(s)\sin n\alpha\,,\\
f_w(\alpha, s) &= \sum_n \bar{f}_{wn}(s)\cos n\alpha\,,\\
f_\beta(\alpha, s) &= \sum_n \bar{f}_{\beta n}(s)\cos n\alpha \qquad (n = 0, 1, 2, 3, \ldots, n_e,\ \ s = 0, \ell)
\end{aligned}\right\} \tag{5.115}$$

entwickeln, von der wir in der Folge nur das n- te Glied zu betrachten brauchen, da wir dieses als einen einzelnen Lastfall auffassen können, und sich der allgemeine Lastfall aus der Überlagerung von n_e Lastfällen ergibt. Da die Schale rotationssymmetrisch ist, muss der Verschiebungszustand in Umfangsrichtung die gleiche Form wie der Belastungszustand aufweisen. An jedem Punkt (α, s) der Schalenmittelfläche gelten daher für den Verschiebungszustand die im Bild 5-59 für $n = 0 - 3$ dargestellten Beziehungen:

$$\left.\begin{aligned} &u(\alpha,s) = u_n(s)\cos n\alpha\,, \\ &v(\alpha,s) = v_n(s)\sin n\alpha\,, \\ &w(\alpha,s) = w_n(s)\cos n\alpha\,, \\ &\beta(\alpha,s) = \beta_n(s)\cos n\alpha = \partial w_n(s)/\partial s\cos n\alpha \qquad (n = 0, 1, \ldots, n_e) \end{aligned}\right\} . \tag{5.116}$$

Die Amplituden der Kreisfunktion am oberen und unteren Schalenrand ($s = 0$: Index i, $s = \ell$: Index j) werden nun als Freiheitsgrade des Schalenelementes festgelegt und im Vektor

$$\mathbf{u}_n^T = \left[u_i \quad u_j \;\vdots\; v_i \quad v_j \;\vdots\; w_i \quad \beta_i \quad w_j \quad \beta_j\right]_n \tag{5.117a}$$

zusammengefasst (z.B. $u(\alpha, s = 0) = u_{in}\cos n\alpha$). Die zugehörigen Kraftgrößen sind

$$\mathbf{f}_n^T = \left[f_{ui} \quad f_{uj} \;\vdots\; f_{vi} \quad f_{vj} \;\vdots\; f_{wi} \quad f_{\beta i} \quad f_{wj} \quad f_{\beta j}\right]_n \tag{5.117b}$$

und nicht etwa die Kraftamplituden $\overline{f}_{un} \ldots \overline{f}_{\beta n}$ in der Gl.(5.115). Sie müssen aus dem Prinzip der virtuellen Verschiebungen derart ermittelt werden, dass die Kraftgrößen $\mathbf{f}_n$ die gleiche virtuelle Arbeit leisten wie die realen Linienlasten f_u - f_β (α,s) in der Gl. (5.115). Es muss z.B. gelten:

$$\int_0^{2\pi} f_u(\alpha, s=0)\,\delta u\,(\alpha, s=0)\,r\,d\alpha \overset{!}{=} \left(f_{ui}\;\delta u_i\right)_n .$$

Einsetzen der Gln. (5.115) und (5.116) liefert:

$$\int_0^{2\pi} \overline{f}_{un}(s=0)\cos n\alpha\;\delta u_{in}\cos n\alpha\;r_0\,d\alpha = f_{uin}\;\delta u_{in} .$$

Daraus folgt:

$$f_{uin} = 2\pi\,r_0\,\overline{f}_{un}(s=0) \quad \text{für } n = 0 \tag{5.118a}$$

und

$$f_{uin} = \pi\,r_0\,\overline{f}_{un}(s=0) \quad \text{für } n = 1, 2, \ldots, n_e. \tag{5.118b}$$

Die zu den Amplitudenfreiheitsgraden $\mathbf{u}_n$ gehörigen Kraftgrößen $\mathbf{f}_n$ ergeben sich demnach als Resultierende der durch die Fourierkoeffizienten definierten Linienlasten über den Umfang.

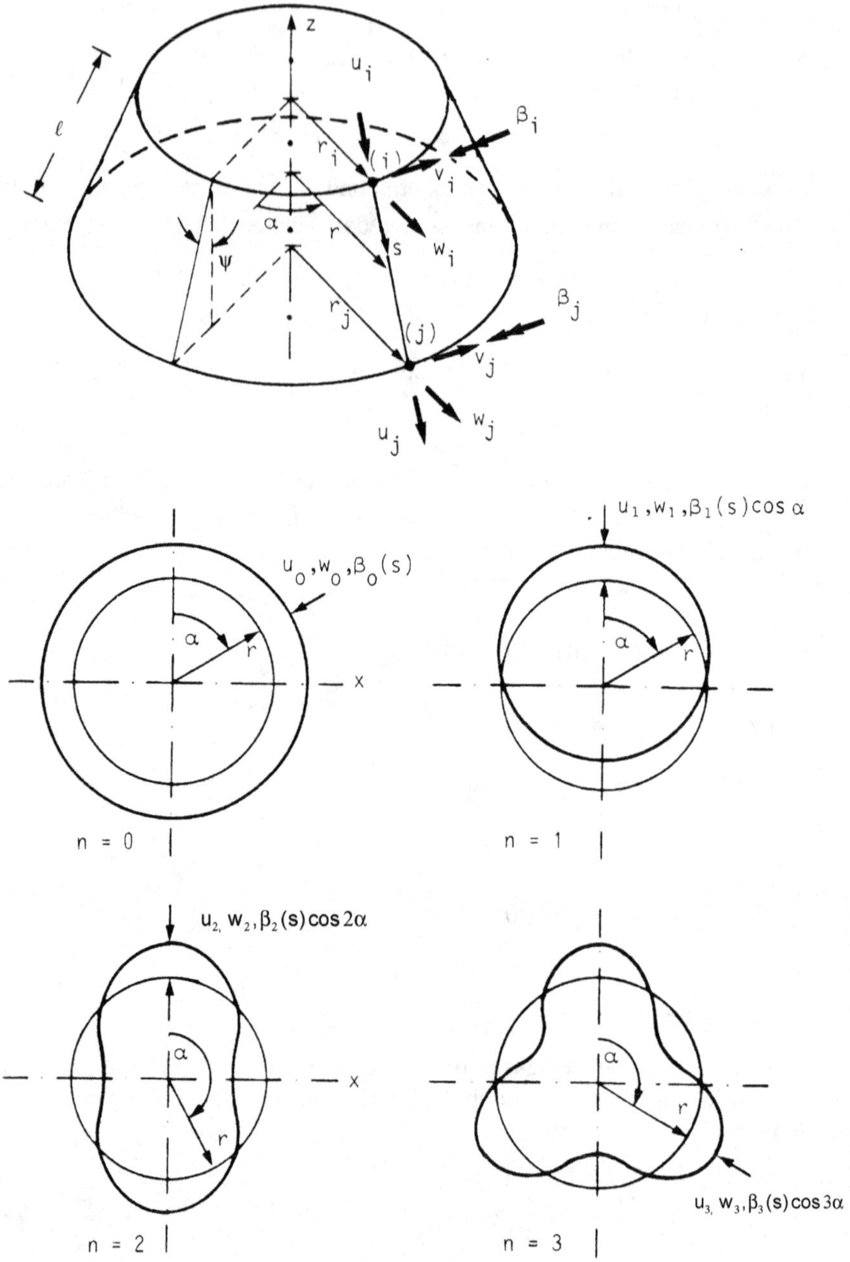

Bild 5-59 Kegelschalenelement mit Amplitudenfreiheitsgraden

Zur Herleitung der Elementsteifigkeitsmatrix, die die Kraft-Verschiebungsbeziehung für das n-te Fourierglied in der Form $\mathbf{f}_n = \mathbf{k}_n \cdot \mathbf{u}_n$ darstellt, benötigen wir zunächst die Verzerrungs-Verschiebungsbeziehung der Kegelschale. Die Verzerrungen werden üblicherweise aus zwei Anteilen zusammengesetzt:

- aus den Membranverzerrungen ε_{ss}^M, $\varepsilon_{\alpha\alpha}^M$ und $\varepsilon_{s\alpha}^M$, die infolge der Membranschnittgrößen n_{ss}, $n_{\alpha\alpha}$ und $n_{s\alpha}$ (s. Bild 5-55f) auftreten und konstant über die Schalendicke t verlaufen,
- aus den Biegeverzerrungen $\varepsilon_{ss}^B = z\kappa_{ss}$, $\varepsilon_{\alpha\alpha}^B = z\kappa_{\alpha\alpha}$ und $\varepsilon_{s\alpha}^B = z\kappa_{s\alpha}$, die infolge der Biegeschnittgrößen m_{ss}, $m_{\alpha\alpha}$ und $m_{s\alpha}$, (s. Bild 5-55f) auftreten und linear über die Querschnittshöhe angenommen werden (s. auch die entsprechende Annahme bei der Platte, Gl. (5.69)).

Bei der Kegelschale gilt für die Membranverzerrungen (s. auch [1)-3)]):

$$\left.\begin{aligned}
&\varepsilon_{ss}^M = u' / \ell \\
&\varepsilon_{\alpha\alpha}^M = (\dot{v} + w\cos\psi + u\sin\psi)/r\,, \\
&\varepsilon_{s\alpha}^M = \dot{u}/r + v'/\ell - v/r\,\sin\psi \\
&\text{und für die Biegeverzerrungen:} \\
&\varepsilon_{ss}^B = -z/\ell^2\, w''\,, \\
&\varepsilon_{\alpha\alpha}^B = z(\ddot{w}/r^2 + \dot{v}/r^2 \cos\psi - \sin\psi/(\ell r)\, w_n')\,, \\
&\varepsilon_{s\alpha}^B = 2z/r\,(-\dot{w}'/\ell + \dot{w}\sin\psi/r + v'/\ell\,\cos\psi - v\sin\psi\cos\psi/r)
\end{aligned}\right\} \quad (5.119a)$$

mit den Abkürzungen $(\,)^{\bullet} \mathrel{\hat{=}} \partial/\partial\alpha$ und $(\,)' \mathrel{\hat{=}} \ell\, \partial/\partial s$.

Im Grenzfall $r \to \infty$, $s \mathrel{\hat{=}} x$ und $r d\alpha \mathrel{\hat{=}} y$ reduzieren sich die Membranverzerrungen auf die Gln. (3.5) für die Scheibe und auf die Gl. (5.69) für die Platte. Weitere Sonderfälle sind der Zylinder mit $\psi = 0°$, die Kreisringplatte mit $\psi = 90°$ sowie der Kreisring mit $\psi = 0°$ und $\varepsilon_{ss}^M = \varepsilon_{s\alpha}^M = \varepsilon_{ss}^B = \varepsilon_{s\alpha}^B = 0$. Setzt man nun die Verschiebungsfunktionen (5.116) in die Gl. (5.119a) ein und führt die Differentiationen nach α aus, so ergibt sich für die Membranverzerrungen:

[1)] Hampe (1968), [2)]Soedel (1981), [3)]Zienkiewicz (1991)

$$\left.\begin{aligned}
\varepsilon_{ss}^{M} &= (1/\ell)\, u_n' \cos n\alpha\,, \\
\varepsilon_{\alpha\alpha}^{M} &= (1/r) \cos n\alpha (v_n n + w_n \cos\psi + u_n \sin\psi)\,, \\
\varepsilon_{s\alpha}^{M} &= [(-n/r) u_n + v_n'/\ell - (v_n/r) \sin\psi] \sin n\alpha \\
&\text{und für die Biegeverzerrungen:} \\
\varepsilon_{ss}^{B} &= (-z/\ell^2)\, w_n'' \cos n\alpha\,, \\
\varepsilon_{\alpha\alpha}^{B} &= z[(n^2/r^2) w_n + (n/r^2) v_n \cos\psi - 1/(\ell r) w_n' \sin\psi] \cos n\alpha\,, \\
\varepsilon_{s\alpha}^{B} &= 2z/r[(n/\ell) w_n' - (n/r) w_n \sin\psi \\
&\quad + (v_n'/\ell) \cos\psi - (v_n/r) \sin\psi \cos\psi] \sin n\alpha\,.
\end{aligned}\right\} \tag{5.119b}$$

Für den Zusammenhang zwischen den Verzerrungen $\boldsymbol{\varepsilon}$ und den Verschiebungsfreiheitsgraden $\mathbf{u}_n$ der Matrix $\mathbf{D}_n = [\partial\varepsilon_k / \partial u_m]_n$ (k = 1, 2, ... , 6 = Anzahl der Verzerrungsgrößen, m = 1, 2, ... , 8 Anzahl der Freiheitsgrade), führen wir die gleichen Formfunktionen ein, die wir bereits vom Balken kennen:

$$u_n(s) = \varphi_{u1} u_{1n} + \varphi_{u2} u_{2n} = \boldsymbol{\varphi}_u^T \mathbf{u}_{un}\,, \tag{5.120a}$$

$$v_n(s) = \varphi_{v1} v_{1n} + \varphi_{v2} v_{2n} = \boldsymbol{\varphi}_v^T \mathbf{v}_{vn}\,, \tag{5.120b}$$

$$w_n(s) = \varphi_{w1} w_{1n} + \varphi_{w2} \beta_{1n} + \varphi_{w3} w_{2n} + \varphi_{w4} \beta_{2n} = \boldsymbol{\varphi}_w^T \mathbf{w}_{wn} \tag{5.120c}$$

mit dem Hermite-Polynomen φ_{wi} nach Gl. (5.16) und $\varphi_{ui} = \varphi_{vi}$ nach Gl. (5.22). Die $\mathbf{D}_n$-Matrix und damit die Steifigkeitsmatrix $\mathbf{k}_n = \int_V \mathbf{D}_n^T \mathbf{E}\, \mathbf{D}_n \, dV$ kann damit berechnet werden. Als Sonderfall wollen wir den Fall der rotationssymmetrischen Belastung, d.h. nur das erste Glied der Fourierreihe mit $n = 0$ betrachten. Da die Umfangsverschiebung $v(s,\alpha)$ und die Schubverzerrungen $\varepsilon_{s\alpha}^M$ und $\varepsilon_{s\alpha}^B$ dann Null sind, verkürzt sich die Verzerrungs-Verschiebungsbeziehung auf

$$\begin{bmatrix} \varepsilon_{ss}^M \\ \varepsilon_{\alpha\alpha}^M \\ \varepsilon_{ss}^B \\ \varepsilon_{\alpha\alpha}^B \end{bmatrix} = \begin{bmatrix} u_0'/\ell \\ (w_0 \cos\psi + u_0 \sin\psi)/r \\ -z w_0''/\ell^2 \\ -w_0' z \sin\psi/(\ell r) \end{bmatrix}. \tag{5.121}$$

Die $\mathbf{D}_0$-Matrix lautet damit $\mathbf{D}_0 = \begin{bmatrix} \dfrac{\partial\varepsilon_k}{\partial u_{u0}} & \dfrac{\partial\varepsilon_k}{\partial u_{w0}} \end{bmatrix}$ (k = 1, 2, 3, 4)

$$\mathbf{D}_0 = \left[\begin{array}{c|c} \boldsymbol{\varphi}_u'^T/\ell & \mathbf{0}^T \\ \boldsymbol{\varphi}_u^T \sin\psi/r & \boldsymbol{\varphi}_w^T \cos\psi/r \\ \hline \mathbf{0}^T & -\boldsymbol{\varphi}_w''^T z/\ell^2 \\ \mathbf{0}^T & -\boldsymbol{\varphi}_w'^T z\sin\psi/(r\ell) \end{array}\right] . \tag{5.122}$$

An dieser Gleichung sieht man, wie sich für die Kreisringplatte, $\psi = 90°$, die Membran- und Biegeverzerrungen entkoppeln. Die Steifigkeitsmatrix für die rotationssymmetrisch belastete Kegelschale erhält man daraus (nach Integration über die Dickenrichtung z und den Umfang α uns bei Verwendung eines orthotropen Werkstoffgesetzes) zu

$$\mathbf{k}_0 = 2\pi\ell \int_{\xi=0}^{1} \begin{bmatrix} \mathbf{I}_{11} & \mathbf{I}_{12} \\ \mathbf{I}_{12}^T & \mathbf{I}_{22} \end{bmatrix} d\xi \tag{5.123a}$$

mit

$$\left.\begin{aligned} \mathbf{I}_{11} &= (t\,r/\ell^2)E_{11}\,\boldsymbol{\varphi}_u'\boldsymbol{\varphi}_u'^T + (t/\ell)E_{12}\sin\psi\,(\boldsymbol{\varphi}_u\boldsymbol{\varphi}_u'^T + \boldsymbol{\varphi}_u'\boldsymbol{\varphi}_u^T) + \\ &\quad + (t/r)E_{22}\sin^2\psi\,\boldsymbol{\varphi}_u\boldsymbol{\varphi}_u^T , \\ \mathbf{I}_{22} &= (t/r)E_{22}\cos^2\psi\,\boldsymbol{\varphi}_w\boldsymbol{\varphi}_w^T + (r/\ell^4)B_{11}\,\boldsymbol{\varphi}_w''\boldsymbol{\varphi}_w''^T + \\ &\quad + (B_{12}/\ell^3)\sin\psi(\boldsymbol{\varphi}_w'\boldsymbol{\varphi}_w''^T + \boldsymbol{\varphi}_w''\,\boldsymbol{\varphi}_w'^T) + \boldsymbol{\varphi}_w'\boldsymbol{\varphi}_w'^T B_{22}\sin^2\psi/(r\ell^2) , \\ \mathbf{I}_{12} &= (t/\ell)E_{12}\cos\psi\,\boldsymbol{\varphi}_u'\boldsymbol{\varphi}_w^T + (t/r)E_{22}\sin\psi\cos\psi\,\boldsymbol{\varphi}_u\boldsymbol{\varphi}_w^T \end{aligned}\right\} \tag{5.123b}$$

und

$B_{ij} = E_{ij}t^3/12$ (i, j = 1, 2) $\hat{=}$ Elastizitätsmatrix der Platte endsprechend Gl.(5.72a)

Da der Radius r über s veränderlich ist, $r(s) = r_i + (r_j - r_i)\, s/\ell$, werden die Glieder, in denen r im Nenner steht, numerisch integriert. In Grafton(1963) wird dafür eine einfache Ein-Punktintegration gewählt, so dass dann die Koeffizienten der Steifigkeitsmatrix durch die Werte der dyadischen Produkte $\mathbf{I}_{ij}$ an der Stelle $s = \ell/2$ angegeben werden können. Das Element wird in der Praxis vielfach eingesetzt. Es ermöglicht die Analyse verzweigter zusammengesetzter Rotationsschalen.

Beispiel: Im Bild 5-60 sind die Ergebnisse von zwei FEM-Analysen für das Meridianmoment m_{ss} einer Kugelschale im Vergleich zur analytischen Lösung dargestellt. Die mit ROT bezeichnete Kurve zeigt das Ergebnis der Berechnung mit dem rotationssymmetrischen Schalenelement. Im Abklingbereich des Momentes von $0 - 20°$ wurden hier 30 Elemente verwendet. Außerdem zeigt die mit PLAT4 bezeichnete Kurve den Verlauf, der mit Hilfe des ebenen Schalenelementes, das aus dem ISO4D Scheibenelement mit Drehfreiheitsgraden aus Kap.5.3.4 und dem Plattenelement PLAT4 aus Kap.5.4.2.3 zusammengesetzt ist, und welches in dem Lehrprogramm MATFEM(1999) implementiert ist. Durch Einführung der symmetriebedingten Randbedingungen brauchte nur ein Viertel der Schale modelliert zu werden. In Umfangsrichtung der Viertelschale wurde eine Teilung in 15 Elemente gewählt. Man sieht, dass der Verlauf der Momente gut übereinstimmt. Eine exakte Übereinstimmung kann nicht erwartet werden, da auch die analytische Lösung bereits eine Näherungslösung nach der Theorie der flachen Schale darstellt. Nach Timoshenko(1959) erhält man die analytische Lösung für das Einspannmoment in erster Näherung (nach der Theorie der flachen Schale) aus $m_{ss}(s=0) = p\,r\,t/4\sqrt{(1-\nu)/(3(1+\nu))}$. Mit den Zahlenwerten aus Bild 5-60 erhält man daraus $m_{ss}(s=0)$ = 2661 Nmm/mm, ein Wert der von der FE- Lösung im Bild 5-60 sehr gut getroffen wird.

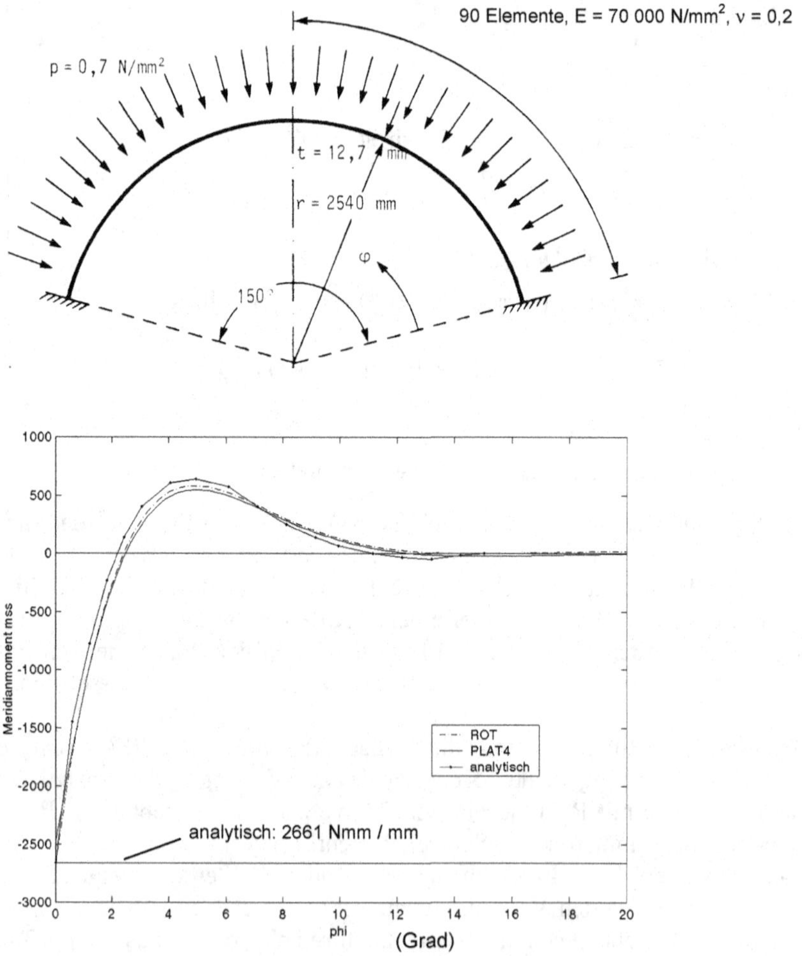

Bild 5-60 Kugelschale unter Außendruck

6 Äquivalente Lastvektoren für verteilte Lasten und Temperaturänderungen

Im Kap.3.6.2 wurde gezeigt, dass verteilte Lasten und Temperaturänderungen durch äquivalente, auf die Knoten einwirkende Einzellasten, ersetzt werden können als Folge der Diskretisierung der Verschiebungsfelder mit Hilfe der Formfunktionen. Die äquivalenten Knotenlastvektoren konnten interpretiert werden als Reaktionskräfte, die an den Knoten entstehen, wenn man die Knotenpunkte als starr gelagert annimmt. Angeschrieben für ein einzelnes Element (e) liefern die Gln. (3.49c-d) die Ausdrücke

$$\mathbf{F}(\mathrm{p_o})_{(e)} = \int_O \boldsymbol{\varphi}_{og} \mathbf{p}_o \, dO \tag{6.1a}$$

$$\mathbf{F}(\mathrm{p})_{(e)} = \int_V \boldsymbol{\varphi}_g \, \mathbf{p} \, dV \quad \text{und} \tag{6.1b}$$

$$\mathbf{F}(\vartheta)_{(e)} = \int_V \mathbf{D}^T \mathbf{E} \, \boldsymbol{\varepsilon}(\vartheta) \, dV \, . \tag{6.1c}$$

Im Kap.4 wurde gezeigt, dass sich diese äquivalenten Elementlastvektoren mit Hilfe der Koinzidenztransformation

$$\mathbf{F}_g = \sum_e \tilde{\mathbf{T}}^T [\, \mathbf{F}(\mathrm{p_o}) + \mathbf{F}(\mathrm{p}) + \mathbf{F}(\vartheta) \,]_{(e)} \tag{6.2}$$

zu einem resultierenden Lastvektor für die Gesamtstruktur aufsummieren. Wir wollen nun die Anwendung der Lastvektoren anhand von drei Beispielen demonstrieren.

1. Beispiel: Zug/Druckstab: Äquivalente Lastvektoren für Eigengewicht $p_x = \gamma$ (spez. Gewicht) und Temperaturerhöhung ϑ.

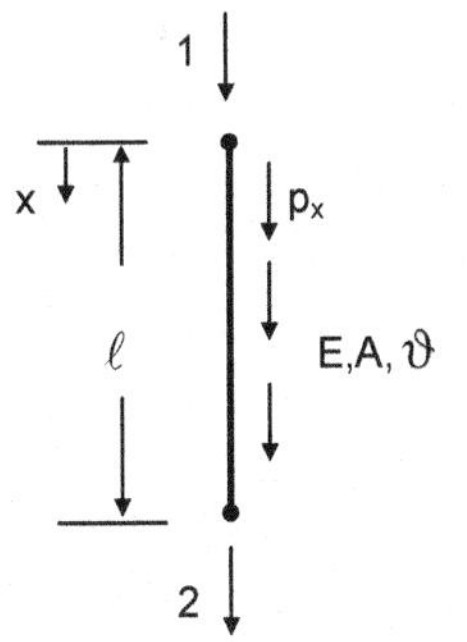

Mit den linearen Formfunktionen $\boldsymbol{\varphi}^T = [1 - x/\ell \quad x/\ell]$ und mit dV = dA dx erhält man aus der Gl. (6.1b)

$$\begin{bmatrix} f_1 \\ f_2 \end{bmatrix}_{(p)} = A\int_0^{\ell}\gamma\begin{bmatrix} 1-x/\ell \\ x/\ell \end{bmatrix}dx = A\gamma\begin{bmatrix} \ell/2 \\ \ell/2 \end{bmatrix} = \frac{G}{2}\begin{bmatrix} 1 \\ 1 \end{bmatrix}. \tag{6.3}$$

($G = \gamma A\,\ell$ = Gesamtgewicht)

Das Gesamtgewicht wird also, wie zu erwarten war, je zur Hälfte auf die Knoten verteilt.
Mit $\varepsilon_{xx}(\vartheta) = \alpha\,\vartheta$, Gl.(3.24a), und der **D**-Matrix

$$\mathbf{D} = \begin{bmatrix} \dfrac{\partial\varepsilon_{xx}}{\partial u_1} & \dfrac{\partial\varepsilon_{xx}}{\partial u_2} \end{bmatrix} = \frac{1}{\ell}\begin{bmatrix} -1 & 1 \end{bmatrix} \quad \text{(s. Gl.(f) im Beispiel Kap.3.6.2)}$$

erhält man den Temperaturlastvektor aus der Gl. (6.1c) zu:

$$\begin{bmatrix} f_1 \\ f_2 \end{bmatrix}_{(\vartheta)} = \frac{A}{\ell}\int_0^{\ell}\begin{bmatrix} -1 \\ 1 \end{bmatrix}E\alpha\vartheta\,dx = EA\,\alpha\vartheta\begin{bmatrix} -1 \\ 1 \end{bmatrix}. \tag{6.4}$$

2. Beispiel: Temperaturlastvektor für das Fachwerk nach Bild 2-1 für gleichmäßige Erwärmung aller Stäbe um ϑ [°C] (Querschnittswerte und Geometrie nach Block 1). Zunächst müssen die Temperaturlastvektoren der drei Elemente mit Hilfe der Gl. (2.3) auf globale Koordinaten transformiert werden:

$$\mathbf{F}_{(e,\vartheta)} = \mathbf{T}_{(e)}^{T}\,\mathbf{f}_{(e,\vartheta)}, \tag{2.3}$$

$$\mathbf{F}_{(1,\vartheta)} = \alpha\vartheta EA\begin{bmatrix} 0 \\ -1 \\ 0 \\ 1 \end{bmatrix}, \quad \mathbf{F}_{(2,\vartheta)} = \frac{\sqrt{2}}{2}\alpha\vartheta EA\begin{bmatrix} -1 \\ -1 \\ 1 \\ 1 \end{bmatrix}, \quad \mathbf{F}_{(3,\vartheta)} = \frac{\sqrt{2}}{2}\alpha\vartheta EA\begin{bmatrix} -1 \\ 1 \\ 1 \\ -1 \end{bmatrix}.$$

Die Koinzidenztransformation (nach Koinzidenztabelle Tab. 2-1) liefert für den Gesamttemperaturvektor $\mathbf{F}(\vartheta)$:

$$\begin{bmatrix} F_1 \\ F_2 \\ F_3 \\ F_4 \\ F_5 \\ F_6 \end{bmatrix}_{(\vartheta)} = \begin{bmatrix} F_{1(1)} + F_{1(2)} \\ F_{2(1)} + F_{2(2)} \\ F_{3(2)} + F_{3(3)} \\ F_{4(2)} + F_{4(3)} \\ F_{3(1)} + F_{1(3)} \\ F_{4(1)} + F_{2(3)} \end{bmatrix}_{(\vartheta)} = \alpha\vartheta EA\begin{bmatrix} -\sqrt{2}/2 \\ -1-\sqrt{2}/2 \\ \sqrt{2} \\ 0 \\ -\sqrt{2}/2 \\ 1+\sqrt{2}/2 \end{bmatrix}.$$

3. Beispiel: Äquivalenter Lastvektor für Eigengewicht ($p_y = \gamma$, $p_x = p_z = 0$) für das isoparametrische Scheibenelement nach Bild 6-1 ohne Zwischenknoten. Aus der Gl. (6.1b) folgt wegen $dV = t\,J\,d\xi\,d\eta$

$$\mathbf{f}(p) = t \int_\eta \int_\xi \begin{bmatrix} \boldsymbol{\varphi}_u & 0 \\ 0 & \boldsymbol{\varphi}_v \end{bmatrix} \begin{bmatrix} p_x \\ p_y \end{bmatrix} J\,d\xi d\eta .$$

Die Formfunktionen hatten wir bereits hergeleitet (Gl. 5.54e):

$$\boldsymbol{\varphi}_u^T = \boldsymbol{\varphi}_v^T = [1-\xi-\eta+\xi\eta \mid \xi-\xi\eta \mid \xi\eta \mid \eta-\xi\eta].$$

Die Jacobideterminante hatten wir im Beispiel im Kap.5.3.3.2 zu $J = h(h-c\eta)$ berechnet. Damit erhält man für die äquivalenten Kräfte f_1 - f_4 (p):

$$\begin{bmatrix} f_1 \\ f_2 \\ f_3 \\ f_4 \end{bmatrix}_{(p)} = h\,t\,\gamma \int_0^1 \int_0^1 \begin{bmatrix} 1-\xi-\eta+\xi\eta \\ \xi-\xi\eta \\ \xi\eta \\ \eta-\xi\eta \end{bmatrix} (h-c\eta)\,d\xi\,d\eta = h\,t\,\gamma \begin{bmatrix} h/4-c/12 \\ h/4-c/12 \\ h/4-c/6 \\ h/4-c/6 \end{bmatrix}.$$

Für $c = 0$ erhält man wieder die gleichmäßige Verteilung der Gesamtlast auf die vier Knoten.

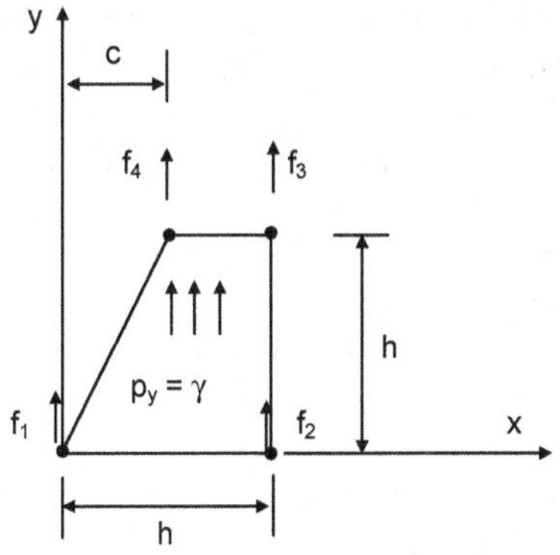

Bild 6-1 Äquivalente Kräfte für Eigengewicht

7 Das Prinzip der virtuellen Verschiebungen in der Dynamik, Hamiltonsches Prinzip und Bewegungsgleichungen

Bisher galten alle Betrachtungen für den Fall statischer Lasten. Wir wollen nun auch dynamische, d. h. zeitveränderliche Lasten zulassen. Diese treten bei realen technischen Konstruktionen in vielfältiger Form auf. Man klassifiziert zunächst den zeitlichen Verlauf der Lasten (in der Strukturdynamik meist "Erregung" genannt) in periodisch (Sonderfall: harmonisch = sinusförmig) und nicht-periodisch. Typische harmonische Erregungen entstehen durch die Unwucht eines Rotors oder die Wirbelablösung an einem zylindrischen Baukörper unter Windbelastung. Auch als Testkraftverlauf zum versuchstechnischen Nachweis der Funktionstüchtigkeit von Bauteilen und Geräten z. B. in der Luft- und Raumfahrttechnik wird die harmonische Erregung verwendet. Zu den nichtperiodischen Erregungen zählen impulsartige Belastungen, wie sie bei Ramm- und Schmiedevorgängen, bei Explosionen, bei Windböen, etc. auftreten können, und länger andauernde Belastungen, wie sie durch Erdbeben, Wind oder durch Überfahrvorgänge bei Brücken und Fahrleitungen entstehen. Die genannten Erregungsarten können allein durch die Angabe der Größe und des zeitlichen Verlaufs der äußeren Kräfte charakterisiert werden. Man bezeichnet diese Art der Erregung auch als Fremderregung im Gegensatz zu der sogenannten Selbsterregung (auch Parametererregung), die dadurch gekennzeichnet ist, dass sich bestimmte Systemparameter des Tragwerks (Steifigkeit, Dämpfung, Masse) mit der Zeit ändern. (z. B. bei Rotoren, Flattererscheinungen bei Flugzeugen). Im Rahmen dieses Buches werden nur die Fremderregungen behandelt.

Zur Beschreibung der nicht-periodischen Erregungsarten und der entsprechenden dynamischen Tragwerksbeanspruchungen werden vielfach statistische Methoden eingesetzt (bei Wind- und Erdbebenerregungen, s. z. B. Ruscheweyh (1982), Clough, Penzien (1993)). Auch diese können im Rahmen dieses Buches nicht behandelt werden.

Im Kap.3.6.1 hatten wir das Prinzip der virtuellen Verschiebungen bei statischen Lasten in der Form $A_{(i)} = A_{(a)}$, Gl. (3.42) kennengelernt, wobei mit $A_{(i)}$ die innere virtuelle Arbeit und mit $A_{(a)}$ die virtuelle Arbeit der äußeren Kräfte **F** bezeichnet wurde. Bei zeitveränderlichen Lasten $\mathbf{F}(t)$ sind sowohl die Spannungen $\boldsymbol{\sigma}(t)$, die Verzerrungen $\boldsymbol{\varepsilon}(t)$, die Verschiebungen $\mathbf{U}(t)$ an diskreten Körperpunkten als auch die inneren Verschiebungen u, v, w Funktionen der Zeit t. $\dot{\mathbf{U}}(t) = d\mathbf{U}/dt$ und $\ddot{\mathbf{U}}(t) = d^2\mathbf{U}/dt^2$ bezeichnen dann die Geschwindigkeit und die Beschleunigung der Knotenpunkte, $\dot{u}, \dot{v}, \dot{w}\ (x,y,z)$ und $\ddot{u}, \ddot{v}, \ddot{w}\ (x,y,z)$ die Geschwindigkeit und Beschleunigungen an jeder Stelle (x,y,z) im Inneren des Körpers. Das Prinzip der virtuellen Verschiebungen gilt auch für dynamische Lasten, wenn für jeden betrachteten Zeitpunkt zusätzlich zu den vorgegebenen Lasten $\mathbf{F}(t)$ die bei der Bewegung des Tragwerks entstehenden Trägheits- und Dämpfungskräfte berücksichtigt werden. Nach dem Newtonschen Grundgesetz (Kraft = Masse x Beschleunigung) hat die Beschleunigung eines infinitesimal kleinen Volumenelementes dV, s. Bild 7-1, die Volumenträgheitskräfte

$$\mathbf{p}_T^T = \begin{bmatrix} p_x & p_y & p_z \end{bmatrix}_T = -\rho \begin{bmatrix} \ddot{u} & \ddot{v} & \ddot{w} \end{bmatrix} = -\rho\, \ddot{\mathbf{u}}_g^T \tag{7.1a}$$

(ρ = spezifische Masse, Dichte)

zur Folge. An den diskreten Einzelmassen in den Punkten p (p = 1, 2 ...), treten die Einzelträgheitskräfte $\mathbf{F}_{E,T}$ auf:

$$\mathbf{F}_{E,T} = \begin{bmatrix} F_{x1} \\ F_{y1} \\ F_{z1} \\ \vdots \\ F_{xp} \\ F_{yp} \\ F_{zp} \\ \vdots \end{bmatrix}_{E,T} = -\underbrace{\begin{bmatrix} m_1 & & & & & & & \\ & m_1 & & & & & & \\ & & m_1 & & & & & \\ & & & \ddots & & & & \\ & & & & m_p & & & \\ & & & & & m_p & & \\ & & & & & & m_p & \\ & & & & & & & \ddots \end{bmatrix}}_{\mathbf{M}_E} \begin{bmatrix} \ddot{U}_{u1} \\ \ddot{U}_{v1} \\ \ddot{U}_{w1} \\ \vdots \\ \ddot{U}_{up} \\ \ddot{U}_{vp} \\ \ddot{U}_{wp} \\ \vdots \end{bmatrix}, \tag{7.1b}$$

$$\mathbf{F}_{E,T} = -\mathbf{M}_E\, \ddot{\mathbf{U}} \,. \tag{7.1c}$$

Die diagonale Matrix $\mathbf{M}_E$ nennen wir Einzelmassenmatrix. Sind an den Knoten, wie allgemein üblich, Drehfreiheitsgrade vorhanden, stehen auf den entsprechenden Positionen der $\mathbf{M}_E$ -Matrix die Elemente der sog. Drehträgheitsmatrix. Wir werden diesen Fall später im Kap.7.2 gesondert behandeln.

Wir wollen weiterhin annehmen, dass an jedem Knotenpunkt Dämpfungskräfte $\mathbf{F}_D$ auftreten, die der Geschwindigkeit $\dot{\mathbf{U}}$ proportional sind:

$$\mathbf{F}_D = -\,\mathbf{C}\,\dot{\mathbf{U}} \,, \tag{7.2}$$

$\mathbf{C}$ = Dämpfungsmatrix .

Neben dieser geschwindigkeitsproportionalen (viskosen) Dämpfung sind auch andere Dämpfungsmodelle denkbar; diese spielen jedoch in der Strukturdynamik eine untergeordnete Rolle. Die Dämpfungsmatrix $\mathbf{C}$ kann für die folgenden Betrachtungen zunächst als (z.B. aus Versuchen) bekannt vorausgesetzt werden. Das negative Vorzeichen in den Gln. (7.1) und (7.2) bedeutet, dass die Kräfte der Bewegungsrichtung entgegengesetzt sind.

Das Prinzip der virtuellen Verschiebungen für dynamische Lasten lautet damit

$$\begin{aligned}\int_V \boldsymbol{\sigma}^T \delta\boldsymbol{\varepsilon}\, dV &= \mathbf{F}^T\delta\mathbf{U} + \mathbf{F}_D^T\delta\mathbf{U} + \mathbf{F}_{E,T}^T\delta\mathbf{U} - \rho\int_V \ddot{\mathbf{u}}_g^T\delta\mathbf{u}_g dV \\ &= \mathbf{F}^T\delta\mathbf{U} + \mathbf{F}_D^T\delta\mathbf{U} - \ddot{\mathbf{U}}^T\mathbf{M}_E\delta\mathbf{U} - \rho\int_V (\ddot{u}\delta u + \ddot{v}\delta v + \ddot{w}\delta w)\, dV\,.\end{aligned} \tag{7.3}$$

(Verteilte Lasten sind hier zur Vereinfachung nicht berücksichtigt)
Durch Integration der Gleichung vom Zeitpunkt t_1 zum Zeitpunkt t_2 lässt sich das Hamiltonsche Prinzip ableiten. Aus der zweiten Zeile der Gl. (7.3) folgt nach partieller Integration der Trägheitsglieder

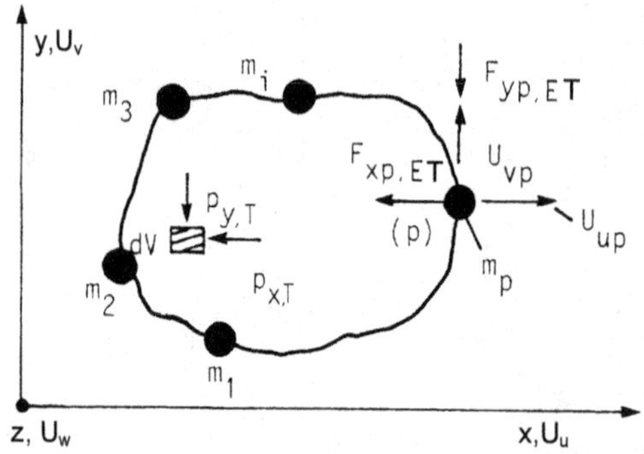

Bild 7-1 Zur Definition der Trägheitskräfte

$$\int_{t1}^{t2}\left(\int_V \left(\boldsymbol{\varphi}^T\delta\varepsilon - \rho(\dot{u}\delta\dot{u} + \dot{v}\delta\dot{v} + \dot{w}\delta\dot{w})\right)\, dV - \dot{\mathbf{U}}^T\mathbf{M}_E\delta\dot{\mathbf{U}}\right) dt$$

$$= -\rho\int_V (\dot{u}\delta u + \dot{v}\delta v + \dot{w}\delta w)\Big|_{t1}^{t2}\, dV - \dot{\mathbf{U}}^T\mathbf{M}_E\delta\mathbf{U}\Big|_{t1}^{t2} + \int_{t1}^{t2}(\mathbf{F}^T\delta\mathbf{U} + \mathbf{F}_D^T\delta\mathbf{U})\, dt\,.$$

Die Randausdrücke werden Null, wenn man fordert, dass die virtuellen Verschiebungskomponenten an den Integrationsgrenzen verschwinden sollen. Führt man zusätzlich zur Formänderungsenergie $\Pi_{(i)} = \frac{1}{2}\int_V \boldsymbol{\sigma}^T\boldsymbol{\varepsilon}\, dV$, Gl. (3.35b), und der äußeren Energie $\Pi_{(a)} = -\mathbf{F}^T\mathbf{U}$, Gl. (3.37b), die kinetische Energie

$$\Pi_{(k)} = \frac{\rho}{2}\int_V (\dot{u}^2 + \dot{v}^2 + \dot{w}^2)\, dV + \frac{1}{2}(\dot{\mathbf{U}}^T\mathbf{M}_E\dot{\mathbf{U}}) \tag{7.4}$$

ein, so kann man das δ-Zeichen vor das Integral ziehen und man erhält das Hamiltonsche Prinzip in der Form:

$$\boxed{\delta\int_{t1}^{t2}(\Pi_{(i)}+\Pi_{(a)}-\Pi_{(k)})\,dt=\int_{t1}^{t2}\mathbf{F}_D^T\,\delta\mathbf{U}\,dt}\,. \tag{7.5}$$

Die Dämpfungskräfte $\mathbf{F}_D$ sind von Natur aus nicht-konservative äußere Kräfte, die bei einer Variation $\delta\mathbf{F}_D$ nicht konstant bleiben brauchen, so dass das δ-Zeichen nicht vor das Integral gesetzt werden kann. Für $\Pi_{(k)}=0$ und $\mathbf{F}_D=\mathbf{0}$ geht das Hamiltonsche Prinzip in das Prinzip vom stationären Wert der Gesamtenergie, Gl.(3.58), über. Genau wie wir im Kap.3.6.4.1 aus der Variationsaufgabe $\delta(\Pi_{(i)}+\Pi_{(a)})=0$ die Eulersche Differentialgleichung (3.62) hergeleitet und auf den Zug/Druckstab, Gl.(3.63), angewendet hatten, können wir die entsprechenden Gleichungen nun aus dem Hamiltonschen Prinzip herleiten.

Beim Zug/Druckstab gilt die Gl.(3.39) für die innere und äußere Energie

$$\Pi_{(i)}+\Pi_{(a)}=\int_0^\ell\left(\bar\pi_{(i)}+\bar\pi_{(a)}\right)\,dx=\int_0^\ell\frac{EA}{2}u'^2dx-\int_0^\ell g\,u\,dx \tag{3.40a}$$

und für die kinetische Energie erhält man wegen dV = A dx aus der Gl.(7.4)

$$\Pi_{(k)}=\int_0^\ell\bar\pi_{(k)}dx=\int_0^\ell\frac{\rho A}{2}\;\dot u^2dx \tag{7.6}$$

$(\bar\pi_{(i)},\bar\pi_{(a)},\bar\pi_{(k)}=$ spezifische Energien$)$.

Die Dämpfungskräfte wollen wir vorübergehend außer Acht lassen. Dann liefert die Variation in der Gl.(7.5) und die anschließende partielle Integration bezüglich x und t den Ausdruck

$$\begin{aligned}\delta\int_{t1}^{t2}\int_0^\ell\left(\bar\pi_{(i)}-\bar\pi_{(k)}+\bar\pi_{(a)}\right)dx\,dt&=\int_{t1}^{t2}\int_0^\ell\left(\frac{\partial\bar\pi_{(i)}}{\partial u'}\delta u'-\frac{\partial\bar\pi_{(k)}}{\partial\dot u}\delta\dot u+\frac{\partial\bar\pi_{(a)}}{\partial u}\partial u\right)dx\,dt\\&=\int_{t1}^{t2}\int_0^\ell\left[-\left(\frac{\partial\bar\pi_{(i)}}{\partial u'}\right)'+\left(\frac{\partial\bar\pi_{(k)}}{\partial\dot u}\right)^{\cdot}+\frac{\partial\bar\pi_{(a)}}{\partial u}\right]\delta u\,dx\,dt\\&\quad+\int_{t1}^{t2}\frac{\partial\bar\pi_{(i)}}{\partial u'}\delta u\Big|_{x=0}^{x=\ell}dt-\int_0^\ell\frac{\partial\bar\pi_{(k)}}{\partial\dot u}\delta u\Big|_{t1}^{t2}dx=0\,.\end{aligned} \tag{7.7a}$$

Nach Voraussetzung verschwinden beide Randausdrücke, so dass (7.7a) nur erfüllt sein kann, wenn der Integrand Null wird:

$$-\left(\frac{\partial\bar\pi_{(i)}}{\partial u'}\right)'+\left(\frac{\partial\bar\pi_{(k)}}{\partial\dot u}\right)^{\cdot}+\frac{\partial\bar\pi_{(a)}}{\partial u}=0\;. \tag{7.7b}$$

Dies ist die sogenannte <u>Lagrangesche Bewegungsgleichung</u>, die sich hier für den Sonderfall, dass das Energiefunktional nur die drei Funktionen u, $\dot u$ und u' enthält ergibt. Im allgemeinen Fall können beliebig viele Funktionen auftreten, bezüglich derer die Variationen in der Gl. (7.7a) ausgeführt werden müssen. Angewendet auf den Zug/Druckstab (A, ρ = const) liefert sie die partielle Differentialgleichung

$$u'' - \frac{\rho}{E}\,\ddot{u} = -\frac{g}{EA} \tag{7.8}$$

für die Längsverschiebung u(x,t), die zur analytischen Lösung des in Längsrichtung mit g(x,t) dynamisch belasteten Zug/Druckstabes benutzt werden kann. Die analytische Behandlung dieser Gleichung, die formal mit der Gleichung für das gespannte Seil übereinstimmt, kann mathematischen Standardwerken entnommen werden, z.B. Bronstein (1996).

An dieser Gleichung sieht man schon, dass es nicht mehr so einfach wie im statischen Fall, $\ddot{u} = 0$, gelingt, exakte Formfunktionen für ein "dynamisches" Stabelement herzuleiten. Das Hamiltonsche Prinzip bietet jedoch in Verbindung mit dem Konzept der äquivalenten Formfunktionen eine einfache Möglichkeit, die kontinuierlich verteilten Trägheitskräfte $\mathbf{p}_T$ genauso zu diskretisieren, wie dies mit den verteilten Lasten im Kap.6 geschehen ist.

Wir fassen dazu den im Bild 7-1 dargestellten Körper als allgemeines Volumenelement in globalen Koordinaten auf, verwenden für den Verschiebungsverlauf innerhalb dieses Elementes den gleichen (äquivalenten) Verlauf wie im statischen Fall, gemäß Gl.(4.1), und beschreiben den zeitlichen Verlauf der Verschiebungen allein durch zeitabhängige Knotenpunktsverschiebungen. Der Ansatz, ausgedrückt in globalen Elementkoordinaten, lautet:

$$\begin{aligned}
u_{(e)}(x,y,z,t) &= \left(\boldsymbol{\varphi}_u^T(x,y,z)\ \mathbf{U}_u(t)\right)_{(e)},\\
v_{(e)}(x,y,z,t) &= \left(\boldsymbol{\varphi}_v^T(x,y,z)\ \mathbf{U}_v(t)\right)_{(e)},\\
w_{(e)}(x,y,z,t) &= \left(\boldsymbol{\varphi}_w^T(x,y,z)\ \mathbf{U}_w(t)\right)_{(e)},
\end{aligned} \tag{7.9a}$$

den wir noch folgendermaßen zusammenfassen können (s. auch Gln.3.46e und 4.1a):

$$\mathbf{u}_{g(e)} = \begin{bmatrix} u \\ v \\ w \end{bmatrix}_{(e)} = \left[\boldsymbol{\varphi}_g^T\ \mathbf{U}(t)\right]_{(e)},\quad \dot{\mathbf{u}}_{g(e)} = \left[\boldsymbol{\varphi}^T\ \dot{\mathbf{U}}(t)\right]_{(e)},\quad \ddot{\mathbf{u}}_{g(e)} = \left[\boldsymbol{\varphi}^T\ \ddot{\mathbf{U}}(t)\right]_{(e)} \tag{7.9b}$$

mit

$$\boldsymbol{\varphi}_{g(e)} = \begin{bmatrix} \boldsymbol{\varphi}_u & 0 & 0 \\ 0 & \boldsymbol{\varphi}_v & 0 \\ 0 & 0 & \boldsymbol{\varphi}_w \end{bmatrix}_{(e)}.$$

Die Geschwindigkeit $[\dot{u} \;\; \dot{v} \;\; \dot{w}]_{(e)}$ und Beschleunigungen $[\ddot{u} \;\; \ddot{v} \;\; \ddot{w}]_{(e)}$ im Elementinneren werden analog zu den Verschiebungen durch ihre Werte an den Knoten ausgedrückt. Es ist klar, dass dieser Ansatz im Hinblick auf die exakte Lösung der Lagrangeschen Bewegungsgleichung nur eine Näherung darstellt.

Durch Einsetzen der Gln. (7.9) entweder in das Prinzip der virtuellen Verschiebungen, Gl. (7.3), oder in das Hamiltonsche Prinzip, Gl. (7.5), erreicht man, da die Prinzipe lediglich eine andere Formulierung der Gleichgewichtsbedingungen darstellen, dass Gleichgewicht zwischen inneren und äußeren Kräften im integralen Mittel über das Element erzwungen wird.

Bevor wir den Ansatz (7.9b) beim Hamiltonschen Prinzip verwenden, drücken wir die innere kinetische Energie des Elementes (e) durch die Knotenpunktsgeschwindigkeit aus. Einsetzen von $[\dot{u} \;\; \dot{v} \;\; \dot{w}]_{(e)}$ aus den Gln.(7.9) in die Gl. (7.4) liefert

$$\pi_{(K,e)} = \frac{\rho}{2}\int_V \begin{bmatrix} \dot{u} \\ \dot{v} \\ \dot{w} \end{bmatrix}_{(e)}^T \begin{bmatrix} \dot{u} \\ \dot{v} \\ \dot{w} \end{bmatrix}_{(e)} dV + \frac{1}{2}\left(\dot{\mathbf{U}}^T \mathbf{M}_E \dot{\mathbf{U}}\right)_{(e)} = \frac{1}{2}\left(\dot{\mathbf{U}}^T (\mathbf{M}_K + \mathbf{M}_E)\dot{\mathbf{U}}\right)_{(e)} \tag{7.10a}$$

mit

$$\mathbf{M}_{K(e)} = \rho\int_V (\boldsymbol{\varphi}\,\boldsymbol{\varphi}^T)_{(e)} dV = \rho\int_V \begin{bmatrix} \boldsymbol{\varphi}_u\boldsymbol{\varphi}_u^T & 0 & 0 \\ 0 & \boldsymbol{\varphi}_v\boldsymbol{\varphi}_v^T & 0 \\ 0 & 0 & \boldsymbol{\varphi}_w\boldsymbol{\varphi}_w^T \end{bmatrix}_{(e)} dV \;, \tag{7.10b}$$

$$\mathbf{M}_{(e)} = \left(\mathbf{M}_K + \mathbf{M}_E\right)_{(e)} \;. \tag{7.10c}$$

Die Matrix $\mathbf{M}_{K(e)}$ heißt äquivalente oder auch konsistente Elementmassenmatrix. Durch sie wird die kontinuierlich über das Element verteilte Masse entsprechend den statischen Formfunktionen auf die Knotenpunkte verteilt und der Einzelmassenmatrix $\mathbf{M}_{E(e)}$ zugeschlagen. Die Ausdrücke für die Formänderungsenergie, $\pi_{(i,e)} = \left(\frac{1}{2}\;\mathbf{U}^T\mathbf{K}\mathbf{U}\right)_{(e)}$ und die äußere Energie $\pi_{(a,e)} = -(\mathbf{F}^T\mathbf{U})_{(e)}$ übernehmen wir aus Kap.4, wobei die Koinzidenzmatrix bei nur einem Element gleich der Einheitsmatrix ist, $\tilde{\mathbf{T}} = \mathbf{I}$. Wir führen nun die Variation der Energieterme durch:

$$\delta\pi_{(i,e)} = \left(\delta\mathbf{U}^T \frac{\partial\pi_{(i)}}{\partial\mathbf{U}}\right)_{(e)} = (\delta\mathbf{U}^T\mathbf{K}\mathbf{U})_{(e)} \;,$$

$$\delta\pi_{(a,e)} = \left(\delta\mathbf{U}^T \frac{\partial\pi_{(a)}}{\partial\mathbf{U}}\right)_{(e)} = -(\delta\mathbf{U}^T\mathbf{F})_{(e)} \;,$$

$$\delta\pi_{(k,e)} = \left(\delta\dot{\mathbf{U}}^{T} \frac{\partial\pi_{(k)}}{\partial\dot{\mathbf{U}}} \right)_{(e)} = (\delta\dot{\mathbf{U}}^{T}\mathbf{M}\dot{\mathbf{U}})_{(e)} .$$

Dann integrieren wir $\delta\pi_{(k,e)}$ partiell nach der Zeit, fügen die Dämpfungskräfte, $\mathbf{F}_{D(e)} = -\mathbf{C}\,\dot{\mathbf{U}}$, nach Gl. (7.2) ein und erhalten den Ausdruck

$$\int_{t1}^{t2} \delta\mathbf{U}^{T}(\mathbf{KU} + \mathbf{C}\dot{\mathbf{U}} + \mathbf{M}\ddot{\mathbf{U}} - \mathbf{F})_{(e)}\,dt = 0 .$$

Da $\delta\mathbf{U}$ eine beliebige virtuelle Verschiebung darstellt, ist diese Gleichung erfüllt, wenn der Klammerausdruck für sich verschwindet:

$$\left[(\mathbf{KU}(t) + \mathbf{C}\dot{\mathbf{U}}(t) + \mathbf{M}\ddot{\mathbf{U}}(t) - \mathbf{F})\right]_{(e)} = \mathbf{0} . \tag{7.11}$$

Die Gl. (7.11) stellt die Bewegungsgleichung des mit Hilfe der statischen Formfunktionen diskretisierten Elementes (e) dar.

Selbstverständlich erhält man die Bewegungsgleichung auch direkt aus dem Prinzip der virtuellen Verschiebungen, in dem die Ansatzfunktionen (7.9) in die Gl. (7.3) eingesetzt werden. Auf der linken Seite der Gl. (7.3) steht die innere virtuelle Arbeit, die, wie wir im Kap 3.6.2, Gl.(3.49a) gesehen haben, mit Hilfe der Steifigkeitsmatrix **K** in der Form

$$A_{(i)} = \int \boldsymbol{\sigma}^{T}\delta\boldsymbol{\varepsilon}\,dV = \mathbf{U}^{T}\mathbf{K}\,\delta\mathbf{U} \tag{a}$$

geschrieben werden kann. Der letzte Ausdruck in der Gl. (7.3) enthält die Arbeit der kontinuierlich verteilten Trägheitskräfte. Für diesen erhält man nach Einsetzen der Verschiebungsansätze (7.9) den Ausdruck

$$\rho\int_{V} \ddot{\mathbf{u}}_{g}^{T}\delta\mathbf{u}_{g}\,dV = \ddot{\mathbf{U}}^{T}\underbrace{\rho\int_{V}(\boldsymbol{\varphi}\,\boldsymbol{\varphi}^{T})_{(e)}\,dV}_{\mathbf{M}_{K}}\,\delta\mathbf{U} = \ddot{\mathbf{U}}^{T}\mathbf{M}_{K}\delta\mathbf{U} , \tag{b}$$

in dem wieder die gleiche Berechnungsvorschrift für die äquivalente (konsistente) Massenmatrix $\mathbf{M}_K$ wie in der Gl. (7.10b) entstanden ist. Einführen der Gln. (a) und (b) sowie der Gl. (7.2) in das Prinzip der virtuellen Verschiebungen, Gl. (7.3), liefert

$$(\mathbf{U}^{T}\mathbf{K} + \dot{\mathbf{U}}^{T}\mathbf{C} + \ddot{\mathbf{U}}^{T}\mathbf{M} - \mathbf{F}^{T})\delta\mathbf{U} = \mathbf{0} ,$$

woraus sich wieder die Bewegungsgleichung (7.11) ergibt, da, wegen $\delta\mathbf{U} \neq \mathbf{0}$, der Klammerausdruck verschwinden muss.

Für den Zusammenbau des aus e = 1, 2 ,..., n_e Elementen zusammengesetzten Tragwerks gelten die gleichen Überlegungen wie im Kap.4 für den statischen Fall (Gesamtenergie = Summe der Elementenergien, Koinzidenztransformation der Elementfreiheitsgrade auf Gesamtfreiheitsgrade: $\mathbf{U}_{(e)} = \tilde{\mathbf{T}}_{(e)}\mathbf{U}$, Gl. (2.9c). Die Gl.

(4.7c) $\mathbf{K} = \sum_{e} (\tilde{\mathbf{T}}^T \mathbf{K}\, \tilde{\mathbf{T}})_{(e)}$ zum Zusammenbau der Gesamtsteifigkeitsmatrix beschreibt daher gleichermaßen den Zusammenbau der Gesamtmassenmatrix **M** und der Gesamtdämpfungsmatrix **C**:

$$\mathbf{M} = \sum_{e} (\tilde{\mathbf{T}}^T \mathbf{M}\, \tilde{\mathbf{T}})_{(e)} \,, \tag{7.12a}$$

$$\mathbf{C} = \sum_{e} (\tilde{\mathbf{T}}^T \mathbf{C}\, \tilde{\mathbf{T}})_{(e)} \,. \tag{7.12b}$$

Die Bewegungsgleichung des Gesamttragwerks lautet damit:

$$\boxed{\mathbf{M}\,\ddot{\mathbf{U}} + \mathbf{C}\,\dot{\mathbf{U}} + \mathbf{K}\,\mathbf{U} = \mathbf{F}(t)} \,. \tag{7.13}$$

Dies ist die zentrale Gleichung der linearen Elastodynamik. Durch die Wahl von ortsabhängigen Ansatzfunktionen in Gl. (7.9) haben wir eine Ortsdiskretisierung vorgenommen und so die partielle Differentialgleichung (7.7b) in ein System von gewöhnlichen, linearen, nur von der Zeit t abhängigen Differentialgleichungen überführt.

Wichtig ist, dass die Systemmatrizen **M**, **C** und **K** konstant sind. Sie hängen weder von der Zeit noch von der Art und Größe des Erregerkraftvektors **F** ab, sondern beschreiben lediglich die dynamischen Eigenschaften des physikalischen Modells, das wir durch idealisierende Annahmen aus der realen Struktur entwickelt haben. In den heute in der Praxis verfügbaren FEM-Programmsystemen werden der Aufbau der Systemmatrizen und die Lösung der Bewegungsgleichung für eine Vielzahl von Erregerarten vom Computer übernommen. Dem Anwender bleibt als wesentliche Ingenieuraufgabe die Abbildung des realen Tragwerks in ein FEM-Modell durch Festlegung der Daten für Tragwerksgeometrie, Werkstoffe, Elemente und Belastungen. Schon bei statischer Belastung hatten wir in den vorangegangenen Kapiteln den Näherungscharakter der FEM kennengelernt und gesehen, dass es auch für den Anwender von FEM-Software, dessen Aufgabe nicht in der Software-, sondern in der Tragwerksentwicklung liegt, notwendig ist, zur Interpretation und Auswertung der Computerergebnisse die strukturmechanischen Grundlagen der FEM zu kennen. In besonderem Maße gilt dies für die Anwendungen in der Strukturdynamik. In den Kapiteln, die sich mit der Lösung der Bewegungsgleichung (7.13) befassen, wird dann auch mehr Wert auf die Bedeutung der strukturdynamischen Parameter (z.B. der Eigenfrequenzen und Eigenformen) für das Tragwerk als auf die numerischen Methoden zu ihrer Berechnung gelegt.

7.1 Äquivalente Massenmatrizen

Mit Hilfe der Gl. (7.10b) zur Berechnung der äquivalenten Massenmatrix (auch als Konsistente Massenmatrix bezeichnet) wollen wir nun die Möglichkeit, die verteilte Elementmasse zu diskretisieren, an drei Beispielen demonstrieren. Wir verwenden dazu lokale Elementkoordinaten (Bezeichnung: $\mathbf{M}_{K(e)} \rightarrow \mathbf{m}_K$). Die Transformation auf globale Elementkoordinaten erfolgt analog zu der Transformation der Steifigkeitsmatrizen im Kap.5.2.3.

1. Beispiel: Zug/Druckstab mit Endmassen m_1 , m_2

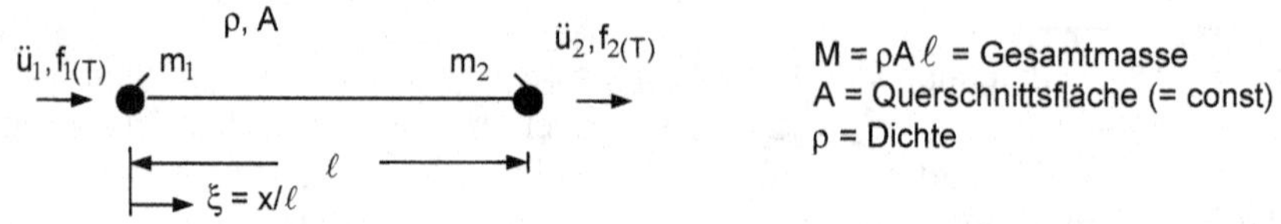

Bild 7-2 Zug/Druckstab bei Längsverschiebung

Die konsistente Massenmatrix $\mathbf{m}_K$ ergibt sich mit Hilfe der statischen Formfunktionen,

$$\varphi_1 = 1-\xi , \quad \varphi_2 = \xi , \tag{5.22}$$

aus der Gl.(7.10b) mit $dV = A\,\ell\, d\xi$ zu

$$\mathbf{m}_K = \rho A \ell \int_0^1 \boldsymbol{\varphi}\boldsymbol{\varphi}^T \, d\xi = \rho A \ell \int_0^1 \begin{bmatrix} \varphi_1^2 & \varphi_1\varphi_2 \\ \varphi_1\varphi_2 & \varphi_2^2 \end{bmatrix} d\xi , \tag{7.14}$$

$$\mathbf{m}_K = M \begin{bmatrix} 1/3 & 1/6 \\ 1/6 & 1/3 \end{bmatrix} .$$

Die Einzelmassenmatrix lautet:

$$\mathbf{m}_E = \begin{bmatrix} m_1 & 0 \\ 0 & m_2 \end{bmatrix} . \tag{7.15}$$

Die konsistente Massenmatrix ist nicht diagonal. Wie wir später sehen werden, ist dies mit rechentechnischen Erschwernissen verbunden, so dass der Gedanke nahe liegt, die Stabmasse je zur Hälfte auf die Knoten zu verteilen und als Einzelmassen zu behandeln. Die gesamte Elementmassenmatrix ergibt sich dann zu

$$\mathbf{m}_E = \begin{bmatrix} m_1 + M/2 & 0 \\ 0 & m_2 + M/2 \end{bmatrix} \tag{7.16a}$$

im Gegensatz zu

$$\mathbf{m}_K = \begin{bmatrix} m_1 + M/3 & M/6 \\ M/6 & m_2 + M/3 \end{bmatrix}. \tag{7.16b}$$

Die Gesamtmasse realer Tragwerke setzt sich aus dem Anteil der Eigenmasse des Tragwerks und dem Anteil der Nutzmassen zusammen (z.B. eine Maschine (Nutzmasse) auf einer Decke als Tragwerk). Wenn diese Nutzmassen sehr viel steifer als das Tragwerk sind und eine geringe räumliche Ausdehnung besitzen, können sie als punktförmige Einzelmassen modelliert werden. Je größer sie im Vergleich zur Eigenmasse des Tragwerks ($m_{1,2} >> M$) sind, umso kleiner ist die Genauigkeitseinbuße bei der Konzentrierung der Eigenmasse in den Knotenpunkten. Bei Tragwerken mit keinen oder geringen Einzelnutzmassen muss man eine feinere Elementteilung wählen.
Wir wollen noch den Fall behandeln, dass der Stab senkrecht zur Stabachse beschleunigt wird.
Da sich ein Zug/Druckstab per Definition bei Verschiebungen quer zur Stabachse nicht verformen darf, treten zwar keine elastischen Kräfte aber doch Trägheitskräfte auf, s. Bild 7-3.

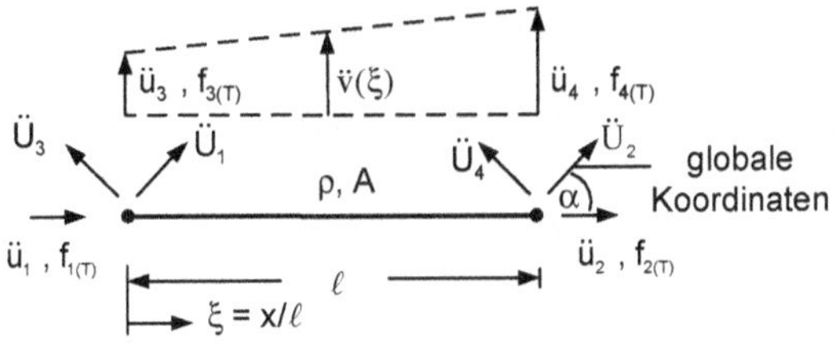

Bild 7-3 Zug/Druckstab bei Querverschiebung

Demzufolge muss die Querverschiebung einen linearen Verlauf aufweisen, so dass zur Ermittlung der konsistenten Massenmatrix die gleichen Formfunktionen wie bei der Längsverschiebung benutzt werden können. Daraus wiederum folgt, dass die konsistente Massenmatrix für die Querbeschleunigung und die Längsbeschleunigung gleich ist, d.h. es gilt

$$\begin{bmatrix} f_3 \\ f_4 \end{bmatrix}_{(T)} = -M \begin{bmatrix} 1/3 & 1/6 \\ 1/6 & 1/3 \end{bmatrix} \begin{bmatrix} \ddot{u}_3 \\ \ddot{u}_4 \end{bmatrix}. \tag{7.17a}$$

Die Zusammenfassung der Gln. (7.14) und (7.17a) liefert

$$\begin{bmatrix} f_1 \\ f_2 \\ f_3 \\ f_4 \end{bmatrix}_{(T)} = -M \underbrace{\begin{bmatrix} 1/3 & 1/6 & 0 & 0 \\ & 1/3 & 0 & 0 \\ & & 1/3 & 1/6 \\ \text{sym.} & & & 1/3 \end{bmatrix}}_{\bar{m}_K} \begin{bmatrix} \ddot{u}_1 \\ \ddot{u}_2 \\ \ddot{u}_3 \\ \ddot{u}_4 \end{bmatrix} . \tag{7.17b}$$

Die Matrix $\bar{\mathbf{m}}_K$ bleibt unverändert gegenüber einer Transformation auf um den Winkel α gedrehte globale Koordinaten. Sie gilt daher auch bezüglich der im Bild 7-3 dargestellten globalen Freiheitsgraden **U**.

2. Beispiel: Balkenelement

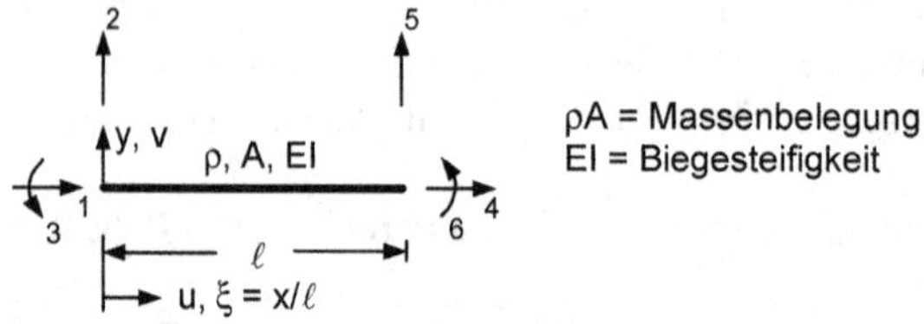

Bild 7-4 Balkenelement (lokale Koordinaten)

Bei Verwendung lokaler Koordinaten verhält sich das Balkenelement bei Beschleunigung ü in Längsrichtung wie ein Zug/ Druckstab, so dass die äquivalente Massenmatrix bezüglich der Freiheitsgrade u_1 und u_4 durch die Gl. (7.14) gegeben ist. Die Zusammenhänge werden etwas komplizierter, wenn wir Beschleunigungen in y-Richtung betrachten. Aus dem Bild für die Querverschiebung eines schubstarren infinitesimalen Balkenelementes, Bild 5-2, ergab sich auf Grund der Hypothese vom Senkrechtbleiben der Querschnitte im Abstand y von der Balkenachse die Längsverschiebung

$$u(\xi) = \frac{-y}{\ell} v' \quad , (\,)' \mathrel{\hat{=}} d/d\xi \ .$$

Die kinetische Energie des Balkens der Breite b ergibt sich daher aus der Gl. (7.4) mit $dV = b\ell \; d\xi \; dy$ zu:

$$\pi_{(k)} = \frac{\rho \ell b}{2} \int_\xi \int_y \left(\dot{v}^2 + \frac{y^2}{\ell^2} \dot{v}'^2 \right) dy \, d\xi = \frac{\rho \ell A}{2} \int_\xi \dot{v}^2 d\xi + \frac{\rho I}{2\ell} \int_\xi \dot{v}'^2 d\xi \ . \tag{7.18a}$$

Das zweite Glied in dieser Gleichung beinhaltet die sog. Drehträgheit, die wir hier im Vergleich zur Translationsträgheit vernachlässigen wollen.

Als statische Formfunktion $\boldsymbol{\varphi}(\xi)$ für die Durchbiegung $v(\xi) = \boldsymbol{\varphi}^T \mathbf{u}$ hatten wir die Hermite-Polynome, Gl. (5.16), abgeleitet. Für die konsistente Massenmatrix erhält man damit aus

$$\boxed{\mathbf{m}_K = \rho A\ell \int_0^1 \boldsymbol{\varphi}\,\boldsymbol{\varphi}^T d\xi} \tag{7.18b}$$

beispielsweise den Koeffizienten m_{K22} mit φ_1 nach Gl.(5.16)

$$m_{K22} = \rho A\ell \int_0^1 \varphi_1^2 \, d\xi = \rho A\ell \int_0^1 (1-3\xi^2+2\xi^3)^2 \, d\xi = \rho\, A\, \ell \,\frac{156}{420} \; .$$

Die gesamte Matrix für die Freiheitsgrade u_1 - u_6 nach Bild 7-4 lautet:

$$\mathbf{m}_K = \frac{M}{420}\left[\begin{array}{c|c} \overbrace{\begin{array}{ccc} 140 & 0 & 0 \\ & 156 & 22\ell \\ & & 4\ell^2 \end{array}}^{\mathbf{m}_{aa}} & \overbrace{\begin{array}{ccc} 70 & 0 & 0 \\ 0 & 54 & -13\ell \\ 0 & 13\ell & -3\ell^2 \end{array}}^{\mathbf{m}_{ab}} \\ \hline \text{sym.} & \begin{array}{ccc} 140 & 0 & 0 \\ & 156 & -22\ell \\ & & 4\ell^2 \end{array} \end{array}\right] \begin{array}{l} \vphantom{\begin{array}{c}1\\1\\1\end{array}} \\ \left.\vphantom{\begin{array}{c}1\\1\\1\end{array}}\right\}\mathbf{m}_{bb} \end{array} \tag{7.19}$$

$(M = \rho A\,\ell = \text{Gesamtmasse})$.

Diese Matrix wurde gleichzeitig von Archer(1963) zur Einführung des Prinzips der konsistenten Massenmatrizen in der FEM und von Falk (1963) zur näherungsweisen Lösung der Variationsaufgabe $\delta\Pi = 0$ mit Hilfe von Hermite-Polynomen aufgestellt. Zur Transformation auf globale Koordinaten benutzen wir wieder die Drehtransformationsmatrix $\bar{\mathbf{c}}$ nach Gl. (5.40b) hier für den ebenen Sonderfall entsprechend Bild 5-14:

$$\bar{\mathbf{c}} = \begin{bmatrix} \cos\alpha & \sin\alpha & 0 \\ -\sin\alpha & \cos\alpha & 0 \\ 0 & 0 & 1 \end{bmatrix} .$$

Analog zu der Transformation (5.40e) für die Steifigkeitsmatrix erhält man für die Elementmassenmatrix in globalen Koordinaten

$$\mathbf{M}_{K(e)} = \left[\begin{array}{c|c} \bar{\mathbf{c}}^T \mathbf{m}_{aa}\, \bar{\mathbf{c}} & \bar{\mathbf{c}}^T \mathbf{m}_{ab}\, \bar{\mathbf{c}} \\ \hline \text{sym.} & \bar{\mathbf{c}}^T \mathbf{m}_{bb}\, \bar{\mathbf{c}} \end{array}\right] \tag{7.20a}$$

und nach Ausführung der Multiplikationen

$$\mathbf{M}_{K(e)} = \frac{M}{420} \begin{bmatrix} b_1 & -b_4 & -b_5 & b_7 & b_4 & \frac{13}{22} b_5 \\ & b_2 & b_6 & b_4 & b_8 & -\frac{13}{22} b_6 \\ & & b_3 & -\frac{13}{22} b_5 & \frac{13}{22} b_6 & -\frac{3}{4} b_3 \\ & & & b_1 & -b_4 & b_5 \\ & & & & b_2 & -b_6 \\ \text{sym.} & & & & & b_3 \end{bmatrix} \qquad (7.20b)$$

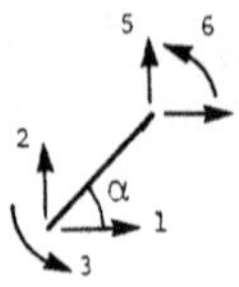

mit den Abkürzungen

$c = \cos\alpha$, $s = \sin\alpha$,

$b_1 = 140\, c^2 + 156\, s^2$, $b_2 = 140\, s^2 + 156\, c^2$,

$b_3 = 4\,\ell^2$, $b_4 = 16cs$, (7.20c)

$b_5 = 22\,\ell\, s$, $b_6 = 22\ell c$,

$b_7 = 70c^2 + 54s^2$, $b_8 = 70s^2 + 54c^2$.

3. Beispiel: CST-Scheibenelement

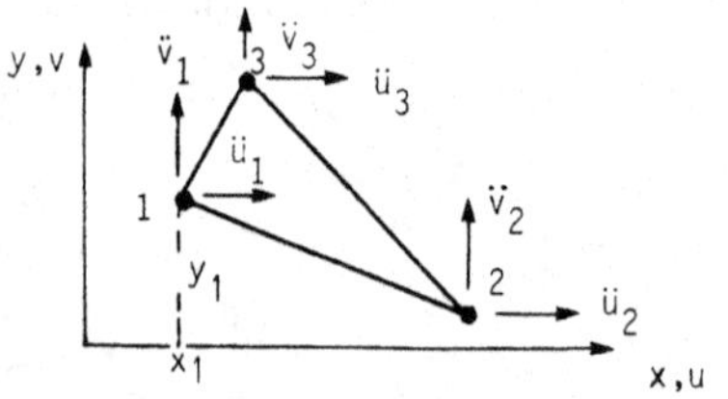

Bild 7-5 CST-Element

Für das CST-Scheibenelement hatten wir die Formfunktion für die u- und v-Verschiebung in der Gl. (5.54d) abgeleitet

$$\boldsymbol{\varphi}_u^T = \boldsymbol{\varphi}_v^T = \boldsymbol{\varphi}^T = [1-\xi-\eta \mid \xi \mid \eta\,] \,. \qquad (5.37d)$$

Aus der Gl. (7.10b) folgt damit unter Berücksichtigung von $dV = t\, J\, d\xi\, d\eta$ und unter Verwendung der Jakobideterminante aus Kap.5.3.3.3, 1. Beispiel,

$J = x_{21}\, y_{31} - y_{21}\, x_{31}$ (= doppelte Dreiecksfläche)

$$\mathbf{m}_K = \rho t J \int_{\xi=0}^{1} \int_{\eta=0}^{1-\xi} \begin{bmatrix} \varphi\varphi^T & \mathbf{0} \\ \mathbf{0} & \varphi\varphi^T \end{bmatrix} d\eta \, d\xi \; .$$

Die Integration kann hier exakt durchgeführt werden. Der Zusammenhang zwischen den Knotenträgheitskräfte und Knotenbeschleunigungen lautet dann

$$\begin{bmatrix} f_{u1} \\ f_{u2} \\ f_{u3} \\ f_{v1} \\ f_{v2} \\ f_{v3} \end{bmatrix}_T = -\underbrace{\frac{M}{6} \left[\begin{array}{ccc|ccc} 1 & 1/2 & 1/2 & & & \\ & 1 & 1/2 & & \mathbf{0} & \\ & & 1 & & & \\ \hline & & & 1 & 1/2 & 1/2 \\ & \text{sym.} & & & 1 & 1/2 \\ & & & & & 1 \end{array}\right]}_{\mathbf{m}_K} \begin{bmatrix} \ddot{u}_1 \\ \ddot{u}_2 \\ \ddot{u}_3 \\ \ddot{v}_1 \\ \ddot{v}_2 \\ \ddot{v}_3 \end{bmatrix} \qquad (7.21)$$

mit $\quad M = \rho \, t \, J / 2$ = Elementmasse

7.2 Starre Massen

Bislang hatten wir Nutzmassen vereinfachend als starre, in den Knotenpunkten konzentrierte Punktmassen idealisiert, was auf eine diagonale Einzelmassenmatrix führte. Der Schwerpunkt von realen Nutzmassen liegt jedoch häufig exzentrisch zu den Knotenpunkten des FEM-Modells. In solchen Fällen müssen die Verschiebungen und die im Schwerpunkt angreifenden Trägheitskräfte (z.B. $F_{1,2,(T)}$ im Bild 7-6) der Nutzmasse auf den Knotenpunkt (p) transformiert werden.

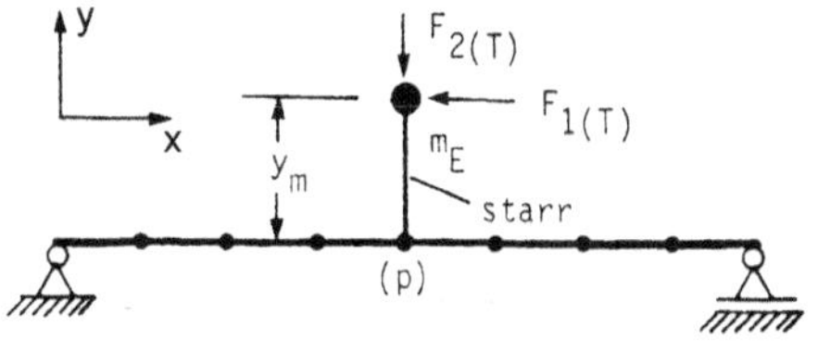

Bild 7-6 Exzentrische Nutzmasse

Wir betrachten dazu im Bild 7-7 den im Abstand x_m, y_m und z_m von dem Knotenpunkt (p) über einen starren Hebelarm angeschlossenen Massenpunkt. Der Knotenpunkt (p) habe die üblichen drei translatorischen Freiheitsgrade U_1 - U_3 und die Drehfreiheitsgrade U_4 - U_6. Die Verschiebungen des Massenpunktes seien mit $\overline{U}_1$ - $\overline{U}_3$ bezeichnet und verlaufen parallel zu U_1 - U_3.

Aus dem Bild 7-7b kann man beispielsweise ablesen, dass bei kleiner Drehung U_4 ($U_4 \ll 1$) der Massenpunkt die Horizontalverschiebung $\overline{U}_2 = - z_m U_4$ und die Vertikalverschiebung $\overline{U}_3 = y_m U_4$ erfährt. Entsprechende Beziehungen ergeben sich für die Drehungen U_5 und U_6. Überlagert man noch die translatorischen Verschiebungen $\overline{U}_1 = U_1$, $\overline{U}_2 = U_2$ und $\overline{U}_3 = U_3$, so kann man für den Zusammenhang zwischen den exzentrischen Freiheitsgraden und den Knotenpunktsfreiheitsgraden schreiben

$$\begin{bmatrix} \overline{U}_1 \\ \overline{U}_2 \\ \overline{U}_3 \end{bmatrix}_{(p)} = \underbrace{\left[\begin{array}{ccc|ccc} 1 & & & 0 & z_m & -y_m \\ & 1 & & -z_m & 0 & x_m \\ & & 1 & y_m & -x_m & 0 \end{array}\right]}_{\mathbf{T}_p} \begin{bmatrix} U_1 \\ U_2 \\ U_3 \\ \hline U_4 \\ U_5 \\ U_6 \end{bmatrix}_{(p)} , \qquad (7.22a)$$

oder

$$\overline{\mathbf{U}}_p = \mathbf{T}_p \, \mathbf{U}_p \, . \qquad (7.22b)$$

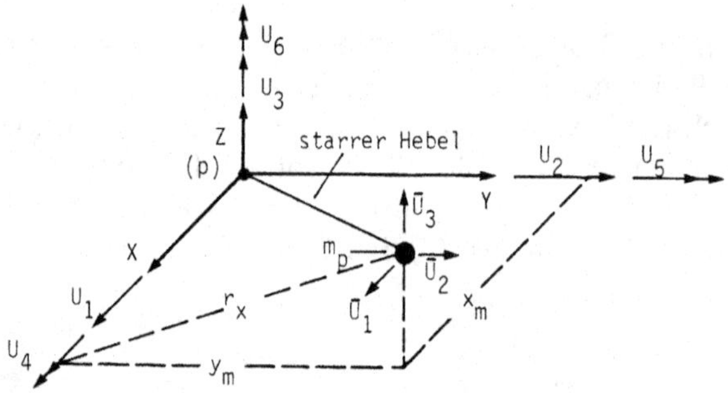

a) exzentrischer Massenpunkt m

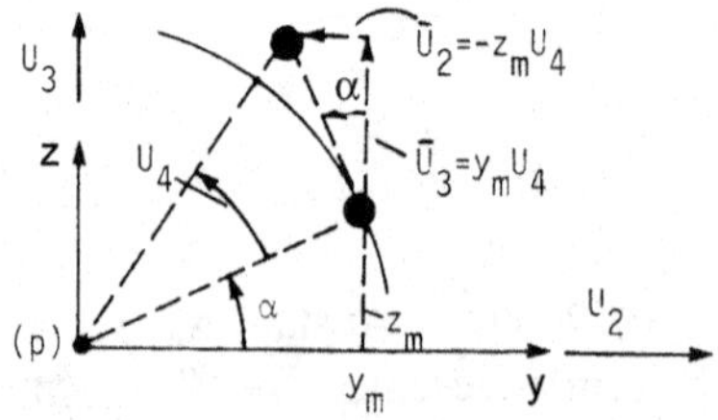

b) Verschiebungen des exzentrischen Massenpunktes infolge Drehung U

Bild 7-7 Zur Transformation exzentrischer Freiheitsgrade

Die kinetische Energie des Massenpunktes gemäß Gl. (7.4) lautet

$$\pi_{(k,p)} = \frac{1}{2}\, m_p \dot{\bar{\mathbf{U}}}_p^T\, \dot{\bar{\mathbf{U}}}_p$$

unter Verwendung der Transformation (7.22b) folgt daraus

$$\pi_{(k,p)} = \frac{1}{2}\, m_p \left(\dot{\mathbf{U}}^T \mathbf{T}^T \mathbf{T}\, \dot{\mathbf{U}}\right)_{(p)} = \frac{1}{2}\left(\dot{\mathbf{U}}^T \mathbf{M}\, \dot{\mathbf{U}}\right)_{(p)} \tag{7.23a}$$

mit

$$\mathbf{M}_p = m_p \mathbf{T}^T \mathbf{T} = \left[\begin{array}{ccc|ccc} m_p & & & 0 & R_{xy} & R_{xz} \\ & m_p & & -R_{xy} & 0 & R_{yz} \\ & & m_p & -R_{xz} & -R_{yz} & 0 \\ \hline & & & \Theta_{xx} & -\Theta_{xy} & -\Theta_{xz} \\ & \text{sym.} & & & \Theta_{yy} & -\Theta_{yz} \\ & & & & & \Theta_{zz} \end{array}\right] \begin{array}{l} \left.\vphantom{\begin{array}{c}1\\1\\1\end{array}}\right\} \mathbf{R} \\ \left.\vphantom{\begin{array}{c}1\\1\\1\end{array}}\right\} \boldsymbol{\Theta} \end{array} . \tag{7.23b}$$

Anschaulich bedeutet dies, dass beispielsweise bei Vorgabe der Knotenpunktsbeschleunigungen $\ddot{U}_1$ nicht nur eine Trägheitskraft $F_{1(T,p)}$ sondern auch noch Momente der Größe

$$F_{5(T)} = -R_{xy}\ddot{U}_1 \quad \text{und} \quad F_{6(T)} = -R_{xz}\ddot{U}_1$$

entstehen.

$\boldsymbol{\Theta}$ stellt die Drehträgheitsmatrix dar mit den Komponenten

$$\left.\begin{aligned} &\Theta_{xx} = m_p\, r_x^2 = m_p\,(y_m^2 + z_m^2)\,, \qquad \Theta_{yy} = m_p r_y^2 = m_p (x_m^2 + z_m^2)\,, \\ &\Theta_{zz} = m_p\, r_z^2 = m_p\,(x_m^2 + y_m^2)\,, \\ &\Theta_{xy} = m_p\, x_m\, y_m\,, \quad \Theta_{xz} = m_p\, x_m\, z_m\,, \quad \Theta_{yz} = m_p\, y_m\, z_m\,. \end{aligned}\right\} \tag{7.23c}$$

$\mathbf{R}$ ist eine schiefsymmetrische Koppelträgheitsmatrix mit den Komponenten

$$\left.\begin{aligned} &R_{xx} = R_{yy} = R_{zz} = 0, \\ &R_{xy} = m_p z_m, \quad R_{xz} = -\, m_p y_m, \quad R_{yz} = m_p x_m\,. \end{aligned}\right\} \tag{7.23d}$$

Die Nebendiagonalglieder der Drehträgheitsmatrix (Deviationsträgheitsmomente) werden Null sobald der starre Hebelarm mit einer der drei Koordinatenachsen zusammenfällt. Die Gleichungen (7.23) lassen sich problemlos für starre ausgedehnte Körper verallgemeinern, bei denen eine Konzentrierung der Masse im Körperschwerpunkt eine zu grobe Idealisierung darstellen würde. In diesen Fall denkt man sich die starre Masse als aus $j = 1, 2, \ldots, n_j$ Teilmassen zusammengesetzt. Aus der Gl. (7.23b) folgt dann

$$\mathbf{M}_P = \sum_j \mathbf{M}_j \qquad (j = 1, 2, \ldots, n_j)\,. \tag{7.23e}$$

Im Grenzfall unendlich vieler Teilmassen kann die Summe in ein Integral über das Volumen des Körpers überführt werden, und man erhält die Massenmatrix einer ausgedehnten starren Masse aus der Punktmassenmatrix $\mathbf{M}_p$, indem dort m_p durch $dm = \rho\, dV$ und die Punktkoordinaten x_m, y_m, z_m durch die Koordinaten selbst ersetzt werden. Die Koppelträgheitsglieder, Gl. (7.23d) lauten dann

$$R_{xy} = \int_V \rho\, z\, dV\ ,\quad R_{xz} = -\int_V \rho\, y\, dV\ ,\quad R_{yz} = \int_V \rho\, x\, dV\ . \tag{7.23f}$$

Diese stellen aber gerade die statischen Momente des Körpers bezogen auf den Koordinatenursprung (p) dar. Sie sind Null, wenn (p) und der Körperschwerpunkt zusammenfallen. Wenn außerdem noch die Deviationsträgheitsmomente

$$\Theta_{xy} = \int_V \rho\, x\, y\, dV\ ,\ \Theta_{xz} = \int_V \rho\, x\, z\, dV\ ,\quad \Theta_{yz} = \int_V \rho\, y\, z\, dV \tag{7.23g}$$

verschwinden (dies ist z.B. immer der Fall, wenn das Koordinatensystem mit den evtl. vorhandenen Symmetrieachsen des Körpers zusammenfällt), verbleibt für die Massenmatrix $\mathbf{M}_p$ der im Schwerpunkt angeschlossenen ausgedehnten Masse die Diagonalmatrix

$$\mathbf{M}_p = \mathbf{diag}\,(M \quad M \quad M \quad \Theta_{xx} \quad \Theta_{yy} \quad \Theta_{zz}) \tag{7.23h}$$

mit M = Gesamtmasse des Körpers und den Hauptdrehträgheitsmomenten

$$\Theta_{xx} = \int_V \rho(y^2 + z^2) dV\ ,\ \Theta_{yy} = \int_V \rho(x^2 + z^2) dV\ ,\ \Theta_{zz} = \int_V \rho(x^2 + y^2) dV\ . \tag{7.23i}$$

Beispiel: Die ausgedehnte starre Scheibe, Bild 7-8, sei am Knotenpunkt (p) angeschlossen. Es sollen nur Bewegungen in der xy-Ebene stattfinden.

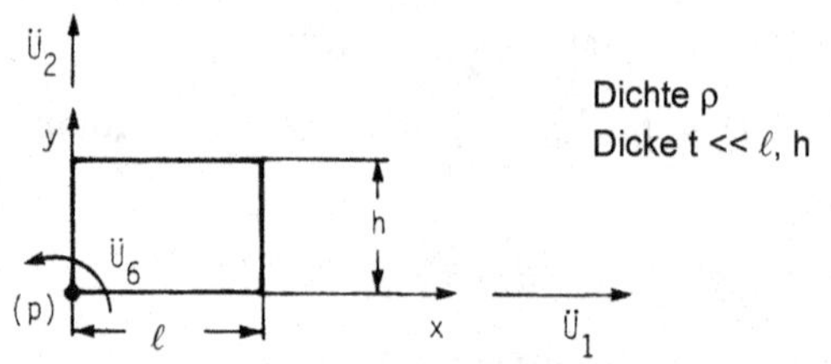

Bild 7-8 Am Knotenpunkt (p) angeschlossene starre Scheibe

Die Koppelträgheitsglieder, Gl. (7.23f), lauten:

$$R_{xz} = -t\rho \int_{x=0}^{\ell} \int_{y=0}^{h} y\, dy\, dx = -1/2\, t\rho\, \ell h^2 = -M\ \ h/2\ ,$$

$$R_{yz} = t\rho \int_{x=0}^{\ell} \int_{y=0}^{h} x\, dy\, dx = M\ \ell/2\ .$$

Das Massenträgheitsmoment ergibt sich zu

$$\Theta_{zz} = t\rho \int_0^h \int_0^\ell (x^2 + y^2)\ dy\ \ dx = M\,(\ell^2 + h^2)/3\ .$$

Die Massenmatrix für die Trägheitskräfte am Punkt (p) lautet damit

$$\mathbf{M}_p = M \begin{bmatrix} 1 & 0 & -h/2 \\ & 1 & \ell/2 \\ & & \left(\ell^2 + h^2\right)/3 \end{bmatrix}, \qquad (7.23j)$$

wobei $M = \rho t h \ell$ die Gesamtscheibenmasse angibt.

7.3 Dämpfungseigenschaften der Elemente

Wir wollen uns jetzt den bereits angesprochenen Dämpfungskräften zuwenden. Es gibt eine Reihe verschiedener Arten von Dämpfung, deren physikalische Ursachen schwer zu beschreiben sind und die daher meist versuchsmäßig bestimmt werden. Die Dämpfungskräfte $\mathbf{f}_D$ können im Allgemeinen nicht so wie die elastischen Kräfte $\mathbf{f}_E = \mathbf{ku}$ und die Trägheitskräfte $\mathbf{f}_T = -\,\mathbf{m}_K\,\ddot{\mathbf{u}}$ elementweise in Abhängigkeit von den Knotenpunktsverschiebungen beschrieben werden. Eine Ausnahme bildet der sogenannte im Bild 7-9 dargestellte viskose Flüssigkeitsdämpfer (Dashpotdamper), wie er in vielen Konstruktionen als aktives Dämpfungselement eingesetzt wird (z.B. als Stoßdämpfer). Die Dämpfungskraft $f_{1(D)}$ ist proportional zur Relativgeschwindigkeit $\dot{u}_1 - \dot{u}_2$ zwischen Kolben und Zylinder und negativ, da sie gegen die Bewegungsrichtung gerichtet ist.

$$f_{1(D)} = -c_d(\dot{u}_1 - \dot{u}_2)\ ,$$

$$f_{2(D)} = -c_d(\dot{u}_2 - \dot{u}_1)\ , \qquad (7.24a)$$

in Matrixform

$$\begin{bmatrix} f_1 \\ f_2 \end{bmatrix}_{(D)} = -c_d \begin{bmatrix} 1 & -1 \\ -1 & 1 \end{bmatrix} \begin{bmatrix} \dot{u}_1 \\ \dot{u}_2 \end{bmatrix}, \qquad (7.24b)$$

$$\boxed{\mathbf{f}_D = -\mathbf{c}\,\dot{\mathbf{u}}}\,. \tag{7.24c}$$

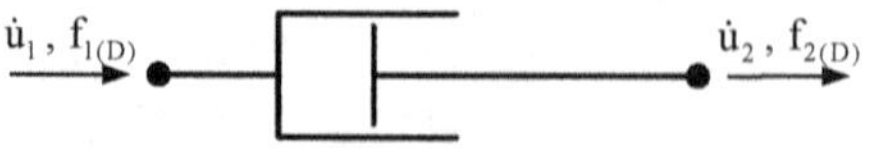

Bild 7-9 viskoser Dämpfer

Diese Gleichung hat die gleiche Form wie die Elementgleichung (2.1a) für den Zug/Druckstab. Die Dämpfungskonstante c_d ist die Größe, die meist aus Versuchen bestimmt wird. Nach der Transformation der Dämpfungsmatrix $\mathbf{c}_{(e)}$ des Elementes (e) auf globale Koordinaten (s. auch die Gln.(2.4)),

$$\mathbf{C}_{(e)} = (\mathbf{T}^T\ \ \mathbf{c}\ \ \mathbf{T})_{(e)} \tag{7.25}$$

liefert die Koinzidenztransformation (7.12b) die aus den Einzeldämpferelementen zusammengesetzte Gesamtdämpfungsmatrix $\mathbf{C}_E$. Auch ohne das Vorhandensein derartiger aktiver Dämpfungselemente werden in einem Tragwerk innere Dämpfungskräfte geweckt, die z.B. dazu führen, dass die Amplituden eines einmal zu Schwingungen angeregten Tragwerks nach einer gewissen Zeit wieder auf Null abklingen. Diese Dämpfungskräfte werden beispielsweise durch Reibung in den Verbindungsbereichen der Konstruktionsteile und durch Materialdämpfung verursacht. Die Berechnung dieser inneren Dämpfungsanteile $\mathbf{C}_i$ kann, wie wir später sehen werden, aus den sog. modalen Dämpfungswerten erfolgen, die ihrerseits aus Versuchen bestimmt werden. Die Gesamtdämpfungsmatrix ergibt sich dann aus

$$\mathbf{C} = \mathbf{C}_E + \mathbf{C}_i\,. \tag{7.26}$$

7.4 Statische und dynamische Randbedingungen

Zur Einführung der Randbedingungen in die Bewegungsgleichung (7.13) gehen wir genauso vor wie im statischen Fall, (Kap. 2, Gl.2.11a). Die Antwortvektoren $\mathbf{U}$, $\dot{\mathbf{U}}$, $\ddot{\mathbf{U}}(t)$ und der zugehörige Kraftvektor $\mathbf{F}(t)$ werden in Klassen eingeteilt:

Klasse a: unbekannte Antwortvektoren $\mathbf{U}_a, \dot{\mathbf{U}}_a, \ddot{\mathbf{U}}_a(t)$
bekannter Kraftvektor $\mathbf{F}_a(t)$.

Klasse b: bekannte Bewegungsgrößen $\mathbf{U}_b, \dot{\mathbf{U}}_b, \ddot{\mathbf{U}}_b(t)$,
unbekannter Kraftvektor $\mathbf{F}_b(t)$.

Die Erweiterung gegenüber dem statischen Fall besteht darin, dass nun auch die bekannten Verschiebungsgrößen $\mathbf{U}_b(t)$ (Lagerverschiebungen) zeitveränderlich sein können, wir sprechen dann von dynamischen Randbedingungen. Derartige Randbedingungen treten beispielsweise auf

- bei Bauwerken durch horizontale Bodenbeschleunigungen infolge Erdbeben (Bild 7-10a),
- im Gerätebau beim Nachweis der dynamischen Festigkeit und Funktionstüchtigkeit von Geräten mit Hilfe von Rütteltischen (Bild 7-10b) und
- bei der Ermittlung der Lastannahmen für elastische Substrukturen bei dynamisch beanspruchten Hauptstrukturen (Bild 7-10c).

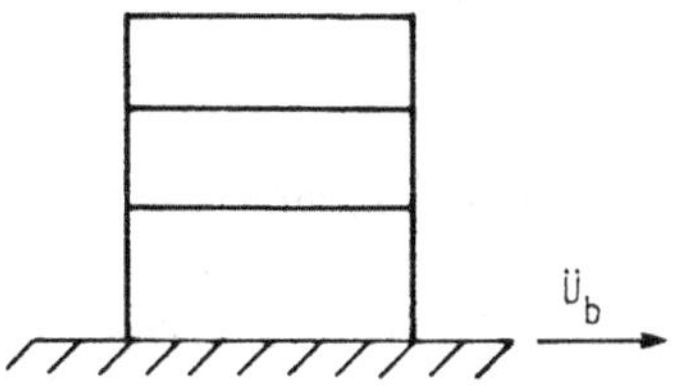

a) Horizontale Bodenbeschleunigung infolge Erdbebenwirkung

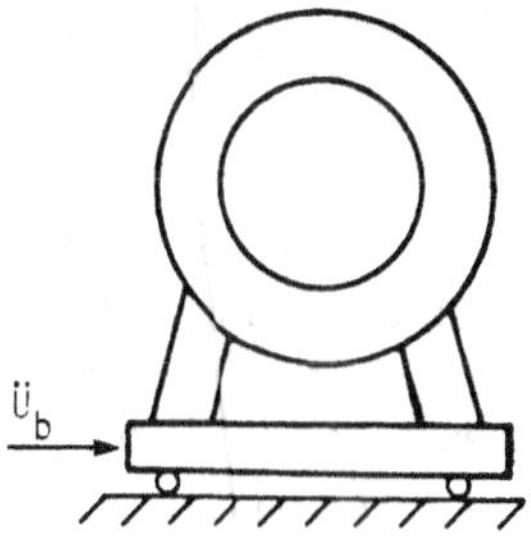

b) Gleittischbeschleunigung für Gerätetest

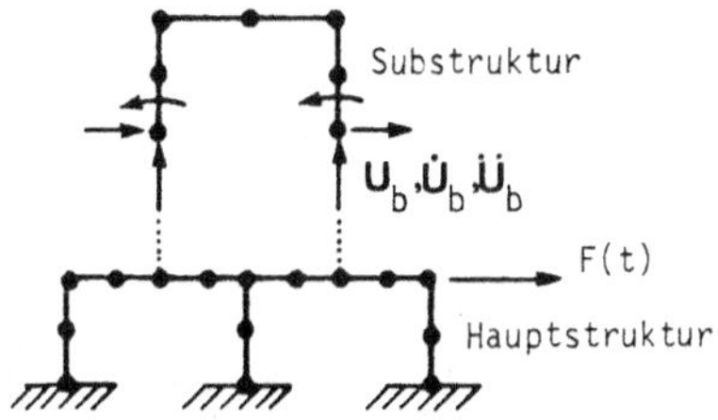

c) Substruktur

Bild 7-10 Dynamische Randbedingungen

Die Partitionierung der Bewegungsgleichung (7.13) entsprechend der Klasseneinteilung liefert

$$\begin{bmatrix} \mathbf{M}_{aa} & \mathbf{M}_{ab} \\ \mathbf{M}_{ba} & \mathbf{M}_{bb} \end{bmatrix} \begin{bmatrix} \ddot{\mathbf{U}}_a \\ \ddot{\mathbf{U}}_b \end{bmatrix} + \begin{bmatrix} \mathbf{C}_{aa} & \mathbf{C}_{ab} \\ \mathbf{C}_{ba} & \mathbf{C}_{bb} \end{bmatrix} \begin{bmatrix} \dot{\mathbf{U}}_a \\ \dot{\mathbf{U}}_b \end{bmatrix} + \begin{bmatrix} \mathbf{K}_{aa} & \mathbf{K}_{ab} \\ \mathbf{K}_{ba} & \mathbf{K}_{bb} \end{bmatrix} \begin{bmatrix} \mathbf{U}_a \\ \mathbf{U}_b \end{bmatrix} = \begin{bmatrix} \mathbf{F}_a(t) \\ \mathbf{F}_b(t) \end{bmatrix} . \tag{7.27}$$

Im Folgenden behandeln wir die Lastfälle $\mathbf{F}_a(t) \neq \mathbf{0}$ (Krafterregung) und $\mathbf{U}_b$, $\dot{\mathbf{U}}_b$, $\ddot{\mathbf{U}}_b \neq \mathbf{0}$ (dynamische Randbedingungen, auch "Wegerregung" genannt) getrennt.
Bei reiner Krafterregung, d.h. bei statischer Lagerung des Tragwerks, $\mathbf{U}_b$, $\dot{\mathbf{U}}_b$, $\ddot{\mathbf{U}}_b = \mathbf{0}$, liefert die erste Zeile der Gl. (7.27) die Bewegungsgleichung

$$\mathbf{M}_{aa}\ddot{\mathbf{U}}_a + \mathbf{C}_{aa}\dot{\mathbf{U}}_a + \mathbf{K}_{aa}\mathbf{U}_a = \mathbf{F}_a(t) \tag{7.28a}$$

und die zweite die dynamische Lagerreaktion

$$\mathbf{F}_b(t) = \mathbf{M}_{ba}\ddot{\mathbf{U}}_a + \mathbf{C}_{ba}\dot{\mathbf{U}}_a + \mathbf{K}_{ba}\mathbf{U}_a \; . \tag{7.28b}$$

Bei reiner Wegerregung, d.h. $\mathbf{F}_a = \mathbf{0}$, erhält man aus der ersten Zeile der Gl. (7.27) die Bewegungsgleichung

$$\mathbf{M}_{aa}\ddot{\mathbf{U}}_a + \mathbf{C}_{aa}\dot{\mathbf{U}}_a + \mathbf{K}_{aa}\mathbf{U}_a = -\mathbf{M}_{ab}\ddot{\mathbf{U}}_b - \mathbf{C}_{ab}\dot{\mathbf{U}}_b - \mathbf{K}_{ab}\mathbf{U}_b \,. \tag{7.29a}$$

Diese Gleichung lässt sich vereinfachen, wenn man den Verschiebungsvektor $\mathbf{U}_a$ in einen dynamischen und einen statischen Anteil aufteilt,

$$\mathbf{U}_a(t) = \mathbf{U}_a^{dyn}(t) + \mathbf{U}_a^{stat}(t) \,, \tag{7.29b}$$

wobei $\mathbf{U}_a^{stat}(t)$ der Verschiebungsvektor ist, der sich einstellt, wenn die Lagerverschiebungen zu jedem Zeitpunkt t statisch unendlich langsam einwirken würden. Im Tragwerk werden dann weder Trägheits- noch Dämpfungskräfte aktiviert, so dass die Antwort den gleichen Zeitverlauf besitzt wie die Lagerverschiebung. Diesen quasistatischen Fall hatten wir bereits im Kap. 2 behandelt. Für $\mathbf{F}_a = \mathbf{0}$ erhält man aus der Gl. (2.12a)

$$\mathbf{U}_a^{stat}(t) = \mathbf{T}_s\mathbf{U}_b(t) \tag{7.29c}$$

mit

$$\mathbf{T}_s = -\mathbf{K}_{aa}^{-1}\mathbf{K}_{ab} \,. \tag{7.29d}$$

Demnach bedeutet

$$\mathbf{U}_a^{dyn}(t) = \mathbf{U}_a - \mathbf{U}_a^{stat} \tag{7.29e}$$

die relative Verschiebungsantwort des Tragwerks in bezug auf die statische Verschiebung. Einsetzen der Gl. (7.29c) in die Gl. (7.29a) liefert die Bewegungsgleichung für die Relativbewegung $\mathbf{U}_a^{dyn}$:

$$\boxed{\mathbf{M}_{aa}\ddot{\mathbf{U}}_a^{dyn} + \mathbf{C}_{aa}\dot{\mathbf{U}}_a^{dyn} + \mathbf{K}_{aa}\mathbf{U}_a^{dyn} = \mathbf{F}_{eff}(t)} \tag{7.30a}$$

mit dem effektiven Erregerkraftvektor

$$\mathbf{F}_{eff} = -(\mathbf{M}_{aa}\mathbf{T}_s + \mathbf{M}_{ab})\ddot{\mathbf{U}}_b - (\mathbf{C}_{aa}\mathbf{T}_s + \mathbf{C}_{ab})\dot{\mathbf{U}}_b - (\mathbf{K}_{aa}\mathbf{T}_s + \mathbf{K}_{ab})\mathbf{U}_b \,.$$

Wegen $\mathbf{T}_s = -\mathbf{K}_{aa}^{-1}\mathbf{K}_{ab}$ ist der letzte Klammerausdruck Null, so dass der effektive Erregerkraftvektor unabhängig von $\mathbf{U}_b$ wird:

$$\mathbf{F}_{eff} = -(\mathbf{M}_{aa}\mathbf{T}_s + \mathbf{M}_{ab})\ddot{\mathbf{U}}_b - (\mathbf{C}_{aa}\mathbf{T}_s + \mathbf{C}_{ab})\dot{\mathbf{U}}_b \,. \tag{7.30b}$$

Die Gl. (7.30a) ist formal identisch mit der Gl. (7.28a) für statische Lagerung. Der Einfluss der dynamischen Randbedingungen wird durch den effektiven Kraftvektor dargestellt, der sich aus den bei der Beschleunigung $\ddot{\mathbf{U}}_b$ und der Geschwindigkeit $\dot{\mathbf{U}}_b$ der Lagerung entstehenden Trägheits- und Dämpfungskräften zusammensetzt. Letztere sind verglichen mit den Trägheitskräften wesentlich kleiner, so dass sie in der Praxis meistens vernachlässigt werden. Vernachlässigt man noch die

Massenmatrixkopplung, $\mathbf{M}_{ab} \approx \mathbf{0}$, - bei diagonaler Massenmatrix verschwindet $\mathbf{M}_{ab}$ ohnehin -, so verbleibt

$$\boxed{\mathbf{F}_{eff}(t) = -\mathbf{M}_{aa}\mathbf{T}_s\,\ddot{\mathbf{U}}_b(t) = -\mathbf{M}_{aa}\,\ddot{\mathbf{U}}_a^{stat}}\,. \tag{7.30c}$$

Durch das Produkt $\ddot{\mathbf{U}}_a^{stat} = \mathbf{T}_s\ddot{\mathbf{U}}_b(t)$ wird die Beschleunigung der Lagerpunkte auf die Beschleunigung der ungesperrten Freiheitsgrade transformiert.

Wir wollen noch den für die Praxis wichtigen Sonderfall behandeln, dass die dynamischen Randbedingungen aus einer Bewegung der als starr angenommenen Lagerung (Boden, Gleittisch) besteht. Im allgemeinsten Fall können dabei drei Translations- und Drehbewegungen der Gesamtlagerung auftreten, die wir im Vektor

$$\mathbf{U}_s(t) = \begin{bmatrix} U_1 & U_2 & U_3 & U_4 & U_5 & U_6 \end{bmatrix}_s$$

zusammenfassen wollen. Die quasistatischen Verschiebungen $\mathbf{U}_a^{stat}$ brauchen dann nicht über die Transformation (7.29c,d) berechnet zu werden, da bei einer statischen Starrkörperverschiebung der Gesamtlagerung das Tragwerk sich nicht verformt, sondern als starrer Körper verschoben wird, so dass sich der Zusammenhang zwischen $\mathbf{U}_a^{stat}$ und $\mathbf{U}_s$ direkt aus einer geometrischen Transformation in der Form

$$\mathbf{U}_a^{stat} = \mathbf{T}_G\mathbf{U}_s \tag{7.30d}$$

angeben lässt. Die Matrix $\mathbf{T}_G$ wird als Geometriematrix bezeichnet. Der effektive Erregerkraftvektor lautet damit

$$\boxed{\mathbf{F}_{eff}(t) = -\,\mathbf{M}_{aa}\mathbf{T}_G\,\ddot{\mathbf{U}}_s}\,. \tag{7.30e}$$

Die gleiche Überlegung gilt im Übrigen auch dann, wenn das Tragwerk statisch bestimmt gelagert ist. Denn auch in diesem Fall erfährt es bei Lagerverschiebungen nur Starrkörperverschiebungen und keine elastischen Formänderungen. Die Lagerreaktionen $\mathbf{F}_b(t)$ erhält man wieder aus der zweiten Zeile der Gl. (7.27) unter Berücksichtigung der Gln. (7.29b-d).

1. Beispiel: Berechnung des effektiven Erregerkraftvektors $\mathbf{F}_{eff}$ bei dynamischer Einzellagerbeschleunigung $\ddot{U}_1$ beim Fachwerk nach Bild 2-1 und Bild 7-11. Im Kap.2 (Block 4 und 5) hatten wir bereits die Untermatrizen $\mathbf{K}_{aa}^{-1}$ und $\mathbf{K}_{ab}$ berechnet. Aus der Gl. (7.29d) erhält man damit für die Transformation der Lagerbeschleunigung, $\ddot{\mathbf{U}}_b^T = \begin{bmatrix} \ddot{U}_1 & \ddot{U}_2 & \ddot{U}_4 & \ddot{U}_5 \end{bmatrix} = \begin{bmatrix} \ddot{U}_1 & 0 & 0 & 0 \end{bmatrix}$ auf die Beschleunigung der Freiheitsgrade die Beziehung

$$\ddot{\mathbf{U}}_a^{stat} = \begin{bmatrix} \ddot{U}_3 \\ \ddot{U}_6 \end{bmatrix}_{stat} = \underbrace{-\mathbf{K}_{aa}^{-1}\mathbf{K}_{ab}}_{\mathbf{T}_S}\ddot{\mathbf{U}}_b = \frac{1}{3}\begin{bmatrix} 2 & 1 & -1 & 1 \\ -1 & 1 & -2 & 1 \end{bmatrix}\begin{bmatrix} \ddot{U}_1 \\ 0 \\ 0 \\ 0 \end{bmatrix} = \frac{1}{3}\begin{bmatrix} 2 \\ -1 \end{bmatrix}\ddot{U}_1\,.$$

Der effektive Erregerkraftvektor ergibt sich daraus nach Gl. (7.30c) durch Multiplikation mit der Massenmatrix für Einzelmassen $m_i = m$ an den Knotenpunkten:

$$\begin{bmatrix} -F_3 \\ F_6 \end{bmatrix}_{eff} = -\underbrace{m\begin{bmatrix} 1 & \\ & 1 \end{bmatrix}}_{M_{E,aa}} \begin{bmatrix} 2/3 \\ -1/3 \end{bmatrix} \ddot{U}_1 = -\frac{m}{3}\begin{bmatrix} 2 \\ -1 \end{bmatrix} \ddot{U}_1 \,.$$

2. Beispiel: Bestimmung der Geometriematrix $\mathbf{T}_G$ für das Fachwerk nach Bild 2-1 unter starren Lagerungsbeschleunigungen $\ddot{\mathbf{U}}_s^T = \begin{bmatrix} \ddot{U}_1 & \ddot{U}_2 & \ddot{U}_3 \end{bmatrix}_{(s)}$ nach Bild 7-11. Bei vertikaler Starrkörperverschiebung $U_{1(s)}$, Bild 7-11a, verschiebt sich der Freiheitsgrad U_3 um den gleichen Betrag, während der Freiheitsgrad U_6 keine Verschiebung erfährt. Es gilt also

$$\mathbf{U}_a^{stat} = \begin{bmatrix} U_3 \\ U_6 \end{bmatrix}_{stat} = \begin{bmatrix} 1 \\ 0 \end{bmatrix} U_{1(s)} \,.$$

Entsprechend erhält man bei der Horiziontalverschiebung $U_{2(s)}$ aus dem Bild 7-11b die Beziehung $\mathbf{U}_a^{stat} = \begin{bmatrix} 0 \\ 1 \end{bmatrix} U_{2(s)}$. Bei der Verdrehung $U_{3(s)}$, Bild 7-11c, ergibt sich

$\mathbf{U}_a^{stat} = \begin{bmatrix} -\ell/2 \\ 0 \end{bmatrix} U_{3(s)}$. Die Zusammenfassung der drei Anteile liefert die Geometriematrix $\mathbf{T}_G$:

$$\mathbf{U}_a^{stat} = \begin{bmatrix} U_3 \\ U_6 \end{bmatrix}_{stat} = \underbrace{\begin{bmatrix} 1 & 0 & -\ell/2 \\ 0 & 1 & 0 \end{bmatrix}}_{T_G} \begin{bmatrix} U_1 \\ U_2 \\ U_3 \end{bmatrix}_{(s)} \,. \qquad (7.30f)$$

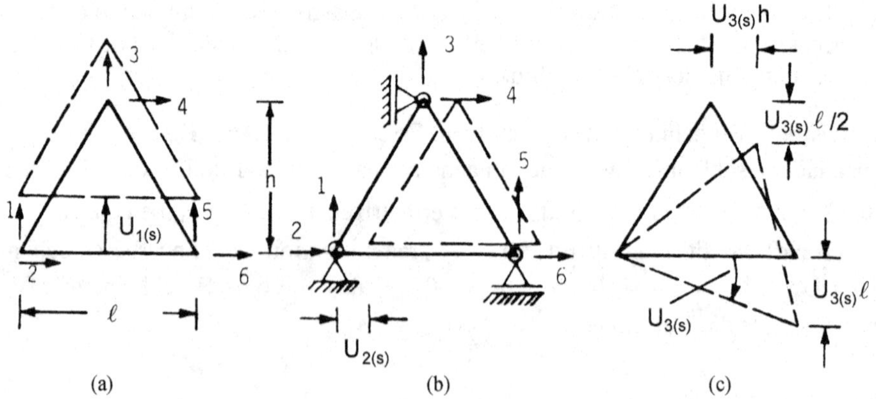

Bild 7-11 Zur Bestimmung der Geometriematrix $\mathbf{T}_G$

3. Beispiel: Bewegungsgleichung bei statischen Randbedingungen
Im Bild 7-12 ist ein ebenes Rahmentragwerk aus zwei Balkenelementen (e = 1, 2, Biegesteifigkeit EI, Querschnittsfläche A, Dichte ρ), einem masselosen Federelement (e = 3) (entspricht einem Zug/Druckstab der Steifigkeit $k = ((EA/\ell)_{(3)})$ sowie einem Dämpfungselement (e = 3) (Dämpfkonstante c_d) dargestellt. An dem Knoten seien die Einzelmassen m_1 und m_2 angebracht. Wir werden dieses Tragwerk in den folgenden Kapiteln als Standardbeispiel zur Erläuterung der wichtigsten dynamischen Eigenschaften der Tragwerke benutzen.

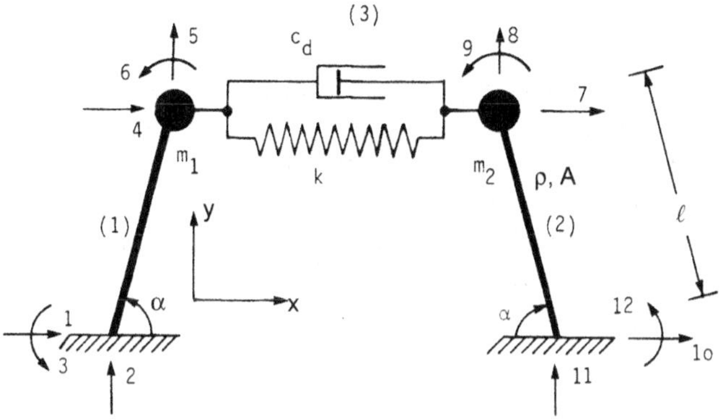

Bild 7-12 Rahmentragwerk

Wir behandeln zunächst nur den Fall statischer Randbedingungen $\mathbf{U}_b^T = [U_1 \quad U_2 \quad U_3 \quad U_{10} \quad U_{11} \quad U_{12}]_s = \mathbf{0}$. Es verbleiben demnach nur noch die sechs Freiheitsgrade $\mathbf{U}_a^T = [U_4 \quad U_5 \quad U_6 \quad U_7 \quad U_8 \quad U_9]_s \neq \mathbf{0}$. Die Systemmatrizen $\mathbf{K}_{aa}$, $\mathbf{M}_{aa}$ und $\mathbf{C}_{aa}$ sind in den Gln. (7.31a-c) angegeben (Der Klassenindex a wurde weggelassen, da nur Größen der Klasse (a) auftreten). Sie können leicht mit Hilfe der in den vorangegangenen Kapiteln abgeleiteten Elementmatrizen in globalen Koordinaten über Koinzidenztransformation aufgestellt werden. Für die Balkenelemente wurde die Elementsteifigkeitsmatrix nach Gl. (5.40f, g) und die Elementmassenmatrix nach Gl. (7.20b, c) benutzt. Die Gesamtmassenmatrix **M** ist bezüglich der beiden Balken entkoppelt, da wir die Feder als masselos angenommen haben.

$$\mathbf{K} = \widetilde{\mathbf{K}}_{(1)} + \widetilde{\mathbf{K}}_{(2)} + \widetilde{\mathbf{K}}_{(3)} \ ,$$

$$\mathbf{K}=\begin{array}{c} \\ 4\\5\\6\\7\\8\\9\end{array}\!\!\begin{array}{c}\begin{array}{cccccc}4&5&6&7&8&9\end{array}\\ \left[\begin{array}{c|c|c|c|c|c} a_1+k & a_4 & a_5 & -k & & \\ \hline & a_2 & -a_6 & & & \\ \hline & & a_3 & & & \\ \hline & & & a_1+k & -a_4 & a_5 \\ \hline & \text{sym.} & & & a_2 & a_6 \\ \hline & & & & & a_3 \end{array}\right]\end{array} . \qquad (7.31a)$$

mit a_i nach Gl.(5.40g).

Die Struktur der **K**-Matrix in der Gl. (7.31a) macht die Wirkung des Federelementes (3) deutlich: Es koppelt über das Nebendiagonalglied K_{47} die Balkenmatrizen. Für $k = 0$, d.h. wenn keine Feder vorhanden ist, zerfällt die Gesamtsteifigkeitsmatrix in zwei unabhängige Teilmatrizen.

Die Gesamtmassenmatrix **M** ist bezüglich der beiden Balken entkoppelt, da wir die Feder als masselos angenommen haben.

$$\mathbf{M}=\gamma_2\begin{array}{c} \\ 4\\5\\6\\7\\8\\9\end{array}\!\!\begin{array}{c}\begin{array}{cccccc}4&5&6&7&8&9\end{array}\\ \left[\begin{array}{c|c|c|c|c|c} b_1+\dfrac{m_1}{\gamma_2} & -b_4 & b_5 & & & \\ \hline & b_2+\dfrac{m_1}{\gamma_2} & -b_6 & & & \\ \hline & & b_3 & & & \\ \hline & & & b_2+\dfrac{m_2}{\gamma_2} & b_4 & b_5 \\ \hline & \text{sym.} & & & b_2+\dfrac{m_2}{\gamma_2} & b_6 \\ \hline & & & & & b_3 \end{array}\right]\end{array} \qquad (7.31b)$$

mit b_i nach Gl.(7.20c), $\gamma_2 = M/420$.

Am einfachsten sieht die Dämpfungsmatrix aus, da wir nur das Dämpfungselement (3) betrachten und die innere Dämpfung des Tragwerks demgegenüber vernachlässigen wollen.

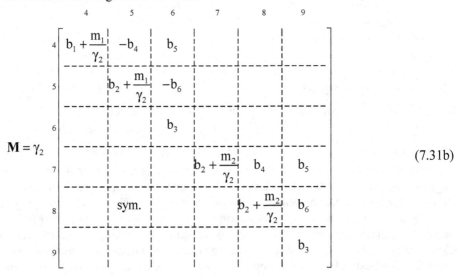

$$\mathbf{C} = c_d \begin{array}{c} \\ 4 \\ 5 \\ 6 \\ 7 \\ 8 \\ 9 \end{array} \begin{array}{c} \begin{array}{cccccc} 4 & 5 & 6 & 7 & 8 & 9 \end{array} \\ \left[\begin{array}{c|c|c|c|c|c} 1 & & & -1 & & \\ \hline & & & & & \\ \hline & & & & & \\ \hline & & & 1 & & \\ \hline & \text{sym.} & & & & \\ \hline & & & & & \end{array}\right] \end{array} . \tag{7.31c}$$

Als Erregung legen wir den Kraftvektor

$$\mathbf{F}^T = \begin{bmatrix} F_4 & F_5 & 0 & F_7 & F_8 & 0 \end{bmatrix} \tag{7.31d}$$

zugrunde. Die Bewegungsgleichung stellt demnach ein lineares Differenzialgleichungssystem der Ordnung N = 6 mit den konstanten Koeffizientenmatrizen **M**, **C** und **K** dar.

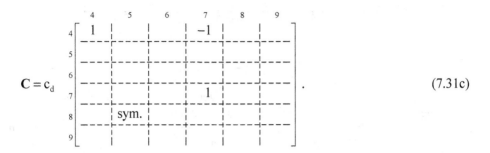

8 Kondensierung der Bewegungsgleichungen

Ein Blick auf das Tragwerk im Bild 7-12 zeigt, dass selbst bei diesem einfachen Beispiel bereits 6 Freiheitsgrade zu berücksichtigen sind, wenn die Fußpunkte eingespannt sind. Die Lösung der zugehörigen sechs gekoppelten Bewegungsgleichungen ist "per Hand" praktisch nicht mehr durchführbar. In der Praxis werden manchmal mehrere hundert, bei komplexen Tragwerken tausende Freiheitsgrade mit entsprechend großen Bewegungsgleichungen erforderlich, zu deren Lösung effiziente numerische Verfahren zur Verfügung stehen. In beiden Fällen, sowohl für die "per Hand" Rechnung als auch für die Computerrechnung, ist es jedoch von großer Wichtigkeit, alle Verfahren auszunutzen, die zur Reduktion der Zahl der Freiheitsgrade führen. Zum ersten, um eine "per Hand"-Berechnung überhaupt erst zu ermöglichen, und zum zweiten, um Rechenzeiten einzusparen. Eine Reduktion der Systemmatrizen ist immer dann möglich, wenn es zwischen den Freiheitsgraden des Gesamttragwerks lineare Abhängigkeiten gibt. Wir können dann den Gesamtverschiebungsvektor $\mathbf{U}$ in zwei Anteile aufspalten, die unabhängigen Freiheitsgrade $\mathbf{U}_u$ (Index u) und die abhängigen Freiheitsgrade $\mathbf{U}_s$ (Index s). Entsprechend teilt man den Gesamtkraftvektor $\mathbf{F}$ auf.

$$\mathbf{U} = \begin{bmatrix} \mathbf{U}_s \\ \mathbf{U}_u \end{bmatrix}, \quad \mathbf{F} = \begin{bmatrix} \mathbf{F}_s \\ \mathbf{F}_u \end{bmatrix}. \tag{8.1a}$$

Zwischen $\mathbf{U}_s$ und $\mathbf{U}_u$ möge die lineare Abhängigkeit

$$\boxed{\mathbf{U}_s = \mathbf{T}^* \, \mathbf{U}_u} \tag{8.1b}$$

bestehen, wobei $\mathbf{T}^*$ eine bekannte Transformationsmatrix sei. Der Gesamtverschiebungsvektor $\mathbf{U}$ kann dann durch $\mathbf{U}_u$ in der Form

$$\mathbf{U} = \begin{bmatrix} \mathbf{T}^* \\ \mathbf{I} \end{bmatrix} \mathbf{U}_u = \mathbf{T}\,\mathbf{U}_u \quad (\mathbf{I} = \text{Einheitsmatrix}) \tag{8.1c}$$

ausgedrückt werden. Die Frage lautet nun, wie die Bewegungsgleichungen für die in ihrer Anzahl reduzierten Freiheitsgrade $\mathbf{U}_u$ aussehen. Wir fordern dazu, dass die Kräfte $\mathbf{F}_c$, die im reduzierten Freiheitsgradsystem aufgebracht werden, die gleiche virtuelle Arbeit leisten wie die Kräfte $\mathbf{F}$ im vollständigen System. Es gilt demnach die Forderung

$$\mathbf{F}_c^T \, \delta\mathbf{U}_u = \mathbf{F}^T \, \delta\mathbf{U} \ .$$

Einsetzen der Gl. (8.1c) liefert nach Transponierung für die Ersatzkräfte

$$\mathbf{F}_c = \mathbf{T}^{*T} \, \mathbf{F}_s + \mathbf{F}_u = \mathbf{T}^T \, \mathbf{F} \ . \tag{8.2}$$

Dieses Ergebnis ist deshalb wichtig, weil es zeigt, dass die zu den unabhängigen Freiheitsgraden $\mathbf{U}_u$ gehörigen Kräfte nicht durch $\mathbf{F}_u$ allein gebildet werden. Zu $\mathbf{U}_u$

gehört $\mathbf{F}_c$ und nicht $\mathbf{F}_u$. Nur im Fall, dass an den abhängigen Freiheitsgraden keine Kräfte angreifen, d.h. im Fall $\mathbf{F}_s = \mathbf{0}$, gilt $\mathbf{F}_c = \mathbf{F}_u$.
Zur Bestimmung der kondensierten Bewegungsgleichung setzen wir die Bewegungsgleichung (7.28a) (Klassenindex weggelassen) in (8.2) ein unter Berücksichtigung von Gl. (8.1c). Man erhält die kondensierte Gleichung

$$\boxed{\mathbf{F}_c = \mathbf{M}_c\,\ddot{\mathbf{U}}_u + \mathbf{C}_c\,\dot{\mathbf{U}}_u + \mathbf{K}_c\,\mathbf{U}_u} \tag{8.3a}$$

mit

$$\boxed{\mathbf{M}_c = \mathbf{T}^T\,\mathbf{M}\,\mathbf{T}\,, \qquad \mathbf{C}_c = \mathbf{T}^T\,\mathbf{C}\,\mathbf{T} \qquad \textbf{und} \qquad \mathbf{K}_c = \mathbf{T}^T\,\mathbf{K}\,\mathbf{T}}\,. \tag{8.3b-d}$$

Nach Partionierung der Systenmatrizen bezüglich der abhängigen und unabhängigen FHG's in der Form

$$\mathbf{S} = \begin{bmatrix} \mathbf{S}_{ss} & \mathbf{S}_{su} \\ \mathbf{S}_{us} & \mathbf{S}_{uu} \end{bmatrix} \qquad (\mathbf{S} = \mathbf{M},\ \mathbf{C},\ \mathbf{K}) \tag{8.4}$$

ergibt sich aus (8.3b-d) mit $\mathbf{T}$ nach (8.1c):

$$\mathbf{K}_c = \mathbf{T}^{*T}\,\mathbf{K}_{ss}\,\mathbf{T}^* + \mathbf{K}_{us}\,\mathbf{T}^* + \mathbf{T}^{*T}\,\mathbf{K}_{su} + \mathbf{K}_{uu}\,, \tag{8.5a}$$

$$\mathbf{M}_c = \mathbf{T}^{*T}\,\mathbf{M}_{ss}\,\mathbf{T}^* + \mathbf{M}_{us}\,\mathbf{T}^* + \mathbf{T}^{*T}\,\mathbf{M}_{su} + \mathbf{M}_{uu}\,, \tag{8.5b}$$

$$\mathbf{C}_c = \mathbf{T}^{*T}\,\mathbf{C}_{ss}\,\mathbf{T}^* + \mathbf{C}_{us}\,\mathbf{T}^* + \mathbf{T}^{*T}\,\mathbf{C}_{su} + \mathbf{C}_{uu}\,. \tag{8.5c}$$

8.1 Geometrische Abhängigkeitstransformation

Als einfachste Art der Transformation wollen wir zunächst die geometrische Abhängigkeitstransformation behandeln. Geometrische Abhängigkeiten zwischen den Freiheitsgraden spielen immer dann eine Rolle, wenn in einem Tragwerk starre oder quasistarre Elemente vorhanden sind. Dies ist beispielsweise in dem Tragwerk nach Bild 8-1 der Fall, wenn wir annehmen, dass die Längsverschiebung der Balken gegenüber der Querverschiebung verschwindend klein ist. Die Balken können dann als dehnstarr angenommen werden, wodurch die jeweilige Verschiebung der beiden Knotenpunkte nur senkrecht zur Balkenachse erfolgen kann. Wenn wir die Verschiebungen U_4 und U_7 als unabhängig ansehen, erhält man für die abhängigen Verschiebungen U_5 und U_8 folgende Beziehungen:

$$U_5 = -U_4\,\cot\alpha \quad \text{und} \quad U_8 = U_7\,\cot\alpha\,.$$

Damit können wir die Aufteilung in die unabhängigen und die abhängigen Vektoren vornehmen

$$\mathbf{U}_u^T = [U_4 \quad U_6 \quad U_7 \quad U_9]\,, \qquad \mathbf{F}_u^T = [F_4 \quad F_6 \quad F_7 \quad F_9]$$

$$\mathbf{U}_s^T = [U_5 \quad U_8] \; , \qquad\qquad \mathbf{F}_s^T = [F_5 \quad F_8]$$

und die Transformation (8.1b) ergibt sich aus:

$$\begin{bmatrix} U_5 \\ U_8 \end{bmatrix} = \underbrace{\begin{bmatrix} \overset{4}{-\cot\alpha} & \overset{6}{} & \overset{7}{} & \overset{9}{} \\ & & \cot\alpha & \end{bmatrix}}_{\mathbf{T}^*} \begin{bmatrix} U_4 \\ U_6 \\ U_7 \\ U_9 \end{bmatrix} . \qquad (8.6)$$

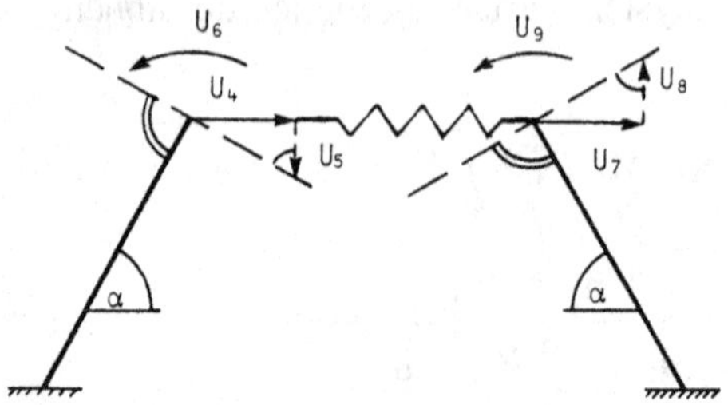

Bild 8-1: Geometrische Abhängigkeiten bei dehnstarren Balken

Wir müssen nun noch die Systemmatrizen bezüglich der abhängigen und unabhängigen Freiheitsgrade entsprechend der Gl. (8.3) partitionieren. Außerdem können bei den Koeffizienten der Gesamtsteifigkeitsmatrix, Gl. (7.31a, 5.40g), die Dehnsteifigkeitsglieder weggelassen werden, da wir ja den dehnstarren Balken behandeln. Die kondensierten Systemmatrizen $\mathbf{K}_c$ und $\mathbf{M}_c$ erhält man nach Ausführung der Matrizenprodukte in der Gl. (8.5) zu:

$$\mathbf{K}_c = \gamma_1 \begin{bmatrix} \overset{4}{a_7} & \overset{6}{6\ell\sin\alpha - 6\ell\cos^2\alpha/\sin\alpha} & \overset{7}{-k/\gamma_1} & \overset{9}{} \\ & 4\ell^2 & & \\ \text{sym.} & & a_7 & 6\ell\sin\alpha + 6\ell\cos^2\alpha/\sin\alpha \\ & & & 4\ell^2 \end{bmatrix} \qquad (8.7a)$$

mit

$$\gamma_1 = EI/\ell^3 \qquad \text{und} \qquad a_7 = 12\sin^2\alpha + k/\gamma_1 + 12\cos^2\alpha\,(2+\cot^2\alpha) .$$

$$
\mathbf{M}_c = \gamma_2 \begin{array}{c} \begin{array}{cccc} \scriptstyle 4 & \scriptstyle 6 & \scriptstyle 7 & \scriptstyle 9 \end{array} \\ \left[\begin{array}{c|c|c|c} b_9 & 22\ell\sin\alpha & & \\ \hline & 4\ell^2 & & \\ \hline & & b_{10} & 22\ell\sin\alpha \\ \hline \text{sym.} & & & 4\ell^2 \end{array}\right] \end{array} \tag{8.7b}
$$

mit

$$
\gamma_2 = \frac{\rho A \ell}{420}, \qquad b_9 = 312\cos^2\alpha + \frac{m_1}{\gamma_2 \sin^2\alpha} + 156\ \sin^2\alpha\,(1+\cot^4\alpha)\ ,
$$

$$
b_{10} = 312\cos^2\alpha + \frac{m_2}{\gamma_2 \sin^2\alpha} + 156\sin^2\alpha\,(1+\cot^4\alpha)\ ,
$$

$$
\mathbf{C}_c = c_d \begin{array}{c} \begin{array}{cccc} \scriptstyle 4 & \scriptstyle 6 & \scriptstyle 7 & \scriptstyle 9 \end{array} \\ \left[\begin{array}{c|c|c|c} 1 & & -1 & \\ \hline & & & \\ \hline & & 1 & \\ \hline \text{sym.} & & & \end{array}\right] \end{array} . \tag{8.7c}
$$

Aus der Gl. (8.2) folgt:

$$
\mathbf{F}_c = \begin{bmatrix} -F_5\cot\alpha + F_4 \\ F_6 \\ F_8\cot\alpha + F_7 \\ F_9 \end{bmatrix} . \tag{8.7d}
$$

Die Bewegungsgleichungen sind damit von sechster auf vierte Ordnung kondensiert worden.

8.2 Statische Kondensation

Eine zweite wichtige Kondensierungsmöglichkeit resultiert aus der Beobachtung, dass ein Teil der Trägheits- und Dämpfungskräfte im Vergleich zu den übrigen vernachlässigt werden kann. Die zugehörigen Freiheitsgrade fassen wir wieder im Vektor $\mathbf{U}_s$ zusammen und betrachten die partitionierte Bewegungsgleichung. Nehmen wir weiterhin an, dass in Richtung der Freiheitsgrade $\mathbf{U}_s$ keine äußeren Kräfte $\mathbf{F}_s(t)$ angreifen, dann bedeutet die obige Annahme, dass von der ersten Zeile der Gl. (8.3) nur die statischen Kräfte übrig bleiben. Wir sprechen daher auch von einer statischen Kondensation (nach Guyan(1965)).

$$
\mathbf{0} = \mathbf{K}_{ss}\,\mathbf{U}_s + \mathbf{K}_{su}\,\mathbf{U}_u \tag{8.8a}
$$

Die Auflösung dieser Gleichung nach $\mathbf{U}_s$ liefert die Transformation

$$\mathbf{U}_s = \mathbf{T}^* \, \mathbf{U}_u$$

mit der statischen Transformationsmatrix

$$\boxed{\mathbf{T}^* = -\,\mathbf{K}_{ss}^{-1}\,\mathbf{K}_{su}} \qquad (8.8b)$$

die mit der Matrix $\mathbf{T}_s$, Gl. (7.29d), formal identisch ist. Wir setzen diese Gleichung in die Kondensierungsgleichung (8.5a) ein und erhalten für die statisch kondensierte Steifigkeitsmatrix:

$$\boxed{\mathbf{K}_c = -\,\mathbf{K}_{su}^{T}\,\mathbf{K}_{ss}^{-1}\,\mathbf{K}_{su} + \mathbf{K}_{uu}}\,. \qquad (8.9)$$

Für die statisch kondensierte Massen- und Dämpfungsmatrix bringt das Einsetzen der Gl. (8.8b) keine Vereinfachung, so dass die Gln. (8.5b, c) numerisch ausgewertet werden müssen.

Dem Anwender bleibt natürlich die Aufgabe, zu entscheiden, welche Freiheitsgrade kondensiert, d.h. welche Massen- und Dämpfungskräfte vernachlässigt werden können. Wie Vergleichsrechnungen gezeigt haben, eignen sich dafür insbesondere die Drehfreiheitsgrade bei biegebeanspruchten Tragwerken, wenn keine starren Nutzmassen mit großer Drehträgheit an diesen Freiheitsgraden angebracht sind. In unserem Beispiel sind dies die Freiheitsgrade $\mathbf{U}_{s(c)}^{T} = [\mathrm{U}_6 \quad \mathrm{U}_9]$. Als unabhängige Freiheitsgrade behalten wir $\mathbf{U}_{u(c)}^{T} = [\mathrm{U}_4 \quad \mathrm{U}_7]$. Henshell (1975) hat als numerisches Entscheidungskriterium die Größe des Verhältnisses

$$\alpha_i = K_{ii} / M_{ii} \quad (i = 1, 2, \ldots, R < N) \qquad (8.10)$$

der Hauptdiagonalelemente von Steifigkeits- und Massenmatrix vorgeschlagen. Die Freiheitsgrade mit dem größten Verhältnis α_i werden zuerst kondensiert. Die Anzahl der zu kondensierenden Freiheitsgrade hängt von der geforderten Genauigkeit der Lösung ab. In unserem Beispiel gilt $\alpha_{6,\,9} \approx 0{,}02\;\alpha_{4,\,7}$, wenn die Steifigkeiten von Feder und Balken und die Massen von Balken und Einzelmasse etwa gleich sind, was die getroffene Auswahl bestätigt. Wir wollen nun die Systemmatrizen (8.7), die bereits geometrisch kondensiert sind, zusätzlich statisch kondensieren. Wir partitionieren dazu die Matrizen $\mathbf{K}_c$, $\mathbf{M}_c$ und $\mathbf{C}_c$ entsprechend Gl. (8.3) und bestimmen die erforderlichen Untermatrizen $\mathbf{K}_{ss(c)}$, $\mathbf{K}_{su(c)}$, usw.

Für die Anwendung auf das Beispiel wollen wir noch den Sonderfall behandeln, dass die Balken senkrecht stehen, es gilt also $\alpha = 90°$ und damit $\cos\alpha = 0$ und $\sin\alpha = 1$. Das Ergebnis der Partitionierung lautet für die Steifigkeitsmatrix nach Gl. (8.7a):

$$\mathbf{K}_c = \gamma_1 \left[\begin{array}{cc|cc} \multicolumn{2}{c|}{\mathbf{K}_{ss(c)}} & \multicolumn{2}{c}{\mathbf{K}_{su(c)}} \\ 4\ell^2 & 0 & 6\ell & 0 \\ 0 & 4\ell^2 & 0 & 6\ell \\ \hline \multicolumn{2}{c|}{\mathbf{K}^T_{su(c)}} & 12+a_1 & -a_1 \\ & & -a_1 & 12+a_1 \end{array}\right] \quad \text{(Spalten 6, 9, 4, 7; } \mathbf{K}_{uu(c)} \text{ unten rechts)} \quad \text{mit } a_1 = k/\gamma_1 \text{ und } \gamma_1 = EI/\ell^3 . \qquad (8.11)$$

Die statische Kondensierungsmatrix $\mathbf{T}^*_c$ ergibt sich gemäß (8.8b) aus

$$\mathbf{T}^*_c = -(\mathbf{K}^{-1}_{ss}\mathbf{K}_{su})_{(c)} = \frac{-3}{2\ell}\begin{bmatrix} 1 & 0 \\ 0 & 1 \end{bmatrix} . \qquad (8.12)$$

Die Anwendung dieser Transformationsmatrix in der Kondensierungsgleichung (8.9) liefert

$$\mathbf{K}_{cc} = \left[\begin{array}{c|c} 3\,EI/\ell^3 + k & -k \\ \hline \text{sym.} & 3\,EI/\ell^3 + k \end{array}\right] \quad \text{(Spalten 4, 7)} . \qquad (8.13a)$$

Für die Massenmatrix ergibt sich aus der Gl. (8.5b)

$$\mathbf{M}_{cc} = \left[\begin{array}{c|c} \frac{33}{140}\rho A\ell + m_1 & \\ \hline & \frac{33}{140}\rho A\ell + m_2 \end{array}\right] \quad \text{(Spalten 4, 7)} . \qquad (8.13b)$$

Wegen den Null-Untermatrizen $\mathbf{C}_{ss(c)}$ und $\mathbf{C}_{su(c)}$ erhält man aus der Gl. (8.5c)

$$\mathbf{C}_{cc} = \mathbf{C}_{uu\,(c)} = c_d \begin{bmatrix} 1 & -1 \\ \text{sym.} & 1 \end{bmatrix} \quad \text{(Spalten 4, 7)} . \qquad (8.13c)$$

Man sieht auch an den zweifach kondensierten Matrizen die Wirkung des Feder- bzw. Dämpfungselementes als Kopplungsglied für die Freiheitsgrade U_4 und U_7. Ohne diese Elemente zerfallen die Bewegungsgleichungen in eine einzige Gleichung für je einen Kragträger mit Einzelmasse. Es gilt dann z.B. für den linken Balken die Bewegungsgleichung des Einfachschwingers

$$\boxed{M\ddot{U}_4 + K\,U_4 = F_4} \qquad (8.14a)$$

mit

$$M = \frac{33}{140}\rho\,A\,\ell + m_1 \quad \text{und} \quad K = \frac{3\,EI}{\ell^3} . \qquad (8.14b,c)$$

8.3 Teilstrukturtechnik

In der Praxis ist es häufig erforderlich, eine komplexe Struktur in Teilstrukturen zu zerlegen, sei es um die Modellierung durch verschiedene Bearbeiter zu ermöglichen, sei es weil die Teilstrukturen in verschiedenen Firmen entwickelt werden, oder sei es um bei Änderungen von Konstruktionsparametern an Teilstrukturen die Systemmatrizen nicht komplett neu berechnen zu müssen. Beim Zusammenbau von Systemmatrizen durch kondensierte Teilstrukturmatrizen (Teilstruktur-Synthese) lassen sich auch für komplexe Systeme erhebliche Ordnungsreduktionen erzielen. Bild 8-2 zeigt eine Struktur, die in die beiden Teilstrukturen A und B aufgeteilt ist.

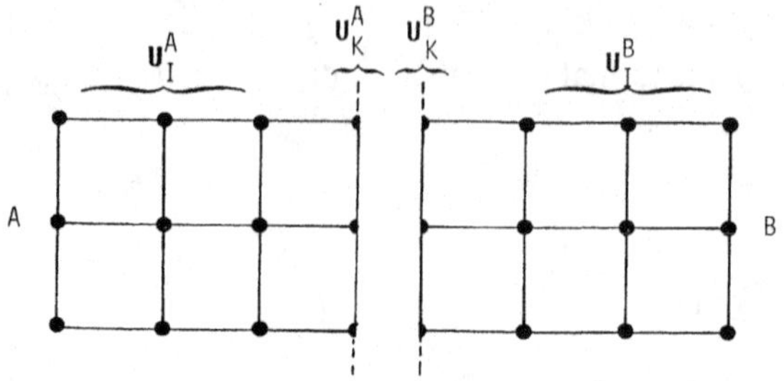

Bild 8-2: Aufteilung einer Struktur in zwei Teilstrukturen

Die Partitionierung der Verschiebungsvektoren **U** und der Systemmatrizen **S** bezüglich der FHG der Koppelstellen (Index K, Anzahl N_K) und der übrigen FHG (Index I, Anzahl N_I) liefert

$$\mathbf{U}_{A,B} = \begin{bmatrix} \mathbf{U}_I \\ \mathbf{U}_K \end{bmatrix}_{A,B} \tag{8.15a}$$

$$\mathbf{S}_{A,B} = \begin{bmatrix} \mathbf{S}_{II} & \mathbf{S}_{IK} \\ \mathbf{S}_{KI} & \mathbf{S}_{KK} \end{bmatrix}_{A,B} \tag{8.15b}$$

$(\mathbf{S} = \mathbf{K}, \mathbf{M}, \mathbf{C})$

Mit der Koppelbedingung $\mathbf{U}_K^A = \mathbf{U}_K^B = \mathbf{U}_k$ erhält man aus der Koinzidenztransformation (2.10b) die Systemmatrizen zu

$$\mathbf{S} = \begin{bmatrix} \mathbf{S}_{II}^A & \mathbf{S}_{IK}^A & \mathbf{0} \\ \mathbf{S}_{KI}^A & \mathbf{S}_{KK}^A + \mathbf{S}_{KK}^B & \mathbf{S}_{KI}^B \\ \mathbf{0} & \mathbf{S}_{IK}^B & \mathbf{S}_{II}^B \end{bmatrix} \tag{8.16}$$

9 Das Eigenschwingungsproblem

In den folgenden Kapiteln werden wir uns mit den wichtigsten Verfahren zur Lösung der Bewegungsgleichungen beschäftigen. Dabei wollen wir uns allerdings auf die Darstellung der analytischen Verfahren beschränken, da die Behandlung der numerischen Verfahren den Rahmen dieses Buches sprengen würde.

Die analytischen Lösungen sollen hier dazu dienen, das strukturdynamische Verhalten der Tragwerke darzustellen, dessen Kenntnis für den Tragwerksingenieur als Anwender numerischer Lösungsalgorithmen innerhalb existierender FEM-Programmsysteme unerlässlich ist. Darüber hinaus sind die analytischen Verfahren hier so aufbereitet, dass die Anwendung von Standardprogrammen aus Softwarebibliotheken (beispielsweise zur Lösung linearer Gleichungssysteme oder zur Lösung des Eigenwertproblems) ohne Schwierigkeiten möglich ist.

Die Lösungsverfahren sind sehr vielfältig und müssen sorgfältig auf die Art der gesuchten Größen angepasst werden. Es stellt sich nämlich heraus, dass für viele Anwendungen in der Technik, die vollständige Lösung der Bewegungsgleichung in der Zeit, d.h. die dynamische Antwort $\mathbf{U}, \dot{\mathbf{U}}$ und $\ddot{\mathbf{U}}(\mathrm{t})$, nicht erforderlich ist. Dies ist beispielsweise der Fall, wenn nur die Eigenfrequenzen bei der Auslegung des Tragwerks von Interesse sind. Das Eigenschwingungsverhalten eines Tragwerks wird nur durch die tragwerkseigenen oder tragwerksspezifischen Systemmatrizen bestimmt und ist bei den linearen Systemen, die in diesem Bereich vorwiegend behandelt werden, unabhängig von der im Einzelfall auftretenden Belastung.

Bevor wir das Eigenschwingungsproblem behandeln, formulieren wir noch das Problem der sog. freien Schwingung, bei der der Kraftvektor Null ist. Bei dieser Betrachtung bleibt von der Bewegungsgleichung (7.13) das homogene, lineare Differentialgleichungssystem 2. Ordnung

$$\boxed{\mathbf{M}\,\ddot{\mathbf{U}}(\mathrm{t}) + \mathbf{C}\,\dot{\mathbf{U}}(\mathrm{t}) + \mathbf{K}\,\mathbf{U}(\mathrm{t}) = \mathbf{0}}\,. \tag{9.1}$$

(Zur Schreibvereinfachung lassen wir alle Indizes weg, auch wenn es sich um eine kondensierte Bewegungsgleichung oder um die Bewegungsgleichung nach Einführung der Randbedingungen handelt.) Das Differentialgleichungssystem hat 2N Integrationskonstanten (N = Anzahl der Freiheitsgrade), die aus den Anfangswerten $\mathbf{U}(\mathrm{t}=0)$ und $\dot{\mathbf{U}}(\mathrm{t}=0)$ des Verschiebungs- und Geschwindigkeitsvektors bestimmt werden müssen. Wir sprechen dann auch von einem Ausschwingproblem (s. Kap.11.1). Falls die Dämpfung vernachlässigt wird, erhält man die Bewegungsgleichung der ungedämpften freien Schwingung

$$\boxed{\mathbf{M}\,\ddot{\mathbf{U}}(\mathrm{t}) + \mathbf{K}\,\mathbf{U}(\mathrm{t}) = \mathbf{0}}\,. \tag{9.2}$$

Im Fall der ungedämpften Schwingung wählt man zur Lösung der Gl. (9.2) den allgemeinen harmonischen Ansatz

$$\boxed{\mathbf{U}(t) = \mathbf{X}\cos\omega t} \,. \tag{9.3}$$

Einsetzen dieses Ansatzes in die Gl.(9.2) liefert das klassische, ungedämpfte Eigenschwingungsproblem

$$\boxed{(-\omega^2\,\mathbf{M} + \mathbf{K})\,\mathbf{X} = \mathbf{0}} \,, \tag{9.4}$$

dessen Lösung zu den Hauptaufgaben der Tragwerksdynamik gehört.

9.1 Das ungedämpfte Eigenschwingungsproblem

9.1.1 Der ungedämpfte Einfachschwinger

Im Sonderfall eines einzigen Freiheitsgrades haben die Systemmatrizen nur einen Koeffizienten:

$$\boxed{(-\omega^2\,M + K)\,X = 0} \,. \tag{9.5}$$

Derartige Schwinger nennen wir Einfachschwinger. Als Beispiel für einen Einfachschwinger betrachten wir den Balken mit einer Punktmasse m am Ende (Bild 9-1). Nach Gl.(8.14) gilt für die Steifigkeit die Beziehung $K = 3EI/\ell^3$ und für die mitschwingende Masse M die Beziehung $M = 0{,}24\,\rho A\ell + m$.

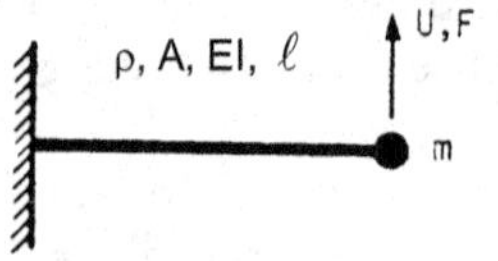

Bild 9-1 Einfachschwinger

Die Gl.(9.5) ist erfüllt, wenn der Klammerausdruck Null ist. Man erhält daraus die Bestimmungsgleichung für die Eigenkreisfrequenz ω

$$\boxed{\omega = \sqrt{\frac{K}{M}},} \; [\text{Dimension: rad/sec}] \,. \tag{9.6}$$

Die Eigenfrequenz ist definiert als

$$\boxed{f = \frac{\omega}{2\pi},} \; \left[\text{Dimension: } 1/\text{sec} \mathrel{\hat{=}} \text{Hertz(Hz)}\right] . \tag{9.7}$$

Aus dem cosinusförmigen Zeitverlauf in der Gl.(9.3) erkennt man, dass sich die Bewegungsgrößen nach der Periodendauer

$$\boxed{T_0 = 2\pi/\omega = 1/f} \tag{9.8}$$

wiederholen.

An der Gl.(9.6) sieht man, dass die Eigenfrequenz nur von den Tragwerksparametern K und M abhängt, d.h. als Systemkenngröße angesehen werden kann. Die Bedeutung der Eigenfrequenzen als Kenngrößen für die Gefährdung der Tragwerkssicherheit und die Funktionsfähigkeit von Einbauten und sonstigen Nutzlasten wird in den Kapiteln über die dynamische Antwort des Tragwerks bei zeitveränderlichen Lasten deutlich werden.

9.1.2 Der ungedämpfte Mehrfachschwinger

Bei mehr als einem Freiheitsgrad bezeichnen wir das Schwingungssystem als Mehrfachschwinger. Das Eigenschwingungsproblem hatten wir mit der Gl. (9.4) kennengelernt:

$$(-\omega^2 \mathbf{M} + \mathbf{K})\mathbf{X} = \mathbf{0} \; . \tag{9.4}$$

9.1.2.1 Eigenfrequenzen

Gl. (9.4) stellt ein lineares homogenes Gleichungssystem dar, das nur dann eine nichttriviale Lösung hat (trivial wäre der Fall $\mathbf{X} = \mathbf{0}$), wenn die Nennerdeterminante verschwindet, d. h. wenn die Beziehung gilt:

$$\boxed{\det(-\omega^2 \mathbf{M} + \mathbf{K}) = \det \overline{\mathbf{K}}(\omega) = 0} \; . \tag{9.9}$$

In der Schwingungstechnik wird diese Determinante auch Frequenzdeterminante und das Quadrat der Eigenkreisfrequenz Eigenwert λ genannt, d.h. es gilt $\lambda = \omega^2$.
Zur Berechnung der Determinante entwickeln wir die dynamische Steifigkeitsmatrix $\overline{\mathbf{K}}$ für unser Standardbeispiel nach der ersten Zeile,

$$\begin{aligned} \det \overline{\mathbf{K}} &= \det \left[\begin{array}{c|c} K_{11} - \lambda M_{11} & K_{12} - \lambda M_{12} \\ \hline K_{12} - \lambda M_{12} & K_{22} - \lambda M_{22} \end{array} \right] \\ &= \left(K_{11} - \lambda M_{11}\right)\left(K_{22} - \lambda M_{22}\right) - \left(K_{12} - \lambda M_{12}\right)^2 , \end{aligned} \tag{9.10}$$

oder

$$\lambda^2 + a_1 \lambda + a_2 = 0 \tag{9.11a}$$

mit

$$\begin{aligned} & a_1 = \left(-M_{11}K_{22} - K_{11}M_{22} + 2K_{12}M_{12}\right)/\det \mathbf{M} , \quad a_2 = \det \mathbf{K} / \det \mathbf{M} , \\ & \det \mathbf{M} = M_{11}M_{22} - M_{12}^2, \quad \det \mathbf{K} = K_{11}K_{22} - K_{12}^2 . \end{aligned} \tag{9.11b}$$

Die Lösung dieser quadratischen Gleichung liefert die beiden Nullstellen

$$\lambda_{1,2} = \frac{-a_1}{2} \pm \sqrt{\frac{a_1^2}{4} - a_2} \; . \tag{9.11c}$$

Allgemein erhält man bei einer N-reihigen Matrix ein Polynom N-ter Ordnung, das als charakteristische Gleichung bezeichnet wird. Die N Nullstellen der charakteristischen Gleichung werden als Eigenwerte $\lambda_1, \lambda_2 \ldots \lambda_N$ des Matrizenpaares $\mathbf{M}$ und $\mathbf{K}$

bezeichnet. Es ergibt sich also für N Freiheitsgrade eine charakteristische Gleichung der Form

$$\boxed{\lambda^N + a_1\,\lambda^{N-1} + a_2\,\lambda^{N-2} \,......+ a_N \;=\; 0}\;. \tag{9.12}$$

9.1.2.2 Eigenformen

Die homogene Gleichung (9.4) ist für jeden Eigenwert λ_r erfüllt ($r = 1, 2 \ldots N$), d.h. es gilt

$$\left(-\lambda_r\,\mathbf{M} + \mathbf{K}\right)\mathbf{X}_r = \overline{\mathbf{K}}_r\,\mathbf{X}_r = \mathbf{0}\;. \tag{9.13a}$$

Für spätere Untersuchungen benutzen wir auch die Form

$$\mathbf{K}\,\mathbf{X}_r = \lambda_r\,\mathbf{M}\,\mathbf{X}_r\;. \tag{9.13b}$$

Die zum Eigenwert λ_r gehörige Lösung $\mathbf{X}_r$ heißt Eigenform. Das charakteristische Polynom kann mehrfache Nullstellen aufweisen (z.B. hat das Polynom $(\lambda -1)^2 = 0$ die zweifache Nullstelle $\lambda_{1,2} = 1$). Ein Tragwerk kann demnach auch mehrfache Eigenfrequenzen haben, zu denen verschiedene Eigenformen gehören. Wir wollen hier aber nur einfache Nullstellen behandeln und ansonsten auf die Standardlehrbücher der Mathematik verweisen (z. B. Zurmühl, Falk (1992)). Man berechnet dann die Eigenform aus der Gl. (9.13a) durch die Überlegung, dass das Verschwinden der Determinante, $\det \overline{\mathbf{K}}_r = 0$, einen Rangabfall von $\overline{\mathbf{K}}_r$ bedeutet, wodurch sich die i-te Zeile $\overline{K}_{ij(r)}$ durch eine Linearkombination der übrigen darstellen lässt,

$$\overline{K}_{ij,r} = \sum_n a_n \overline{K}_{nj,r} \qquad (a_n \neq 0, \quad n = 1, 2, \ldots, N,\; n \neq i)\;.$$

Weil es uns hier nur auf prinzipielle Überlegungen ankommt, wollen wir den Fall ausschließen, dass eine Zeile nicht an der Linearkombination beteiligt ist (d.h. es gilt $a_n \neq 0$ für alle n). Dies hat zur Folge, dass die Lösung $\mathbf{X}_r$ der Gl. (9.13a) nur bis auf einen unbekannten konstanten Faktor c bestimmt werden kann, den wir <u>Normierungsfaktor</u> nennen wollen. Anders ausgedrückt: Irgendeine beliebige Komponente von $\mathbf{X}_r$ kann zahlenmäßig festgesetzt werden (meist gleich 1) und die übrigen Komponenten können in ihrem Verhältnis zu dieser festgesetzten Komponente bestimmt werden. An unserem Beispiel wollen wir diese Vorgehensweise zur Bestimmung der ersten Eigenform $\mathbf{X}_1$ demonstrieren. Gl. (9.13a) lautet für $\lambda = \lambda_1$

$$\begin{bmatrix} K_{11} - \lambda_1 M_{11} & K_{12} - \lambda_1 M_{12} \\ K_{12} - \lambda_1 M_{12} & K_{22} - \lambda_1 M_{22} \end{bmatrix} \begin{bmatrix} X_1 \\ X_2 \end{bmatrix}_1 = \mathbf{0}\;. \tag{9.14}$$

Wir streichen die <u>zweite</u> (willkürlich!) Zeile der Matrix und legen fest, dass die <u>zweite</u> (willkürlich!) Komponente von $\mathbf{X}_1$ gleich Eins wird, d.h. es möge gelten

$$X_{21} = 1\;.$$

Die erste Zeile obiger Gleichung lautet damit

$$(K_{11} - \lambda_1 M_{11})\, X_{11} + K_{12} - \lambda_1\, M_{12} = 0 \ .$$

Auflösung nach X_{11} liefert

$$X_{11} = \frac{-K_{12} + \lambda_1 M_{12}}{K_{11} - \lambda_1 M_{11}} \ , \tag{9.15a}$$

zusammen mit

$$X_{21} = 1$$

ist der erste Eigenvektor $\mathbf{X}_1$ damit bekannt.

Für den zweiten Eigenvektor erhält man

$$\begin{bmatrix} X_{12} \\ X_{22} \end{bmatrix} = \begin{bmatrix} \dfrac{-K_{12} + \lambda_2 M_{12}}{K_{11} - \lambda_2 M_{11}} \\ 1 \end{bmatrix} . \tag{9.15b}$$

Für N Freiheitsgrade lautet die Gl. (9.13a) in Indexschreibweise

$$\sum_s \overline{K}_{is,r}\, X_{s,r} = 0 \qquad (r, s, i = 1, 2, \dots , N) \,. \tag{9.13a}$$

Wenn wir die Eigenformen auf die k-te Komponente normieren wollen, dividieren wir die Gl. (9.13a) durch $X_{k,r}$ und erhalten

$$\sum_s \overline{K}_{is,r} \frac{X_{s,r}}{X_{k,r}} + \overline{K}_{ik,r} \frac{X_{k,r}}{X_{k,r}} = 0 \quad (s \neq k) \,,$$

oder

$$\sum_s \overline{K}_{is,r}\, \hat{X}_{s,r} = -K_{ik,r} = r_{i,r} \ .$$

Wegen $s \neq k$ hat die Matrix $\overline{\mathbf{K}}$ eine (beliebige) Zeile weniger, so dass wir sie zur Unterscheidung mit $\hat{\mathbf{K}}$ bezeichnen. Die auf die k-te Komponente normierte Eigenform $\hat{\mathbf{x}}_r$ erhält man also aus der Lösung des Gleichungssystems der Ordnung N-1:

$$\hat{\mathbf{K}}_r\, \hat{\mathbf{X}}_r = \mathbf{r}_r \ , \tag{9.16a}$$

$$\boxed{\hat{\mathbf{X}}_r = \hat{\mathbf{K}}_r^{-1}\, \mathbf{r}_r} \ . \tag{9.16b}$$

Man kann alle Eigenvektoren spaltenweise in der sog. Modalmatrix $\mathbf{\Phi}$ zusammenfassen:

$$
\mathbf{\Phi} = \begin{array}{c} \\ 1 \\ 2 \\ \vdots \\ k \\ \vdots \\ N \end{array}
\begin{array}{c} r= \\ \left[\begin{array}{cccc} 1 & 2 & & N \\ \hat{X}_{11} & \hat{X}_{12} & \cdots & \hat{X}_{1,N} \\ \hat{X}_{21} & \hat{X}_{22} & \cdots & \hat{X}_{2,N} \\ \vdots & \vdots & & \vdots \\ 1 & 1 & & 1 \\ \vdots & \vdots & & \vdots \\ \hat{X}_{N-1,1} & \hat{X}_{N-1,2} & \cdots & \hat{X}_{N-1,N} \end{array} \right] \end{array}
= \left[\mathbf{X}_1 \quad \mathbf{X}_2 \quad \ldots \quad \mathbf{X}_N \right] . \tag{9.16c}
$$

Beispiel: Gekoppelte Kragträger mit Endmassen

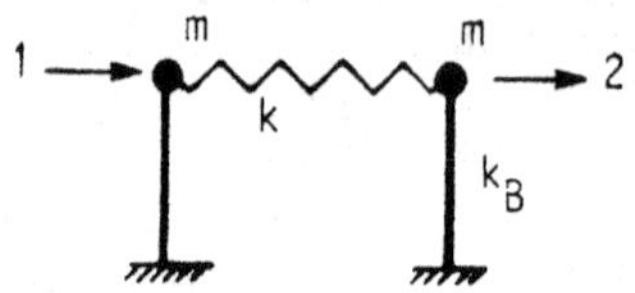

Bild 9-2 Gekoppelte Kragträger mit Endmassen

Als Beispiel für die Berechnung der Eigenfrequenzen und Eigenformen diene das gekoppelte Balkentragwerk nach Bild 9-2 mit den auf zwei Freiheitsgrade kondensierten Systemmatrizen $\mathbf{M} = \mathbf{M}_{cc}$ und $\mathbf{K} = \mathbf{K}_{cc}$ nach Gln. (8.13a, b):

$$M_{11} = M_{22} = M = 0{,}24\rho A\ell + m, \qquad M_{12} = 0,$$

$$K_{11} = K_{22} = k_B + k, \qquad K_{12} = -k$$

mit $k_B = 3EI/\ell^3$. Die Gln. (9.11c) liefern

$$\det \mathbf{M} = M_{11}M_{22} - M_{12}^2 = M^2 ,$$

$$\det \mathbf{K} = K_{11}K_{22} - K_{12}^2 = (k_B + k)^2 - k^2 ,$$

$$a_1 = -2(k_B + k)/M \quad \text{und} \quad a_2 = \det \mathbf{K} / \det \mathbf{M} = (k_B^2 + 2k_B k)/M^2 .$$

Daraus folgen die Eigenwerte und Frequenzen:

$$\lambda_1 = \omega_1^2 = k_B / M , \qquad \lambda_2 = \omega_2^2 = (k_B + 2k)/M .$$

Bei Annahme der Zahlenwerte $M = 0{,}134$ kg, $k_B = 83$ N/m und $k = 111$ N/m erhält man daraus die Eigenfrequenzen zu

$$f_1 = \omega_1 / 2\pi = 3{,}961 \text{ Hz} \quad \text{und} \quad f_2 = \omega_2 / 2\pi = 7{,}593 \text{ Hz} .$$

Die Eigenformen ergeben sich aus Gl. (9.15):

$$X_{11} = \frac{-K_{12} + \omega_1^2 M_{12}}{K_{11} - \omega_1^2 M_{11}} = 1 \;, \quad X_{21} = 1 \quad \text{und}$$

$$X_{12} = -1 \;, \qquad X_{22} = 1 \;.$$

Die Modalmatrix lautet damit

$$\mathbf{\Phi} = \begin{bmatrix} 1 & -1 \\ 1 & 1 \end{bmatrix} .$$

Die beiden Eigenformen sind im Bild 9-3 dargestellt.

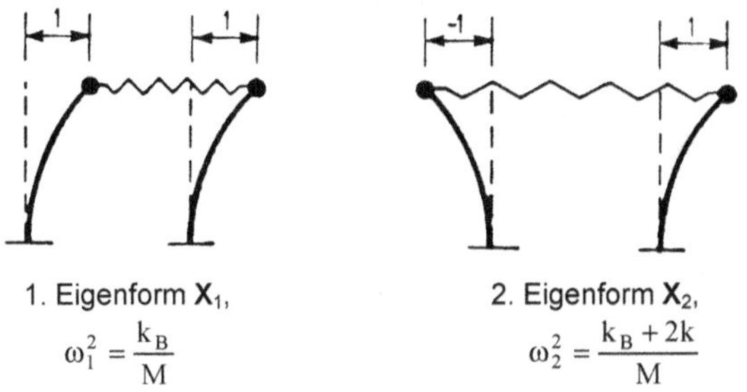

Bild 9-3 Eigenformen für gekoppelte Kragträger

9.1.2.3 Eigenschaften der Eigenformen

Wir hatten gesehen, dass die Massen- und Steifigkeitsmatrizen reell und symmetrisch sind. Man kann zeigen (s. z.B. Zurmühl, Falk (1992)), dass in diesem Fall die Eigenfrequenzen immer reell sind. Eine wichtige Eigenschaft der Eigenvektoren ergibt sich aus der Betrachtung der beiden Eigenwerte $\lambda_r = \omega_r^2$ und $\lambda_s = \omega_s^2$ $(r \neq s)$. Gl.(9.13b) für die r-te und s-te Eigenfrequenz geschrieben lautet

$$\mathbf{K}\,\mathbf{X}_r = \omega_r^2\,\mathbf{M}\,\mathbf{X}_r , \qquad \text{(a)}$$

$$\mathbf{K}\,\mathbf{X}_s = \omega_s^2\,\mathbf{M}\,\mathbf{X}_s . \qquad \text{(b)}$$

Vormultiplikation von (a) mit $\mathbf{X}_s^T$ und von (b) mit $\mathbf{X}_r^T$ und anschließende Subtraktion der Gleichungen liefert

$$\mathbf{X}_s^T\,\mathbf{K}\,\mathbf{X}_r - \mathbf{X}_r^T\,\mathbf{K}\,\mathbf{X}_s = \omega_r^2\,\mathbf{X}_s^T\,\mathbf{M}\,\mathbf{X}_r - \omega_s^2\,\mathbf{X}_r^T\,\mathbf{M}\,\mathbf{X}_s \;. \qquad \text{(c)}$$

Da die Matrizenprodukte ein Skalar bilden, ist die linke Seite dieser Gleichung Null, außerdem gilt dann

$$\mathbf{X}_s^T\,\mathbf{M}\,\mathbf{X}_r = \mathbf{X}_r^T\,\mathbf{M}\,\mathbf{X}_s \;.$$

Es verbleiben somit

$$(\omega_r^2 - \omega_s^2)\,\mathbf{X}_r^T\,\mathbf{M}\,\mathbf{X}_s = 0\ .$$

Für $\omega_r \neq \omega_s$ gilt also

$$\mathbf{X}_r^T\,\mathbf{M}\,\mathbf{X}_s = 0\ . \tag{9.17a}$$

Aus der Gl. (b) erhält man durch Vormultiplikation mit $\mathbf{X}_r^T$ und unter Berücksichtigung von Gl. (9.17a) die Beziehung

$$\mathbf{X}_r^T\,\mathbf{K}\,\mathbf{X}_s = \omega_s^2\,\mathbf{X}_r^T\,\mathbf{M}\,\mathbf{X}_s = 0\ . \tag{9.17b}$$

Mit den Gleichungen (9.17a, b) sind die sog. allgemeinen Orthogonalitätsbedingungen der Eigenformen nachgewiesen.
Für r = s sind die obigen Ausdrücke ungleich Null. Es gilt dann

$$\mathbf{X}_r^T\,\mathbf{M}\,\mathbf{X}_r = \mu_r\ , \tag{9.18a}$$

$$\mathbf{X}_r^T\,\mathbf{K}\,\mathbf{X}_r = \gamma_r = \omega_r^2\,\mathbf{X}_r^T\,\mathbf{M}\,\mathbf{X}_r = \omega_r^2\,\mu_r\ , \tag{9.18b}$$

μ_r wird als generalisierte (modale) Masse und $\gamma_r = \omega_r^2\mu_r$ als generalisierte (modale) Steifigkeit des Tragwerks in der r-ten Eigenform bezeichnet.
Der Quotient

$$\omega_r^2 = \frac{\gamma_r}{\mu_r} = \frac{\mathbf{X}_r^T\,\mathbf{K}\,\mathbf{X}_r}{\mathbf{X}_r^T\,\mathbf{M}\,\mathbf{X}_r} \tag{9.18c}$$

heißt auch Rayleigh-Quotient.
Außerdem lässt sich zeigen (z. B. Zurmühl, Falk (1992), dass im Fall $\det\mathbf{K} \geq 0$ und $\det\mathbf{M} > 0$, die Eigenfrequenzen und Eigenformen reell sind.

Nach Einsetzen des harmonischen Ansatzes (9.3), $\mathbf{U} = \mathbf{X}\cos\omega t$, in die Gl. (7.5) des Hamiltonschen Prinzips bei Verwendung der Ausdrücke für die innere Energie, $\pi_{(i)} = 1/2\,\mathbf{U}^T\mathbf{K}\,\mathbf{U}$, Gl. (4.4), und die kinetische Energie, $\pi_{(k)} = 1/2\,(\dot{\mathbf{U}}^T\mathbf{M}_K\dot{\mathbf{U}})$, Gl. (7.10a), und nach Integration über die Zeit liefert das Hamiltonsche Prinzip

$$\delta(\mathbf{X}^T\,\mathbf{K}\,\mathbf{X} - \omega^2\,\mathbf{X}^T\,\mathbf{M}\,\mathbf{X}) = 0\ , \tag{a}$$

woraus sich durch Variation bezüglich $\mathbf{X}$ wieder das Eigenwertproblem (9.4) ergibt. Führt man für die Eigenform in der Gl. (a) einen Näherungsansatz $\mathbf{X} = a\,\tilde{\mathbf{X}}$ ein, wobei a ein unbekannter Parameter und $\tilde{\mathbf{X}}$ ein bekannter Ansatzvektor ist, so liefert die Variation bezüglich a als Bedingung für den stationären Wert der Energie den Rayleigh-Quotienten in der Form

$$\tilde{\omega}^2 = \frac{\tilde{\mathbf{X}}^T\,\mathbf{K}\,\tilde{\mathbf{X}}}{\tilde{\mathbf{X}}^T\,\mathbf{M}\,\tilde{\mathbf{X}}}\ . \tag{9.18d}$$

Für $\tilde{\mathbf{X}} = \mathbf{X}_r$ ist $\tilde{\omega} = \omega_r$, in allen anderen Fällen stellt $\tilde{\omega}$ einen Näherungswert für die Eigenfrequenz dar. Fasst man die Orthogonalitätsbedingungen (9.18) für alle Eigenformen (r = 1,2, ... , N) mit Hilfe der Modalmatrix

$$\boldsymbol{\Phi} = [\mathbf{X}_1 \quad \mathbf{X}_2 \quad \dots \quad \mathbf{X}_r \quad \dots \quad \mathbf{X}_N]$$

zusammen, so erhält man:

$$\boxed{\boldsymbol{\Phi}^T \mathbf{M} \boldsymbol{\Phi} = \boldsymbol{\mu} = \operatorname{diag}(\mu_r)} = \text{modale (generalisierte) Massenmatrix,} \qquad (9.19a)$$

$$\boxed{\boldsymbol{\Phi}^T \mathbf{K} \boldsymbol{\Phi} = \boldsymbol{\gamma} = \operatorname{diag}(\gamma_r)} = \text{modale (generalisierte) Steifigkeitsmatrix.} \qquad (9.19b)$$

Man erkennt, dass durch die Kongruenztransformation der Systemmatrizen mit der Modalmatrix die Massen- und Steifigkeitsmatrizen diagonalisiert werden. Diese Eigenschaft wird später bei der Berechnung der dynamischen Antwort verwendet, um die Bewegungsgleichungen durch Transformation mit der Modalmatrix zu entkoppeln.

Die Zusammenstellung aller r= 1,...R≤N Eigenwertgleichungen (9.13b) mit Hilfe der Modalmatrix $\boldsymbol{\Phi}$ liefert den Zusammenhang

$$\mathbf{K}\boldsymbol{\Phi} = \mathbf{M}\boldsymbol{\Phi} \operatorname{diag}(\omega_r^2) \qquad (9.19c)$$

Wir hatten bisher die Eigenformen in der Weise normiert, dass wir eine beliebige Komponente zu Eins gewählt hatten. Eine weitere Möglichkeit der Normierung besteht darin, die Gl. (9.18a) durch $\mu_r = \sqrt{\mu_r}\sqrt{\mu_r}$ zu dividieren, so dass auf der rechten Seite eine Eins steht, d.h. es gilt dann

$$\frac{1}{\sqrt{\mu_r}} \mathbf{X}_r^T \mathbf{M} \frac{1}{\sqrt{\mu_r}} \mathbf{X}_r = 1 \ .$$

Man erhält demnach die auf $\mu_r = 1$ normierten Eigenformen $\overline{\mathbf{X}}_r$ aus den auf "eine Komponente gleich Eins" normierten Eigenformen $\mathbf{X}_r$ durch Multiplikation mit dem Faktor $1/\sqrt{\mu_r}$,

$$\overline{\mathbf{X}}_r = \frac{1}{\sqrt{\mu_r}} \mathbf{X}_r \ . \qquad (9.20a)$$

Die Orthogonalitätsbedingungen (9.19) nehmen dann folgende Form an:

$$\overline{\boldsymbol{\Phi}}^T \mathbf{M} \overline{\boldsymbol{\Phi}} = \mathbf{I} = \text{Einheitsmatrix} \ , \qquad (9.20b)$$

$$\overline{\boldsymbol{\Phi}}^T \mathbf{K} \overline{\boldsymbol{\Phi}} = \overline{\boldsymbol{\gamma}} = \operatorname{diag}(\omega_r^2) \ . \qquad (9.20c)$$

Die generalisierte Massenmatrix wird zur Einheitsmatrix und die generalisierte Steifigkeitsmatrix enthält die Eigenwerte auf ihrer Hauptdiagonalen.

Beispiel: Wir überprüfen die Orthogonalitätsbedingungen an dem gekoppelten Kragträger. Die Gln. (9.19) liefern

$$\boldsymbol{\mu} = \begin{bmatrix} 1 & 1 \\ -1 & 1 \end{bmatrix} \begin{bmatrix} M & 0 \\ 0 & M \end{bmatrix} \begin{bmatrix} 1 & -1 \\ 1 & 1 \end{bmatrix} = \begin{bmatrix} 2M & 0 \\ 0 & 2M \end{bmatrix},$$

$$\boldsymbol{\gamma} = \begin{bmatrix} 1 & 1 \\ -1 & 1 \end{bmatrix} \begin{bmatrix} k_B + k & -k \\ -k & k_B + k \end{bmatrix} \begin{bmatrix} 1 & -1 \\ 1 & 1 \end{bmatrix} = \begin{bmatrix} 2k_B & 0 \\ 0 & 2k_B + 4k \end{bmatrix}.$$

Die generalisierten Matrizen $\boldsymbol{\mu}$ und $\boldsymbol{\gamma}$ sind diagonal, wie es sein muss. Aus dem Rayleigh-Quotienten erhält man die Eigenfrequenzen in Übereinstimmung mit den vorherigen Ergebnissen zu

$$\omega_1^2 = \frac{\gamma_1}{\mu_1} = \frac{k_B}{M} \quad \text{und} \quad \omega_2^2 = \frac{\gamma_2}{\mu_2} = \frac{k_B + 2k}{M}.$$

Falls man die Eigenformen auf "generalisierte Massen gleich Eins" normiert, ergibt sich aus der Gl. (9.20a) die Modalmatrix

$$\boldsymbol{\Phi} = \begin{bmatrix} \frac{1}{\sqrt{2M}} \mathbf{X}_1 & \frac{1}{\sqrt{2M}} \mathbf{X}_2 \end{bmatrix} = \frac{1}{\sqrt{2M}} \begin{bmatrix} 1 & -1 \\ 1 & 1 \end{bmatrix}.$$

9.1.2.4 Zur numerischen Lösung des Eigenwertproblems

Bei der Anwendung des zuvor dargestellten Verfahrens zur Lösung des Eigenwertproblems bei Mehrfreiheitsgradsystemen (z.B. $N \geq 3$) müsste die Suche der Nullstellen des charakteristischen Polynoms und Lösung eines linearen Gleichungssystems zur Bestimmung der Eigenvektoren im allgemeinen numerisch erfolgen. Diese Vorgehensweise ist jedoch nur in Sonderfällen rechnerisch effektiv. Stattdessen stehen zur Lösung des Eigenwertproblems eine Vielzahl von Algorithmen bereit, die z. Teil speziell auf die Belange der FEM zugeschnitten wurden. Die wichtigsten Verfahren sind u.a. in [1)-4)] beschrieben.

9.2 Das gedämpfte Eigenschwingungsproblem

9.2.1 Der gedämpfte Einfachschwinger

Zur Lösung des gedämpften Eigenschwingungsproblems machen wir den allgemeinen Exponentialansatz

$$\boxed{U(t) = \psi e^{pt}}, \tag{9.21}$$

[1)] Bathe, (1996), [2)] Zurmühl, Falk (1992), [3)] Wilkinson, Reinsch (1971), [4)] Fadeejew, Fadeejewa (1976) wobei ψ eine unbekannte Amplitude und p einen unbekannten Parameter, den sogenannten Eigenwert, bedeutet. Einsetzen der Gl. (9.21) und deren Ableitungen $\dot{U} = p\psi e^{pt}$ und $\ddot{U} = p^2\psi e^{pt}$ liefert

$$\boxed{(p^2M + pC + K)\psi e^{pt} = 0}\,. \tag{9.22}$$

Außer für den Trivialfall $\psi = 0$ kann die homogene Gl. (9.22) für jeden Zeitpunkt t nur Null werden, wenn die quadratische Gleichung im Klammerausdruck verschwindet.
Deren Lösung ergibt

$$p_{1,2} = -\frac{C}{2M} \pm \sqrt{\left(\frac{C}{2M}\right)^2 - \frac{K}{M}}\,, \tag{9.23a}$$

Mit der Abkürzung

$$\delta = C/2M \tag{9.23b}$$

und unter Berücksichtigung, dass der Quotient K/M gerade das Quadrat der ungedämpften Eigenfrequenz ω nach Gl. (9.6) darstellt, lässt sich die Gl. (9.23a) in der Form

$$p_{1,2} = -\delta \pm \sqrt{\delta^2 - \omega^2}\,. \tag{a}$$

schreiben. Außerdem definieren wir noch δ als Bruchteil von ω in der Form

$$\delta = \xi\,\omega\,. \tag{9.23c}$$

Unter Verwendung der Definition (9.23b) lässt sich das dimensionslose Dämpfungsmaß (auch als <u>Lehrsches Dämpfungsmaß</u> bezeichnet) in Beziehung zur physikalischen Dämpfungskonstanten C setzen:

$$\xi = \delta/\omega = C/(2M\omega)\,. \tag{9.23d}$$

Die Gl. (a) lässt sich dann in der Form

$$p_{1,2} = -\xi\omega \pm \omega\sqrt{\xi^2 - 1} \tag{b}$$

ausdrücken. Der Fall $\xi = 1$ führt mit dem doppelten Eigenwert $p_1 = p_2 = -\omega$ auf eine abklingende Bewegung $U(t) = \psi\,e^{-\omega t}$, bei der keine durch eine harmonische Bewegung gekennzeichnete Schwingung auftritt. Der Fall $\xi = 1$ wird daher auch als <u>kritisches</u> Dämpfungsmaß bezeichnet. Für $\xi > 1$ können positive Eigenwerte so auftreten, dass eine mit der Zeit eine nach unendlich anwachsende Verschiebung eintritt („Aufschaukel" –Vorgang). Dieser Fall kann in der Realität eines passiv gedämpften Systems ohne äußere Energiezufuhr nicht eintreten, so dass wir hier nur den Fall des unterkritisch gedämpften Systems $\xi < 1$ betrachten wollen. In diesem Fall lässt sich die Gl. (b) mit Hilfe der imaginären Einheit $j = \sqrt{-1}$ in der Form

$$p_{1,2} = -\xi\omega \pm j\nu \tag{9.24a}$$

schreiben, wobei

$$\nu = \omega\sqrt{1-\xi^2} \tag{9.24b}$$

als gedämpfte Eigenfrequenz bezeichnet wird. Man sieht auch, dass der Eigenwert in konjugiert komplexer Form auftritt (durch das *-Symbol gekennzeichnet):

$$p_1 \Rightarrow p = -\xi\omega + j\nu = p^{re} + jp^{im} \ , \tag{9.24c}$$

$$p_2 \Rightarrow p^* = -\xi\omega - j\nu = p^{re} - jp^{im} \tag{9.24d}$$

mit

$$p^{re} = -\xi\omega \quad \text{und} \quad p^{im} = \nu \ . \tag{9.24e}$$

Der Realteil des Eigenwerts beschreibt demnach die Dämpfung und der Imaginärteil die gedämpfte Eigenfrequenz.
Die vollständige Lösung besteht demnach aus zwei Anteilen

$$\boxed{U(t) = \psi e^{pt} + \psi^* e^{p^* t}} \tag{9.25a}$$

mit den konjugiert komplexen Amplituden

$$\psi = \psi^{re} + j\psi^{im} \quad \text{und} \quad \psi^* = \psi^{re} - j\psi^{im} \ .$$

Setzt man diese konjugiert komplexen Amplituden und die Eigenwerte (9.24c-e) in die Gl. (9.25a) ein, so erhält man unter Verwendung der Eulerschen Beziehung $e^{\pm j\nu t} = \cos\nu t \pm j\sin\nu t$ den Verschiebungsverlauf in der reellen Form

$$\boxed{U(t) = 2\,e^{-\xi\omega t}\,(\psi^{re}\cos\nu t - \psi^{im}\sin\nu t)} \ . \tag{9.25b}$$

Hier haben sich die imaginären Anteile aufgehoben, wie es sein muss, da der physikalische Bewegungsablauf natürlich reell sein muss. Die Faktoren ψ^{re} und ψ^{im} stellen freie Integrationskonstanten dar, deren Größe über die Anfangsbedingungen $U(t=0) = U_0$ und $\dot{U}(t=0) = \dot{U}_0$ bestimmt werden können (s. Beispiel im Kap.11). Die Form der Gl. (9.25b) beschreibt den Charakter der Bewegung als über die Zeit abklingende ($\delta > 0$) harmonische Bewegung.
(Hinweis: Die Gl. (9.25b) könnte auch direkt als Ansatz zur Lösung der Bewegungsgleichung (9.1) benutzt werden, was mathematisch jedoch deutlich aufwendiger ist.)
Das Dämpfungsmaß ξ wird meist versuchstechnisch bestimmt. Die Tabelle 9-1 liefert einige Anhaltswerte für die Größe des Dämpfungsmaßes in Prozent der kritischen Dämpfung. Hieraus folgt, dass bei den meisten Tragwerken, die nicht aktiv gedämpft sind, die gedämpfte Eigenfrequenz nur wenig von der ungedämpften abweicht.

Tabelle 9-1 Größenordnung der Dämpfungsmaße für verschiedene Tragwerksarten

Art des Tragwerks	Vorherrschende Art der Dämpfung	ξ %
Glatte, stabartige Bauteile aus metallischem Werkstoff mit starren Anschlüssen	Werkstoff- u. aerodynamische Dämpfung	< 0,5
Glatte oder versteifte Scheiben, Platten- und Schalen in Integralbauweise oder geschweißter differentialbauweise mit starren Anschlüssen	Werkstoff, aerodynamische und akustische Dämpfung	0,1-1
Einfache Rahmen- und Flächentragwerke mit geschweißten Anschlüssen	Werkstoffdämpfung in den Anschlussbereichen	0,5-2
Komplexe, aus vielen Bauteilen bestehende Tragwerke mit Niet-, Schraub- u. Klebeverbindungen aus Faserverbund- oder metallischen Werkstoffen	Reibung in den Verbindungsbereichen	2-8
Tragwerke mit aktiver viskoelastischer Oberflächenbeschichtung	Werkstoffdämpfung der Beschichtung	bis 20

9.2.2 Der gedämpfte Mehrfachschwinger

Die Lösung der homogenen Bewegungsgleichung (9.1), $\mathbf{M}\ddot{\mathbf{U}} + \mathbf{C}\dot{\mathbf{U}} + \mathbf{K}\mathbf{U} = \mathbf{0}$, erfolgt durch einen Ansatz, der dem in der Gl. (9.21) für den Einfachschwinger entspricht:

$$\boxed{\mathbf{U}(t) = \psi\, e^{pt}}\,. \tag{9.26}$$

Eingesetzt in (9.1) ergibt sich das quadratische Eigenwertproblem

$$\boxed{(p^2\mathbf{M} + p\mathbf{C} + \mathbf{K})\psi = \mathbf{0}}\,. \tag{9.27a}$$

Die Nullstellen des charakteristischen Polynoms

$$P(p) \;=\; \det(p^2\,\mathbf{M} + p\mathbf{C} + \mathbf{K}) = 0 \tag{9.27b}$$

liefern bei unterkritisch gedämpften Systemen die N komplexen Eigenwerte p_r ($r = 1, 2, \ldots, N$), die wie beim Einfachschwinger auch hier in konjugiert komplexer Form, $p_r = p_r^{re} + jp_r^{im}$ und $p_r^* = p_r^{re} - jp_r^{im}$, auftreten. Anstatt die Nullstellen aus diesem Polynom zu bestimmen, ist es geschickter, das quadratische Eigenwertproblem auf ein lineares Eigenwertproblem zu überführen.

Dies geschieht durch Einführung der Identität $\mathbf{M}\dot{\mathbf{U}} - \mathbf{M}\dot{\mathbf{U}} = \mathbf{0}$ und Zusammenfassen mit der Gl. (9.1). Es entsteht dann die Form (auch Zustandsform genannt):

$$\mathbf{A}\dot{\mathbf{U}}_z + \mathbf{B}\mathbf{U}_z = \mathbf{0}\;, \tag{9.28a}$$

mit den doppelt so großen Matrizen

$$\mathbf{A}=\begin{bmatrix}\mathbf{C} & \mathbf{M}\\ \mathbf{M} & \mathbf{0}\end{bmatrix},\quad \mathbf{B}=\begin{bmatrix}\mathbf{K} & \mathbf{0}\\ \mathbf{0} & -\mathbf{M}\end{bmatrix},\quad \mathbf{U}_z=\begin{bmatrix}\mathbf{U}\\ \dot{\mathbf{U}}\end{bmatrix}. \tag{9.28b}$$

Der Lösungsansatz $\mathbf{U}_z=\boldsymbol{\psi}_z e^{pt}$ und seine Ableitung $\dot{\mathbf{U}}_z=p\,\boldsymbol{\psi}_z e^{pt}$ führt auf den Ansatz in Zustandsform. Dieser eingesetzt in die Gl. (9.28) liefert nun ein lineares Eigenwertproblem

$$(p\,\mathbf{A}+\mathbf{B})\boldsymbol{\psi}_z=\mathbf{0} \tag{9.29}$$

mit $\boldsymbol{\psi}_z^T=\begin{bmatrix}\boldsymbol{\psi}^T & p\boldsymbol{\psi}^T\end{bmatrix}$, zu dessen numerischer Lösung leistungsfähige Algorithmen zur Verfügung stehen, vgl. z.B. [1)-5)]. Für die hier behandelten unterkritisch gedämpften Systeme liefert die Eigenlösung für Systeme mit N Freiheitsgraden $r=1,2,\dots,N$ komplexe Eigenwerte $p_r=p_r^{re}+j\,p_r^{im}$ und N konjugiert komplexe Eigenwerte $p_r^*=p_r^{re}-j p_r^{im}$ sowie die zugehörigen komplexen und konjugiert komplexen Eigenformen $\boldsymbol{\psi}_r=\boldsymbol{\psi}_r^{re}+j\,\boldsymbol{\psi}_r^{im}$ und $\boldsymbol{\psi}_r^*=\boldsymbol{\psi}_r^{re}-j\boldsymbol{\psi}_r^{im}$. Die Eigenvektoren erfüllen folgende Orthogonalitätsbedingungen:

$$\boldsymbol{\psi}_{z,s}^T\mathbf{A}\,\boldsymbol{\psi}_{z,r}=\begin{bmatrix}\boldsymbol{\psi}_s^T & p_s\boldsymbol{\psi}_s^T\end{bmatrix}\mathbf{A}\begin{bmatrix}\boldsymbol{\psi}_r\\ p_r\boldsymbol{\psi}_r\end{bmatrix}\left.\begin{matrix} =0 & \text{für } s\neq r\\ =a_r & \text{für } s=r\end{matrix}\right\} \tag{9.30a}$$

mit $$a_r=\boldsymbol{\psi}_r^T\mathbf{C}\boldsymbol{\psi}_r+2\,p_r\boldsymbol{\psi}_r^T\mathbf{M}\boldsymbol{\psi}_r\,, \tag{9.30b}$$

$$\boldsymbol{\psi}_{z,s}^T\mathbf{B}\boldsymbol{\psi}_{z,r}=\begin{bmatrix}\boldsymbol{\psi}_s^T & p_s\boldsymbol{\psi}_s^T\end{bmatrix}\mathbf{B}\begin{bmatrix}\boldsymbol{\psi}_r\\ p_r\boldsymbol{\psi}_r\end{bmatrix}\left.\begin{matrix} =0 & \text{für } s\neq r\\ =b_r & \text{für } s=r\end{matrix}\right\} \tag{9.30c}$$

mit $$b_r=\boldsymbol{\psi}_r^T\mathbf{K}\,\boldsymbol{\psi}_r-p_r^2\,\boldsymbol{\psi}_r^T\mathbf{M}\,\boldsymbol{\psi}_r\,. \tag{9.30d}$$

Für s = r liefern die Gln. (9.29) und (9.30 b, d) den Zusammenhang

$$p_r=-\frac{b_r}{a_r}\,. \tag{9.30e}$$

Die konjugiert komplexen Lösungen p_r^* und $\boldsymbol{\psi}_r^*$ liefern die entsprechenden Größen a_r^*, b_r^* und p_r^*. Die Normierung der komplexen Eigenformen ist frei wählbar. Häufig wählt man die Bedingung $a_r=a_r^*=1$. Einsetzen der konjugiert komplexen Lösungen $p_s=p_r^*$ und $\boldsymbol{\psi}_s=\boldsymbol{\psi}_r^*$ in die Gln. (9.30a) und (9.30c) liefert

$$p_r^{re}=-\frac{c_r}{2\;m_r}\quad\text{und}\quad (p_r^{re})^2+(p_r^{im})^2=\frac{k_r}{m_r}\Rightarrow p_r^{im}=\sqrt{\frac{k_r}{m_r}-\left(\frac{c_r}{2\;m_r}\right)^2} \tag{9.31a,b}$$

---

1) Bathe (1996), 2) Zurmühl, Falk(1992), 3) Wilkinson, Reinsch(1971), 4) Fadeejew, Fadeejewa(1976), 5) MATLAB®(2001)

mit den generalisierten Massen

$$\boxed{m_r = \boldsymbol{\psi}_r^{*T}\mathbf{M}\,\boldsymbol{\psi}_r = \boldsymbol{\psi}_r^{re,T}\mathbf{M}\,\boldsymbol{\psi}_r^{re} + \boldsymbol{\psi}_r^{im,T}\mathbf{M}\,\boldsymbol{\psi}_r^{im}}\,, \tag{9.31c}$$

den generalisierten Steifigkeiten

$$\boxed{k_r = \boldsymbol{\psi}_r^{*T}\mathbf{K}\,\boldsymbol{\psi}_r = \boldsymbol{\psi}_r^{re,T}\mathbf{K}\,\boldsymbol{\psi}_r^{re} + \boldsymbol{\psi}_r^{im,T}\mathbf{K}\,\boldsymbol{\psi}_r^{im}} \tag{9.31d}$$

und den generalisierten Dämpfungen

$$\boxed{c_r = \boldsymbol{\psi}_r^{*T}\mathbf{C}\,\boldsymbol{\psi}_r = \boldsymbol{\psi}_r^{re,T}\mathbf{C}\,\boldsymbol{\psi}_r^{re} + \boldsymbol{\psi}_r^{im,T}\mathbf{C}\,\boldsymbol{\psi}_r^{im}}\,. \tag{9.31e}$$

Bei den generalisierten Massen und Steifigkeiten erkennt man die Analogie zu denen des ungedämpften Systems in den Gln. (9.19). Benutzt man die Bezeichnungen des gedämpften Einfreiheitsgradsystems in der Gl. (9.23b, c), so erhält man die Zusammenhänge

$$p_r^{re} = -\frac{c_r}{2m_r} = -\delta_r = -\omega_r\xi_r \quad \text{und} \tag{9.31f}$$

$$p_r^{im} = \pm\omega_r\sqrt{1-\xi_r^2} = \pm\nu_r \tag{9.31g}$$

$$\text{mit } \omega_r^2 = k_r/m_r = (p_r^{re})^2 + (p_r^{im})^2 = |p_r|^2 \text{ und } \omega_r = |p_r|\,.$$

(Hinweis: trotz der formalen Analogie ist ω_r nicht identisch mit der ungedämpften Eigenfrequenz, die sich aus dem ungedämpften Eigenwertproblem ergibt, da sich beim Mehrfachschwinger die generalisierten Massen und Steifigkeiten, m_r und k_r, von denen des ungedämpften Systems, μ_r und γ_r , dadurch unterscheiden, dass im ungedämpften Fall die reellen und im gedämpften Fall die komplexen, von der Dämpfung abhängigen, Eigenformen benutzt werden, vgl. Gln. (9.18) und Gl.(9.31c,d). Eine Ausnahme bildet der gedämpfte Einfachschwinger, bei dem $\omega_{r=1}$ ebenfalls die Eigenfrequenz des ungedämpften Einfachschwingers darstellt, da sich in dem Quotienten $\omega_r^2 = k_r/m_r$ für r=1 die komplexen Konstanten $\boldsymbol{\psi}_{r=1}^{re}$ und $\boldsymbol{\psi}_{r=1}^{im}$ bei den generalisierten Massen und Steifigkeiten herauskürzen).

Der Realteil des Eigenwerts, $p_r^{re} = -\ \xi_r\,\omega_r$ enthält also die Abklingkonstante und der Imaginärteil entspricht der gedämpften Eigenfrequenz. Der Eigenwert kann auch in konjugiert komplexer Form geschrieben werden:

$$p_r = -\omega_r\xi + j\nu_r\,, \qquad p_r^* = -\omega_r\xi_r - j\nu_r\,. \tag{9.31h}$$

Mit Kenntnis der komplexen Eigenformen und Eigenwerte lässt sich der Bewegungsverlauf auch in reeller Form darstellen.

Da der Lösungsansatz (9.26) die homogene Bewegungsgleichung für jede Eigenform und jedem Eigenwert in konjugiert komplexer Form erfüllt, ergibt sich die vollständige Lösung aus der Summe aller Einzellösungen zu

$$\boxed{\mathbf{U}(t)=\sum_r(\psi_r e^{p_r t}+\psi_r^* e^{p_r^* t})}\,,\quad (r=1,2,\ldots,R\le N=\text{Zahl der Freiheitsgrade})\qquad(9.32a)$$

mit den konjugiert komplexen Eigenvektoren

$$\psi_r=\psi_r^{re}+j\psi_r^{im}\quad\text{und}\quad\psi_r^*=\psi_r^{re}-j\psi_r^{im}\,.$$

Setzt man die komplexen Eigenwerte und Eigenvektoren in die Gl. (9.32a) ein, so heben sich nach Einführung der Eulerschen Beziehung die Imaginärteile auf, und es verbleibt, analog zur Gl. (9.25b) für den Einfachschwinger, die reelle Lösung in der Form

$$\boxed{\mathbf{U}(t)=\sum_r 2\,e^{-\xi_r\omega_r t}(\psi_r^{re}\cos\nu_r t-\psi_r^{im}\sin\nu_r t)}\qquad(9.32b)$$

$$(r=1,2,\ldots,R\le N=\text{Anzahl der Eigenformen})$$

Man sieht, dass der Charakter der Lösung des Einfachschwingers als abklingende harmonische Bewegung sich auch beim Mehrfachschwinger für jeden einzelnen im Vektor $\mathbf{U}$ enthaltenen Freiheitsgrad wiederfindet.

Die Eigenformen als Lösung eines homogenen Gleichungssystems sind nur bis auf einen bekannten Faktor bestimmbar. Diese Faktoren stellen die Integrationskonstanten in der allgemeinen Lösung (9.32) dar. Sie können aus den Anfangsbedingungen der Bewegung zum Zeitpunkt $t=0$, $\mathbf{U}(t=0)=\mathbf{U}_0$ und $\dot{\mathbf{U}}(t=0)=\dot{\mathbf{U}}_0$, bestimmt werden. Wir werden darauf im Kap.11.1 zurückkommen.

Beispiel: Gegeben seien die beiden Kragträger gemäß Bild 9-4. Die Kragträger seien durch eine masselose und dämpfungsfreie Feder der Steifigkeit k_F gekoppelt. Die Trägermasse sei vernachlässigbar klein verglichen mit den Einzelmassen. An der Spitze der Balken seien Einzeldämpfer mit den Dämpfungskonstanten c_1 und c_2 angebracht. Daraus erhält man die Systemmatrizen:

$$\mathbf{M}=\begin{bmatrix}M_{11}&M_{12}\\M_{21}&M_{22}\end{bmatrix}\Rightarrow\begin{bmatrix}M&0\\0&M\end{bmatrix},\quad \mathbf{K}=\begin{bmatrix}K_{11}&K_{12}\\K_{21}&K_{22}\end{bmatrix}\Rightarrow\begin{bmatrix}k_B+k_F&-k_F\\-k_F&k_B+k_F\end{bmatrix}$$

und $\mathbf{C}=\begin{bmatrix}C_{11}&C_{12}\\C_{21}&C_{22}\end{bmatrix}\Rightarrow\begin{bmatrix}c_1&0\\0&c_2\end{bmatrix}$.

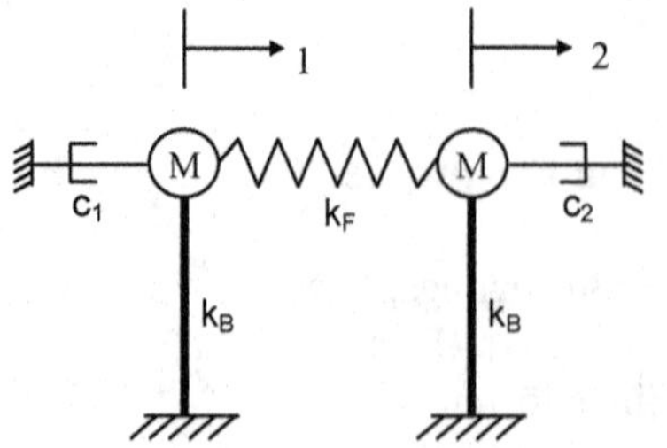

Bild 9-4 Kragträger gekoppelt durch Feder

Das charakteristische Polynom (9.27b) lautet allgemein für ein System mit zwei Freiheitsgraden

$$p^4 + a_3 p^3 + a_2 p^2 + a_1 p + a_0 = 0 \ . \qquad \text{(a)}$$

Mit den Parametern des Beispiels erhält man

$$a_0 = k_B(k_B + 2k_F)/M^2 \ , \qquad a_1 = \frac{(k_B + k_F)\ (c_1 + c_2)}{M^2} \ , \qquad \text{(b,c)}$$

$$a_2 = \frac{2M(k_B + k_F) + c_1 c_2}{M^2}, \qquad a_3 = (c_1 + c_2)/M \ . \qquad \text{(d,e,f)}$$

Zur Bestimmung der Eigenwerte des gedämpften Systems müssen die Nullstellen des Polynoms 4. Ordnung, Gl. (a), bestimmt werden, was i. A. nicht mehr in analytischer Form möglich ist. Bei Annahme der Zahlenwerte $M = 0{,}134$ kg, $k_B = 83$ N/m, $k_F = 5$ N/m und $c_1 = 0{,}22$ Ns/m sowie $c_2 = 0$ erhält man als numerische Lösung die Eigenwerte und Eigenfrequenzen zu:

$$p_1 = -0{,}4149 \ +/- \ 25{,}0077j \quad \Rightarrow f_1 = \omega_1 / 2\pi = 3{,}9807\,(3{,}961)\,\text{Hz} \ ,$$

$$\Rightarrow \xi_1 = -p_1^{re} / \omega_1 = 1{,}659\,\%$$

$$p_2 = -0{,}4060 \ +/- \ 26{,}2114j \quad \Rightarrow f_2 = \omega_2 / 2\pi = 4{,}1722\,(4{,}1928)\,\text{Hz} \ ,$$

$$\Rightarrow \xi_2 = -p_2^{re} / \omega_2 = 1{,}5486\,\%$$

und die Modalmatrix zu:

$$\mathbf{\Psi} = \left[\mathbf{\Psi}^{re} \pm j \mathbf{\Psi}^{im} \right] = \left[\begin{array}{c|c} 1 \pm 0j \ \ (1) & -0{,}8081 \ \mp 0{,}5703j \ (-1) \\ \hline 0{,}826 \pm 0{,}5442j \ (1) & 1 \pm 0j \ \ (1) \end{array} \right] .$$

(Werte des ungedämpften Systems in Klammern)

Hier erkennt man deutliche Abweichungen zur Modalmatrix des ungedämpften Systems. Im Gegensatz dazu unterscheiden sich die Eigenfrequenzen und auch die Beträge der komplexen Eigenvektoren

$$\left[|\mathbf{\Psi}_{ir}| \right] = \left[\sqrt{(\mathbf{\Psi}_{ir}^{re})^2 + (\mathbf{\Psi}_{ir}^{im})^2} \right] = \begin{bmatrix} 1 & 0{,}989 \\ 0{,}989 & 1 \end{bmatrix}$$

aufgrund der schwachen Dämpfung nur wenig. Wie aus der Gl. (9.32b) ersichtlich bewirken die Imaginärteile in der Modalmatrix eine Phasenverschiebung im Zeitverlauf der Eigenbewegungen. Wir werden darauf später im Kap. 11 bei der Berechnung der Systemantwort zurückkommen.

10 Modale Transformation der Bewegungsgleichungen und Teilstruktur-Kopplung

Wir hatten mit den Gln. (9.19) und (9.30) die Orthogonalitätstransformationen für das ungedämpfte und das gedämpfte System kennengelernt, mit deren Hilfe es möglich ist, die Systemmatrizen zu diagonalisieren. Diese Eigenschaften nutzen wir nun, um die Bewegungsgleichungen zu entkoppeln. Dazu fassen wir, wie schon im Kap. 9.2.2, die Bewegungsgleichung $\mathbf{M}\ddot{\mathbf{U}} + \mathbf{C}\dot{\mathbf{U}} + \mathbf{K}\,\mathbf{U} = \mathbf{F}(t)$ der Ordnung N mit der Identität $\mathbf{M}\dot{\mathbf{U}} - \mathbf{M}\dot{\mathbf{U}} = \mathbf{0}$ in einer einzigen Gleichung der Ordnung 2N zusammen (sog. Zustandsform):

$$\underbrace{\begin{bmatrix} \mathbf{C} & \mathbf{M} \\ \mathbf{M} & \mathbf{0} \end{bmatrix}}_{\mathbf{A}} \underbrace{\begin{bmatrix} \dot{\mathbf{U}} \\ \ddot{\mathbf{U}} \end{bmatrix}}_{\dot{\mathbf{U}}_z} + \underbrace{\begin{bmatrix} \mathbf{K} & \mathbf{0} \\ \mathbf{0} & -\mathbf{M} \end{bmatrix}}_{\mathbf{B}} \underbrace{\begin{bmatrix} \mathbf{U} \\ \dot{\mathbf{U}} \end{bmatrix}}_{\mathbf{U}_z} = \underbrace{\begin{bmatrix} \mathbf{F} \\ \mathbf{0} \end{bmatrix}}_{\mathbf{F}_z} \tag{10.1a}$$

$$\boxed{\mathbf{A}\dot{\mathbf{U}}_z + \mathbf{B}\mathbf{U}_z = \mathbf{F}_z}, \quad \text{mit} \tag{10.1b}$$

$\mathbf{U}_z^T = \begin{bmatrix} \mathbf{U}^T & \dot{\mathbf{U}}^T \end{bmatrix}$ = Zustandsvektor und

$\mathbf{F}_z^T = \begin{bmatrix} \mathbf{F}^T & \mathbf{0} \end{bmatrix}$ = Erregerkraftvektor in Zustandsform.

Die Transformation

$$\boxed{\mathbf{U}_z = \mathbf{\Psi}_z \mathbf{q}(t) = \sum_r \psi_{z,r} q_r} \qquad (r = 1, 2, \dots, 2N) \tag{10.2}$$

eingesetzt in die Gl. (10.1) liefert nach Vormultiplikation mit $\mathbf{\Psi}_z^T = [\mathbf{\Psi}^T \ \mathbf{p}\mathbf{\Psi}^T]$ und unter Berücksichtigung der Orthogonalitätsbeziehungen (9.30b, e) die entkoppelten <u>modalen</u> (generalisierten) <u>Bewegungsgleichungen</u>:

$$\boxed{\dot{q}_r - p_r q_r = \frac{\psi_{z,r}^T \mathbf{F}_z(t)}{a_r} = \frac{\psi_r^T \mathbf{F}(t)}{a_r}}\,. \tag{10.3}$$

Durch die Transformation (10.2) werden die physikalischen Freiheitsgrade $\mathbf{U}_z$ auf die modalen (generalisierten) Freiheitsgrade $\mathbf{q}$ transformiert. Die Transformation wird auch als <u>modale Transformation</u> und die modalen Freiheitsgrade als <u>modale</u> (generalisierte) <u>Koordinaten</u> oder als Hauptkoordinaten bezeichnet. Die Entkopplung bedeutet, dass anstelle der 2N gekoppelten Gleichungen in (10.1) nur r = 1, ... , 2N einzelne Gleichungen gelöst werden brauchen, die dann zur Berechnung der Gesamtlösung nach (10.2) überlagert werden müssen (<u>modale Superposition</u>). Physikalisch bedeutet diese Transformation, dass sich die Schwingungsantwort als eine Summe der durch q_r gewichteten Eigenformen darstellt.

(Hinweis: bei schwach gedämpften Systemen treten die Eigenwerte und Eigenvektoren in konjugiert komplexer Form auf. In diesem Fall gilt: $p_{N+r} = p_r^*$ und $\boldsymbol{\psi}_{z,N+r} = \boldsymbol{\psi}_{z,r}^*$ $, r = 1, 2, \dots, N$).

Wegen der großen praktischen Bedeutung wollen wir nun die gedämpfte Bewegungsgleichung (7.13) auch noch mit Hilfe der Eigenformen des ungedämpften Systems transformieren. Da sich in diesem Fall nur die Systemmatrizen **K** und **M** des ungedämpften Systems nicht aber die Dämpfungsmatrix **C** diagonalisieren lassen, lässt sich auch die Bewegungsgleichung nicht vollständig entkoppeln. Dennoch ist diese Transformation sehr wirkungsvoll, da sich vielen praktischen Fällen zeigt, dass der Einfluss der bei der Transformation der Dämpfungsmatrix entstehenden Nebendiagonalglieder auf die Schwingungsantwort vernachlässigt werden kann. Durch die Transformation des Verschiebungsvektors

$$\boxed{\mathbf{U}(t) = \sum_r \mathbf{X}_r q_r = \boldsymbol{\Phi}\mathbf{q}(t)} \quad (r = 1, 2, \dots, R \leq N = \text{Anzahl der Freiheitsgrade}) \tag{10.4a}$$

sowie der Geschwindigkeits- und die Beschleunigungsvektoren

$$\dot{\mathbf{U}}(t) = \boldsymbol{\Phi}\dot{\mathbf{q}}(t) \quad \text{und} \quad \ddot{\mathbf{U}}(t) = \boldsymbol{\Phi}\ddot{\mathbf{q}}(t) \tag{10.4b,c}$$

werden genau wie bei der Transformation (10.2) die physikalischen Freiheitsgrade **U** auf die modalen (generalisierten) Freiheitsgrade **q** transformiert. Durch diesen Ansatz werden die Systemantworten **U**, $\dot{\mathbf{U}}$ und $\ddot{\mathbf{U}}$, an jedem Freiheitsgrad des Tragwerks durch Superposition der reellen ungedämpften Eigenformen dargestellt. Diese werden dabei mit den modalen Antworten $q_r(t)$ gewichtet. Wir nennen die Transformationen (10.2) in der Zustandsraumdarstellung vollständig, wenn alle 2N Eigenformen ($R = 2N$) berücksichtigt werden, und unvollständig, wenn weniger Eigenformen ($R < 2N$) in der Summe mitgenommen werden. Entsprechend gilt für die Transformation (10.4) im Originalraum, dass die Transformation vollständig ist für $R=N$ und unvollständig für $R < N$. Mathematisch gesehen ist nur die vollständige Transformation exakt. Wir werden später jedoch zeigen, dass der Anteil der höheren Eigenformen in der Antwort **U**(t) oftmals so klein ist, das er vernachlässigt werden kann. Nach Einführung des Ansatzes (10.4) in die Bewegungsgleichung (7.13) und durch Vormultiplikation mit $\boldsymbol{\Phi}^T$ erhält man die modale (generalisierte) Bewegungsgleichung

$$\boxed{\boldsymbol{\mu}\ddot{\mathbf{q}} + \boldsymbol{\Delta}\dot{\mathbf{q}} + \boldsymbol{\gamma}\mathbf{q} = \boldsymbol{\Phi}^T\mathbf{F} = \mathbf{r}}\,. \tag{10.5}$$

Aus der Massen- und Steifigkeitsmatrix sind bei dieser Transformation die generalisierten, diagonalen Matrizen $\boldsymbol{\mu} = \text{diag}(\mu_r)$ und $\boldsymbol{\gamma} = \text{diag}(\mu_r\omega_r^2)$ entstanden, die wir in den Orthogonalitätsbedingungen (9.19) bereits kennengelernt hatten. Aus der Dämpfungsmatrix **C** entsteht die modale (generalisierte) Dämpfungsmatrix

$$\boxed{\boldsymbol{\Delta} = \boldsymbol{\Phi}^T\mathbf{C}\,\boldsymbol{\Phi}}\,. \tag{10.6}$$

Diese Matrix ist im Allgemeinen nicht diagonal, so dass die Gl. (10.5), ausgeschrieben für die einzelnen Eigenformen, r = 1, 2, ... , R, die in der Gl. (10.7) angegebene Form annimmt. Man erkennt daraus, dass die generalisierten

Freiheitsgrade q_r durch die Nebendiagonalglieder Δ_{rs} $(r \neq s)$ der generalisierten Dämpfungsmatrix gekoppelt werden (sog. Dämpfungskopplung). Auch wenn die modale Transformation (10.4) die Bewegungsgleichung nicht zu entkoppeln vermag, so bewirkt sie doch im Fall R < N, d.h. bei unvollständiger Transformation, häufig eine erhebliche Reduktion der Ordnung der Bewegungsgleichungen.

$$\begin{bmatrix} \mu_1 & 0 & \cdots & \cdots & 0 \\ 0 & \mu_2 & \cdots & \cdots & 0 \\ \vdots & \vdots & \ddots & & \vdots \\ \vdots & \vdots & & \ddots & \vdots \\ 0 & 0 & \cdots & \cdots & \mu_R \end{bmatrix} \begin{bmatrix} \ddot{q}_1 \\ \ddot{q}_2 \\ \vdots \\ \vdots \\ \ddot{q}_R \end{bmatrix} + \begin{bmatrix} \Delta_{11} & \Delta_{12} & \cdots & \cdots & \Delta_{1R} \\ \Delta_{21} & \Delta_{22} & \cdots & \cdots & \Delta_{2R} \\ \vdots & \vdots & \ddots & & \vdots \\ \vdots & \vdots & & \ddots & \vdots \\ \Delta_{R1} & \Delta_{R2} & \cdots & \cdots & \Delta_{RR} \end{bmatrix} \begin{bmatrix} \dot{q}_1 \\ \dot{q}_2 \\ \vdots \\ \vdots \\ \dot{q}_R \end{bmatrix}$$

$$+ \begin{bmatrix} \gamma_1 & 0 & 0 & \cdots & 0 \\ 0 & \gamma_2 & \cdots & \cdots & 0 \\ \vdots & \vdots & \ddots & & \vdots \\ \vdots & \vdots & & \ddots & \vdots \\ 0 & 0 & \cdots & \cdots & \gamma_R \end{bmatrix} \begin{bmatrix} q_1 \\ q_2 \\ \vdots \\ \vdots \\ q_R \end{bmatrix} = \begin{bmatrix} r_1 \\ r_2 \\ \vdots \\ \vdots \\ r_R \end{bmatrix} \qquad (R \leq N). \tag{10.7}$$

Für die Belange der Praxis ist es in vielen Fällen ausreichend genau, die Dämpfungskopplung zu vernachlässigen. Es gilt dann die Annahme

$$\Delta_{rs} = 0 \quad (r \neq s), \tag{10.8}$$

die wir als <u>Bequemlichkeitshypothese</u> bezeichnen wollen, weil sich damit bequemer rechnen lässt. Diese Annahme ist bei Tragwerken mit reiner Eigendämpfung meistens gerechtfertigt, während bei Tragwerken mit diskreten Einzeldämpfern die Kopplung meist berücksichtigt werden muss. Im Fall der Bequemlichkeitshypothese zerfällt das gekoppelte System von R Differentialgleichungen in R einzelne Differentialgleichungen. Für jede Eigenform, r = 1, 2, ... , R, gilt dann die Gleichung des gedämpften Einfachschwingers:

$$\mu_r \ddot{q}_r + \Delta_{rr} \dot{q}_r + \gamma_r q_r = r_r \ . \tag{10.9a}$$

Nach Division durch μ_r und Einführung des dimensionslosen Dämpfungsmaßes ξ_r entsprechend der Gl. (9.23d) (ξ_r wird auch modales Dämpfungsmaß genannt)

$$\xi_r = \frac{\Delta_{rr}}{2\omega_r \mu_r} \tag{10.9b}$$

und des <u>modalen</u> (generalisierten) <u>Kraftvektors</u> r

$$\boxed{r_r = \mathbf{X}_r^T \mathbf{F}} \tag{10.9c}$$

erhält man die endgültige Form der Bewegungsgleichung in modalen (generalisierten) Koordinaten:

$$\boxed{\ddot{q}_r + 2\omega_r \xi_r \dot{q}_r + \omega_r^2 q_r = \frac{r_r}{\mu_r}} . \qquad (10.10)$$

Wir bemerken, dass durch die Annahme der Bequemlichkeitshypothese auch die gedämpften Eigenwerte des Mehrfachschwingers bekannt sind, falls die Dämpfungsmaße ξ_r und die Eigenfrequenzen ω_r des ungedämpften Systems bekannt sind. Wir brauchen nur die Ergebnisse des Einfachschwingers für die r-te Eigenform anzuschreiben. Aus Gl. (9.23c) und (9.34b) folgt

$$\delta_r = \xi_r \, \omega_r \quad \text{und} \qquad (10.11a)$$

$$\nu_r^2 = \omega_r^2 (1 - \xi_r^2) \qquad (r = 1, 2, \dots , R). \qquad (10.11b)$$

Wir halten hier als wichtiges Ergebnis fest, dass sich eine gesonderte Lösung des gedämpften Eigenwertproblems nach Gl. (9.29) erübrigt, wenn die Gültigkeit der Bequemlichkeitshypothese vorausgesetzt wird.

Falls diese Hypothese gilt, spricht man auch von einem modal proportional gedämpften System. Die Bezeichnung „proportional" resultiert aus der Vorstellung, dass die Dämpfungsmatrix proportional zur Massen- und Steifigkeitsmatrix ist (auch als Rayleigh- Dämpfung bezeichnet):

$$\mathbf{C} = \alpha \mathbf{M} + \beta \mathbf{K} \; . \qquad (10.11c)$$

Da sich **M** und **K** mit der reellen Modalmatrix auf Diagonalform transformieren lassen, transformiert sich auch **C** auf Diagonalform:

$$\boldsymbol{\Delta} = \boldsymbol{\Phi}^T \mathbf{C} \boldsymbol{\Phi} = \alpha \, \boldsymbol{\Phi}^T \mathbf{M} \boldsymbol{\Phi} + \beta \boldsymbol{\Phi}^T \mathbf{K} \boldsymbol{\Phi} = \alpha \boldsymbol{\mu} + \beta \boldsymbol{\gamma} \; . \qquad (10.11d)$$

Mit der Definition (10.9b) erhält man daraus die modalen Dämpfungsgrade

$$\xi_r = \frac{1}{2}\left(\frac{\alpha}{\omega_r} + \beta\omega_r\right) , \quad (r = 1,2, \dots , R \le N). \qquad (10.11e)$$

Dieser Zusammenhang besagt, dass die R modalen Dämpfungsgrade nur von den beiden Proportionalitätsfaktoren α und β abhängen und eine Funktion der Eigenfrequenzen sind. Leider gibt es dafür in der Praxis nur selten eine experimentelle Bestätigung. Meist zeigt sich, dass die Dämpfungsgrade für jede Eigenform unterschiedlich sind. Sie werden üblicherweise mit Hilfe der Verfahren der experimentellen Modalanalyse bestimmt, siehe z.B. [1)-4)] und die Anhaltswerte in der Tabelle 9-1.

Falls zwei Dämpfungsgrade, ξ_1 und ξ_2 und die zugehörigen Eigenfrequenzen ω_1 und ω_2, bekannt sind (z. B. aus Messungen), lassen sich die Rayleigh- Faktoren α und β bestimmen. Dazu schreibt man die Gl. (10.11e) für r = 1 und 2 in der Form

---

[1)] Ewins (2000), [2)] Maia, Silva (1997), [3)] Krätzig, Meskouris, Link (1995), [4)] Natke (1992)

$\begin{bmatrix} \xi_1 \\ \xi_2 \end{bmatrix} = \frac{1}{2} \begin{bmatrix} 1/\omega_1 & \omega_1 \\ 1/\omega_2 & \omega_2 \end{bmatrix} \begin{bmatrix} \alpha \\ \beta \end{bmatrix}$. Die Auflösung bezüglich α und β liefert dann den gewünschten Zusammenhang in der Form

$$\begin{bmatrix} \alpha \\ \beta \end{bmatrix} = \frac{2}{\omega_2/\omega_1 - \omega_1/\omega_2} \begin{bmatrix} \omega_2 & -\omega_1 \\ -1/\omega_2 & 1/\omega_1 \end{bmatrix} \begin{bmatrix} \xi_1 \\ \xi_2 \end{bmatrix} \tag{10.11f}$$

Beispiel: Modale Bewegungsgleichungen für gekoppelte Kragträger

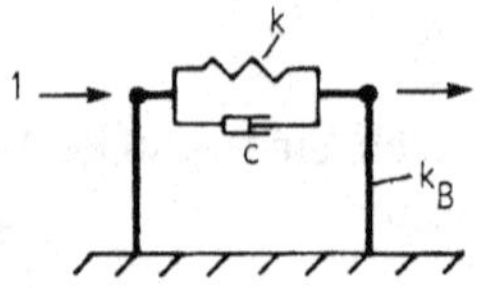

Bild 10-1 Gekoppelter Kragträger

Um die Bewegungsgleichung in modalen Koordinaten nach Gl. (10.5) aufstellen zu können, benötigen wir neben den bereits berechneten modalen Systemmatrizen $\boldsymbol{\mu}$ und $\boldsymbol{\gamma}$ ($\mu_1 = \mu_2 = 2M$, $\gamma_1 = 2k_B$, $\gamma_2 = 2k_B + 4k$) noch die modale Dämpfungsmatrix

$$\boldsymbol{\Delta} = \boldsymbol{\Phi}^T \mathbf{C} \boldsymbol{\Phi} = c_d \begin{bmatrix} 1 & 1 \\ -1 & 1 \end{bmatrix} \begin{bmatrix} 1 & -1 \\ -1 & 1 \end{bmatrix} \begin{bmatrix} 1 & -1 \\ 1 & 1 \end{bmatrix} = 4 c_d \begin{bmatrix} 0 & 0 \\ 0 & 1 \end{bmatrix}. \tag{a}$$

Diese Matrix ist bereits diagonal, so dass keine entsprechende Annahme getroffen werden muss. Man sieht an Gl. (a), dass die erste Eigenform ungedämpft ist, wie es sein muss, da bei dieser Form keine Relativbewegung der Knotenpunkte auftritt. Das modale Dämpfungsmaß für die zweite Eigenform ergibt sich aus der Definition in der Gln. (10.9b) und aus der Gl. (a) zu $\xi_2 = \Delta_{22}/(2\omega_2\mu_2) = 2c_d/(\omega_2\mu_2)$.

Die modalen Kräfte lauten

$$\mathbf{r} = \boldsymbol{\Phi}^T \mathbf{F} = \begin{bmatrix} 1 & 1 \\ -1 & 1 \end{bmatrix} \begin{bmatrix} F_1 \\ F_2 \end{bmatrix} = \begin{bmatrix} F_1 + F_2 \\ -F_1 + F_2 \end{bmatrix}. \tag{b}$$

Die entkoppelten Bewegungsgleichungen ergeben sich damit zu

$$\ddot{q}_1 + \omega_1^2 q_1 = \frac{1}{2M} (F_1 + F_2) \quad \text{und} \tag{c}$$

$$\ddot{q}_2 + 2\frac{c_d}{M} \dot{q}_2 + \omega_2^2 q_2 = \frac{1}{2M} (-F_1 + F_2). \tag{d}$$

10.1 Spektralzerlegung der Systemmatrizen

Wenn die modalen Dämpfungswerte ξ_r (r = 1, 2, ... , R ≤ N), die in der Praxis meist durch Versuche bestimmt (Erfahrungswerte s. Tab. 9.1) werden, vorliegen, kann die zugehörige physikalische Dämpfungsmatrix **C** (im Kap.7.3 innere Dämpfungsmatrix genannt) durch Rücktransformation mit Hilfe der Orthogonalitätsbeziehung bestimmt werden.
Aus der Gl. (10.6) folgt zunächst durch Vor- und Nachmultiplikation der modalen Dämpfungsmatrix mit der inversen Modalmatrix die Beziehung

$$\mathbf{C} = \mathbf{\Phi}^{-T} \mathbf{\Delta}\, \mathbf{\Phi}^{-1} . \tag{a}$$

Die inverse Modalmatrix $\mathbf{\Phi}^{-1}$ lässt sich jedoch mit Hilfe der Orthogonalitätsbeziehung (9.19a) und der Identität

$$\mathbf{I} = \boldsymbol{\mu}^{-1}\boldsymbol{\mu} = (\boldsymbol{\mu}^{-1}\, \mathbf{\Phi}^{T}\mathbf{M})\, \mathbf{\Phi} = \mathbf{\Phi}^{-1}\mathbf{\Phi}$$

in der Form

$$\mathbf{\Phi}^{-1} = \boldsymbol{\mu}^{-1}\, \mathbf{\Phi}^{T}\mathbf{M} \tag{10.12}$$

ausdrücken. Damit ergibt sich aus der Gl. (a)

$$\mathbf{C} = \mathbf{M}\,\mathbf{\Phi}\, \underbrace{\boldsymbol{\mu}^{-1}\mathbf{\Delta}\;\; \boldsymbol{\mu}^{-1}}_{\bar{\xi}}\, \mathbf{\Phi}^{T}\mathbf{M} \;. \tag{10.13a}$$

Das innere Produkt $\bar{\xi} = \boldsymbol{\mu}^{-1}\mathbf{\Delta}\,\boldsymbol{\mu}^{-1}$ ist bei Gültigkeit der Bequemlichkeitshypothese eine Diagonalmatrix, deren Elemente sich unter Verwendung der Gl. (10.9b) aus

$$\bar{\xi}_r = \frac{2\xi_r\omega_r}{\mu_r} \qquad (r = 1, 2, \ldots , R \le N) \tag{10.13b}$$

ergeben. Die Gl. (10.13a) lässt sich dann auch als Summe der dyadischen Produkte der Eigenformen schreiben,

$$\boxed{\mathbf{C} = \sum_r \mathbf{C}_r = \mathbf{M}\left(\sum_r \frac{2\;\xi_r\omega_r}{\mu_r}\,\mathbf{X}_r\,\mathbf{X}_r^{T}\right)\mathbf{M}} \tag{10.13c}$$

aus der die Dämpfungsanteile der einzelnen Eigenformen (r = 1, 2, ... , R ≤ N) an der Gesamtdämpfung sichtbar werden.
Analog zur Gl. (10.13a) lassen sich auch die Massen- und Steifigkeitsmatrix durch modale Rücktransformation aufbauen.

$$\mathbf{K} = \mathbf{\Phi}^{-T}\boldsymbol{\gamma}\,\mathbf{\Phi}^{-1}, \tag{10.14a}$$

$$\mathbf{M} = \mathbf{\Phi}^{-T}\boldsymbol{\mu}\,\mathbf{\Phi}^{-1} \;. \tag{10.14b}$$

Nach Einführung der Gleichung (10.12) ergibt sich für die Steifigkeitsmatrix

$$\mathbf{K} = \mathbf{M}\,\mathbf{\Phi}\ \boldsymbol{\mu}^{-1}\boldsymbol{\gamma}\ \boldsymbol{\mu}^{-1}\mathbf{\Phi}^{T}\mathbf{M}\ . \tag{10.15a}$$

Die inversen Matrizen erhält man durch Inversion der Gln. (10.14) zu

$$\boxed{\mathbf{K}^{-1} = \mathbf{\Phi}\boldsymbol{\gamma}^{-1}\mathbf{\Phi}^{T} = \sum \frac{1}{\gamma_r}\mathbf{X}_r\mathbf{X}_r^{T}}\ , \tag{10.15b}$$

$$\boxed{\mathbf{M}^{-1} = \mathbf{\Phi}\ \boldsymbol{\mu}^{-1}\mathbf{\Phi}^{T} = \sum \frac{1}{\mu_r}\mathbf{X}_r\mathbf{X}_r^{T}} \qquad (r = 1, 2, \ldots, R \leq N)\ . \tag{10.15c}$$

Die Gleichungen (10.13) bis (10.15) beinhalten die sog. Spektralzerlegung der Systemmatrizen. Die Gl. (10.15b) bietet die Möglichkeit, die Zahl R der zum Aufbau eines statischen Verschiebungsvektors $\mathbf{U} = \mathbf{K}^{-1}\ \mathbf{F}$ benötigten Eigenformen (Zahl der effektiven Eigenformen) für eine gegebene Genauigkeitsanforderung zu bestimmen.

10.2 Modale Kondensation der Bewegungsgleichung und Teilstruktur-Kopplung

Im Kap.8 wurde gezeigt, dass sich beim Vorliegen von linearen Abhängigkeiten zwischen den Freiheitsgraden nach Gl. (8.1b) die Systemmatrizen in ihrer Ordnung reduzieren lassen. Bei statischer Kondensation, Kap. 8.2, wurde die lineare Abhängigkeit durch Vernachlässigung der Trägheitskräfte an den abhängigen Freiheitsgraden eingeführt. Der damit verbundene Fehler kann, insbesondere bei Strukturen mit gleichmäßig verteilter Masse, zu großen Fehlern führen.

Die Modaltransformation (10.4) liefert nun Möglichkeiten zur Verbesserung der statisch kondensierten Systemmatrizen als auch alternative modale Kondensationsverfahren, die mit Erfolg zur Teilstruktur-Kopplung (Kap.10.2.3) verwendet werden können.

10.2.1 Die Hurty-Craig-Bampton (HCB) Transformation

Dieses Verfahren basiert auf dem Gedanken von Hurty (1965) und Craig/Bampton(1968) (im Folgenden als HCB- Transformation bezeichnet) die abhängigen Verschiebungen (auch Nebenfreiheitsgrade genannt) in der Transformation (8.8), $\mathbf{U}_s = \mathbf{T}^*\mathbf{U}_u$ durch Hinzufügen der Verschiebungsanteile $\mathbf{U}_{sq} = \mathbf{\Phi}\mathbf{q} = \sum_r \mathbf{X}_r\,\mathbf{q}_r$ (r = 1, 2, ... , R ≤ N_s = Zahl der Nebenfreiheitsgrade) genauer zu beschreiben, d.h. die Zahl der Hauptfreiheitsgrade wird durch R modale Freiheitsgrade ergänzt in der Form:

$$\boxed{\mathbf{U}_s = \mathbf{T}^*\,\mathbf{U}_u + \mathbf{\Phi}\mathbf{q}} \tag{10.16a}$$

mit $\mathbf{\Phi} = [\mathbf{X}_1\ \mathbf{X}_2\ \ldots\ \mathbf{X}_R\ ]$ = Modalmatrix der an den Hauptfreiheitsgraden gesperrten Struktur („fixed interface modes"), d.h. $\mathbf{U}_u = \mathbf{0}$ und

$$\mathbf{T}^* = -\mathbf{K}_{ss}^{-1}\mathbf{K}_{su}\,. \tag{8.8b}$$

(Hinweis: Für $R = N_s$ ist die Transformation vollständig (exakt)).
Jede Spalte der Matrix $\mathbf{T}^*$ kann interpretiert werden als die statische Verschiebung der Nebenfreiheitsgrade wenn an den Hauptfreiheitsgraden eine Einheitsverschiebung eingeprägt wird. Im Sonderfall, wenn die Zahl der Hauptfreiheitsgrade gleich der Zahl der Starrkörperverschiebungen ist, beinhaltet $\mathbf{T}^*$ die Starrkörperverschiebungen (s. auch Gl. (7.30d)).

Durch Hinzufügen der Identität $\mathbf{U}_u = \mathbf{I}\ \mathbf{U}_u$ lässt sich der Gesamtverschiebungsvektor analog zur Gl. (8.1c) in der Form

$$\mathbf{U} = \begin{bmatrix} \mathbf{U}_s \\ \mathbf{U}_u \end{bmatrix} = \underbrace{\begin{bmatrix} \mathbf{\Phi} & \mathbf{T}^* \\ \mathbf{0} & \mathbf{I} \end{bmatrix}}_{\mathbf{T}_H} \begin{bmatrix} \mathbf{q} \\ \mathbf{U}_u \end{bmatrix} = \mathbf{T}_H \mathbf{U}_H \tag{10.16b}$$

schreiben. Die kondensierten Systemmatrizen erhält man wieder aus der Kongruenztransformation (8.3) mit $\mathbf{T}_H$ anstelle von $\mathbf{T}$:

$$\mathbf{S}_H = \mathbf{T}_H^T \mathbf{S}\,\mathbf{T}_H \qquad \text{mit } (\mathbf{S} = \mathbf{M}, \mathbf{C}, \mathbf{K}). \tag{10.17}$$

Nach Partitionierung der Systemmatrizen bezüglich der Haupt- und Nebenfreiheitsgrade entsprechend Gl. (8.4) ergeben sich die auf $\mathbf{U}_H$ bezogene Systemmatrizen zu

$$\mathbf{S}_H = \begin{bmatrix} \mathbf{S}_{qq} & \mathbf{S}_{qu} \\ \mathbf{S}_{uq} & \mathbf{S}_c \end{bmatrix}, \tag{10.18a}$$

mit den modalen Daten des an den Haupt

$$\mathbf{S}_{qq} = \mathbf{\Phi}^T \mathbf{S}_{ss} \mathbf{\Phi} = \text{modale Systemmatrix}, \tag{10.18b}$$

$$\mathbf{S}_{uq} = (\mathbf{S}_{us} + \mathbf{T}^{*T}\mathbf{S}_{ss})\mathbf{\Phi} = \text{Koppelmatrix} \quad \text{und} \tag{10.18c}$$

$$\mathbf{S}_c = \mathbf{S}_{uu} + \mathbf{T}^{*T}\mathbf{S}_{su} + \mathbf{S}_{us}\mathbf{T}^* + \mathbf{T}^{*T}\mathbf{S}_{ss}\mathbf{T}^*\,. \tag{8.5}$$

Die Untermatrizen $\mathbf{S}_c$ beinhalten die statisch kondensierten Systemmatrizen nach Gl. (8.5). Führt man die Gln. (10.18) einzeln für **M**, **K** und **C** aus, so erhält man

$$\boxed{\mathbf{M}_H = \begin{bmatrix} \boldsymbol{\mu} & \mathbf{M}_{qu} \\ \mathbf{M}_{uq} & \mathbf{M}_c \end{bmatrix}, \quad \mathbf{K}_H = \begin{bmatrix} \boldsymbol{\gamma} & \mathbf{0} \\ \mathbf{0} & \mathbf{K}_c \end{bmatrix} \quad \text{und} \quad \mathbf{C}_H = \begin{bmatrix} \boldsymbol{\Delta} & \mathbf{C}_{qu} \\ \mathbf{C}_{uq} & \mathbf{C}_c \end{bmatrix}} \tag{10.19}$$

mit den modalen Daten des an den Hauptfreiheitsgraden gesperrten Systems:

$$\boldsymbol{\mu} = \mathbf{diag}\,(\mu_r) = \text{modale Massenmatrix}, \tag{9.19a}$$

$$\boldsymbol{\gamma} = \mathbf{diag}\,(\gamma_r) = \text{modale Steifigkeitsmatrix}, \tag{9.19b}$$

$\mathbf{\Delta}$ = modale Dämpfungsmatrix $= \text{diag}\,(\Delta_{rr})$
bei Gültigkeit der Bequemlichkeitshypothese (vgl. Gln.10.3 und 10.5).

Koppelmatrizen:

$$\mathbf{M}_{uq} = (\mathbf{M}_{us} + \mathbf{T}^{*T}\mathbf{M}_{ss})\mathbf{\Phi}, \quad \mathbf{C}_{uq} = (\mathbf{C}_{us} + \mathbf{T}^{*T}\mathbf{C}_{ss})\mathbf{\Phi} \quad \text{und} \tag{10.19c,d}$$

$$\mathbf{K}_{uq} = (\mathbf{K}_{us} + \mathbf{T}^{*T}\mathbf{K}_{ss})\mathbf{\Phi} = (\mathbf{K}_{us} - \mathbf{K}_{us}\mathbf{K}_{ss}^{-1}\mathbf{K}_{ss})\mathbf{\Phi} = \mathbf{0}\ , \tag{10.19e}$$

$\mathbf{K}_c$, $\mathbf{M}_c$, $\mathbf{C}_c$ = statisch kondensierte Steifigkeit-, Massenmatrix und Dämpfungsmatrix nach Gln.(8.5a-c).

Man beachte, dass die Koppelmatrix $\mathbf{K}_{uq}$ der Steifigkeitsmatrix Null wird, ein Zeichen dafür, dass die modalen Freiheitsgrade die unabhängigen Verschiebungsfreiheitsgrade im statischen Fall ($\omega = 0$) nicht beeinflussen.
Mit der Transformation (10.16b), $\mathbf{U} = \mathbf{T}_H\mathbf{U}_H$, lässt sich auch die Modalmatrix $\mathbf{\Phi}_H$ des Matrizenpaares $\mathbf{K}_H$ und $\mathbf{M}_H$ auf die physikalischen Ausgangskoordinaten zurücktransformieren:

$$\mathbf{\Phi} = \mathbf{T}_H\mathbf{\Phi}_H \tag{10.19f}$$

Beispiel: Stab aufgebaut aus drei Elementen nach Gl. (2.1a) (Steifigkeitsmatrix) und Gl. (7.17) (Massenmatrix). Gesucht: HCB-Transformation der Massen- und Steifigkeitsmatrix.

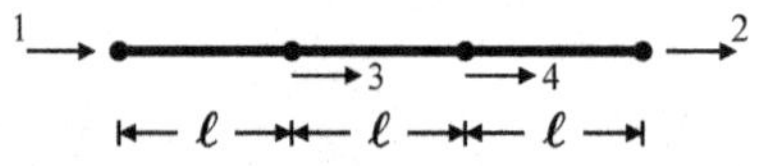

Bild 10-2 Stab mit 4 FHG

Gesamtsystemmatrizen partitioniert entsprechend Gl. (8.4):

$$\mathbf{K} = \frac{EA}{\ell}\left[\begin{array}{cc:cc} \multicolumn{2}{c}{\overbrace{\quad}^{\mathbf{K}_{uu}}} & \multicolumn{2}{c}{\overbrace{\quad}^{\mathbf{K}_{us}}} \\ 1 & 0 & -1 & 0 \\ 0 & 1 & 0 & -1 \\ \hdashline -1 & 0 & 2 & -1 \\ 0 & -1 & -1 & 2 \\ & & \multicolumn{2}{c}{\underbrace{\quad}_{\mathbf{K}_{ss}}} \end{array}\right], \qquad \mathbf{M} = \rho A\ell\left[\begin{array}{cc:cc} \multicolumn{2}{c}{\overbrace{\quad}^{\mathbf{M}_{uu}}} & \multicolumn{2}{c}{\overbrace{\quad}^{\mathbf{M}_{us}}} \\ 1/3 & 0 & 1/6 & 0 \\ 0 & 1/3 & 0 & 1/6 \\ \hdashline 1/6 & 0 & 2/3 & 1/6 \\ 0 & 1/6 & 1/6 & 2/3 \\ & & \multicolumn{2}{c}{\underbrace{\quad}_{\mathbf{M}_{ss}}} \end{array}\right], \tag{10.20a}$$

Eigenwerte (exakte Lösung, R= 4 modale Freiheitsgrade):

$$\boldsymbol{\lambda} = \mathbf{diag}\,(0 \quad 1{,}2 \quad 6 \quad 12)\frac{EA}{\rho A\ell^2}\,, \tag{10.20b}$$

modale Massenmatrix:

$$\boldsymbol{\mu} = \mathbf{diag}\,(3 \quad 1{,}25 \quad 0{,}75 \quad 1)\rho A\ell\,, \tag{10.20c}$$

modale Steifigkeitsmatrix:

$$\boldsymbol{\gamma} = \boldsymbol{\lambda}\,\boldsymbol{\mu} = \mathbf{diag}\,(0 \quad 1{,}5 \quad 4{,}5 \quad 12)\,EA/\ell \tag{10.20d}$$

Modalmatrix (N=4 physikalische und R= 4 modale Freiheitsgrade) :

$$\boldsymbol{\Phi} = \begin{bmatrix} 1 & 1 & 1 & -1 \\ 1 & -1 & 1 & 1 \\ 1 & 0{,}5 & -0{,}5 & 1 \\ 1 & -0{,}5 & -0{,}5 & -1 \end{bmatrix}, \tag{10.20e}$$

statische Kondensierungsmatrix:

$$\mathbf{T}^* = -\mathbf{K}_{ss}^{-1}\mathbf{K}_{su} = -\begin{bmatrix} 2 & -1 \\ -1 & 2 \end{bmatrix}^{-1}\begin{bmatrix} -1 & 0 \\ 0 & -1 \end{bmatrix} = \frac{1}{3}\begin{bmatrix} 2 & 1 \\ 1 & 2 \end{bmatrix},$$

statisch kondensierte Steifigkeitsmatrix nach Gl. (8.9):

$$\mathbf{K}_c = \mathbf{T}^{*T}\mathbf{K}_{su} + \mathbf{K}_{uu} = \frac{EA}{3\ell}\begin{bmatrix} 1 & -1 \\ -1 & 1 \end{bmatrix},$$

statisch kondensierte Massenmatrix nach Gl. (8.5b):

$$\mathbf{M}_c = \mathbf{M}_{uu} + \mathbf{T}^{*T}\mathbf{M}_{su} + \mathbf{M}_{us}\mathbf{T}^* + \mathbf{T}^{*T}\mathbf{M}_{ss}\mathbf{T}^* = \rho A\ell\begin{bmatrix} 1 & 0{,}5 \\ 0{,}5 & 1 \end{bmatrix}.$$

Die Lösung des Eigenwertproblems $(-\omega^2\,\mathbf{M}_{ss} + \mathbf{K}_{ss})\mathbf{X} = \mathbf{0}$ liefert die Modaldaten des an $\mathbf{U}_u$ gesperrten Systems:

$$\boldsymbol{\mu} = \mathbf{diag}\,(5/3 \quad 1)\,\rho A\ell, \qquad \boldsymbol{\Phi} = \begin{bmatrix} 1 & 1 \\ 1 & -1 \end{bmatrix}, \tag{10.21a,b}$$

$$\boldsymbol{\lambda} = \boldsymbol{\omega}^2 = \mathbf{diag}\,(1{,}2 \quad 6)\frac{E}{\rho\ell^2}, \qquad \boldsymbol{\gamma} = \mathbf{diag}\,(2 \quad 6)\frac{EA}{\ell}\,. \tag{10.21c,d}$$

Vollständige (R = 2) Koppelmatrix nach Gl.(10.19c):

$$\mathbf{M}_{uq} = (\mathbf{M}_{us} + \mathbf{T}^{*T}\,\mathbf{M}_{ss})\boldsymbol{\Phi} = \rho A\ell\begin{bmatrix} 1 & 1/3 \\ 1 & -1/3 \end{bmatrix}.$$

Systemmatrizen nach vollständiger HCB-Transformation auf die Freiheitsgrade $\mathbf{U}_H^T = [q_1 \quad q_2 \quad U_1 \quad U_2]$

$$\mathbf{K}_H = \frac{EA}{\ell}\left[\begin{array}{cc|cc} 2 & 0 & 0 & 0 \\ 0 & 6 & 0 & 0 \\ \hline 0 & 0 & 1/3 & -1/3 \\ 0 & 0 & -1/3 & 1/3 \end{array}\right] \quad \text{und}$$

$$\mathbf{M}_H = \rho A \ell \left[\begin{array}{cc|cc} 5/3 & 0 & 1 & 1 \\ 0 & 1 & 1/3 & -1/3 \\ \hline 1 & 1/3 & 1 & 0{,}5 \\ 1 & -1/3 & 0{,}5 & 1 \end{array}\right]. \tag{10.22}$$

Die Lösung des Eigenwertproblems mit den vollständigen (4x4)-Matrizen $\mathbf{K}_H$ und $\mathbf{M}_H$ liefert die gleichen exakten Modaldaten (10.20b-d) wie die der Ausgangsmatrizen **K** und **M**.

In der Tabelle 10-1 sind die Eigenwerte λ_i für verschiedene Kondensierungsstufen R angegeben. Man erkennt, dass bei R = 1(a) der zweite Eigenwert λ_2 gegenüber R = 0 nicht verbessert wird, während λ_3 den exakten Wert annimmt. Der Grund dafür ist darin zu sehen, dass sowohl der 3. Eigenvektor des exakten Systems (s. Gl. (10.20d)) als auch der zur Korrektur benutzte 1. Eigenvektor des gesperrten Systems (s. Gl. (10.21b)) antimetrisch zur Stabmitte sind. Grundsätzlich lässt sich sagen, dass die Verbesserung umso größer ist, je mehr sich die zur Korrektur benutzten Eigenvektoren des gesperrten Systems und die des Gesamtsystems ähneln. Verwendet man im Beispiel zur Korrektur den 2. Eigenvektor des gesperrten Systems, der ebenso wie der 2. Eigenvektor des Gesamtsystems symmetrisch ist, Fall R = 1(b), so nimmt der 2. Eigenwert den exakten Wert an.

Tabelle 10-1: Eigenwerte für verschiedene Kondensierungsstufen

R		λ_1	λ_2	λ_3	λ_4
0	statische Kondensation	0	1,3333	-	-
1(a)	HCB -Reduktion 1. EF	0	1,3333	6	-
1(b)	HCB- Reduktion 2. EF	0	1,2	12	-
2	vollständige HCB -Transformation (exakt)	0	1,2	6	12

10.2.2 Die Martinez-Craig-Chang (MCC) Transformation

Diese Transformation beruht auf dem Gedanken von Craig, Chang (1977) in der Formulierung von Martinez (1984) im (Folgenden als MCC-Transformation bezeichnet), die Eigenformen des an den Hauptfreiheitsgraden freien Systems (d. h. nicht gesperrt wie bei der HCB-Transformation) zu benutzen und den Einfluss der vernachlässigten höheren Eigenformen quasistatisch zu berücksichtigen. Die modale Transformation (10.4a) wird dazu aufgeteilt in zwei Anteile:

$$\boxed{\mathbf{U} = \sum_r \mathbf{X}_{\mathrm{eff},r} q_{\mathrm{eff},r} + \sum_s \mathbf{X}_{\mathrm{res},s} q_{\mathrm{res},s} = \mathbf{\Phi}_{\mathrm{eff}} \mathbf{q}_{\mathrm{eff}} + \mathbf{\Phi}_{\mathrm{res}} \mathbf{q}_{\mathrm{res}}} \tag{10.23}$$

$(r = 1, 2, \ldots, R < N;\ s = R+1, \ldots, N)$,

wobei der erste Anteil die R effektiven Eigenformen $\mathbf{\Phi}_{\mathrm{eff}} = [\mathbf{X}_1 \ldots \mathbf{X}_R]$ und der zweite Anteil die restlichen (Residual-) Eigenformen $\mathbf{\Phi}_{\mathrm{res}} = [\mathbf{X}_{R+1} \ldots \mathbf{X}_N]$ enthält. Betrachtet man den Spektralaufbau der statischen Nachgiebigkeitsmatrix (10.15b), so lässt sich ein statischer Verschiebungsvektor $\mathbf{U}_{\mathrm{stat,u}}$ infolge eines an N_u Hauptfreiheitsgraden aufgebrachten Lastvektors $\mathbf{F}_u$ ebenfalls in diese beiden Anteile aufspalten:

$$\begin{aligned}\mathbf{U}_{\mathrm{stat,u}} &= \mathbf{K}^{-1}\mathbf{F}_u = \underbrace{\left(\sum_r \frac{1}{\gamma_{\mathrm{eff},r}} \mathbf{X}_{\mathrm{eff},r} \mathbf{X}^T_{\mathrm{eff},r,u} + \sum_s \frac{1}{\gamma_{\mathrm{res},s}} \mathbf{X}_{\mathrm{res},s} \mathbf{X}^T_{\mathrm{res},s,u}\right)}_{\mathbf{K}_u^{-1}} \mathbf{F}_u \\ &= \underbrace{(\mathbf{\Phi}_{\mathrm{eff}}\, \gamma^{-1}_{\mathrm{eff}} \mathbf{\Phi}^T_{\mathrm{eff,u}} + \mathbf{\Phi}_{\mathrm{res}}\, \gamma^{-1}_{\mathrm{res}} \mathbf{\Phi}^T_{\mathrm{res,u}})}_{\mathbf{K}_u^{-1}}\, \mathbf{F}_u\end{aligned} \tag{10.24}$$

Ersetzt man den zweiten Term von (10.23) durch den von (10.24) unter Berücksichtigung, dass nur $N_u < N$ Kräfte als Unbekannte an den Hauptfreiheitsgraden eingeführt werden, so ergibt sich

$$\mathbf{U} = \mathbf{\Phi}_{\mathrm{eff}}\, \mathbf{q}_{\mathrm{eff}} + \mathbf{G}_u \mathbf{F}_u = \underbrace{[\mathbf{\Phi}_{\mathrm{eff}} \quad \mathbf{G}_u]}_{\mathbf{T}_{M1}} \underbrace{\begin{bmatrix} \mathbf{q}_{\mathrm{eff}} \\ \mathbf{F}_u \end{bmatrix}}_{\mathbf{U}_{M1}} \tag{10.25a}$$

mit der (N, N_u) Residualnachgiebigkeitsmatrix

$$\mathbf{G}_u = \sum_s \frac{1}{\gamma_{\mathrm{res},s}} \mathbf{X}_{\mathrm{res},s}\, \mathbf{X}^T_{\mathrm{res},s,u} = \mathbf{\Phi}_{\mathrm{res}}\, \gamma^{-1}_{\mathrm{res}} \mathbf{\Phi}^T_{\mathrm{res,u}} \tag{10.25b}$$

$(r = 1, 2, \ldots, R < N;\ s = R+1, \ldots, N)$.

Der Kraftvektor $\mathbf{F}_u^T = [F_1 \quad F_2 \quad \ldots \quad F_{Nu}]$ enthält die N_u Kräfte an den N_u Hauptfreiheitsgraden. Die Spalten von $\mathbf{G}_u$ beinhalten die Restverschiebungen infolge von Einheitslasten an den Hauptfreiheitsgraden. Generell gibt der Index u an, dass sich die Matrizen und Vektoren nur auf die Komponenten an den Hauptfreiheitsgraden beziehen. Die Berechnung der Residualnachgiebigkeitsmatrix nach obiger Gleichung

(10.25b) erfordert die Berechnung aller N-R residualen Modaldaten, was bei komplexen Strukturen mit vielen Freiheitsgraden zu aufwändig und auch unnötig ist, wenn die statische Nachgiebigkeitsmatrix $\mathbf{K}_u^{-1}$ bekannt ist. Aus dem Spektralaufbau der Nachgiebigkeitsmatrix $\mathbf{K}_u^{-1}$ der Größe (N,N_u) in der Gl. (10.24) lässt sich die Residualnachgiebigkeitsmatrix $\mathbf{G}_u$ ausdrücken durch

$$\mathbf{G}_u = \mathbf{\Phi}_{res}\,\gamma_{res}^{-1}\mathbf{\Phi}_{res,u}^T = \mathbf{K}_u^{-1} - \mathbf{\Phi}_{eff}\,\gamma_{eff}^{-1}\mathbf{\Phi}_{eff,u}^T \tag{10.25c}$$

Daraus ergibt sich, dass zur Berechnung von $\mathbf{G}_u$ die Berechnung der residualen Modaldaten nicht erforderlich ist. Eine vollständige Transformation (kein Approximationsfehler) ergibt sich für $N_u = N - R$. In diesem Fall liefert das Produkt $\mathbf{G}_u\ \mathbf{F}_u$ eine Linearkombination der N_u Residualeigenformen und ist daher dem vollständigen Ansatz (10.23) gleichwertig.

Die Transformation (8.3) der Systemmatrizen auf die Freiheitsgrade $\mathbf{U}_{M1}^T = \begin{bmatrix}\mathbf{q}_{eff}^T & \mathbf{F}_u^T\end{bmatrix}$ mit Hilfe der Matrix $\mathbf{T}_{M1}$ liefert

$$\mathbf{K}_{M1} = \begin{bmatrix}\gamma_{eff} & \mathbf{0}\\ \mathbf{0} & \mathbf{G}_u^T\mathbf{K}\mathbf{G}_u\end{bmatrix} \quad \text{und} \quad \mathbf{M}_{M1} = \begin{bmatrix}\boldsymbol{\mu}_{eff} & \mathbf{0}\\ \mathbf{0} & \mathbf{G}_u^T\mathbf{M}\mathbf{G}_u\end{bmatrix} \tag{10.26a,b}$$

mit der modalen Steifigkeitsmatrix $\gamma_{eff} = \mathbf{\Phi}_{eff}^T\mathbf{K}\,\mathbf{\Phi}_{eff}$ und der modalen Massenmatrix $\boldsymbol{\mu}_{eff} = \mathbf{\Phi}_{eff}^T\mathbf{M}\,\mathbf{\Phi}_{eff}$. Die Nullmatrizen auf den Nebendiagonalen von (10.26a, b) ergeben sich aus den Orthogonalitätsbedingungen $\mathbf{G}_u^T\mathbf{K}\,\mathbf{\Phi}_{eff} = \mathbf{0}$ und $\mathbf{G}_u^T\mathbf{M}\,\mathbf{\Phi}_{eff} = \mathbf{0}$.

Zur Kopplung mit anderen Teilstrukturen sind diese Matrizen noch nicht geeignet. Sie müssen noch auf die Hauptverschiebungsfreiheitsgrade $\mathbf{U}_u$ transformiert werden. Dies geschieht durch Elimination des Kraftvektors $\mathbf{F}_u$. Nach Partitionierung von $\mathbf{U}$ bezüglich der Haupt- und Nebenfreiheitsgrade kann (10.25a) wie folgt beschrieben werden:

$$\mathbf{U} = \begin{bmatrix}\mathbf{U}_s\\ \mathbf{U}_u\end{bmatrix} = \begin{bmatrix}\mathbf{\Phi}_{eff,s} & \mathbf{G}_{su}\\ \mathbf{\Phi}_{eff,u} & \mathbf{G}_{uu}\end{bmatrix}\begin{bmatrix}\mathbf{q}_{eff}\\ \mathbf{F}_u\end{bmatrix}. \tag{10.27}$$

Aus der zweiten Zeile lässt sich $\mathbf{F}_u$ ausdrücken durch

$$\mathbf{F}_u = \mathbf{G}_{uu}^{-1}(-\mathbf{\Phi}_{eff,u}\,\mathbf{q}_{eff} + \mathbf{U}_u)\ ,$$

woraus sich die Transformationsmatrix $\mathbf{T}_{M2}$ ergibt zu:

$$\underbrace{\begin{bmatrix}\mathbf{q}_{eff}\\ \mathbf{F}_u\end{bmatrix}}_{\mathbf{U}_{M1}} = \underbrace{\begin{bmatrix}\mathbf{I} & \mathbf{0}\\ -\mathbf{G}_{uu}^{-1}\,\mathbf{\Phi}_{eff,u} & \mathbf{G}_{uu}^{-1}\end{bmatrix}}_{\mathbf{T}_{M2}}\underbrace{\begin{bmatrix}\mathbf{q}_{eff}\\ \mathbf{U}_u\end{bmatrix}}_{\mathbf{U}_M}. \tag{10.28}$$

Die Matrix $\mathbf{T}_{M2}$ transformiert die Matrizen (10.26) auf die Freiheitsgrade $\mathbf{U}_M^T = \left[\mathbf{q}_{eff}^T \quad \mathbf{U}_u^T\right]$:

$$\mathbf{K}_M = \begin{bmatrix} \gamma_{eff} + \mathbf{\Phi}_{eff,u}^T \mathbf{G}_{uu}^{-1} \mathbf{\Phi}_{eff,u} & -\mathbf{\Phi}_{eff,u}^T \mathbf{G}_{uu}^{-1} \\ \text{sym.} & \mathbf{G}_{uu}^{-1} \end{bmatrix} \quad \text{und} \tag{10.29a}$$

$$\mathbf{M}_M = \begin{bmatrix} \mu_{eff} + \mathbf{\Phi}_{eff,u}^T \mathbf{M}^* \mathbf{\Phi}_{eff,u} & -\mathbf{\Phi}_u^T \mathbf{M}^* \\ \text{sym.} & \mathbf{M}^* \end{bmatrix} \tag{10.29b}$$

mit $\mathbf{M}^* = \mathbf{T}_M^{*T} \mathbf{M} \mathbf{T}_M^*$ mit $\mathbf{T}_M^* = \mathbf{G}_u \mathbf{G}_{uu}^{-1}$.

$\mathbf{G}_{uu}^{-1}$ kann interpretiert werden als Residualsteifigkeitsmatrix und $\mathbf{M}^*$ als eine durch $\mathbf{T}_M^*$ statisch reduzierte Massenmatrix. Die Hintereinanderschaltung der Transformationen (10.25a) und (10.28), $\mathbf{U} = \mathbf{T}_{M1}\mathbf{U}_{M1}$ und $\mathbf{U}_{M1} = \mathbf{T}_{M2}\mathbf{U}_M$, liefert den Zusammenhang zwischen den physikalischen Ausgangskoordinaten $\mathbf{U}$ und den reduzierten Koordinaten $\mathbf{U}_M^T = \left[\mathbf{q}_{eff}^T \quad \mathbf{U}_u^T\right]$

$$\mathbf{U} = \underbrace{\mathbf{T}_{M1}\mathbf{T}_{M2}}_{\mathbf{T}_M} \mathbf{U}_M = \mathbf{T}_M \mathbf{U}_M \tag{10.30a}$$

Mit dieser Transformation lässt sich auch die Modalmatrix $\mathbf{\Phi}_M$ des Matrizenpaares $\mathbf{K}_M$ und $\mathbf{M}_M$ auf die physikalischen Ausgangskoordinaten zurücktransformieren:

$$\mathbf{\Phi} = \mathbf{T}_M \mathbf{\Phi}_M \tag{10.30b}$$

Beispiel: Stab, wie Kap.10.2.1, vollständige Transformation mit $R = 2$ effektiven Eigenformen und $N_u = 2$ Hauptfreiheitsgraden

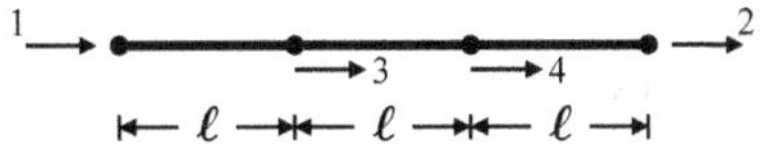

$$\mathbf{U}_M^T = [q_1 \quad q_2 \quad U_1 \quad U_2].$$

Effektive Modaldaten (s. Gln. (10.20b-e) bezüglich der effektiven modalen Freiheitsgrade q_1 und q_2):

$$\gamma_{eff} = \mathbf{diag}\,(0 \quad 1{,}5)\frac{EA}{\ell}, \qquad \mu_{eff} = \mathbf{diag}\,(3 \quad 1{,}25)\,\rho A \ell \quad \text{und} \quad \mathbf{\Phi}_u^{eff} = \begin{bmatrix} 1 & 1 \\ 1 & -1 \end{bmatrix}.$$

Residuale Modaldaten (s. Gln. (10.20b-e) bezüglich der residualen modalen Freiheitsgrade q_3 und q_4):

$$\gamma_{res} = \mathbf{diag}\,(4{,}5 \quad 12)\frac{EA}{\ell}\,, \qquad \boldsymbol{\mu}_{res} = \mathbf{diag}\,(0{,}75 \quad 1)\rho A\ell\,,$$

$$\boldsymbol{\Phi}_{res} = \begin{array}{c} \\ 1 \\ 2 \\ 3 \\ 4 \end{array}\left[\begin{array}{cc} 3 & 4 \\ 1 & -1 \\ 1 & 1 \\ \hline -0.5 & 1 \\ -0.5 & -1 \end{array}\right] \left.\right\}\boldsymbol{\Phi}_{res,u} \quad \text{und} \quad \mathbf{G}_u = \boldsymbol{\Phi}_{res}\,\gamma_{res}^{-1}\boldsymbol{\Phi}_{res,u}^{T} = \frac{\ell}{36EA}\left[\begin{array}{cc} 11 & 5 \\ 5 & 11 \\ \hline -7 & -1 \\ -1 & -7 \end{array}\right] \left.\right\}\mathbf{G}_{uu}\,.$$

$$\boldsymbol{\Phi}_{u,eff}^{T}\mathbf{M}^{*}\boldsymbol{\Phi}_{u,eff} = \rho A\ell\begin{bmatrix} 0{,}75 & 0 \\ 0 & 1 \end{bmatrix}, \qquad \boldsymbol{\Phi}_{u,eff}^{T}\mathbf{G}_{uu}^{-1}\boldsymbol{\Phi}_{u,eff} = \frac{EA}{\ell}\begin{bmatrix} 4{,}5 & 0 \\ 0 & 12 \end{bmatrix},$$

$$\mathbf{K}_M = \frac{EA}{\ell}\left[\begin{array}{cc|cc} 4{,}5 & 0 & -2{,}25 & -2{,}25 \\ 0 & 13{,}5 & -6 & 6 \\ \hline & & 4{,}125 & -1{,}875 \\ \text{sym.} & & -1{,}875 & 4{,}125 \end{array}\right],$$

$$\mathbf{T}_M^{*} = \mathbf{G}_u\mathbf{G}_{uu}^{-1} = \left[\begin{array}{cc} 1 & 0 \\ 0 & 1 \\ \hline -0{,}75 & 0{,}25 \\ 0{,}25 & -0{,}75 \end{array}\right] \quad \text{und}$$

$$\mathbf{M}_M = \rho A\ell\left[\begin{array}{cc|cc} 3{,}75 & 0 & -0{,}375 & -0{,}375 \\ 0 & 2{,}25 & -0{,}5 & 0{,}5 \\ \hline & & 0{,}4375 & -0{,}0625 \\ \text{sym.} & & -0{,}0625 & 0{,}4375 \end{array}\right].$$

Die Lösung des Eigenwertproblems mit den auf 2 physikalische und 2 modale Freiheitsgrade transformierten Matrizen $\mathbf{K}_M$ und $\mathbf{M}_M$ liefert wieder die gleichen Modaldaten (10.20b-d) wie die der Ausgangsmatrizen **K** und **M**.
Bei Vielfreiheitsgrad- Systemen erreicht man eine Ordnungsreduktion falls $R + N_u < N$. Empfehlenswert ist die Definition der N_u physikalischen Hauptfreiheitsgrade an solchen Freiheitsgraden, die für eine Kopplung mit anderen Teilstrukturen benötigt werden.

10.2.3 Teilstruktur-Kopplung

Im Kap.8.3 hatten wir die Teilstrukturtechnik kennengelernt, die den Zusammenbau von Teilstrukturmatrizen an ausgewählten Kopplungsfreiheitsgraden gemäß Gl. (8.16) ermöglicht. Diese Technik kann auch für die modal nach HCB oder MCC transformierten Teilstrukturmatrizen benutzt werden. Es muss dabei nur darauf geachtet werden, dass die Zahl N_u der Hauptfreiheitsgrade mindestens so groß wie die Zahl der Koppelfreiheitsgrade ist.

Beispiel: Kopplung des Stabs nach Bild 10-3 mit einer Feder der Steifigkeit EA/ℓ am Freiheitsgrad Nr.1.

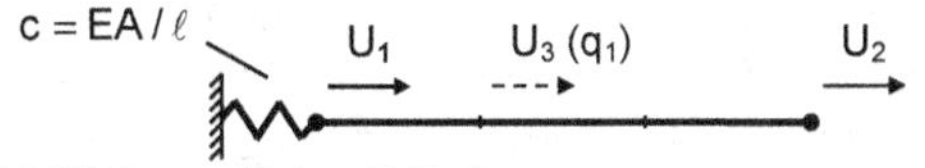

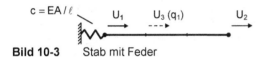

Bild 10-3 Stab mit Feder

Der Stab sei zunächst auf die 3 Freiheitsgrade $\mathbf{U}^T = [q_1 \quad U_1 \quad U_2]$ nach HCB und MCC als auch statisch auf die Freiheitsgrade $\mathbf{U}^T = [U_1 \quad U_2 \quad U_3]$ reduziert worden. Anschließend erfolgt eine Kopplung am Freiheitsgrad U_1 mit der Feder als Teilstruktur. Aus der Gl. (8.16) folgt, dass bei diesem einfachen Fall dem Hauptdiagonalelement K_{11} der Stab-Steifigkeitsmatrix die Federsteifigkeit c hinzu addiert wird. Die Tabelle 10-2 enthält einen Vergleich der Eigenwerte der gekoppelten Teilstrukturen, die sich bei den drei Reduktionsmethoden im Vergleich zur exakten Lösung ergeben.

Tabelle 10-2 Eigenwerte des gekoppelten Systems

Reduktion	λ_1	λ_2	λ_3	λ_4
HCB	1,603	2,170	7,670	-
MCC	1,603	2,171	7,671	-
statisch	1,657	1,903	9,514	-
exakt	1,600	1,846	7,288	13,37

Wie bei jedem Näherungsverfahren ist auch hier die Frage nach dem zulässigen Reduktionsgrad von Bedeutung, mit dem eine gegebene Genauigkeitsanforderung erfüllt werden kann. Eine Grundforderung besteht darin, dass das statische Verhalten an den Hauptfreiheitsgraden unabhängig vom Reduktionsgrad exakt wiedergegeben werden muss, da sonst auch die Statik des Gesamtsystems verletzt wurde. Diese Forderung ist bei allen hier behandelten Reduktionsverfahren erfüllt. Die nächste Frage betrifft die Anzahl und die Art der zur Verbesserung der Dynamik der gekoppelten Gesamtstruktur mitgenommenen effektiven Eigenformen. Eine wichtige Größe ist dabei das Verhältnis $\alpha = \lambda^A_{min}/\lambda_{max}$, wobei λ_{max} der höchste Gesamtstruktureigenwert ist, der noch dargestellt werden soll, und λ^A_{min} der kleinste Residual-

eigenwert der Teilstruktur A beim MCC Verfahren bzw. der höchste Eigenwert des an den Nebenfreiheitsgraden gesperrten Systems beim HCB- Verfahren.
Die Genauigkeit von λ_{max} steigt bei Vergrößerung des Verhältnisses α. Im Beispiel wurde mit $\alpha = 1{,}2/1{,}6 = 0{,}75$ bereits nahezu exakte Übereinstimmung des ersten Eigenwertes (s. Tabelle 10-2) erzielt. Falls gerade nur so viele Hauptfreiheitsgrade wie Kopplungsfreiheitsgrade verwendet werden, müssen die Eigenwertverhältnisse im Allgemeinen größer gewählt werden (typisch ist $\alpha \geq 2$), um auf eine vergleichbare Genauigkeit zu kommen. Im Vergleich zur statischen Reduktion liefert die modale Reduktion im Allgemeinen bessere Ergebnisse für die höheren Eigenwerte. Nachteilig ist, dass die Konvergenz keinen monotonen Charakter hat. Die Güte der Näherung hängt nicht nur von der Anzahl der effektiven Eigenformen sondern auch davon ab, wie gut sich mit den Teilstruktur-Ansätzen (10.16a) und (10.25a) die Gesamtstruktureigenformen im Sinne des Ritzschen Verfahrens, Kap.4, beschreiben lassen. Beste Ergebnisse werden erzielt, wenn man die Zahl der Hauptfreiheitsgrade etwa so groß wie bei einer statischen Kondensation wählt. Die Berücksichtigung zusätzlicher modaler Freiheitsgrade in der HCB- und der MCC-Transformation kann dann als dynamische Erweiterung der statisch kondensierten Systemmatrizen aufgefasst werden.

11 Berechnung der dynamischen Antwort

Unter der dynamischen Antwort eines Tragwerks verstehen wir zunächst die Verschiebungen $\mathbf{U}(t)$, die Geschwindigkeiten $\dot{\mathbf{U}}(t)$ und die Beschleunigungen $\ddot{\mathbf{U}}(t)$, d.h. Lösungen der Bewegungsgleichungen für eine gegebene dynamische Anregung, sei es durch gegebene Anfangsverschiebungen $\mathbf{U}_0$ oder Anfangsgeschwindigkeiten $\dot{\mathbf{U}}_0$ (freie Schwingungen) oder durch zeitveränderliche Kräfte $\mathbf{F}(t)$. Mit Kenntnis der Antwort $\mathbf{U}(t)$ ist es dann möglich, die Knotenpunktskräfte und daraus die Spannungen als Funktion der Zeit in jedem Element zu berechnen. Die Arten der dynamischen Anregung können in drei Gruppen eingeteilt werden:

1. Ausschwingvorgänge, die dadurch gekennzeichnet sind, dass die Anfangswerte $\mathbf{U}_0$ und $\dot{\mathbf{U}}_0$ gegeben, die Erregerkräfte $\mathbf{F}(t)$ jedoch Null sind.
2. Periodische Erregerkräfte, die durch einen Zeitverlauf gekennzeichnet sind, der sich nach einer festen Periode T wiederholt.
3. Nichtperiodische Erregerkräfte, gekennzeichnet durch einen beliebigen Zeitverlauf. Dieser Fall wird auch transiente Erregung genannt.

11.1 Freie Schwingungen (Ausschwingvorgänge)

Eine Anfangsauslenkung $\mathbf{U}_0$ entsteht, wenn z. B. zum Zeitpunkt $t = 0$ eine Last $\mathbf{F}$ schlagartig entfernt wird (plötzlicher Bruch eines tragenden Bauteils). Die statische Auslenkung vor der Entfernung der Last ist dann die Anfangsauslenkung für den darauf folgenden Ausschwingvorgang:

$$\mathbf{F} = \mathbf{K}\,\mathbf{U}_0 \quad \rightarrow \quad \mathbf{U}_0 = \mathbf{K}^{-1}\,\mathbf{F} \ . \tag{11.1}$$

Eine Anfangsgeschwindigkeit $\dot{\mathbf{U}}_0$ kann durch einen Impulsvektor (z.B. Hammerschlag)

$$\mathbf{J} = \int_0^{\tau} \mathbf{F}(t)\,dt \tag{11.2a}$$

erzeugt werden, falls die Impulsdauer τ klein gegenüber der kürzesten Periodendauer T_0 des Tragwerks ist ($\tau << T_0$). In diesem Fall gilt:

$$\mathbf{J} = \mathbf{M}\,\dot{\mathbf{U}}_0 \quad \rightarrow \quad \dot{\mathbf{U}}_0 = \mathbf{M}^{-1}\,\mathbf{J} \ . \tag{11.2b}$$

Die Lösung der Bewegungsgleichung ist demnach identisch der Lösung für das Eigenschwingungsproblem. Es müssen lediglich die dort auftretenden Integrationskonstanten auf die Anfangswerte angepasst werden.

11.1.1 Der gedämpfte Einfachschwinger

Die Berechnung der freien Schwingung wollen wir zunächst für den Einfachschwinger in reeller Form (9.25b) durchführen. In diesem Fall reduziert sich die Eigenform auf die Amplituden ψ^{re} und ψ^{im}, die Integrationskonstanten darstellen, und die wir zur Vereinfachung der Schreibweise durch die neuen Integrationskonstanten $c_1 = 2\psi^{re}$ und $c_2 = 2\psi^{im}$ ersetzen wollen. Die Gl. (9.25b) schreibt sich dann in der Form

$$\boxed{U(t) = e^{-\delta t}(c_1 \cos \nu t - c_2 \sin \nu t)} \;. \tag{11.3a}$$

Die Ableitung liefert die Geschwindigkeit

$$\dot{U}(t) = e^{-\delta t}\left[(-c_1\delta - c_2\nu)\cos \nu t + (c_2\delta - c_1\nu)\sin \nu t\right] \;. \tag{11.3b}$$

Stellt man die beiden Gleichungen in Matrixform zusammen, so erhält man einen Zusammenhang für den Schwingungszustand $\mathbf{U}_z(t)$ zu einem beliebigen Zeitpunkt t in Abhängigkeit von den Integrationskonstanten:

$$\mathbf{U}_z(t) = \begin{bmatrix} U(t) \\ \dot{U}(t) \end{bmatrix} = \underbrace{\left[\begin{array}{c|c} \bar{s}_1 & \bar{s}_2 \\ \hline \dot{\bar{s}}_1 & \dot{\bar{s}}_2 \end{array}\right]}_{\bar{\mathbf{S}}} \begin{bmatrix} c_1 \\ c_2 \end{bmatrix} = \bar{\mathbf{S}}\,\mathbf{c} \;. \tag{11.3c}$$

mit den Matrixkoeffizienten

$$\bar{s}_1 = e^{-\delta t}\cos \nu t, \qquad \bar{s}_2 = -e^{-\delta t}\sin \nu t,$$

$$\dot{\bar{s}}_1 = e^{-\delta t}(-\nu \sin \nu t - \delta \cos \nu t), \qquad \dot{\bar{s}}_2 = e^{-\delta t}(-\nu \cos \nu t + \delta \sin \nu t)$$

und den zuvor eingeführten Bezeichnungen

$\nu = \omega\sqrt{1-\xi^2}$ = gedämpfte Eigenfrequenz,

$\delta = \omega\xi$ = Abklingkonstante,

ω = ungedämpfte Eigenfrequenz und

ξ = Bruchteil der kritischen Dämpfung (Lehrsches Dämpfungsmaß).

Die Integrationskonstanten c_1 und c_2 können nun auf die Anfangsverschiebung U_0 und die Anfangsgeschwindigkeit $\dot{U}_0$ angepasst werden mit Hilfe der Bedingungen

$$U_0 = U(t=0) \text{ und } \dot{U}_0 = \dot{U}(t=0) \;.$$

Diese Bedingungen eingesetzt in die Gl. (11.3c) führt auf:

$$\mathbf{U}_{z0} = \begin{bmatrix} U_0 \\ \dot{U}_0 \end{bmatrix} = \begin{bmatrix} 1 & 0 \\ -\delta & -\nu \end{bmatrix} \begin{bmatrix} c_1 \\ c_2 \end{bmatrix} = \bar{\mathbf{S}}_0\,\mathbf{c} \;. \tag{a}$$

Die Auflösung dieser Gleichung liefert dann die Integrationskonstanten in Abhängigkeit von dem Anfangszustand:

$$\begin{bmatrix} c_1 \\ c_2 \end{bmatrix} = \overline{\mathbf{S}}_0^{-1}\,\mathbf{U}_{z0} = \underbrace{\begin{bmatrix} 1 & 0 \\ -\delta/\nu & -1/\nu \end{bmatrix}}_{\overline{\mathbf{S}}_0^{-1}} \begin{bmatrix} U_0 \\ \dot{U}_0 \end{bmatrix} = \begin{bmatrix} U_0 \\ -U_0\,\delta/\nu - \dot{U}_0/\nu \end{bmatrix}. \tag{b}$$

Einsetzen der Integrationskonstanten in die Gl. (11.3c) liefert den Zusammenhang zwischen dem Schwingungszustand $\mathbf{U}_z(t)$ zu einem beliebigen Zeitpunkt t in Abhängigkeit des Anfangszustands $\mathbf{U}_{z0}$ zum Zeitpunkt t_0 (daher auch Zustandsraumdarstellung genannt):

$$\boxed{\begin{bmatrix} U(t) \\ \dot{U}(t) \end{bmatrix} = \mathbf{U}_z(t) = \underbrace{\overline{\mathbf{S}}(t)\overline{\mathbf{S}}_0^{-1}}_{\mathbf{S}}\,\mathbf{U}_{z0} = \begin{bmatrix} s_1 & s_2 \\ \dot{s}_1 & \dot{s}_2 \end{bmatrix} \begin{bmatrix} U_0 \\ \dot{U}_0 \end{bmatrix} = \mathbf{S}(t)\,\mathbf{U}_{z0}}\,. \tag{11.4a}$$

$\mathbf{S}(t)$ wird als Überführungsmatrix oder <u>Fundamentalmatrix</u> bezeichnet. Sie überführt den Schwingungszustand zum Zeitpunkt $t = t_0$ in einen Zustand zum Zeitpunkt t. Ihre Koeffizienten beinhalten die <u>Abklingfunktionen</u>

$$\boxed{\begin{array}{ll} s_1 = e^{-\delta t}(\cos\nu t + \delta/\nu \sin\nu t), & s_2 = 1/\nu\, e^{-\delta t}\sin\nu t, \\ \dot{s}_1 = e^{-\delta t}(-\delta^2/\nu - \nu)\sin\nu t \quad \text{und} & \dot{s}_2 = e^{-\delta t}(\cos\nu t - \delta/\nu \sin\nu t) \end{array}}\,. \tag{11.4b}$$

Mit Kenntnis der Verschiebung und der Geschwindigkeit lässt sich Beschleunigung direkt aus der Bewegungsgleichung berechnen:

$$\ddot{U}(t) = -1/M(C\,\dot{U} + K\,U)\,. \tag{11.5}$$

Beispiel: Das Bild 11-1 zeigt den typischen über die Zeit abklingenden Verlauf der Abklingfunktion s_1, die die Verschiebung bei den Anfangsbedingungen $U_0 = 1$ und $\dot{U}_0 = 0$ beschreibt. Für die Darstellung im Bild 11-1 wurde die Dämpfung $\xi = 2\%$ und die Eigenfrequenz $f = \omega/2\pi = 3{,}961$ Hz gewählt.

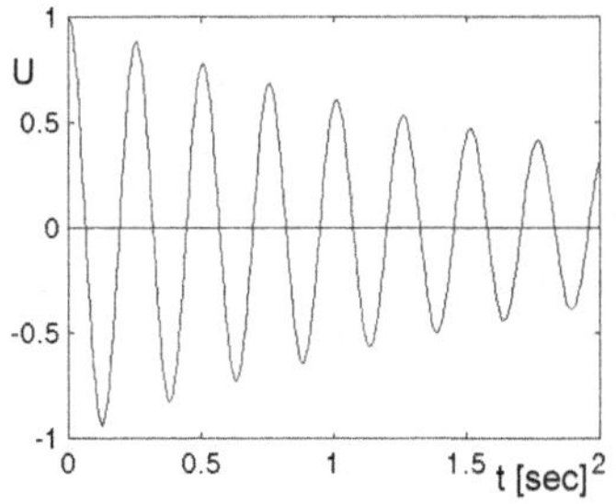

Bild 11-1 Ausschwingverlauf

11.1.2 Der gedämpfte Mehrfachschwinger

Zur Lösung der freien Schwingungsantwort bei gegebenen Anfangsverschiebungen und Anfangsgeschwindigkeiten benutzen wir jetzt wegen der kompakteren Schreibweise die Lösung in der Zustandsformdarstellung (vgl. Gl.9.28)

$$\mathbf{U}_z = \begin{bmatrix} \mathbf{U} \\ \dot{\mathbf{U}} \end{bmatrix} \quad \text{und der komplexen Modalmatrix} \quad \boldsymbol{\Psi}_z^T = \begin{bmatrix} \boldsymbol{\Psi}^T & \mathbf{p}\boldsymbol{\Psi}^T \end{bmatrix}.$$

Dies führt zur Darstellung der Lösung in der Form

$$\mathbf{U}_z(t) = \sum_r (c_r\, \psi_{z,r}\, e^{p_r t}) = \boldsymbol{\Psi}_z\, \mathbf{diag}(e^{p_r t})\mathbf{c} \quad (r = 1, \dots, 2N)\ . \tag{11.6a}$$

Die Integrationskonstanten in dem Vektor **c** werden nun auf Anfangsverschiebungen und Anfangsgeschwindigkeiten $\mathbf{U}_{z0}^T = \begin{bmatrix} \mathbf{U}_0^T & \dot{\mathbf{U}}_0^T \end{bmatrix}$ angepasst durch die Bedingungen

$$\mathbf{U}_{z0} = \mathbf{U}_z(t=0) = \boldsymbol{\Psi}_z \mathbf{c} \quad \rightarrow \quad \mathbf{c} = \boldsymbol{\Psi}_z^{-1}\mathbf{U}_{z0}\ . \tag{11.6b}$$

Einsetzen von Gl. (11.6b) in Gl. (11.6a) liefert die auf die Anfangsbedingungen angepasste Lösung

$$\boxed{\mathbf{U}_z(t) = \mathbf{S}(t)\,\mathbf{U}_{z0}}\ , \tag{11.6c}$$

wobei

$$\boxed{\mathbf{S}(t) = \boldsymbol{\Psi}_z\, \mathbf{diag}(e^{p_r t})\boldsymbol{\Psi}_z^{-1}} \tag{11.6d}$$

die Fundamentalmatrix darstellt (auch Überführungsmatrix genannt, da durch sie die Antwort des Systems vom Zustand t = 0 in einen Zustand zu einem beliebigen Zeitpunkt t überführt wird).

Da für die praktischen Anwendungen besonders wichtig, wollen wir die Lösung des Ausschwingproblems noch in reellen modalen Koordinaten darstellen, wodurch eine Behandlung im Originalsystem der Ordnung N möglich ist. Im Fall des Ausschwingproblems, bei dem die Erregerkräfte und damit auch die modalen Erregerkräfte $r_r = \mathbf{X}_r^T\,\mathbf{F}$ Null sind lautet die modale Bewegungsgleichung (10.10)

$$\boxed{\ddot{q}_r + 2\,\omega_r \xi_r\, \dot{q}_r + \omega_r^2 q_r = 0} \quad (r = 1,\dots,2N). \tag{11.7}$$

Sie hat damit die gleiche Form und damit auch die gleichen Lösungen wie die des Einfachschwingers in der Gl. (11.4). Man braucht nur die Bezeichnungen entsprechend anzupassen: $U \rightarrow q_r$, $U_0 \rightarrow q_{0r}$ und $\dot{U}_0 \rightarrow \dot{q}_{0r}$.

Die Lösung lautet demnach im modalen Zustandsraum:

$$\mathbf{q}_{z,r}(t) = \begin{bmatrix} q(t) \\ \dot{q}(t) \end{bmatrix}_r = \underbrace{\begin{bmatrix} s_1 & s_2 \\ \dot{s}_1 & \dot{s}_2 \end{bmatrix}_r}_{\mathbf{S}_q} \begin{bmatrix} q_0 \\ \dot{q}_0 \end{bmatrix}_r = \mathbf{S}_q \mathbf{q}_{zo,r}\ , \tag{11.8a}$$

mit den Abklingfunktionen nach Gl.(11.4b):

$$\begin{aligned} s_{1r} &= e^{-\delta_r t}(\cos\nu_r t + \delta_r / \nu_r \sin\nu_r t), \qquad & s_{2r} &= 1/\nu_r\, e^{-\delta_r t}\sin\nu_r t, \\ \dot{s}_{1r} &= e^{-\delta_r t}(-\delta_r^2/\nu_r - \nu_r)\sin\nu_r t \quad \text{und} \quad & \dot{s}_{2r} &= e^{-\delta_r t}(\cos\nu_r t - \delta_r/\nu_r \sin\nu_r t). \end{aligned} \tag{11.8b-e}$$

Hier stellt $\mathbf{S}_q$ die Überführungsmatrix (Fundamentalmatrix) in modalen Koordinaten dar. Die modalen Anfangsbedingungen müssen natürlich auch noch durch die realen physikalischen Anfangsbedingungen ausgedrückt werden. Aus Gl. (10.4) erhält man durch Vormultiplikation mit $\mathbf{\Phi}^T \mathbf{M}$:

$$\mathbf{\Phi}^T \mathbf{M}\,\mathbf{U}(t) = \mathbf{\Phi}^T \mathbf{M}\mathbf{\Phi}\mathbf{q} = \boldsymbol{\mu}\mathbf{q}(t) \ .$$

Da die modale Massenmatrix $\boldsymbol{\mu}$ eine Diagonalmatrix ist, kann man leicht nach $\mathbf{q}$ auflösen. Für den Zeitpunkt t = 0 folgt:

$$\mathbf{q}_0 = \boldsymbol{\mu}^{-1}\mathbf{\Phi}^T \mathbf{M}\,\mathbf{U}_0 \quad \text{und} \quad \dot{\mathbf{q}}_0 = \boldsymbol{\mu}^{-1}\mathbf{\Phi}^T \mathbf{M}\,\dot{\mathbf{U}}_0 \tag{11.9a,b}$$

und ausgeschrieben für die r-te Eigenform :

$$q_{0r} = q_r(t=0) = \frac{1}{\mu_r}\mathbf{X}_r^T\,\mathbf{M}\,\mathbf{U}_0 \ , \tag{11.9c}$$

$$\dot{q}_{0r} = \dot{q}_r(t=0) = \frac{1}{\mu_r}\mathbf{X}_r^T\,\mathbf{M}\,\dot{\mathbf{U}}_0 \quad (r = 1,2,\ldots,R \le N) \ . \tag{11.9d}$$

Die endgültige Lösung für die Verschiebungsantwort $\mathbf{U}(t)$ in physikalischen Koordinaten erhält man durch die modale Überlagerung (10.4):

$$\boxed{\mathbf{U}(t) = \sum_r \mathbf{X}_r q_r \, , \quad \dot{\mathbf{U}}(t) = \sum_r \mathbf{X}_r \dot{q}_r \quad \text{und} \quad \ddot{\mathbf{U}}(t) = \sum_r \mathbf{X}_r \ddot{q}_r} \tag{11.10a-c}$$

Die Berechnung der physikalischen Anfangsverschiebung aus der Gl. (11.10a) mit q_{0r} aus Gl. (11.9c) liefert

$$\mathbf{U}(t=0) = \sum_r \mathbf{X}_r q_{0r} = \underbrace{\sum_r \frac{\mathbf{X}_r\mathbf{X}_r^T}{\mu_r}}_{\tilde{\mathbf{M}}^{-1}}\mathbf{M}\,\mathbf{U}_0 = \tilde{\mathbf{M}}^{-1}\mathbf{M}\,\mathbf{U}_0 \ . \tag{11.10d}$$

Falls bei der Summierung alle r= 1,..,N Eigenformen verwendet werden, ist die Matrix $\tilde{\mathbf{M}}^{-1}$ gemäß Gl. (10.15c) identisch mit der inversen Massenmatrix, so dass in diesem Fall das Produkt $\tilde{\mathbf{M}}^{-1}\mathbf{M} = \mathbf{I}$ die Einheitsmatrix liefert und die physikalischen Anfangsbedingungen $\mathbf{U}(t=0) = \mathbf{U}_0$ exakt über die modale Transformation (11.10d) abgebildet werden können. Falls bei der Summierung in der Gl. (11.10d) aber nur r = 1,..,R < N Eigenformen verwendet werden, ist die Matrix $\tilde{\mathbf{M}}^{-1}$ nicht mehr identisch mit der inversen Massenmatrix, so dass in diesem Fall das Produkt $\tilde{\mathbf{M}}^{-1}\mathbf{M}$ eine Pseudo- Einheitsmatrix liefert. Dies hat zur Folge, dass die aus der modalen Superposition nach Gln. (11.10a-c) berechneten freien Schwingungen die vorgegebenen Anfangsverschiebungen $\mathbf{U}_0$ nicht exakt sondern nur näherungsweise abbilden. Entsprechendes gilt natürlich auch für die Anfangsgeschwindigkeiten $\dot{\mathbf{U}}(t=0)$. Die Näherung ist umso genauer je mehr Eigenformen in den Gln. (11.9) bei der Berechnung der modalen Anfangsbedingungen verwendet werden.

Die exakte Abbildung der physikalischen Anfangsbedingungen im Fall R < N ist nur möglich, wenn nur N_R = R physikalische Freiheitsgrade für die Definition der

Anfangsbedingungen benutzt werden. In diesem Fall lassen sich die R modalen Anfangsbedingungen $\mathbf{q}_0$ und $\dot{\mathbf{q}}_0$ über die Inverse der auf N_R Freiheitsgrade reduzierten Modalmatrix $\boldsymbol{\Phi}_{red}$ der Größe (N_R=R, R) berechnen. Aus $\mathbf{U}_{red}(t=0)=\mathbf{U}_{red,0}=\boldsymbol{\Phi}_{red}\mathbf{q}_0$ und $\dot{\mathbf{U}}_{red,0}=\boldsymbol{\Phi}_{red}\dot{\mathbf{q}}_0$ erhält man die modalen Anfangsbedingungen zu

$$\mathbf{q}_0=\boldsymbol{\Phi}_{red}^{-1}\mathbf{U}_{red,0} \text{ und } \dot{\mathbf{q}}_0=\boldsymbol{\Phi}_{red}^{-1}\dot{\mathbf{U}}_{red,0} \ . \tag{11.10e}$$

Bei dieser Vorgehensweise ist zu beachten, dass die Ausschwingantworten an den N-N_R restlichen Freiheitsgraden nicht definiert sind.

Die Überführungsmatrix (Fundamentalmatrix) kann in physikalischen Koordinaten ausgedrückt werden durch Einsetzen der modalen Koordinaten aus den Gln. (11.8) in die Gln. (11.10a, b) und durch Ersetzen der modalen durch die physikalischen Randbedingungen (11.9c, d). Man erhält dann die Zustandsform

$$\boxed{\mathbf{U}_z=\begin{bmatrix}\mathbf{U}\\ \dot{\mathbf{U}}\end{bmatrix}=\begin{bmatrix}\mathbf{S}_1 & \mathbf{S}_2\\ \dot{\mathbf{S}}_1 & \dot{\mathbf{S}}_2\end{bmatrix}\begin{bmatrix}\mathbf{U}_0\\ \dot{\mathbf{U}}_0\end{bmatrix}=\mathbf{S}(t)\mathbf{U}_{z0}}\ , \tag{11.11a}$$

mit den Untermatrizen

$$\begin{aligned}&\mathbf{S}_1=\sum_r s_{1r}\,\mathbf{I}_r \ , \qquad \mathbf{S}_2=\sum_r s_{2r}\,\mathbf{I}_r \ ,\\ &\dot{\mathbf{S}}_1=\sum_r \dot{s}_{1r}\,\mathbf{I}_r \ \text{ und } \ \dot{\mathbf{S}}_2=\sum_r \dot{s}_{2r}\,\mathbf{I}_r \quad (r=1,\dots,R\le N).\end{aligned} \tag{11.11b-e}$$

und der Abkürzung $\mathbf{I}_r=\dfrac{\mathbf{X}_r\mathbf{X}_r^T}{\mu_r}\mathbf{M}$.

In diesen Ausdrücken spiegelt sich die gesamte Dynamik des Auschwingproblems wieder als Summe der Antworten der einzelnen Eigenformen $\mathbf{X}_r$, die jede für sich mit ihren eigenen Ausschwingfunktionen s_{1r} bzw. s_{2r} ausschwingen, und deren Größe von ihrem modalen Anfangszustand q_{0r} und $\dot{q}_{0r}$ bestimmt wird. Im Grenzfall des Einfachschwingers, $r\to 1$, $\mathbf{X}_r\to 1$, $\mathbf{I}_r\to 1$ und $\mu_r\to M$, gehen die Gln. (11.11) in die Gln. (11.4) über.

Mit Kenntnis des Zustandvektors kann man den Beschleunigungsvektor direkt aus der Bewegungsgleichung (9.1) in physikalischen Koordinaten berechnen:

$$\ddot{\mathbf{U}}(t)=-\mathbf{M}^{-1}(\mathbf{C}\dot{\mathbf{U}}+\mathbf{K}\mathbf{U}) \ .$$

Rechentechnisch vorteilhafter ist es aber, auch dafür die modale Transformation einzusetzen. Die modale Beschleunigung aus der Gl.(11.7):

$$\ddot{q}_r=-2\omega_r\xi_r\dot{q}_r-\omega_r^2 q_r \ ,$$

eingesetzt in die modale Transformation (11.10c) liefert

$$\boxed{\ddot{\mathbf{U}}(t) = \sum_r \mathbf{X}_r \ddot{q}_r = \sum_r \mathbf{X}_r (-2\omega_r \xi_r \dot{q}_r - \omega_r^2 q_r)} \; . \qquad (11.11c)$$

Nach Einsetzen der modalen Antworten aus den Gln. (11.8) und der modalen Anfangsvektoren aus Gln. (11.9c, d) erhält man schließlich die Beschleunigung in physikalischen Koordinaten als Summe der Antworten der einzelnen Eigenformen.

Beispiel: Gesucht sei der zeitliche Verlauf des Ausschwingvorgangs für die gekoppelten Kragträger nach Bild 11-2, die der Anfangsauslenkung $\mathbf{U}_0 = [U_{01} \quad U_{02}]^T$ und der Anfangsgeschwindigkeit $\dot{\mathbf{U}}_0 = \mathbf{0}$ ohne Einwirkung äußerer Erregerkräfte unterworfen sind.

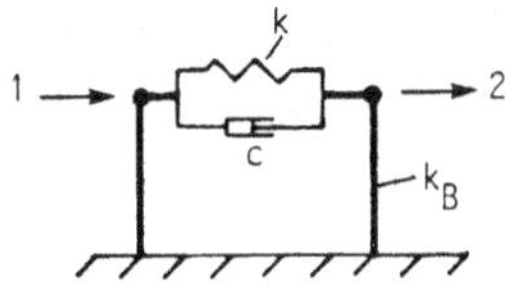

Bild 11-2 Gekoppelter Kragträger

Für beide Eigenformen soll eine Dämpfung von $\xi_1 = \xi_2 = 2\%$ angenommen werden. Mit der Modalmatrix $\mathbf{\Phi}$ aus Kap.9 (s. Bild 9-3) erhält man für U_1 und U_2 aus Gl. (11.10a)

$$U_1(t) = q_1 - q_2 \quad , \quad U_2(t) = q_1 + q_2 .$$

Die modalen Antworten folgen aus der ersten Zeile der Gl. (11.8):

$$q_r(t) = s_{1r}\, q_{0r} = e^{-\delta_r t}(\cos \nu_r t + \delta_r / \nu_r \sin \nu_r t)\, q_{0r}$$

(wegen der Annahme $\dot{\mathbf{U}}_0 = \mathbf{0}$ gilt auch $\dot{\mathbf{q}}_0 = \mathbf{0}$).

Der Einfluss der modalen Dämpfung auf die Eigenfrequenzen, $\nu_r^2 = \omega_r^2(1-\xi_r^2)$, ist hier so gering, dass die gedämpften und die ungedämpften Eigenfrequenzen annähernd gleich sind:

$$\nu_1^2 \approx \omega_1^2 = k_B / M \quad \text{und} \quad \nu_2^2 \approx \omega_2^2 = (k_B + 2k)/M \; .$$

Die Anfangswerte q_{01} und q_{02} erhält man aus der Gl. (11.9c):

$$q_{01} = \tilde{\mathbf{X}}_1 \mathbf{U}_0 = \frac{1}{\mu_1} \mathbf{X}_1^T \mathbf{M} \mathbf{U}_0 = \frac{1}{2M}[1 \quad 1] \begin{bmatrix} M & 0 \\ 0 & M \end{bmatrix} \begin{bmatrix} U_{01} \\ U_{02} \end{bmatrix} = \frac{1}{2}(U_{01} + U_{02}) \; ,$$

$$q_{02} = \tilde{\mathbf{X}}_2 \mathbf{U}_0 = \frac{1}{\mu_2} \mathbf{X}_2^T \mathbf{M} \mathbf{U}_0 = \frac{1}{2M}[-1 \quad 1] \begin{bmatrix} M & 0 \\ 0 & M \end{bmatrix} \begin{bmatrix} U_{01} \\ U_{02} \end{bmatrix} = \frac{1}{2}(-U_{01} + U_{02}) \; .$$

An diesen Werten erkennt man, dass bei symmetrischer Anfangsverschiebung, $U_{01} = -U_{02}$, die modale Anfangsverschiebung q_{01} und damit auch $q_1(t)$ Null wird. Die erste Eigenform wird also nicht angeregt; das Tragwerk schwingt nur in der zweiten Eigenfrequenz. Die physikalische Antwort ergibt sich aus den modalen Antworten zu

$$U_2(t) = -U_1(t) = q_2(t) = U_{02}\, e^{-\xi_2 \omega_2 t} (\cos \omega_2 t + \xi_2 \sin \omega_2 t).$$

Bei einem antimetrischen Anfangsverschiebungszustand $U_{01} = U_{02}$, wird demgegenüber nur die erste Eigenform aktiviert:

$$U_1(t) = U_2(t) = U_{01}\, e^{-\xi_1 \omega_1 t} (\cos \omega_1 t + \xi_1 \sin \omega_1 t) \; .$$

Eine Überlagerung beider Eigenformen ist in der Antwort enthalten, wenn wir nur den Freiheitsgrad U_1 auslenken und den Freiheitsgrad U_2 unausgelenkt lassen, d.h. im Fall

$$U_{01} \neq 0 \quad \text{und} \quad U_{02} = 0 \, .$$

Der Zeitverlauf der Lösung ist für diesen Fall im Bild 11-3 für die folgenden Zahlenwerte dargestellt:

$$M = 0{,}134 \text{ kg}, \quad k = 111 \text{ N/m}, \quad k_B = 83 \text{ N/m}, \quad \mu_1 = \mu_2 = 2M,$$

$$\nu_1 \approx \omega_1 = \sqrt{k_B / M} = 24{,}89 \qquad \rightarrow \quad f_1 = \omega_1 / 2\pi = 3{,}96 \text{Hz} \; ,$$

$$\nu_2 \approx \omega_2 = \sqrt{(k_B + 2k)/M} = 47{,}7 \qquad \rightarrow \quad f_2 = 7{,}59 \text{Hz} \; .$$

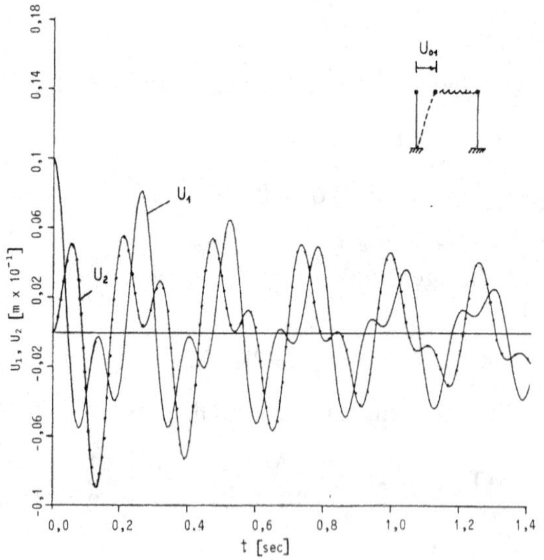

Bild 11-3 Ausschwingverlauf für $U_{02} = 0$

11.2 Periodische Erregerkraftfunktionen

Eine periodische Erregerkraft ist, s. Bild 11-4, dadurch gekennzeichnet, dass sich ihr ansonsten beliebiger Zeitverlauf nach einer gegebenen Periodendauer T wiederholt.

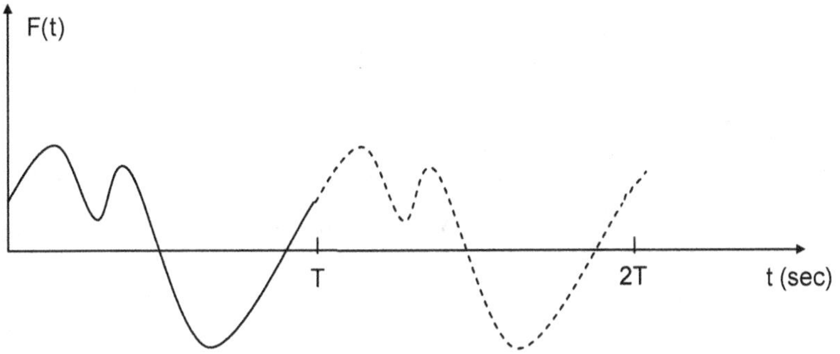

Bild 11-4 Periodische Zeitfunktion

Aus der Mathematik wissen wir, daß sich periodische Funktionen der Periode T mit Hilfe von Fourierreihen (FR) darstellen lassen:

$$\begin{aligned} F(t) &= F_0 + \sum_n (F_{re,n} \cos n\overline{\omega}t - F_{im,n} \sin n\overline{\omega}t) \\ &= F_0 + \sum_n |F_n| \cos(n\overline{\omega}t + \varphi_n) \quad (n = 1, 2, ..., \infty), \end{aligned} \tag{11.12a}$$

wobei $n\overline{\omega}$ die Vielfachen der Kreisfrequenz

$$\overline{\omega} = 2\pi / T \tag{11.12b}$$

bedeuten. (Hinweis zur Notation: Um die Vorzeichenanalogie zur Gl.(9.25b) herzustellen, wird der Sinus-Anteil mit negativem Vorzeichen eingeführt. Außerdem werden im Vorgriff auf die komplexe Darstellung der Cosinus-Anteil mit den Index „re“ und der Sinus-Anteil mit den Index „im“ versehen).

Die Fourierkoeffizienten F_0 und $F_{re,n}$, $F_{im,n}$ bzw. $|F_n|$ und φ_n erhält man aus:

$$F_0 = \frac{1}{T} \int_0^T F(t) dt, \tag{11.13a}$$

$$F_{re,n} = \frac{2}{T} \int_0^T F(t) \cos n\overline{\omega}t \, dt \quad , \quad F_{im,n} = -\frac{2}{T} \int_0^T F(t) \sin n\overline{\omega}t \, dt \, , \tag{11.13b,c}$$

$$|F_n| = \sqrt{F_{re,n}^2 + F_{im,n}^2} \quad \text{und} \quad \tan\varphi_n = F_{im,n} / F_{re,n} \, . \tag{11.13d,e}$$

F_0 stellt den über die Zeit t konstanten Mittelwert der Kraftfunktion dar, der demnach einer statischen Kraft entspricht. Da wir Strukturen unter statischen Lasten bereits in den vorangegangenen Kapiteln behandelt haben, werden im folgenden nur die zeitveränderlichen dynamischen Anteile betrachtet, d.h. es wird F_0 zu Null angenommen. $|F_n|$ bezeichnet den Betrag der Kraftkomponente und φ_n die Phasenverschiebung. Mit Hilfe der Eulerschen Beziehung lässt sich die Fourierreihe (11.12a) auch in komplexer Darstellung schreiben:

$$F(t) = \sum_n \hat{c}_n e^{jn\bar{\omega}t} \,, \tag{11.14a}$$

mit den komplexen Amplituden

$$\hat{c}_n = \frac{1}{T}\int_0^T F(t) e^{-jn\bar{\omega}t}\, dt \quad (n = -\infty, \ldots, -1, 0, 1, \ldots, \infty). \tag{11.14.b}$$

Durch Berücksichtigung des negativen Vorzeichens bei den Vielfachen n kann die Gl.(11.14a) in der konjugiert komplexen Form

$$F(t) = F_0 + \sum_n (\hat{c}_n e^{jn\bar{\omega}t} + \hat{c}_n^* e^{-jn\bar{\omega}t}) \quad (n = 1, \ldots, \infty) \tag{11.15a}$$

geschrieben werden. Der Zusammenhänge von $\hat{c}_n$ und den zugehörigen konjugiert komplexen Koeffizienten $\hat{c}_n^*$ mit den reellen Koeffizienten $F_{re,n}$ und $F_{im,n}$ ergeben sich aus

$$\hat{c}_n = \frac{1}{2}(F_{re,n} + jF_{im,n}) \quad \text{und} \quad \hat{c}_n^* = \frac{1}{2}(F_{re,n} - jF_{im,n}) \tag{11.15b}$$

und:

$$\hat{F}_n = F_{re,n} + j\,F_{im,n} = 2\hat{c}_n \quad \text{und} \quad \hat{F}_n^* = F_{re,n} - j\,F_{im,n} = 2\hat{c}_n^* \,. \tag{11.15c}$$

Damit lässt sich die Gl.(11.15a) auch in der Form

$$\begin{aligned} F(t) &= F_0 + \mathrm{Re}\left(\sum_n \hat{F}_n e^{jn\bar{\omega}t}\right) = F_0 + \sum_n (F_{re,n} \cos n\bar{\omega}t - F_{im,n} \sin n\bar{\omega}t) \\ &= F_0 + \sum_n |F_n| \cos(n\bar{\omega}t + \varphi_n) \quad (n = 1, \ldots, \infty) \end{aligned} \tag{11.16}$$

schreiben, die im folgenden bei der Behandlung periodischer Vorgänge benutzt wird. Der Sonderfall n = 1, d.h. wenn die Fourierreihe nur aus einem Glied besteht, wird als harmonische Funktion bezeichnet:

$$F(t) = \mathrm{Re}(\hat{F}_1 e^{j\bar{\omega}t}) = F_{re,1} \cos \bar{\omega}t - F_{im,1} \sin \bar{\omega}t = |F_1| \cos(\bar{\omega}t + \varphi_1) \,. \tag{11.17}$$

(Hinweis zur Notation: Zur Schreibvereinfachung werden wir bei der Behandlung harmonischer Vorgänge den Index „1“ weglassen). Im Bild 11-5 ist ein typischer Verlauf einer harmonischen Erregerkraft dargestellt.

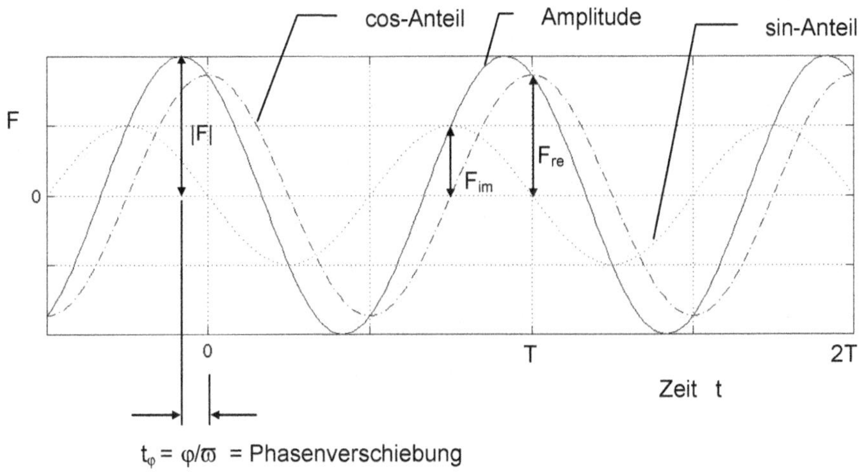

Bild 11-5 Harmonischer Erregerkraftverlauf

Beispiel: Das Bild 11-6 zeigt oben die Fourier-Reihe der periodischen Stoßfunktion $F(t) = F_c$ für $0 \le t \le T_0$ und der α-fachen Grundperiode $T = \alpha T_0$ für $T_0 = 1$, $\alpha = 8$ und 16 Fourier-Glieder. Die Koeffizienten errechnen sich aus den Gln.(11.13a-c) zu:

$$F_0 = F_c / \alpha \ ,$$

$$F_{re,n} = \frac{2F_c}{\alpha T_0}\left(\int_0^{T_0} \cos n\bar{\omega}t \, dt\right) = \frac{F_c}{n\pi}\sin(2\pi n / \alpha) \quad \text{und}$$

$$(n = 1, \dots, n_e \le \infty)$$

$$F_{im,n} = -\frac{2F_c}{\alpha T_0}\left(\int_0^{T_0} \sin n\bar{\omega}t \, dt\right) = \frac{F_c}{n\pi}[-1 + \cos(2\pi n / \alpha)].$$

Im Bild 11-6 unten sind die auf die Stoßfrequenz $\omega_0 = 2\pi/T_0$ und die Kraft F_c bezogenen Fourier-Koeffizienten $F_0\omega_0/F_c$, $F_{re,n}\,\omega_0/F_c$ und $F_{im,n}\,\omega_0/F_c$ über den Vielfachen $n = 0,1,\dots,n_e \le \infty$ der Grundfrequenz aufgetragen. Diese Darstellung wird als <u>diskretes Fourier-Spektrum</u> bezeichnet. Es zeigt die Amplituden und die Frequenzen $n\bar{\omega}$ der Sinus- und Cosinus-Funktionen, die in der Erregerfunktion enthalten sind. Man erkennt in den Bildern abklingenden Verlauf der Spektrallinien mit dem Faktor 1/n. Je größer α und damit die Grundperiode $T = \alpha T_0$ gewählt wird, um so „glatter" wird das Fourier-Spektrum. Wir werden später sehen, dass im Grenzfall $T \to \infty$ die Fourier-Reihe in die sog. Fourier-Transformation übergeht, bei der die diskrete Frequenz $n\bar{\omega}$ in eine kontinuierliche Frequenzvariable übergeht. Die Fourier-Transformation werden wir zur Behandlung nicht-periodischer zeitbegrenzter Erregerfunktionen einsetzen.

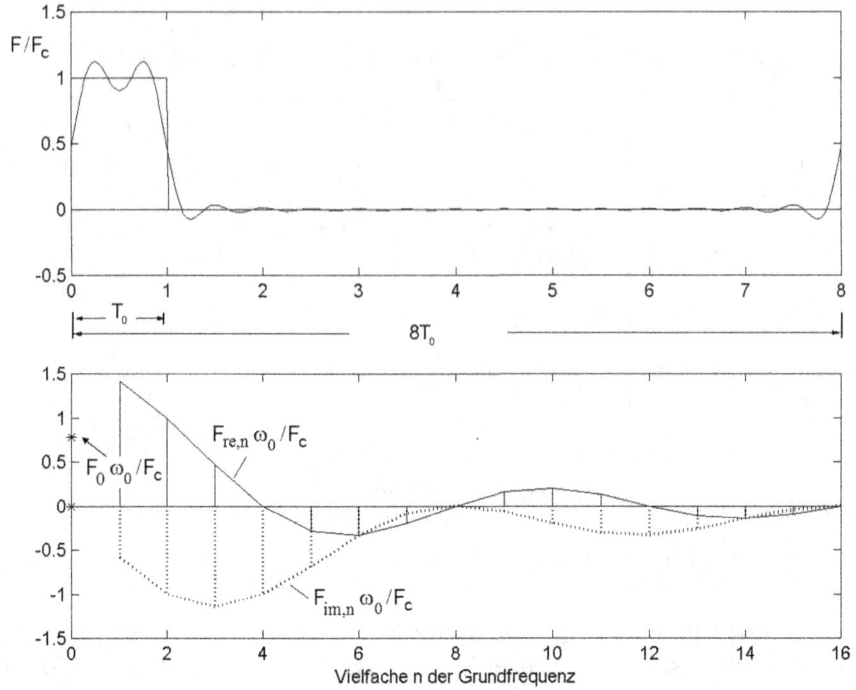

Bild 11-6 Periodische Stoßfunktion und mit ω_0 / F_c normiertes diskretes Fourier-Spektrum

11.2.1 Dynamische Antwort des gedämpften Einfachschwingers bei harmonischer Erregung

Zur Berechnung der dynamischen Antwort des Einfachschwingers müssen wir der homogenen Lösung (9.25a,b) eine partikuläre Lösung $U_p(t)$ hinzufügen:
$U(t) = U_h + U_p$. Wir wollen uns hier auf den Fall der harmonischen Erregung (n = 1) beschränken. Die Herleitung kann leicht auf die allgemeine periodische Erregung übertragen werden, wenn man berücksichtigt, dass die partikuläre Lösung für jedes Glied n der Fourier-Reihe berechnet werden kann, in dem die harmonische Erregerfrequenz $\overline{\omega}$ durch $n\overline{\omega}$ ersetzt wird und in dem die gesamte partikuläre Lösung durch Überlagerung der $n = 1, \ldots, n_e$ Lösungen generiert wird.
Zur Erzeugung einer partikulären Lösung machen wir für die Verschiebung einen Ansatz vom gleichen Typ wie die Erregerkraft gemäß Gl.(11.17) auf der rechten Seite der Bewegungsgleichung:

$$\boxed{U_p(t) = \hat{U}\, e^{j\overline{\omega}t}}\,. \tag{11.18a}$$

Wie bei der Kraft ergibt sich auch hier der reelle Verlauf der Verschiebung aus

$$U_p(t) = \mathrm{Re}(\hat{U}\, e^{j\bar{\omega}t}) = U_{re} \cos\bar{\omega}t - U_{im} \sin\bar{\omega}t = |U| \cos(\bar{\omega}t + \psi) \tag{11.18b}$$

mit dem Betrag

$$|U| = \sqrt{U_{re}^2 + U_{im}^2} \tag{11.18c}$$

und der Phasenverschiebung

$$\tan\psi = U_{im} / U_{re}\ . \tag{11.18d}$$

Die Ableitungen des Ansatzes (11.18a) liefert die Schwinggeschwindigkeit

$$\dot{U}_p(t) = j\bar{\omega}\hat{U}\, e^{j\bar{\omega}t} \tag{11.18.e}$$

und die Beschleunigung

$$\ddot{U}_p(t) = -\bar{\omega}^2\, \hat{U}\, e^{j\bar{\omega}t}, \tag{11.18.f}$$

die nach Einsetzen in die Bewegungsgleichung und nach Kürzung des Zeitfaktors $e^{j\bar{\omega}t}$, auf einen algebraischen Zusammenhang zwischen den komplexen Verschiebungsamplituden $\hat{U}$ und den komplexen Kraftamplituden $\hat{F}$:

$$\boxed{(-\bar{\omega}^2 M + j\bar{\omega}C + K)\hat{U} = \hat{K}\hat{U} = \hat{F}} \tag{11.19}$$

führt. $\hat{K}$ bezeichnet eine <u>dynamische Steifigkeit</u>, die im Sonderfall $\bar{\omega} = 0$ in die statische Steifigkeit übergeht. Die Verschiebungsamplituden ergeben sich daraus zu

$$\hat{U} = (1/\hat{K})\hat{F} = \hat{H}(j\bar{\omega})\hat{F}\ . \tag{11.20a}$$

Der Kehrwert der dynamischen Steifigkeit

$$\boxed{\hat{H}(j\bar{\omega}) = 1/(-\bar{\omega}^2 M + j\bar{\omega}C + K)} \tag{11.20b}$$

wird als <u>Frequenzgangs-Funktion</u> oder <u>dynamische Nachgiebigkeit</u> $H(j\bar{\omega})$ bezeichnet. Durch Aufspalten der komplexen Größen in den Gl.(11.20) in ihre Real- und Imaginärteile erhält man die Kraft-Verschiebungs-Beziehungen in der reellen Form doppelter Größe:

$$\underbrace{\begin{bmatrix} -\bar{\omega}^2 M + K & -\bar{\omega}C \\ \bar{\omega}C & -\bar{\omega}^2 M + K \end{bmatrix}}_{\mathbf{K}_d(\bar{\omega})} \underbrace{\begin{bmatrix} U_{re} \\ U_{im} \end{bmatrix}}_{\mathbf{U}_d} = \underbrace{\begin{bmatrix} F_{re} \\ F_{im} \end{bmatrix}}_{\mathbf{F}_d}, \tag{11.21}$$

und nach Inversion

$$\boxed{\begin{bmatrix} U_{re} \\ U_{im} \end{bmatrix} = \frac{1}{\bar{a}} \underbrace{\begin{bmatrix} 1-\eta^2 & 2\xi\eta \\ -2\xi\eta & 1-\eta^2 \end{bmatrix}}_{\mathbf{H}_d(\eta)} \begin{bmatrix} F_{re} \\ F_{im} \end{bmatrix}}\ . \tag{11.22}$$

In der Gl.(11.22) wurden die Abkürzungen

$$\bar{a} = K\left[(1-\eta^2)^2 + 4\eta^2\xi^2\right],$$

$\eta = \bar{\omega}/\omega$: Verhältnis der Erregerfrequenz zur Eigenfrequenz und

$C = 2M\omega\xi$: Dämpfungskonstante (vgl. Gl. (9.23c, d)) verwendet.

In dem Bild 11-7 sind die Real- und Imaginärteilfrequenzgänge sowie die Amplituden- und Phasengänge des Einfachschwingers für verschiedene Dämpfungswerte ξ (bezogen auf die statische Verschiebung $U_{stat} = F_{re}/K$) dargestellt. Für eine Erregung in der Eigenfrequenz $(\bar{\omega} = \omega, \eta = 1)$ erhält man bei phasenreiner Erregung $(|F| = F_{re}, F_{im} = 0)$

$$U_{im} = \frac{-F_{re}}{2\xi K} \quad \text{und} \quad U_{re} = 0 \,. \tag{11.23a,b}$$

Die Antwortamplitude ergibt sich aus

$$|U| = \sqrt{U_{re}^2 + U_{im}^2} = |U_{im}| \,. \tag{11.23c}$$

Da F_{re}/K die statische Verschiebung U_{stat} des Einfachschwingers darstellt, stellt der Vorfaktor

$$\boxed{V = \frac{1}{2\xi} = \frac{|U|}{U_{stat}}} \tag{11.24}$$

einen dynamischen Vergrößerungsfaktor (auch Überhöhungsfaktor genannt) dar. Man erkennt daraus, dass bei schwacher Dämpfung der dynamische Vergrößerungsfaktor V sehr große Werte annehmen kann ($V > 5$ für $\xi < 0{,}1$). Im dämpfungsfreien Fall wird der Vergrößerungsfaktor unendlich. Dies ist der Grund dafür, dass Tragwerke bei harmonischen Erregerkräften, wenn die Erregerfrequenz mit der Eigenfrequenz zusammenfällt, besonders gefährdet sind. Dieser Fall wird auch als Resonanzfall bezeichnet. Man ist daher bestrebt, die Eigenfrequenzen des Tragwerks möglichst weit von den Erregungsfrequenzen zu trennen ($\eta < 1$ oder $\eta > 1$). Wir wollen noch festhalten, dass für die Erregung $F_{im} = 0$ die Realteilantwort U_{re} ebenfalls Null ist. Für die Auswertung der Messschriebe eines Schwingungsversuchs an einem Einfachschwinger bedeutet dies, dass die Eigenfrequenz als Nullstelle der Realteilantwort abgelesen werden kann.

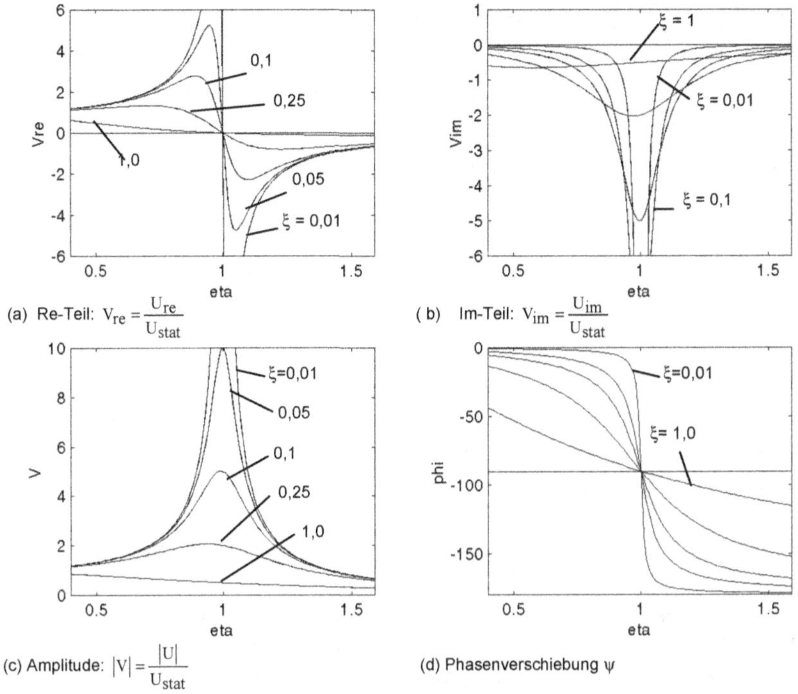

Bild 11-7 Frequenzgänge (Vergrößerungsfunktionen) des Einfachschwingers für verschiedene Dämpfungswerte ξ

Bei Vorliegen einer harmonischen Erregung verzichtet man im allgemeinen auf die Darstellung der Antwort im Zeitbereich (man weiß ja, dass Antwort und Erregung sinusförmig in der gleichen Frequenz mit der Zeit verlaufen). Für die Auslegung des Tragwerks sowie für die Beurteilung der Schwingungsauswirkung auf Menschen und Nutzlasten sind ohnehin nur die max. Antwortamplituden (und die dynamischen Spannungen) und die Lage und Größe der Erregerfrequenzen von Interesse, um den Resonanzfall zu vermeiden. Diese Informationen sind in den Frequenzgängen enthalten bzw. aus ihnen ableitbar.

Wir wollen nun noch die <u>vollständige</u> Lösung des gedämpften Einfachschwingers unter Berücksichtigung der homogenen Lösung (11.3) und der partikulären Lösung (11.18b) in reeller Form berechnen:

$$U(t) = U_h + U_p = \bar{s}_1\, c_1 + \bar{s}_2\, c_2 + U_{re} \cos \bar{\omega} t - U_{im} \sin \bar{\omega} t,$$

$$\dot{U}(t) = \dot{U}_h + \dot{U}_p = \dot{\bar{s}}_1\, c_1 + \dot{\bar{s}}_2\, c_2 - U_{re}\, \bar{\omega} \sin \bar{\omega} t - U_{im}\, \bar{\omega} \cos \bar{\omega} t.$$

Zusammengefasst in Zustandsform:

$$\underbrace{\begin{bmatrix} U(t) \\ \dot{U}(t) \end{bmatrix}}_{\mathbf{U}_Z} = \underbrace{\begin{bmatrix} \bar{s}_1 & \bar{s}_2 \\ \dot{\bar{s}}_1 & \dot{\bar{s}}_2 \end{bmatrix}}_{\bar{\mathbf{S}}} \underbrace{\begin{bmatrix} c_1 \\ c_2 \end{bmatrix}}_{\mathbf{c}} + \underbrace{\begin{bmatrix} \cos\bar{\omega}t & -\sin\bar{\omega}t \\ -\bar{\omega}\sin\bar{\omega}t & -\bar{\omega}\cos\bar{\omega}t \end{bmatrix}}_{\mathbf{S}_p} \underbrace{\begin{bmatrix} U_{re} \\ U_{im} \end{bmatrix}}_{\mathbf{U}_d} \tag{a}$$

oder:

$$\mathbf{U}_z = \bar{\mathbf{S}}\mathbf{c} + \mathbf{S}_p \mathbf{U}_d \ . \tag{b}$$

Die Integrationskonstanten **c** erhält man daraus nach Einsetzen des Anfangszustands $\mathbf{U}_{z0} = \mathbf{U}_z(t = 0)$ zu

$$\mathbf{c} = \bar{\mathbf{S}}_0^{-1}(\mathbf{U}_{z0} - \mathbf{S}_{p0}\mathbf{U}_d) \ , \quad \text{mit}$$

$$\mathbf{S}_{p0} = \mathbf{S}_p(t=0) = \begin{bmatrix} 1 & 0 \\ 0 & -\bar{\omega} \end{bmatrix} . \tag{c}$$

Einsetzen der Gl.(c) in die Gl.(b) liefert

$$\boxed{\mathbf{U}_z = \mathbf{S}\,\mathbf{U}_{z0} + (\mathbf{S}_p - \mathbf{S}\,\mathbf{S}_{p0})\mathbf{U}_d} \ , \tag{11.25}$$

wobei $\mathbf{S} = \bar{\mathbf{S}}\bar{\mathbf{S}}_0^{-1}$ die Fundamentalmatrix gemäß Gl. (11.4a, b) darstellt.

Beispiel: Für das bereits im Kap.11.1 für die freie Schwingung benutzte Beispiel eines Einfachschwingers mit 2 % Dämpfung und der Eigenfrequenz $\omega \approx \nu = 2\pi f, \rightarrow f = 3{,}961\,\text{Hz}$ erhält man unter der Annahme, dass der Anfangszustand $\mathbf{U}_{z0} = 0$ ist, den Zustandsvektor aus der Gl. (11.25) zu

$$\mathbf{U}_z = \left\{ \begin{bmatrix} \cos\bar{\omega}t & -\sin\bar{\omega}t \\ -\bar{\omega}\sin\bar{\omega}t & -\bar{\omega}\cos\bar{\omega}t \end{bmatrix} + \begin{bmatrix} -s_1 & \bar{\omega}s_2 \\ -\dot{s}_1 & \bar{\omega}\dot{s}_2 \end{bmatrix} \right\} \begin{bmatrix} U_{re} \\ U_{im} \end{bmatrix}$$

Die Verschiebungsantwort ergibt sich aus der ersten Zeile dieser Gleichung zu

$$U(t) = (\cos\bar{\omega}t - s_1)\,U_{re} + (-\sin\bar{\omega}t + \bar{\omega}s_2)\,U_{im} \ , \tag{11.26a}$$

mit den Abklingfunktionen gemäß Gl.(11.4b)

$$s_1 = e^{-\delta t}(\cos\nu t + \delta/\nu \sin\nu t) \quad \text{und} \quad s_2 = 1/\nu\, e^{-\delta t} \sin\nu t \ . \tag{11.26b,c}$$

Der Verlauf dieser Funktion ist im Bild 11-8 für eine Krafterregung bei 95% der Eigenfrequenz, d.h. für $\eta = \bar{\omega}/\omega = 0{,}95$ dargestellt. Man sieht daraus, wie sich nach einer Zeit von 30 Perioden ($t_{ges} = 30/f$) der eingeschwungene Zustand eingestellt hat, so dass der Einfluss der Abklingfunktionen in der Gl. (11.26a) nicht mehr erkennbar ist. Man sieht aber auch, dass die Amplituden anfangs durchaus größer als die des eingeschwungenen Zustands werden können, aber nie größer als die im Resonanzfall bei $\eta = 1$.

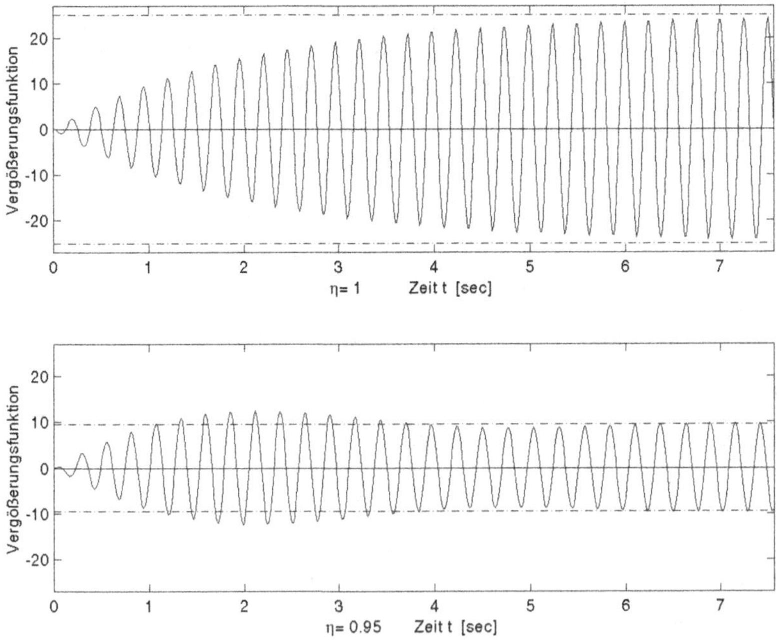

Bild 11-8 Einschwingvorgang bei Krafterregung mit $\eta = \bar{\omega}/\omega$ = 1 und η=0,95

11.2.2 Dynamische Antwort des gedämpften Mehrfachschwingers bei harmonischer Erregung

Wir wollen allgemein annehmen, dass an jedem Freiheitsgrad A der Struktur eine harmonische Erregerkraft in der Form nach Bild 11-5 und der Gl. (11.17) und angreifen möge:

$$F_A(t) = F_A \cos(\bar{\omega}t + \varphi_A) = F_{A,re} \cos\bar{\omega}t - F_{A,im} \sin\bar{\omega}t \tag{11.27a}$$

mit dem Betrag $|F|_A$ und dem Phasenwinkel φ_A :

$$|F|_A = \sqrt{(F_{A,re})^2 + (F_{A,im})^2} \text{ und } \tan\varphi_A = \frac{F_{A,im}}{F_{A,re}} \ . \tag{11.27b}$$

Der Erregerkraftvektor lässt sich wie im Kapitel zuvor gezeigt in der Form

$$\mathbf{F}(t) = \hat{\mathbf{F}}\, e^{j\bar{\omega}t} \qquad \text{mit} \qquad \hat{\mathbf{F}} = \mathbf{F}_{re} + j\,\mathbf{F}_{im} \tag{11.27c}$$

schreiben. Mit der Gl. (9.26) hatten wir bereits die homogene Lösung

$$\mathbf{U}_h = \mathbf{\Psi} e^{pt} \tag{9.3a}$$

der Bewegungsgleichung kennengelernt. Zur vollständigen Lösung müssen wir nun eine Partikularlösung $\mathbf{U}_p$, die die Bewegungsgleichung erfüllt, hinzufügen. Wir machen dazu einen Ansatz vom Typ der rechten Seite:

$$\mathbf{U}_p(t) = \hat{\mathbf{U}} e^{j\bar{\omega}t} \tag{11.28a}$$

mit

$$\hat{\mathbf{U}} = \mathbf{U}_{re} + j\mathbf{U}_{im} \ .$$

Dieser Ansatz kann genauso wie der Kraftvektor in der Form

$$U_{A,p}(t) = U_{A,re} \cos\bar{\omega}t - U_{A,im} \sin\bar{\omega}t = |U|_A \cos(\bar{\omega}t + \psi_A) \tag{11.28b}$$

geschrieben werden, wobei $|U|_A$ und ψ_A die A-ten Komponenten des Amplituden- und des Phasenvektors der Antwort darstellen:

$$|U|_A = \sqrt{(U_{A,re})^2 + (U_{A,im})^2} \text{ und } \tan\psi_A = \frac{U_{A,im}}{U_{A,re}}\ , \quad (A = 1,2, \dots , N)\ . \tag{11.28c}$$

Einsetzen der Gl.(11.28a) in die Bewegungsgleichung liefert

$$\boxed{\underbrace{(-\bar{\omega}^2 \mathbf{M} + j\bar{\omega}\mathbf{C} + \mathbf{K})}_{\hat{\mathbf{K}}(j\bar{\omega})} \hat{\mathbf{U}} = \hat{\mathbf{F}}}\ . \tag{11.29}$$

$\hat{\mathbf{K}}(j\bar{\omega})$ ist die komplexe dynamische Steifigkeitsmatrix bei der Erregerfrequenz $\bar{\omega}$. Ihre Inverse

$$\hat{\mathbf{K}}^{-1}(j\bar{\omega}) = \hat{\mathbf{H}}(j\bar{\omega})$$

heißt komplexe Frequenzgangsmatrix. Sie liefert den Zusammenhang von Eingangsgrößen $\hat{\mathbf{F}}$ und Ausgangsgrößen $\hat{\mathbf{U}}$ bei harmonischer Erregung des Tragwerks mit der Frequenz $\bar{\omega}$ an allen N Freiheitsgraden:

$$\boxed{\hat{\mathbf{U}} = \hat{\mathbf{K}}^{-1}(j\bar{\omega})\hat{\mathbf{F}} = \hat{\mathbf{H}}(j\bar{\omega})\hat{\mathbf{F}}}\ . \tag{11.30}$$

Wir wollen die Gl.(11.8) nun wieder in den reellen Bereich überführen, indem wir sie in Real- und Imaginärteil zerlegen. Mit $\hat{\mathbf{U}} = \mathbf{U}_{re} + j\mathbf{U}_{im}$ und $\hat{\mathbf{F}} = \mathbf{F}_{re} + j\mathbf{F}_{im}$ folgt

$$\boxed{\underbrace{\left[\begin{array}{c|c} -\bar{\omega}^2 \mathbf{M} + \mathbf{K} & -\bar{\omega}\mathbf{C} \\ \hline \bar{\omega}\mathbf{C} & -\bar{\omega}^2 \mathbf{M} + \mathbf{K} \end{array}\right]}_{\mathbf{K}_d(\bar{\omega})} \underbrace{\begin{bmatrix} \mathbf{U}_{re} \\ \mathbf{U}_{im} \end{bmatrix}}_{\mathbf{U}_d} = \underbrace{\begin{bmatrix} \mathbf{F}_{re} \\ \mathbf{F}_{im} \end{bmatrix}}_{\mathbf{F}_d}}\ . \tag{11.31}$$

Wir bemerken, dass die reelle dynamische Steifigkeitsmatrix $\mathbf{K}_d(\bar{\omega})$, die doppelt so groß ist wie die komplexe Matrix $\hat{\mathbf{K}}$ und von der Erregerfrequenz $\bar{\omega}$ abhängt und nicht mehr konstant wie im statischen Fall ist. Die reelle Frequenzgangsmatrix $\mathbf{H}_d(\overline{\omega})$ erhält man durch Inversion der reellen dynamischen Steifigkeitsmatrix

$$\mathbf{H}_d(\overline{\omega}) = \mathbf{K}_d^{-1}(\overline{\omega}) \ , \tag{11.32a}$$

womit sich der Zusammenhang zwischen Eingangs- und Ausgangsgrößen in der reellen Form

$$\boxed{\begin{bmatrix} \mathbf{U}_{re} \\ \mathbf{U}_{im} \end{bmatrix} = \mathbf{H}_d(\overline{\omega}) \begin{bmatrix} \mathbf{F}_{re} \\ \mathbf{F}_{im} \end{bmatrix}} \tag{11.32b}$$

schreiben lässt. Die reellen Matrizen $\mathbf{K}_d(\overline{\omega})$ und $\mathbf{H}_d(\overline{\omega})$ haben gegenüber den komplexen Matrizen $\hat{\mathbf{K}}(j\overline{\omega})$ und $\hat{\mathbf{H}}(j\overline{\omega})$ wieder die doppelte Größe (2N x 2N). Falls die Dämpfungsmatrix **C** Null ist, entkoppeln sich die Real- und Imaginärteile (d.h. die sin- und cos- Anteile der Erregung und der Antwort). Aus der Gl. (11.10) folgt dann

$$(-\overline{\omega}^2 \mathbf{M} + \mathbf{K})\mathbf{U}_{re} = \mathbf{F}_{re}, \qquad (-\overline{\omega}^2 \mathbf{M} + \mathbf{K})\mathbf{U}_{im} = \mathbf{F}_{im} \ . \tag{a}$$

Im dämpfungsfreien Fall weisen Erregung und Antwort keine Phasenverschiebung auf, wenn die Erregerphase für jeden Freiheitsgrad A gleich ist ($\varphi_A = \varphi$, A = 1, 2, ... , N). Aus der Gl. (11.27b) folgt dann $F_{A,im} = \tan\varphi \, F_{A,re}$. Damit erhält man aus der Gl. (a) auch $U_{A,im} = \tan\varphi \, U_{A,re}$. Durch Vergleich mit der Gl. (11.28c), $U_{A,im} = \tan\psi_A \, U_{A,re}$, erhält man

$$\psi_A = \varphi \qquad (A = 1, 2, \ldots, N) \, .$$

Die dynamische Steifigkeitsmatrix $\mathbf{K}_d(\overline{\omega})$ ist für einen gegebenen harmonischen Erregerkraftvektor der Frequenz $\overline{\omega}$ bekannt, so dass sich die partikulären Antwortamplituden $\mathbf{U}_{re,im}$ aus der Lösung des reellen linearen Gleichungssystems (11.32) ergeben. Die vollständige Lösung der Bewegungsgleichung lautet nun:

$$\boxed{\mathbf{U} = \mathbf{U}_h + \mathbf{U}_p = \mathbf{\Psi} e^{pt} + \hat{\mathbf{U}} e^{j\overline{\omega}t}} \ . \tag{11.33}$$

In dieser Lösung sind nach der Lösung des komplexen Eigenwertproblems die Eigenwerte p bekannt. Nur die komplexen Amplituden ψ sind noch unbekannt. Sie müssen aus den Anfangsbedingungen $\mathbf{U}(t=0)$ und $\dot{\mathbf{U}}(t=0)$ bestimmt werden. Ein Blick auf die homogene Lösung (9.32) zeigt, dass diese infolge des Dämpfungsgliedes $e^{-\delta t}$ mit der Zeit t abklingt, während dies bei der partikulären Lösung (11.28) nicht der Fall ist. Wenn die homogene Lösung auf Null abgeklungen ist, sprechen wir auch vom eingeschwungenen Zustand. Dieser ist demnach identisch mit der partikulären Lösung. Bei der Untersuchung von sogenannten Einschwingvorgängen (z. B. Anschalten einer Maschine) muss die vollständige Lösung der Bewegungsgleichung gemäß Gl. (11.33) berücksichtigt werden. Wenn die periodischen Anregungen ausreichend lange auftreten, so dass die homogene Lösung abgeklungen ist, braucht demnach nur der eingeschwungene Zustand betrachtet zu werden. Wir wollen noch feststellen, dass zur Berechnung des eingeschwungenen Zustandes nach Gln. (11.31) und (11.32) keine Einschränkung bezüglich der Dämpfungsmatrix (Bequemlichkeitshypothese) erforderlich sind. Man erkennt jedoch auch, dass zur Berechnung der Antwort für jede Anregungsfrequenz $\overline{\omega}$ die Lösung eines Gleichungssystems der Ordnung 2N erforderlich ist. Aus der Gl. (11.31) lässt sich ein Kriterium zur versuchsmäßigen Bestimmung der Eigenformen im sog. Standschwingungsversuch herleiten. Falls es versuchsmäßig gelingt, die Erregung $\mathbf{F}_{im}$ und die Antwort $\mathbf{U}_{re}$ zu Null zu machen, verbleiben die folgenden beiden Zeilen der Gl. (11.31):

$$(-\overline{\omega}^2\mathbf{M}+\mathbf{K})\mathbf{U}_{im}=\mathbf{0}\ , \tag{11.34a}$$

$$-\overline{\omega}\mathbf{C}\,\mathbf{U}_{im}=\mathbf{F}_{re} \tag{11.34b}$$

mit

$$\mathbf{U}_{re}=\mathbf{0} \quad \text{und} \quad \mathbf{F}_{im}=\mathbf{0}\ . \tag{11.34c}$$

Aus der Gleichung (11.34a) folgt, dass $\overline{\omega}$ dann gerade gleich der Eigenfrequenz ω und $\mathbf{U}_{im}$ gleich dem Eigenvektor sein muss (vgl. Gl. 9.4). Die Erregerkräfte müssen gemäß Gl. (9.34b) so gewählt werden, dass sie die Dämpfungskräfte kompensieren und die Gl. (11.34c) zeigt, dass die Erregerphase $\varphi_A = 90°$ und die Antwortphase $\psi_A = 0°$ sein muss. Antwort und Erregung müssen also um 90° phasenverschoben sein. Dieses Kriterium heißt Phasen-Resonanzkriterium.
Aus den Gln. (11.32) geht hervor, dass zur Berechnung der Frequenzgänge das Gleichungssystem der Ordnung (2N,2N) für jede Erregerfrequenz $\overline{\omega}$ gelöst werden muss. Für komplexe FE- Modelle hoher Ordnung (z. B. N = 100 000 Freiheitsgrade) ist dies mit unvertretbar hohem Rechenaufwand verbunden. Abhilfe liefert die im Kap.10 eingeführte Transformation der Bewegungsgleichungen auf modale Koordinaten. Wir hatten dort gesehen, dass sich die Bewegungsgleichungen dabei ganz oder teilweise entkoppeln lassen, so dass sich die Lösung als Summe der Lösungen von R < N modalen Einfachschwingern darstellen lässt. Nicht nur die Entkopplung der Bewegungsgleichung ist dabei vorteilhaft, sondern auch die Tatsache, dass bei der Überlagerung der modalen Strukturantworten nur eine im Vergleich zur Ordnung N sehr viel kleinere Anzahl R von modalen Koordinaten gebraucht wird. Warum das so ist, werden wir im folgenden zeigen. Im Kap.10 hatten wir für die modale Transformation drei Möglichkeiten kennengelernt:

(a) Die Transformation des nicht-modal (nicht-proportional) gedämpften Systems mit Hilfe der komplexen Eigenformen gemäß Gl. (10.3), die auf eine vollständige Entkopplung der Bewegungsgleichungen im Zustandsraum führ,
(b) die Transformation des nicht-modal (nicht- proportional) gedämpften Systems mit Hilfe der reellen Eigenformen gemäß Gln. (10.5-7), die auf eine unvollständige Entkopplung der Bewegungsgleichungen im Originalraum führt und

(c) die Transformation des modal (proportional) gedämpften Systems mit Hilfe der reellen Eigenformen gemäß Gl. (10.10), die auf eine vollständige Entkopplung der Bewegungsgleichungen im Originalraum führt.

Fall (a): Antwortberechnung in komplexen modalen Koordinaten bei Annahme nicht- proportionaler Dämpfung

Die modale Transformation Gl. (10.2) des Zustandsvektors $\mathbf{U}_z^T = \begin{bmatrix} \mathbf{U}^T & \dot{\mathbf{U}}^T \end{bmatrix}$ mit Hilfe der komplexen Eigenformen $\psi_{z,r}^T = [\psi_r^T \quad p_r \psi_r^T]$ lautete:

$$\mathbf{U}_z(t) = \mathbf{\Psi}_z \mathbf{q}(t) = \sum_r \psi_{z,r} q_r(t) \qquad (r = 1,2,...,2N) .$$

ausgeschrieben für die Verschiebungs- und Geschwindigkeitsvektoren erhält man daraus:

$$\mathbf{U}(t) = \sum_r \psi_r q_r(t) \quad \text{und} \quad \dot{\mathbf{U}}(t) = \sum_r p_r \psi_r q_r(t) \qquad (r = 1,2,...,2N) . \tag{11.35a,b}$$

Durch diese Transformation ergab sich die entkoppelte Bewegungsgleichung nach Gl.(10.3) zu

$$\dot{q}_r - p_r q_r = \frac{\psi_r^T \mathbf{F}(t)}{a_r} = r_r(t) . \tag{10.3}$$

Die vollständige Lösung dieser r = 1, 2, ... , 2R ≤ 2N skalaren Gleichungen ergibt sich durch Überlagerung der homogenen Lösung $q_{h,r}$ und der partikulären Lösung $q_{p,r}$:

$$q_r = q_{h,r} + q_{p,r} .$$

Die Lösung der homogenen Gleichung $\dot{q}_{h,r} - p_r q_{h,r} = 0$ lautet:

$$q_{h,r} = c_r e^{p_r t} . \tag{11.36}$$

wobei c_r eine unbekannte Integrationskonstante darstellt, die aus den Anfangsbedingungen bestimmt werden kann. Diese Lösung hatten wir bereits mit der homogenen Lösung des gedämpften Einfachschwingers in den Gln.(9.21)-(9.25) kennengelernt. Die homogene Lösung in physikalischen Originalkoordinaten ergibt sich durch die modale Überlagerung gemäß Gl.(11.35a) zu

$$\mathbf{U}_h(t) = \sum_r \psi_r \mathbf{q}_{h,r}(t) = \sum_r c_r \psi_r e^{p_r t} \qquad (r = 1,2,...,2N) \tag{11.37}$$

in Übereinstimmung mit der Gl. (11.6), wo wir die homogene Lösung zur Berechnung der freien Schwingung mit gegebenen Anfangsbedingungen gebraucht hatten.
Wir kommen nun zur partikulären Lösung, für die wir wieder einen Ansatz vom Typ der Erregerfunktion machen. Gemäß Gl. (11.27c) beschreiben wir den harmonischen

Erregerkraftvektor in der Form $\mathbf{F}(t) = \hat{\mathbf{F}}\, e^{j\bar{\omega}t}$, woraus sich die rechte Seite der modalen Bewegungsgleichung (10.3) in der Form

$$r_r(t) = \frac{\psi_r^T \mathbf{F}(t)}{a_r} = \frac{\psi_r^T \hat{\mathbf{F}}\, e^{j\bar{\omega}t}}{a_r} = \hat{r}_r e^{j\bar{\omega}t} \qquad (11.38)$$

darstellt. r_r bezeichnet dabei die modale Erregerkraft. Aus der Form der modalen Erregerkraft als Skalarprodukt von Eigenformkomponenten mit den an diesen Komponenten angreifenden Erregerkräften ergibt sich bereits eine wichtige physikalische Aussage zur dynamischen Antwort einer Struktur: Bei einer Kraft, die in einem Schwingungsknoten angreift, d.h. an einer Stelle, an der die Eigenformkomponente Null ist, verschwindet die modale Erregerkraft. Eine solche Kraft leistet demnach keinen Beitrag zur Strukturantwort im Sinne der modalen Superposition gemäß Gl. (11.35a, b).

Für die partikuläre Lösung machen wir einen dem Typ der modalen Erregerkraft Gl. (11.38) entsprechenden Ansatz

$$q_{p,r}(t) = \hat{q}_r e^{j\bar{\omega}t} \quad \text{mit der Ableitung} \quad \dot{q}_{p,r}(t) = j\bar{\omega}\, \hat{q}_r e^{j\bar{\omega}t}\ . \qquad (11.39a,b)$$

Dieser Ansatz eingesetzt in die modale Bewegungsgleichung (10.3), liefert nach Kürzung der Zeitkonstanten $e^{j\bar{\omega}t}$ die Beziehung

$$(j\bar{\omega} - p_r)\hat{q}_r = \hat{r}_r = \frac{\psi_r^T \hat{\mathbf{F}}}{a_r} \qquad (r = 1, 2, \ldots, 2R \le 2N)\ . \qquad (11.40)$$

Die modalen Antwortamplituden erhält man daraus zu

$$\boxed{\hat{q}_r = \frac{\psi_r^T \hat{\mathbf{F}}}{a_r (j\bar{\omega} - p_r)}}\ . \qquad (11.41)$$

Die partikuläre Lösung in physikalischen Originalkoordinaten ergibt sich daraus durch die modale Überlagerung gemäß Gl. (11.35a) zu

$$\mathbf{U}_p(t) = \sum_r \psi_r q_{p,r}(t) = \sum_r \psi_r \hat{q}_r e^{j\bar{\omega}t} \qquad (r = 1, 2, \ldots, 2N) \qquad (11.42a)$$

Beachtet man, dass die Eigenlösung bei unterkritisch gedämpften Systemen in konjugiert komplexer Form auftritt so erhält man die meist benutzte Form

$$\mathbf{U}_p(t) = \sum_r (\psi_r \hat{q}_r + \psi_r^* \hat{q}_r^*) e^{j\bar{\omega}t} = \hat{\mathbf{U}} e^{j\bar{\omega}t}\ , \qquad (11.42b)$$

wobei

$$\boxed{\hat{\mathbf{U}} = \hat{\mathbf{H}}\, \hat{\mathbf{F}}} \qquad (11.42c)$$

den Vektor der Antwortamplituden des stationären eingeschwungenen Zustands und

$$\boxed{\hat{\mathbf{H}} = \sum_r \left(\frac{\psi_r \psi_r^T}{a_r (j\bar{\omega} - p_r)} + \frac{\psi_r^* \psi_r^{*T}}{a_r^* (j\bar{\omega} - p_r^*)} \right)} \qquad (r = 1, 2, \ldots, \leq N) \qquad (11.42d)$$

die komplexe Matrix der Frequenzgangsfunktionen (auch als FRF- Matrix bezeichnet) darstellt. Aus dieser Matrix kann man einige wichtige Systemeigenschaften herauslesen. So ergibt sich die bereits beim Einfachschwinger behandelte Resonanzerscheinung für den Fall $\bar{\omega} = \nu_r$, d.h. wenn die Erregerfrequenz mit der r-ten Eigenfrequenz übereinstimmt, dass der Nenner $N_r = j\bar{\omega} - p_r \Rightarrow \omega_r \xi_r$ nur noch von der Dämpfung abhängt, so dass die r-te Komponente der Matrix um so größere Werte annimmt und im Grenzfall verschwindender Dämpfung unendlich groß wird (vgl. Gl.(11.23) für den Einfachschwinger). Beim Mehrfachschwinger gibt es demnach $R \leq N$ mögliche Resonanzstellen. Eine weitere wichtige Eigenschaft ergibt sich bei der Betrachtung der Größenordnung der Summenglieder, die der Resonanzkomponente benachbart sind. Je weiter die benachbarten Eigenfrequenzen von der r-ten Resonanzstelle entfernt sind, d.h. je größer die Differenz der Eigenfrequenzen $\nu_r - \nu_s$ $(r \neq s)$ ist, umso größer wird der Nennerausdruck

$$N_s(\bar{\omega} = \nu_r) = j\nu_r - p_s = j(\nu_r - \nu_s) + \omega_s \xi_s,$$

so dass der Einfluss der s-ten Komponente in der Summe entsprechend kleiner wird. So kommt es auch häufig vor, dass bei entsprechender Trennung der Eigenfrequenzen die Resonanzantwort praktisch nur von der einen angeregten Eigenform bestimmt wird. Dieser Fall ist beispielsweise in dem später behandelten Beispiel im Bild 11-9 zu sehen.

Meist ist es so, dass zur Berechnung der Antwort in einem durch das Spektrum der Erregerkräfte vorgegebenen interessierenden Frequenzbereich nur eine sehr kleine Anzahl R von sog. effektiven Eigenformen berücksichtigt werden muss, d.h. R ist meist sehr viel kleiner als die Ordnung N des Systems.

Die FRF-Matrix hat auch eine zentrale Bedeutung in der sog. experimentellen Modalanalyse. Hier besteht die Aufgabe, experimentell bestimmte Frequenzgänge mit Hilfe der analytischen Frequenzgänge möglichst genau anzupassen. Dabei werden die Abweichungen zwischen den experimentellen und den analytischen Frequenzgängen in rechnerischen Optimierungsverfahren durch Anpassung der modalen Parameter (Eigenfrequenzen, Eigenformen, modale Massen und modale Dämpfungen) minimiert, wodurch eine indirekte Bestimmung der modalen Parameter ermöglicht wird. Diesbezügliche Verfahren sind z. B. in [1)-5)] beschrieben.

Natürlich ist auch der Sonderfall des Einfachschwingers in der obigen Darstellung Gl. (11.42c) der FRF- Matrix enthalten. Für $r = 1$, $\psi = \psi^* = 1$,

[1)] Krätzig, Meskouris, Link (1995) [2)] Ewins (2000) [3)] Natke (1992) [4)] Maia, Silva (1997) [5)] Irretier (1999)

$p = -C/2M + \sqrt{K/M - (C/2M)^2}$, $p^* = -C/2M - \sqrt{K/M - (C/2M)^2}$,
$a = C + 2pM$ und $a^* = C + 2p^*M$ ergibt sich aus der Gl. (11.42c) die Gl. (11.20b):
$\hat{H}(j\bar{\omega}) = 1/(-\bar{\omega}^2 M + j\bar{\omega}C + K)$.

Die vollständige Lösung der Bewegungsgleichung ergibt sich durch Addition der homogenen und der partikulären Lösung zu:

$$\mathbf{U}(t) = \mathbf{U}_h(t) + \mathbf{U}_p(t) = \sum_r (\boldsymbol{\psi}_r c_r e^{p_r t} + \boldsymbol{\psi}_r^* c_r^* e^{p_r^* t}) + \hat{\mathbf{U}} e^{j\bar{\omega}t}, \ (r = 1,2,...,R \le N) \ . \quad (11.43a)$$

Mit Hilfe des Geschwindigkeitsvektors

$$\dot{\mathbf{U}}(t) = \sum_r (p_r \boldsymbol{\psi}_r c_r e^{p_r t} + p_r^* \boldsymbol{\psi}_r^* c_r^* e^{p_r^* t}) + j\bar{\omega}\hat{\mathbf{U}} e^{j\bar{\omega}t} \quad (11.43b)$$

kann man die allgemeine Lösung auch in der Zustandsform darstellen:

$$\begin{bmatrix} \mathbf{U}(t) \\ \dot{\mathbf{U}}(t) \end{bmatrix} = \underbrace{\left[\begin{array}{c|c} \boldsymbol{\psi}\,\mathrm{diag}(e^{p_r t}) & \boldsymbol{\psi}^*\mathrm{diag}(e^{p_r^* t}) \\ \hline \boldsymbol{\psi}\,\mathrm{diag}(p_r e^{p_r t}) & \boldsymbol{\psi}^*\mathrm{diag}(p_r^* e^{p_r^* t}) \end{array}\right]}_{\bar{\mathbf{S}}} \underbrace{\begin{bmatrix} \mathbf{c} \\ \mathbf{c}^* \end{bmatrix}}_{\mathbf{c}_z} + \underbrace{\begin{bmatrix} \hat{\mathbf{U}} e^{j\bar{\omega}t} \\ j\bar{\omega}\hat{\mathbf{U}} e^{j\bar{\omega}t} \end{bmatrix}}_{\mathbf{U}_{zp}} , \quad (11.43c)$$

mit $\hat{\mathbf{U}} = \hat{\mathbf{H}}\hat{\mathbf{F}}$ aus Gl. (11.30). Zusammengefasst:

$$\mathbf{U}_z(t) = \bar{\mathbf{S}}(t)\mathbf{c}_z + \mathbf{U}_{zp} \ . \quad (11.43d)$$

Die Integrationskonstanten $\mathbf{c}_z$ erhält man daraus nach Einsetzen des Anfangszustands $\mathbf{U}_{z0} = \mathbf{U}_z(t{=}0)$ zu $\mathbf{c}_z = \bar{\mathbf{S}}_0^{-1}(\mathbf{U}_{z0} - \mathbf{U}_{zp0})$. Einsetzen von $\mathbf{c}_z$ in die Gl. (11.43d) liefert

$$\mathbf{U}_z = \mathbf{S}(\mathbf{U}_{z0} - \mathbf{U}_{zp0}) + \mathbf{U}_{zp} \ , \quad (11.43e)$$

wobei

$$\mathbf{S}(t) = \bar{\mathbf{S}}(t)\bar{\mathbf{S}}_0^{-1} \quad (11.43f)$$

die Fundamentalmatrix (auch Überführungsmatrix genannt) darstellt. Für den Einfachschwinger hatten wir diese bereits in der Gl. (11.4) bei der Lösung des Ausschwingproblems kennengelernt. Die partikuläre Lösung $\mathbf{U}_{zp}$ kann man auch in der reellen Form darstellen

$$\mathbf{U}_{zp}(t) = \begin{bmatrix} \mathbf{U}_p(t) \\ \dot{\mathbf{U}}_p(t) \end{bmatrix} = \mathrm{Re}\begin{bmatrix} \hat{\mathbf{U}} e^{j\bar{\omega}t} \\ j\bar{\omega}\hat{\mathbf{U}} e^{j\bar{\omega}t} \end{bmatrix} = \underbrace{\left[\begin{array}{c|c} \cos\bar{\omega}t & -\sin\bar{\omega}t \\ \hline -\bar{\omega}\sin\bar{\omega}t & -\bar{\omega}\cos\bar{\omega}t \end{array}\right]}_{\mathbf{S}_p} \underbrace{\begin{bmatrix} \mathbf{U}_{re} \\ \mathbf{U}_{im} \end{bmatrix}}_{\mathbf{U}_d} = \mathbf{S}_p \mathbf{U}_d \ . \quad (11.43g)$$

Diese, eingesetzt in die Gl. (11.43.e), führt auf die Form

$$\boxed{\mathbf{U}_z = \mathbf{S}(\mathbf{U}_{z0} - \mathbf{S}_{p0}\mathbf{U}_d) + \mathbf{S}_p\mathbf{U}_d = \mathbf{S}\,\mathbf{U}_{z0} + (\mathbf{S}_p - \mathbf{S}\,\mathbf{S}_{p0})\mathbf{U}_d} \ , \quad (11.43h)$$

die wir für den Sonderfall des Einfachschwingers bereits mit der Gl. (11.25) kennengelernt hatten. Wie bereits beim Einfachschwinger im vorangegangenen Kapitel gezeigt (Gln. 11.25 und 11.26, Bild 11-8) und wie aus den Komponenten der Matrix $\overline{\mathbf{S}}$ in der Gl. (11.43c) ersichtlich, stellt die homogene Lösung bei unterkritisch gedämpften Systemen eine Lösung dar, die mit der Zeit abklingt, während die partikuläre Lösung den eingeschwungenen Zustand beschreibt, der für die oben beschriebenen Resonanzerscheinungen (im Fall, dass die Erregerfrequenz mit einer Eigenfrequenz übereinstimmt) maßgeblich ist, und dem daher bei der Tragwerksauslegung eine große Bedeutung zukommt. Wir wollen uns nun den praktisch wichtigen Fällen zuwenden, bei denen es ausreicht, zur modalen Transformation nur die reellen Eigenformen des ungedämpften Systems zu verwenden.

Fall (b): Antwortberechnung in reellen modalen Koordinaten bei Annahme nicht-proportionaler Dämpfung

Im Kap. 10 hatten wir gesehen, dass sich die Bewegungsgleichung nur mit Hilfe der komplexen Eigenformen vollständig entkoppeln lässt. Bei der Transformation mit den reellen Eigenformen entkoppeln sich im Gegensatz zur Dämpfungsmatrix gemäß Gl. (10.4) nur die Massen- und die Steifigkeitsmatrix. Der Vorteil der modalen Transformation, dass man zur Berechnung der Antwort nur eine im Vergleich zur Systemordnung N sehr viel kleinere Anzahl R von effektiven Eigenformen berücksichtigen muss, bleibt aber erhalten. Wir wollen diesen Fall hier aber nicht weiter behandeln und uns dem Fall (c) zuwenden.

Fall (c): Antwortberechnung in reellen modalen Koordinaten bei Annahme modaler (proportionaler) Dämpfung

In diesem Fall nehmen wir an, dass die Systemdämpfung derart beschaffen ist, dass sich die Dämpfungsmatrix vollständig entkoppelt, d.h. dass die modale Dämpfungsmatrix nach Gl. (10.6) diagonal ist. Diese Hypothese werden auch als „Bequemlichkeitshypothese" bezeichnet, weil es sich damit bequemer rechnen lässt. Natürlich muss dabei gefragt werden, ob das aktuelle System dieser Annahme auch gerecht wird. Wir werden diese Voraussetzungen später anhand eines Beispiels diskutieren. Die reelle Modaltransformation

$$\mathbf{U}(t) = \sum_r \mathbf{X}_r\, q_r = \mathbf{\Phi}\, \mathbf{q}(t) \tag{10.4a}$$

führte dabei auf die entkoppelte modale Bewegungsgleichung

$$\mu_r \ddot{q}_r + \Delta_{rr} \dot{q}_r + \gamma_r q_r = r_r \tag{10.9a}$$

mit den Bezeichnungen

$r_r = \mathbf{X}_r^T \mathbf{F}$ modale Erregerkraft nach Gl.(10.9c),

$\Delta_{rr} = 2\mu_r \omega_r \xi_r$ modale Dämpfung,

$\gamma_r = \mu_r \omega_r^2$ modale Steifigkeit,

$r = 1, 2, \ldots, R \leq N$ Nummer der Eigenform.

Die Gleichung (10.9a) ist vom gleichen Typ wie die Bewegungsgleichung des gedämpften Einfachschwingers, $M\ddot{U}+C\dot{U}+KU=F(t)$. Diese Gleichung kann nun für jede einzelne Eigenform, r = 1,2,...,R$\leq$N, angeschrieben werden, und es können demnach alle Ergebnisse des Einfachschwingers aus Kap. 11.1 (Ausschwingproblem) und Kap.11.2.1 (Periodische Erregung) übernommen werden. Nur die Bezeichnungen müssen geändert werden:

physikalische Masse M $\Rightarrow$ modale Masse μ_r,
physikalische Dämpfung C $\Rightarrow$ modale Dämpfung $\Delta_r = 2\mu_r\omega_r\xi_r$,
physikalische Steifigkeit K $\Rightarrow$ modale Steifigkeit $\gamma_r = \mu_r\omega_r^2$ und
physikalische Verschiebungs-, Geschwindigkeits- und Beschleunigungsantwort
$U, \dot{U}, \ddot{U}$ $\Rightarrow$ modale Antworten $q_r, \dot{q}_r, \ddot{q}_r$.
physikalische Erregerkraft F $\Rightarrow$ modale Erregerkraft $r_r = \mathbf{X}_r^T\,\mathbf{F}(t)$ (s. Gl. 10.9c).

Als Beispiel wollen wir hier nur den eingeschwungenen Zustand (partikuläre Lösung) bei harmonischer Erregung, Gl. (11.27c), $\mathbf{F}(t) = \mathbf{F}_{re}\cos\bar{\omega}t - \mathbf{F}_{im}\sin\bar{\omega}t = \hat{\mathbf{F}}\,e^{j\bar{\omega}t}$, behandeln. Gl. (10.9c) liefert dann die modale Erregerkraft $r_r = \mathbf{X}_r^T\,\hat{\mathbf{F}}\,e^{j\bar{\omega}t} = \hat{r}_r e^{j\bar{\omega}t}$, wobei

$$\hat{r}_r = \mathbf{X}_r^T\,\hat{\mathbf{F}} \tag{11.44a}$$

die komplexe modale Erregerkraft darstellt. Entsprechend der Gl.(11.18) ergibt sich die partikuläre Lösung aus

$$q_{p,r}(t) = \hat{q}_r\,e^{j\bar{\omega}t} \quad (r = 1, 2, \dots, R \leq N), \tag{11.44b}$$

aus der sich die physikalische Antwort durch die modale Transformation ergibt:

$$\mathbf{U}_p(t) = \sum_r \mathbf{X}_r q_{p,r}(t) = \sum_r \mathbf{X}_r \hat{q}_r e^{j\bar{\omega}t} = \hat{\mathbf{U}} e^{j\bar{\omega}t} \tag{11.45a}$$

mit den komplexen physikalischen Amplituden

$$\hat{\mathbf{U}} = \mathbf{U}_{re} + j\mathbf{U}_{im} = \sum_r \mathbf{X}_r\,\hat{q}_r = \mathbf{\Phi}\hat{\mathbf{q}} = \mathbf{\Phi}(\mathbf{q}_{re} + j\mathbf{q}_{im}) \tag{11.45b}$$

und den komplexen modalen Amplituden

$$\hat{\mathbf{q}} = [\dots\ \hat{q}_r = q_{re,r} + jq_{im,r}\ \dots]\,. \tag{11.45c}$$

Die r-te modale Antwort ergibt sich entsprechend Gl.(11.20a) zu

$$\boxed{\hat{q}_r = \hat{H}_{q,r}\,\hat{r}_r} \tag{11.46a}$$

mit der modalen Frequenzgangsfunktion analog Gl.(11.20b)

$$\boxed{\hat{H}_{q,r} = 1/(-\bar{\omega}^2\mu_r + j\bar{\omega}\Delta_r + \gamma_r)}\,. \tag{11.46b}$$

Einsetzen der Gln. (11.46) in die Gl. (11.45b) und des modalen Erregerkraftvektors (11.44a), $\hat{r}_r = \mathbf{X}_r^T \hat{\mathbf{F}}$, liefert den Zusammenhang zwischen den Amplituden $\hat{\mathbf{U}}$ der physikalischen Antworten und den physikalischen Erregerkräften $\hat{\mathbf{F}}$ zu

$$\boxed{\hat{\mathbf{U}} = \sum_r \mathbf{X}_r \hat{q}_r = \underbrace{\sum_r \mathbf{X}_r \hat{H}_{q,r} \mathbf{X}_r^T}_{\hat{\mathbf{H}}(j\bar{\omega})} \hat{\mathbf{F}}}, \tag{11.47a}$$

wobei

$$\boxed{\hat{\mathbf{H}}(j\bar{\omega}) = \sum_r \frac{\mathbf{X}_r \mathbf{X}_r^T}{\gamma_r (1 - \eta_r^2 + j 2 \xi_r \eta_r)}} \qquad (r = 1,2,\ldots,R \le N) \tag{11.47b}$$

die komplexe Frequenzgangsmatrix (FRF-Matrix) darstellt. Hierbei wurden die Bezeichnungen $\Delta_r = 2\mu_r \omega_r \xi_r$ für die modale Dämpfung, $\gamma_r = \mu_r \omega_r^2$ für die modale Steifigkeit und $\eta_r = \bar{\omega}/\omega_r$ für das Verhältnis Erregerfrequenz zur r-ter Eigenfrequenz eingeführt. Diese Form der FRF-Matrix, die für den Fall modaler (proportionaler) Dämpfung gilt, ist demnach der Form (11.42c) äquivalent, die für den Fall allgemeiner nicht-proportionaler Dämpfung hergeleitet wurde.

Nach Zerlegung der modalen komplexen Größen in ihre Real- und Imaginärteile analog zu Gl. (11.22) lassen sich die Real- und Imaginärteile der physikalischen Verschiebungsamplituden auch in der reellen Form doppelter Größe darstellen. Mit

$$\boxed{\begin{bmatrix} q_{re} \\ q_{im} \end{bmatrix}_r = \frac{1}{\bar{a}_r} \underbrace{\begin{bmatrix} 1-\eta^2 & 2\xi\eta \\ -2\xi\eta & 1-\eta^2 \end{bmatrix}_r}_{\mathbf{H}_{q,r}(\eta)} \begin{bmatrix} r_{re} \\ r_{im} \end{bmatrix}_r}, \tag{11.48a}$$

der Abkürzung $\bar{a}_r = \mu_r \omega_r^2 \left[\left(1 - \eta_r^2\right)^2 + 4\eta_r^2 \quad \xi_r^2 \right]$ und den Komponenten

$$r_{re,r} = \mathbf{X}_r^T \mathbf{F}_{re} \text{ und } r_{im,r} = \mathbf{X}_r^T \mathbf{F}_{im} \tag{11.48b}$$

der generalisierten (modalen) Erregerkraftvektoren ergeben sich die physikalischen Antwortamplituden aus der modalen Transformation der Real- und Imaginärteile zu

$$\boxed{\mathbf{U}_{re} = \sum_r \mathbf{X}_r q_{re,r} = \mathbf{\Phi} \mathbf{q}_{re}} \quad \text{und} \quad \boxed{\mathbf{U}_{im} = \sum_r \mathbf{X}_r q_{im,r} = \mathbf{\Phi} \mathbf{q}_{im}}. \tag{11.48c,d}$$

Beispiel: Frequenzgänge der gekoppelten Kragträger nach Bild 9-2

Im Bild 11-9 sind die Vergrößerungsfunktionen der gekoppelten Kragträger bezogen auf die statischen Verschiebungen U_{stat} für die Erregung

$$\mathbf{F}(t) = \begin{bmatrix} \cos \bar{\omega} t \\ 0 \end{bmatrix} \qquad \text{d. h.} \quad \mathbf{F}_{re} = \begin{bmatrix} 1 \\ 0 \end{bmatrix} \quad \text{und} \qquad \mathbf{F}_{im} = \mathbf{0}$$

und für $\xi_1 = \xi_2 = 2\%$ modale Dämpfung angegeben. Ein Blick auf die Frequenzgänge im Bild 11-9 zeigt, dass bei der vorliegenden Erregung $\mathbf{F}_{im} = \mathbf{0}$ die Realteilantworten $\mathbf{U}_{re}$ in den Eigenfrequenzen beinahe Null sind ($\mathbf{U}_{re} \approx \mathbf{0}$), d.h. das Phasen-Resonanzkriterium ist <u>ungefähr</u> erfüllt. Für die Auswertung von versuchsmäßig ermittelten Frequenzgängen eines Mehrfachschwingers bedeutet dies, dass erstens die zu $\mathbf{U}_{re} = \mathbf{0}$ gehörigen Erregerfrequenzen $\overline{\omega}$ ungefähr gleich den Eigenfrequenzen sind und zweitens, dass die zu $\mathbf{U}_{re} = \mathbf{0}$ gehörigen Imaginärteilantworten $\mathbf{U}_{im}$ wegen Gl. (11.13a) ungefähr die (unnormierten) Eigenformen des Mehrfachschwingers wiedergeben. Im vorliegenden Beispiel, Bild 11-9, erhält man eine angenäherte Modalmatrix $\tilde{\mathbf{\Phi}}$ aus den Imaginärteilantworten in den Eigenfrequenzen zu:

$$\tilde{\mathbf{\Phi}} = \begin{bmatrix} U_{1,im}(\overline{f} = 3{,}96) & U_{1,im}(7{,}59) \\ U_{2,im}(\overline{f} = 3{,}96) & U_{2,im}(7{,}59) \end{bmatrix} = \begin{bmatrix} -20 & -5 \\ -20 & -4.975 \end{bmatrix} \rightarrow \begin{bmatrix} 1 & -1 \\ 1 & 0{,}995 \end{bmatrix}$$

Der Vergleich mit der exakten Modalmatrix $\mathbf{\Phi} = \begin{bmatrix} 1 & -1 \\ 1 & 1 \end{bmatrix}$ zeigt hier eine sehr gute Übereinstimmung. Diese Übereinstimmung ist bei benachbarten Eigenfrequenzen und/oder starker Dämpfung im Allgemeinen nicht mehr gegeben. Dieser Fall ist im Bild 11-10 dargestellt. Hier wurden die Eigenfrequenzen durch Reduktion der Steifigkeit der Koppelfeder von k_F = 111 N/m auf k_F = 5 N/m in enge Nachbarschaft gebracht: f_1= 3,96 Hz und f_2= 4,193 Hz .

Mit den im Kap. 9 für dieses Beispiel berechneten komplexen Eigenformen und mit der Annahme einer nicht-proportionalen Dämpfung von $\boldsymbol{\xi} = \begin{bmatrix} 2 & 1 \\ 1 & 2 \end{bmatrix}$ [%] , erhält man mit Hilfe der Gl. (11.42) für eine harmonische Einheitskrafterregung am FHG 1, $F_1(t) = \cos \overline{\omega} t$, die im Bild 11-10 dargestellten Frequenzgänge. Außerdem sind dort zum Vergleich die Frequenzgänge für den Fall modaler proportionaler Dämpfung bei Vernachlässigung der Nebendiagonalglieder in obiger $\boldsymbol{\xi}$ - Matrix dargestellt. Daraus ergibt sich, dass der FHG 1 deutliche Abweichungen zeigt, die um so größer werden, je größer der Koppelwert ξ_{12} wird. Die physikalische Bedeutung dieser Dämpfungskopplung wird deutlich, wenn man die Umrechnung der modalen Dämpfungsmatrix $\boldsymbol{\xi}$ auf die physikalische Dämpfungsmatrix $\mathbf{C}$ mit Hilfe der Gl. (10.13a) vornimmt. Das Ergebnis lautet

$\mathbf{C} = \begin{bmatrix} c_1 + c_F = 0{,}0687 & -c_F = -0{,}0039 \\ -c_F = -0{,}0039 & c_2 + c_F = 0{,}2059 \end{bmatrix} [\mathrm{Ns/m}]$ und bedeutet physikalisch, dass zusätzlich zu dem Dämpfer c_F=0,0039 Nm/s zwischen den Freiheitsgraden 1 und 2 noch Einzeldämpfer der Größe c_1=0,0648 Ns/m und c_2=0,202 Nm/s wirken. Bei Vernachlässigung der Dämpfungskopplung, ξ_{12} = 0, ergibt die Umrechnung mit der Gl. (10.13a):

$\mathbf{C} = \begin{bmatrix} c_1 + c_F = 0{,}1373 & -c_F = -0{,}0039 \\ -c_F = -0{,}0039 & c_2 + c_F = 0{,}1373 \end{bmatrix}$ [Ns/m], was dazu führt, dass die Einzeldämpfer gleich groß sind, $c_1 = c_2 = 0{,}1334$ Nm/s. Umgekehrt bedeutet dies, dass ungleich große Einzeldämpfer zu mehr oder weniger starker Dämpfungskopplung führen. Im Beispiel ist die physikalische Dämpfung am FHG1 im Fall $\xi_{12} = 1$ nur halb so groß wie im Fall $\xi_{12} = 0$, wodurch sich auch die höheren Frequenzgangsamplituden dieses Freiheitsgrades erklären.

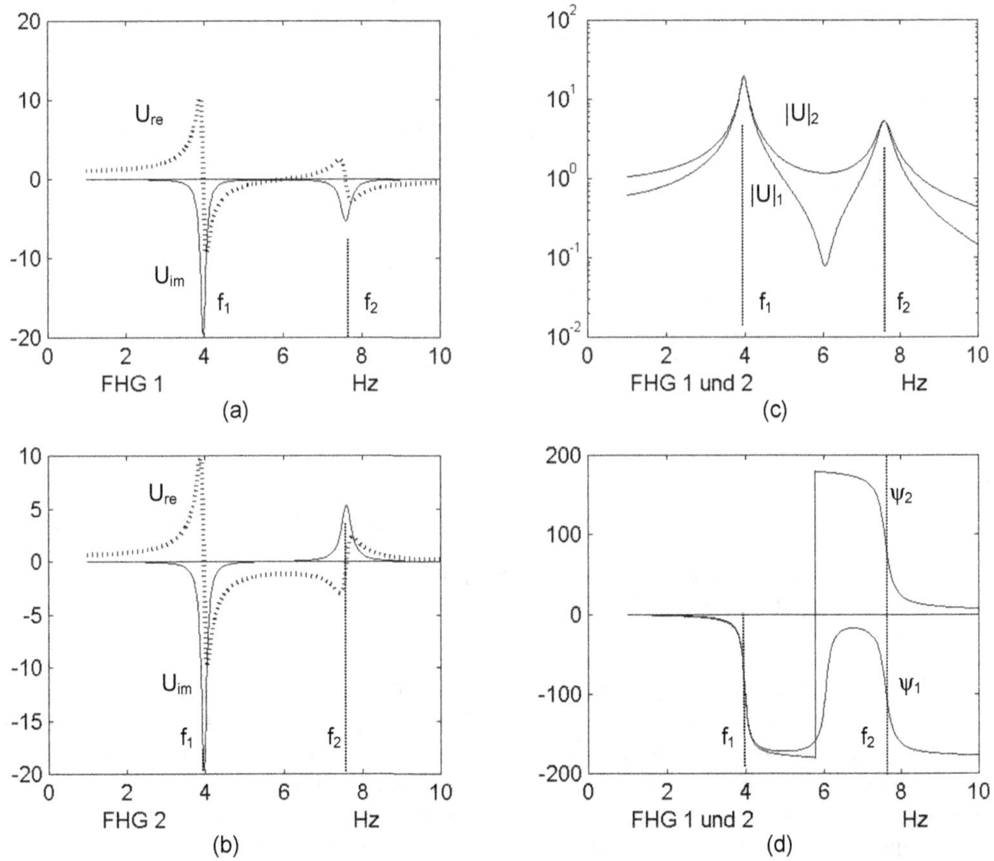

Bild 11-9 Frequenzgänge des gekoppelten Kragträgers bezogen auf die statische Verschiebung am FHG 1 des gekoppelten Kragträgers

(a), (b) Real- und Imaginärteile, (c) Beträge , (d) Phasenwinkel

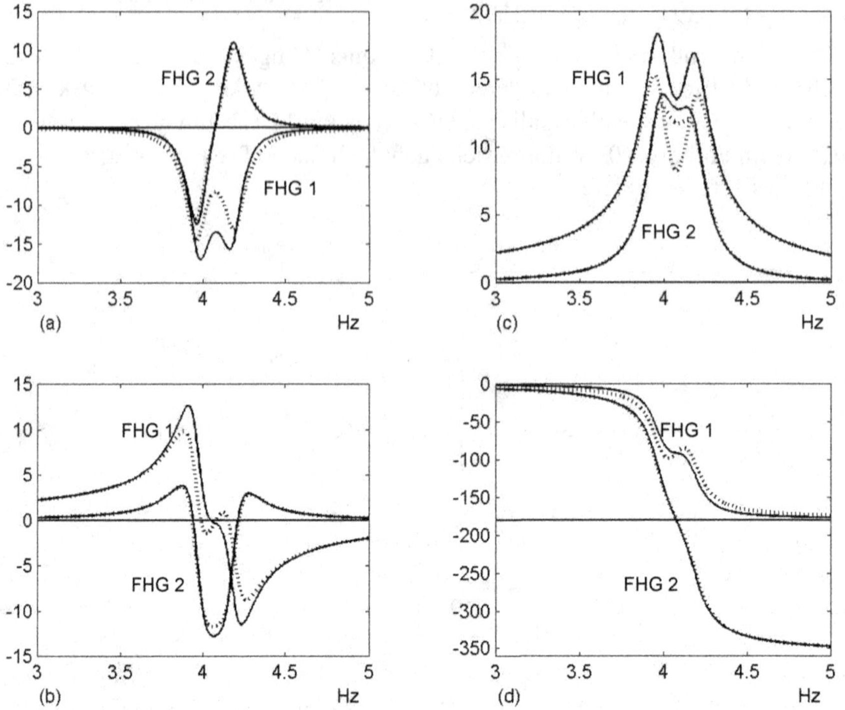

Bild 11-10 Frequenzgänge der Verschiebungen bezogen auf die statische Verschiebung am FHG 1 des gekoppelten Kragträgers
—nicht proportionale Dämpfung ····· modale proportionale Dämpfung
(a) Imaginärteile, (b) Realteile, (c) Beträge , (d) Phasenwinkel

Berechnet man den Frequenzgang für das vorangegangene Beispiel im Bild 11-9 ebenfalls mit der Annahme nicht-modaler Dämpfung, so kann man praktisch keinen Unterschied feststellen. Allgemein gilt, dass die Unterschiede umso geringer sind, je kleiner die Dämpfungswerte sind, je gleichmäßiger die Dämpfung über die Struktur verteilt ist (d. h. keine diskreten Einzeldämpfer wirksam sind) und je weiter die Eigenfrequenzen voneinander getrennt sind, so dass in solchen Fällen die „Bequemlichkeitshypothese" ihre Berechtigung hat.

11.3 Nicht-periodische Erregerkraftfunktionen

Für die Berechnung der dynamischen Antwort bei Erregerkräften mit beliebigem nicht-periodische Zeitverlauf werden im Folgenden vier Verfahren behandelt:

1) Die Transformation der Erregerkraft- und Antwortfunktionen in den Frequenzbereich mit Hilfe der analytischen oder diskreten Fourier-Transformation,
2) die exakte Integration der Bewegungsgleichung mit Hilfe des Duhamel- Integrals (Faltungsintegral),
3) die direkte numerische Integration der Bewegungsgleichung durch Diskretisierung der Zeitverläufe und
4) das Verfahren der Antwortspektren zur näherungsweisen Ermittlung der Antwortmaxima, welches bei der Analyse von Erdbebenbeanspruchungen gebräuchlich ist.

11.3.1 Die Fourier-Transformation

Mit Hilfe der Fourier- Transformation (FT) lassen sich Erregerkräfte und Antworten, deren Verlauf zeitlich begrenzt ist, wie dies beispielsweise bei Stoßvorgängen der Fall ist, in den Frequenzbereich transformieren. Daraus ergibt sich der Vorteil, dass die Antwortberechnung analog zu dem Fall der harmonischen Erregung behandelt werden kann.

Die FT kann als Fourierreihe (FR) mit unendlicher Periodendauer $T = \infty$ aufgefasst werden. Aus der Gl. (11.14a) erhält man unter Verwendung von Gl. (11.14b)

$$F(t) = \lim_{T\to\infty} \sum_n \left[\frac{1}{T} \int_0^T F(t) e^{-jn\bar{\omega}t} dt \right] e^{jn\bar{\omega}t} \quad (n = -\infty, \ldots, -1, 0, 1, \ldots; \infty) . \tag{a}$$

Bei Grenzübergang $T \to \infty$ gelten folgende Beziehungen:

$\Omega_n = n\bar{\omega} = n 2\pi / T \to \Omega$ wobei Ω eine kontinuierliche Variable darstellt,

$$\Delta\Omega_n = \Omega_{n+1} - \Omega_n = (n+1)\bar{\omega} - n\bar{\omega} = \bar{\omega} = 2\pi / T \to$$

$$d\Omega = \lim_{T\to\infty} (\frac{2\pi}{T}) \quad \text{oder} \quad \lim_{T\to\infty} (\frac{1}{T}) = (\frac{d\Omega}{2\pi}) .$$

Einsetzen dieser Beziehung in Gl.(a) und Ersetzen der Summe durch das Integral liefert

$$F(t) = \frac{1}{2\pi} \int_{-\infty}^{\infty} [\int_{-\infty}^{\infty} F(t) e^{-j\Omega t} dt] e^{j\Omega t} d\Omega \quad \text{oder} \tag{b}$$

$$\boxed{F(t) = \frac{1}{2\pi} \int_{-\infty}^{\infty} F(j\Omega) e^{j\Omega t} d\Omega} , \tag{11.49a}$$

wobei der Ausdruck in der eckigen Klammer von Gl. (b) die Fouriertransformierte $F(j\Omega)$ der Erregerfunktion F(t) darstellt:

$$\boxed{F(j\Omega) = \int_{-\infty}^{\infty} F(t)e^{-j\Omega t}dt} \,. \tag{11.49b}$$

Bei gegebener Fouriertransformierten $F(j\Omega)$ erhält man den Zeitverlauf aus der Gl. (11.49a). Diese Gleichung bezeichnet daher die sog. inverse Fourier-Transformation (IFT). Voraussetzung für die Existenz einer FT ist die Bedingung

$$\int_{-\infty}^{\infty} F(t)\,dt = \text{const} < \infty \,, \tag{11.50}$$

d.h. die Fläche unter dem Betrag der Zeitfunktion muss endlich sein. Periodische Funktionen erfüllen diese Bedingung demnach nicht. Für einige einfache Zeitfunktionen kann die FT analytisch nach Gl. (11.49b) berechnet werden.

Beispiel: FT für den Rechteckimpuls der Dauer T_0 nach Bild 11-11

$$F(t) = F_0 \quad \text{für } 0 \le t \le T_0, \qquad F(t) = 0 \quad \text{für } t > T_0 \,.$$

Aus Gl. (11.49b) folgt für die FT

$$F(j\Omega) = \int_{-\infty}^{\infty} F(t)e^{-j\Omega t}dt = F_0 \int_{0}^{T_0} e^{-j\Omega t}dt = j\frac{F_0}{\Omega}e^{-j\Omega t}\Big|_0^{T_0} = j\frac{F_0}{\Omega}(e^{-j\Omega T_0} - 1).$$

Unter Verwendung der Eulerschen Formel erhält man

$$F(j\Omega) = \frac{F_0}{\Omega}[\sin\Omega T_0 + j(\cos\Omega T_0 - 1)]. \tag{a}$$

Im Bild 11-11 ist der Realteil $F_{re}(\eta)\,\Omega_T / F_0$, der Imaginärteil $F_{im}(\eta)\,\Omega_T / F_0$ und der Betrag $|F(\eta)| = \Omega_T / F_0\sqrt{F_{re}^2 + F_{im}^2}$ dieser Funktion über dem Frequenzverhältnis $\eta = \Omega / \Omega_T$ dargestellt, wobei $\Omega_T = 2\pi / T_0$ die sog. Bandbreitenfrequenz des Stoßes bedeutet.

Bei geraden Funktionen ist der Imaginärteil und bei ungeraden Funktionen ist der Realteil der FT Null. Für beliebige, z.B. gemessene, Zeitfunktionen müssen die Integrationen in Gln.(11.49a,b) numerisch durchgeführt werden, wobei der Zeitverlauf an einer endlichen Anzahl von Stützstellen bekannt (z.B. gemessen) sein muss. Als schnelles Integrationsverfahren hat sich die sog. FFT (Fast Fourier Transformation) erwiesen . Diese Algorithmen findet man in den Programmbibliotheken (z. B. Matlab®(2000) der numerischen Mathematik. Die dimensionslose Darstellung der FT in der Bild 11-11 erlaubt eine allgemeine Aussage über den Zusammenhang zwischen der Stoßdauer und dem Frequenzgehalt der Erregerfunktion. Für Verhältnisse $\eta > 1$ zeigen das Bild 11-11 rechts, dass die Erregeramplituden $F(\eta)_{re,im}$ proportional zu $1/\eta$ abklingen, so dass Tragwerksfrequenzen $\omega > \Omega_T = 2\pi / T_0$ $(\eta > 1)$

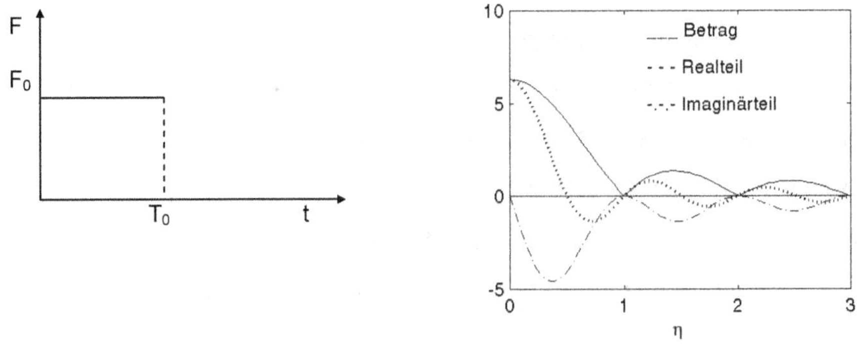

Bild 11-11 Fourier- Transformation der Rechteck- Stoßfunktion

praktisch nicht mehr angeregt werden können. Der Vergleich der FT im Bild 11-11 mit dem diskreten Fourierspektrum im Bild 11-6 zeigt die Ähnlichkeit der Funktionsverläufe. Bei Vergrößerung der Fourierperiode T, die im Bild 11-6 mit $8T_0$ angenommen wurde, rücken die Spektrallinien immer näher zusammen, so dass ihr Verlauf im Grenzfall in den im Bild 11–11 übergeht.

Transformation und Lösung der Bewegungsgleichungen im Frequenzbereich

Wir wollen nun die Bewegungsgleichungen in den Frequenzbereich transformieren. Durch Multiplikation der Bewegungsgleichung $\mathbf{M}\ddot{\mathbf{U}}+\mathbf{C}\dot{\mathbf{U}}+\mathbf{K}\mathbf{U}=\mathbf{F}(t)$ mit $e^{-j\Omega t}$ und Integration von $-\infty$ bis ∞ erhält man.

$$\mathbf{M}\int_{-\infty}^{\infty}\ddot{\mathbf{U}}(t)e^{-j\Omega t}dt+\mathbf{C}\int_{-\infty}^{\infty}\dot{\mathbf{U}}(t)e^{-j\Omega t}dt+\mathbf{K}\int_{-\infty}^{\infty}\mathbf{U}(t)e^{-j\Omega t}dt=\int_{-\infty}^{\infty}\mathbf{F}(t)e^{-j\Omega t}dt=\mathbf{F}(j\Omega). \qquad \text{(a)}$$

Die partielle Integration der Geschwindigkeit $\dot{\mathbf{U}}$ liefert

$$\int_{-\infty}^{\infty}\dot{\mathbf{U}}(t)e^{-j\Omega t}dt=\mathbf{U}(j\Omega)=\mathbf{U}(t)e^{-j\Omega t}\Big|_{-\infty}^{\infty}+j\Omega\int_{-\infty}^{\infty}\mathbf{U}(t)e^{-j\Omega t}dt.$$

Es mögen die Anfangsbedingungen $\mathbf{U}(t<0)=\mathbf{0}$, $\mathbf{U}(t=0)=\mathbf{U}_0$ und $\dot{\mathbf{U}}(t<0)=\mathbf{0}$, $\dot{\mathbf{U}}(t=0)=\dot{\mathbf{U}}_0$ gelten. Außerdem wissen wir, dass $\mathbf{U}(t=\infty)=\mathbf{0}$ ist, d.h., dass die Schwingung zur Zeit $t=\infty$ abgeklungen ist. Mit diesen Bedingungen ergibt sich für die FT der Geschwindigkeit

$$\dot{\mathbf{U}}(j\Omega)=-\mathbf{U}_0+j\Omega\,\mathbf{U}(j\Omega). \qquad (11.51a)$$

Für die FT der Beschleunigung erhält man nach zweimaliger partieller Integration:

$$\ddot{\mathbf{U}}(j\Omega) = \int_{-\infty}^{\infty} \ddot{\mathbf{U}}(t)e^{-j\Omega t}dt = (\dot{\mathbf{U}} + j\Omega\mathbf{U})e^{-j\Omega t}\Big|_{-\infty}^{\infty} - \Omega^2\mathbf{U}(j\Omega).$$

Unter Verwendung der Randbedingungen

$$\mathbf{U}(t=0) = \mathbf{U}_0, \quad \dot{\mathbf{U}}(t=0) = \dot{\mathbf{U}}_0 \quad \text{und} \quad \mathbf{U}, \dot{\mathbf{U}}(t=\infty) = \mathbf{0}$$

ergibt sich daraus für die FT der Beschleunigung

$$\ddot{\mathbf{U}}(j\Omega) = -\dot{\mathbf{U}}_0 - j\Omega\mathbf{U}_0 - \Omega^2\mathbf{U}(j\Omega). \tag{11.51b}$$

Einsetzen der Gln.(11.51a,b) in die Gl.(a) liefert

$$\underbrace{(-\Omega^2\mathbf{M} + j\Omega\mathbf{C} + \mathbf{K})}_{\hat{\mathbf{K}}(j\Omega)}\mathbf{U}(j\Omega) = \mathbf{F}(j\Omega) + (\mathbf{C} + j\Omega\mathbf{M})\mathbf{U}_0 + \mathbf{M}\dot{\mathbf{U}}_0. \tag{11.52a}$$

Für die Anfangsbedingungen $\mathbf{U}_0 = \dot{\mathbf{U}}_0 = \mathbf{0}$ gilt

$$\hat{\mathbf{K}}(j\Omega)\mathbf{U}(j\Omega) = \mathbf{F}(j\Omega). \tag{11.52b}$$

Der inverse Zusammenhang ist der Frequenzgang

$$\boxed{\mathbf{U}(j\Omega) = \mathbf{H}(j\Omega)\mathbf{F}(j\Omega)} \tag{11.52c}$$

mit der Frequenzgangsmatrix (FRF- Matrix)

$$\mathbf{H} = \hat{\mathbf{K}}^{-1}(j\Omega). \tag{11.52d}$$

Die Gleichungen (11.52c, d) sind identisch mit den Frequenzgangsgleichungen (11.29) und (11.30) falls dort die Verschiebungsvektoren $\hat{\mathbf{U}}$, die Erregervektoren $\hat{\mathbf{F}}$ und die harmonische Erregerfrequenz $\bar{\omega}$ durch die entsprechenden Fouriertransformierten $\mathbf{U}(j\Omega)$, $\mathbf{F}(j\Omega)$ und die Fourierfrequenz Ω ersetzt werden. Diese Übereinstimmung hat große praktische Bedeutung, da alle in dem Kap.11.2 für harmonische Erregung hergeleiteten Beziehungen auch für beliebige nichtperiodische Erregung gelten. Insbesondere kann die modale Darstellung der Antwort in den Gln. (11.42c) oder (11.47a) direkt benutzt werden.
Allerdings muss man beachten, dass die FT der Erregung im allgemeinen einen mit der Frequenz Ω veränderlichen Real- und Imaginärteil aufweist. Bei der harmonischen Erregung kann der Imaginärteil ohne Einschränkung der Allgemeinheit zu Null angenommen werden, da dies nur ein Frage der Wahl des Koordinatenursprungs ist. Daraus ergibt sich eine Erschwernis bei der Interpretation der FT der Antworten in dem Sinne, dass diese nunmehr nicht nur den Spektralgehalt der Struktur in Form der Resonanzüberhöhungen an den Stellen der Eigenfrequenzen, sondern auch noch den Spektralgehalt der Erregung widerspiegeln.
Während man bei der harmonischen Erregung weiß, dass die Struktur ebenfalls harmonisch und phasenverschoben zur Kraft antwortet, ergibt sich bei nichtperiodischer Erregung der Zeitverlauf erst durch Rücktransformation der FT der Antworten, d.h. durch Anwendung der IFT entsprechend Gl. (11.49a):

$$\mathbf{U}(t)=\frac{1}{2\pi}\int_{-\infty}^{\infty}\mathbf{U}(j\Omega)e^{j\Omega t}d\Omega\,. \qquad (11.53)$$

Die Frequenzgangsgleichung (11.52c) spielt eine wichtige Rolle bei der experimentellen Bestimmung von Frequenzgängen: Bei stoßartiger Erregung der Struktur am k-ten FHG mit Hilfe eines sog. Impulshammers, lässt sich der Frequenzgang $H(j\Omega)_{ik}$ am i-ten Antwort- FHG aus dem Quotienten aus gemessener Kraft und Antwort in der Form

$$H(j\Omega)_{ik}=U(j\Omega)_i\,/\,F(j\Omega)_k \qquad (11.54)$$

ermitteln (zur messtechnischen Praxis, insbesondere zur Berücksichtigung von Messfehlern, siehe z.B. [1)-4)]).

11.3.2 Das Duhamel- Integral

Im Folgenden werden wir ein analytisches Verfahren behandeln, welches zur analytischen Lösung der Bewegungsgleichung bei beliebigen analytisch gegebenen Zeitverläufen der Erregung angewendet werden kann. Dabei werden wir uns jedoch auf den Fall beschränken, dass die Bequemlichkeitshypothese gilt, d.h. es wird angenommen, dass die modale Dämpfungsmatrix diagonal ist.
In dem Bild 11-12 ist ein beliebiger Zeitverlauf einer Erregerkraft F(t) dargestellt. Sie möge auf einen gedämpften Einfachschwinger einwirken. Zum Zeitpunkt $t=\tau$ (d.h. $\bar{t}=0$) verursacht diese Kraft in einem infinitesimalen Zeitraum $d\tau$ den Impuls $dI=F(\tau)d\tau$ (s. Gl.11.2a). Aus der Gl. (11.2b) folgt, dass der Impuls eine Anfangsgeschwindigkeit $\dot{U}_0$ der Größe

$$\dot{U}_0=\frac{dI}{M}=F(\tau)\frac{d\tau}{M} \qquad (11.55)$$

aber keine Anfangsverschiebung U_0 bewirkt. Der Zeitverlauf der Antwort des Einfachschwingers kann mit Hilfe der Gln. (11.4a, b) direkt angegeben werden, wenn dort t durch $\bar{t}=t-\tau$ ersetzt wird ($\bar{t}=0$ ist ja der Beginn der Schwingung). Man erhält dann unter Verwendung der Gl. (11.55) die infinitesimale Antwort

$$dU(\bar{t})=\frac{\dot{U}_0}{\nu}e^{-\delta\bar{t}}\sin\nu\bar{t}=\frac{1}{M\nu}F(\tau)e^{-\delta(t-\tau)}\sin\nu(t-\tau)\,d\tau\,.$$

Die endgültige Antwort kann man sich nun als das Integral der Antworten auf alle infinitesimalen Impulse dI vorstellen:

$$\boxed{U(t)=\frac{1}{M\nu}\int_{\tau=0}^{t}F(\tau)e^{-\delta(t-\tau)}\sin\nu(t-\tau)\,d\tau}\,. \qquad (11.56a)$$

[1)] Ewins (2000), [2)] Maia, Silva (1997), [3)] Krätzig, Meskouris, Link (1995), [4)] Natke(1992)

Diese Lösung der Bewegungsgleichung wird als Duhamel- oder Faltungsintegral bezeichnet. Im Sonderfall, wenn die Dämpfung vernachlässigt werden kann, gilt $\delta = 0$ und $\nu = \omega$.

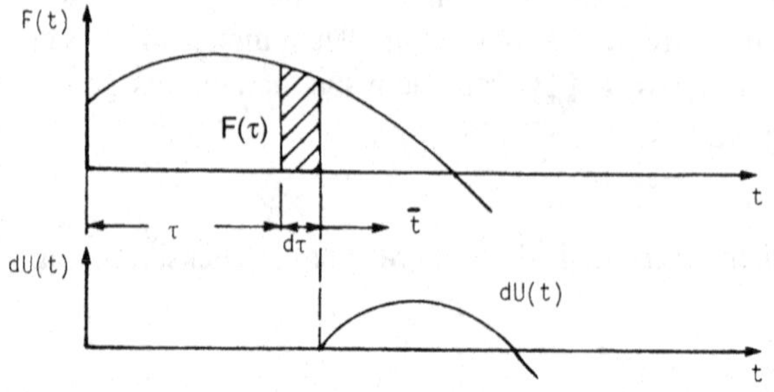

Bild 11-12 Erregerfunktion F(t) und Antwort dU auf den Impuls dI = F(τ) dτ

Aus der Gl. (11.56a) folgt dann

$$U(t) = \frac{1}{M\omega} \int_{\tau=0}^{t} F(\tau) \sin\omega(t-\tau)\, d\tau . \qquad (11.56b)$$

Die Gln. (11.56) sind natürlich nur dann eine vollständige Lösung der Bewegungsgleichung, wenn die Anfangsauslenkung und Anfangsgeschwindigkeit Null sind; ansonsten muss dem Duhamel- Integral noch der homogene Lösungsanteil additiv überlagert werden.

Bei Annahme einer diagonalen modalen Dämpfungsmatrix liefern die Gl. (11.56) auch die modalen Antworten, wenn man die physikalischen durch die modalen Größen ersetzt. Die Gln. (11.56a,b) lauten dann (s. auch Gl.(11.8), erste Zeile für $q_{0,r}=0$)

$$\boxed{q_r(t) = \frac{1}{\mu_r \nu_r} \int_{\tau=0}^{t} r_r(\tau) e^{-\delta_r (t-\tau)} \sin\nu_r (t-\tau)\, d\tau} \qquad (11.56c)$$

mit $r_r = \mathbf{X}_r^T \mathbf{F}$, $\nu_r^2 = \omega_r^2 (1-\xi_r^2)$ und $\delta_r = \xi_r \omega_r$.

Im dämpfungsfreien Fall gilt

$$q_r(t) = \frac{1}{\mu_r \omega_r} \int_{\tau=0}^{t} r_r(\tau) \sin\omega_r (t-\tau)\, d\tau . \qquad (11.56d)$$

Die Antwort in physikalischen Koordinaten ergibt sich wieder aus der Eigenformsuperposition (10.4) zu

$$\boxed{\mathbf{U}(t) = \sum_r \mathbf{X}_r q_r = \mathbf{\Phi q}} .$$

Die modalen Kräfte $r_r(\tau)$ müssen aus den realen Kräften mit Hilfe der Gl. (10.9c) $r_r(t) = \mathbf{X}_r^T\,\mathbf{F}(t)$, bestimmt werden.

Beispiel: Ungedämpfter gekoppelter Kragträger unter sprungförmigen Lasten

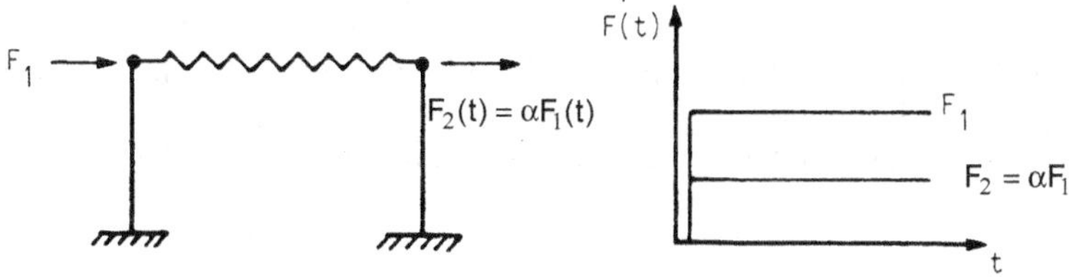

Erregervektor: $\mathbf{F}^T = F_1\,[1 \quad \alpha]$

Generalisierter Erregervektor: $\mathbf{r} = \mathbf{\Phi}^T\,\mathbf{F}$:

$$\begin{bmatrix} r_1 \\ r_2 \end{bmatrix} = \begin{bmatrix} 1 & 1 \\ -1 & 1 \end{bmatrix} \begin{bmatrix} 1 \\ \alpha \end{bmatrix} F_1 = \begin{bmatrix} \alpha+1 \\ \alpha-1 \end{bmatrix} F_1 \ , \tag{a}$$

$$q_1(t) = \frac{\alpha+1}{\mu_1\,\omega_1} F_1 \int_{\tau=0}^{t} \sin\omega_1\,(t-\tau)\,d\tau = \frac{\alpha+1}{\mu_1\,\omega_1^2}(1-\cos\omega_1\,t)\,F_1 \ , \tag{b}$$

$$q_2(t) = \frac{\alpha-1}{\mu_2\ \omega_2^2}(1-\cos\omega_2\,t)\,F_1 \ , \tag{c}$$

$$\begin{bmatrix} U_1 \\ U_2 \end{bmatrix} = \begin{bmatrix} 1 & -1 \\ 1 & 1 \end{bmatrix} \begin{bmatrix} q_1 \\ q_2 \end{bmatrix} = \begin{bmatrix} q_1 - q_2 \\ q_1 + q_2 \end{bmatrix} , \tag{d}$$

$$U_1(t) = \left(\frac{\alpha+1}{\mu_1\,\omega_1^2}(1-\cos\omega_1\,t) - \frac{\alpha-1}{\mu_2\,\omega_2^2}(1-\cos\omega_2\,t) \right) F_1 \ , \tag{e}$$

$$U_2(t) = \left(\frac{\alpha+1}{\mu_1\,\omega_1^2}(1-\cos\omega_1\,t) + \frac{\alpha-1}{\mu_2\,\omega_2^2}(1-\cos\omega_2\,t) \right) F_1 \ . \tag{f}$$

Im Bild 11-13a sind die Zeitverläufe der Verschiebungen $U_1(t)$ und $U_2(t)$ bezogen auf die statische Verschiebung $U_{stat,1}$= 0,00516 für die Zahlenwerte ω_1 = 24,89, ω_2 = 47,7, $\mu_1 = \mu_2$ = 2M = 0,268, α = - 0.572 und F_1 = 1 dargestellt. Die Last $F_2 = \alpha F_1$ wurde so gewählt, dass die Verschiebung U_2 bei statischer Lasteinwirkung Null ist: $\mathbf{U}_{stat} = \mathbf{K}^{-1}\mathbf{F} = [0{,}00516 \quad 0]^T$. Die Tragwerksantwort wird dann identisch mit der der Ausschwingantwort auf U_{01} = 1 und U_{02} = 0. Außerdem sieht man, dass im Ausschwingfall die Nullage durch den unverformten Zustand gekennzeichnet ist, während bei der Sprungfunktion die Nullage dem statischen Verformungszustand unter den Lasten F_1 und $F_2 = \alpha F_1$ entspricht. Man erkennt im Bild 11-13a, dass die

statische Verschiebung (und damit auch die Spannungen) bei der vorliegenden sprungartigen Belastung um Faktor 2 vergrößert wird. Zum Vergleich ist im Bild 11-13b noch der Verlauf für den Fall $\xi_1 = \xi_2 = 2\%$ Dämpfung dargestellt, wobei sich die Vergrößerung nur noch mit den Faktor 1.5 ergibt.
Allgemein kann man feststellen, dass die Vergrößerung auch im dämpfungsfreien Fall endlich ist, während im Gegensatz dazu im Fall der harmonischen Erregung, bei der die maximale Vergrößerung auftritt, wenn die Erregerfrequenz mit einer Eigenfrequenz zusammenfällt, die modale Überhöhung nur durch die Dämpfung begrenzt wird (Resonanzerscheinung, vgl. Gl.(11.22), Bilder 11-7 und 11-9).

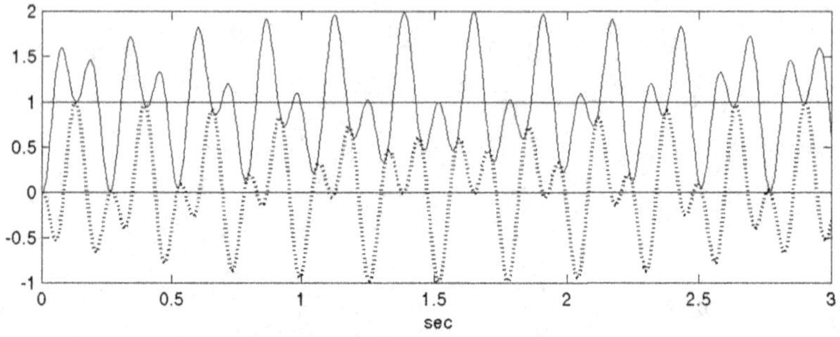

(a) ohne Dämpfung

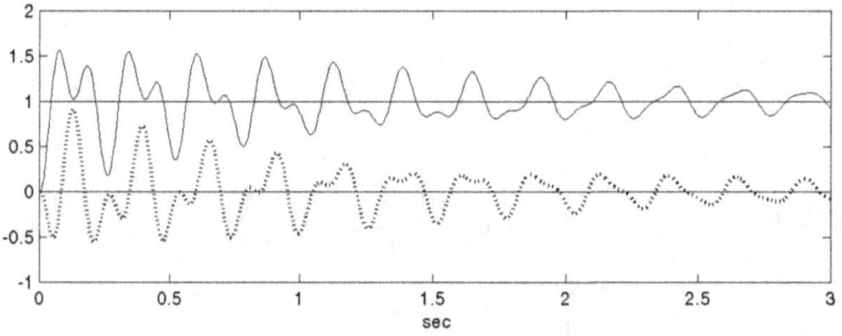

(b) mit $\xi_1 = \xi_2 = 2\%$ Dämpfung

Bild 11-13 Zeitlicher Verlauf der dyn. Vergrößerungsfunktion $U_1 / U_{1,stat}$ (-----) und $U_2 / U_{1,stat}$ (....) bei Anregung durch Sprungfunktion.

11.3.3 Diskrete Erregerkraftfunktion

In der Praxis kommt es häufig vor, dass die Erregerfunktion über einen längeren Zeitraum gemessen und an einer Vielzahl von äquidistanten Stützpunkten in diskreter Form zahlenmäßig vorliegen (z.B. digitalisierte Bodenbeschleunigungsverläufe bei Erdbeben, Beschleunigungen der Lagerpunkte von Geräten). Wie im Bild 11-14 zu sehen ist, kann der Verlauf der Erregerfunktion dann in Form eines Polygonzuges dargestellt werden, der den wahren Verlauf umso besser annähert je kleiner die Digitalisierungsschrittweite Δt gewählt wird.

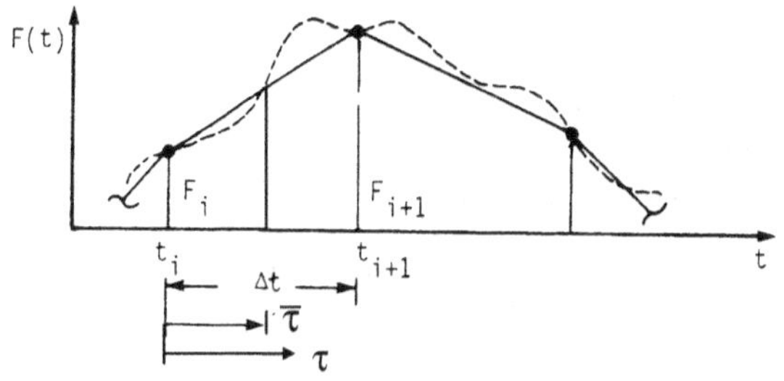

Bild 11-14 Diskrete Erregerfunktion

Die Bewegungsgleichung des Einfachschwingers (und damit auch des Mehrfachschwingers ohne Dämpfungskopplung) kann für derartig vorgegebene Zeitverläufe zeitschrittweise gelöst werden. Wenn man zunächst annimmt, dass die Bewegungsgrößen U_i und $\dot{U}_i$ zum Zeitpunkt t_i bekannt sind, so erhält man die Lösung U_{i+1} und $\dot{U}_{i+1}$ zum Zeitpunkt t_{i+1} über eine exakte Integration der Bewegungsgleichung mit Hilfe des Duhamel-Integrals, wenn im Zeitintervall Δt der lineare Funktionsverlauf

$$F(\tau) = F_i + \frac{F_{i+1} - F_i}{\Delta t}\tau \tag{11.57}$$

angenommen wird. Das Duhamel-Integral, Gl. (11.56a), liefert die Lösung für den Fall, dass die Anfangsverschiebung und Geschwindigkeit Null sind. Da aber zum Zeitpunkt t_i bereits die Verschiebung $U_0 = U_i$ und die Geschwindigkeit $\dot{U}_0 = \dot{U}_i$ vorhanden ist, muss noch die Lösung für die freie Schwingung Gl. (11.4a) überlagert werden. Man erhält dann die innerhalb des Zeitintervalls Δt gültige Lösung:

$$U(\tau) = s_1(\tau)U_i + s_2(\tau)\dot{U}_i + \frac{1}{M\nu}\int_{\bar{\tau}=0}^{\tau}\left(F_i + \frac{F_{i+1} - F_i}{\Delta t}\bar{\tau}\right)e^{-\delta(\tau-\bar{\tau})}\sin\nu(\tau-\bar{\tau})\,d\bar{\tau}$$

$$\dot{U}(\tau) = \dot{s}_1(\tau)U_i + \dot{s}_2(\tau)\dot{U}_i + \frac{1}{M\nu}\left(\int_{\bar{\tau}=0}^{\tau}\left(F_i + \frac{F_{i+1} - F_i}{\Delta t}\bar{\tau}\right)e^{-\delta(\tau-\bar{\tau})}\sin\nu(\tau-\bar{\tau})d\bar{\tau}\right)^{\cdot}$$

mit den Ausschwingfunktionen gemäß Gl.(11.4b):

$$s_1 = e^{-\delta\tau}(\cos\nu\tau + \delta/\nu\sin\nu\tau)\ ,\quad s_2 = 1/\nu\, e^{-\delta\tau}\sin\nu\tau,$$

$$\dot{s}_1 = e^{-\delta\tau}(-\delta^2/\nu - \nu)\sin\nu\tau \quad \text{und} \quad \dot{s}_2 = e^{-\delta\tau}(\cos\nu\tau - \delta/\nu\sin\nu\tau)\,.$$

Fasst man nach der Integration die Lösungen $U(\tau = \Delta t) = U_{i+1}$ und $\dot{U}(\tau = \Delta t) = \dot{U}_{i+1}$ am Intervallende in Matrixform zusammen, so ergibt sich in der Zustandsform:

$$\underbrace{\begin{bmatrix} U \\ \dot{U} \end{bmatrix}_{(i+1)}}_{\mathbf{U}_z} = \underbrace{\left[\begin{array}{c|c} s_1(\tau=\Delta t) & s_2(\tau=\Delta t) \\ \hline \dot{s}_1(\tau=\Delta t) & \dot{s}_2(\tau=\Delta t) \end{array}\right]}_{\mathbf{S}(\Delta t)} \begin{bmatrix} U_i \\ \dot{U}_i \end{bmatrix} + \underbrace{\frac{-1}{M}\left[\begin{array}{c|c} b_{11} & b_{12} \\ \hline b_{21} & b_{22} \end{array}\right]}_{\mathbf{B}} \underbrace{\begin{bmatrix} F_i \\ F_{i+1} \end{bmatrix}}_{\mathbf{F}_z} \tag{11.58a}$$

oder

$$\boxed{\mathbf{U}_{z,i+1} = \mathbf{S}\,\mathbf{U}_{z,i} + \mathbf{B}\,\mathbf{F}_{z,i}}\,. \tag{11.58b}$$

($i = 1, 2, \dots, i_e$ = Anzahl der Zeitschritte)

Die Matrizen **S** und **B** sind für gegebene Schrittweite Δt konstant. Für die Koeffizienten b_{ij} in der Partikular- Matrix **B** erhält man

$$\left.\begin{aligned} b_{11} &= e^{-\delta\Delta t}[(c_1 + \xi/\omega)/\nu\sin\nu\Delta t) + (c_2 + 1/\omega^2)\cos\nu\Delta t] - c_2\,, \\ b_{12} &= -e^{-\delta\Delta t}[c_1/\nu\sin\nu\Delta t + c_2\cos\nu\Delta t] + c_2 - 1/\omega^2\,, \\ b_{21} &= e^{-\delta\Delta t}[(c_1 + \xi/\omega)(\cos\nu\Delta t - \delta/\nu\sin\nu\Delta t) \\ &\quad -(c_2 + 1/\omega^2)(\nu\sin\nu\Delta t + \delta\cos\nu\Delta t)] + 1/(\omega^2\Delta t), \\ b_{22} &= -e^{-\delta\Delta t}[c_1(\cos\nu\Delta t - \delta/\nu\sin\nu\Delta t) \\ &\quad - c_2(\nu\sin\nu\Delta t + \delta\cos\nu\Delta t)] - 1/(\omega^2\Delta t) \end{aligned}\right\} \tag{11.58c}$$

mit den Abkürzungen

$$c_1 = (2\xi^2 - 1)/(\omega^2\Delta t) \quad \text{und} \quad c_2 = 2\xi/(\omega^3\Delta t)\,.$$

Die Lösung für den (i + 2)-ten Zeitschritt lautet

$$\mathbf{U}_{z,i+2} = \mathbf{S}\,\mathbf{U}_{z,i+1} + \mathbf{B}\,\mathbf{F}_{z,i+1}\,, \tag{11.58d}$$

d.h. die Lösung für den (i + 1)-ten Zeitschritt liefert die Anfangswerte für den (i + 2)-ten Zeitschritt. Beim ersten Zeitschritt (i = 1) enthält $\mathbf{U}_{z,1}$ die wahren Anfangsbedingungen. Die Gln. (11.58) stellen somit die exakte Lösung der Bewegungsgleichung dar, wenn der Zeitablauf der Erregerkraft durch einen Polygonzug ersetzt wird. Die Genauigkeit der Lösung hängt damit nur von der Genauigkeit ab, mit der der Kraftverlauf durch einen Polygonzug ersetzt werden kann.

Zur Berechnung der dynamischen Antwort des Mehrfachschwingers bei modaler proportionaler Dämpfung ohne Dämpfungskopplung schreibt man die Gln. (11.58) in modalen Koordinaten:

$$\boxed{\begin{bmatrix} q \\ \dot{q} \end{bmatrix}_{r,i+1} = \mathbf{S}_{q,r} \begin{bmatrix} q \\ \dot{q} \end{bmatrix}_{r,i} + \mathbf{B}_{q,r} \begin{bmatrix} r_{r,i} = \mathbf{X}_r^T \mathbf{F}_i \\ r_{r,i+1} = \mathbf{X}_r^T \mathbf{F}_{i+1} \end{bmatrix}} . \qquad (11.59a)$$

$(r = 1, 2, \ldots, R \leq N = \text{Anzahl der Eigenformen},\ i = 1, 2, \ldots, i_e = \text{Anzahl der Zeitschritte})$

Hier bezeichnet $\mathbf{S}_{q,r}$ die <u>modale Fundamentalmatrix</u>, die bereits beim Ausschwingproblem in der Gl.(11.8) vorkam und $\mathbf{B}_{q,r}$ die modale Partikularmatrix, die sich aus der Gl.(11.58c) ergibt, wenn dort die Eigenschwingungsgrößen des Einfachschwingers durch die der r-ten Schwingungsform ersetzt werden, so wie wir das bereits bei der Berechnung der Frequenzgangsmatrix im Kap.11.2.2 (Fall c) getan hatten, d.h. man überführt

$\omega \rightarrow \omega_r$ (ungedämpfte Eigenkreisfrequenz),

$\xi \rightarrow \xi_r$ (modales Dämpfungsmaß),

$\delta = \xi\omega \rightarrow \delta_r = \xi_r \omega_r$ (Abklingkonstante),

$\nu = \omega\sqrt{(1-\xi^2)} \rightarrow \nu_r = \omega_r\sqrt{(1-\xi_r^2)}$ (gedämpfter Eigenwert) und

$M \rightarrow \mu_r$ (modale Masse),

wobei $r = 1, 2, \ldots, R \leq N$ die Nummer der Eigenform bezeichnet. Die physikalische Antwort ergibt sich durch die modale Superposition der Lösung gemäß der Gl. (10.4) aus:

$$\boxed{\mathbf{U}_{i+1} = \sum_r \mathbf{X}_r q_{r,i+1}} . \qquad (11.59b)$$

Beispiel: Gekoppelte Kragträger

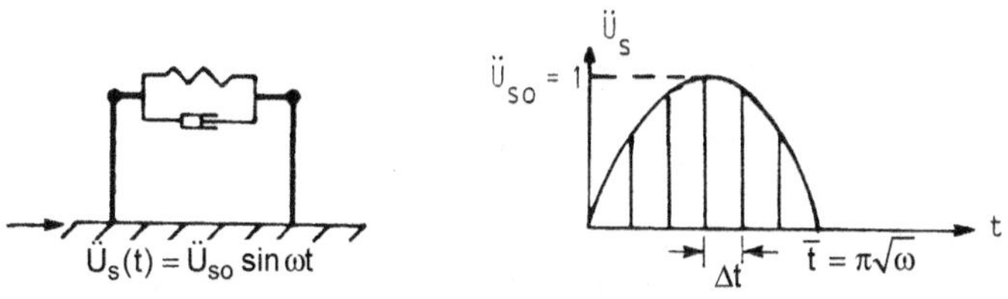

Die gekoppelten Kragträger werden durch eine Lagerbeschleunigung $\ddot{U}_s$ in der Form einer halben Sinuswelle der Dauer $\bar{t}$ erregt. Als Digitalisierungsschrittweite wurde $\Delta t = \bar{t}/50$ gewählt.

Der effektive Erregerkraftvektor ergibt sich aus der Gl. (7.30e) $\mathbf{F}_{eff} = -\mathbf{M}_{aa}\,\mathbf{T}_G\,\ddot{\mathbf{U}}_S$ zu:

$$\begin{bmatrix} F_1 \\ F_2 \end{bmatrix}_{(eff)} = -m\begin{bmatrix} 1 & 0 \\ 0 & 1 \end{bmatrix}\begin{bmatrix} 1 \\ 1 \end{bmatrix}\ddot{U}_S(t) = -m\,\ddot{U}_S(t)\begin{bmatrix} 1 \\ 1 \end{bmatrix} \tag{11.60}$$

mit $\ddot{U}_S(t) = \ddot{U}_{S0}\sin\overline{\omega}t$ und $\overline{\omega} = \pi/\overline{t}$. Die effektiven Erregerkräfte sind an beiden Knotenpunkten gleich, so dass sich eine reine antimetrische Erregung ergibt, bei der die zweite Eigenform nicht angeregt wird.

Im Bild 11-15 ist die dynamische Vergrößerung der Antwortbeschleunigung $\ddot{U}_1/\ddot{U}_{S0}$ für $\overline{\omega} = \omega_1 = 24{,}89$ $(\overline{t} = 0{,}1262\text{sec})$ dargestellt. Obgleich mit $\overline{\omega} = \omega_1$ eine Erregung in der ersten Eigenfrequenz gewählt wurde (diese würde im dämpfungsfreien Fall bei harmonischer Erregung zu unendlich großen Vergrößerungen führen), ergibt sich hier lediglich eine maximale Vergrößerung $(\ddot{U}_1/\ddot{U}_{S0})_{max} = 1{,}55$ im dämpfungsfreien Fall. Bei Annahme von $\xi = 2\,\%$ Dämpfung erhält man nur eine unwesentlich niedrigere Vergrößerung ($\ddot{U}_1/\ddot{U}_{S0} = 1{,}49$).

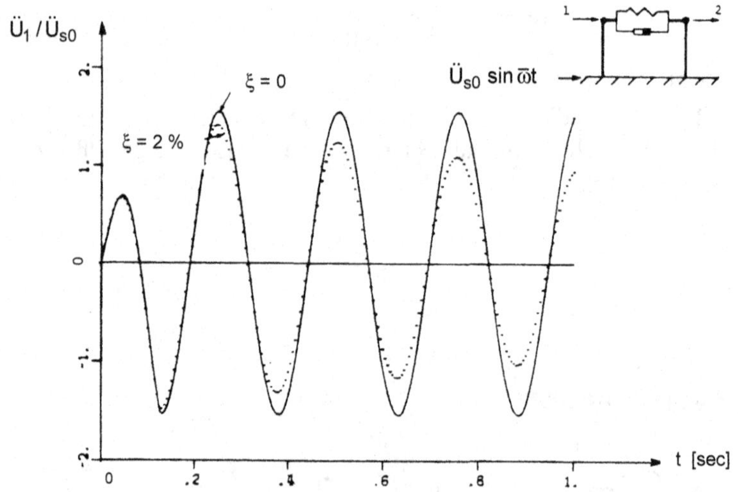

Bild 11-15 Gekoppelter Kragträger bei Lagerbeschleunigung $\ddot{U}_{s0}$

Diese Erscheinung ist typisch für alle nicht-harmonischen Erregungsarten, die, wie das Duhamel-Integral zeigt, als Summe vieler Einschwingvorgänge kurzer Dauer aufgefasst werden können, wodurch sich kein eingeschwungener Zustand einstellen kann. Der Einfluss der Dämpfung auf die Antwort ist daher auch bedeutend geringer und kann deshalb, insbesondere bei schwach gedämpften Systemen, häufig vernachlässigt werden. In unserem Beispiel weichen die Maximalausschläge um weniger als 4% voneinander ab.

11.3.4 Antwortspektren

Zur Auslegung und zum Nachweis der Sicherheit des Tragwerks und der Funktionsfähigkeit der Nutzlasten unter Vibrationslasten ist es natürlich erforderlich außer den Verschiebungs-, Geschwindigkeits- und Beschleunigungsantworten auch die maximalen dynamischen Spannungen zu ermitteln. Bei nicht-periodischen Lasten ist die Bestimmung der Antwortmaxima aus den berechneten Zeitverläufen bei Schwingungssystemen mit vielen Freiheitsgraden sehr aufwendig und praktisch nur in Sonderfällen sinnvoll. Eine einfache Methode zur Abschätzung ergibt sich aus der Überlegung, die Maximalwerte der modalen Antworten in geeigneter Weise zu überlagern, obgleich diese nicht zur gleichen Zeit auftreten. Die physikalische Verschiebungsantwort $\mathbf{U}_r(t)$ der r-ten Eigenform ergibt sich nach Gl. (10.4) zu

$$\mathbf{U}_r(t) = \mathbf{X}_r\, q_r(t) \qquad (r = 1, 2, \dots, R)\,.$$

Ihr Maximalwert lautet demnach

$$\mathbf{U}_{r,\max} = \mathbf{X}_r\, q_{r,\max}\,. \tag{11.61}$$

Eine einfache Addition der Absolutwerte dieser Maxima in der Form

$$\mathbf{U}_{\max} = \sum_r \left| \mathbf{U}_{r,\max} \right| = \sum_r \left| \mathbf{X}_r\, q_{r,\max} \right| \tag{11.62}$$

wird im Allgemeinen zu einer übertrieben konservativen Abschätzung führen. Es ist daher gebräuchlich, stattdessen die Wurzel der Quadratsumme zu verwenden:

$$U_{A,\max} = \sqrt{\sum_r U^2_{A,r,\max}}\,. \tag{11.63}$$

(r = 1, 2, ... , R = Zahl der Eigenformen, A = Nr. d. Freiheitsgrades)

Beispiel: Gekoppelte Kragträger unter sprungförmiger Belastung F_1 und $F_2 = \alpha F_1$ aus Beispiel im Kap.11.3.2. Die Maximalantworten in den beiden Eigenformen folgen aus den Gln. (a) und (b) im Beispiel aus Kap.11.3.2:

$$q_{1,\max} = \left(\frac{\alpha+1}{\mu_1\,\omega_1^2}(1-\cos\omega_1 t)\,F_1 \right)_{t=\frac{\pi}{\omega_1}} = 2\frac{\alpha+1}{\mu_1\,\omega_1^2}F_1\,,$$

$$q_{2,\max} = \left(\frac{\alpha-1}{\mu_2\,\omega_2^2}(1-\cos\omega_2 t)\,F_2 \right)_{t=\frac{\pi}{\omega_2}} = 2\frac{\alpha-1}{\mu_2\,\omega_2^2}F_2\,.$$

Mit den Zahlenwerten des Beispiels aus Kap.11.3.2 erhält man

$$\mathbf{U}_{1,\max} = 2\frac{\alpha+1}{\mu_1\,\omega_1^2}\begin{bmatrix} 1 \\ 1 \end{bmatrix} = 5{,}156\cdot 10^{-3}\begin{bmatrix} 1 \\ 1 \end{bmatrix},$$

$$\mathbf{U}_{2,\max} = 2\frac{\alpha-1}{\mu_2\,\omega_2^2}\begin{bmatrix}-1\\1\end{bmatrix} = -5{,}156\cdot 10^{-3}\begin{bmatrix}-1\\1\end{bmatrix}.$$

Der Maximalwert der Antwort der ersten Eigenform tritt demnach bei $t=\pi/\omega_1$ und der der zweiten Eigenform bei $t=\pi/\omega_2$ auf. Die Wurzel der Quadratsumme, Gl. (11.63), liefert dann

$$\begin{bmatrix}U_1\\U_2\end{bmatrix}_{\max} = 10^{-3}\begin{bmatrix}\sqrt{5{,}156^2+5{,}156^2}\\\sqrt{5{,}156^2+5{,}156^2}\end{bmatrix} = 7{,}29\cdot 10^{-3}\begin{bmatrix}1\\1\end{bmatrix}. \qquad \text{(a)}$$

Bei direkter Überlagerung der Absolutwerte nach Gl. (11.62) erhält man

$$\begin{bmatrix}U_1\\U_2\end{bmatrix}_{\max} = 10{,}312\cdot 10^{-3}\begin{bmatrix}1\\1\end{bmatrix}. \qquad \text{(b)}$$

Die wirklichen Maximalwerte aus den Gln. (e) und (f) im Beispiel Kap.11.3.2 (s. auch Bild 11-13a) ergeben sich zu $U_{1,\max} = 2U_{1,\mathrm{stat}} = 10{,}3121\cdot 10^{-3}$ [m] und $U_{2,\max} = U_{1,\mathrm{stat}} = 5{,}156\cdot 10^{-3}$ [m].

Man erkennt daran, dass bei dem in diesem Beispiel gewählten Lastverhältnis α und den Eigenfrequenzen die Maximalantwort am FHG 1 durch die Gl. (11.63) unterschätzt wird, weil sich hier die modalen Maxima addieren. In diesem Fall ergebe die Absolutwertüberlagerung nach Gl. (11.62) die sicherere Abschätzung. Bei realen transienten Zeitverläufen, wie sie beispielsweise bei Erdbebenerregungen auftreten, ist die Wahrscheinlichkeit, dass sich die modalen Maxima exakt überlagern, sehr gering, so dass die Überlagerung der Antworten nach der Gl. (11.63) ausreichend ist.

Wir wollen als nächstes die Anwendung des obigen Gedankens zur Abschätzung der Maximalantworten für den Fall der Erregung starrer Lager behandeln (Anwendungen: Bodenbeschleunigungen durch Erdbeben, Fußpunkterregungen im Gerätebau) und betrachten dazu ein Tragwerk, das der Einfachheit halber nur durch eine im Zeitverlauf beliebige Horizontalbeschleunigung $\ddot{U}_S(t)$ beansprucht sei (s. z.B. Bild 7-10a, b). Der effektive Lastvektor nach Gl. (7.30e) lautet (Index a weggelassen)

$$\mathbf{F}_{\mathrm{eff}}(t) = -\mathbf{M}\,\mathbf{T}_G\,\ddot{U}_S(t)\ .$$

Die modale Bewegungsgleichung, ergibt sich aus den Gln. (10.9c) und (10.10)

$$(\ddot{q}+2\omega\xi\dot{q}+\omega^2 q)_r = \frac{1}{\mu_r}\mathbf{X}_r^T\,\mathbf{F}_{\mathrm{eff}} = -\frac{1}{\mu_r}\mathbf{X}_r^T\,\mathbf{M}\,\mathbf{T}_G\,\ddot{U}_S(t)\ . \qquad (11.64)$$

Zur Berechnung der Maximalantwort der Eigenformen muss diese Gleichung für die verschiedenen Eigenfrequenzen ω_r und Dämpfungswerte ξ_r gelöst werden.

Die Lösung lässt sich mit Hilfe des Duhamel-Integrals, Gl. (11.56c), mit $\xi \ll 1$ angeben zu

$$q_r(t) = \frac{L_r}{\mu_r \omega_r} \underbrace{\int_{\tau=0}^{t} \ddot{U}_S(\tau) e^{-\xi_r \omega_r (t-\tau)} \sin \omega_r (t-\tau) d\tau}_{I(\omega_r, \xi_r, t)} , \qquad (11.65a)$$

wobei L_r den sog. modalen Lastfaktor darstellt.

$$L_r = -\mathbf{X}_r^T \mathbf{M} \mathbf{T}_G \qquad (11.65b)$$

Die Maximalantwort erhält man als Maximalwert des Duhamel-Integrals $I(\omega_r, \xi_r, t)$ in Abhängigkeit mit von ω_r und ξ_r,

$$q_{r,max} = \frac{L_r}{\mu_r \omega_r} S_v(\omega_r, \xi_r) = \frac{L_r}{\mu_r} S_u \qquad (11.66)$$

wobei durch $S_v(\omega_r, \xi_r)$ das sog. Geschwindigkeitsspektrum

$$S_v(\omega_r, \xi_r) = \max I(\omega_r, \xi_r, t) \qquad (11.67a)$$

und durch

$$S_a(\omega_r, \xi_r) = \omega_r S_v \qquad (11.67b)$$

das Beschleunigungsspektrum der Erregung definiert ist. Das Verschiebungsspektrum ergibt sich aus

$$S_u(\omega_r, \xi_r) = \frac{S_v}{\omega_r} . \qquad (11.67c)$$

Die Gl. (11.65a) gilt natürlich auch für den Einfachschwinger wenn die modalen Parameter durch die physikalischen ersetzt werden. Die Spektren können demnach auch als die Maximalantworten eines fußpunkterregten Einfachschwingers in Abhängigkeit von seiner Eigenfrequenz und seiner Dämpfung gedeutet werden. In der Praxis sind die Erregerspektren häufig in Vorschriften festgelegt [1)-2)]. Diese basieren auf der Auswertung des Antwortintegrals $I(\omega_r, \xi_r, t)$ bei gemessenen Bodenbeschleunigungen, beispielsweise mit Hilfe der numerischen Integration der Bewegungsgleichung, Gln. (11.58), mit nachfolgender Normierung und Glättung wie im Bild 11-16 dargestellt.

[1)] DIN 4149, Bauten in deutschen Erdbebengebieten, Teil 1, 1981 und DIN 4149, 2005

[2)] Eurocode 8, 1998-1-1, Design provisions for earthquake resistance of structures-Part 1-1; General rules-seismic actions and general requirements for structures und Eurocode 8, 2004

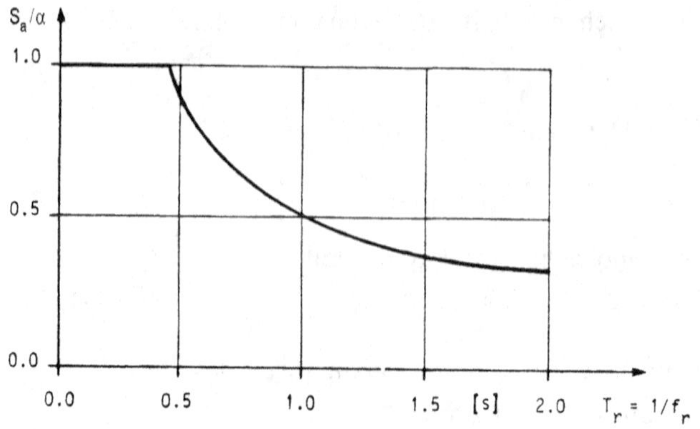

Bild 11-16 Normiertes Antwortspektrum nach DIN 4149 für das Dämpfungsmaß ξ = 5%

Die Gln. (11.65–11.67) sollen nun noch zur Herleitung quasistatischer Ersatzlasten dienen. Statische Ersatzlasten werden häufig zur Bestimmung der ungünstigsten Spannungszustände im Tragwerk benutzt. Dies gilt insbesondere dann, wenn für die Analyse der Eigenfrequenzen und -formen des Tragwerks ein wesentlich gröberes FEM-Modell als für die Spannungsanalyse verwendet worden ist. Die mit Hilfe des dynamischen Modells ermittelten Ersatzlasten werden zur Analyse der Spannungen auf das genauere statische Modell des Tragwerks aufgebracht. Die elastischen Knotenpunktskräfte $\mathbf{F}(t)_{el}$, die für die Spannungen maßgebend sind, erhält man mit Kenntnis der Verschiebungsantwort zu jedem Zeitpunkt t aus

$$\mathbf{F}(t)_{el} = \mathbf{K}\,\mathbf{U}(t) = \mathbf{K}\,\mathbf{\Phi}\,\mathbf{q}(t) \; . \tag{11.68a}$$

Mit Hilfe der Orthogonalitätsbedingungen (9.19) lässt sich das Produkt $\mathbf{K\Phi}$ auch durch die Massenmatrix ausdrücken; wegen

$$\mathbf{\Phi}^T\mathbf{K}\,\mathbf{\Phi} = \boldsymbol{\mu}\,\mathbf{\Omega}^2 = \mathbf{\Phi}^T\mathbf{M}\,\mathbf{\Phi}\,\mathbf{\Omega}^2 \quad (\mathbf{\Omega}^2 = \mathbf{diag}(\omega_r^2)) \text{ gilt}$$

$$\mathbf{K}\,\mathbf{\Phi} = \mathbf{M}\,\mathbf{\Phi}\,\mathbf{\Omega}^2 \; .$$

Demzufolge kann man anstelle von (11.68a) auch schreiben:

$$\mathbf{F}(t)_{el} = \mathbf{M}\,\mathbf{\Phi}\,\mathbf{\Omega}^2\,\mathbf{q}(t) = \mathbf{M}\sum_r \mathbf{X}_r\,\omega_r^2\,q_r(t) \; . \tag{11.68b}$$

Die maximalen Ersatzkräfte in der r-ten Eigenform erhält man unter Verwendung der Gl. (11.66)

$$\mathbf{F}_{el,r,max} = \mathbf{M}\,\mathbf{X}_r\,\omega_r^2\,q_{r,max} = \mathbf{M}\,\mathbf{X}_r\,\frac{L_r\,S_a(\omega_r,\xi_r)}{\mu_r} \; . \tag{11.69}$$

Die resultierende Spannungskomponente σ_i (i = 1, 2, ...) an einer beliebigen Stelle des Tragwerks ergibt sich analog zur Gl. (11.63) aus

$$\sigma_i = \sqrt{\sum_r \sigma_{ir}^2} \tag{11.70}$$

wobei σ_{ir} die i-te Spannungskomponente bei Einwirkung des Lastvektors $\mathbf{F}_{el,r,max}$ der r-ten Eigenform bedeutet.

Beispiel: Berechnung der quasistatischen Ersatzlasten für den gekoppelten Kragträger nach Bild 11-15 bei Vorgabe des Beschleunigungsspektrums nach Bild 11-16, Lastfaktoren nach Gl. (11.65b):

$$L_1 = -\mathbf{X}_1^T \mathbf{M}\,\mathbf{T}_G = -[1 \quad 1]M\begin{bmatrix}1 & 0\\ 0 & 1\end{bmatrix}\begin{bmatrix}1\\ 1\end{bmatrix} = -2M\ ,$$

$$L_2 = -\mathbf{X}_2^T \mathbf{M}\,\mathbf{T}_G = -[-1 \quad 1]M\begin{bmatrix}1 & 0\\ 0 & 1\end{bmatrix}\begin{bmatrix}1\\ 1\end{bmatrix} = \ 0\ ,$$

$$S_a\left(T_1 = \frac{2\pi}{\omega_1} = 0{,}252\,\text{sec},\ \xi = 5\,\%,\ \alpha = 1\right) \approx 1\ ,$$

$$\mathbf{F}_{el,1,max} = \begin{bmatrix}0{,}134 & 0\\ 0 & 0{,}134\end{bmatrix}\begin{bmatrix}1\\ 1\end{bmatrix}\frac{-2\cdot 0{,}134}{0{,}268}1 = -0{,}134\begin{bmatrix}1\\ 1\end{bmatrix}.$$

Wegen $L_2 = 0$ gilt auch $\mathbf{F}_{el,2,max} = 0$. Damit erhält man den unten skizzierten quasistatischen Lastfall, aus dem sich die Schnittgrößen und Spannungen berechnen lassen.

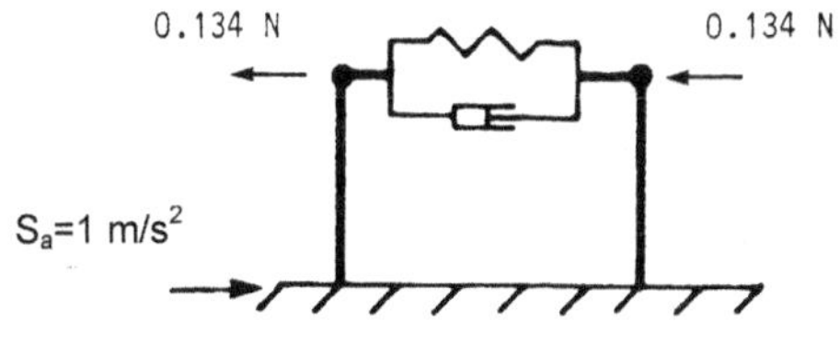

12 Anwendungsbeispiele aus der Praxis

1. Beispiel: Auslauftrichter eines Getreidesilos

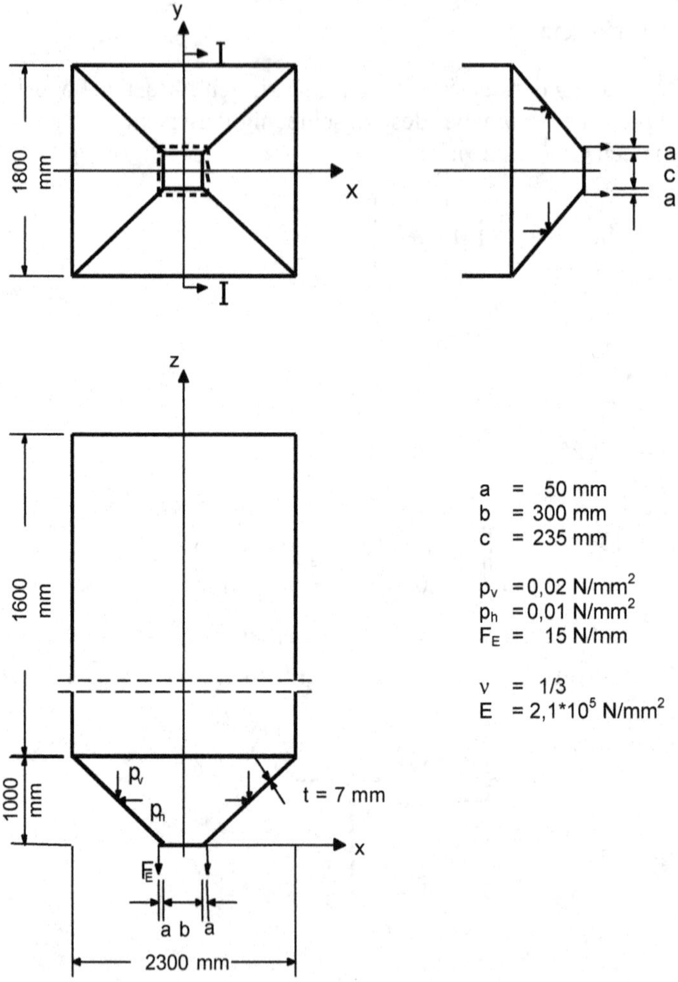

Bild 12-1 Auslauftrichter eines Getreidesilos, Systemskizze

Dieses Beispiel zeigt die statische Berechnung des Auslauftrichters eines Getreidesilos, die mit Hilfe des FEM-Programms MSC-NASTRAN durchgeführt wurde. Bild 12-1 zeigt die Systemskizze mit den Belastungsannahmen und den Materialkennwerten. Da der Auslauftrichter doppeltsymmetrisch ist, braucht im

Prinzip nur ein Viertel der Struktur idealisiert zu werden. Hier wurde aus Gründen der Übersichtlichkeit der Ergebnis- Plots die ganze Struktur modelliert. Sowohl die trapezförmigen Trichterwände als auch die unteren Versteifungsflansche wurden mit ebenen Schalenelementen modelliert. Das FEM- Model besteht aus 960 ebenen Schalenelementen und führt zu 1120 Knoten mit 6480 Freiheitsgraden. Das verformte Tragwerk ist in Bild 12-2a dargestellt. Der schattierte Plot im Bild 12-2b zeigt die Kontur des Verlaufs des Biegemomentes m_{xx} in lokalen Elementkoordinaten. Die Verläufe der Biegemomente m_{xx} und m_{yy} in den Schnitten 1-1 und 2-2 sind in den Bild 12-2c dargestellt.

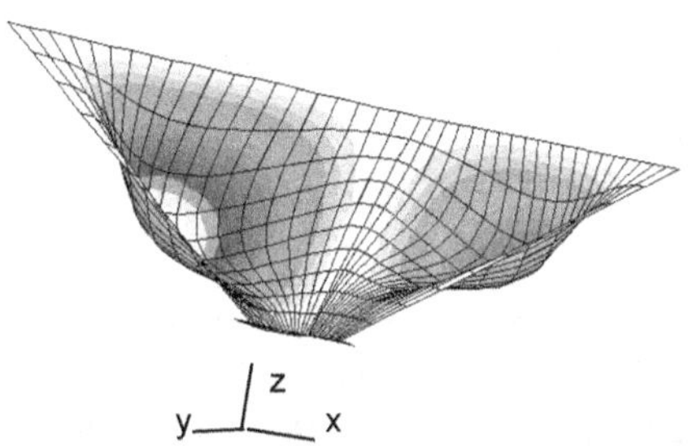

Bild 12-2a Verformte Struktur

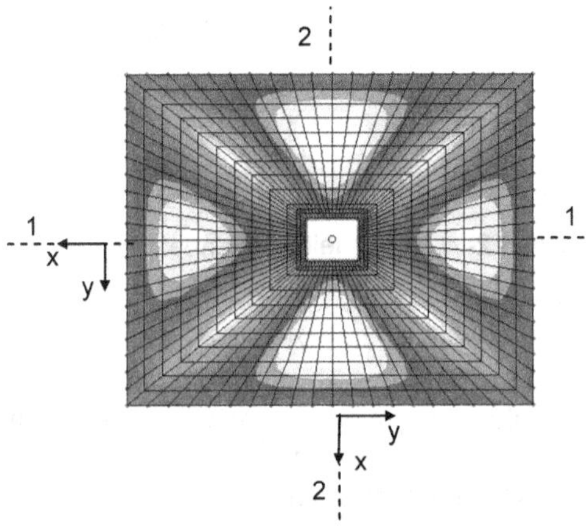

Bild 12-2b Verlauf des Biegemomentes m_{xx} in lokalen Elementkoordinaten

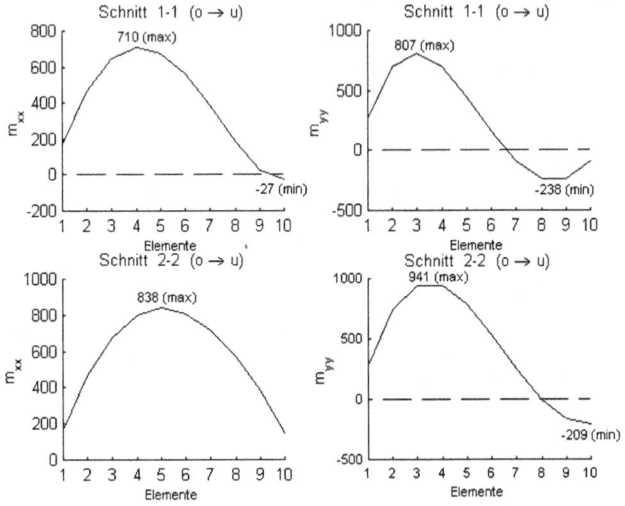

Bild 12-2c Verlauf der Biegemomente m_{xx} und m_{yy} [Nm/m] in den Schnitten 1-1 und 2-2 vom oberen bis zum unteren Rand

2. Beispiel: Hohlleiter-Antenne

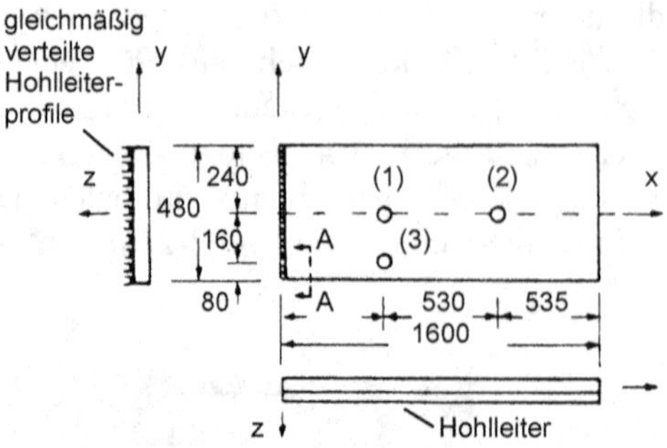

Bild 12-3a Hohlleiter Antenne

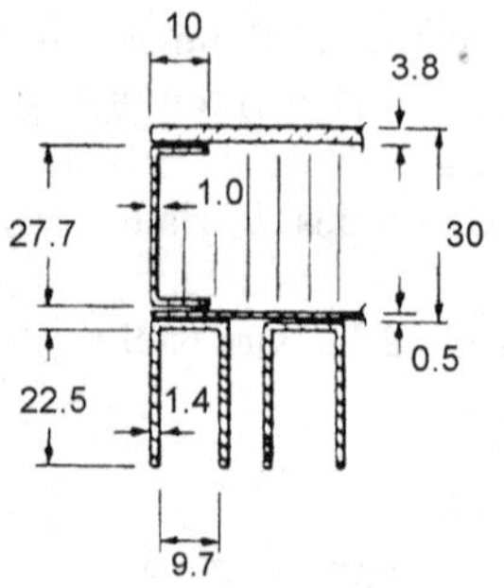

Bild 12-3b Schnitt A-A

Die Bilder 12-3a,b zeigen einen Konstruktionsentwurf für ein Antennentragwerk aus Aluminium, das an den Punkten 1-3 statisch bestimmt gelagert ist. Die Auslegung erfolgte für maximal zulässige Verformungen unter spezifizierten quasistatischen Beschleunigungs- und Temperaturlastfällen. Die Hohlleiterantennenprofile wirken als Versteifungsprofile für die Antennenträgerplatte in Sandwichbauweise.

a) Daten des FEM-Modells

- 54 ebene Schalenelemente zur Idealisierung der Sandwichplatte, 156 exzentrisch zur Plattenmittelfläche angeschlossene Balkenelemente zur Idealisierung der Hohlleiter, wobei mehrere Hohlleiter zu einem Balkenelement zusammengefasst wurden, 119 Knotenpunkte mit 714 Freiheitsgraden.

b) Ergebnisse

- Die Berechnung der quasistatischen Verformungen erfolgte für die Beschleunigungslastfälle n_x = 2g, n_y =2g und n_z = 6g sowie für eine gleichmäßige Temperaturänderung um Δt = 60° C. Im Bild 12.3c ist die verformte Struktur für den Lastfall n_z dargestellt. Bild 12-3d zeigt den Verlauf und die Größe der Balken (Hohlleiter) - Biegemomente.
- Die dynamische Berechnung wurde mit dem gleichen FEM-Modell durchgeführt wie die statische (714 FHG). Die beiden ersten Eigenformen sind in den Bildern 12-3e, f zu sehen.

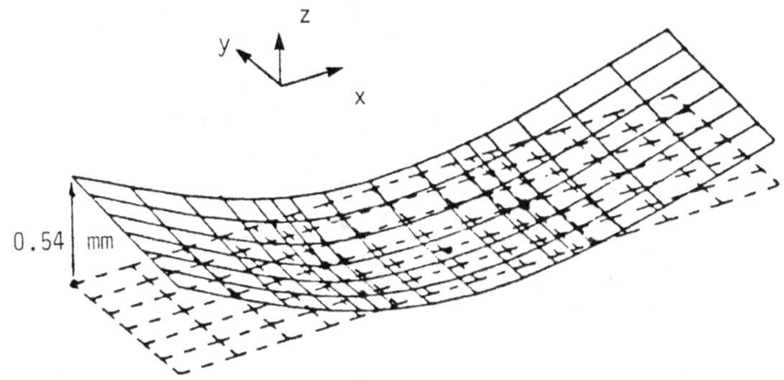

Bild 12-3c Lastfall $n_z = 6g$

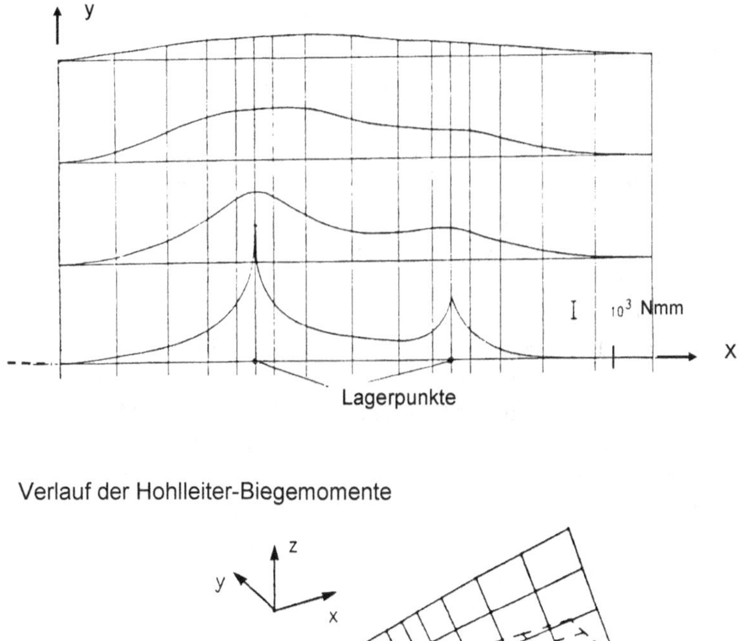

Bild 12-3d Verlauf der Hohlleiter-Biegemomente

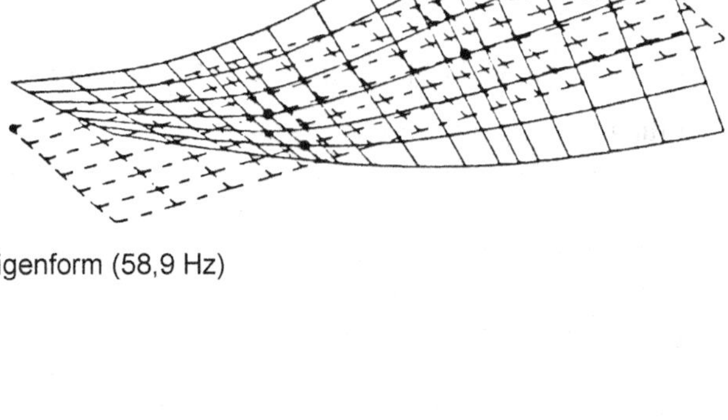

Bild 12-3e 1. Eigenform (58,9 Hz)

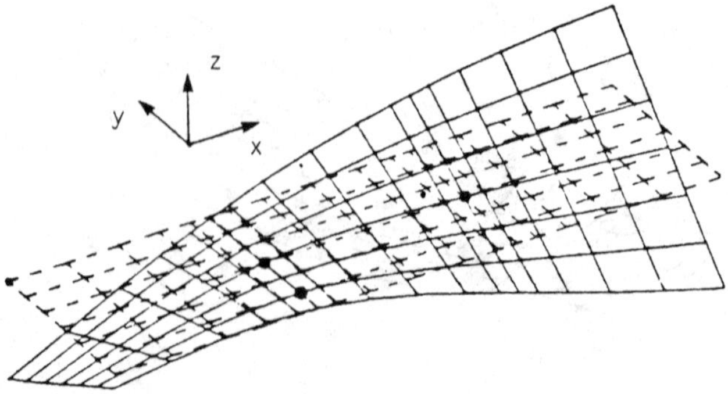

Bild 12-3f 2. Eigenform (61,5 Hz)

3. Beispiel: Schwingungstilger

Der dynamische Vergrößerungsfaktor ($V = 1/2\xi$, Gl.(11.24)) des Einfachschwingers hängt bei harmonischer Erregung nur von der Größe des Dämpfungsmaßes ξ ab. Beim Mehrfachschwinger können sich bei bestimmten Massen- und Steifigkeitsverhältnissen die physikalischen Antworten der Eigenformen nach Gl.(10.2) oder (10.4) gegenseitig teilweise aufheben. Diesen Effekt macht man sich bei schwingungsgefährdeten Tragwerken durch das Anbringen eines entsprechend ausgelegten zusätzlichen Schwingungssystems zunutze.

Im Bild 12-4a ist das Prinzip für ein durch einen Balken idealisiertes turmartiges Bauwerk dargestellt (effektive Masse nach Gl. (8.14b): $M_B = m_l + 0{,}24\ m_B$, m_l = Nutzmasse, Steifigkeit nach Gl. (3.14c): $K_B = 3EI/\ell^3$). Der am oberen Ende angebrachte Einfachschwinger (Steifigkeit k_T, Dämpfung c_T, Masse m_T) soll nun so ausgelegt werden, dass die dynamische Vergrößerungsfunktion $V_1 = U_1/U_{1,stat}$ möglichst minimal wird. Von Ruscheweyh (1982) werden dazu in Abhängigkeit vom Massenverhältnis $\gamma = m_T / M_B$ folgende Auslegungsparameter angegeben:

- Frequenzabstimmung:

$$\frac{f_T}{f_B} = \frac{1}{(1+\gamma)} \tag{12.1}$$

f_B = Eigenfrequenz des Bauwerks ohne Tilger, f_T = Eigenfrequenz des Tilgers

- optimale Dämpfung des Tilgers:

$$c_T = 4\,\pi\, f_B\, m_T \sqrt{\frac{3\gamma}{8(1+\gamma)^3}} \tag{12.2}$$

Aus der Beziehung (12.1)

$$\frac{f_B}{f_T} = \frac{\sqrt{k_B / M_B}}{\sqrt{k_T / m_T}} = \sqrt{\frac{k_B}{k_T} \cdot \gamma} = 1 + \gamma \tag{12.3}$$

erhält man die erforderliche Tilgersteifigkeit zu

$$k_T = \frac{\gamma}{(1+\gamma)^2} \cdot k_B = \kappa\, k_B . \tag{12.4}$$

Die Bewegungsgleichung für den Zweifachschwinger nach Bild 12-4a lautet damit:

$$M_B \begin{bmatrix} 1 & 0 \\ 0 & \gamma \end{bmatrix} \begin{bmatrix} \ddot{U}_1 \\ \ddot{U}_2 \end{bmatrix} + c_T \begin{bmatrix} 1 & -1 \\ -1 & 1 \end{bmatrix} \begin{bmatrix} \dot{U}_1 \\ \dot{U}_2 \end{bmatrix} + k_B \begin{bmatrix} 1+\kappa & -\kappa \\ -\kappa & \kappa \end{bmatrix} \begin{bmatrix} U_1 \\ U_2 \end{bmatrix} = \begin{bmatrix} F_1 \cos \bar{\omega} t \\ 0 \end{bmatrix} . \tag{12.5}$$

Zur Demonstration des Tilgereffekts wurde hier noch die Bauwerksdämpfung zu Null gesetzt. Da in diesem Fall der Vergrößerungsfaktor des Bauwerks ohne Schwingungstilger unendlich groß ist, wird die Begrenzung des Vergrößerungsfaktors allein durch den Schwingungstilger verursacht.

Legt man das Massenverhältnis $\gamma = 0{,}1$ zugrunde, so ergibt sich das Steifigkeitsverhältnis $k_T / k_B = \kappa = \gamma / (1+\gamma)^2 = 0{,}0826$. Die Lösung des zur Gl.(12.5) gehörigen ungedämpften Eigenwertproblems liefert die Eigenfrequenzen $f_1 = 0{,}8145 f_B$ und $f_2 = 1{,}1161 f_B$. Für die Modalmatrix $\mathbf{\Phi}$ und die generalisierte Massenmatrix $\boldsymbol{\mu}$ erhält man:

$$\mathbf{\Phi} = \begin{bmatrix} 0{,}1972 & -0{,}5071 \\ 1 & 1 \end{bmatrix}, \qquad \boldsymbol{\mu} = M_B \begin{bmatrix} 0{,}1389 & 0 \\ 0 & 0{,}3572 \end{bmatrix}.$$

Mit der Gl. (12.2) errechnet sich die optimale Dämpfung des Tilgers aus $c_T = 0{,}03358\, \omega_B M_B$. Die generalisierte Dämpfungsmatrix nach Gl.(10.4) liefert die dimensionslosen Dämpfungsgrade

$$\xi = [\xi_{rs}] = \left[\frac{\mathbf{\Delta}_{rs}}{2\sqrt{\omega_r \mu_r \omega_s \mu_s}} \right] = \begin{bmatrix} 0{,}0957 & 0{,}0957 \\ 0{,}0957 & 0{,}0957 \end{bmatrix}.$$

Man sieht, daß die Nebendiagonalglieder der generalisierten Dämpfungsmatrix ungleich Null sind und die gleiche Größe haben wie die Hauptdiagonalglieder, so dass die Bequemlichkeitshypothese hier nicht vorausgesetzt werden kann. Die Frequenzgänge müssen daher entweder in physikalischen Koordinaten nach Gln. (11.32b) oder in komplexen modalen Koordinaten nach Gl. (11.42c) berechnet werden. Man kann aber auch mit der nicht-diagonalen modalen Dämpfungsmatrix nach Gl. (10.7) rechnen. Man erhält dann die Frequenzgänge aus der Gl. (11.31), wenn dort die physikalischen Systemmatrizen durch die modalen Größen ersetzt werden: $\mathbf{M} \to \boldsymbol{\mu}$, $\mathbf{K} \to \gamma$ und $\mathbf{C} \to \mathbf{\Delta} \neq \text{diag}$. Da das System nur zwei Freiheitsgrade hat und beide Eigenformen berücksichtigt werden müssen, bringt die modale Transformation im vorliegenden Fall aber keine rechentechnischen Vorteile.

Das Bild 12-4b zeigt den Verlauf der Vergrößerungsfunktion für den Bauwerksfreiheitsgrad U_1. Der Maximalwert ergibt sich daraus zu $V_{max} = 4{,}58$. Zur Illustration der drastischen Reduktion des Vergrößerungsfaktors ist in dem Bild außerdem die Vergrößerungsfunktion für das Bauwerk ohne Schwingungstilger bei ξ=3% Eigendämpfung eingetragen ($V_{max} = \xi/2 = 16{,}6$). Außerdem sieht man in dem Bild die Vergrößerungsfunktion für den Fall, dass die Dämpfungskopplung vernachlässigt wird ($\xi_{12} = 0$). Der Vergleich mit der Kurve $\xi_{12} \neq 0$ zeigt einmal, dass der mit der Annahme $\xi_{12} = 0$ verbundene Fehler beträchtlich ist und außerdem noch auf der unsicheren Seite liegt. Allgemein kann man sagen, dass sich der Dämpfungskopplungseffekt bei eng benachbarten Eigenfrequenzen stärker auswirkt als bei weit auseinanderliegenden.

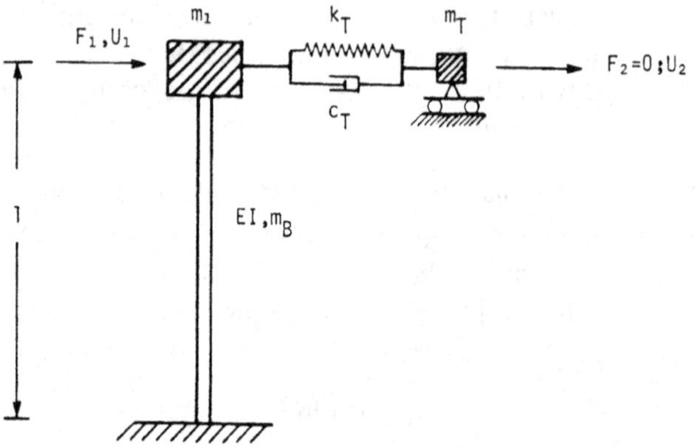

Bild 12-4a: Prinzip eines Tragwerks mit Schwingungstilger

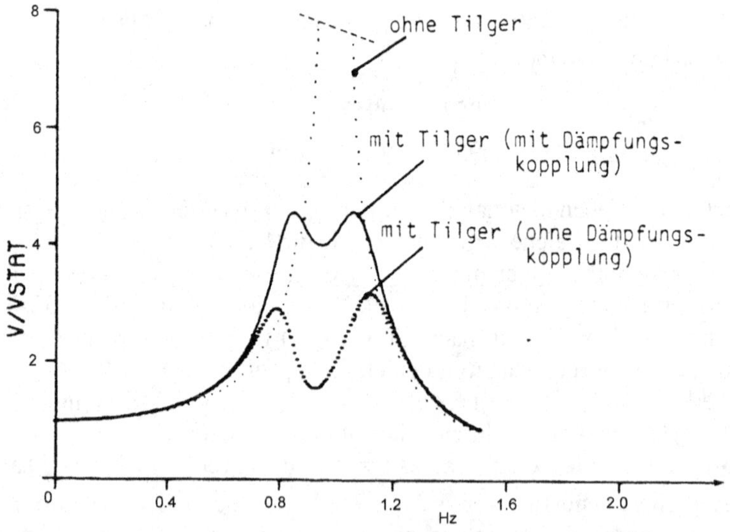

Bild 12-4b: Vergrößerungsfunktion für Tragwerk mit und ohne Schwingungstilger

4. Beispiel: Tribünendachträger bei Erdbebenerregung

Das Bild 12-5a zeigt einen Spannbetonträger (B 45: E = 37000 N/mm², ρ=2,5 kg/dm³) eines Tribünendaches mit einer anteiligen Dachmasse von 500 kg/m. Es sollen die Maximaldurchbiegung an der Dachspitze und das Einspannmoment bei Zugrundelegung des Antwortspektrums nach Bild 11-16 berechnet werden.

Der Träger wurde durch 14 Balkenelemente mit insgesamt 36 Freiheitsgraden und durch eine diagonale Einzelmassenmatrix idealisiert (Bild 12-5b).

Die Ergebnisse der Eigenwertanalyse sind für die ersten drei Eigenformen in den Bildern 12-5c,d,e dargestellt. Nach Gl.(11.69) sind die quasistatischen Lastvektoren dem Produkt $\mathbf{MX}_r$ proportional. Bei diagonaler Massenmatrix erhält man die Form des Lastvektors aus den Eigenformen, wenn deren Ordinaten mit den Knotenpunktmassen sowie dem Faktor $L_r S_a/\mu_r$ gemäß Gl.(11.69) gewichtet werden. Da die Anzahl der Schwingungsknoten mit steigender Frequenz zunimmt, wechselt die Last mit steigender Frequenz immer häufiger die Richtung. Dadurch wird die Beanspruchung des Tragwerks in den höheren Eigenformen immer geringer. In der Tabelle 12-1 ist eine typische Auswertung für die ersten drei Eigenformen dargestellt. Der Einfluss der höheren Eigenformen (r > 3) liegt unter 1% der angegebenen Wurzelsummenwerte.

Tabelle 12-1

r	Eigenfrequenz f_r [Hz]	Spitzendurchbiegung $U_{35,(r)}$ [cm]	Einspannmoment $M_{E,(r)}$ [10^4 Nm]
1	3,127	9,05	170,7
2	11,08	1,30	127,7
3	19,79	0,27	50,2
		$\sqrt{\sum_r U^2_{35,(r)}} = 9,1$	$\sqrt{\sum_r M^2_{E,(r)}} = 219$

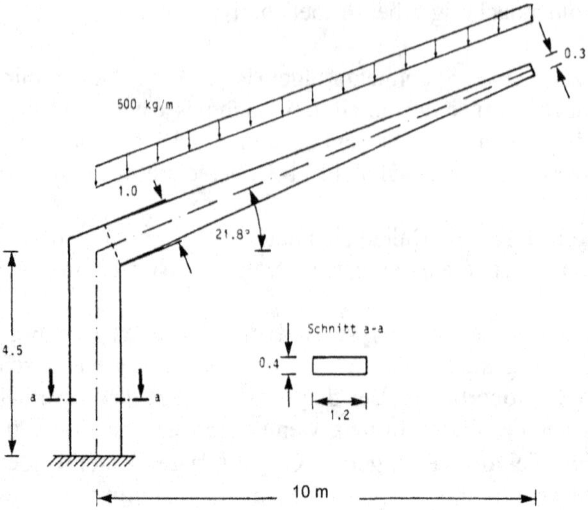

Bild 12-5a: Tribünendachträger

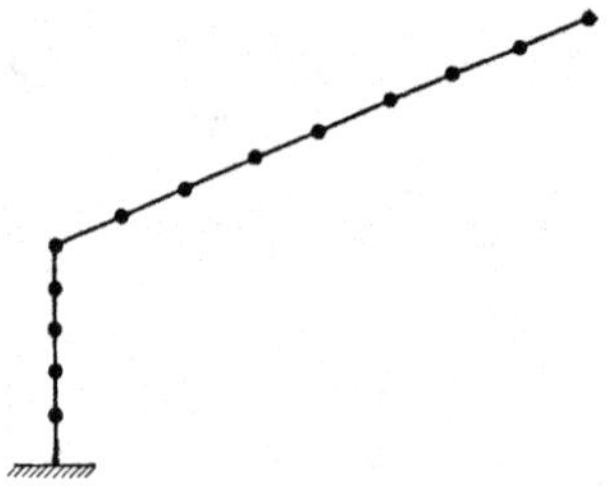

Bild 12-5b FE-Modell

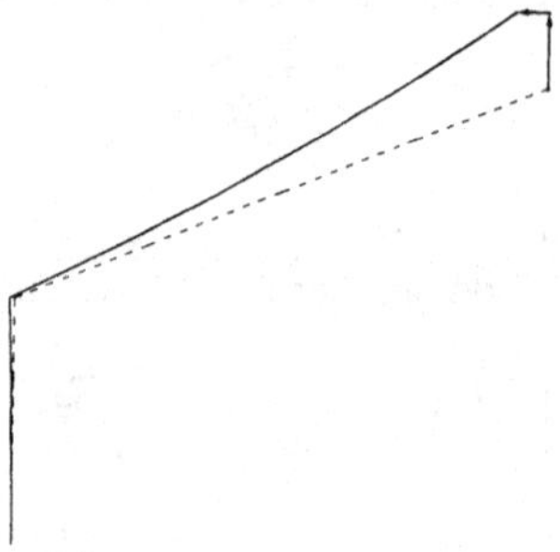

Bild 12-5c 1. Eigenform (3,127 Hz)

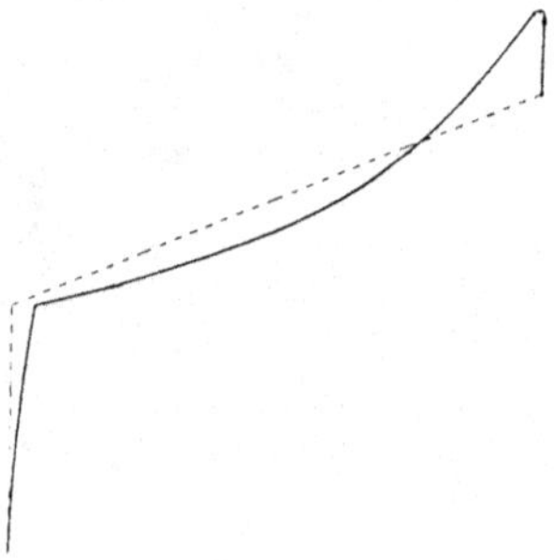

Bild 12-5d 2. Eigenform (11,08 Hz)

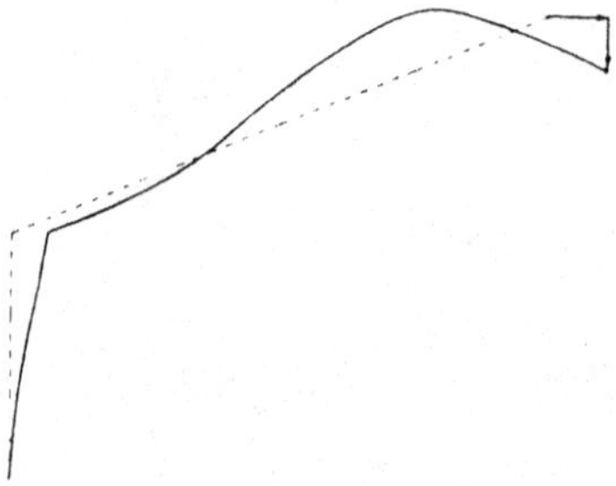

Bild 12-5e 3. Eigenform (19,79 Hz)

5. Beispiel: Baugruppe eines Flugtriebwerks

In diesem Beispiel wird eine Anwendung aus dem Flugtriebwerksbau zur Validierung des strukturdynamischen FE- Modells eines Triebwerksgehäuses vorgestellt. Zur Bewertung der Güte strukturmechanischer Modelle werden häufig experimentell ermittelte Modaldaten mit den entsprechenden Ergebnissen einer Finite- Elemente (FE) Berechnung verglichen. Die dabei meist beobachteten Abweichungen können dann mit Hilfe mathematische Optimierungsverfahren ("Computational Model Updating", beschrieben z.B. in [1)-7)]) durch entsprechende Anpassung der Modellparameter minimiert werden. Dabei muss vorausgesetzt werden, dass die mathematische Modellstruktur (z.B. Netzdichte, Art der Elemente) und die Art und Anzahl der ausgewählten Modellparameter (z.B. Blechdicken) "physikalisch sinnvoll" sind. Bei der praktischen Anwendung ist aber im Allgemeinen weder die Wahl der Modellstruktur noch die der Parameter eindeutig.

Bei der Beurteilung der Qualität einer FE- Analyse ist es erforderlich, sich einen Überblick über die Unsicherheiten bei der Modellbildung und natürlich auch die der experimentellen Daten zu verschaffen. Die Unsicherheiten bei der FE- Modellbildung ergeben sich hauptsächlich aus drei Quellen:

- Aus Idealisierungsfehlern, die aus den Annahmen zur Beschreibung des strukturmechanischen Verhaltens resultieren (z.B. Modellierung einer Platte als Balken),
- aus FE- typischen Diskretisierungsfehlern (z.B. zu geringe Netzdichte) und
- aus fehlerhaften Annahmen über die Größe der Modellparameter (z.B. Blechdicken).

Die unter den ersten beiden Punkten genannten Fehler beeinflussen die mathematische Struktur des Rechenmodells. Sie werden daher auch als Modellstrukturfehler bezeichnet. Die gegenwärtig gebräuchlichen numerischen Identifikations- Verfahren ermöglichen lediglich eine Anpassung der Modellparameter nicht aber der Modellstruktur. Das Ziel aller rechnerischen Analysen, nämlich die Vorhersage des strukturmechanischen Verhaltens bei möglichst vielen Last- und Konstruktionsvarianten, kann demnach nur erreicht werden, wenn alle drei der oben genannten Fehlerquellen minimiert werden.

Die Validierung von FE- Rechenmodellen erfolgt in vier Schritten:

1) Bewertung der mathematischen Struktur des Ausgangsmodells (z.B. der Annahmen bei der Idealisierung),
2) Vergleich der Modellvorhersagen mit den Versuchsdaten einschließlich der Bewertung der Versuchsdaten,
3) Auswahl der Anpassparameter und Anpassung der Parameter evtl. mit Hilfe eines numerischen Identifikations- Verfahrens und
4) abschließende Validierung des Modells im Hinblick auf den geplanten Anwendungszweck.

[1)] Krätzig, Meskouris, Link (1995), [2)] Natke (1992), [3)] Link (1999), [4)] Link, Hanke (1999) [5)] Friswell, Mottershead (1995), [6)] Mottershead , Link, Friswell (2011), [7)] Link, Weiland (2012)

In diesem Buch wurden die Verfahren der FE Methode beschrieben, die es dem Leser erlauben sollen methodisch bedingte Fehler bei der Anwendung der FE- Methode zu vermeiden. Fehler bei der Idealisierung der realen Konstruktion lassen sich nicht durch eine Anpassung der Modellparameter korrigieren. Typische Beispiele sind:

- fehlerhafte Vereinfachungen, z. B. wenn eine Platte als Biegebalken modelliert wird, oder wenn ein dickwandiges Bauteil, welches einen 3D-Spannungszustand aufweist, durch ein 2D-Modell vereinfacht wird,
- übertriebene Vereinfachung der Massenverteilung, z.B. wenn eine gleichmäßige Massenverteilung durch zu wenige Einzelmassen abgebildet wird, oder wenn bestehende Exzentrizitäten der Massen nicht berücksichtigt werden,
- wenn die Formulierung der gewählten finiten Elemente real auftretende Effekte nicht abbilden kann, z. B. den Einfluss der Schubverformung oder der Wölbkrafttorsion bei Balkenelementen,
- fehlerhafte Modellierung der Randbedingungen, z. B. wenn eine elastische Einspannung als starr angenommen wird,
- fehlerhafte Darstellung von Anschlüssen, z. B. wenn eine elastische Verbindung als starr angenommen wird, oder wenn eine real vorhandene Exzentrizität bei der Verbindung zweier Bauteile vernachlässigt wird,
- fehlerhafte Abbildung der realen Geometrie, z. B. Nichtberücksichtigung fertigungsbedingter Konturfehler bei dünnwandigen Schalen,
- fehlerhafte Annahmen für die äußeren Lasten,
- wenn eine real nicht- lineare Struktur als linear angenommen wird.

Weitere Modellstrukturfehler können durch die der FE- Methode eigenen Diskretisierungsfehler entstehen, zu deren Vermeidung das vorliegende Buch beitragen sollte, z. B.

- wenn das FE-Netz zu grob ist, z. B. zur Beschreibung der Dynamik in einem gewünschten Frequenzbereich oder zur Beschreibung von Spannungskonzentrationen an Ausschnitten,
- wenn der Abschneidefehler zu groß ist, bei der Anwendung von Verfahren zur Modellreduktion (z. B. bei der statischen Kondensation),
- bei Verwendung zu stark verzerrter Elemente mit der Folge numerischer Versteifungseffekte.

Im Folgenden werden die genannten Schritte zur Erzeugung eines (teil-) validierten Rechenmodells anhand eines Beispiels aus der Praxis erläutert (nach Link, Hanke (1999)[1)]). Ziel dabei war es, validierte Rechenmodelle zweier Komponenten sowie des Rechenmodells der aus diesen beiden Komponenten gebildeten Baugruppe eines Flugtriebwerks zu erzeugen. Bei den Komponenten handelt es sich um ein Turbinengehäuse und eine Rotorlagerung (HPT, High Pressure Turbine Casing und RBSS, Rear Bearing Support Structure, eines Flugtriebwerks, im Bild 12-7 als Teil des Gesamtgehäuses hervorgehoben).

[1)] Das Projekt wurde durchgeführt im Auftrag und in Zusammenarbeit mit der Firma Rolls-Royce Deutschland, Dahlewitz.

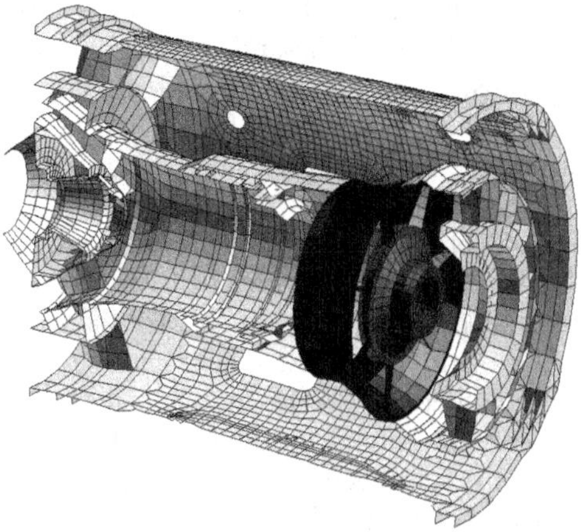

Bild 12-7 FE- Modell des Gehäuses eines Flugtriebwerks mit Hochdruck Turbinengehäuse (HPT) und hinterer Lagergestellstruktur (dunkel hervorgehoben)

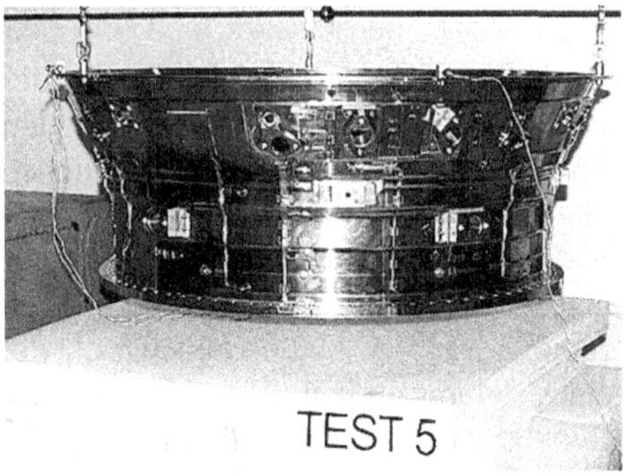

(a) Testkonfiguration

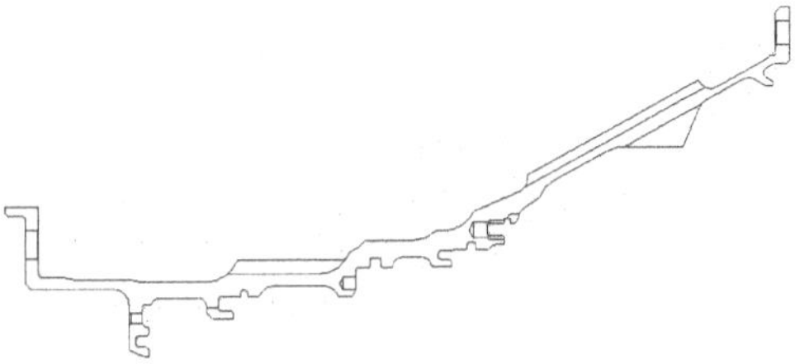

(b) Konstruktion der HPT- Schalenwandung

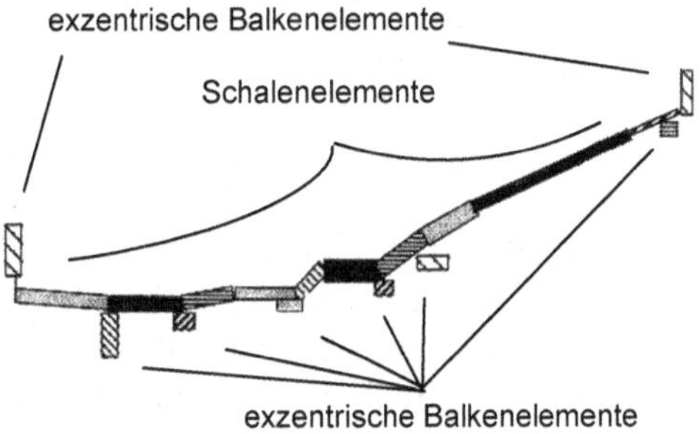

(c) FE- Modell

Bild 12-8 Hochdruckturbinengehäuse (HPT)

Infolge der Komplexität des Modells der Gesamtstruktur lassen sich konsistente physikalische Modelle aus den an der Gesamtstruktur ermittelten Testdaten nur schwer realisieren. Das Validierungskonzept basierte daher darauf, validierte Komponenten- bzw. Baugruppenmodelle zur Gesamtstruktur zusammenzufügen, und die danach noch verbleibenden unsicheren Parameter an den Verbindungsstellen mit Hilfe der Testdaten der Gesamtstruktur anzupassen. Im vorliegenden Fall war es das Hauptziel, die Eigendynamik und die Frequenzgänge der Baugruppe HPT&RBSS bis ca. 1000 Hz abzubilden.

Das Bild 12-8a zeigt die HPT- Komponente im Eigenschwingungsversuch, die zur Simulation einer ungelagerten, freien Struktur in weichen Federn aufgehängt war. In den Bildern 12-8b und c sind das Konstruktionsdetail des HPT- Querschnitts und das zugehörige NASTRAN – FE Modell dargestellt. Das Gehäuse wurde mit ebenen 4-Knoten Schalenelementen modelliert (QUAD4 in NASTRAN, ähnlich dem im Kap.5.4.2.2 beschriebenen Element), während für die Versteifungsringe exzentrische Balkenelemente, wie im Kap.5.2.1 beschrieben, verwendet wurden.

Meist werden als Vergleichsmaßstab für die Übereinstimmung von Test- und Berechnungsergebnissen die Differenzen der experimentellen und analytischen Eigenfrequenzen sowie der Eigenschwingungsformen verwendet. Bei komplexen Konstruktionen hoher Eigenfrequenzdichte müssen beim direkten Vergleich der Eigenfrequenzen und Eigenformen die oft unterschiedlichen Ordnungszahlen der analytischen und experimentellen Eigenformen beachtet werden. Dazu kann das sog. MAC Kriterium als Maß für den Winkel zwischen dem i-ten experimentellen und dem j-ten analytischen Eigenvektor $\mathbf{x}_i$ und $\mathbf{y}_j$ gemäß der Definition

$$\mathrm{MAC}_{ij} = \frac{(\mathbf{x}_i^T \mathbf{y}_j)^2}{\mathbf{x}_i^T \mathbf{x}_i \mathbf{y}_j^T \mathbf{y}_j} \cdot 100 \quad \leq 100\% \tag{12.6}$$

benutzt werden (Der Wert 100% entsteht bei vollständiger Übereinstimmung der beiden Vektoren). Der Vergleich mit den Ergebnissen der experimentellen Modalanalyse zeigte, dass 20 analytische Eigenformen mit einem durchschnittlichen MAC- Wert von 91.1% zugeordnet werden konnten bei einem durchschnittlichen Eigenfrequenzfehler von -4%. Normalerweise kann diese Genauigkeit als für praktische Bedürfnisse ausreichend genau angesehen werden. Bedingt durch den Einsatz der Komponente in der Baugruppe war es wünschenswert, die Übereinstimmung durch den Einsatz eines numerischen Verfahrens der Parameteridentifikation weiter zu verbessern. Benutzt wurde dazu das Programm ICS-Sysval(2001), welches die Parameteranpassung großer mit Hilfe des FE- Programms NASTRAN erzeugter FE- Modelle ermöglicht. Nach Auslegung, Durchführung und Bewertung der experimentellen Modalanalyse wurden 13 Anpassparameter mit Hilfe einer Sensitivitätsanalyse aus insgesamt 37 als unsicher angesehenen Parametern ausgewählt. Am Ende konnten 21 analytische Eigenformen mit einem durchschnittlichen MAC- Wert von 92% und einem durchschnittlichen Eigenfrequenzfehler von -0.18% angepasst werden. Trotz dieser ausgezeichneten Parameteranpassung muss beachtet werden, dass der Einsatzbereich dieses Modells beschränkt ist auf Anwendungen, bei denen nicht mehr als die angepassten 21 Eigenformen aktiv sind. Das Bild 12-9a zeigt beispielhaft die fünfte analytische Eigenform bei 182.8 Hz und die zugehörige fünfte experimentelle Eigenform bei 182.2 Hz, für die ein MAC – Wert von = 92.7 % ermittelt wurde.

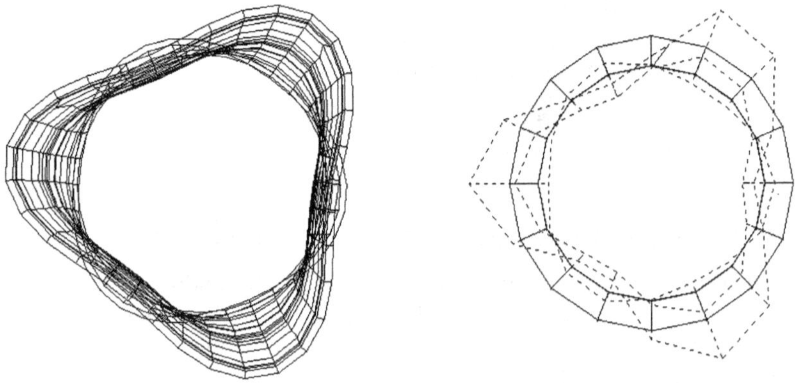

(a) 5. analytische Eigenform, 182.8 Hz (b) 5. experimentelle Eigenform, 182.2 Hz

Bild 12-9 Analytische und experimentelle HPT- Eigenform , MAC = 92.7 %

Bei der RBSS Komponente wurden von insgesamt 70 als unsicher eingestuften Parametern mit Hilfe einer Sensitivitätsanalyse 9 Parameter ausgewählt (Torsionsträgheitsmomente der Speichen und des äußeren Versteifungsrings der Kreisplatte sowie eines äquivalenten E-Moduls für die Schalenelemente im Übergangsbereich von der Kreisplatte zum Zylinder). Am Ende konnten 14 analytische Eigenformen mit einem durchschnittlichen MAC- Wert von 88.9% und einem durchschnittlichen Eigenfrequenzfehler von -0.3% angepasst werden. Nach der Überprüfung der Minimalforderung, ob die beiden angepassten Komponentenmodelle in der Lage sind, die für die Anpassung verwendeten Testdaten zu reproduzieren, erfolgte im letzten Schritt die Validierung der Komponentenmodelle. Dazu wurde überprüft, ob das aus den beiden angepassten Komponenten gebildete Baugruppenmodell eine Verbesserung der rechnerischen Eigendynamik und der Frequenzgänge ermöglicht.

Die Ergebnisse der Baugruppenanalyse bestätigten diese Vermutung nur zum Teil. Die Analyse lieferte 21 Eigenformen mit einem durchschnittlichen MAC- Wert von 85.8%, aber immer noch einem durchschnittlichen Eigenfrequenzfehler von 5.5%. Der Grund dafür lag in der unzureichenden Modellierung der Schraubverbindungen zwischen den beiden Komponenten, die bei den Tests der einzelnen Komponenten ja nicht vorhanden waren.

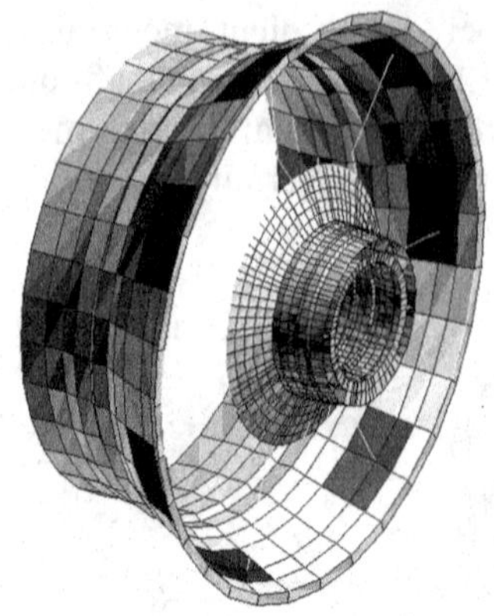

Bild 12-10 Modell der Baugruppe bestehend aus HPT & RBSS

Durch rechnerische Anpassung von 7 Parametern der Verbindungselemente (6 Federkonstanten und ein Ersatz- E-Modul für die 4 Schalenelemente im Bereich der Schraubverbindung wie im Bild 12-10 dunkel hervorgehoben) konnten schließlich 27 Eigenformen (d.h. 6 mehr als vorher) angepasst werden. Die Eigenformen zeigten einen etwas kleineren durchschnittlichen MAC- Wert von 82.9%. Der durchschnittliche Eigenfrequenzfehler betrug aber nur noch 0.9%.

Im letzten Validierungsschritt wurden die mit Hilfe des angepassten Modells simulierten mit den experimentellen Frequenzgänge verglichen. Dies erlaubt eine relativ unabhängige Kontrolle der Modellgüte, da die Frequenzgänge zwar zur Extraktion der experimentellen Modaldaten nicht aber direkt zur Modellanpassung verwendet wurden. Das Bild 12-11 zeigt die einhüllende Kurve über 82 gemessenen und gerechneten Frequenzgänge (Amplituden) nach der Modellanpassung und vermittelt einen Gesamteindruck über die Strukturdynamik der Baugruppe im Bereich bis 1000 Hz. Obgleich diese noch im Detail verbesserungsfähig ist, zeigt sie doch eine für den gewünschten Anwendungszweck zufriedenstellende Genauigkeit.

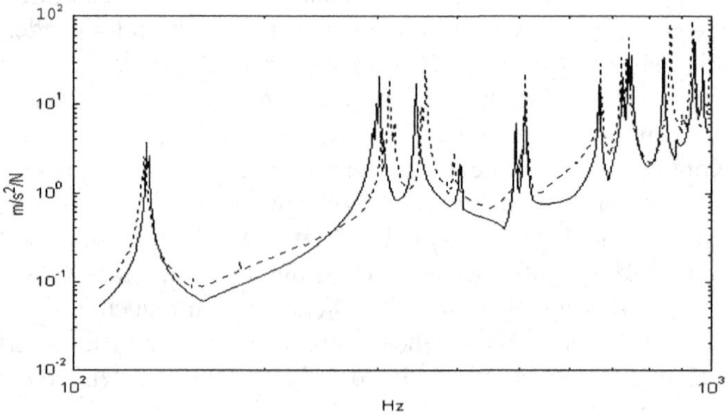

Bild 12-11 Einhüllende über 82 gemessene (- - -) und simulierte (—) Frequenzgänge zwischen 100 und 1000 Hz

Literatur

Ahmad S., Irons B. M., Zienkiewicz O. C. (1970): Analysis of Thick and Thin Shell Structures by Curved Elements, Int. J. num. Meth. Engng., Vol.2.

Archer J. S. (1963): Consistent Mass Matrix for Distributed Systems, Proc. Am. Soc. Civ. Engng., 89, ST4.

Argyris J. H., Fried I., Scharpf D. W. (1968): The TUBA Family of Plate Elements for the Matrix Displacement Method, The Aeronautical J. R. Ae. Soc., 72.

Argyris J. H., Scharpf D. W. (1969): Finite Elements in Space and Time, Nuclear Eng. Des., 10.

Argyris J., Kelsey S. (1960): Energy Theorems and Structural Analysis, Butterworth Scientific Publ., London.

Argyris J. und Mlejnek H.-P. (1986): Die Methode der finiten Elemente in der elementaren Strukturmechanik. Bd. 1: Verschiebungsmethode in der Statik; Bd. 2: Kraft- und gemischte Methoden, Nichtlinearitäten. Bd. 3: Einführung in die Dynamik, Vieweg+Teubner Verlag.

Ashwell D. G., Gallagher R. H. (1976): Finite Elements for Thin Shells and Curved Members, J. Wiley.

Basar Y. und Krätzig W.B. (1985): Mechanik der Fächentragwerke, Vieweg Verlag, Braunschweig, Wiesbaden.

Bathe K. J. (1996): Finite Element Procedures, Prentice Hall Inc., Englewood Cliffs, New Jersey, USA.

Bathe K. J., Bolourchi S. (1989): A Geometric and Material Nonlinear Plate and Shell Element, Computers & Structures, 11. Aufl.

Bathe K.-J. and Dvorkin E. N.(1985): "A Four-Node Plate Bending Element Based on Mindlin/Reissner Plate Theory and a Mixed Interpolation", Int. J. num. Meth. Engng., Vol. 21, pp 367-383

Bathe K.-J. and Ho L.W. (1981): Some Results in the Analysis of thin Shell Structures, in "Nonlinear Finite Element Analysis in Structural Mechanics", Eds. Wunderlich, Stein, Bathe, Springer Verlag, Berlin, Heidelberg, NewYork.

Batoz J.L., Bathe K.J. and Ho L.W. (1980): A Study of Three-Node Trianguala Plate Elements. Int, J. Num. Methods in Engineering, Vol.15.

Bazeley G. P., Cheung Y. K., Irons B. M., Zienkiewicz O. C. (1965): Triangular Elements in Bending-Conforming and Non-Conforming Solutions, Proc. Conf. Matrix Methods in Structural Mechanics, Air Force Inst. Tech., Wright-Patterson AFB, USA.

Bellmann J. und Rank E. (1989): Die p- und hp- Version der Finite Elemente Methode- oder lohnen sich höherwertige Elemente? Bauingenieur 64.

Bogner F.K., Fox R.L. and Schmit L.A. (1965): The Generation of Interelement Compatible Stiffness and Mass Matrices by Use of Interpolation Formulas. Proc. Conf. Matrix Methods in Structural Mechanics, Air Force Inst. Tech., Wright-Patterson AFB, USA.

Bronstein I. N., Semendjajew K. A. (1996): Teubner-Taschenbuch der Mathematik, B.G.Teubner Stuttgart, Leipzig.

Clough R. W., Felippa C. A. (1968): A Refined Quadrilateral Element for Analysis of Plate Bending, Proc. 2nd Conf. on Matrix Methods in Struct. Mechanics, Air Force Flight Dynamics Lab., TR 68-150.

Clough R. W., Penzien J. (1993): Dynamics of Structures, 2nd ed., McGraw-Hill, Inc., New York.

Clough R. W., Tocher J. (1965): Finite Element Stiffness Matrices for the Analysis of Plate Bending, Proc. Conf. on Matrix Methods in Structural Mechanics, Air Force Flight Dynamics Lab., TR 66-80, Wright Patterson AFB, Ohio.

Collatz L. (1966): The Numerical Treatment of Differential Equations, Springer Verlag, Berlin, Heidelberg, NewYork.

Connor J. J., Will G. T. (1971): A Mixed Finite Element Shallow Shell Formulation, in "Recent Advances in Matrix Methods of Structural Analysis and Design", Univ. Alabama Press.

Cowper G. R. (1973): Gaussian Quadrature Formulas for Triangles, Int. J. num. Meth. Engng. 7, 405-8.

Craig R. R., Chang Ch.-J. (1977): Substructure Coupling for Dynamic Analysis and Testing, NASA CR-2781.

Craig R.R. and Bampton M.C.C. (1968): Coupling of Substructures for Dynamic Analyses, AIAA Journal, Vol. 6, No.7.

Czerwenka G., W. Schnell (1970): Einführung in die Rechenmethoden des Leichtbaus II, BI Taschenbuch 125/125a, Mannheim.

Dankert J. (1977): Numerische Methoden der Mechanik, Springer Verlag, Wien - New York.

Eschenauer H. und Schnell W. (1986): Elastizitätstheorie I, Grundlagen, Scheiben und Platten, BI Wissenschaftsverlag, Bibliographisches Institut AG, Zürich

Eschenauer H., W. Schnell (1981): Elastizitätstheorie I, BI Wissenschaftsverlag, Mannheim, Zürich.

Ewins D.J. (2000): Modal Testing: Theory, Practice and Application, Research Studies Press LTD, UK

Fadeejew D. K., Fadeejewa W. N. (1976): Numerische Methoden der linearen Algebra, R. Oldenbourg Verlag, München.

Falk S. (1963): Das Verfahren von Raleigh-Ritz mit Hermite-Interpolations-polynomen, ZAMM 43.

Flügge W. (1981): Statik und Dynamik der Schalen, 3. Auflage, Springer Verlag, Berlin.

Friswell M. I. and Mottershead J. E. (1995): Finite Element Model Updating in Structural Dynamics, Kluwer Acad. Publishers, Dordrecht.

Gallagher R. H. (1975): Shell Elements, Proc. of World Conf. Finite Element Meth. in Struct. Mech., Bournemouth.

Gallagher R. H. (1976): Finite-Element-Analysis, Springer Verlag, Berlin.

Gasch R. und Knothe K. (1987): Strukturdynamik, Band 1, Diskrete Systeme, Springer-Verlag Berlin.

Girkmann K. (1986): Flächentragwerke, 6. Aufl., Springer Verlag, Wien.

Gould P.L. (1985): Finite Element Analysis of Shells of Revolution, Pitman Publ. Inc., Boston.

Grafton P. E., Strome D. R. (1963): Analysis of Axi-symmetric Shells by the Direct Stiffness Method, J. AIAA.

Grigorieff R. D.(1972): Numerik gewöhnlicher Differentialgleichungen, B.G. Teubner Verlag, Stuttgart, Bd. 1 (1972) und Bd. 2 (1975)

Guyan R.J. (1965): Reduction of Stiffness and Mass Matrices, AIAA Journal, Vol. 3, No. 2

Hampe E. (1968): Statik rotationssymmetrischer Flächentragwerke, Bd. 1, VEB Verlag für Bauwesen, Berlin.

Henshell R. D., Ong J. H. (1975): Automatic Masters for Eigenvalue Economisation, Int. J. Earthq. Struct. Dyn., 3.

Herrmann L. R. (1967): Finite Element Bending Analysis of Plates, J. Engng. Mech. Div., ASCE, Vol. 93, No. EM5.

Hughes T. J. R. and Tezduduyar T.E. (1981): Finite Elements Based upon Mindlin Plate Theory With Particular Reference to the Four-Node Bilinear Isoparametric Element. J. of Appl. Mechanics, pp. 587-596.

Hughes T. J. R. (1977): A Simple and Efficient Finite Element for Plate Bending, Int. J. Num. Meth. Engng., Vol.11.

Hughes T.J.R. and Hinton E., Eds. (1986): Finite Element Methods for Plate and Shell Structures, Pineridge Press, Swansea,UK.

Hughes T.J.R. (2000): "The Finite Element Method", Dover Publ., New York .

Hurty W. C. (1965): Dynamic Analysis of Structural Systems Using Component Modes, AIAA J. 3.

ICS.Sysval (2014): http://www.ics-engineering.com

Irretier H. (1999): Experimentelle Modalanalyse, Teil I und II, 2. Auflage, Institut für Mechanik, Univ. GH Kassel.

Kärcher H. J. (1975): Finite Elements on the Basis of Continuum Mechanics, Int. J. num. Meth. Eng, 9.

Knothe K. und Wessels H. (1999): Finite Elemente, 3. Auflage, Springer Verlag, Berlin.

Krätzig W.B., Meskouris K. und Link M. (1995): Baudynamik und System-identifikation, in "Der Ingenieurbau: Grundwissen, Hrsg. G. Mehlhorn , Baustatik, Baudynamik", Verlag Ernst & Sohn, Berlin.

Lawo M., Thierauf W. (1980): Stabtragwerke, Matrizenmethoden der Statik und Dynamik, Verl. Friedr. Vieweg, Braunschweig, Wiesbaden.

Leipholz H. (1968): Einführung in die Elastizitätstheorie, G. Braun Verlag, Karlsruhe.

Link M. and Hanke G. (1999): Model Quality Assessment and Model Updating, in „Modal Analysis and Testing", Silva J.M.M. and Maia N.M.M. Eds., NATO Science Series, Kluwer Academic Publishers, Dordrecht.

Link M. and Qian G. (1994): Identification of Dynamic Models for Substructure Synthesis Using Base Excitation and Measured Reaction Forces , Revue Francaise de Mecanique , No 1 (1994)

Link M. (1973): Zur Berechnung von Platten nach Theorie 2. Ordnung mit Hilfe eines hybriden Deformationsmodells, Ing. Arch. 42.

Link M. (1975): Zur Berechnung einfach-symmetrischer I-Träger nach der Theorie 2. Ordnung unter Berücksichtigung der Querschnittsverformung mit Hilfe hybrider finiter Elemente, Der Stahlbau 5.

Link M. (1999): Updating of Analytical Models - Basic Procedures and Extensions, in „Modal Analysis and Testing", Silva J.M.M. and Maia N.M.M. Eds., NATO Science Series, Kluwer Academic Publishers, Dordrecht.

Link M. and Weiland M. (2012): Computational model updating based on stochastic test data and modelling parameters – a tool for structural health monitoring Proc. of the International Conference on Noise and Vibration Engineering, ISMA 2012, University of Leuven, Belgium.

MacNeal R. H. (1978): A Simple Quadrilateral Shell Element, Computers & Structures, 8, pp 175-183.

MacNeal R.H. (1982): Derivation of Element Stiffness Matrices by Assumed Strain Distributions. Nucl. Engineering and Design, 70, pp 3-12.

MacNeal, R.H. (1994): "Finite Elements: Their Design and Performance", Mechanical Engineering Series, Marcel Dekker, Inc., NewYork.

Maia N.M.M. and Silva J.M.M., Eds.(1997): Theoretical and Experimental Modal Analysis, Research Studies Press LTD,UK

Malkus D.S. and Hughes T.J.R. (1978): Mixed Finite Element Methods- Reduced and Selective Integration Techniques: A Unification of Concepts. Computer Methods in Applied Mechanics and Engineering,15, no.1.

Mang H. (1996): Flächentragwerke, in "Der Ingenieurbau: Grundwissen, Hrsg. G. Mehlhorn , Rechnerorientierte Baumechanik", Verlag Ernst & Sohn, Berlin.

Martinez D. R., Miller A. K., Gregory D. L., Carne T. G. (1984): Combined Experimental Analytical Modelling Using Component Mode Synthesis, 25th AIAA Structures, Structural Dynamics and Material Conf.

MATFEM (1999): User's Guide to MATLAB® based FE Code. www.uni-kassel.de/fb14/leichtbau.

MATLAB®: http://www.mathworks.de.

Mindlin R. D. (1951):"Influence of Rotatory Inertia and Shear on Flexural Motions of Isotropic Elastic Plates", J.Appl.Mech.,18,S.31-38.

Mottershead J., Link M. and Friswell M. (2011): The sensitivity method in finite element model updating: a tutorial. Mechanical Systems and Signal Processing, Vol. 25, No 7, p. 2275-2296.

MSC/NASTRAN®: http://www.mscsoftware.com/de/product/msc-nastran

Naghdi P.M. (1972): The Theory of Shells, in S.Flügge, Ed., Handbuch der Physik VI/2, Springer Verlag Berlin Heidelberg, New York.

Natke H.G. (1992): Einführung in Theorie und Praxis der Zeitreihen und Modalanalyse, Vieweg Verlag, Braunschweig/Wiesbaden.

Ostenfeld H. (1926): Die Deformationsmethode, Springer Verlag, Berlin.

Peano A. (1976): Hierarchies of Conforming Finite Elements for Plane Elasticity and Plate Bending. Comp. Math. with Appl.2.

Percy J. H., Pian T. H. H., Klein S., Navaratna D. R. (1965): Application of Matrix Displacement Method to Linear Elastic Analysis of Shells of Revolution, J. AIAA, 3.

Petersen Ch.(1996): Dynamik der Baukonstruktionen, Vieweg Verlag, Braunschweig.

Pflüger A.(1981): Elementare Schalenstatik, Springer Verlag, Berlin, Heidelberg, New York.

Pian T. H. H. (1971): Formulations of Finite Element Methods for Solid Continua, in "Recent Advances in Matrix Methods of Structural Analysis and Design", Univ. Alabama Press.

Pian T. H. H., Tong P.: Basis for Finite Element Methods for Solid Continua, Int. J. num. Meth. Eng. 1, 1969

Ramm E. und Hofmann Th.J. (1995): Stabtragwerke, in "Der Ingenieurbau: Grundwissen, Hrsg. G. Mehlhorn , Baustatik, Baudynamik", Verlag Ernst & Sohn, Berlin.

Reissner E. (1945): „The Effect of Transverse Shear Deformation on the Bending of Elastic Plates",J.Appl.Mech., 12, S.69-77.

Ritz W. (1909): Über eine neue Methode zur Lösung gewisser Variationsprobleme der mathematischen Physik, J. f. reine und angew. Math. 135.

Rossmanith H.P. (1982): Finite Elemente in der Bruchmechanik, Springer Verlag, Berlin.

Ruscheweyh H. (1982): Dynamische Windwirkung an Bauwerken, Bd. 1, 2, Bauverlag, Wiesbaden, Berlin.

Schaback R. und Werner H. (1993): Numerische Mathematik, Springer Verlag, Berlin

Schmidt K.-J. (1981): Eigenschwingungsanalyse gekoppelter elastischer Strukturen, Fortschr. Ber. R. 11, Nr. 39, VDI-Verlag, Düsseldorf.

Schnell W. und Eschenauer H. (1984): Elastizitätstheorie II, Schalen. BI Wissenschaftsverlag, Bibliographisches Institut AG, Zürich.

Schwarz H. R. (1980): Methode der finiten Elemente, Teubner Studienbücher Mathematik, Teubner Verlag Stuttgart.

Soedel W. (1981): Vibration of Shells and Plates, Mech. Engng. Textbooks, Marcel Dekker, Inc., New York and Basel.

Stein E., Ahmad R. (1974): On the Stress Computation in Finite Element Models Based upon Displacement Approximations, Comp. Meth. Appl. Mech. Engng. 4.

Strang G., Fix G. J. (1973): An Analysis of the Finite Element Method, Prentice-Hall Inc., N.J.

Stroud A. H., Secrest D.(1966): Gaussian Quadrature Formulas, Prentice Hall Inc., N.J.

Szabo B.A. and G.J. Sahrmann (1988): Hierarchic plate and Shell Models Based on p-Extension. Int J. Num. Methods in Engng, Vol 26.

Timoshenko S. and Woinowsky-Krieger S. (1959): Theory of Plates and Shells, McGraw-Hill, NewYork, Nachdruck 1986.

Tocher J. L. (1962): Analysis of Plate Bending Using Triangular Elements, Ph.D. Diss. Civil Engineering Dept., Univ. Calif. Berkeley.

Turner M., Clough R., Martin H., Topp L. (1956): Stiffness and Deflection Analysis of Complex Structures, J. Aero. Sci., 23.

Veubeke B. F. de (1965): Displacement and Equilibrium Models in the Finite Element Method, in "Stress Analysis", Wiley.

Veubeke B. F. de (1968): A. Conforming Finite Element for Plate Bending, Int. J. Solids Struct., 4.

Veubeke B. F. de (1974): Variational Principles and the Patch Test, Int. J. num. Meth. Engng. 8.

Washizu K. (1982): Variational Methods in Elasticity and Plasticity, 3rd ed., Pergamon Press, Oxford.

Wilkinson J. H. (1965): The Algebraic Eigenvalue Problem, Oxford University Press, New York.

Wilkinson J. H., Reinsch C. (1971): Linear Algebra, Handbook for Automatic Computation, Springer Verlag, Berlin, Heidelberg, New York.

Wissmann J. W., Specht B. (1980): Inclusion of Hybrid Deformation Elements in the class of Simple Deformation Models, Int. J. num. Meth. Engng. 15.

Wunderlich W. und Redanz W. (1995): Die Methode der Finiten Elemente, in "Der Ingenieurbau: Grundwissen, Rechnerorientierte Baumechanik", Hrsg. G. Mehlhorn, Verlag Ernst & Sohn, Berlin.

Wunderlich W. (1973): Grundlagen und Anwendung eines verallgemeinerten Variationsverfahrens, in "Finite Elemente in der Statik", Verlag W. Ernst und Sohn, Berlin.

Zienkiewicz 0. C and Taylor R.L. (1989): The Finite Element Method. 4th Edition, Vol.1, Basic Formulations and Linear Problems, MacGrawHill, London.

Zienkiewicz 0. C and Taylor R.L. (1991): The Finite Element Method. 4th Edition Vol.2, Solid and Fluid Mechanics, Dynamics and Non-linearity. MacGrawHill, London.

Zienkiewicz O. C., J. Bauer, K. Morgan (1977): A Simple and Efficient Element for Axi-symmetric Shells, Int. J. Num. Meth. Engng., 11.

Zienkiewicz O. C., J. Too, R. C. Taylor (1971): Reduced Integration Techniques in General Analysis of Plates and Shells, Int. J. Num. Meth. Engng., 3.

Zurmühl R. und Falk S.(1992): Matrizen und ihre Anwendungen, Teil 1, Grundlagen, Teil 2, Numerische Methoden, Springer Verlag, Berlin.

Sachregister